Haarmann
Thun

Mathematik zur Erlangung der Fachhochschulreife

Klasse 11 und 12

Nichttechnische Fachrichtungen

Merkur
Verlag Rinteln

Wirtschaftswissenschaftliche Bücherei für Schule und Praxis
Begründet von Handelsschul-Direktor Dipl.-Hdl. Friedrich Hutkap †

Die Verfasser:

Hermann Haarmann
Studiendirektor in Hildesheim

Günther Thun
Studiendirektor in Oldenburg

* * * *

2. Auflage 2009

Gesamtherstellung:
MERKUR VERLAG RINTELN Hutkap GmbH & Co. KG, 31735 Rinteln

E-Mail: info@merkur-verlag.de
lehrer-service@merkur-verlag.de
Internet: www.merkur-verlag.de

ISBN 978-3-8120-**0504-3**

Vorwort

Das vorliegende Buch ist ein Arbeitsbuch für den Unterricht im Fach **Mathematik** in der Fachoberschule für **nichttechnische** Fachrichtungen. Es soll dem Lernenden ein Lernbuch und dem Lehrenden ein Lehrbuch sein.

Das Buch entspricht den Lehrplänen der Bundesländer Niedersachsen und Nordrhein-Westfalen. Es ist gegliedert in einen ersten Teil für die Klasse 11 und einen zweiten Teil für die Klasse 12. In der Klasse 11besuchen die Schülerinnen und Schüler in dualer Form die Lernorte Betrieb und Schule. Entsprechend ist dieser Teil des Buches schwerpunktmäßig wirtschaftlich orientiert und praxisorientiert aufgebaut.

Kernstück des Buches sind die Kapitel 3 bis 8, die den **Pflichtbereich** der Rahmenpläne abdecken. Da die Schülerinnen und Schüler aus den verschiedenen Schulformen des allgemeinbildenden und berufsbildenden Schulwesens kommen, wird in Kapitel 3 eine Wiederholung und Fortführung grundlegender mathematischer Kenntnisse behandelt. Die Analysis wird in den Kapiteln 4 bis 8 bis zu den Grundlagen der Integralrechnung dargestellt.

Der **Wahlbereich**, Kapitel 9 bis 12, erweitert die Analysiskenntnisse und führt darüber hinaus in zwei weitere wichtige Oberstufenthemen, der linearen Algebra und der Stochastik, ein.

Die Erarbeitung des Stoffes erfolgt in der Regel in einem Dreierschritt: Beispiel, Aufgabenstellung und Lösung und bietet damit die Möglichkeit für einen interaktiven Lernprozess. Dabei wird der Stoff, soweit das jeweilige Thema dies zulässt, auf der Basis anwendungsorientierter und vollständig durchgerechneter Beispiele eingeführt.

Wichtige Methoden und Begriffe werden durch strukturierte Texte unterstützt.

Das Buch ist weitgehend zweispaltig geschrieben, was die Übersichtlichkeit und Lesbarkeit erhöht. Lehrtexte und beschriebene Lösungswege sind meistens links angeordnet, Rechnungen und Skizzen sind rechts platziert.

Während die Beispiele mit Hilfe verschiedener Methoden und Sozialformen des Unterrichts behandelt werden können, dienen die zum Stoff genau passenden **Übungen** dazu, in Stillarbeitsphasen den Stoff in einer ersten Anwendung zu festigen.

Die Abschnitte des Buches sind als thematisch abgeschlossene Lerneinheiten konzipiert. Jede Lerneinheit schließt mit einer Anzahl von Aufgaben ab. Diese Aufgaben sind einmal als Ergebnissicherung und Übung, zum anderen als Hausaufgaben und zur Vorbereitung auf Klausuren gedacht.

Definitionen und Sätze sind durch „Merke“ gekennzeichnet, grau gerastert und mit einem Rahmen versehen.

Anmerkungen vertiefen die durch „Merke“ gekennzeichneten Definitionen und Sätze. Sie enthalten ergänzende Hinweise, Herleitungen, Beispiele usw...

Der Rechenaufwand in den Beispielen und Aufgaben ist so gehalten, dass er mit einem einfachen Taschenrechner zu bewältigen ist.

Abschluss des Buches bilden die Lösungen bzw. Lösungswege der Übungsaufgaben der einzelnen Kapitel. Hier soll den Schülerinnen und Schülern die Möglichkeit gegeben werden, ihre Lösungen zu kontrollieren.

Das Buch beinhaltet den Stoff der drei wichtigsten Themen – Analysis, Lineare Algebra und Stochastik – in der Oberstufe. Es ist daher auch für Schulformen wie z.B. Volkshochschulen und zum Selbststudium geeignet.

Die Verfasser

Wegweiser des Lehrbuches

Inhaltsverzeichnis

Seite

1 Grundlagen der Wirtschaftsmathematik

1.1 Ökonomische Anwendungen des Dreisatzes

Zuordnungen

Der Begriff **Zuordnung** wird umgangssprachlich immer dann eingesetzt, wenn Zusammenhänge zwischen Objekten beschrieben werden. So ist jedem Mitarbeiter eines Betriebes seine Personalnummer *zugeordnet*. Der Begriff ist auch gebräuchlich, wenn beispielsweise eine Schulklasse ihren Klassenlehrer *zugeordnet* bekommt. Diese und viele andere Beispiele sind aber mathematisch nicht von Bedeutung, weil sie nicht durch eine feste Gesetzmäßigkeit fassbar sind.

Dasselbe gilt in gewisser Weise auch für Zuordnungen von Größen zwischen Größenbereichen:

Beispiele:	Menge (kg)	und	Preis (€),
	Arbeitszeit (h)	und	Arbeitslohn (€)
	Geschwindigkeit (kmh)	und	Fahrzeit eines Pkw (h)

Allerdings lassen sich hier zumindest Abschätzungen darüber anstellen, wie sich eine Veränderung der Größe eines Größenbereichs auf die Größe im zugeordneten Größenbereich auswirkt. So wird zum Beispiel eine *größere* Abnahmemenge einer Ware zu einem *höheren* (zugeordneten) Preis führen und umgekehrt eine *geringere* Abnahmemenge zu einem *niedrigeren* Preis **(je mehr ... desto mehr ..., je weniger ... desto weniger...)**. Auch wird eine längere Arbeitszeit zu einem entsprechend höheren Lohn führen und umgekehrt. Dasselbe gilt für das dritte Beispiel: Eine *höhere* Geschwindigkeit lässt eine *kürzere* Fahrzeit und eine *geringere* Geschwindigkeit eine *längere* Fahrzeit auf einer gegebenen Fahrstrecke erwarten **(je mehr... desto weniger, je weniger ...desto mehr).**

Lässt man bestimmte Einflüsse in diesen Beispielen unbeachtet, wie zum Beispiel Preisnachlässe im ersten, Akkord- oder Überstundenzuschläge im zweiten bzw. Staus und Pannen im dritten Beispiel, so können diese Zuordnungen und auch andere (z. B. Volumen und Gewicht einer Ware) durch feste mathematische **Zuordnungsvorschriften** beschrieben werden. Sie werden im Folgenden behandelt: Man bezeichnet sie als **proportionale** und **antiproportionale** Zuordnungen.

Proportionale und antiproportionale Zuordnungen

Proportionale Zuordnungen zwischen den Größen zweier Größenbereiche liegen dann vor, wenn zum doppelten, dreifachen, ..., m-fachen Wert der Ausgangsgröße streng genommen der doppelte, dreifache, ..., m-fache Wert der zugeordneten Größe gehört (***Grundregel für proportionale Zuordnungen***).

Beispiel:

Eine Mitarbeiterin hat im vergangenen Monat insgesamt **300 km** an Dienstfahrten zurückgelegt und dafür von ihrem Arbeitgeber eine Reisekostenerstattung von **90,00 €** erhalten.

a) Mit welchem Erstattungsbetrag kann sie rechnen, wenn sie 150 km bzw. 600 km an Dienstfahrten nachweist?
b) Welche Beträge wurden ausgezahlt, wenn sie in den letzten 4 Monaten 175, 250, 345 und 425 km abgerechnet hat?
c) Stellen Sie die Zuordnung grafisch dar.

Lösung:

a) In dem vorliegenden Beispiel kann von einer proportionalen Zuordnung ausgegangen werden, weil bei doppelter (halber) km-Zahl **x** der doppelte (halbe) Geldbetrag **y** erstattet wird (Grundregel).
Die einander zugeordneten Werte werden zu Wertepaaren, zum Beispiel (150|45), (300|90), (600|180), zusammengefasst und in einer Wertetabelle dargestellt.

Wertetabelle: (von 300 nach 150: $:2$; von 300 nach 600: $\cdot 2$)

x (km)	150	**300**	600
y (€)	45	**90**	180

(von 90 nach 45: $:2$; von 90 nach 180: $\cdot 2$)

Wertepaare: (150|45) (300|90) (600|180) ...

b) Mit Hilfe der Grundregel wird zunächst der Erstattungsbetrag für 1km ermittelt. Er beträgt 0,30 € je km.

Für 300 km werden 90,00 € erstattet.

↓ : 300 ↓ : 300

Für 1 km werden $\frac{90{,}00}{300}$ € = <u>0,30 €</u> erstattet.

Danach können die gesuchten Werte durch Multiplikation des erhaltenen km-Satzes von 0,30 € mit den gegebenen km-Werten berech net werden. Siehe ergänzte Wertetabelle.

Ergänzte Wertetabelle:

x (km)	1	175	250	345	425
y (€)	**0,3**	52,50	75,00	103,5	127,50

($\cdot$ 0,3)

c) Zur grafischen Darstellung der Zuordnung werden die erhaltenen Wertepaare (x | y) als Punkte P(x|y) in ein Koordinatensystem eingetragen. Sie liegen auf einer gemeinsamen Geraden, die durch den Ursprung des Koordinatensystems verläuft. Die erhaltene Gerade heißt **Ursprungsgerade**.

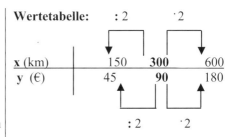

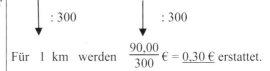

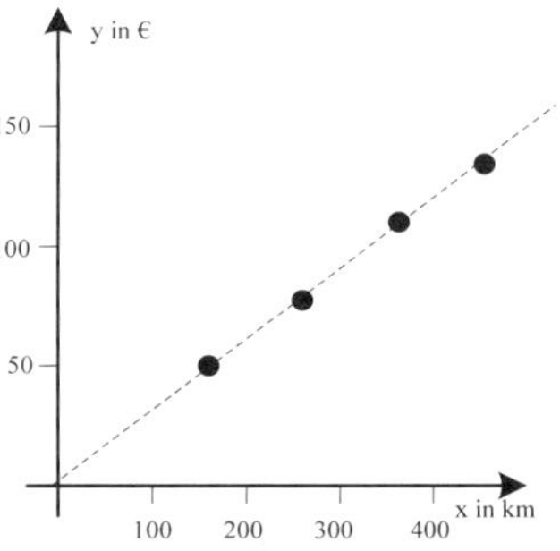

Die Werte der Wertepaare proportionaler Zuordnungen stehen in einem festen Verhältnis. Das heißt: Die Wertepaare proportionaler Zuordnungen sind verhältnisgleich **(quotientengleich).**

Im **Beispiel:** $\frac{\mathbf{y}}{\mathbf{x}} = \frac{0{,}3}{1} = \frac{52{,}50}{175} = \frac{75{,}00}{250} = \frac{103{,}5}{345} = \frac{127{,}50}{425} \quad \ldots \quad = \mathbf{0{,}3}$

Das hat zur Folge, dass ein y-Wert als zugeordneter Wert immer das m-fache des Ausgangswertes x ist. Es gilt: $m = \frac{y}{x}$. Im Beispiel ist m = 0,30 und bedeutet den Erstattungsbetrag je gefahrenen km. Um den Erstattungsbetrag für jede andere gefahrene km-Leistung zu berechnen, wird diese mit dem Faktor 0,3 multipliziert. Der Faktor m wird als **Proportionalitätsfaktor** bezeichnet. Grafisch stellt der Proportionalitätsfaktor m das Maß für die Steigung der Ursprungsgeraden dar.

Je größer (kleiner) der Proportionalitätsfaktor m ist, desto steiler (flacher) verläuft die Ursprungsgerade. Ist der Faktor m bekannt, so verläuft die Ursprungsgerade außer durch den Ursprung P(0|0) noch durch den Punkt P(1|m). Die Gleichung der Ursprungsgeraden lautet **y = m · x.**

Merke

> Eine Zuordnung zwischen den Größen zweier Größenbereiche heißt **proportionale Zuordnung** genau dann, wenn zum doppelten, dreifachen, ... m-fachen Wert der Ausgangsgröße der doppelte, dreifache, ... m-fache Wert der zugeordneten Größe gehört.
>
> Die Wertepaare (x|y) proportionaler Zuordnungen sind **quotientengleich**, es gilt: $\mathbf{m = \frac{y}{x}}$.
>
> Der konstante Faktor m heißt **Proportionalitätsfaktor**. Durch die Multiplikation eines gegebenen Wertes x der Ausgangsgröße mit dem Proportionalitätsfaktor m erhält man den zugehörigen Wert y der zugehörigen Größe, kurz:
>
> **y = m · x**
>
> Die Wertepaare proportionaler Zuordnungen liegen auf einer Geraden durch den Ursprung (**Ursprungsgerade**), ihre Gleichung lautet **y = m · x.**

Antiportionale Zuordnungen zwischen den Größen zweier Größenbereiche liegen dann vor, wenn zum doppelten, dreifachen, ..., a-fachen Wert der Ausgangsgröße streng genommen der $\frac{1}{2}$-fache, $\frac{1}{3}$-fache, ..., $\frac{1}{a}$-fache Wert der zugeordneten Größe gehört (***Grundregel für antiproportionale Zuordnungen***).

Beispiel:

Die Mitarbeiterin fährt einmal im Monat immer dieselbe Strecke zu einem bestimmten Kunden mit ihrem Pkw. Bei einer vorgegebenen Fahrzeit von **3 Stunden** benötigt sie eine Durchschnittsgeschwindigkeit von **66 km/h.**

a) Welche Durchschnittsgeschwindigkeiten hat sie erreicht, wenn sie schon nach 1,5 Stunden bzw. erst nach 6 Stunden am Ziel war?

b) Welche Durchschnittsgeschwindigkeit muss sie einhalten, wenn sie nach 2 Stunden, 5 Stunden, 8 Stunden bei dem Kunden sein möchte? Skizzieren Sie den Graphen.

Lösung:

a) In diesem Beispiel liegt eine antiproportionale Zuordnung vor, weil bei doppelter (halber) Fahrzeit die halbe (doppelte) Durchschnittsgeschwindigkeit benötigt wird.
Die einander zugeordneten Werte werden zu Wertepaaren, zum Beispiel (1,5|132), (3|66), (6|33), zusammengefasst und in einer Wertetabelle dargestellt.

Wertetabelle:

x: · 0,5 (3 → 1,5), · 2 (3 → 6)

x (Stunden)	1,5	**3**	6
y (km/h)	132	**66**	33

y: · 2 (66 → 132), · 0,5 (66 → 33)

Wertepaare: (1,5|132) (3|66) (6|33)

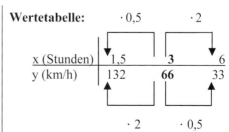

b) Bildet man das Produkt $3 \cdot 66$, so ergibt sich das Produkt 198. Es gibt die Gesamtfahrstrecke in km an.
Wird dieser Wert durch die vorgegebenen Fahrzeiten dividiert, so ergeben sich die benötigten Durchschnittsgeschwindigkeiten. Es entsteht eine ergänzte Wertetabelle.

Produkt: $3 \cdot 66 = \underline{198}$
(= gesamte Fahrstrecke in km)

Ergänzte Wertetabelle:

x (Stunden)	2	5	8
y (km/h)	$\frac{\mathbf{198}}{2} = 99$	$\frac{\mathbf{198}}{5} = 39{,}6$	$\frac{\mathbf{198}}{8} = 24{,}75$

c) Zur grafischen Darstellung der Zuordnung werden die erhaltenen Wertepaare (x|y) in ein Koordinatenkreuz eingetragen. Sie liegen auf einer gemeinsamen fallenden Kurve, die sich sowohl der x-Achse als auch der y-Achse annähert, sie aber nicht berührt bzw. schneidet. Mit Hilfe der Kurve können weitere beliebige Wertepaare überschlagsmäßig ermittelt werden.

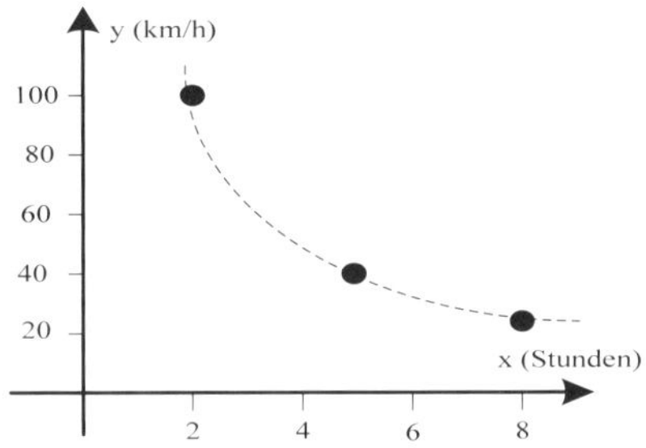

Die besondere Eigenschaft antiproportionaler Zuordnungen besteht darin, dass ihre Wertepaare **produktgleich** sind.

Im **Beispiel**: $\mathbf{x \cdot y} = 2 \cdot 99 = 5 \cdot 39{,}6 = 8 \cdot 24{,}75 = \underline{198}$

Es gilt: $a = x \cdot y$. Im Beispiel ist $a = 198$ und bedeutet die gefahrene Gesamtstrecke. Um die benötigte Durchschnittsgeschwindigkeit für jede andere Fahrzeit berechnen zu können, wird dieser Wert durch die gegebenen Fahrzeiten dividiert: $\mathbf{y = \frac{a}{x}}$. Der konstante Faktor a wird als **Zuordnungskonstante** bezeichnet.

Merke

Eine Zuordnung zwischen den Größen zweier Größenbereiche heißt **antiproportionale Zuordnung** genau dann, wenn zum 2-fachen, 3-fachen, ... a-fachen Wert der Ausgangsgröße der $\frac{1}{2}$-fache, $\frac{1}{3}$-fache, ..., $\frac{1}{a}$-fache Wert der zugeordneten Größe gehört.

Die Wertepaare (x|y) antiproportionaler Zuordnungen sind **produktgleich**, es gilt: $\mathbf{a = x \cdot y}$.
Die Konstante a heißt **Zuordnungskonstante.** Die Division von a durch einen gegebenen Wert x der Ausgangsgröße führt zum zugehörigen Wert y der zugeordneten Größe, kurz: $\mathbf{y = \frac{a}{x}}$.

Die Wertepaare antiproportionaler Zuordnungen liegen auf einer fallenden Kurve **(Hyperbel),** die sich den Achsen des Koordinatensystems annähert.

Übungen

1. Ergänzen Sie die folgenden Tabellen unter der Annahme, dass
a) eine proportionale Zuordnung vorliegt.

x	2	6	**10**	12	24
y	?	?	**25**	?	?

b) eine antiproportionale Zuordnung vorliegt.

x	4	10	**12**	16
y	?	?	**8**	?

2. Gegeben sind die folgenden Wertetabellen von Zuordnungen. Entscheiden Sie mit Hilfe der Grundregeln, welche davon proportional oder antiproportional sein können.

a)

x	4	6	5
y	16	24	20

b)

x	24	30	42
y	4	5	7

c)

x	4	5	8
y	25	20	12,5

d)

x	8	12	16
y	6	10	14

Aufgaben 1.1

1. Geben Sie je zwei Beispiele für eine proportionale und eine antiproportionale Zuordnung an.

2. Begründen Sie, warum die folgenden Zuordnungen keine proportionalen Zuordnungen sind:
a) Paketgewicht → Paketgebühr
b) Lebensalter → Körpergewicht
c) Produktionsmenge → Gesamtkosten

3. Unter welcher Annahme können die folgenden Zuordnungen entweder proportional oder antiproportional sein?
a) Fahrzeit → Fahrstrecke
b) Anzahl der Arbeiter → Arbeitszeit zur Erledigung eines bestimmten Arbeitsauftrages
c) Fahrstrecke → Kraftstoffverbrauch

4. Die Gesprächsgebühren für einen bestimmten Handy-Tarif betragen 0,40 € pro Minute.
a) Erstellen Sie eine Tabelle, die die Gesprächsgebühren für 2, 3, 4... 20 Minuten angibt.
b) Übertragen Sie die erhaltenen Wertepaare als Punkte in ein Koordinatenkreuz und verbinden Sie diese.
c) Welche Zuordnungsvorschrift liegt diesem Zusammenhang zugrunde?
d) Lesen Sie aus der Grafik ab, wie viel ein Gespräch über 15 Minuten kostet.
e) Lesen Sie aus der Grafik ab, wie viel Minuten jemand für 5,00 € telefonieren kann.

5. In einem Neubaugebiet wird das Baugelände so erschlossen, dass insgesamt 8 Grundstücke in den Größen 420 m^2, 460 m^2, 490 m^2, 525 m^2, 560 m^2, 580 m^2, 620 m^2 und 690 m^2 entstehen. Der Preis für das 420 m^2 große Grundstück beträgt 75 600,00 €. Ermitteln Sie den Proportionalitätsfaktor und erstellen Sie damit eine Preistabelle für die erschlossenen Grundstücke.

6. Für ein Wohltätigkeitsfest wird eine Jazzband engagiert, die für ihren Auftritt eine Gage von 900,00 € erhält. Diese Gage soll durch Eintrittskarten aufgebracht werden.

a) Wie hoch sind die Kartenpreise je Besucher anzusetzen, wenn die Veranstalter mit den folgenden Besucherzahlen rechnen: 50, 90, 100, 120, 140, 160, 180, 200.
Ermitteln Sie die Zuordnungskonstante a und erstellen Sie eine Wertetabelle für die Zuordnung Besucherzahl → Kartenpreis.

b) Zeichnen Sie den Graph der vorliegenden Zuordnung.

c) Lesen Sie aus der Grafik ab, welcher Kartenpreis bei einer Besucherzahl von 150 angesetzt werden müsste. Überprüfen Sie das Ergebnis durch Rechnung.

7. Eine Bürgerinitiative plant, eine Anzeige in der örtlichen Tageszeitung aufzugeben und legt dafür eine Unterschriftenliste aus. Die Kosten für die Anzeige betragen 2 100,00 € und sollen von den Unterzeichnenden der Unterschriftenliste eingesammelt werden.

a) Welchen Betrag müsste jeder zahlen, wenn sich insgesamt 200, 240, 280, 350, 400 Bürgerinnen und Bürger an der Aktion beteiligen? Erstellen Sie eine Wertetabelle für die Zuordnung Teilnehmer → Anzeigenbeitrag je Teilnehmer.

b) Stellen Sie die Wertepaare als Punkte in einem Koordinatenkreuz dar und verbinden Sie die Punkte zu einem Kurvenzug.

c) Lesen Sie aus der Zeichnung ab, wie hoch der Anzeigenbeitrag wäre, wenn sich 300 Personen an der Aktion beteiligen. Überprüfen Sie das Ergebnis durch Rechnung.

8. In einem Mehrfamilienhaus wohnen vier Mietparteien. Die Kosten für die Grundsteuer betrugen im vergangenen Jahr 452,00 €, für Versicherungen zahlte der Eigentümer 302,00 € und der Schornsteinfeger berechnete 98,15 €. Alle drei Kostenarten werden laut Mietvertrag nach der Wohnfläche der einzelnen Wohneinheiten umgelegt. Wie viel € entfallen insgesamt auf die vier Mietparteien, wenn A 95 m^2, B 64 m^2, C 56 m^2 und D 32 m^2 bewohnt?

Lösen von Dreisatzaufgaben

Eine Dreisatzaufgabe liegt dann vor, wenn innerhalb einer Zuordnung von einer gegebenen Vielheit der Ausgangsgröße auf eine andere Vielheit geschlossen werden soll. Anders ausgedrückt: Innerhalb einer proportionalen oder antiproportionalen Zuordnung sind zwei Wertepaare gegeben, von denen ein Wert gesucht ist. Zur Lösung solcher Aufgaben bieten sich mehrere Lösungen an.

Die traditionelle Schlussrechnung

Das traditionelle Lösungsschema der Dreisatzrechnung setzt die Kenntnis der Grundregeln für proportionale und antiproportionale Zuordnungen voraus.

Einführungsbeispiele:

Dreisatzaufgabe mit „geradem Verhältnis"	**Dreisatzaufgabe mit „ungeradem Verhältnis"**
↓	↓
5 kg einer Ware kosten 24,00 €. 8 kg kosten wie viel €?	5 Drucker benötigen für einen Druckauftrag 24 Min. 8 Drucker benötigen dafür wie viel Minuten?
Zuordnung: Menge → Geldbetrag (*doppelte* Menge – *doppelter* Preis) **= proportionale Zuordnung**	Zuordnung: Anzahl Drucker → Zeitbedarf (*doppelte* Anzahl – *halber* Zeitbedarf) **= antiproportionale Zuordnung**

Die Entscheidung, ob der Dreisatzaufgabe eine proportionale oder eine antiproportionale Zuordnung zugrunde liegt, erfolgt mit Hilfe der Grundregeln:
Kann davon ausgegangen werden, dass zur doppelten Menge auch der doppelte Geldbetrag gehört, liegt eine ***proportionale Zuordnung*** vor. Gehört zur doppelten Anzahl der Drucker der halbe Zeitbedarf in Minuten, so liegt eine ***antiproportionale Zuordnung*** vor. Für beide Zuordnungen gilt, dass bei der Lösung mittels Dreisatz der **„Schluss über die Einheit“** erfolgt:

Lösung in zwei Schritten

5 kg einer Ware kosten 24,00 €.	**gegebene Vielheit**	5 Drucker benötigen für einen Druckauftrag 24 Min.
↓ **: 5** ↓ **: 5**		↓ **: 5** ↓ **· 5**
1 kg der Ware kostet 4,80 €	**Einheit**	1 Drucker benötigt für den Druckauftrag 120 Min.
↓ **· 8** ↓ **· 8**		↓ **· 8** ↓ **: 8**
8 kg der Ware kosten **38,40 €.**	**neue Vielheit**	8 Drucker benötigen dafür **15** Min.

Durch die Anwendung der Grundregeln wird in zwei Schritten von der gegebenen Vielheit (5 kg bzw. 5 Drucker) über die Einheit (1 kg bzw. 1 Drucker) auf die neue Vielheit (8 kg bzw. 8 Drucker) geschlossen. Die beiden Schritte können zu einem zusammengefasst werden, indem man die beiden Rechenoperationen nacheinander ausführt. Hierdurch ergibt sich die Kurzform der Lösung.

Lösung in Kurzform

Die Kurzform der Lösung setzt sich aus dem „**Bedingungssatz**“, dem „**Fragesatz**“ und dem „**Bruchsatz**“ zusammen, daher der Name Dreisatz. Diese Art der Lösung soll an den obigen Beispielen demonstriert werden.

Beispiele:

a) 5 kg einer Ware kosten 24,00 €. Wie viel kosten 8 kg derselben Ware?
b) 5 Drucker benötigen für einen Druckauftrag 24 Minuten. Wie viel Minuten benötigen 8 gleichgute Drucker für denselben Auftrag?

Lösung:

a) Bedingungssatz:	5 kg der Ware kosten 24,00 €.
Fragesatz:	<u>8 kg der Ware kosten x €.</u>
Bruchsatz:	$x = \frac{24{,}00 \cdot 8}{5} = \underline{38{,}40\ (€)}$
Der Wert über dem x (24,00) wird auf den Bruchstrich geschrieben. Da der zu berechnende Geldbetrag bei größerer Menge ebenfalls größer werden muss, wird mit der größeren der beiden kg-Werte (8) multipliziert und durch die kleinere (5) geteilt.	8 kg der Ware kosten 38,40 €.

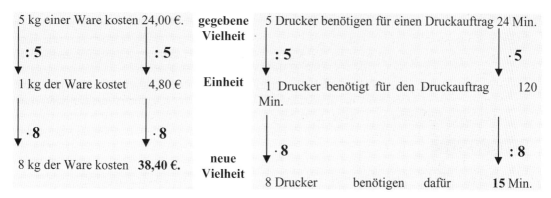

b) Bedingungssatz: 5 Drucker benötigen für den Auftrag 24 Min.
Fragesatz: 8 Drucker benötigen für den Auftrag x Min.

Bruchsatz:

$$x = \frac{24 \cdot 5}{8} = \underline{15 \text{ (Min.)}}$$

8 Drucker benötigen für den Auftrag 15 Min.

Der Wert über dem x (24) wird auf den Bruchstrich geschrieben. Da die zu berechnende Zeitspanne bei größerer Anzahl der Drucker kleiner werden muss, wird mit der kleineren der beiden Werte (5) multipliziert und durch die größere (8) geteilt.

Lösung mittels quotientengleicher und produktgleicher Zahlenpaare

Noch schneller lassen sich Dreisatzaufgaben lösen, indem man die gegebenen Werte in eine Wertetabelle überträgt und nach der Entscheidung über die Art der Zuordnung die Eigenschaften proportionaler oder antiproportionaler Zuordnungen ausnutzt.

Beispiele:

a) 12 gleich große Kartons wiegen 18 kg. Wie viel kg wiegen 16 dieser Kartons?
b) 12 Angestellte benötigen für Inventurarbeiten 18 Stunden. Wie viel Stunden benötigen 16 Angestellte für denselben Arbeitsumfang?

Lösung:

a) Darstellung der Werte in der Wertetabelle:

x Kartons	12	16
y kg	18	x

Die doppelte Stückzahl führt zum doppelten Gewicht.
→ **proportionale** Zuordnung

Das bedeutet: **quotientengleiche** Wertepaare.

$$\frac{12}{18} = \frac{16}{x} \quad \text{Kehrwert: } \frac{18}{12} = \frac{x}{16} \quad | \cdot 16$$

$$x = \frac{18 \cdot 16}{12} = \underline{24 \text{ (kg)}}$$

16 Kartons wiegen 24 kg.

b) Darstellung der Werte in der Wertetabelle:

x Angestellte	12	16
y Stunden	18	x

Annahme (!): Die doppelte Zahl der Angestellten benötigt die Hälfte an Zeit.
→ **antiproportionale** Zuordnung

Das bedeutet: **produktgleiche** Wertepaare.

$$12 \cdot 18 = 16 \cdot x \quad | : 16$$

$$x = \frac{12 \cdot 18}{16} = \underline{13{,}5 \text{ (Stunden)}}$$

16 Angestellte benötigen 13,5 Std.

Übungen

1. Für den Transport einer Ware mit einem Gewicht von 212 kg berechnet ein Spediteur 46,64 €. Wie hoch sind die Transportkosten für den gleichen Rohstoff bei einem Gewicht von 156 kg?

2. Ein Pkw verbrauchte auf einer Strecke von Berlin nach Hannover (215 km) insgesamt 17,63 l. Kraftstoff.
a) Welche Menge Kraftstoff wird für 350 km von Hannover bis Frankfurt benötigt?
b) Wie viel km kann der Pkw mit einer Tankfüllung (65 Liter) fahren ohne aufzutanken?

3. Acht Kaufleute beteiligen sich an einer Werbeaktion mit einem Kostenanteil von je 12 800,00 €.
a) Damit die Kosten je Teilnehmer auf 10 000,00 € gesenkt werden können, sollen weitere Kaufleute für die Werbeaktion gewonnen werden. Wie viel Unternehmen müssen hierzu mindestens zusätzlich beteiligt werden, wenn der gesamte Werbeaufwand unverändert bleibt.
b) Um wie viel € kann der Kostenanteil je Teilnehmer gesenkt werden, wenn sich fünf weitere Personen der Werbemaßnahme anschließen?

4. Aus einem Großbehälter werden Flaschen zu je 0,75 Liter abgefüllt. Der Inhalt dieses Fasses reicht für 1 200 Flaschen. Für eine andere Bestellung wird der Fassinhalt in Flaschen zu je 0,33 Liter abgefüllt. Wie viel Flaschen können bei vollem Fassinhalt abgefüllt werden?

5. Ein Pkw verbraucht auf einer Strecke von Oldenburg nach Siegen (340 km) 26,52 Liter Superbenzin. Wie hoch ist der Verbrauch auf 100 km?

Die Dreisatzrechnung in Anwendungen

Das Lösungsschema des Dreisatzes ist die Grundlage für zahlreiche Anwendungen. Zwei davon sollen hier besonders behandelt werden, weil zu ihrer Lösung einige typische begriffliche Voraussetzungen geschaffen werden müssen. Es handelt sich um die Verteilungsrechnung und um das Umrechnen von Währungen.

Verteilungsrechnung

Das Grundproblem der Verteilungsrechnung besteht darin, eine zu verteilende Größe (Gewinn, Verbrauchswerte, Prämien) nach einer vereinbarten Verteilungsvorschrift auf mehrere Beteiligte (Gesellschafter, Kostenstellen, Personen) zu verteilen. Ziel der Verteilungsrechnung ist die Ermittlung der Anteile, die jedem Beteiligten gemäß Verteilungsvorschrift zustehen.

Beispiel:

An einer Personengesellschaft sind die vier Gesellschafter A mit 120 000,00 €, B mit 100 000,00 €, C mit 80 000,00 € und D mit 50 000,00 € beteiligt. Im vergangenen Jahr erzielte die Gesellschaft einen Reingewinn von 140 000,00 €. Dieser soll im Verhältnis der Beteiligungen verteilt werden.
a) Wie hoch ist der Gewinnanteil für jeden Gesellschafter?
b) In welchem Verhältnis stehen die Gewinnanteile zueinander

Lösung:

a) Der Lösungsweg wird in einer Verteilungstabelle dargestellt. Sie enthält die Beteiligten: A, B, C und D; die Verteilungsgrundlage: Beteiligung; die (Gewinn-)anteile.
Die Summe aller Beteiligungen wird dem erzielten Reingewinn zugeordnet.
Die Zuordnung Beteiligung → Anteil ist proportional (Grundregel), sodass sich beim Schluss auf die Einheit der Proportionalitätsfaktor m = 0,4 ergibt. Die Multiplikation der Beteiligungen mit dem Faktor ergibt die Gewinnanteile der Gesellschafter:

Verteilungstabelle:

Beteiligte	Beteiligung (€)	Anteile (€)
A	120 000,00	48 000,00
B	100 000,00	40 000,00
C	80 000,00	32 000,00
D	50 000,00	20 000,00

Summe: 350 000,00 – 140 000,00

$$1{,}00 \;–\; \frac{140\,000{,}00}{350\,000{,}00} = 0{,}4$$

$$120\,000{,}00 \cdot 0{,}4 = 48\,000{,}00$$
$$100\,000{,}00 \cdot 0{,}4 = 40\,000{,}00$$
$$80\,000{,}00 \cdot 0{,}4 = 32\,000{,}00$$
$$50\,000{,}00 \cdot 0{,}4 = 20\,000{,}00$$

b) Dasselbe Ergebnis ergibt sich, wenn sich die Werte der Beteiligungen vor der Rechnung noch kürzen lassen. Daraus ergibt sich in diesem Fall das gesuchte Verteilungsverhältnis 12 : 10 : 8 : 5.
Werden diese Werte mit dem neuen Proportionalitätsfaktor 4 000 multipliziert, erhält man die Anteile.

Mit Kürzen der Beteiligungen:

Beteiligte	Beteiligung (€)	Anteilsverhältnis	Anteile (€)
A	120 000,00	12	48 000,00
B	100 000,00	10	40 000,00
C	80 000,00	8	32 000,00
D	50 000,00	5	20 000,00

Summe: 35 – 140 000,00

$$1 - \frac{140\,000{,}00}{35} = 4\,000$$

Übungen

1. Ein Jahresgewinn von 144 000,00 € soll im Verhältnis 8 : 4 : 3 : 1 auf die Gesellschafter A, B, C und D verteilt werden. Nehmen Sie die Verteilung in einer Verteilungstabelle vor.

2. Unter den vier Gesellschafters Arens, Bertram, Carstens und Detmers ist ein Gewinn von 46 000,00 € zu verteilen. Die Verteilung erfolgt im Verhältnis der Kapitaleinlagen.
Arens: 180 000,00 €; Bertram: 131 500,00 €; Carstens 122 300,00 €; Detmers 141 200,00 €.
Wie viel € erhält jeder der Beteiligten vom Gewinn?

3. Drei Verkäuferinnen haben gemeinsam einen Lottotipp abgegeben und dabei einen Gewinn von 348,00 € erzielt. Dieser soll nach dem Wetteinsatz der drei Personen verteilt werden. A hatte 4,00 €, B 6,00 € und C 2,00 € eingesetzt. Welche Gewinnanteile erhält jede der drei Damen?

4. Anlässlich des erfolgreichen Jahresabschlusses beschließt ein Geschäftsmann, seinen drei Mitarbeitern eine Prämie in Höhe von 12 000,00 € auszuzahlen. Für die Verteilung stehen mehrere Möglichkeiten zur Verfügung:
a) Nach der Zeit der Geschäftszugehörigkeit: A 12 Jahre, B 8 Jahre, C 4 Jahre.
b) Nach dem Umsatz des vergangenen Jahres: A: 28 500,00 €, B 42 000,00 €, C 34 800,00 €.
c) Zu gleichen Teilen.
Ermitteln Sie die Ergebnisse der drei Verteilungsmöglichkeiten und vergleichen Sie.

5. Ein Kaufmann bezieht von einem Großhändler eine größere Warensendung mit drei verschiedenen Sorten A, B und C. Die bei der Lieferung insgesamt anfallenden Bezugskosten in Höhe von 42,80 € sollen nach dem Gewicht der Sorten verteilt werden. Das Gewicht beträgt für Sorte A 115 kg; Sorte B 57 kg und Sorte C 42 kg. Wie hoch sind die anteiligen Bezugskosten für jede Sorte?

Währungsrechnung

Die Dreisatz- und Verhältnisrechnung hilft auch bei der Umrechnung von Währungen (Währungsrechnung). Dies geschieht unter Zuhilfenahme der betreffenden *Währungskurse*, die das Werteverhältnis zwischen der Inlandswährung und einer Auslandswährung festlegen.
Ein **Währungskurs** (kurz: Kurs) kann somit als *Preis* für eine Einheit einer (Inlands-)Währung, ausgedrückt in einer anderen Währung, angesehen werden.

Beispiel:

Ein Kaufmann tauscht vor Beginn einer Geschäftsreise nach Dänemark bei seiner Bank 1 500,00 € in dänische Kronen (dkr) um. Nach Beendigung seiner Reise bringt er noch 300,00 dkr wieder mit zurück, die er wiederum bei seiner Bank in Deutschland in € zurücktauscht.

a) Wie viel dänische Kronen erhält er für die 1 500,00 €?

b) Welchen Betrag schreibt ihm die Bank für die 300,00 dkr auf seinem Konto in € gut?
Die zur Umrechnung benötigten Sortenkurse der Bank für dkr betragen
im Ankauf: 7,0368 (die Bank kauft einen € für 7,0368 dkr vom Kunden) und
im Verkauf: 7,8858 (die Bank verkauft einen € für 7,8858 dkr an den Kunden).

Lösung:

a) Umrechnung von € in Auslandswährung:
Es liegt eine proportionale Zuordnung zwischen den beteiligten Währungen € und dkr vor (Grundregel).
Die Kursangabe ist ein gegebenes Wertepaar, mit dem die Umrechnung vorgenommen werden kann.
Es ist der Ankaufkurs (= Geldkurs) zu nehmen, da die Bank den €-Betrag „kauft“.
Die Ausrechnung erfolgt wegen der Quotientengleichheit der Wertepaare über eine Verhältnisgleichung oder mit Hilfe des Dreisatzes mit der Kursangabe als Bedingungssatz. Da im Fall a) die Bank als Käufer des € auftritt, ist der Ankaufkurs 7,0368 dkr anzusetzen.

Wertetabelle:

€	1	1 500,00	
dkr	7,0368	x	(Ankaufkurs)

Lösung mittels Verhältnisgleichung:
(Quotiengleichheit der Zahlenpaare)

$$\frac{x}{1\,500{,}00} = \frac{7{,}0368}{1} \Leftrightarrow x = 7{,}0368 \cdot 1\,500{,}00$$

$$x = 10\,555{,}20 \text{ (dkr)}$$

Lösung mittels Dreisatz:
Für 1 € erhält man 7,0368 dkr.
Für 1 500,00 € erhält man x dkr.

$$x = \frac{7{,}0368 \cdot 1\,500{,}00}{1} = 10\,555{,}20 \text{ (dkr)}$$

b) Umrechnung von Auslandswährung in €:
Die Umrechnung erfolgt nach gleichem Muster, allerdings mit dem Unterschied, dass nun der €-Betrag gesucht ist.
Für die Umrechnung ist der Verkaufskurs zu verwenden, da die Bank als „Verkäufer“ des € auftritt.

Wertetabelle:

€	1	x	
dkr	7,8858	300,00	(Verkaufskurs)

Lösung mittels Verhältnisgleichung:
(Quotiengleichheit der Zahlenpaare)

$$\frac{x}{300{,}00} = \frac{1}{7{,}8858} \Leftrightarrow x = \frac{300{,}00}{7{,}8858} = 38{,}04 \text{ (€)}$$

Lösung mittels Dreisatz:
Für 7,8858 dkr erhält man 1 €.
Für 300,00 dkr erhält man x €.

$$x = \frac{1 \cdot 300{,}00}{7{,}8858} = 38{,}04 \text{ (€)}$$

Übungen

1. Welche €-Beträge schreibt eine deutsche Bank ihrem Kunden beim Umtausch der folgenden ausländischen Währungen gut?

	Land	Betrag	Ankaufkurs für 1 €	Verkaufkurs für 1 €
a)	Schweden	800,00 skr	8,7143	9,6643
b)	USA	1 200,00 US-$	1,2464	1,3164
c)	Schweiz	600,00 sfr	1,5476	1,6126
d)	Norwegen	850,00 nkr	7,6510	8,5010
e)	Japan	20 000,00 Yen	144,6600	153,6600

2. Welche Beträge ausländischer Währungen zahlt eine deutsche Bank ihrem Kunden beim Umtausch der folgenden €-Beträge aus?

	Land	Währung	Betrag in €	Ankaufkurs für 1 €	Verkaufkurs für 1 €
a)	Schweiz	sfr	2 000,00	1,5476	1,6126
b)	Kanada	Can-$	1 500,00	1,3481	1,4981
c)	Großbritannien	Pfund	800,00	0,6546	0,6996
d)	Polen	Zloty	500,00	3,6262	4,2262
e)	Türkei	Try	3 000,00	1,7849	1,9849

3. Ein Schweizer Geschäftsmann wechselt bei einer Bank in Deutschland 200,00 sfr in € um. Welchen Betrag wird die Bank bei einem Kurs von 1,6126 auszahlen?

4. Ein deutsches Porzellanwerk bietet ein Teeservice in Deutschland für 195,00 € an. Wie hoch müsste der Preis angesetzt werden, wenn es einem Schweizer Importeur angeboten werden soll? Kurse: Ankauf: 1,5476 und Verkauf: 1,6126

5. Eine Urlauberin plant einen Ferienaufenthalt in Bornholm (Dänemark). Sie tauscht vor ihrer Abreise 400,00 € in dänische Kronen (dkr) um. Kurz vor der Abreise wird sie krank und muss den Urlaub absagen. Den Betrag an dkr tauscht sie in € zurück. Wie hoch ist der Verlust, den sie durch den Rücktausch erleidet? (Kurse: Ankauf: 7,0358, Verkauf: 7,8858)

Vermischte Aufgaben 1.1

1. Ein Handelsvertreter erzielte im vergangenen Monat einen Umsatz von 42 650,00 € und erhielt dafür eine Provision von 2 132,50 €. In diesem Monat betrug der Umsatz 32 890,00 €. Um wie viel € fällt die Provision dadurch niedriger aus?

2. Ein privater Haushalt hatte im vergangenen Jahr einen Stromverbrauch von 3 911 kWh und zahlte dafür 654,27 €. Im Jahr davor hatte der Stromverbrauch noch 4 241 kWh betragen. Wie viel € konnte der Haushalt durch den geringeren Verbrauch bei gleichem Stromtarif einsparen?

3. Ein Reisender rechnet für eine Fahrstrecke von 796 km im privaten Pkw 175,12 € an Reisekosten bei seinem Arbeitgeber ab. Wie viel kann er für eine Fahrleistung von 1 192 km abrechnen?

4. Ein Hausbesitzer hat ausgerechnet, dass er mit seinem Heizölvorrat bei eine durchschnittlichen Verbrauch von 40 Liter pro Tag 150 Tage heizen kann. Wie viel Tage kann er länger heizen, wenn es ihm durch Sparmaßnahmen gelingt, den durchschnittlichen Tagesverbrauch um ein Zehntel zu senken?

5. Ein Käufer zahlt für ein 480 m^2 großes Grundstück insgesamt 76 800,00 € zuzüglich einer Grunderwerbssteuer von 2 688,00 €. Wie hoch sind unter gleichen Bedingungen der Grundstückspreis und die Grunderwerbssteuer bei einem 540 m^2 großen Grundstück?

6. Ein ausländischer Lieferant bietet 12 t eines Rohstoffes zu einem Preis von 3 660,00 € an. Eine spätere Bestellung über 8 t desselben Rohstoffes wird mit 2 502,40 € berechnet. Berechnen Sie den Preisunterschied je t.

7. Für eine Rohrleitung, die entlang einer Straße zu verlegen ist, wurde berechnet, dass insgesamt 64 Rohre von je 7,50 m Länge benötigt werden. Welche Stückzahl ist zu bestellen, wenn nur noch Rohre von je 6 m Länge lieferbar sind?

8. Ein Großhändler stellt für die Inventurarbeiten am Jahresabschluss Hilfskräfte ein und engagierte dafür im letzten Jahr 12 Mitarbeiter, die dafür 6 Tage benötigten. Wie viel Mitarbeiter müssen in diesem Jahr zusätzlich eingestellt werden, wenn die Arbeit zwei Tage früher abgeschlossen sein soll, der Lagerumfang aber um ein Zehntel größer ist als noch vor einem Jahr?

9. Ein Pkw hat für eine 420 km lange Fahrt 34,86 Liter Benzin verbraucht. Wie hoch sind die Benzinkosten auf 100 km Fahrt, wenn der Benzinpreis 1,34 €/Liter beträgt?

10. Eine Weinhandlung erhält 200 Flaschen Wein in 0,75-Liter-Flaschen zu 3,90 €/Flasche. Die Lieferung soll gegen eine andere Sorte Wein mit einem Flaschenpreis von 5,20 € umgetauscht werden. Welche Anzahl kann der Lieferer bei gleichem Gesamtpreis liefern?

11. Eine Mosterei füllt mit 6 Maschinen gleichen Typs bei einer täglichen Arbeitszeit von 7 Stunden in einer Arbeitswoche (5 Tage) 23 480 Liter Apfelsaft ab. Weil vorübergehend eine Maschine ausfällt, sollen die restlichen fünf Maschinen in der Woche eine halbe Stunde am Tag länger laufen. Wird der Ausfall der Maschine durch diese Maßnahme ausgeglichen?

12. Ein Autofahrer hat für seinen Pkw die Gesamtjahressteuer (365 Tage) mit 135,00 € an das Finanzamt abgeführt. Nach Kauf eines neuen Pkw wird dieser mit einer neuen Jahresrechnung veranlagt. Die überschüssig gezahlten Steuern für den alten Pkw werden mit 35,00 € gutgeschrieben. Nach wie viel Tagen des laufenden Jahres fand der Fahrzeugwechsel statt?

13. Die Kosten für einen Gehweg innerhalb einer Wohnsiedlung in Höhe von 13 608,00 € sollen entsprechend der Grundstücksgrößen auf die Anlieger verteilt werden. Wie hoch sind die Anliegergebühren bei folgenden Grundstücksgrößen: Familie Peters 460 m^2, Familie Hansen 620 m^2, Frau Helmers 420 m^2 und Familie Eggers 660 m^2?

14. Ein Unternehmen schüttet am Jahresende eine Erfolgsprämie über 12 000,00 € an seine vier Außendienstmitarbeiter aus. Wie viel € erhält jeder, wenn die Prämie
a) nach dem Jahresumsatz verteilt wird. Die Mitarbeiter haben im Einzelnen folgende Umsätze erzielen können: A: 140 000,00 €; B: 120 000,00 €; C: 154 000,00 €; D: 146 000,00 €.
b) nach der Dauer der Betriebszugehörigkeit wird, wobei A dem Unternehmen 5 Jahre; B 8 Jahre; C 4 Jahre und D 3 Jahre für die Firma arbeitet.

15. Eine Personengesellschaft hat im vergangenen Jahr einen Gewinn in Höhe von 72 000,00 € erzielt. Die 4 Gesellschafter teilen den Gewinn entsprechend der Höhe ihrer Kapitaleinlage.

Gesellschafter	**Einlage (€)**
A	360 000,00
B	300 000,00
C	240 000,00
D	180 000,00

Berechnen Sie mit Hilfe des Proportionalitätsfaktors die Gewinnanteile für jeden der vier Gesellschafter. Begründen Sie, dass die Zuordnung Einlage → Gewinnanteil proportional ist.

16. In einem Mehrfamilienhaus wohnen drei Mietparteien. Die Heizkosten in Höhe von 3 420,00 € sollen je zur Hälfte nach der Wohnungsgröße und nach den Verbrauchswerten der Wärmemessgeräte verteilt werden. Bestimmen Sie in einer übersichtlichen Tabelle die Heizkosten je Wohnung, wenn folgende Daten zu berücksichtigen sind:

Wohnung	Wohnungsgröße (m^2)	Verbrauchswerte
I	125	68
II	80	52
III	25	44

17. Die Personalstatistik eines Betriebes weist für zwei aufeinander folgende Jahre folgende Zahlen aus:

	Vorjahr	dieses Jahr
Angestellte insgesamt:	3 600	4 200
davon weibliche:	1 440	2 016

a) Wie hätte sich die Anzahl der weiblichen Angestellten verändern müssen, damit ihr Anteil an den insgesamt beschäftigten Angestellten gleichgeblieben wäre?
b) Stellen Sie das Verhältnis weibliche : männliche Angestellte in zwei Kreisdiagrammen für beide Jahre gegenüber.

18. Die Selbstkosten eines industriellen Produkts betragen 910,00 € und teilen sich auf in

Materialkosten	345,00 €
Fertigungskosten	355,00 €
Verwaltungsgemeinkosten	70,00 €
Vertriebsgemeinkosten	140,00 €

Veranschaulichen Sie die Zusammensetzung der Kostenbestandteile in einem Kreisdiagramm.

19. Unser Stockholmer Kunde überweist uns 30 460,00 skr. Welchen €-Betrag schreibt uns die Bank gut (Kurse: 9,1672 und 9,2152)?

20. Ein Textilhaus bezieht aus London 160 yds eines Stoffes zum Gesamtpreis von 296 englische Pfund. Wie hoch ist der Preis für einen Meter dieses Stoffes in €, wenn 12 yds umgerechnet 11 m entsprechen und der Kurs bei 0,6216 liegt.

21. Ein Schweizer Geschäftsmann tauscht bei einer deutschen Bank 200,00 sfr in € um. Welchen Betrag erhält er ausgezahlt (Ankaufskurs: 1,5476; Verkaufskurs: 1,6126)?

1.2 Grundlagen der Prozentrechnung

Die Prozentrechnung als Vergleichsrechnung

Bei Vergleichen von Preisnachlässen, Umsatzzahlen, Gehaltssteigerungen oder ähnlichen Daten des täglichen Lebens ist es oft nicht ausreichend, nur die reinen Zahlenangaben heranzuziehen. Oftmals ist es zweckmäßig, sie vorher durch eine geeignete Umrechnung aufzubereiten, um sie so besser beurteilen zu können. Dies geschieht in der Regel mit Hilfe der Prozentrechnung.

Einführungsbeispiel:

Ein Industriebetrieb fertigt Stanzteile auf zwei verschiedenen Maschinen A und B. Während die Maschine A in einer vorgegebenen Zeit 2 000 Teile fertigt, von denen 80 Teile unbrauchbar sind, können auf Maschine B in derselben Zeit 3 000 Teile erstellt werden, von denen allerdings 120 Teile unbrauchbar sind.
Wie ist die Situation hinsichtlich der Zahl der unbrauchbaren Teile (Ausschussstücke) zu beurteilen?

Lösung:

Maschine A produziert mit 80 Teilen weniger Ausschuss als Maschine B (120 Teile). Dieser **absolute Zahlenvergleich** ist aber nicht aussagekräftig, weil auf Maschine B mehr Teile gestanzt werden (3 000 Teile) als auf Maschine A (2 000 Teile).
Mit Hilfe der Prozentrechnung kann verglichen werden:

1. Möglichkeit: **Verhältnisrechnung**
Die Ausschussteile werden zur Gesamtmenge ins Verhältnis gesetzt und dann als Hundertstelbruch geschrieben. Dies führt zur Prozentschreibweise.

Maschine	Ausschuss	Gesamtmenge
A	80 Stücke	2 000 Stücke
B	120 Stücke	3 000 Stücke

Bruchverhältnis		Dezimalbruch		Hundertstelbruch		Prozentschreibweise
$\frac{80}{2\,000}$	=	0,04	=	$\frac{4}{100}$	=	**4 %**
$\frac{120}{3\,000}$	=	0,04	=	$\frac{4}{100}$	=	**4 %**

2. Möglichkeit: **Dreisatzrechnung**
Es wird berechnet, wie viel Ausschussteile „für je 100“ Stanzteile angefallen sind. Dies geschieht mit der Dreisatzrechnung (gerades Verhältnis)

A: Von 2 000 Teilen sind 80 Teile unbrauchbar.
Von 100 Teilen sind x Teile unbrauchbar.

$$x = \frac{80 \cdot 100}{2\,000} = 4$$

B: Von 3 000 Teilen sind 120 Teile unbrauchbar.
Von 100 Teilen sind x Teile unbrauchbar.

$$x = \frac{120 \cdot 100}{3\,000} = 4$$

Die Ausschussquote beträgt bei beiden Maschinen 4 %.

Auswertung:
Auf beiden Maschinen fallen „pro Hundert“ produzierten Stanzteilen 4 unbrauchbare Teile an. **Anders formuliert:** Die Ausschussquoten beider Maschinen betragen 4 % und sind damit gleich **(relativer Zahlenvergleich).** Für Hundert oder „pro Hundert“ wird geschrieben „Prozent“ (lateinisch: „pro centum“).

Die Grundgleichung der Prozentrechnung

Das einführende Beispiel hat gezeigt, dass beim relativen Zahlenvergleich mit Hilfe der Prozentrechnung zwei oder mehrere Teilgrößen (Prozentwerte P) zu den zugehörigen Gesamtgrößen (Grundwerte G) ins Verhältnis gesetzt werden. Auf diese Weise entstehen Brüche der Form $\frac{P}{G}$. Werden diese auf den Nenner 100 gebracht, so wird der Zähler des dabei entstandenen Bruches $\frac{p}{100}$ als Prozentsatz p bezeichnet. Die Prozentrechnung ist damit eine Vergleichsrechnung mit der Bezugszahl 100. In der Prozentschreibweise gilt: $\frac{p}{100} = p\,\%$.

Die Größen der Prozentrechnung können wie folgt in einer Grundgleichung geschrieben werden:

Merke

Die Gleichung $\frac{\textbf{Prozentwert}}{\textbf{Grundwert}} = \frac{\textbf{Prozentsatz}}{\textbf{100}}$, **kurz:** $\frac{P}{G} = \frac{p}{100}$

heißt **Grundgleichung** der Prozentrechnung.

Übungen

1. Ordnen Sie die in den folgenden Beispielen enthaltenen Zahlenangaben die Begriffe Prozentwert, Prozentsatz und Grundwert zu:

a) In der Tagesproduktion von 5 400 Stück einer Massenware waren 120 Stück unbrauchbar.
b) Auf einen Rechnungsbetrag von 2 395,00 € wurden 3 % Skonto gewährt.
c) In der letzten Mathearbeit erhielten 3 Schüler die Note gut, das entsprach 10 % der Schüler.
d) Ein Einzelhändler bietet auf eine Couchgarnitur, Auszeichnungspreis 2 400,00 €, einen Rabatt von 25 %.

2. Stellen Sie die folgenden Dezimalzahlen als Hundertstelbruch und in der Prozentschreibweise dar: a) 0,25 b) 0,19 c) 0,02 d) 0,135 e) 1,12 f) 0,75 g) 2,15

3. Wandeln Sie die folgenden Brüche in Dezimalschreibweise um und dann in Hundertstelbrüche:

a) $\frac{6}{200}$ b) $\frac{12}{800}$ c) $\frac{14}{1\,400}$ d) $\frac{2{,}5}{40}$ e) $\frac{16}{250}$ f) $\frac{14}{175}$ g) $\frac{475}{3\,800}$ h) $\frac{6}{240}$

4. Stellen Sie die folgenden Prozentangaben in Dezimalschreibweise und als Hundertstelbruch dar:
a) 12 % b) 18,4 % c) 4 % d) 120 % e) 0,5 % f) 13,25 % g) 0,04 % h) 72 %

Rechnen mit der Grundgleichung

Sind von den drei Größen Prozentsatz, Prozentwert oder Grundwert jeweils zwei gegeben, so lässt sich die fehlende Größe mit Hilfe der Grundgleichung berechnen, wenn die Gleichung entsprechend umgeformt wird. Als weitere Möglichkeit steht die Dreisatzrechnung als Lösungsverfahren bereit. In einigen Fällen ist der Einsatz des Prozentfaktors von Bedeutung.

Berechnung des Prozentsatzes

Beispiel:

In einem Industriebetrieb mit 800 Beschäftigten fehlen im Durchschnitt pro Tag 12 wegen Krankheit. Wie hoch ist die krankheitsbedingte Fehlquote des Betriebes?

Lösung:

Lösung mittels Grundgleichung:

Die Grundgleichung $\frac{P}{G} = \frac{p}{100}$ ist nach der gesuchten Größe p aufzulösen:

$$p = \frac{P}{G} \cdot 100$$

Gegeben: G = 800
P = 12
Gesucht: p

$$p = \frac{12}{800} \cdot 100 = 1{,}5$$

Lösung mittels Dreisatzrechnung:
Es liegt eine proportionale Zuordnung vor. Weniger Beschäftigte entsprechen auch weniger %. Das Ergebnis muss also kleiner als 100 sein. Es ist mit der kleineren Zahl 12 zu multiplizieren und durch die größere Zahl 800 zu dividieren.

800 fehlende Beschäftigte entsprechen 100 %.
12 fehlende Beschäftigte entsprechen x %.

$$x = \frac{100 \cdot 12}{800} = 1{,}5$$

Antwort: Die Krankheitsquote beträgt 1,5 %.

Übungen

1. Die Tagesproduktion eines Massenartikels ergab auf der Maschine A mit 2 400 produzierten Stücken insgesamt 32 Ausschussstücke. An der Maschine B fielen bei der Prüfung der insgesamt 2 650 produzierten Stücke 24 Ausschussstücke an. Wie hoch sind die Ausschussquoten?

2. Ein Taschenkalender wurde im Januar von 8,00 € auf 5,90 € im Preis herabgesetzt. Welchem Preisnachlass entspricht das in Prozent?

3. Die Aktie eines Chemiekonzerns stieg von 42,50 € auf 46,20 €. Ein Automobilwert konnte sogar von 62,60 € um 5,40 € zulegen. Welche Aktie stieg prozentual am meisten?

4. Ein Möbelhändler hat zum Saisonabschluss die Preise für Gartenmöbel heruntergezeichnet: Der Gartentisch „Riviera“, bisheriger Preis 129,00 €, wurde um 30,00 € billiger. Der Sonnenschirm „Atlantis“, regulärer Preis 198,00 €, kostet jetzt nur noch 150,00 €. Um wie viel Prozent wurden die beiden Artikel herabgesetzt?

Berechnung des Prozentwertes

Beispiel:

Von den 800 Beschäftigten des Betriebes werden im kommenden Jahr 3 % aus Altersgründen in den Ruhestand gehen. Wie viel Personen sind davon betroffen?

Lösung:

Lösung mittels Grundgleichung:

Die Grundgleichung $\frac{P}{G} = \frac{p}{100}$ ist nach der gesuchten Größe P aufzulösen: $P = G \cdot \frac{p}{100}$

Gegeben: G = 800
p = 3
Gesucht: P

$$P = 800 \cdot \frac{3}{100} = 24$$

Lösung mittels Dreisatzrechnung:
Es liegt eine proportionale Zuordnung vor. Weniger Prozent entsprechen auch weniger Beschäftigte. Das Ergebnis muss also kleiner als 800 sein. Es ist mit der kleineren Zahl 3 zu multiplizieren und durch die größere Zahl 100 zu dividieren.

100 % entsprechen 800 Beschäftigte
3 % entsprechen x Beschäftigte

$$x = \frac{800 \cdot 3}{100} = 24$$

Lösung mittels Prozentfaktor:

Der aus p = 3 gebildete Hundertstelbruch $\frac{3}{100}$ wird in Dezimalschreibweise geschrieben. So ergibt sich zunächst der Prozentfaktor 0,03.
Mit diesem Faktor ist der Grundwert G = 800 zu multiplizieren. Das Produkt ist der gesuchte Wert.

Prozentfaktor: 0,03

$P = 800 \cdot 0{,}03 = 24$

Antwort: Es scheiden 24 Beschäftigte aus.

Übungen

1. Ein Rechnungsbetrag beläuft sich auf 1 276,00 €. Um wie viel € kann der Schuldner den Betrag kürzen, wenn er 2,5 % Skonto abziehen darf? Wie hoch ist dann noch der Überweisungsbetrag?

2. Ein Kaufhaus gewährt auf einige Artikel der Fotoabteilung verschiedene Preisabschläge. Ermitteln Sie diese aufgrund der vorgegebenen Prozentsätze und berechnen Sie die neuen Preise.

	a)	b)	c)	d)
Alter Preis	445,00	128,50	295,00	65,80
Preisabschlag	25 %	20 %	15 %	5 %

3. Von einer Warenlieferung mit einem Bruttogewicht von 92,5 kg werden 3 % für Verpackung (= Tara) abgezogen. Berechnen Sie das Verpackungs- und das Nettogewicht.

Berechnung des Grundwertes

Beispiel:

Die Personalstatistik des Betriebes weist aus, dass sich derzeit 4 Frauen in Mutterschaftsurlaub befinden. Das entspricht einer Quote von 1,6 % der beschäftigten Frauen. Wie viel Frauen sind in dem Betrieb beschäftigt?

Lösung:
Lösung mittels Grundgleichung:

Die Grundgleichung $\frac{P}{G} = \frac{p}{100}$ ist nach der gesuchten Größe G aufzulösen:

$$G = \frac{P \cdot 100}{p}$$

Gegeben: P = 4
p = 1,6

Gesucht: G

$$G = \frac{4 \cdot 100}{1{,}6} = 250$$

Lösung mittels Dreisatzrechnung:
Es liegt eine proportionale Zuordnung vor. Mehr Prozent entsprechen auch mehr Frauen. Das Ergebnis muss also größer als 4 sein. Es ist mit der größeren Zahl 100 zu multiplizieren und durch die kleinere Zahl 1,6 zu dividieren.

1,6 % entsprechen 4 Frauen
100 % entsprechen x Frauen

$$x = \frac{4 \cdot 100}{1{,}6} = 250$$

Lösung mittels Prozentfaktor:
Der aus p = 1,6 gebildete Hundertstelbruch $\frac{1{,}6}{100}$ wird in Dezimalschreibweise geschrieben. So ergibt sich zunächst der Prozentfaktor 0,016. Durch diesen Faktor ist der Prozentwert P = 4 zu dividieren. Das Ergebnis ist der gesuchte Wert.

Prozentfaktor: 0,016

P = 4 : 0,016 = 250

Antwort: Es werden 250 Frauen beschäftigt.

Übungen

1. Aufgrund eines Wasserschadens gewährt ein Einzelhändler 15 % Nachlass auf alle beschädigten Waren. Hierdurch wird der Preis eines Wettermantels um 44,70 € herabgesetzt. Wie hoch war der Artikel regulär ausgezeichnet?

2. Durch die Insolvenz eines Betriebes erhält ein Gläubiger nur noch 4 668,80 € ausbezahlt. Die Insolvenzquote beträgt 32 %. Wie hoch war die ursprüngliche Forderung des Gläubigers an den Betrieb?

3. Der Preis eines Mittelklassewagens wird um 3,6 % angehoben, das entspricht einer Erhöhung um 593,10 €. Berechnen Sie den früheren und den neuen Preis des Fahrzeugs.

4. Die Besucherzahlen eines Freibades gingen in diesem Sommer wegen des schlechten Wetters um 14,5 % zurück, es wurden ca. 20 590 Eintrittskarten weniger verkauft als im Vorjahr. Wie hoch war die Besucherzahl des Freibades im Vorjahr, wie hoch ist sie in diesem Jahr?

Vermischte Aufgaben zum Rechnen mit der Grundgleichung

1. Ein Kaufhaus gewährt einem Kunden, der für ein Fernsehgerät regulär 1 298,00 € gezahlt hat, aufgrund einer Reklamation nachträglich einen Nachlass von 100,00 € auf dieses Gerät.
Wie viel Prozent beträgt der Preisnachlass?

2. Auf eine Rechnung in Höhe von 752,80 € wird bei Barzahlung ein Skonto von 2 % gewährt. Welchen Betrag kann der Kunde dadurch abziehen und welchen Betrag muss er dem Lieferanten noch überweisen?

3. Der Gesellschafter Ahrens erhält laut Vertrag 12 % vom Reingewinn der Gesellschaft. Dadurch stehen ihm in diesem Jahr 4 986,00 € zu. Welchen Reingewinn konnte die Gesellschaft demnach erzielen?

4. Ein Vertreter erhält von seinem Arbeitgeber ein Festgehalt von 1 800,00 € und zuzüglich eine Umsatzprovision von 4 %. Welches Gehalt kann er erwarten, wenn er im vergangenen Monat einen Umsatz von 38 675,00 € erzielte?

5. Die Forderung eines Lieferanten gegenüber seinem in Konkurs geratenen Kunden betrug 2 476,00 €. Aus der Konkursmasse erhielt er nur 1 881,76 €. Wie hoch war der Verlust in Prozent?

6. Ein Großhändler gewährt auf den Listenpreis eines Hochdruckreinigers über 178,00 € einen Wiederverkäuferrabatt von 17,5 %. Welchen Betrag kann der Einzelhändler abziehen und welcher Einkaufspreis ergibt sich dadurch für ihn?

7. Ein Umschüler gründete vor vier Jahren einen Kleinbetrieb für PC-Dienstleistungen. Seither entwickelte sich sein Umsatz wie folgt:
1. Jahr: 38 400,00 € 2. Jahr: 43 250,00 € 3. Jahr: 48 920,00 € 4. Jahr: 55 675,00 €
a) In welchem Jahr ist der Umsatz prozentual am meisten gestiegen?
b) Um wie viel Prozent ist der Umsatz insgesamt seit Betriebsbeginn gestiegen?

8. Eine Firma kündigt eine 3%ige Preiserhöhung auf ihre Dienstleistungen an. Dadurch wird ein Artikel um 3,45 € teurer.
a)Wie hoch war der Preis vor der Preiserhöhung?
b) Wie viel muss ein Kunde nach der Preiserhöhung zahlen?

9. Eine Maschine mit einem Anschaffungswert von 132 400,00 € soll mit jährlich gleich bleibenden Beträgen (= lineare Abschreibung) abgeschrieben werden. Wie hoch ist der jährliche Abschreibungsbetrag bei einem Abschreibungssatz von 12,5 %?

10. Ein Kaufmann kürzt eine Liefererrechnung über 4 872,15 € um 73,08 € Skonto. Welcher Skontosatz wurde ihm gewährt?

11. Die vier Filialen einer Backwarenkette verzeichneten im vergangenen Monat folgende Umsätze:

Filiale Hauptstraße	13 280,00 €	Filiale Brunnenstraße	32 160,00 €
Filiale Hafenallee	44 500,00 €	Filiale Stautor	24 390,00 €

Ermitteln Sie, mit wie viel Prozent die vier Filialen am Gesamtumsatz des Unternehmens beteiligt sind. Veranschaulichen Sie die Verteilung an einem Kreisdiagramm.

Berechnung des vermehrten und verminderten Grundwerts

Wird in der Prozentrechnung von einem gegebenen Grundwert G ausgehend ein Prozentwert aufgeschlagen oder abgezogen, so ist nach dem neuen vermehrten oder verminderten Grundwert G^+ oder G^- gefragt. Er kann berechnet werden, indem zunächst mit Hilfe des gegebenen Prozentsatzes der Prozentwert ausgerechnet und dann auf den alten Grundwert aufgeschlagen oder von ihm abgezogen wird. Kürzer ist es, ihn direkt zu berechnen. Als Lösungsmöglichkeiten stehen die Dreisatzrechnung und die Verhältnisrechnung zur Verfügung. Besonders günstig erweist sich aber die Berechnung unter Verwendung des Prozentfaktors. Außerdem empfiehlt sich die Verwendung eines Lösungsschemas.

Berechnung des vermehrten Grundwertes

Beispiel:

Die Elektroabteilung eines Kaufhauses möchte eine Waschmaschine, bisheriger Preis 600,00 €, neu auszeichnen und den Preis um 8 % erhöhen. Wie hoch ist der neue Preis (= *vermehrter Grundwert*)?

Lösung:

Lösung mittels Verhältnisgleichung:
Nach Aufstellen eines Lösungsschemas werden den Geldbeträgen die Prozentsätze zugeordnet, Der vermehrte Grundwert G^+ entspricht (100 + 8) % = 108 %.
Dieser wird direkt über die abgeänderte **Grundgleichung** $\frac{G}{G^+} = \frac{100}{108}$ berechnet.

Die Verhältnisgleichung wird nach G^+ aufgelöst und der erhaltene Bruch errechnet.

Lösungsschema:

G:	Bisheriger Preis	600,00 €	= 100 %
P:	+ Erhöhung		= 8 %
G^+:	Neuer Preis	**G^+**	= **108** %

$$\frac{600,00}{\mathbf{G^+}} = \frac{100}{108} \quad | \text{ Kehrwert}$$

$$\frac{\mathbf{G^+}}{600,00} = \frac{108}{100} \quad | \cdot 600,00$$

$$\mathbf{G^+} = \frac{108 \cdot 600,00}{100} = \mathbf{648,00}$$

Lösung mittels Dreisatz:
Die im Lösungsschema dargestellte Zuordnung der Prozentsätze zu den Geldbeträgen wird in den Dreisatzansatz übernommen. Die Lösung erfolgt über die Grundregel der proportionalen Zuordnung.

100 % entsprechen 600,00 €.
108 % entsprechen x €.

$$x = \frac{600,00 \cdot 108}{100} = \mathbf{648,00}$$

Lösung mittels Prozentfaktor:
Der dem vermehrten Grundwert G^+ zugeordnete Prozentsatz (100 + 8) % = 108 % wird als Hundertstelbruch geschrieben und in eine Dezimalzahl umgewandelt.

Der gegebene Grundwert ist nur noch mit dem Prozentfaktor 1,08 zu multiplizieren. Der neue Preis beträgt 648,00 €.

G: Bisheriger Preis	600,00 € = 100 %		
P: + Erhöhung	= 8 %		· **1,08**
G^+: Neuer Preis	**648,00** € = **108** %		

Ermitteln des Prozentfaktors: 108 % = $\frac{108}{100}$ = **1,08**

Berechnung des vermehrten Grundwerts:
$G^+ = 600,00 \cdot 1,08 = \mathbf{648,00}$

Berechnung des verminderten Grundwertes

Beispiel:

Aufgrund eines Farbfehlers wird ein Mountainbike, regulärer Preis 900,00 €, im Preis um 20 % gesenkt. Wie hoch ist der neue Preis (= *verminderter Grundwert*)?

Lösung:

Lösung mittels Verhältnisgleichung:
Nach Aufstellen eines Lösungsschemas werden den Geldbeträgen die Prozentsätze zugeordnet, Der verminderte Grundwert G^- entspricht (100 – 20) % = 80 %.
Dieser wird direkt über die abgeänderte **Grundgleichung** $\frac{G}{G^-} = \frac{100}{80}$ berechnet.

Die Verhältnisgleichung wird nach G^- aufgelöst und der erhaltene Bruch errechnet.

Lösungsschema:

G: Bisheriger Preis	900,00 €	=	100 %
P: – Preisnachlass		=	20 %
G^-: Neuer Preis	**G^-**	=	**80** %

$$\frac{900,00}{\mathbf{G^-}} = \frac{100}{80} \quad | \text{ Kehrwert}$$

$$\frac{\mathbf{G^-}}{900,00} = \frac{80}{100} \quad | \cdot 900,00$$

$$\mathbf{G^-} = \frac{80 \cdot 900,00}{100} = \mathbf{720,00}$$

Lösung mittels Dreisatz:
Die im Lösungsschema dargestellte Zuordnung der Prozentsätze zu den Geldbeträgen wird in den Dreisatzansatz übernommen. Die Lösung erfolgt über die Grundregel der proportionalen Zuordnung.

100 % entsprechen 900,00 €.
80 % entsprechen x €.

$$x = \frac{900,00 \cdot 80}{100} = \mathbf{720,00}$$

Lösung mittels Prozentfaktor:
Der dem verminderten Grundwert G^- zugeordnete Prozentsatz (100 – 20) % = 80 % wird als Hundertstelbruch geschrieben und in eine Dezimalzahl umgewandelt.

Lösungsschema:

G: Bisheriger Preis	900,00 €	=	100 %	┐
P: – Preisnachlass		=	20 %	· 0,8
G^-: Neuer Preis	**G^-**	=	**80** %	←

Ermitteln des Prozentfaktors:

$$80\ \% = \frac{80}{100} = \mathbf{0,8}$$

Der gegebene Grundwert ist nur noch mit dem Prozentfaktor 0,8 zu multiplizieren. Der neue Preis beträgt 720 €.

Berechnung des verminderten Grundwerts:

$$G^- = 900,00 \cdot 0,8 = \mathbf{720,00}$$

Übungen

1. Wandeln Sie die gegebenen Prozentzuschläge in Prozentfaktoren um und umgekehrt:

a)

Prozentzuschlag	Prozentfaktor
19 %	?
26 %	?
3,25 %	?
120 %	?

b)

Prozentfaktor	Prozentzuschlag
1,06	?
1,2	?
1,19	?
2,6	?

2. Wandeln Sie die gegebenen Prozentabschläge in Prozentfaktoren um und umgekehrt.

a)

Prozentabschlag	Prozentfaktor
15 %	?
22 %	?
2,5 %	?
40 %	?

b)

Prozentfaktor	Prozentabschlag
0,95	?
0,72	?
0,945	?
0,556	?

3. Berechnen Sie – ausgehend vom gegebenen Grundwert – den Endbetrag mit Hilfe von Prozentfaktoren:

a) 4 250,00 € zuzüglich 5 % c)12 500,00 € zuzüglich 2,2 % e) 82,50 € zuzüglich 12,5 %
b) 175,00 € zuzüglich 40 % d) 1 395,00 € zuzüglich 15 % f) 668,20 € zuzüglich 2,5 %

4. Berechnen Sie – ausgehend vom gegebenen Grundwert – den Endbetrag mit Hilfe von Prozentfaktoren.

a) 5 750,00 € abzüglich 15 % c) 2 680,00 € abzüglich 4,5 % e) 12,80 € abzüglich 25 %
b) 225,00 € abzüglich 20 % d) 4 520,00 € abzüglich 35 % f) 115,50 € abzüglich 2,5 %

5. Folgende Rechnungen sind nach Abzug des angegebenen Skontosatzes zu überweisen. Berechnen Sie die Überweisungs- und Skontobeträge.

Rechnungsbetrag	Skonto	Überweisungsbetrag	Skonto
1 490,00 €	2 %	? €	? €
1 835,00 €	1,5 %	? €	? €
435,50 €	3 %	? €	? €
568,20 €	1 %	? €	? €

6. Welche Bruttopreise ergeben sich aus den angegebenen Nettopreisen unter Berücksichtigung der Umsatzsteuer von 19 %? Ermitteln Sie auch die Umsatzsteuerbeträge.

Nettopreise (€)	580,00	448,00	32,75	235,00	1 825,00	11 700,00
Bruttopreise (€)	?	?	?	?	?	?
Umsatzsteuer (€)	?	?	?	?	?	?

7. Aufgrund von allgemeinen Kostensteigerungen erhöht ein Versorgungsunternehmen die Preise für Erdgas um 8,5 %. Mit welcher Ausgabe muss ein Haushalt künftig für diese Ausgaben rechnen, der bisher durchschnittlich mit 2 240,00 € kalkulierte?

8. Der Verkaufspreis einer Maschine beträgt 2 450,00 € und soll während einer Messe um 15 % gesenkt werden. Berechnen Sie den Messepreis der Maschine.

Zusammengesetzte Prozentrechnung

Schließt sich an die Berechnung eines vermehrten oder verminderten Grundwertes ein weiterer Prozentzuschlag oder -abschlag an, so ist der zunächst berechnete vermehrte oder verminderte Grundwert aus dem ersten Schritt für die weitere Berechnung als neuer Grundwert mit 100 % anzusetzen. Es werden also mehrere Prozentrechnungen aneinandergesetzt. Solche Aufgaben werden als **zusammengesetzte Prozentaufgaben** bezeichnet.

Beispiel:

Eine Ware ist mit 800,00 € ausgezeichnet. Der Händler setzt diesen Preis um 10 % herauf. Als daraufhin die Nachfrage stark nachlässt, reduziert er den aufgrund der Preiserhöhung entstandenen Preis um 10 %. Wie hoch ist der Preis nach der Preissenkung?

Lösung:

Lösung mittels Verhältnisrechnung:
Im 1. Schritt wird der erhöhte Preis berechnet, indem auf den alten Preis 10 % aufgeschlagen werden. Der dadurch entstehende neue Grundwert (Zwischenpreis) entspricht (100 + 10) % = 110 %.

Dieser wird direkt über die abgeänderte **Grundgleichung** $\frac{800}{G^+} = \frac{100}{110}$ berechnet und beträgt 880,00 €.

Im **2.** Schritt wird der Zwischenpreis von 880,00 € als neuer Grundwert (= 100 %) in die Grundgleichung eingesetzt. Diese wird bei gleichen Rechenschritten nach G^- (neuer Preis) aufgelöst. Der neue Preis beträgt 792,00 €

Lösungsschema:

Bisheriger Preis	800,00 €	=100 %
+ Preiserhöhung		= 10 %
Zwischenpreis	G^+ = ***880,00 €***	= 110 % =100%
– Preissenkung		= 10 %
Neuer Preis	G^- = ***792,00 €***	= 90 %

1. Schritt: $\frac{800{,}00}{G^+} = \frac{100}{110}$ | Kehrwert

$$\frac{G^+}{800{,}00} = \frac{110}{100} \quad | \cdot 800{,}00$$

$$G^+ = \frac{110 \cdot 800}{100} = 880{,}00$$

2. Schritt: $\frac{880{,}00}{G^-} = \frac{100}{90}$ | Kehrwert

$$\frac{G^-}{880{,}00} = \frac{90}{100} \quad | \cdot 880{,}00$$

$$G^- = \frac{90 \cdot 880{,}00}{100} = \mathbf{792{,}00}$$

Lösung mittels Dreisatz:
Der ursprüngliche Preis beträgt 800,00 € = 100 % (*Bedingungssatz*). Der vermehrte Grundwert (= 110 %) entspricht dem Zwischenpreis (*Fragesatz*). Es ergibt sich ein Zwischenpreis von 880,00 €.
Dieser Zwischenpreis ist im 2. Schritt der neue Grundwert (= 100 %) und ergibt den *Bedingungssatz*. Der verminderte Grundwert (neuer Preis) entspricht 90 % (*Fragesatz*).

1. Schritt: 100 % entsprechen 800,00 €.
110 % entsprechen x €.

$$x = \frac{800{,}00 \cdot 110}{100} = \mathbf{880{,}00}$$

2. Schritt: 100 % entsprechen **880,00 €.**
90 % entsprechen x €.

$$x = \frac{800{,}00 \cdot 90}{100} = \mathbf{792{,}00}$$

Lösung mittels Prozentfaktor:
Für die Ermittlung der Prozentfaktoren werden die Prozentsätze für den vermehrten Grundwert G^+ und den verminderten Grundwert G^- zunächst als Hundertstelbrüche geschrieben und dann in Dezimalzahlen umgewandelt.

Der gegebene Grundwert ist nur noch mit den erhaltenen Prozentfaktoren 1,1 und 0,9 zu multiplizieren. Das Ergebnis ist der gesuchte neue Preis.

Lösungsschema:

Bisheriger Preis	800,00 €	=100 %	↓
+ Preiserhöhung		= 10 %	↓ · **1,1**
Zwischenpreis	G^+ = ***880,00 €***	= 110 % = 100 %	↓
– Preissenkung		= 10 %	↓ · **0,9**
Neuer Preis	G^- = ***792,00 €***	= 90 %	

Prozentfaktoren:

$$(100 + 10)\% = 110\,\% = \frac{110}{100} = 1{,}1$$

$$(100 - 10)\% = 90\,\% = \frac{90}{100} = 0{,}9$$

Neuer Preis: 800,00 € · 1,1 · 0,9 = **792,00 €.**

Übungen

1. Ein Grundwert wird in zwei Rechenschritten um zwei Zuschläge erhöht bzw. um zwei Abschläge herabgesetzt. Berechnen Sie die neuen Grundwerte.

a) Zwei Prozentzuschläge

Grundwert	1. Zuschlag	2. Zuschlag
1 385,00 €	50 %	50 %
127,00 €	7 %	2 %
2 456,00 €	45 %	26 %

b) Zwei Prozentabschläge

Grundwert	1. Abschlag	2. Abschlag
2 342,00 €	50 %	50 %
120,40 €	32 %	15 %
438,90 €	15 %	2,5 %

2. Ein gegebener Grundwert wird zunächst um einen gegebenen Prozentsatz erhöht. Der Zwischenwert wird dann um einen gegebenen Prozentsatz verringert. Berechnen Sie den neuen Grundwert.

Grundwert	Zuschlag	Abschlag	Neuer Grundwert
565,00 €	16 %	16 %	?
855,00 €	7 %	25 %	?
2 345,50 €	14,5 %	4 %	?

3. Auf den Auszeichnungspreis einer Ware in Höhe von 895,00 € gewährt der Lieferer seinem Kunden einen Rabatt von 10 % und bei Zahlung innerhalb von 10 Tagen zusätzlich einen Skonto von 3 % auf den reduzierten Preis.

a) Welchen Preis muss der Kunde zahlen, wenn er den Skonto nicht ausnutzen kann?

b) Wie hoch ist der Preis unter Ausnutzung von Rabatt und Skonto?

c) Wie viel Prozent können insgesamt abgezogen werden?

4. Eine Maschine, Anschaffungswert 26 000,00 €, wird mit einem Abschreibungssatz von jährlich 12,5 % vom jeweiligen Restwert abgeschrieben (= degressive Abschreibung). Welchen Restwert hat die Maschine nach vier Jahren Nutzung?

5. Das Grundgehalt einer Angestellten betrug 1 500,00 €. Durch eine Tariferhöhung bekam sie innerhalb eines Jahres 2,4 % mehr. Am Ende des Geschäftsjahres wurde der Angestellten noch eine Leistungszulage von 3,5 % gezahlt. Wie hoch war ihr Gehalt nach diesen Erhöhungen?

6. Ein Einzelhändler hatte im Jahr der Geschäftseröffnung einen Umsatz von von 144 200,00 €. In den Folgejahren gab es folgende Umsatzveränderungen:

im 2. Jahr	im 3. Jahr	im 4. Jahr	im 5. Jahr	im 6. Jahr
+ 8 %	+ 6 %	– 2 %	+ 5 %	– 4%

a) Geben Sie die Umsatzentwicklung der einzelnen Jahre an.

b) Welchen Umsatz konnte der Einzelhändler im sechsten Jahr verzeichnen?

c) Um wie viel Prozent liegt der Umsatz des sechsten Jahres über dem des 1. Jahres?

7. Die Jahresmiete einer Lagerhalle betrug ursprünglich 7 200,00 €. Sie wurde zunächst um 6 % und nach 3 Jahren um weitere 3 % erhöht. Wie hoch war die Jahresmiete nach den beiden Erhöhungen? Berechnen Sie auch die neue Monatsmiete, die für die Lagerhalle zu zahlen ist.

Prozentrechnung vom vermehrten und verminderten Grundwert

Bei dieser Aufgabenstellung ist ein um den Prozentwert vermehrter oder verminderter Grundwert gegeben und der ursprüngliche Grundwert **(reiner Grundwert)** oder der enthaltene Prozentwert zu berechnen. Solche Aufgaben stellen eine Umkehrung der bisherigen Fragestellungen zum vermehrten oder verminderten Grundwert dar.

Prozentrechnung

vom reinen Grundwert | **vom vermehrten/verminderten Grundwert**

Gegeben:	Reiner Grundwert	100 %	Gesucht
	± Prozentwert	p %	
Gesucht:	= Vermehrter/verminderter Grundwert	(100 ± p)%	Gegeben

Es ist also zunächst herauszufinden, welcher Prozentsatz dem gegebenen vermehrten oder verminderten Grundwert (100 ± p) % zuzuordnen ist, damit von ihm aus auf den reinen Grundwert 100 % geschlossen werden kann.

Prozentrechnung vom vermehrten Grundwert

Beispiel:

Die Miete einer 3-Zimmer-Wohnung wurde um 5 % erhöht und beträgt jetzt 525,00 €.
a) Wie hoch war die Miete vor der Erhöhung?
b) Wie viel € muss der Mieter jetzt mehr zahlen?

Lösung:

Lösung mittels Verhältnisrechnung:

a) Nach Aufstellen eines Lösungsschemas werden den Geldbeträgen die Prozentsätze zugeordnet, wobei der gegebene neue Preis mit (100 + 5) % = 105 % angesetzt wird. Der ursprüngliche Mietpreis wird über die abgeänderte **Grundgleichung** berechnet, indem die Gleichung mit 525,00 multipliziert wird. Die Miete betrug vorher 500,00 €.

b) Hier ist die **Grundgleichung** mit P aufzustellen und aus dem Lösungsschema abzuleiten. Die Auflösung nach P ergibt eine Preiserhöhung von 25,00 €.

Lösungsschema:

Bisherige Miete	G €	= 100 %
+ Erhöhung	P €	= 5 %
Neue Miete	525,00 €	= 105 %

$$\frac{\mathbf{G}}{525{,}00} = \frac{100}{105} \quad | \cdot 525{,}00$$

$$\mathbf{G} = \frac{100 \cdot 525{,}00}{105} = \mathbf{500{,}00}$$

$$\frac{\mathbf{P}}{525{,}00} = \frac{5}{105} \quad | \cdot 525{,}00$$

$$\mathbf{P} = \frac{5 \cdot 525{,}00}{105} = \mathbf{25{,}00}$$

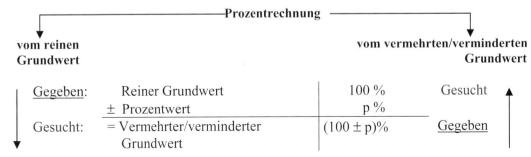

Lösung mittels Dreisatzrechnung:

a) Die Angabe der erhöhten Miete über 525,00 € = 105 % ergibt den *Bedingungssatz*, während die gesuchte bisherige Miete = 100 % entspricht *(Fragesatz)*.

b) Ausgehend vom selben Bedingungssatz wird nun der Fragesatz auf die 5%ige Mieterhöhung bezogen.

105 % entsprechen 525,00 €.
100 % entsprechen x €.

$$x = \frac{525{,}00 \cdot 100}{105} = \mathbf{500{,}00}$$

105 % entsprechen 525,00 €.
5 % entsprechen x €.

$$x = \frac{525{,}00 \cdot 5}{105} = \mathbf{25{,}00}$$

Lösung mittels Prozentfaktor:

Der dem vermehrten Grundwert G^+ zugeordnete Prozentsatz (100 + 5)% = 105 % wird als Hundertstelbruch geschrieben und in eine Dezimalzahl umgewandelt (= 1,05).
Der gegebene vermehrte Grundwert 525,00 € ist nun durch diese Zahl zu dividieren. Das Ergebnis ist die bisherige Miete. Durch Differenzbildung 525,00 € – 500,00 € = 25,00 € ergibt sich die Mieterhöhung.

Lösungsschema:

Bisherige Miete	**500,00 €**	= 100 %	← : 1,05
+ Erhöhung	**25,00 €**	= 5 %	
Neue Miete	525,00 €	= 105 %	

Prozentfaktor: $\frac{105}{100} = \mathbf{1{,}05}$

Bisherige Miete = 525,00 € : **1,05** = 500,00 €.

Prozentrechnung vom verminderten Grundwert

Beispiel:

Nach Abzug von 3 % Skonto überweist eine Mitarbeiterin eine Rechnung mit 388,00 €.

a) Über welchen Betrag lautet die Rechnung?

b) Wie hoch ist der einbehaltene Skontobetrag?

Lösung:

Lösung mittels Verhältnisrechnung:

a) Nach Aufstellen eines Lösungsschemas werden den Geldbeträgen die Prozentsätze zugeordnet, wobei der gegebene Überweisungsbetrag mit (100 – 3) % = 97 % angesetzt wird. Der Rechnungsbetrag wird über die abgeänderte **Grundgleichung** berechnet, indem die Gleichung mit 525,00 multipliziert wird. Die Miete betrug vorher 500,00 €.

b) Hier ist die **Grundgleichung** mit P aufzustellen und aus dem Lösungsschema abzuleiten. Die Auflösung nach P ergibt eine Preiserhöhung von 25,00 €.

Lösungsschema:

Rechnungsbetrag	**G** €	=	100 %
– Skonto	**P** €	=	3 %
Überweisungsbetrag	388,00 €	=	97 %

$$\frac{\mathbf{G}}{388{,}00} = \frac{100}{97} \quad | \cdot 388{,}00$$

$$\mathbf{G} = \frac{100 \cdot 388{,}00}{97} = \mathbf{400{,}00}$$

$$\frac{\mathbf{P}}{388{,}00} = \frac{3}{97} \quad | \cdot 388{,}00$$

$$\mathbf{P} = \frac{3 \cdot 388{,}00}{97} = \mathbf{12{,}00}$$

Lösung mittels Dreisatzrechnung:

a) Der Überweisungsbetrag von 388,00 € entspricht 97 % und ergibt den *Bedingungssatz*, während der gesuchte Rechnungsbetrag = 100 % entspricht *(Fragesatz)*.

b) Ausgehend vom selben Bedingungssatz wird nun der Fragesatz auf den 3%igen Skontosatz bezogen.

97 % entsprechen 388,00 €.
100 % entsprechen x €.

$$x = \frac{388{,}00 \cdot 100}{97} = \mathbf{400{,}00}$$

97 % entsprechen 388,00 €.
3 % entsprechen x €.

$$x = \frac{388{,}00 \cdot 3}{97} = \mathbf{12{,}00}$$

Lösung mittels Prozentfaktor:

Der dem verminderten Grundwert G^- zugeordnete Prozentsatz (100 – 3)% = 97 % wird als Hundertstelbruch geschrieben und in eine Dezimalzahl (= 0,97) umgewandelt.
Der gegebene verminderte Grundwert 388,00 € ist nun durch diese Zahl zu dividieren. Das Ergebnis ist der gesuchte Rechnungsbetrag. Durch Differenzbildung 400,00 € – 388,00 € = 12,00 € ergibt sich der Skontobetrag.

Lösungsschema:

Bisherige Miete	**400,00 €**	= 100 %	
+ Erhöhung	**12,00 €**	= 3 %	: 0,97
Neue Miete	388,00 €	= 97 %	

Prozentfaktor: $\frac{97}{100} = \mathbf{0{,}97}$

Rechnungsbetrag = 388,00 € : **0,97** = 400,00 €.

Übungen

1. Berechnen Sie die Nettopreise bei gegebenen Bruttopreisen (19 % Umsatzsteuer).

a) 273,70 € b) 1 779,05 € c) 542,64 € d) 621,18 € e) 5 700,10 €

2. Auf den Selbstkostenpreis mehrerer Waren wird der Gewinn aufgeschlagen. Daraus ergibt sich der Verkaufspreis. Wie hoch war der Selbstkostenpreis der angegebenen Waren, wenn der Verkaufspreis einschließlich Gewinn gegeben ist?

	Ware A	Ware B	Ware C	Ware D	Ware E
Selbstkostenpreis	?	?	?	?	?
+ Gewinn	12 %	35 %	18 %	22 %	14,5 %
= Verkaufspreis	711,20 €	169,02 €	29 334,80 €	1 201,70 €	14 278,15 €

3. Nach Abzug des Skontos werden folgende Lieferantenrechnungen wie folgt beglichen. Über welche Beträge lauteten die zugehörigen Rechnungen?

	a)	b)	c)	d)
Rechnungsbetrag	? €	? €	? €	? €
– Skonto	3 %	2 %	1,5 %	2,5 %
= Überweisungsbetrag	722,65 €	416,99 €	57,23 €	3 851,25 €

4. Nach einem Preisabschlag werden einige Artikel zu folgenden Sonderpreisen angeboten. Berechnen Sie die ursprünglichen Preise.

	Ware A	Ware B	Ware C	Ware D	Ware E
Ursprünglicher Preis	?	?	?	?	?
– Preisabschlag	15 %	25 %	16 %	32 %	2,5 %
= Sonderpreis	552,50 €	360,00 €	24 108,00 €	986,00 €	15 112,50 €

5. Der Bruttoverkaufspreis einer Kamera beträgt einschließlich 19 % Umsatzsteuer 666,40 €.
a) Berechnen Sie den Nettopreis der Kamera.
b) Wie hoch ist der Umsatzsteueranteil bei diesem Preis?

6. Nach einer Gehaltserhöhung von 3,5 % beträgt das Gehalt einer Arzthelferin 1 055,70 €. Wie hoch war das Gehalt vor der Erhöhung?

7. Der Jahresumsatz eines Großhändlers beträgt 1 326 336,00 € und liegt damit 5,6 % höher als im Vorjahr. Berechnen Sie den Vorjahresumsatz und die Umsatzsteigerung.

8. Der Verkaufspreis einer Maschine lag nach einer 12,5 %igen Preissenkung noch bei 19 687,50 €. Wie viel € kostete die Maschine vorher und wie hoch war die Preissenkung in €?

9. Durch Rationalisierungsmaßnahmen nahmen die Personalkosten eines Betriebes im Vergleich zum Vorjahr um 25 % auf 159 460,00 € ab. Gleichzeitig stiegen aber die übrigen Kosten um 90 % auf 266 000,00 €. Um wie viel Prozent nahmen die Gesamtkosten insgesamt zu?

10. Ein Bekleidungshaus erreichte im dritten Jahr nach Geschäftseröffnung einen Umsatz von 94 770,00 € und erlitt damit einen Umsatzrückgang von 2,5 % gegenüber dem zweiten Jahr. Im zweiten Jahr hatte es noch eine Umsatzsteigerung von 12,5 % im Vergleich zum ersten Jahr gegeben. Wie hoch waren die Jahresumsätze der ersten beiden Jahre?

11. Nach dreijähriger Abschreibung von 20 % vom jeweiligen Restwert steht ein Anlagegut noch mit 12 800,00 € Restwert zu Buche. Wie viel Prozent der Anschaffungskosten sind das noch?

12. Ein Bekleidungsfachgeschäft hat die Preise seiner Artikel zunächst um 6 % und dann um weitere 12,5 % herabgesetzt und einen Damenmantel für 559,30 € angeboten. Wie viel kostete dieser Mantel vor den Preissenkungen?

Aufgaben aus der gesamten Prozentrechnung 1.2

1. Bei einer Umfrage unter den Betriebsangehörigen eines Unternehmens erklärten 455 Personen, dass sie sich durch Raucher am Arbeitsplatz belästigt fühlen. Das waren 55 % der Befragten Personen. Wie viel Personen des Unternehmens wurden insgesamt befragt.

2. Eine Rechnung über 2 150,00 € wurde am 15. 10. mit folgenden Zahlungsbedingungen ausgestellt: Ziel 30 Tage, bei Zahlung innerhalb von 8 Tagen 3 % Skonto und innerhalb von 14 Tagen 2 % Skonto. Wie viel € sind zu überweisen, wenn entweder am 23. 10., am 25. 10. oder am 10. 11. gezahlt wird?

3. Unserer Einkaufsabteilung liegen drei Angebote über Karteischränke vor. Welches ist unter Berücksichtigung von Rabatt und Skonto das günstigste?

Angebot 1	Angebot 2	Angebot 3
Listenpreis: 2 400,00 € Rabatt: 18 % Skonto: 2 %	Listenpreis: 2 800,00 € Rabatt: 25 % Skonto: 3 %	Listenpreis: 2 760,00 € Rabatt: 30 % Zahlung bar ohne Abzug

4. Ein Großhändler erhält folgendes Angebot: Listenpreis 5 440,00 €, Wiederverkäuferrabatt 30 %, 3 % Skonto bei sofortiger Zahlung. An Frachtkosten sind 145,00 € zu berücksichtigen, die Transportversicherung beträgt 60,24 €. Zu welchem Preis kann der Großhändler die Ware beziehen?

5. Die Strompreise sind innerhalb eines Jahres zunächst um 15 % und später noch einmal um 12 % erhöht worden. Wegen weiterer Kostensteigerungen kam es im Folgejahr zu einer weiteren Preiserhöhung um 13 %.
a) Um wieviel Prozent wurde der Strompreis durch die drei Preiserhöhungen insgesamt erhöht?
b) Wie wirkt sich diese Folge von Preiserhöhungen auf die monatliche Belastung eines Haushaltes aus, der bisher jährlich 654,00 € für Strom zu bezahlen hatte?

6. Gemäß dem Mietvertrag einer Zahnarztpraxis soll die monatliche Miete von ursprünglich 2 100,00 € nach zwei Jahren und nach insgesamt vier Jahren um jeweils 4 % angehoben werden. Welche Monatsmiete muss der Zahnarzt nach diesen zwei Erhöhungen aufwenden?

7. Eine Maschine wird mit jährlich gleich großen Beträgen abgeschrieben (lineare Abschreibung). Nach drei Jahren hat sie einen Restwert von 15 000,00 € und nach insgesamt sechs Jahren einen Restwert von 6 000,00 €. Wie hoch ist der Anschaffungswert, der Abschreibungssatz und die Nutzungsdauer der Maschine?

8. Ein Großhändler gewährt auf den Listenpreis eines Elektrogerätes 30 % Rabatt und 2 % Skonto. Wie hoch ist der gesamte Nachlass bezogen auf den Listenpreis.

9. Der Listenverkaufspreis eines schwer verkäuflichen Möbelstücks betrug bisher 1 885,00 €, darin sind 45 % Gewinn enthalten. Wie viel Prozent Gewinn verbleiben dem Anbieter noch, wenn er dieses Möbelstück in einem Schlussverkauf für 1 500,00 € anbietet?

10. In einem Unternehmen beträgt die Bilanzsumme (Gesamtkapital) 560 000,00 €. Auf der Passivseite sind Eigenkapital und Fremdkapital ausgewiesen. Das Eigenkapital beträgt das dreifache des Fremdkapitals.
a) Wie hoch ist das Eigenkapital in Prozent des Fremdkapitals (= Finanzierung)?
b) Wie hoch ist das Fremdkapital in Prozent des Eigenkapitals (= Verschuldungskoeffizient)?
c) Wie hoch ist das Eigenkapital in Prozent des Gesamtkapitals (Eigenkapitalintensität)?
d) Wie hoch ist das Fremdkapital in Prozent des Gesamtkapitals (Fremdkapitalintensität)?

11. Filiale A hat 25 % mehr Umsatz als Filiale B. Wie viel % weniger Umsatz als Filiale A hat B?

1.3 Die Handelskalkulation als Anwendung der Prozentrechnung

Aufbau des Kalkulationsschemas

Ein wichtiges Anwendungsgebiet der Prozentrechnung ist die Kalkulation. Ziel der Kalkulation ist die Preisermittlung von Waren. Sie soll sicherstellen, dass eine Ware zu einem Preis angeboten wird, der neben den Aufwendungen für die Anschaffung, Lagerung und den Verkauf der Waren noch einen angemessenen Gewinn erwirtschaftet. Diese Rechnung erfolgt mit Hilfe der **Vorwärtskalkulation.**

Ist der Verkaufspreis bereits durch die Marktsituation vorgegeben, muss der Händler feststellen, welchen Preis er beim Einkauf höchstens aufwenden darf, um ebenfalls zu dem vorgegebenen Marktpreis anbieten zu können. Hierbei wendet er die **Rückwärtskalkulation** an.
Sind sowohl der Einkaufspreis als auch der Verkaufspreis fest vorgegeben, so kann mit Hilfe der **Differenzkalkulation** festgestellt werden, ob unter den gegebenen Bedingungen noch ein ausreichender Gewinn erwirtschaftet werden kann und wie hoch dieser ist.

In allen drei Fällen wird ein einheitliches Rechenschema angewendet, das Kalkulationsschema.
In diesem Abschnitt wird die Kalkulation des Großhändlers vorgestellt.

Kalkulationsschema:

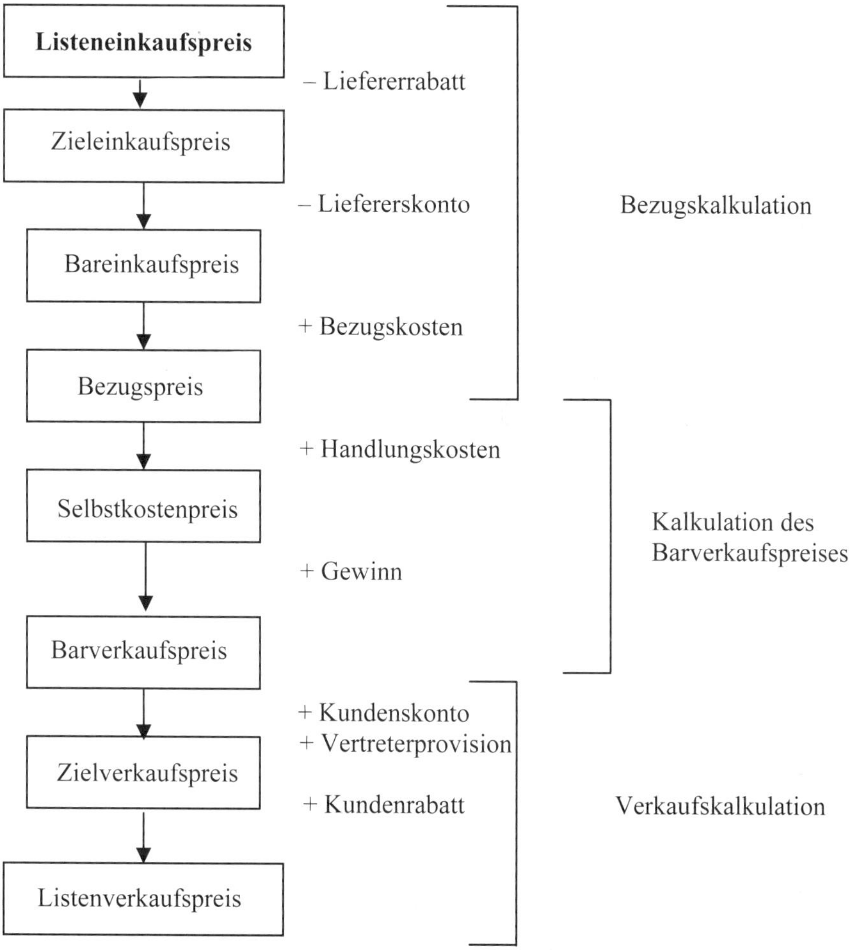

Vorwärtskalkulation

In der Vorwärtskalkulation wird der Listenverkaufspreis mit Hilfe der zusammengesetzten Prozentrechnung ermittelt. Hierbei wird, ausgehend vom Listeneinkaufspreis, in zwei Schritten zunächst der Liefererrabatt und danach der Liefererskonto abgezogen.

Nach der Addition der angefallenen Bezugskosten zur Ermittlung des Bezugspreises erfolgt die Berechnung des Barverkaufspreises, indem auf den Bezugspreis zunächst die Handlungskosten und danach der Gewinn zugeschlagen werden.
Die Verkaufskalkulation stellt eine Prozentrechnung vom verminderten Grundwert dar, denn der Kundenrabatt wird vom Listenverkaufspreis und der Kundenskonto sowie die Vertreterprovision werden vom Zielverkaufspreis als Grundwert berechnet. Ausgangspunkt der Berechnungen sind dabei jeweils der Barverkaufspreis bzw. der Zielverkaufspreis.

Beispiel:

Der Listeneinkaufspreis einer Ware beträgt 60,00 €. Der Hersteller gewährt 20 % Liefererrabatt und bei Barzahlung 2 % Liefererskonto. An Bezugskosten fallen 2,96 € an. Zur Abdeckung aller innerbetrieblichen Kosten (Handlungskosten) werden 50 % aufgeschlagen. Außerdem wird mit einem betriebsnotwendigen Gewinn von 10 % gerechnet.
Wie hoch ist der Listenverkaufspreis des Großhändlers, der seinen Kunden 3 % Skonto gibt, eine Vertreterprovision von 7 % gewährt und 20 % Kundenrabatt einräumt?

Lösung:

Der Listeneinkaufspreis 60,00 € entspricht 100 %. Der Zieleinkaufspreis ist (100 – 20) % = 80 %, der zugehöriger Prozentfaktor ist **0,8.** **Es gilt:**
Zieleinkaufspreis – Listeneinkaufspreis = Liefererrabatt.
Zieleinkaufspreis = 100 % für die Berechnung des Bareinkaufspreises = (100 – 2) % = 98 %. Zugehöriger Prozentfaktor = **0,98.** **Es gilt:**
Bareinkaufspreis – Zieleinkaufspreis = Liefererskonto.

Hierauf werden die Bezugskosten (zum Beispiel Fracht, Porto, Versicherungen, Verpackung) in Höhe von **2,96 €** aufgeschlagen. Die Summe ergibt den Bezugs- oder Einstandspreis der Ware.

Anschließend wird der Barverkaufspreis mit Hilfe der Prozentfaktoren **1,5** (= 50 % Handlungskostenzuschlag) und **1,1** (= 10 % Gewinnsatz) errechnet.

Die gewährte Vertreterprovision und der eingeräumte Kundenskonto werden vom Zielverkaufspreis = 100 % aus gerechnet, sodass der Barverkaufspreis = (100 – 3 – 7) % = 90 % entspricht. Folglich ist durch den Prozentfaktor **0,9** zu teilen.

Dasselbe gilt für die Berechnung des Listenverkaufspreises = 100 %. Der Zielverkaufspreis ist durch den Prozentfaktor **0,8** zu dividieren.

Berechnung des Listenverkaufspreises:

Listeneinkaufspreis	60,00 €	
– Liefererrabatt	*12,00 €*	· 0,8
Zieleinkaufspreis	*48,00 €*	
– Liefererskonto	*0,96 €*	· 0,98
Bareinkaufspreis	*47,04 €*	
+ Bezugskosten	*2,96 €*	
Bezugspreis	*50,00 €*	
+ Handlungskosten	*25,00 €*	· 1,5
Selbstkostenpreis	*75,00 €*	
+ Gewinn	*7,50 €*	· 1,1
Barverkaufspreis	***82,50* €**	
+ Vertreterprovision	*6,42 €*	
+ Kundenskonto	*2,75 €*	: 0,9
Zielverkaufspreis	*91,67 €*	
+ Kundenrabatt	*22,92 €*	: 0,8
Listenverkaufspreis	***114,59 €***	

Anmerkung:
Die Pfeile rechts zeigen die Rechenrichtung, **in der Vorwärtskalkulation „von oben nach unten“**, an. Die Pfeilenden der links stehenden Pfeile stehen jeweils beim reinen Grundwert 100 % und weisen mit der Spitze auf den verminderten bzw. vermehrten Grundwert.

Merke

In der **Vorwärtskalkulation** werden innerhalb des vorgegebenen Kalkulationsschemas, ausgehend vom Listeneinkaufspreis, folgende Arten der Prozentrechnung benötigt:
Vom Listeneinkaufspreis bis zum Barverkaufspreises: ⇒ vom **reinen Grundwert**
Vom Barverkaufspreis bis zum Listenverkaufspreis: ⇒ vom **verminderten Grundwert**

Übungen

1. Führen Sie aufgrund der gegebenen Zahlen eine Kalkulation des Bezugspreises durch.

	a)	b)	c)	d)	e)	f)
Listeneinkaufspreis	85,00 €	124,00 €	860,00 €	1 260,00 €	2 940,50 €	1 146,60 €
Liefererrabatt	25 %	10 %	15 %	20 %	8 %	12 %
Liefererskonto	2 %	3 %	1,5 %	1 %	2,5 %	1,5 %
Bezugskosten	5,53 €	7,75 €	9,97 €	10,08 €	12,82 €	16,06 €

2. Berechnen Sie aufgrund der gegebenen Zahlen den Barverkaufspreis.

	a)	b)	c)	d)	e)	f)
Bezugspreis	18,40 €	368,00 €	940,00 €	4 085,00 €	2 445,50 €	956,20 €
Handlungskosten	50 %	75 %	85 %	42,8 %	115 %	134 %
Gewinn	25 %	12,5 %	20 %	8 %	16,5 %	9,5 %

3. Führen Sie aufgrund der gegebenen Zahlen die Verkaufskalkulation durch.

	a)	b)	c)	d)	e)	f)
Barverkaufspreis	48,20 €	85,50 €	225,70 €	2 015,00 €	595,20 €	2 424,30 €
Kundenskonto	2 %	1,5 %	2,5 %	3 %	1 %	2 %
Vertreterprovision	–	–	–	7 %	4 %	5,5 %
Kundenrabatt	20 %	25 %	10 %	15 %	30 %	12,5 %

4. Berechnen Sie den Listenverkaufspreis.

	a)	b)	c)	d)	e)
Listeneinkaufspreis	450,00 €	295,00 €	245,00 €	1 550,00 €	345,00 €
Liefererrabatt	40 %	25 %	30 %	12,5 %	20 %
Liefererskonto	3 %	2 %	1,5 %	2,5 %	1 %
Bezugskosten	8,10 €	7,18 €	6,07 €	77,66 €	6,25 €
Handlungskosten	50 %	75 %	85 %	100 %	125 %
Gewinn	20 %	20 %	15 %	12 %	6 %
Kundenskonto	3 %	2,5 %	2 %	2 %	2,5 %
Vertreterprovision	–	–	8 %	3 %	5 %
Kundenrabatt	10 %	20 %	15 %	12 %	25 %

Rückwärtskalkulation

Ist der Verkaufspreis bereits durch die Konkurrenzsituation vom Markt vorgegeben, so muss der Händler entscheiden, ob er die Ware ebenfalls zu diesem Preis anbieten kann oder nicht. Hierfür muss er mittels einer Rückwärtskalkulation feststellen, welchen Preis er höchstens im Einkauf aufwenden darf, um den vorgegebenen Preis halten zu können.

Bei der Rückwärtskalkulation drehen sich die Rechenschritte um:

Ausgehend vom Listenverkaufspreis wird der Bareinkaufspreis mittels einer Prozentrechnung vom reinen Grundwert berechnet, indem die um Kundenrabatt und weiter die um Kundenskonto einschließlich Vertreterprovision verminderten Grundwerte Zieleinkaufspreis und Bareinkaufspreis berechnet werden.

Der Bezugspreis wird in zwei Schritten vom vermehrten Grundwert aus gerechnet. Der aufwendbare Listeneinkaufspreis ist zu berechnen, indem nach Abzug der Bezugskosten Liefererrabatt und Liefererskonto vom verminderten Grundwert aus bestimmt werden.

Beispiel:

Der Verkaufspreis einer Ware ist vom Markt vorgegeben und beträgt 110,00 €. Ein Großhändler möchte wissen, zu welchem Listenpreis er diese Ware bei seinem Lieferanten höchstens einkaufen darf, damit er ebenfalls zu diesem Preis anbieten kann. Dabei muss er seine innerbetrieblichen Vorgaben beachten: Kundenrabatt 20 %, Kundenskonto 3 % , Vertreterprovision 7 %, Gewinn 10 %, Handlungskosten 50 %. An Bezugskosten fallen 2,96 € an.
Sein Lieferer gewährt ihm 2 % Skonto und 20 % Rabatt.

Lösung:

Der Listenverkaufspreis 110,00 € entspricht 100 %. Der Zielverkaufspreis = (100 – 20) % = 80 % ist mit Hilfe des Prozentfaktors **0,8** zu berechnen. Dasselbe gilt für die Berechnung des Barverkaufspreises: Zielverkaufspreis ist 100 %, Barverkaufspreis ist (100 – 7 – 3) % = 90 %. Das ergibt den Prozentfaktor **0,9.**
Der Barverkaufspreis entspricht bei der Rückrechnung (100 + 10) % = 110 %, der Selbstkostenpreis entspricht (100 + 50) % = 150 %. Das entspricht den Prozentfaktoren **1,1** und **1,5.** Da von ***vermehrten*** Grundwerten ausgegangen wird, ist die Rechnung umzukehren, aus der Multiplikation wird eine Division.
Nach Abzug der Bezugskosten werden der Zieleinkaufs- und schließlich der (aufwendbare) Listeneinkaufspreis mit Hilfe der Prozentrechnung vom ***verminderten*** Grundwert bestimmt. Die Prozentfaktoren ergeben sich durch (100 – 2) % = 98 % = **0,98** bzw. (100 – 20) % = 80 % = **0,8.**

Der aufwendbare Listeneinkaufspreis beträgt 57,45 €

Berechnung des Listeneinkaufspreises:

Listeneinkaufspreis	**57,45 €**	
– Liefererrabatt	*11,49 €*	: 0,8
Zieleinkaufspreis	*45,96 €*	
– Liefererskonto	*0,92 €*	: 0,98
Bareinkaufspreis	*45,04 €*	
+ Bezugskosten	*2,96 €*	
Bezugspreis	*48,00 €*	
+ Handlungskosten	24,00 €	: 1,5
Selbstkostenpreis	*72,00 €*	
+ Gewinn	*7,20 €*	: 1,1
Barverkaufspreis	*79,20 €*	
+ Vertreterprovision	*6,16 €*	
+ Kundenskonto	*2,64 €*	· 0,9
Zielverkaufspreis	*88,00 €*	
+ Kundenrabatt	*22,00 €*	· 0,8
Listenverkaufspreis	110,00 €	

Anmerkung:
Die Pfeile rechts zeigen wiederum die Rechenrichtung, in der **Rückwärtskalkulation „von unten nach oben“**, an. Die Pfeilenden der links stehenden Pfeile stehen jeweils beim reinen Grundwert 100 % und weisen mit der Spitze auf den verminderten bzw. vermehrten Grundwert.

Merke

In der **Rückwärtskalkulation** werden innerhalb des vorgegebenen Kalkulationsschemas, ausgehend vom Listenverkaufspreis, alle drei Arten der Prozentrechnung benötigt:

Verkaufskalkulation mit Kalkulation des Barverkaufspreises:	⇒ vom **reinen Grundwert**
Vom Barverkaufspreis bis zum Bezugspreis:	⇒ vom **vermehrten Grundwert**
Bezugskalkulation mit Kalkulation des Listeneinkaufspreises:	⇒ vom **verminderten Grundwert**.

Übung

Berechnen Sie den Listeneinkaufspreis.

	a)	b)	c)	d)	e)
Listenverkaufspreis	2 580,00 €	88,80 €	204,50 €	480,00 €	35,00 €
Kundenrabatt	20 %	25 %	20 %	17,5 %	30 %
Vertreterprovision	3 %	8 %	-	2,5 %	6 %
Kundenskonto	2 %	2 %	3 %	1,5 %	2 %
Gewinn	15 %	20 %	12 %	15 %	12,5 %
Handlungskosten	30 %	30 %	45 %	38 %	48 %
Bezugskosten	147,33 €	8,46 €	5,11 €	29,55 €	5,51 €
Liefererskonto	2 %	–	2 %	3 %	2 %
Liefererrabatt	10 %	15 %	30 %	18 %	22 %

Die abgekürzte Kalkulation

Der Rechenaufwand in der Vorwärts- und Rückwärtskalkulation kann verringert werden, wenn die vom Großhändler festgesetzten Zuschlagsätze für Handlungskosten, Gewinn, Kundenskonto, Vertreterprovision und Kundenrabatt zusammengefasst werden.
Je nach der Rechenrichtung wird dieser zusammengefasste Prozentsatz in der Vorwärtskalkulation als **Kalkulationszuschlag** und in der Rückwärtskalkulation als **Handelsspanne** bezeichnet. Wird der Kalkulationszuschlag in seinen Prozentfaktor umgewandelt, so wird dieser als **Kalkulationsfaktor** bezeichnet.

Kalkulationszuschlag und Kalkulationsfaktor

Der Kalkulationszuschlag wird aus einer durchgeführten Vorwärtskalkulation ermittelt, indem die Differenz zwischen Listenverkaufspreis und Bezugspreis gebildet und in Prozent des Bezugspreises ausgedrückt wird.
Wird der Listenverkaufspreis als ein Vielfaches des Bezugspreises ausgedrückt, so ergibt das den Kalkulationsfaktor.

Beispiel:

In einem Handelsbetrieb wurde für einen Artikel ein Bezugspreis von 200,00 € ermittelt. Der Händler kalkuliert mit folgenden Zuschlagssätzen: 14 % Handlungskosten, 20 % Gewinn sowie 1 % Kundenskonto, 4 % Vertreterprovision und 20 % Kundenrabatt.

a) Welcher Kalkulationszuschlag ergibt sich daraus?
b) Ermitteln Sie auch den Kalkulationsfaktor.

Lösung:

a) Mit der üblichen Vorwärtskalkulation wird zunächst der Listenverkaufspreis berechnet. Die Differenz zwischen ihm und dem Bezugspreis beträgt **360,00 €– 200,00 € = 160,00 €.** Ausgedrückt in Prozent des Bezugspreises ergibt dies einen Kalkulationszuschlag von 80 %.

Berechnung des Listenverkaufspreises:

Bezugspreis	**200,00 €**	= 100 %		
+ Handlungskosten	28,00 €	= 14 %		
Selbstkostenpreis	228,00 €	= 114 %	= 100 %	
+ Gewinn	45,60 €		= 20 %	
Barverkaufspreis	273,60 €	= 95 %	= 120 %	Differenz
+ Vertreterprovision	11,52 €	= 4 %		= **160,00 €**
+ Kundenskonto	2,88 €	= 1 %		
Zielverkaufspreis	288,00 €	= 100 %	= 80 %	
+ Kundenrabatt	72,00 €		= 20 %	
Listenverkaufspreis	**360,00 €**		= 100 %	

$$\textbf{Kalkulationszuschlag} = \frac{(360{,}00 - 200{,}00) \cdot 100}{200{,}00} = \textbf{80 (\%)}$$

b) Zur Berechnung des Kalkulationsfaktors wird der Listenverkaufspreis durch den Be zugspreis dividiert.

$$\textbf{Kalkulationsfaktor} = \frac{360{,}00}{200{,}00} = \textbf{1,8}$$

Noch schneller werden Kalkulationszuschlag und Kalkulationsfaktor berechnet, wenn die Prozentzuschläge in Prozentfaktoren umgewandelt und diese miteinander entsprechend der vorliegenden Prozentrechnung verknüpft werden.

Im oben dargestellten Beispiel wäre zu rechnen:

$$\textbf{Kalkulationsfaktor} = 1{,}14 \cdot 1{,}2 : 0{,}95 : 0{,}8 = \textbf{1,8}$$

Dieser Prozentfaktor ist in den Prozentsatz umzuwandeln und es ergibt sich der gesuchte **Kalkulationszuschlag von 80 %.**

Merke

In der abgekürzten Vorwärtskalkulation werden Kalkulationszuschlag und Kalkulationsfaktor wie folgt berechnet:

$$\textbf{Kalkulationszuschlag} = \frac{\textbf{(Listenverkaufspreis} - \textbf{Bezugspreis)} \cdot \textbf{100}}{\textbf{Bezugspreis}}$$

$$\textbf{Kalkulationsfaktor} = \frac{\textbf{Listenverkaufspreis}}{\textbf{Bezugspreis}}$$

Handelsspanne

Die Handelsspanne wird in der Rückwärtskalkulation zur abgekürzten Berechnung des Bezugspreises verwendet. Hierbei wird die Differenz zwischen Listenverkaufspreis und Bezugspreis gebildet und in Prozent des Listenverkaufspreises ausgedrückt.

Beispiel:

Der Händler muss aufgrund der Konkurrenzsituation von einem Listenverkaufspreis von 360,00 € ausgehen. Für die Rückwärtskalkulation sind die folgenden Prozentsätze gegeben: 20 % Kundenrabatt, 1 % Kundenskonto, 4 % Vertreterprovision, 20 % Gewinn und 14 % Handlungskosten. Mit welcher Handelsspanne kann er die Rückwärtskalkulation fortan durchführen?

Lösung:

Im ersten Schritt wird die übliche Rückwärtskalkulation durchgeführt.

Die Differenz zwischen dem Listenverkaufspreis und dem Bezugspreis beträgt

360,00 € – 200,00 € = 160,00 €

Ausgedrückt in Prozent des Listenverkaufspreises ergibt dies eine Handelsspanne von 44,44 %.

Bezugspreis	**200,00** € =	100 %		
+ Handlungskosten	28,00 € =	14 %		
Selbstkostenpreis	228,00 € =	114 %	= 100 %	
+ Gewinn	45,60 €		= 20 %	
Barverkaufspreis	273,60 € =	95 %	= 120 %	Differenz = **160,00 €**
+ Vertreterprovision	11,52 € =	4 %		
+ Kundenskonto	2,88 € =	1 %		
Zielverkaufspreis	288,00 € =	100 %	= 80 %	
+ Kundenrabatt	72,00 €		= 20 %	
Listenverkaufspreis	**360,00 €**		= 100 %	

$$\textbf{Handelsspanne} = \frac{(360{,}00 - 200{,}00)\cdot 100}{360{,}00} = \textbf{44,44 (\%)}$$

Merke

In der abgekürzten Rückwärtskalkulation wird die Handelsspanne wie folgt berechnet:

$$\textbf{Handelsspanne} = \frac{\textbf{(Listenverkaufspreis – Bezugspreis)}\cdot \textbf{100}}{\textbf{Listenverkaufspreis}}$$

Übungen

1. Berechnen Sie aufgrund der folgenden Angaben den Kalkulationszuschlag und den Kalkulationsfaktor.

	Bezugspreis	Listenverkaufspreis
a)	430,00 €	580,50 €
c)	865,00 €	1 660,80 €
e)	48,50 €	101,85 €

	Bezugspreis	Listenverkaufspreis
b)	625,00 €	1 156,25 €
d)	4 350,00 €	6960,00 €
f)	4,25 €	7,44 €

2. Ergänzen Sie die folgende Tabelle:

	a)	b)	c)	d)	e)	f)
Kalkulationszuschlag	35 %	62,5 %	?	?	135 %	?
Kalkulationsfaktor	?	?	1,66	1,865	?	2,25

3. Berechnen Sie unter Verwendung der gegebenen Angaben den Listenverkaufspreis.

	Bezugspreis	Kalkulationszuschlag
a)	450,00 €	85,5 %
b)	335,00 €	55,6 %

	Bezugspreis	Kalkulationsfaktor
c)	1 675,00 €	1,95
d)	290,00 €	2,25

4. Berechnen Sie aufgrund der folgenden Angaben
1. die Handelsspanne:
2. den Bezugspreis:

	Bezugspreis	Listenverkaufspreis
a)	360,00 €	480,00 €
b)	211,25 €	325,00 €
c)	320,04 €	762,00 €

	Listenverkaufspreis	Handelsspanne
a)	820,00 €	35 %
b)	34.00 €	45,8 %
c)	747,50 €	25,5 %

5. Ermitteln Sie die jeweils fehlende Größe

Kalkulationszuschlag	**50 %**	?	?	**45**	?	?
Kalkulationsfaktor	?	**1,25**	?	?	**1,75**	?
Handelsspanne	?	?	**50 %**	?	?	**75 %**

Vermischte Aufgaben aus der gesamten Handelskalkulation 1.3

1. Die Textilgroßhandlung Herzfeld & Co. in Emden bezieht eine Sendung Herren-Jeans zu einem Listenpreis des Herstellers von 52,50 € je Stück. Auf diesen Preis gewährt dieser 20 % Rabatt und bei Zahlung innerhalb von 8 Tagen 2 % Skonto. Die Großhandlung rechnet mit 85 % Handlungskosten und 15 % Gewinn. Ihren Kunden gewähren sie einen Skonto von 3 % und einen Rabatt von 20 %. Zu welchem Listenverkaufspreis kann die Jeans angeboten werden?

2. Wir erhalten heute ein Angebot unseres Lieferers über einen Posten Plasmafernseher, Listeneinkaufspreis 1 080,00 € je Stück. Die weiteren Einkaufsbedingungen unseres Lieferers lauten: 15 % Rabatt und 3 % Skonto, Lieferung frei Haus. In unserer Firma kalkulieren wir unsere Handlungskosten mit 65 % und den Gewinn mit 12 %. Weiterhin haben wir mit 2,5 % Kundenskonto, 6 % Vertreterprovision und 25 % Kundenrabatt zu rechnen. Zu welchem Preis können wir den Fernseher unseren Kunden anbieten?

3. Ein Elektrogroßhandel erhält von einem Hersteller ein Angebot über einen Industriestaubsauger. Auf den Katalogpreis von 555,00 € erhält er einen Rabatt von 25 %, bei sofortiger Zahlung zusätzlich 2 % Skonto. Daraufhin werden 15 Stück dieses Staubsaugers bestellt. Bei der Lieferung fallen insgesamt 131,13 € Transport- und Versicherungskosten an. Die Großhandlung kalkuliert mit 35 % Handlungskosten und 12 % Gewinn. Der im Verkauf eingesetzte Vertreter erhält eine Provision von 5 % auf den Zielverkaufspreis. Den Kunden werden 3 % Skonto und 17,5 % Rabatt gewährt. Zu welchem Preis kann ein Staubsauger dem Einzelhandel angeboten werden?

4. Ein Großhändler hat bisher einen DVD-Rekorder mit 289,00 € im Angebot. Dabei kalkuliert er mit den folgenden Zuschlägen: Handlungskosten 36 %, Gewinn 14 %, Kundenskonto 3 % und Kundenrabatt 15 %. Der Hersteller gewährt ihm 2 % Skonto und 25 % Rabatt bei Lieferung frei Haus. Die Konkurrenz bietet den Artikel für 269,00 € an. Welchen Listeneinkaufspreis müsste der Großhändler unter sonst gleichen Bedingungen fortan höchstens aufwenden, wenn er ebenfalls zu diesem Preis anbieten will?

5. Ein Großhändler bietet seinen Kunden einen Aufsitzmäher für 1 350,00 € an. Er rechnet mit 25 % Kundenrabatt und 2 % Kundenskonto, 16,67 % Gewinn, 37,5 % Handlungskosten. Welchen Bezugspreis kann er für ein Angebot eines anderen Herstellers höchstens aufwenden, damit er seinen bisherigen Preis halten kann?

6. Ein Großhandel für Einbauküchen erhält von einem Hersteller ein Angebot über Einbauherde: Listeneinkaufspreis 645,00 € bei einem Liefererrabatt von 24 % und 3 % Skonto bei Zahlung innerhalb von 10 Tagen. Die Lieferung erfolgt frei Haus. Der Großhändler kann den Herd seinen Kunden für höchstens 1 095,00 € anbieten und gewährt dabei noch 20 % Rabatt und 3 % Skonto. Außerdem muss er 60 % Handlungskosten berücksichtigen. Wird der Großhändler unter den gegebenen Bedingungen auf das Angebot eingehen? Wie viel Prozent Gewinn erzielt er?

7. Welcher Kalkulationsfaktor und Kalkulationszuschlag ergibt sich, wenn ein Großhändler mit 18 % Handlungskosten, 10 % Gewinn, 2 % Kundenskonto, 8 % Vertreterprovision und 15 % Kundenrabatt rechnet (auf 2 Stellen genau)?

8. Wie hoch ist der Bezugspreis einer Ware, die bei einem Kalkulationszuschlag von 86 % im Verkauf mit 678,90 € angeboten wird?

9. Der Selbstkostenpreis eines Elektrogerätes wird mit 445,50 € angegeben. Mit welchem Handlungskostensatz wird der Artikel kalkuliert, wenn er einen Listeneinkaufspreis von 340,00 € hatte, hierauf 25 % und 2 % Skonto gewährt wurden und die Bezugskosten mit 20,10 € angegeben wurden?

10. Wie hoch ist der Bezugspreis einer Ware, die mit einem Kalkulationsfaktor von 1,826 im Verkauf mit 502,15 € angeboten wird?

11. Welcher Kalkulationszuschlag ergibt sich für eine Großhandlung, die mit 62 % Handlungskosten, 12 % Gewinn, 2 % Kundenskonto und 15 % Kundenrabatt kalkuliert? Wie viel Prozent beträgt die zugehörige Handelsspanne?

12. Ein Reisekoffer wird zu einem Listenverkaufspreis von 120,00 € angeboten. Er wurde mit 45 % Handlungskosten, 25 % Gewinn, 10 % Kundenrabatt und 2 % Kundenskonto kalkuliert.
a) Berechnen Sie den Bezugspreis dieses Artikels.
b) Wie viel Prozent betragen Kalkulationszuschlag und Handelsspanne?

13. Ein Großhändler rechnet mit einem Kalkulationszuschlag von 72 %. In diesem Zuschlag sind neben den Handlungskosten der Gewinn von 15 % und ein Kundenrabatt von 10 % enthalten.
a) Wie viel € Handlungskosten sind in einem Listenverkaufspreis von 860,00 € enthalten?
b) Wie hoch ist der Zuschlagssatz für die Handlungskosten?

2 Grundlagen der Finanzmathematik

2.1 Finanzwirtschaftliche Anwendungen der Zinsrechnung

Gegenstand der Zinsrechnung ist die Berechnung von Zinsen, die für die Überlassung von (Geld-) Kapital gezahlt werden. Dies geschieht gewöhnlich bei Bankgeschäften, wenn ein Sparer sein Geldkapital auf ein Sparbuch anlegt und dafür Zinsen von der Bank erhält. Andererseits gewährt die Bank Kredite und Darlehen an ihre Kunden und berechnet dafür Zinsen. Auch unter Geschäftsleuten werden Zinsen gezahlt, wenn zum Beispiel ein Lieferer seinem Kunden Verzugszinsen berechnet, falls dieser seine Verbindlichkeiten nicht rechtzeitig gezahlt hat.

Zinsrechnung als Erweiterung der Prozentrechnung

Die Zinsrechnung kann als eine Erweiterung der Prozentrechnung angesehen werden. Die in der Prozentrechnung verwendeten Größen Grundwert, Prozentwert und Prozentsatz erhalten in der Zinsrechnung andere Bezeichnungen. Die Zeit kommt als zusätzliche Größe hinzu:

Größen der Prozentrechnung		Größen der Zinsrechnung	
Grundwert	(G)	Kapital	(K)
Prozentwert	(P)	Zinsen	(z)
Prozentsatz	(p)	Zinssatz	(p)
		Zeit	**(t)**

Der Zinssatz p gibt den Geldbetrag an, der für je 100,00 € Kapital in einem festgelegten Zeitraum (meistens 1 Jahr) zu zahlen ist (**Zinssatzdefinition).** Die Größe Zeit kann in Jahren, Monaten oder Tagen angegeben werden.

Herleitung der Tageszinsformel

Sind das Kapital K und der Zinssatz p gegeben, so lassen sich mit Hilfe der Zinssatzdefinition die Zinsen für ein Jahr leicht berechnen:

$$z = \frac{K \cdot p}{100} \qquad \textbf{(Zinsen für 1 Jahr)}$$

Durch die Zinssatzdefinition wird deutlich, dass sich die Höhe der Zinsen proportional zur Zeit entwickelt, das heißt:
„Zur doppelten, dreifachen, ... Zeit gehört auch der doppelte, dreifache, ... Zinsbetrag" (Grundregel für proportionale Zuordnungen, vgl. Kapitel 1).
Sollen also die Zinsen für i Jahre berechnet werden, so muss die obige Formel um den Faktor i ergänzt werden:

$$z = \frac{K \cdot p}{100} \cdot i \qquad \textbf{(Zinsen für i Jahre)}$$

Die kleinste Zeiteinheit in der Zinsrechnung ist der Tag. Da in der deutschen Zinsrechnung der Monat mit 30 Tagen und das Jahr mit 360 Tagen gerechnet wird, wird ein Tag mit $\frac{1}{360}$ Jahr und t Tage mit $\frac{t}{360}$ Jahr gerechnet. Daraus ergibt sich die sogenannte **Tageszinsformel:**

$$z = \frac{K \cdot p}{100} \cdot \frac{t}{360} = \frac{K \cdot p \cdot t}{100 \cdot 360} \qquad \textbf{(Zinsen für t Tage)}$$

Beispiel:

Eine Bank gewährt einem Kunden einen Kredit in Höhe von 6 000,00 € für 80 Tage zu einem Zinssatz von 12 %.
a) Wie hoch sind die Zinsen für diesen Kredit?
b) Wie hoch ist der Rückzahlungsbetrag, den der Kunde zu leisten hat?

Lösung:

a) In die Tageszinsformel werden die gegebenen Größen eingesetzt:

$$z = \frac{K \cdot p \cdot t}{100 \cdot 360}$$

Es fallen 160,00 € an Zinsen an.

Gegeben: K = 6 000,00; p = 12; t = 80

$$z = \frac{6\,000{,}00 \cdot 12 \cdot 80}{100 \cdot 360} = 160{,}00$$

b) Der Rückzahlungsbetrag setzt sich aus dem gewährten Kredit und den Zinsen zusammen:

Kreditsumme	6 000,00 €
+ Zinsen	160,00 €
Rückzahlungsbetrag	6 160,00 €

Für die Berechnung der Tage in der Zinsrechnung gelten nach der **deutschen Methode** die folgenden Regeln:

Regel:	Beispiel:
Bei der Tageberechnung wird der erste Tag nicht mitgezählt, wohl aber der letzte.	**5. – 10. 05.** = 6. + 7. + 8. + 9. + 10. = 5 Tage, 10 – 5 = 5 (Tage)
1 Monat = 30 Tage, 1 Jahr = 360 Tage (s. o.)	**10. 03. – 5. 06.** = 85 Tage 20 Tage im März, 30 – 10 = 20 (Tage) + 60 Tage (= 2 Monate je 30 Tage) + 5 Tage im Juni = 85 Tage
Geht der Verzinsungszeitraum bis zum 31. eines Monats, wird dieser dennoch mit 30 Tagen gerechnet.	**12. 10. – 31. 10.** = 12. 10. – 30. 10. = 18 Tage 30 – 12 = 18 (Tage)
Geht die Verzinsung bis zum 28. oder 29. Februar, wird dieser mit 28 oder 29 Tagen gerechnet. Geht die Verzinsung über den Februar hinaus, wird dieser mit 30 Tagen angesetzt.	**25. 01. – 28. 02.** = 5 Tage + 28 Tage = 33 Tage **25. 01. – 02. 03.** = 5 Tage + 30 Tage + 2 Tage = 37 Tage

Übungen

1. Berechnen Sie die Zinstage nach der deutschen Methode.

a) 10. 04. – 23. 06.	b) 25. 02. – 09. 03.	c) 24. 06. – 15. 10.	d) 31. 10. – 15. 12.
e) 18. 03. – 22. 08.	f) 16. 05. – 31. 10.	g) 14. 01. – 01. 06.	h) 22. 09. – 31. 10.
i) 04. 09. – 22. 11.	j) 01. 07. – 30. 07.	k) 22.02. – 10. 04.	l) 25. 11. – 18. 02. n. J.

2. Berechnen Sie die Zinsen für die angegebenen Laufzeiten.

	Kapital (€)	Zinssatz	Tage
a)	8 500,00	4 %	80
b)	2 250,00	5 %	30
c)	10 700,00	6,5 %	60

	Kapital (€)	Zinssatz	Tage
d)	2 870,00	12,75 %	85
e)	3 470,00	8,5 %	120
f)	895,00	1,5 %	84

3. Berechnen Sie die Zinsen für die angegebenen Laufzeiten.

	Kapital (€)	Zinssatz	Laufzeit
a)	5 650,00	3 %	24.04.– 28. 06.
b)	2 320,00	8 %	02.06.– 13. 08.
c)	12 480,00	5,5 %	21.01.– 02. 02.

	Kapital (€)	Zinssatz	Tage
d)	1 850,00	3,75 %	22. 12. – 31. 01. n.J.
e)	5 220,00	8,5 %	15. 01. – 28. 02.
f)	925,50	12,5 %	15. 01. – 01. 03.

4. Eine Bank gewährt einem Handwerker für 8 Monate einen Zwischenkredit über 25 000,00 € zu einem Zinssatz von 9 %. Wie viel € Zinsen werden dafür berechnet?

5. Eine Schülerin der Fachoberschule hat in den Ferien als Aushilfe in einem Bistro gearbeitet. Das dabei verdiente Geld von 430,00 € zahlt sie am 28. August auf ihr Sparkonto ein, das mit 2 % verzinst wird. Welchen Sparbetrag schreibt ihr die Bank am Jahresende an Zinsen gut. Wie hoch ist dann ihr Sparguthaben?

Rechnen mit der Tageszinsformel

Sind die Zinsen einer Zinsrechnung gegeben und ist nach einer der anderen drei vorkommenden Größen Kapital, Zinssatz oder Zeit gefragt, so ist die Tageszinsformel nach der jeweils gesuchten Größe umzustellen. Allerdings müssen dann alle anderen Größen, außer der gesuchten, gegeben sein.

(1) Berechnung des Kapitals

Beispiel:

Für einen Kredit, der zu 9 % für 120 Tage ausgeliehen war, zahlte eine Sekretären 450,00 € an Zinsen. Über welche Summe lautete der Kredit?

Lösung:

Die **Tageszinsformel** wird nach K umgestellt:

$$z = \frac{K \cdot p \cdot t}{100 \cdot 360} \Leftrightarrow K = \frac{360 \cdot 100 \cdot z}{p \cdot t}$$

Der Kredit lautete über 15 000,00 €.

Gegeben: $p = 9$, $t = 120$, $z = 450{,}00$

Gesucht: Kapital K

$$K = \frac{360 \cdot 100 \cdot 450}{9 \cdot 120} = \underline{15\,000{,}00}$$

Für die Berechnung des Kapitals gilt allgemein:

Merke

$$\mathbf{K = \frac{360 \cdot 100 \cdot z}{p \cdot t}}$$

Übungen

1. Berechnen Sie das Kapital.

	Zinsen	Zinssatz	Laufzeit
a)	60,00 €	3 %	90 Tage
c)	14,40 €	12 %	18 Tage

	Zinsen	Zinssatz	Laufzeit
b)	20,00 €	5 %	24 Tage
d)	271,25 €	3,5 %	180 Tage

2. Karla legte ihr Sparvermögen zu 1,5 % bei einer Bank für 150 Tage an. Danach erhielt sie eine Zinsgutschrift über 6,00 €. Welchen Betrag hatte sie eingezahlt?

3. Ein Kaufmann zahlt für ein Darlehen, das am 12. 06. zu 8,5 % ausgeliehen und am 27. 09. zurückgezahlt wurde, Zinsen in Höhe von 69,42 €. Wie hoch war der Darlehensbetrag (auf volle € runden)?

(2) Berechnung des Zinssatzes

Beispiel:

Jemand legte 5 000,00 € auf seinem Sparkonto an und erhielt dafür nach 90 Tagen eine Zinsgutschrift von 25,00 €. Zu wie viel Prozent wurde das Geld verzinst?

Lösung:

Die **Tageszinsformel** wird nach p umgestellt:

$$z = \frac{K \cdot p \cdot t}{100 \cdot 360} \Leftrightarrow p = \frac{360 \cdot 100 \cdot z}{K \cdot t}$$

Das Geld wurde mit **2 %** verzinst.

Gegeben: K = 600,00, t = 90, z = 25,00

Gesucht: Zinssatz p

$$p = \frac{360 \cdot 100 \cdot 25{,}00}{5000{,}00 \cdot 90} = \underline{2}$$

Für die Berechnung des Zinssatzes gilt allgemein:

Merke

$$\mathbf{p = \frac{360 \cdot 100 \cdot z}{K \cdot t}}$$

Übungen

1. Berechnen Sie den Zinssatz.

	Zinsen	Kapital	Laufzeit
a)	75,00 €	6 000,00 €	60 Tage
c)	54,00 €	4 500,00 €	45 Tage

	Zinsen	Kapital	Laufzeit
b)	17,25 €	3 450,00 €	20 Tage
d)	108,83 €	6 530,00 €	50 Tage

2. Für ein Darlehen in Höhe von 12 000,00 €, das vom 08.04. bis zum 03.09. in Anspruch genommen wurde, zahlte ein Privatmann 338,33 € Zinsen. Zu welchem Zinssatz wurde das Darlehen verzinst?

3. Ein privater Geldgeber unterbreitet einem Geschäftsmann folgendes Angebot: „Sie erhalten heute von uns 15 000,00 € und zahlen nach 6 Monaten einschließlich Zinsen 15 750,00 € zurück“. Wie ist dieses Angebot zu beurteilen, wenn unsere Hausbank einen Kreditzinssatz von 8,5 % berechnet?

(3) Berechnung der Laufzeit

Beispiel:

Wie lange muss ein Sparguthaben von 2 000,00 € zu 3 % bei einer Bank angelegt sein, damit es 45,00 € an Zinsen bringt?

Lösung:

Die **Tageszinsformel** wird nach t umgestellt:

$$z = \frac{K \cdot p \cdot t}{100 \cdot 360} \Leftrightarrow t = \frac{360 \cdot 100 \cdot z}{K \cdot p}$$

Das Sparguthaben muss 270 Tage = 9 Monate angelegt werden.

Gegeben: K = 2 000,00, p=3%, z = 45,00

Gesucht: Laufzeit t

$$t = \frac{360 \cdot 100 \cdot 45{,}00}{2\,000{,}00 \cdot 3} = \underline{270}$$

Für die Berechnung der Laufzeit gilt die allgemeine Formel:

Merke

$$\mathbf{t = \frac{360 \cdot 100 \cdot z}{K \cdot p}}$$

Übungen

1. Berechnen Sie die Laufzeit.

	Zinsen	Kapital	Zinssatz
a)	28,00 €	4 200,00 €	3 %
b)	12,70 €	3 810,00 €	2 %
c)	6,72 €	1 290,00 €	2,5 %
d)	21,20 €	2 120,00 €	3 %

	Zinsen	Kapital	Zinssatz
e)	4,05 €	760,00 €	8 %
f)	12,35 €	3 900,00 €	9,5 %
g)	10,27 €	880,00 €	12 %
h)	6,53 €	1 400,00 €	14 %

2. Die Inhaberin einer Lederwarenboutique gerät mit einer Rechnung über 2 680,00 €, fällig am 25.08. des Jahres, in Zahlungsverzug. Ihr Lieferer belastet sie daraufhin wegen der Überschreitung des Zahlungszieles mit Zinsen in Höhe von 37,52 € bei einem Zinssatz von 12 %.
a) Für wie viel Tage werden Verzugszinsen berechnet?
b) An welchem Tag stellt der Lieferer die Abrechnung über die Verzugszinsen aus?

3. Ein Einzelhändler erhält von seiner Hausbank eine Zinsabrechnung per 30. Juni für sein Girokonto und wird wegen Überziehung dieses Kontos mit 32,66 € belastet (Zinssatz 14,25 %). Der Einzelhändler hatte auf seinem Konto vorübergehend einen Fehlbetrag von 4 125,00 €. Für wie viel Tage muss er dafür die Überziehungszinsen bezahlen?

Zusammenfassung:

Mit Hilfe der Tageszinsformel lassen sich neben den Zinsen – je nach Aufgabenstellung – auch das ausgeliehene Kapital, der Zinssatz oder die Laufzeit in Tagen berechnen. Voraussetzung dafür ist, dass außer der gefragten Größe die drei anderen Größen gegeben sind. Ausgehend von der Tageszinsformel können die übrigen Größen durch Umstellen der Formel errechnet werden.

Merke

Berechnung der Zinsen (Tageszinsformel): $z = \frac{K \cdot p \cdot t}{100 \cdot 360} \quad | \cdot 100 \cdot 360$

$$100 \cdot 360 \cdot z = K \cdot p \cdot t$$

Berechnung des Kapitals:	**Berechnung des Zinssatzes:**	**Berechnung der Laufzeit:**
$K = \frac{360 \cdot 100 \cdot z}{p \cdot t}$	$p = \frac{360 \cdot 100 \cdot z}{K \cdot t}$	$t = \frac{360 \cdot 100 \cdot z}{K \cdot p}$

Aufgaben 2.1

1. Wie viel Zinsen bringt ein Kapital von 25 000,00 € bei 7%iger Verzinsung in 7 Monaten?

2. Ein Kredit über 12 500,00 € wird für die Zeit vom 10. Mai bis zum 3. Dezember in Anspruch genommen. Das Kreditinstitut berechnet dafür 10,5 % Zinsen. Berechnen Sie die Zinsen und den am 3. Dezember zu zahlenden Rückzahlungsbetrag.

3. Das private Sparbuch eines Kaufmanns weist seit Jahresbeginn ein Guthaben von 3 700,00 € auf. Die Bank setzt den Zinssatz für Spareinlagen am 01. 04. des Jahres von 2 % auf 2,5 % herauf. Welche Zinsgutschrift erhält der Kaufmann am Jahresende auf diesem Konto?

4. Eine Auszubildende hat auf ihrem Sparkonto seit Jahresbeginn ein Guthaben von 450,00 €. Auf dieses Konto zahlt sie am 25. Mai ein Geldgeschenk ihres Patenonkels in Höhe von 150,00 € und am 12. 10. den Betrag von 100,00 € von dem Erlös aus dem Verkauf eines Fahrrades ein. Mit welchem Guthaben kann die Auszubildende am Jahresende rechnen, wenn die Bank einen Zinssatz von 1,5 % gewährt?

5. Ein Einzelhändler hat eine am 18. 05. fällige Rechnung über 4 850,00 € nicht bezahlt und erst nach Mahnung durch den Lieferer am 04. 08. beglichen. Gemäß den Liefer- und Zahlungsbedingungen des Lieferers berechnet dieser 10 % Verzugszinsen. Wie hoch ist die Überweisung des Einzelhändlers, wenn dieser die Rechnung zuzüglich der fälligen Verzugszinsen ausgleichen möchte?

6. Wie hoch ist der Sparbetrag, der nach 6 Monaten bei einer 3%igen Verzinsung 45,00 € an Zinsen einbringt?

7. Eine Sekretärin hat einen Kleinkredit, der zu 7,5 % verzinst wurde, nach 8 Monaten mit 600,00 € an Zinsen zurückgezahlt. Über welchen Betrag lautete der Kredit?

8. Welches Kapital muss ein Kaufmann anlegen, wenn er bei 5%iger Verzinsung und einer Laufzeit von 90 Tagen genauso viel Zinsen erhalten will wie für ein anderes Kapital in Höhe von 4 000,00 €, das bei einer anderen Bank zu 4,5 % für 60 Tage angelegt war?

9. Für einen ersten Kredit sind 7 %, für einen zweiten Kredit 8 % Zinsen zu zahlen. Insgesamt fallen für beide Kredite im Halbjahr 460,00 € an Zinsen an. Wie hoch sind die beiden Kredite, wenn der zweite doppelt so hoch ist wie der erste?

10. Ein Kredit über 8 500,00 € wird nach 9 Monaten mit 9 073,79 € zurückgezahlt. Wie hoch ist der Zinssatz?

11. Eine Garage, die für 35 000,00 € gekauft wurde, kann für monatlich 60,00 € verpachtet werden. Welche Verzinsung erzielt der Besitzer damit?

12. Eine Rechnung über 1 876,00 €, die am 15. 09. zur Zahlung fällig war, wird erst am 30. 10. einschließlich Zinsen und 3,50 € Mahngebühren mit 1 912,33 € ausgeglichen. Wie viel Prozent Verzugszinsen wurden berechnet?

13. Ein Kleinanleger kaufte am 15. 06. dreizehn Aktien der Deutschen Bank AG zu einem Kaufpreis von 83,85 € je Stück (inkl. Spesen). Am 07. 11. verkaufte er sie wieder und erzielte dabei unter Anrechnung der Verkaufsspesen einen Verkaufserlös von 1 290,61 €. Wie hat sich seine kurzfristige Geldanlage rentiert?

14. Für eine Spareinlage über 5 000,00 € muss ein Sparer bei Vertragsabschluss 4 750,00 € einzahlen. Am Ende der Laufzeit von 2 Jahren erhält er die volle Summe von 5 000,00 € ausbezahlt. Wie hoch ist die tatsächliche Verzinsung seines eingesetzten Kapitals?

15. Wie viel Tage war ein Kredit über 8 000,00 € ausgeliehen, wenn bei einer 7,5%igen Verzinsung 350,00 € Zinsen gezahlt wurden?

16. Nach wie viel Tagen wächst ein zu 4 % angelegtes Kapital in Höhe von 20 000,00 € auf 20 500,00 € an?

17. Ein Darlehen in Höhe von 12 000,00 €, das am 22. 03. aufgenommen wurde, konnte einschließlich 9 % Zinsen mit 12 375,00 € zurückgezahlt werden. An welchem Tag wurde das Darlehen zurückgezahlt?

18. Ein am 5. Januar aufgenommener Kredit über 6 000,00 € wird einschließlich 12 % Zinsen mit 6 300,00 € zurückgezahlt. Berechnen Sie den Tag der Rückzahlung.

19. Unsere Firma erhält am 20. 11. die Aufforderung, eine unbeglichene Rechnung über 3 200,00 € zu überweisen. Dabei werden unter Berücksichtigung von 8 % Verzugszinsen und 3,20 € Mahngebühren insgesamt 3 233,07 € in Rechnung gestellt. Berechnen Sie das Fälligkeitsdatum.

20. An welchem Tag wurden 3 000,00 € auf ein Sparkonto eingezahlt, wenn der Bankzinssatz bis zum 30. 06. 3 % betrug, danach auf 4 % erhöht wurde und das Guthaben am 15. 10. mit 3 070,00 € angegeben wurde.

2.2 Berechnung der Effektivverzinsung in Anwendungen

Die allgemeine Zinsformel kommt in der kaufmännischen Praxis in mehreren Anwendungen vor, zum Beispiel bei der Berechnung des *effektiven Jahreszinssatzes* bei Abzug von Skonto in Liefererrechnungen, bei der Berechnung der *Gebäuderendite* und bei der Berechnung der *Effektivverzinsung von Darlehen.*

Ausnutzung von Skonto bei Kreditaufnahme

Skonto ist ein Preisnachlass, den ein Lieferer einem Kunden gewährt, wenn dieser eine Warenschuld innerhalb eines vorgegebenen Zahlungsziels vor dem Fälligkeitstermin ausgleicht.

Der Kunde überweist dann den Rechnungsbetrag abzüglich Skonto, der in Prozent des Rechnungsbetrages angegeben ist. Für den Fall, dass das Konto des Kunden kein entsprechendes Guthaben aufweist, muss dieser kurzfristig sein Konto überziehen und dafür Zinsen an die Bank bezahlen. Deshalb wird sich der Skontoabzug nur dann lohnen, wenn er größer ist als die durch die Überziehung anfallenden Bankzinsen.

Um dies zu beurteilen, wird der Skontosatz in einen *effektiven Jahreszinssatz* umgerechnet und mit dem Zinssatz der Bank verglichen. Hierzu wird der Skontosatz entweder *überschlagsmäßig* oder *exakt* auf ein Jahr umgerechnet. Im zweiten Fall ist zu beachten, dass der Schuldner nicht die volle Rechnungssumme bei Skontoausnutzung als Kreditsumme aufnehmen muss, sondern nur den um den Skonto verminderten Überweisungsbetrag, sodass der exakt berechnete Jahreszinssatz etwas höher ausfällt als der überschlagsmäßig ermittelte.

Beispiel:

Die Firma Groß erhält am 05. 03. eine Warenlieferung über 2 000,00 €. In der Zahlungsbedingung des Lieferers heißt es: *„Zahlbar innerhalb von 30 Tagen netto. Bei Zahlung innerhalb von 10 Tagen werden 2 % Skonto gewährt“.*

a) Wie hoch ist der Überweisungsbetrag, wenn Firma Groß den Skonto in Anspruch nimmt?
b) Wann muss er spätestens zahlen, wenn die Rechnung auf den 05.03. ausgestellt ist?
c) Wie hoch ist der effektive Jahreszinssatz für die Skontoangabe *überschlagsmäßig*?
d) Wie hoch ist der Finanzierungsgewinn bei Ausnutzung des Skontos, wenn Groß zum Ausgleich der Rechnung wegen fehlender Mittel einen Überziehungskredit zu 16 % in Anspruch nehmen muss?
e) Welchem effektiven Jahreszinssatz entspricht die Skontoangabe bei *exakter* Berechnung?

Lösung:

a) Skontoberechnung mit der Prozentwertformel:

$$P = 2\,000{,}00 \cdot \frac{2}{100} = \underline{40{,}00}$$

Rechnungsbetrag	2 000,00 €	= 100 %
– Skonto	**40,00** €	= 2 %
Überweisung	1 960,00 €	= 98 %

b) Darstellung an der Zeitachse:

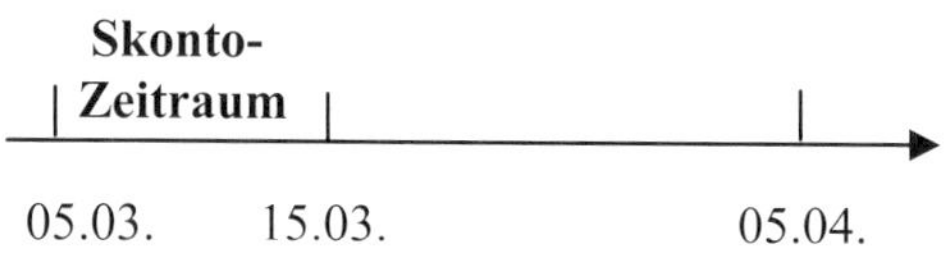

05. 03. (Rechnungsdatum)
\+ 10 Tage
= **15. 03.** (Letzter Termin für die Zahlung mit Skontoausnutzung)

c) Der Skontosatz ist auf den Kreditzeitraum (20 Tage) bezogen. Er wird auf 360 Tage umgerechnet.

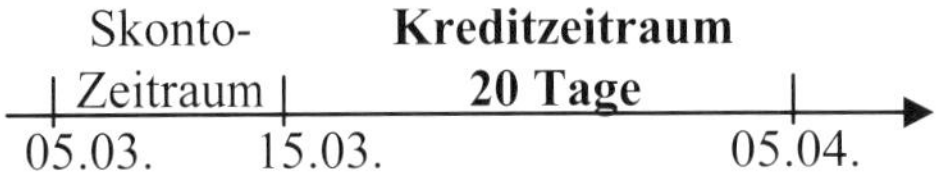

In 20 Tagen erzielt Groß einen Abzug von 2 %.
<u>In 360 Tagen erzielt Groß einen Abzug von x %.</u>

$$x = \frac{2 \cdot 360}{20} = \underline{36\ (\%)}$$

Der Skontosatz entspricht *überschlagsmäßig* einem effektiven Jahreszinssatz von **36 %** und liegt deutlich über dem Zinssatz der Bank (16 %). Die Kreditaufnahme lohnt sich also.

d) 1. Zinsberechnung mit der Tageszinsformel:

Kapital (Überweisungsbetrag)	=	1 960,00 €
Zinssatz der Bank	=	16 %
Laufzeit (Kreditzeitraum)	=	20 Tage

$$z = \frac{1960{,}00 \cdot 16 \cdot 20}{100 \cdot 360} = \underline{17{,}42\ (€)}$$

2. Berechnung des Finanzierungsgewinns:

Skonto – Zinsen = 40,00 € – 17,42 € = 22,58 €
Der Finanzierungsgewinn beträgt 22,58 €.

e) *Exakte* Berechnung des Jahreszinssatzes:
Die Tageszinsformel wird nach p umgestellt. Für die Zinsen ist der Skontoabzug (**40,00** €) einzusetzen.

$$p = \frac{360 \cdot 100 \cdot \mathbf{40{,}00}}{1960{,}00 \cdot 20} = \underline{36{,}73\ (\%)}$$

Der *exakte* Jahreszinssatz für die Skontoangabe beträgt **36,73 %** und ist damit geringfügig höher als der *überschlagsmäßig* errechnete.

Merke

Berechnung des effektiven Jahreszinssatzes bei Skontoausnutzung:

<u>Überschlagsmäßige Berechnung:</u> $$\mathbf{p = \frac{Skontosatz \cdot 360}{Kreditzeitraum}}$$

(Kreditzeitraum = Zahlungsziel – Skontozeitraum)

Exakte Berechnung:

<u>1. Schritt:</u> Berechnung der Bankzinsen für die Kontoüberziehung

$$\text{Bankzinsen} = \frac{\text{Überweisungsbetrag} \cdot \text{Bankzinssatz} \cdot \text{Kreditzeitraum}}{100 \cdot 360}$$

Finanzierungsgewinn = Skontobetrag – Bankzinsen

<u>2. Schritt:</u> Berechnung des effektiven Jahreszinssatzes

$$\mathbf{p = \frac{360 \cdot 100 \cdot Skontobetrag}{Überweisungsbetrag \cdot Kreditzeitraum}}$$

Übungen

1. Berechnen Sie den Jahresskontosatz.

	Zahlungsziel	Skontozeitraum	Skontosatz
a)	30 Tage	10 Tage	3 %
c)	60 Tage	14 Tage	2,5 %

	Zahlungsziel	Skontozeitraum	Skontosatz
b)	30 Tage	8 Tage	2 %
d)	10 Tage	sofort	3 %

2. Eine Zahlungsbedingung lautet wie folgt: Zahlbar innerhalb von 30 Tagen. Bei Zahlung innerhalb von 8 Tagen 3 % Skonto. Welchem Jahreszinssatz entspricht diese Angabe?

3. Es liegen die Zahlungsbedingungen zweier Lieferanten vor:
Lieferant A: Zahlungsziel 30 Tage, bei Zahlung innerhalb von 8 Tagen 1,5 % Skonto.
Lieferant B: 2 Monate Ziel, bei Zahlung innerhalb von 14 Tagen 3 % Skonto.
Vergleichen Sie diese beiden Angaben.

Rendite von Immobilien

Will ein Kapitalgeber sein Geld entweder bei einer Bank oder in Immobilien (Grundstücke, Gebäude) anlegen, so wird er vermutlich diejenige Anlageform wählen, von der er sich eine höhere Verzinsung verspricht. Für seine Entscheidung berechnet er einen Zinssatz (*effektive Immobilienrendite)*, den er mit dem vorliegenden Bankzinssatz vergleicht.

Hierbei wird der Überschuss aus dem Immobilienbesitz, der sich aus der Differenz von Miet- oder Pachteinnahmen und den Aufwendungen (z. B. Zinsen, Abschreibungen, Steuern, Abgaben) ergibt, zum eingesetzten Eigenkapital in Beziehung gesetzt und in Prozent ausgedrückt.

Beispiel:

Herr Sommer möchte sein Eigenkapital in Höhe von 150 000,00 € anlegen. Die Bank bietet ihm für eine Geldanlage eine 4%ige Verzinsung. Außerdem wird ihm ein Mietshaus zu einem Kaufpreis von 350 000,00 € als weitere Anlageform angeboten. Den Kaufpreis finanziert er mit seinem Eigenkapital und einer 6%igen Hypothek über 200 000,00 €.
Die aus der Vermietung des Hauses zu erwartenden Mieteinnahmen betragen monatlich 2 500,00 €. Neben den Hypothekenzinsen fallen folgende Aufwendungen an: Abschreibung für Abnutzung (AfA) = 2 % des Gebäudewertes von 250 000,00 €; jährliche Reparaturkosten von durchschnittlich 1 000,00 €. Wie hoch würde sich das von Herrn Sommer eingesetzte Eigenkapital im Vergleich zum Bankzinssatz effektiv verzinsen?

Lösung:

Von der zu erwartenden Jahresmiete sind die zu erwartenden Aufwendungen abzuziehen:	1. Schritt: Berechnung der Jahresmieteinnahmen Jahresmiete (12 · 2 500,00 €) 30 000,00 €
Hypothekenzinsen und Abschreibungen werden wie folgt berechnet: Hypothek: $z = \frac{200\,000{,}00 \cdot 6}{100} = 12\,000{,}00\ (€)$ Abschreibungen: $\frac{250\,000{,}00 \cdot 2}{100} = 5\,000{,}00\ (€)$	2. Schritt: Berechnung der Jahresaufwendungen Hypothekenzinsen 12 000,00 € Abschreibungen 5 000,00 € Reparaturen 1 000,00 € Summe der Aufwendungen 18 000,00 € 3. Schritt: Berechnung des Jahresüberschusses
Jahresüberschuss = Mieteinnahmen – jährlich anfallende Aufwendungen	Jahresmieteinnahmen 30 000,00 € – Summe der Jahresaufwendungen 18 000,00 € = **Jahresüberschuss** **12 000,00 €** 4. Schritt: Berechnung der Effektivverzinsung

Der Jahresüberschuss wird in Prozent des eingesetzten Eigenkapitals ausgedrückt. Die Gebäuderendite beträgt 8 % und liegt damit höher als der Bankzinssatz.	$p = \frac{\mathbf{12\,000} \cdot 100}{150\,000{,}00} = \underline{8\ (\%)}$

Übungen

1. Ein bebautes Grundstück wird zu einem Kaufpreis von 380 000,00 € angeboten. Die zu erwartenden monatlichen Mieteinnahmen betragen 2 000,00 €. Die jährlichen Aufwendungen an Abschreibungen, Versicherungen, Abgaben und Reparaturkosten werden auf 9 000,00 € geschätzt. Zu welchem Zinssatz verzinst sich das eingesetzte Eigenkapital?

2. Ein Mehrfamilienhaus wurde zu 225 000,00 € erworben. Es wurde mit Eigenmitteln in Höhe von 192 500,00 € und einer 8,5%igen Hypothek über die Restsumme finanziert. Die Mieteinnahmen betragen je Monat 1 660,00 €. An Aufwendungen für Abschreibungen, Versicherungen, Gebühren und Instandhaltungskosten fallen zusammen 4 645,00 € an. Mit welcher Verzinsung seines eingesetzten Kapitals kann der Käufer dieses Mehrfamilienhauses rechnen?

3. Einem Geschäftsmann wird ein Mehrfamilienhaus zu einem Preis von 450 000,00 € angeboten. Zur Finanzierung nimmt er eine I. Hypothek über 120 000,00 € auf, die mit 6 % zu verzinsen ist, und eine II Hypothek über 100 000,00 € auf, die mit 7,5 % zu verzinsen ist. Die Restsumme kann durch Eigenkapital aufgebracht werden. Die Mieteinnahmen belaufen sich monatlich auf 3 000,00 €. Für die laufenden Unterhaltskosten werden 7 500,00 € im Jahr angenommen.
Mit welchem Zinssatz kann der Geschäftsmann sein eingesetztes Eigenkapital verzinsen?

Effektivverzinsung von Darlehen

Darlehensangebote von Kreditinstituten sind oft nicht unmittelbar vergleichbar, weil häufig neben dem angegebenen Darlehensszins (Nominalzins) noch weitere Kreditkosten, zum Beispiel Provision oder Spesen, in Rechnung gestellt werden. Beispiele für Kreditkosten sind:

Zinsen: Sie werden mit dem von der Bank vorgegebenen **Nominalzinssatz** vom Darlehensbetrag entsprechend der vorgesehenen Laufzeit berechnet und mit der Zinsformel ermittelt.

Disagio: Ein Disagio wird als prozentualer Abzug vom Darlehensbetrag abgezogen:

Darlehensbetrag – **Disagio** = Auszahlungsbetrag

Dabei werden die Darlehenszinsen vom Darlehensbetrag gerechnet, was die effektive Verzinsung erhöht. Da die Rückzahlung des Darlehens in voller Höhe erfolgt, obwohl der Kreditnehmer eine um das Disagio verminderte Summe ausbezahlt bekommen hat, ist das Disagio zu den Kreditkosten hinzuzuzählen.

Darlehensgebühr und Provision: Darlehensgebühren und Provisionen werden in Prozent vom Darlehensbetrag berechnet.

Spesen: Spesen sind als fester Geldbetrag gegeben.

Sollen Darlehen vergleichbar gemacht werden, müssen sämtliche Kreditkosten zusammengezählt und mit Hilfe der Zinsformel in Prozent des ausgezahlten Darlehensbetrages ausgedrückt werden. Hierzu ist die Zinsformel nach p aufzulösen. Das Ergebnis ergibt den **Effektivzinssatz** als Vergleichszahl für die Beurteilung der Kreditbedingungen.

Beispiel:

Eine Bank bietet einem Bauherrn ein Darlehen über 80 000,00 € zu 5 % Zinsen bei einer 98%igen Auszahlung an. Es wird eine Darlehensgebühr von 0,5 % des Darlehensbetrags und 100,00 € Spesen in Rechnung gestellt, beides wird bei Auszahlung des Darlehens einbehalten. Das Darlehen ist nach 10 Jahren in einer Summe zu tilgen. Die Zinsen werden jährlich gezahlt.

a) Wie hoch ist der Auszahlungsbetrag?
b) Wie hoch sind die anfallenden Kreditkosten in den 10 Jahren?
c) Wie hoch ist die effektive Verzinsung des Darlehens?

Lösung:

a) Vom Darlehensbetrag 80 000,00 € sind folgende Kreditkosten abzuziehen:

Disagio: 2 % von 80 000,00 € = 1 600,00 €
Darlehensgebühr: 0,5 % von 80.000,00 € = 400,00 €
Bearbeitungsgebühr: = 100,00 €

Berechnung des Auszahlungsbetrags:

Darlehensbetrag	80 000,00 €
– Disagio	1 600,00 €
– Darlehensgebühr	400,00 €
– Bearbeitungsgebühr	100,00 €
= Auszahlungsbetrag	77 900,00 €

b) Die Zinsen für 10 Jahre betragen:
K = 80.000,00 (€); p = 5 (%); i = 10 (Jahre)

$$\text{Zinsen} = \frac{80\,000{,}00 \cdot 5 \cdot 10}{100} = 40.000{,}00\ (€)$$

Berechnung der Kreditkosten:

Zinsen:	40 000,00 €
Disagio:	1 600,00 €
Darlehensgebühr:	400,00 €
Bearbeitungsgebühr	100,00 €
= Summe der Kreditkosten	42 100,00 €

c) Die Berechnung erfolgt über die nach p umgestellte Zinsformel:

$$z = \frac{K \cdot i \cdot p}{100} \Rightarrow p = \frac{z \cdot 100}{K \cdot i}$$

Die effektive Verzinsung des Darlehens beträgt **5,40 %.**

Berechnung des Effektivzinssatzes:

$$p = \frac{42\,100{,}00 \cdot 100}{77\,900{,}00 \cdot 10} = 5{,}40\ (\%)$$

Übungen

1. Eine Architektin hat für eine Büroerweiterung einen Kredit über 85.000,00 € mit einer Laufzeit von 4 Jahren aufgenommen und dafür nominal 5 % Zinsen und zusätzlich 100,00 € Darlehensgebühr zu zahlen. Welchem effektiven Zinssatz entspricht diese Belastung, wenn die Zinsen jährlich zu zahlen sind und die Darlehensgebühr bei der Auszahlung von der Kreditsumme abgezogen wird?

2. Eine Bank bietet einem Kaufmann einen Kredit zu den folgenden Konditionen an: Kreditsumme: 50 000,00 €; Zinssatz: 5,5 %; Bearbeitungsgebühr: 2% der Kreditsumme; Laufzeit: 6 Jahre. Die Zinsen sind jährlich zu zahlen. Die Bearbeitungsgebühr wird bei Kreditauszahlung einbehalten. Welchen effektiven Zinssatz legt die Bank dem Angebot zugrunde?

3. Ein kurzfristiger Kredit über 5 000,00 €, Laufzeit 1 Jahr, wird zu 0,5 % pro Monat verzinst. Außerdem wird eine Darlehensgebühr von 1 % der Kreditsumme berechnet und bei Auszahlung des Kredits einbehalten.
a) Welchem effektiven Jahreszinssatz entspricht diese Angabe?
b) Wie hoch wäre die effektive Verzinsung bei einer Laufzeit von nur 6 Monaten unter sonst gleichen Bedingungen?

Aufgaben 2.2

1. Zwei Lieferanten gewähren bei Warenlieferungen Skonto unter den folgenden Bedingungen:
Lieferant Allmers: 2,5 % Skonto bei sofortiger Zahlung, Ziel 30 Tage;
Lieferant Behrens: 3 % Skonto bei Zahlung innerhalb von 10 Tagen, Ziel 60 Tage.
Beurteilen Sie die beiden Skontoangaben.

2. Die Zahlungsbedingung eines Großhändlers lautet: Die Rechnung ist innerhalb von 60 Tagen zu begleichen. Bei Zahlung innerhalb von 8 Tagen wird ein Skontoabzug von 2 % gewährt. Welchem Jahreszinssatz entspricht der gewährte Skonto?

3. Eine Rechnung lautet auf 5 000,00 €. Die Zahlungsbedingung ist wie folgt angegeben: „3 % Skonto bei sofortiger Zahlung oder bei Zahlung innerhalb von 30 Tagen netto Kasse".
a) Lohnt sich der Skontoabzug, wenn er dafür einen Bankkredit zu 12 % Zinsen aufnehmen muss?
b) Welchem effektiven Jahreszinssatz entspricht die Skontoangabe überschlagsmäßig und exakt?

4. Eine Rechnung über 3 500,00 € ist laut vorliegende Zahlungsbedingung innerhalb von 30 Tagen ohne Abzug oder innerhalb von 10 Tagen abzüglich 2 % Skonto zu zahlen. Um den Skonto ausnutzen zu können, muss der Kunde einen Kontokorrentkredit von 14,4 % in Anspruch nehmen.
a) Wie hoch ist der Finanzierungsgewinn?
b) Welchem Jahreszinssatz würde der Skontoabzug entsprechen (überschlagsmäßig und exakt)?

5. Eine Eigentumswohnung wurde aus Eigenmitteln zum Preis von 120 000,00 € erworben. Da der Eigentümer sie erst nach seiner Pensionierung selber nutzen möchte, vermietet er sie vorübergehend an ein junges Ehepaar und erzielt dabei eine monatliche Kaltmiete (ohne Berücksichtigung der Nebenkosten) von 380,00 €. Zu wie viel Prozent verzinst sich das angelegte Eigenkapital?

6. Ein bebautes Grundstück wird zu 624 000,00 € käuflich erworben. Die Mieteinnahmen betragen je Monat 3 200,00 €, die sonstigen jährlichen Aufwendungen (Abschreibungen, Versicherungen, Gebühren, Abgaben, Reparaturen) werden mit 14 400,00 € veranschlagt. Zu welchem Zinssatz wird das eingesetzte Kapital von 624 000,00 € verzinst?

7. Jemand erwirbt einen Garagenkomplex zu einem Preis von 120 000,00 € und kann die darin enthaltenen Garagen für eine monatliche Miete in Höhe von insgesamt 800,00 € vermieten. Beim Kauf der Garagen musste ein Darlehen zu 5 % in Höhe von 80 000,00 € aufgenommen werden, der Rest wurde durch Eigenkapital finanziert. An Aufwendungen fallen an: Abschreibungen 2 % vom Kaufpreis und monatliche Gebühren und Steuern in Höhe von 100,00 €. Zu wie viel Prozent verzinst sich das eingesetzte Eigenkapital?

8. Die Anschaffungskosten eines Mietwohngrundstücks betragen 120 000,00 €. Hiervon wurden 75 % durch Eigenkapital finanziert. Über den Restbetrag wurde eine 6%ige Hypothek aufgenommen. Die Abschreibungen werden mit 2 % von 100 000,00 €, die laufenden Kosten mit monatlich 250,00 € und die Gemeindeabgaben vierteljährlich mit 550,00 € angenommen. Wie hoch muss die monatliche Miete angesetzt werden, damit der Kapitalanleger eine Verzinsung von 8 % seines eingesetzten Eigenkapitals erreicht?

9. Eine Bank gewährt einem Kunden einen kurzfristigen Kredit über 12 000,00 € vom 25. 04.–10. 9. zu den folgenden Bedingungen: Zinssatz 12 %, Bearbeitungsgebühr 0,5 % der Kreditsumme (wird bei Auszahlung des Kredits einbehalten).
a) Welcher Betrag ist am 10. 09. zurückzuzahlen?
b) Wie hoch ist der Effektivzinssatz des Kredits?

10. Eine Bank gewährt einen Kleinkredit über 2 400,00 €, Laufzeit 9 Monate. Sie berechnet 0,8 % Zinsen je Monat und eine einmalige Bearbeitungsgebühr von 1 % der Kreditsumme (fällig bei Auszahlung des Kredits). Welchen effektiven Zinssatz erzielt die Bank bei diesem Kredit?

11. Ein Darlehen über 40 000,00 € wird zu 95 % ausgezahlt und mit 6 % verzinst. Die Zinsen werden jeweils am Jahresende fällig. Die Laufzeit des Darlehens beträgt 12 Jahre, danach wird das Darlehen in einer Summe zurückgezahlt. Wie hoch ist die effektive Verzinsung des Darlehens?

12. Ein Kreditinstitut unterbreitet einem Bauherrn folgendes Angebot:
Kreditsumme: 120 000,00 €,
Zinssatz: 4,5 %
Auszahlung: 92 %
Kreditprovision: 1 % von der Kreditsumme
Bearbeitungsgebühr: 150,00 €
Laufzeit 18 Jahre
Die Kreditkosten werden bei Auszahlung des Darlehens einbehalten. Die Zinsen sind jeweils am Jahresende zu zahlen. Berechnen Sie die effektive Verzinsung des Darlehens.

2.3 Finanzwirtschaftliche Anwendungen der Zinseszinsrechnung

Mit der Zinsformel der einfachen Zinsrechnung werden insbesondere Zinsen für Laufzeiten unter einem Jahr berechnet (unterjährige Verzinsung). Geht die Verzinsung über ein Jahr hinaus, so kann diese Formel nur angewendet werden, wenn die Zinsen am Jahresende ausgezahlt werden, sodass das zu verzinsende Kapital im nächsten Jahr in gleicher Höhe stehen bleibt.

In der Zinseszinsrechnung werden die Zinsen dem bestehenden Kapital jeweils am Jahresende zugeschlagen. Dies hat zur Folge, dass es im Folgejahr zu einer Verzinsung der Zinsen kommt, es entstehen also Zinsen auf die Zinsen, die sogenannten **Zinseszinsen.** Die Berechnung des Endkapitals einer Zinseszinsrechnung erfolgt mit Hilfe einer speziellen Formel, der **Zinseszinsformel.**

Herleitung der Zinseszinsformel

Eine Möglichkeit der Herleitung der Zinseszinsformel ergibt sich unmittelbar aus der Prozentrechnung (siehe Kapitel 1). Wird eine jährliche Abrechnung der Zinsen unterstellt, so kann mit Hilfe des gegebenen Kapitals und des Zinssatzes das um die Zinsen vermehrte Kapital mit Hilfe des zugehörigen Prozentfaktors, der sich aus dem Zinssatz ergibt, berechnet werden. Da die Zinsen jeweils vom neuen vermehrten Kapitalbetrag als neuem Grundwert (= 100 %) gerechnet werden, kann die Multiplikation mit dem Prozentfaktor entsprechend der Laufzeit in Jahren wiederholt werden. Die Zinseszinsrechnung kann damit als eine zusammengesetzte Prozentrechnung mit immer demselben Prozentfaktor (= Aufzinsungsfaktor) verstanden werden.

Beispiel:

Ein Sparer zahlt bei seiner Bank 5.000,00 € auf ein Sparbuch ein. Die Bank zahlt ihm 4 % Zinsen. Wie hoch ist das angelegte Kapital nach vier Jahren, wenn die Zinsen vom jeweiligen Endkapital berechnet werden?

Lösung:

	Zinseszinsrechnung als zusammengesetzte Prozentrechnung				
K_0 Anfangskapital	**5 000,00** € = 100 %				
+ Zinsen im 1. Jahr	200,00 € = 4 %				· **1,04**
K_1 = Kapital nach 1 Jahr	5 200,00 € = 104 %	= 100 %			
+ Zinsen im 2. Jahr	+ 208,00 €	= 4 %			· **1,04**
K_2 = Kapital nach 2 Jahren	5.408,00 €	= 104 %	= 100 %		
+ Zinsen im 3. Jahr	+ 216,32 €		= 4 %		· **1,04**
K_3 = Kapital nach 3 Jahren	5 624,32 €		= 104 %	= 100 %	
+ Zinsen im 4. Jahr	+ 224,97 €			= 4 %	· **1,04**
K_4 = Kapital nach 4 Jahren	**5 849,29** €			= 104 %	

Hinweis: Rundungen in den Zwischenrechnungen können zu geringfügigen Abweichungen führen.

Die Berechnung von K_4 erfolgt durch fortgesetzte Multiplikation des Anfangskapitals von 5.000,00 € mit dem Prozentfaktor (= Aufzinsungsfaktor 1,04):

$$K_4 = 5\,000{,}00 \cdot 1{,}04 \cdot 1{,}04 \cdot 1{,}04 \cdot 1{,}04 = \underline{5\,849{,}29}$$

Kurzschreibweise: $K_4 = 5\,000{,}00 \cdot 1{,}04^4 = \underline{5\,849{,}29}$

Anmerkung : Der Schreibweise $1{,}05^4$ liegt der Potenzbegriff zugrunde. (Seite 85)

Es gilt: Eine Potenz ist ein Produkt aus n gleichen Faktoren.

$$\underbrace{a \cdot a \cdot a \cdot \ldots\ a}_{\text{n gleiche Faktoren a}} = \underbrace{\mathbf{a^n}}_{\text{Potenzschreibweise}}$$

Die Berechnung des Endkapitals mit konkreten Zahlenwerten lässt sich verallgemeinern, es entsteht die allgemeine Zinseszinsformel.

Wird der Zins dem Kapital jährlich zugeschlagen, so verzinst er sich in den Folgejahren mit. Es entsteht **Zinseszins.** Es gilt die folgende **Zinseszinsformel:**

$$K_n = K_0 \left(1+\frac{p}{100}\right)^n \quad \text{bzw.} \quad K_n = K_0\, q^n \quad \text{mit } q = 1+\frac{p}{100} \quad (q^n\text{: Aufzinsungsfaktor})$$

K_n: Kapital nach n Jahren K_0: Anfangskapital p: Zinssatz in % n: Anzahl der Zinsjahre

Berechnung des Endkapitals

Die Zinseszinsformel stellt das Produkt aus dem Anfangskapital K_0 und dem Aufzinsungsfaktor q^n dar. Dieser lässt sich mit einem Taschenrechner mit Hilfe der Exponentialtaste schnell berechnen durch die Tastenfolge „q $\mathbf{x^y}$ n **=**“.

Der Wert des Aufzinsungsfaktors $q^n = (1 + \frac{p}{100})^n$ hängt nur von p und n ab. Er wird daher auch tabellarisch dargestellt (siehe Seite 63). Anhand der Tabelle kann das Endkapital durch Multiplikation des Anfangskapitals mit dem Tabellenwert $T_{n,p}$ errechnet werden. Die Tabelle wird sowohl für die Berechnung des Endkapitals bzw. des Anfangskapitals als auch für die näherungsweise Berechnung des Zinssatzes bzw. der Laufzeit herangezogen.

Beispiel 1:

Ermitteln Sie (1) mit Hilfe des Taschenrechners und (2) anhand der Tabelle die Aufzinsungsfaktoren, die sich ergeben
a) für 4 %, n = 6 Jahre,
b) für 8 %, n = 15 Jahre,
c) für 3,5 %, n = 8 Jahre.

Lösung:

(1) a) 1,04 x^y 6 = b) 1,08 x^y 15 = c) 1,035 x^y 8 =	a) 1,265319 b) 3,172169 c) 1,316809
(2) Es ist die Zeile zu wählen mit dem gegebenen n und die Spalte mit dem gegebenen p.	a) $T_{6\ \text{Jahre},\ 4\,\%} = 1{,}26532$ b) $T_{15\ \text{Jahre},\ 8\,\%} = 3{,}17217$ c) $T_{8\ \text{Jahre},\ 3{,}5\,\%} = 1{,}31681$

Beispiel 2:

Gegeben: Anfangskapital 5 000,00 €, Zinssatz 4 %, Laufzeit 4 Jahre.
Berechnen Sie das Endkapital nach 4 Jahren einschließlich Zinseszins
a) mit Hilfe des Taschenrechners,
b) mit Hilfe der Tabelle der Aufzinsungsfaktoren.

Lösung:

a) Der Aufzinsungsfaktor $q = 1 + \frac{p}{100}$ ist mit der angegebenen Laufzeit zu potenzieren. Die Tastenfolge q **x^y** n = ergibt den gesuchten Aufzinsungsfaktor 1,16985856.
Mit diesem Faktor ist das Anfangskapital von 5 000,00 € zu multiplizieren.

Aus $q = 1{,}04$ folgt $q^4 = 1{,}04^4$

Der Taschenrechner liefert:

1,04 **y^x** 4 = 1,16985856

$K_n = 5\,000{,}00 \cdot 1{,}16985856$
$= 5\,849{,}29$

b) Der Aufzinsungsfaktor steht in der Tabelle in der Zeile n = 4 (Laufzeit) und in der Spalte 4 % (Zinssatz): $T_{4\text{ Jahre},\,4\,\%} = 1{,}16986$. Er ist mit $K_0 = 5\,000{,}00$ zu multiplizieren.

n	...	4 %
.		.
4		**1,16986**

Tabellen-ausschnitt

Das Endkapital wächst nach 4 Jahren auf 5 849,29 € an.

$K_4 = 5\,000{,}00 \cdot 1{,}16986$
$= 5\,849{,}30$
(Rundungsabweichung aufgrund der Stellenzahl des Aufzinsungsfaktors)

Übungen

1. Berechnen Sie jeweils das Endkapital mit Hilfe der Zinseszinsformel:

	Anfangskapital (€)	Zinssatz	Laufzeit (Jahre)	Endkapital
a)	2 000,00	3 %	5	?
b)	6 000,00	4 %	8	?
c)	12 000,00	3,5 %	10	?
d)	20 500,00	2,5 %	15	?
e)	24 300,00	5 %	6	?

2. Ein Vater legt bei der Geburt seiner Tochter ein Sparbuch bei seiner Bank an und zahlt 5 000,00 € ein. Wie viel € Guthaben stehen der Tochter nach Abschluss ihrer Schulausbildung nach 18 Jahren zur Verfügung, wenn das Konto auf Zinseszins mit 3 % eingerichtet ist?

3. Ein 40-jähriger Kaufmann legt 10 000,00 € auf Zinseszins bei 4%iger Verzinsung für 25 Jahre bei seiner Bank an. Danach lässt er sich die nach dieser Zeit angefallenen Zinsen als Beitrag für seine Altersversorgung auszahlen. Über welchen Betrag kann er damit zusätzlich verfügen?

4. Ein Sparer legt sein Geldkapital in Höhe von 8 000,00 € zu 4 % auf Zinseszins an. Nach sechs Jahren senkt die Bank den Zinssatz auf 3,5 % Zinsen. Welches Kapital steht dem Sparer nach insgesamt zehn Jahren zur Verfügung?

n	2%	2,5%	3%	3,5 %	4 %	5 %	6 %	7 %	8 %
1	1,02000	1,02500	1,03000	1,03500	1,04000	1,05000	1,06000	1,07000	1,08000
2	1,04040	1,05063	1,06090	1,07123	1,08160	1,10250	1,12360	1,14490	1,16640
3	1,06121	1,07689	1,09273	1,10872	1,12486	1,15763	1,19102	1,22504	1,25971
4	1,08243	1,10381	1,12551	1,14752	1,16986	1,21551	1,26248	1,31080	1,36049
5	1,10408	1,13141	1,15927	1,18769	1,21665	1,27628	1,33823	1,40255	1,46933
6	1,12616	1,15969	1,19405	1,22926	1,26532	1,34010	1,41852	1,50073	1,58687
7	1,14869	1,18869	1,22987	1,27228	1,31593	1,40710	1,50363	1,60578	1,71382
8	1,17166	1,21840	1,26677	1,31681	1,36857	1,47746	1,59385	1,71819	1,85093
9	1,19509	1,24886	1,30477	1,36290	1,42331	1,55133	1,68948	1,83846	1,99900
10	1,21899	1,28008	1,34392	1,41060	1,48024	1,62889	1,79085	1,96715	2,15892
11	1,24337	1,31209	1,38423	1,45997	1,53945	1,71034	1,89830	2,10485	2,33164
12	1,26824	1,34489	1,42576	1,51107	1,60103	1,79586	2,01220	2,25219	2,51817
13	1,29361	1,37851	1,46853	1,56396	1,66507	1,88565	2,13293	2,40985	2,71962
14	1,31948	1,41297	1,51259	1,61869	1,73168	1,97993	2,26090	2,57853	2,93719
15	1,34587	1,44830	1,55797	1,67535	1,80094	2,07893	2,39656	2,75903	3,17217
16	1,37279	1,48451	1,60471	1,73399	1,87298	2,18287	2,54035	2,95216	3,42594
17	1,40024	1,52162	1,65285	1,79468	1,94790	2,29202	2,69277	3,15882	3,70002
18	1,42825	1,55966	1,70243	1,85749	2,02582	2,40662	2,85434	3,37993	3,99602
19	1,45681	1,59865	1,75351	1,92250	2,10685	2,52695	3,02560	3,61653	4,31570
20	1,48595	1,63862	1,80611	1,98979	2,19112	2,65330	3,20714	3,86968	4,66096
21	1,51567	1,67958	1,86029	2,05943	2,27877	2,78596	3,39956	4,14056	5,03383
22	1,54598	1,72157	1,91610	2,13151	2,36992	2,92526	3,60354	4,43040	5,43654
23	1,57690	1,76461	1,97359	2,20611	2,46472	3,07152	3,81975	4,74053	5,87146
24	1,60844	1,80873	2,03279	2,28333	2,56330	3,22510	4,04893	5,07237	6,34118
25	1,64061	1,85394	2,09378	2,36324	2,66584	3,38635	4,29187	5,42743	6,84848
26	1,67342	1,90029	2,15659	2,44596	2,77247	3,55567	4,54938	5,80735	7,39635
27	1,70689	1,94780	2,22129	2,53157	2,88337	3,73346	4,82235	6,21387	7,98806
28	1,74102	1,99650	2,28793	2,62017	2,99870	3,92013	5,11169	6,64884	8,62711
29	1,77584	2,04641	2,35657	2,71188	3,11865	4,11614	5,41839	7,11426	9,31727
30	1,81136	2,09757	2,42726	2,80679	3,24340	4,32194	5,74349	7,61226	10,06266
31	1,84759	2,15001	2,50008	2,90503	3,37313	4,53804	6,08810	8,14511	10,86767
32	1,88454	2,20376	2,57508	3,00671	3,50806	4,76494	6,45339	8,71527	11,73708
33	1,92223	2,25885	2,65234	3,11194	3,64838	5,00319	6,84059	9,32534	12,67605
34	1,96068	2,31532	2,73191	3,22086	3,79432	5,25335	7,25103	9,97811	13,69013
35	1,99989	2,37321	2,81386	3,33359	3,94609	5,51602	7,68609	10,67658	14,78534

Berechnung des Anfangskapitals

In der Grundaufgabe der Zinseszinsrechnung wird ein angelegtes Anfangskapital über einen vorgegebenen Zeitraum mit dem gegebenen Zinssatz **aufgezinst** zum Endkapital K_n.

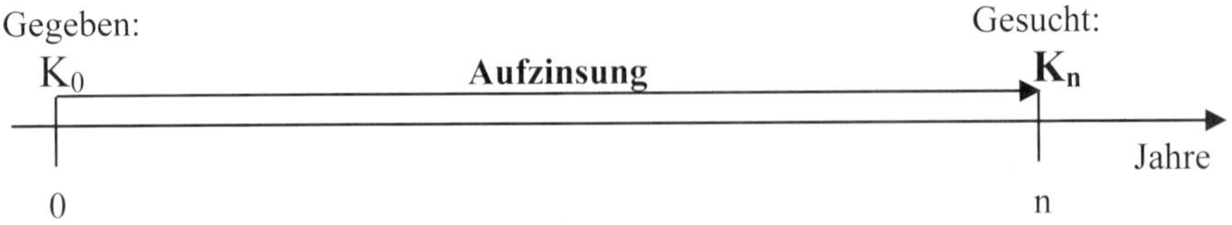

Der umgekehrte Fall tritt ein, wenn das Endkapital vorgegeben ist und auf den heutigen Zeitpunkt (Zeitpunkt 0) zum Anfangskapital K_0 (Barwert) **abgezinst** wird.

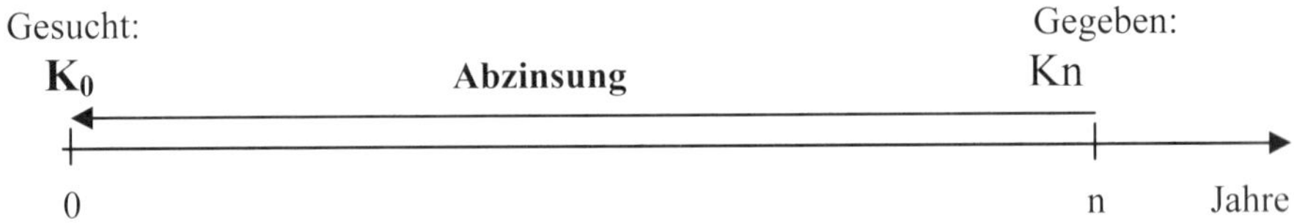

Für diesen Fall ist die Zinseszinsformel nach der unbekannten Größe K_0 umzustellen.

Beispiel:

Ein Vater möchte einen Sparbetrag zur Geburt seines Sohnes so anlegen, dass dieser in 19 Jahren nach Beendigung seiner Schulausbildung über eine Summe von 15 000,00 € verfügen kann. Welche Summe ist dafür erforderlich, wenn die Bank das Geld mit 3 % verzinst?

a) Berechnung mittels Taschenrechner,

b) Berechnung mit Hilfe der Tabelle der Aufzinsungsfaktoren.

Lösung:

a) In die Zinseszinsformel sind die gegebenen Werte Kn = 15 000,00, p = 3 und n = 19 einzusetzen. Anschließend ist sie nach K_0 aufzulösen, indem beide Seiten durch den Aufzinsungsfaktor dividiert werden. Die Ausrechnung ergibt den gesuchten Wert.

$$K_n = K_0 \cdot (1 + \frac{p}{100})^n$$

$$15\,000{,}00 = K_0 \cdot 1{,}03^{19} \qquad |: 1{,}03^{19}$$

$$K_0 = \frac{15\,000}{1{,}03^{19}} = \frac{15\,000}{1{,}7535060}$$

$$= \underline{8\,554{,}29}$$

Der Taschenrechner liefert:

15.000 : 1,03 y^x 19 = 8 554,29

b) Der Aufzinsungsfaktor steht in der Tabelle in der Zeile n = 19 (Laufzeit) und in der Spalte 3 % (Zinssatz), $T_{19\ \text{Jahre},\ 3\ \%} = 1{,}75351$. Das Endkapital ist durch diesen Wert zu dividieren.

Der Vater muss heute 8 554,27 € anlegen, um in 19 Jahren über 15 000,00 € verfügen zu können.

n	...	3 %
.		.
19	...	**1,75351**

Tabellen-ausschnitt

$$K_0 = \frac{15\,000}{1{,}75351} = \underline{8\,554{,}27}$$

(Rundungsabweichung aufgrund der Stellenzahl des Aufzinsungsfaktors.)

Übungen

1. Berechnen Sie das Anfangskapital mit der Zinseszinsformel.

	Endkapital (€)	Zinssatz	Laufzeit (Jahre)	Anfangskapital (€)
a)	16 081,15	5 %	6	?
b)	14 407,55	4 %	15	?
c)	49 498,29	5 %	14	?
d)	20 000,00	3 %	12	?
e)	18 000,00	3,5 %	8	?

2. Wie viel € hat ein Sparer vor 8 Jahren angelegt, wenn der Betrag mit 3,5 % verzinst wurde und heute auf 13 168,09 € angewachsen ist?

3. In einem Testament wird festgelegt, dass der Bruder zur Abfindung seiner Schwester 10 Jahre nach Eintreten des Erbfalles 25 000,00 € zahlen soll. Welchen Betrag müsste er aufwenden, wenn er diese Verpflichtung schon unmittelbar nach dem Tode des Vaters erfüllen möchte? Es wird ein Zinssatz von 4 % unterstellt.

4. Ein Kapital wurde zunächst 5 Jahre lang mit 3 % verzinst, danach wurde der bis dahin aufgelaufene Betrag noch weitere 8 Jahre angelegt, allerdings zu einem um 1 % höheren Zinssatz. Wie hoch war das angelegte Anfangskapital, wenn das Endkapital 9 519,28 € betrug?

Berechnung des Zinssatzes

Ist ein Kapital in einem vorgegebenen Zeitraum auf einen bestimmten Betrag angewachsen, so ist es interessant zu erfahren, zu welchem Zinssatz es angelegt war. Hierzu ist die Zinseszinsformel nach der gesuchten Größe p umzustellen.

Beispiel:

Ein Kapital von 10 000,00 €, das 8 Jahre lang auf Zinseszins angelegt war, ist auf 14 774,55 € angewachsen. Zu welchem Zinssatz wurde es verzinst?
a) Berechnung mittels Taschenrechner,
b) Berechnung mit Hilfe der Tabelle der Aufzinsungsfaktoren.

Lösung:

a) In die Zinseszinsformel sind die gegebenen Werte K_0 = 10 000,00, K_8 = 14 774,55 und n = 8 einzusetzen.
Anschließend wird q^8 mit der Division durch 10 000 freigestellt, damit q bestimmt werden kann.
Dies geschieht durch Wurzelziehen, das noch in einem späteren Kapitel (Seite 87f.) näher erklärt wird.
Hier erfolgt die Lösung mittels Taschenrechner.

$$K_n = K_0 \left(1+\frac{p}{100}\right)^n \quad \text{bzw.} \quad K_n = K_0\, q^n$$

$$14\,774{,}55 = 10\,000 \cdot q^8 \quad | :10\,000$$

$$1{,}477455 = q^8 \quad | \text{ Ziehen der 8. Wurzel}$$

$$q = \sqrt[8]{1{,}477455} = 1{,}477455^{0{,}125}$$

$$= 1{,}05 \quad | \text{ eingesetzt in } q = 1 + \frac{p}{100}$$

$$1 + \frac{p}{100} = 1{,}05 \quad \Rightarrow \quad p = \underline{5\ (\%)}$$

5 Haarmann, Thun ISBN 978-3-8120-0504-3

Allgemein gilt: **$K_n : K_0$ = y^x n $\frac{1}{x}$ =**

Der Taschenrechner liefert:

14 774,55 : 10 000 = 1,477455 **y^x** 8 **$\frac{1}{x}$** = 1,05

b) In die Zinseszinsformel werden zunächst die gegebenen Werte eingesetzt, dann wird durch das Anfangskapital 10 000,00 dividiert. Der dadurch erhaltene Wert ist der Aufzinsungsfaktor q^8, der nun im Feld der Tabelle in der **Zeile** bei n = 8 aufzusuchen ist, $T_{8\ \text{Jahre},\ p\ \%}$.
Der diesem Wert zugeordnete Zinssatz 5 % ist der gesuchte.
Das Kapital wurde mit 5 % verzinst.

$$K_n = K_0 \cdot q^n$$
$$14\,774{,}55 = 10\,000 \cdot \mathbf{q}^8 \quad |:10.000$$
$$1{,}477455 = \mathbf{q}^8$$

n . . .	**5 %**
.	↑
.	
8 ——► ...	... 1,47746

Tabellenausschnitt

Übungen

1. Berechnen Sie den Zinssatz mit der Zinseszinsformel.

	Anfangskapital (€)	Endkapital (€)	Laufzeit (Jahre)	Zinssatz
a)	10 000,00	20 121,96	12	?
b)	18 000,00	39 440,22	20	?
c)	25 000,00	83 339,76	35	?
d)	30 000,00	51 545,59	8	?

2. Schätzen Sie mit Hilfe der Tabelle der Aufzinsungsfaktoren ab, zu welchem Zinssatz die folgenden Beträge in den angegebenen Laufzeiten auf die angegebenen Endbeträge angewachsen sind. Überprüfen Sie die erhaltenen Ergebnisse mit dem Taschenrechner.

	Anfangskapital (€)	Endkapital (€)	Laufzeit (Jahre)	Zinssatz
a)	10 000,00	20 000,00	12	?
b)	8 000,00	12 000,00	8	?
c)	25 000,00	30 000,00	5	?
d)	30 000,00	55 500,00	23	?

3. Eine Bürokauffrau hat vor 7 Jahren einen Geldbetrag in Höhe von 2 400,00 € angelegt, der bis heute auf 3 608,71 € angewachsen ist? Mit welchem Zinssatz hat die Bank das Kapital verzinst?

4. Ein Sparguthaben von 4 000,00 €, das vor 10 Jahren auf Zinseszins angelegt wurde, ist heute auf 5 642,40 € angewachsen. Wie hoch war das Guthaben verzinst?

5. Jemand nimmt heute einen Kredit über 10 000,00 € auf, den er in 4 Jahren zurückzahlen muss. Die anfallenden Kreditzinsen werden schon bei der Auszahlung des Kredits einbehalten, sodass nur 7 350,00 € ausbezahlt werden. Wie hoch wird der Kredit unter Beachtung von Zinseszins verzinst?

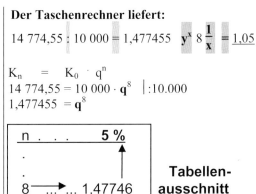

Berechnung der Laufzeit

Soll ein gegebenes Anfangskapital K_0 bei gegebenem Zinssatz p auf ein gewünschtes Endkapital K_n anwachsen, so stellt sich die Frage nach der dafür erforderlichen Laufzeit n. Die Berechnung erfolgt wieder mit Hilfe der Zinseszinsformel. Allerdings setzt dies die Kenntnis des **Logarithmusbegriffs** voraus, damit die Umformung nach der gesuchten Größe n vorgenommen werden kann. Da der Logarithmusbegriff erst in einem späteren Kapitel behandelt wird, soll auch an dieser Stelle nur die erforderliche Eingabe in den Taschenrechner bzw. die Ermittlung mittels Tabelle gezeigt werden.

Beispiel:

Nach wie viel Jahren wächst ein Kapital bei 6%iger Verzinsung von 1 000,00 € auf 1 790,85 € an?
a) Berechnung mittels Taschenrechner,
b) Berechnung mit Hilfe der Tabelle der Aufzinsungsfaktoren.

Lösung:

a) In die Zinseszinsformel sind die Werte K_0 = 1 000,00, K_n = 1 790,85 und p = 6 einzusetzen. Anschließend wird $1{,}06^n$ durch Division durch 1 000 freigestellt. Durch Logarithmieren der erhaltenen Gleichung und anschließendem Dividieren durch den Faktor 1,06 kann n berechnet werden. Mit dem Taschenrechner ist zu rechnen mit der Tastenfolge:
K_n : K_0 = log : 1,06 log =

*Beim „Logarithmieren" wird aus dem Exponenten **n** der Faktor **n**.*

$$K_n = K_0\,(1+\frac{p}{100})^n \quad \text{bzw.} \quad K_n = K_0\, q^n$$

$$1\,790{,}85 = 1\,000 \cdot 1{,}06^{\mathbf{n}} \quad |:1\,000$$

$$1{,}79085 = 1{,}06^{\mathbf{n}} \quad |\ \textbf{Logarithmieren}$$

$$\log 1{,}79085 = \mathbf{n} \cdot \log 1{,}06 \quad |:\log 1{,}06$$

$$\frac{\log 1{,}79085}{\log 1{,}06} = 10$$

Der Taschenrechner liefert:
1 790,85 : 1 000 = log : 1,06 log = **10**

b) In die Zinseszinsformel werden zunächst die gegebenen Werte eingesetzt, dann wird durch das Anfangskapital 1 000,00 dividiert. Der dadurch erhaltene Wert ist der Aufzinsungsfaktor $1{,}06^n$, der nun im Feld der Tabelle in der **Spalte** bei p = 6 aufzusuchen ist:
$T_{n\ \text{Jahre},\ 6\ \%}$..
Die diesem Wert zugeordnete Laufzeit von n = 10 ist die gesuchte.
Das Kapital ist 10 Jahre anzulegen.

$$K_n = K_0 \cdot q^n$$

$$1\,790{,}85 = 1\,000 \cdot 1{,}06^{\mathbf{n}} \quad |:1\,000$$

$$1{,}79085 = 1{,}06^{\mathbf{n}}$$

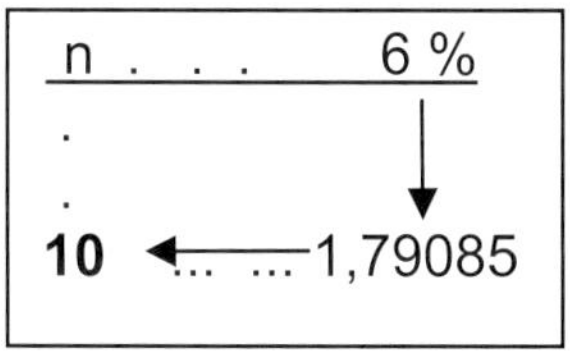

Tabellenausschnitt

Übungen

1. Berechnen Sie die Laufzeit mit der Zinseszinsformel.

	Anfangskapital (€)	Endkapital (€)	Zinssatz	Laufzeit (Jahre)
a)	12 000,00	16 927,19	3,5	?
b)	25 000,00	35 582,80	4	?
c)	14 000,00	18 351,14	7	?

2. Schätzen Sie mit Hilfe der Tabelle der Aufzinsungsfaktoren ab, nach wie viel Jahren die folgenden Beträge mit den angegebenen Zinssätzen auf die angegebenen Endbeträge angewachsen sind. Überprüfen Sie das erhaltene Ergebnis mit dem Taschenrechner.

	Anfangskapital (€)	Endkapital (€)	Zinssatz (%)	Laufzeit
a)	18 000,00	25 000,00	4	?
b)	12 000,00	15 000,00	3,5	?
c)	25 000,00	40 000,00	6	?

3. Auf einem Konto befinden sich 15 000,00 €, die zu 5 % verzinst werden.
a) Wie hoch ist das Kapital am Ende des 10. Jahres?
b) Nach welcher Zeit hat sich das Anfangskapital von 15 000,00 € verdoppelt?

Zusammenfassung:

Mit Hilfe der Zinseszinsformel wird der Betrag K_n berechnet, auf den ein Anfangskapital K_0, das zu p % auf Zinseszins angelegt, nach n Jahren angewachsen ist **(Grundaufgabe der Zinseszinsrechnung).**

Daneben lassen sich – je nach Aufgabenstellung – auch das Anfangskapital, der Zinssatz oder die Laufzeit in Jahren berechnen. Voraussetzung dafür ist, dass außer der gefragten Größe die drei anderen Größen gegeben sind. Ausgehend von der Zinseszinsformel können die übrigen Größen durch Umstellen der Formel errechnet werden **(Umkehraufgaben der Zinseszinsrechnung).**

Merke

Rechnen mit der Zinseszinsformel:

Endkapital	**Anfangskapital:**	**Zinssatz:**	**Laufzeit:**
$K_n = K_0 \cdot q^n$	$K_0 = \frac{K_n}{q^n}$	$q = \sqrt[n]{\frac{K_n}{K_0}}$ mit $q = 1 + \frac{P}{100}$	$n = \frac{\log \frac{K_n}{K_0}}{\log q}$

Stehen die mathematischen Umformungsschritte nicht zur Verfügung, so lässt sich mit dem Taschenrechner oder mit Hilfe der Zinseszinsfaktorentabelle rechnen:

	Taschenrechner-Eingabe:	Tabellarische Lösung:
Endkapital K_n:	$K_0 \cdot q\ y^x\ n =$	$K_n = K_0 \cdot T_{n\ Jahre,\ p\ \%}$
Anfangskapital K_0:	$K_n : q\ y^x\ n =$	$K_0 = \frac{K_n}{T_{n\ Jahre,\ p\ \%}}$
Zinsfaktor q:	$K_n : K_0 =\ y^x\ n\ \frac{1}{x}\ =$	In Zeile n Jahre $\rightarrow \frac{K_n}{K_0} = T_{n\ Jahre} \rightarrow$ p %
Laufzeit n:	$K_n : K_0 = \log\ :\ q\ \log =$	In Spalte p % $\rightarrow \frac{K_n}{K_0} = T_{p\ \%} \rightarrow$ n Jahre

Zinssatz und Verdopplungszeit („p · n-Regel")

Die „**p · n-Regel**" stellt einen Zusammenhang zwischen der Höhe des Zinssatzes p und der Laufzeit in Jahren n her, in der sich ein Anfangskapital verdoppelt. Die Höhe des Anfangskapitals spielt dabei keine Rolle, wie leicht zu zeigen ist:

Anfangskapital: K_0 **Endkapital:** $K_n = K_0 \cdot q^n$

Bedingung: $K_n = 2\ K_0$ **eingesetzt:** $2\ K_0 = K_0 \cdot q^n \quad | : K_0$

$$\mathbf{2 = q^n}$$

Die Verdopplung eines beliebigen Ausgangskapitals (oder einer Ausgangsgröße) ist also immer dort gegeben, wo der Aufzinsungsfaktor q^n den Wert 2 annimmt. Dieser Wert kann in der Aufzinsungsfaktorentabelle für verschiedene Zinssätze angenähert aufgesucht und den zugehörigen Werten für die Laufzeit zugeordnet werden:

Tabellenausschnitt der Aufzinsungsfaktoren $q^n = (1 + \frac{p}{100})^n$

n	2 %	2,5 %	3 %	3,5 %	4 %	5 %	6 %	7 %	8 %
9									1,99900
10								1,96715	
12							2,01220		
14						1,97993			
18					2,02582				
20				1,98979					
23			1,97359						
28		1,99650							
35	1,99989								

Je kleiner der Zinssatz,

desto länger die Verdopplungszeit.

Werden nun die Produkte der durch den Aufzinsungsfaktor $q^n \approx 2$ zugeordneten Werte für p und n gebildet, so ist festzustellen, dass sie in etwa konstant den Wert 70 ergeben:

p · n	8 · 9	7 · 10	6 · 12	5 · 14	4 · 18	3,5 · 20	3 · 23	2,5 · 28	2 · 35
					≈ 70				

Die „p · n-Regel" besagt, dass das Produkt aus Zinssatz ($p \leq 10$) und Verdopplungszeit in Jahren in etwa 70 beträgt, kurz:

$p \cdot n \approx 70$ **„p · n-Regel"**

Mit ihr kann überschlagsmäßig

– die Verdopplungszeit bei gegebenem Zinssatz oder

– der Zinssatz bei vorliegender Verdopplungszeit des Ausgangskapitals

berechnet werden.

Beispiel:

Ein Sparer legt bei seiner Bank 5.000,00 € auf Zinseszins so lange an, bis dieser Betrag auf das Doppelte angewachsen ist.

a) Mit welcher Laufzeit muss er rechnen, wenn die Bank ihm 4,5 % Zinsen vergütet.

b) Welchen Zinssatz müsste er vereinbaren, wenn er schon nach 13 Jahren über das Geld verfügen möchte?

Lösen Sie die Aufgaben mit der „p · n-Regel". Überprüfen Sie das Ergebnis mit dem Taschenrechner.

Lösung:

a) Der Zinssatz p = 4,5 wird in die obige Formel eingesetzt.

$4{,}5 \cdot n \approx 70 \Leftrightarrow \underline{n \approx 15{,}55 \text{ (Jahre)}}$

Die Gleichung $q^n = 2$ mit $q = 1{,}045$ wird mit Hilfe des Logarithmus log nach n aufgelöst.

$1{,}045^n = 2 \quad | \log$

$n \cdot \log 1{,}045 = \log 2 \Leftrightarrow n = \dfrac{\log 2}{\log 1{,}045}$

Der Taschenrechner liefert:

2 log : 1,045 log = 15,75

Nach knapp 16 Jahren kann der Sparer über ca. 10 000,00 € verfügen.

b) Die Laufzeit n = 13 wird in die obige Formel eingesetzt und die Gleichung $q^{13} = 2$ durch Radizieren nach q aufgelöst.

$p \cdot 13 \approx 70 \Leftrightarrow \underline{p \approx 5{,}38 \text{ (\%)}}$

$q^{13} = 2 \quad | \text{ 13. Wurzel}$

$q = \sqrt[13]{2}$

Der Taschenrechner liefert:

2 x^y 13 $\frac{1}{x}$ = 1,0548 ⇒ $\underline{p = 5{,}48 \text{ (\%)}}$

Das Geld muss zu 5,48 % angelegt werden.

Übungen

1. Nach wie viel Jahren verdoppelt sich ein zu 2,5 % angelegtes Kapital, wenn mit einfachen Zinsen bzw. mit Zinseszinsen gerechnet wird?

2. Die Gebühren für die Abfallbeseitigung wurden in den vergangenen Jahren mehrfach erhöht. Im letzten Jahr waren sie angenähert doppelt so hoch wie noch vor 22 Jahren. Welcher jährlichen Teuerungsrate entspricht das im Durchschnitt?

3. Ein Kapital von 1 000,00 € wurde zu 6 % angelegt. Nach wie viel Jahren hat es sich annähernd
a) verdoppelt b) vervierfacht c) verachtfacht?

Unterjährige Verzinsung

In der Zinseszinsformel wird unterstellt, dass die Zinsabrechnung nach jeweils einem Jahr erfolgt und die Zinsen dem bestehenden Kapital zugeschlagen werden. Es kommt aber auch vor, dass innerhalb eines Jahres, zum Beispiel halbjährlich oder vierteljährlich, Zinsen abgerechnet werden (**unterjährige** Zinsperioden). In diesen Fällen liegt eine **unterjährige** Verzinsung des Kapitals vor.

Beispiel:

Ein Anleger möchte 5 000,00 € auf drei Jahre anlegen. Insbesondere interessiert ihn dabei, wie sich eine halbjährliche bzw. vierteljährliche Abrechnung der Zinsen im Vergleich zur jährlichen Abrechnung auf die Höhe des Endkapitals auswirkt. Der Zinssatz wird mit 8 % angenommen.
a) Wie hoch ist das Kapital nach drei Jahren bei jährlicher Verzinsung?
b) Wie hoch ist das Kapital nach drei Jahren bei halbjährlicher bzw. vierteljährlicher Verzinsung?

Lösung:

a) Einsetzen der gegebenen Werte in die Zinseszinsformel $K_n = K_0 \cdot (1 + \frac{p}{100})^n$.

$K_0 = 5\,000{,}00 \quad p = 8 \quad n = 3$

$K_3 = 5\,000{,}00 \cdot (1 + \frac{8}{100})^3 = \underline{6\,298{,}56}$

Bei jährlicher Verzinsung wächst das Kapital in 3 Jahren auf **6 298,56 €** an.

b) Bei einer *halbjährlichen* Verzinsung wird das Anfangskapital K_0 zweimal im Jahr, also in 3 Jahren insgesamt 2 · 3 = 6-mal, verzinst. Der Jahreszinssatz von 8 % ist auf ein halbes Jahr umzurechnen, er beträgt somit 8 % : 2 = 4 % (relativer Zinssatz).

$K_{3,2} = 5\,000{,}00 \cdot (1 + \frac{8}{2 \cdot 100})^6$

$= 5\,000{,}00(1 + \frac{4}{100})^6 = \underline{6\,326{,}60}$

Bei halbjährlicher Verzinsung wächst das Kapital in 3 Jahren auf **6 326,60 €** an.

Bei einer *vierteljährlichen* Verzinsung wird das Anfangskapital K_0 viermal im Jahr, also in drei Jahren 3 · 4 = 12-mal, verzinst. Der jährliche Zinssatz von 8 % ist auf ein Vierteljahr umzurechnen, 8 % : 4 = 2 %.

$K_{3,4} = 5\,000{,}00(1 + \frac{8}{4 \cdot 100})^{12}$

$= 5\,000{,}00 \cdot (1 + \frac{2}{100})^{12} = \underline{6\,341{,}21}$

Bei vierteljährlicher Verzinsung wächst das Kapital in 3 Jahren auf **6 341,21 €** an.

Wird die Anzahl der Zinsperioden pro Jahr mit m bezeichnet, so lässt sich anhand des Beispiels zeigen, dass das Endkapital bei gleicher Gesamtlaufzeit n umso mehr wächst, je größer m ist:

m	1	2	4	.....
$K_{3,m}$	**6 298,56**	**6 326,60**	**6 341,21**	?

Der auf die unterjährige Zinsperiode umgerechnete Jahreszinssatz p heißt **relativer Zinssatz.** Er wird allgemein berechnet durch $p_{rel.} = \frac{p}{m}$. Im Beispiel beträgt er für p = 8 bei halbjährlicher Verzinsung $\frac{8}{2} = 4$ (%) und bei vierteljährlicher Abrechnung $\frac{8}{4} = 2$ (%). Der Zinsfaktor ändert sich damit entsprechend auf 1,04 und 1,02.

Merke

Wird der Zins dem Kapital nicht jährlich, sondern in **kürzeren** Zinsperioden zugeschlagen, so heißt die Verzinsung **unterjährige** Verzinsung. Es gilt die Formel:

$$\mathbf{K_{n,m} = K_0 \left(1+\frac{p}{m \cdot 100}\right)^{n\,m}}$$

$K_{n,m}$: Kapital nach n · m Zinsperioden; **K_0:** Anfangskapital

p: Jahreszinssatz in %; **$\frac{p}{m}$:** relativer Zinssatz in %;

m: Zinsperioden pro Jahr **n:** Anzahl der Zinsjahre;

Übungen

1. Geben Sie den relativen Zinssatz an, wenn der Zinssatz bei jährlicher Abrechnung 12 % beträgt, die Zinsen aber a) halbjährlich, b) vierteljährlich und c) monatlich abgerechnet und jeweils dem Kapital zugeschlagen werden.

2. Ein Sparer hat mit seiner Bank eine vierteljährliche Abrechnung seines Anlagekapitals vereinbart. Der relative Zinssatz wird mit 1,25 % angegeben. Welchem Jahreszinssatz entspricht das?

3. Bestimmen Sie $K_{n,m}$ aufgrund der gegebenen Größen:

	K_0	**p**	**m**	**n**	**$K_{n,m}$**
a)	10 000,00	4	2	5	?
b)	5 000,00	7	2	12	?
c)	2 500,00	12	4	7	?
d)	100 000,00	8	4	8	?

4. Gegeben ist das Anfangskapital K_0 = 5 000,00, n = 3 und p = 8 (vgl. obige Beispielaufgabe). Wie hoch wäre das Endkapital nach drei Jahren, wenn die Zinsen monatlich abgerechnet würden?

Der effektive Zinssatz bei unterjähriger Verzinsung

Die unterjährige Verzinsung zeigt, dass ein Anfangskapital bei gegebenem Jahreszinssatz und gegebener Laufzeit umso mehr wächst, je öfter im Jahr die Zinsen zugeschlagen werden, kurz:

Je größer m, desto größer $K_{n,m}$

Das bedeutet, dass die Verzinsung bei unterjähriger Abrechnung zwangsläufig zu einer höheren **effektiven** Verzinsung pro Jahr führt als dies bei jährlicher Abrechnung der Fall ist. Ziel der Berechnung des **Effektivzinssatzes** ist also die Berechnung desjenigen Zinssatzes p_e, der nach einer vorgegebenen Laufzeit bei jährlicher Abrechnung zum gleichen Endkapital K_n führt wie bei unterjähriger Verzinsung, das heißt:

$$K_0 (1 + \frac{p_e}{100})^n = K_0(1 + \frac{p}{m \cdot 100})^{n\,m}$$

Wird der Faktor K_0 in der Gleichung gekürzt, so kann der Aufzinsungsfaktor für die rechte Seite der Gleichung $(1 + \frac{p}{m \cdot 100})^{nm}$ berechnet und anschließend die gesamte Gleichung nach dem unbekannten Effektivzinssatz aufgelöst werden.

Beispiel:

Auf einem Festgeldkonto legt ein Sparer einen Betrag von 5 000,00 € für 5 Jahre an. Dabei sollen die Zinsen halbjährlich zugeschlagen werden. Der Jahreszinssatz beträgt 6 %.
a) Über welchen Betrag kann der Sparer nach fünf Jahren verfügen?
b) Mit welchem Zinssatz hat sich das Kapital effektiv in den fünf Jahren jährlich verzinst?

Lösung:

a) Mathematische Lösung: Die Angaben werden in die Formel für die unterjährige Verzinsung eingesetzt.
Tabellarische Lösung: Der Aufzinsungsfaktor steht in der Tabelle bei $T_{10\ \text{Jahre},\ 3\ \%}$.

$K_{5,2} = 5\,000{,}00\ (1 + \frac{6}{2 \cdot 100})^{10} = \underline{6\,719{,}58\ (€)}$

$K_{5,2} = 5\,000{,}00 \cdot 1{,}34392 = \underline{6\,719{,}60\ (€)}$

Der Betrag wächst auf 6 719,58 € an.

b) Die linke Seite der Gleichung ergibt sich aus der unterjährigen Verzinsung. Die rechte Seite der Gleichung stellt die Zinseszinsformel bei jährlicher Abrechnung mit dem unbekannten effektiven Zinssatz p_e dar.
Die Division der Gleichung durch 5 000, das Radizieren mit der 5. Wurzel und das anschließende Freistellen von p_e führt zum gesuchten Wert.

$5\,000{,}00\ (1 + \frac{6}{2 \cdot 100})^{10} = 5\,000{,}00(1 + \frac{p_e}{100}^{5})$

$1{,}343916 = (1 + \frac{p_e}{100})^5 \quad |\ 5.\ \text{Wurzel}$

$1{,}0609 = 1 + \frac{p_e}{100} \quad \Rightarrow \quad p_e = \underline{6{,}09\ (\%)}$

Das Kapital verzinst sich bei halbjährlicher Abrechnung pro Jahr effektiv mit 6,09 %

Übungen

1. Frau Witte legt 10 000,00 € bei ihrer Sparkasse an und vereinbart eine halbjährliche Zinsabrechnung bei einem Jahreszinssatz von 4 %.
a) Auf welches Endkapital ist das Konto nach 8 Jahren angewachsen?
b) Mit welchem Zinssatz hat sich das Kapital effektiv in den acht Jahren jährlich verzinst?

2. Auf welchen Betrag wächst ein Kapital von 15 000,00 € bei halbjährlichen Zinsperioden mit einem relativen halbjährlichen Zinssatz von 2,5 % in 10 Jahren an? Mit welchem Zinssatz hat sich das Kapital in dieser Zeit effektiv verzinst?

3. Wie hoch ist der effektive Jahreszinssatz p_e, wenn ein Kapital
a) mit einem Jahreszinssatz von 12 %,
b) mit einem Jahreszinssatz von 8 %,
c) mit einem Jahreszinssatz von 6 %
mit halbjährlichen bzw. vierteljährlichen Zinsperioden 10 Jahre lang verzinst wird?

Aufgaben 2.3

1. Berechnen Sie mit Hilfe der Tabelle die fehlenden Größen.

	K_0 (€)	p	q	n	K_n (€)
a)	30 000,00	4 %		15	
b)			1,06	8	3 984,62
c)	12 000,00			30	120 751,88
d)	20 000,00		1,05		34 207,79

2. Herr Berg legt einen Betrag in Höhe von 14 000,00 € für 6 Jahre zu 5 % an. Über welche Summe kann er nach Ablauf dieser Zeit verfügen?

3. Bei Schuleintritt ihrer Tochter eröffnet Familie Huber ein Sparbuch und zahlt darauf 5 000,00 € ein, das nach Schulabschluss als finanzielle Unterstützung für die Berufsausbildung dienen soll. Auf welchen Betrag kann die Tochter nach 13 Jahren Schulausbildung zurückgreifen, wenn das Sparbuch fest mit 4 % auf Zinseszins angelegt wird.

4. Ein Kapital über 1 000,00 € wird zu 6 % zehn Jahre lang angelegt. Stellen Sie die Kapitalentwicklung tabellarisch und grafisch dar
a) für einfache Verzinsung,
b) unter der Annahme von Zinseszins.

5. Ein Sparguthaben über 18 000,00 € ist zu 4 % angelegt. Nach einer Laufzeit von 6 Jahren entnimmt der Sparer zur Finanzierung einer Dachreparatur an seinem Haus 8 000,00 €. Die Restsumme wird noch weitere 4 Jahre verzinst und dann abgehoben.
a) Welcher Betrag steht dem Sparer nach Ablauf der Gesamtlaufzeit von 10 Jahren bei gleichem Zinssatz zur Verfügung?
b) Über welchen Betrag hätte er nach 10 Jahren verfügen können, wenn er die Abbuchung von 8 000,00 € nicht vorgenommen hätte? Wie hoch ist der Zinsverlust durch die Entnahme?

6. Auf einem Sparkonto steht ein Guthaben von 12 500,00 €, das zu 3,5 % verzinst wird, zu Buche. Nach 5 Jahren füllt der Kontoinhaber den Betrag auf 20 000,00 € auf. Welcher Geldbetrag ist einzuzahlen und wie viel Kapital steht daraufhin nach Ablauf von insgesamt 12 Jahren einschließlich der Zinseszinsen bereit?

7. Auf welchen Endbetrag wächst ein Kapital von 25 000,00 € bei 3 % Zinseszins in 12 Jahren, wenn der Zinssatz nach 6 Jahren auf 4 % erhöht wird? Wie viel Zinsen erhält der Sparer durch die Zinserhöhung insgesamt mehr als bei konstanter Verzinsung von 3 %?

8. Ist es günstiger, ein Kapital 6 Jahre lang zu 4 % und danach 4 Jahre zu 6 % oder es 4 Jahre zu 6 % und danach 6 Jahre zu 4 % auszuleihen?

9. Eine 50-jährige Angestellte legt zur Altersversorgung ihr Sparvermögen von 25 000,00 € bei einer Bank zu 6 % auf Zinseszins an, um sich nach Eintritt in den Ruhestand mit 62 Jahren die dann jährlich anfallenden Zinsen als zusätzliche Altersrente auszahlen zu lassen. Mit welchem Betrag kann sie rechnen?

10. Eine Angestellte legt heute ihr Erspartes in Höhe von 12 500,00 € auf ein Sparkonto an. Sie möchte nach 6 Jahren ein Kapital von 17 500,00 € für die Anschaffung eines Kleinwagens zur Verfügung haben.
a) Reicht diese Summe aus, wenn sie bei der Bank einen Zinssatz von 5 % erhält?
b) Welchen Betrag hätte sie einzahlen müssen, um auf den angestrebten Betrag zu kommen (es ist auf volle 100,00 € zu runden)?

11. Ein Vater legt für seinen Sohn ein Sparkonto an. Ihm sollen nach 15 Jahren 10 000,00 € für seine Berufsausbildung zur Verfügung stehen. Welchen einmaligen Betrag muss der Vater hierfür einzahlen, wenn die Bank eine Verzinsung von 5 % gewährt?

12. Ein Kapital wurde 5 Jahre zu 3,5 % und anschließend 3 Jahre mit 4 % verzinst. Wie hoch war das Kapital, wenn es nach den 8 Jahren auf 11 355,88 € angewachsen war?

13. In einer Erbschaftsangelegenheit ist vereinbart, dass der Sohn den elterlichen Hof übernimmt und dafür seiner Schwester eine Abfindung in Höhe von 150 000,00 € zahlt, fällig in 8 Jahren. Der Sohn möchte seiner Verpflichtung gegenüber seiner Schwester sofort nachkommen und vereinbart mit ihr die Auszahlung des Barwertes unter Berücksichtigung einer Abzinsung zu 5%. Welche Summe ist zu zahlen?

14. Aus einer OHG scheidet der Vollhafter Krüger aus. Ihm wird von den übrigen Gesellschaftern folgende Abfindung angeboten: 50 000,00 € zahlbar sofort, in 3 Jahren 30 000,00 € und in 6 Jahren weitere 20 000,00 €. Krüger möchte im Gegensatz dazu die Abfindung in einer Summe unmittelbar nach Ausscheiden aus dem Unternehmen ausbezahlt bekommen. Welchen Betrag müsste die OHG heute auszahlen, wenn sich die Beteiligten auf einen Zinssatz von 4 % einigen würden?

15. Ein pensionierter Beamter möchte seinen Wohnsitz aufgeben und aufs Land ziehen. Deshalb bietet er sein Haus zum Verkauf zu einem Preis von 280 000,00 € an. Daraufhin melden sich zwei Interessenten mit folgenden Angeboten:
Frau Beckstein: Sie möchte eine Anzahlung von 150 000,00 € leisten und eine weitere Zahlung in gleicher Höhe in 3 Jahren.
Herr Kaiser: Er bietet eine sofortige Zahlung in Höhe von 140 000,00 € und zwei weitere Raten von je 80.000,00 €, zahlbar nach zwei und vier Jahren an.
Welches Angebot wird der Verkäufer unter der Annahme einer 5%igen Verzinsung wählen?

16. Ein Sparguthaben von ursprünglich 8 000,00 € wurde nach 12 Jahren abgehoben. Es war in dieser Zeit einschließlich Zinseszinsen auf 12 808,26 € angewachsen. Zu welchem Zinssatz war es angelegt?

17. Herr Prinz zahlt ein Privatdarlehen in Höhe von 6 000,00 € nach 5 Jahren mit 8 816,00 € zurück. Wie viel Prozent Zinseszins zahlte er für dieses Darlehen?

18. Ein Kunstgegenstand, der vor neun Jahren zu 6 000,00 € erstanden wurde, kann heute zu 7 300,00 € veräußert werden. Wie hoch ist die jährliche Verzinsung unter Berücksichtigung von Zinseszins?

19. Beim Wachstumssparen bietet eine Bank ihren Kunden die folgenden Zinssätze: 1. Jahr: 2 %, 2. Jahr: 2,5 %, 3. und 4. Jahr je 3 %, 5. Jahr: 4 %, 6. Jahr: 5 %.
Welcher durchschnittlichen Verzinsung entspricht dieses Angebot pro Jahr?

20. Zu welchem Zinssatz muss ein Kapital angelegt werden, damit es sich in 7 Jahren
a) verdoppelt, b) verdreifacht, c) vervierfacht?

21. Nach wie viel Jahren hat sich ein Kapital bei einem Zinssatz von 4 % verdoppelt, wenn
a) mit einfachen Zinsen, b) mit Zinseszinsen gerechnet wird?

22. Ein bebautes Wohngrundstück wurde vor 24 Jahren zum Preis von 150 000,00 € erworben. Nachdem der Eigentümer verstorben ist, verkauft es seine Witwe zum heutigen Zeitpunkt zu Einem Preis von 300 000,00 €. Welche jährliche Rendite konnte allein aus dem Kauf- und Verkaufspreis überschlagsmäßig erzielt werden?

23. Wie lange muss eine Spareinlage über 4 000,00 € auf Zinseszins zu 3,5 % angelegt werden, damit sie auf 5 000,00 € angewachsen ist?

24. Ein tennisbegeisterter Mäzen bringt für seinen Tennisverein eine Stiftung über 50 000,00 € ein und bestimmt, dass dieses Geld so lange auf Zinseszins angelegt werden soll, bis es auf 75 000,00 € angewachsen ist. Danach sollen die jährlich anfallenden Zinsen der Jugendabteilung des Vereins zugeführt werden.
a) Nach wie viel Jahren erhält die Jugendabteilung zum ersten Mal den Zuschuss aus den Zinsen (auf volle Jahre aufrunden), wenn der Zinssatz 6 % beträgt?
b) Wie hoch ist der Auszahlungsbetrag aus der Stiftung?

25. Für ein Bauvorhaben werden Kosten von insgesamt 200 000,00 € veranschlagt. Das bauwillige Ehepaar verfügt bereits über ein Eigenkapital von 160 000,00 €. Wie lange müsste das Kapital auf Zinseszinsen stehen, um die veranschlagte Bausumme zu erreichen, wenn die Bausparkasse 2,5 % Zinsen zahlt?

26. Auf welchen Betrag wächst ein Kapital von 6 000,00 € bei halbjährlichen Zinsperioden mit einem Jahreszinssatz von 5 % in 6 Jahren an? Welchem effektiven Zinssatz entspricht dieses?

27. Eine Bundesanleihe wird mit 6 % verzinst. Die Zinsen werden vierteljährlich gutgeschrieben und wieder verzinst. Ein Sparer legt 5 000,00 € für 8 Jahre an.
a) Welches Endkapital erreicht der Sparer nach den 8 Jahren?
b) Welcher Kapitalbetrag würde sich ergeben, wenn die Verzinsung jährlich erfolgen würde?
c) Berechnen Sie den effektiven Zinssatz für die vierteljährliche Verzinsung.

28. Eine Diplom-Informatikerin legt ihr Erspartes in Höhe von 4 000,00 € bei einer Bank an. Der Jahreszinssatz beträgt bei einer Laufzeit von 10 Jahren 6 %. Über welchen Endbetrag kann sie verfügen, wenn das Geld
a) jährlich, b) halbjährlich, c) vierteljährlich
verzinst wird?

3 Grundwissen

3.1 Zahlenmengen

Begriff und Schreibweise von Zahlenmengen

Unter einer Zahlenmenge versteht man eine Zusammenfassung von unterscheidbaren Zahlen. Gewöhnlich wird eine Zahlenmenge durch lateinische Großbuchstaben, zum Beispiel A, B... oder M_1, M_2 ... gekennzeichnet. Die zur Menge gehörenden Zahlen heißen **Elemente** der Zahlenmenge. Sie werden durch Kommata getrennt und in einer geschweiften Klammer zusammengefasst.

Beispiele:

Die Menge A gibt die Menge der ersten fünf positiven ungeraden Zahlen an.

$A = \{1, 3, 5, 7, 9\}$ *Menge der ersten fünf positiven ungeraden Zahlen*

Die Zugehörigkeit eines Elementes zu einer Menge wird durch das Zeichen „$\in$“ ausgedrückt bzw. durch das Zeichen „$\notin$“ verneint.

$1 \in A;\ 3 \in A;\ \dots;\ 4 \notin A$
1 ist Element von A
3 ist Element von A
4 ist kein Element von A

Mengen werden in **aufzählender** oder **beschreibender Form** angegeben.
Jedes Element in der aufzählenden Form wird nur einmal aufgeführt.

- $A = \{2, 3, 5, 7, 11, 13\}$
- $B = \{2, 4, 6, 8, 10\}$ *aufzählende Form*

- $C = \{x \mid x > 2 \text{ und } x < 5\}$ *beschreibende Form*

gelesen: C ist die Menge aller x, für die gilt: x ist größer als 2 und kleiner als 5

Ist die Anzahl der Elemente einer Menge begrenzt, so spricht man von einer **endlichen Menge.**

endliche Menge:
- $D = \{1, 4, 9, 16, 25\}$ *Menge der ersten fünf Quadratzahlen*

Eine Menge mit unbegrenzter Anzahl der Elemente heißt **unendliche** Menge.

unendliche Menge:
- $E = \{1, 4, 9, 16, \dots\}$ *Menge aller Quadratzahlen*

Hat eine Menge kein Element, so bezeichnet man eine solche Menge als **leere Menge** F und schreibt: **{ } oder $\varnothing$.**

leere Menge
- $F = \{x \mid x > 8 \text{ und } x < 5\} = \{\ \} = \varnothing$.

Besondere Zahlenmengen

Beispiele:

Die Zahlenmenge $\mathbb{N}$:
Zahlen, die zum Abzählen von Gegenständen verwendet werden, werden als **natürliche Zahlen** $\mathbb{N}$ bezeichnet. ($\mathbb{N}$ ist die Kennzeichnung der Menge der natürlichen Zahlen). Es sind alle positiven ganzen Zahlen einschließlich der Null.

- $\mathbb{N} = \{0, 1, 2, 3, 4, \dots\}$ *Menge der natürlichen Zahlen*
- $\mathbb{N}^* = \{1, 2, 3, 4, \dots\}$ *Menge der natürlichen Zahlen ohne Null*

Die Zahlenmenge $\mathbb{Z}$:
Die Menge der ganzen Zahlen $\mathbb{Z}$ besteht aus der Menge der natürlichen Zahlen $\mathbb{N}$ und der Menge der negativen ganzen Zahlen. Sie kann auf der **Zahlengeraden veranschaulicht** werden.

$\mathbb{Z} = \{\ldots, -4, -3, -2, -1, 0, 1, 2, 3, 4, \ldots\}$

Menge der ganzen Zahlen

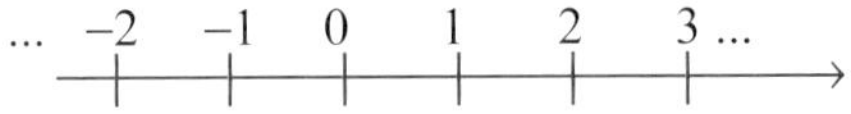

Die Zahlenmenge $\mathbb{Q}$:
Eine weitere Zahlenmenge ist die Menge der Bruchzahlen. Das sind alle Zahlen, die in Bruchform dargestellt werden können. Da auch die ganzen Zahlen in Bruchform als „unechte Brüche" dargestellt werden können, gehören zu dieser Menge die ganzen Zahlen $\mathbb{Z}$ und die **„echten Brüche".**
Diese Zahlenmenge wird als Menge der **rationalen Zahlen $\mathbb{Q}$** bezeichnet.
Die Menge der rationalen Zahlen $\mathbb{Q}$ wird in beschreibender Form dargestellt.

$\mathbb{Q} = \{x \mid x = \frac{a}{b};\ a, b \in \mathbb{Z} \wedge b \neq 0\}$

Menge aller Bruchzahlen $\frac{a}{b}$, *für die gilt:* $a, b \in \mathbb{Z}$ *und* $b \neq 0$

$\frac{1}{2}$ **„echter Bruch"**, da Zähler < Nenner,

$\frac{4}{2} = 2$ **„unechter Bruch"**, da Zähler $\geq$ Nenner,

außerdem kann der Bruch als ganze Zahl geschrieben werden.

Jede Bruchzahl (Bruch) lässt sich als endliche Dezimalzahl oder als unendliche periodische Dezimalzahl schreiben.

Beispiele:

Endliche Dezimalzahlen:

- $\frac{1}{2} = 0{,}5$; • $\frac{3}{4} = 0{,}75$; • $\frac{5}{4} = 1{,}25$

Unendlich-periodische Dezimalzahlen:

- $\frac{2}{3} = 0{,}66\ldots$; • $\frac{1}{9} = 0{,}111\ldots$; • $\frac{-6}{11} = -0{,}\overline{54}$

Die Zahlenmenge $\mathbb{R}$:
Zahlen, die **nicht** als Brüche darstellbar sind, werden als **irrationale Zahlen** bezeichnet. Zu ihnen gehören alle nicht-abbrechenden, nicht-periodischen Dezimalzahlen. Die rationalen und die irrationalen Zahlen bilden zusammen die Menge der **reellen Zahlen $\mathbb{R}$.**

Beispiele für irrationale Zahlen

- $\sqrt{2} \approx 1{,}414\ldots$;
- $\log 4 \approx 0{,}602\ldots$;

die Dezimaldarstellungen von $\sqrt{2}$ *und log 4 haben keine Periode und sind unendlich.*

- $\{-4{,}1;\ \pi;\ \sqrt{3};\ -\frac{5}{17};\ \log 5;\ 1{,}55;\ \frac{10}{3};\ \sqrt{6{,}5}\ \}$

ist eine beliebige Menge von reellen Zahlen

Die Menge der reellen Zahlen $\mathbb{R}$ kann auf einer Zahlengeraden veranschaulicht werden. **Jeder Punkt** auf dieser Zahlengeraden stellt eine reelle Zahl dar.

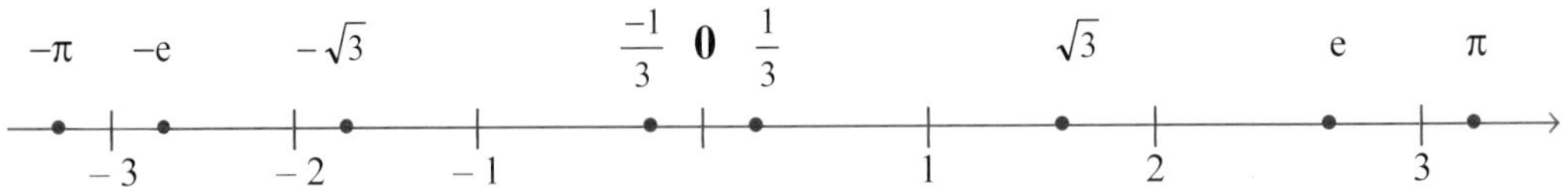

Der Aufbau des Zahlensystems kann wie folgt veranschaulicht werden:

Natürliche Zahlen ℕ	**Negative ganze Zahlen**		
Ganze Zahlen ℤ		**Brüche**	
Rationale Zahlen ℚ			**Irrationale Zahlen**
Reelle Zahlen ℝ			

Merke

> **Die Menge ℕ ist eine Teilmenge von ℤ, die Menge ℤ ist eine Teilmenge von ℚ und ℚ ist eine Teilmenge von ℝ, kurz:** $\mathbb{N} \subset \mathbb{Z} \subset \mathbb{Q} \subset \mathbb{R}$.

Intervalle (Teilmengen von reellen Zahlen)

Die Menge aller reellen Zahlen, die zwischen zwei Zahlen z. B. 1 und 5 liegen, wird als Intervall I bezeichnet. Die Zahlen 1 und 5 heißen Endpunkte oder Randpunkte des Intervalls.

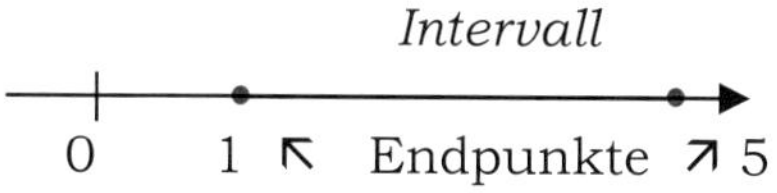

Je nachdem, ob die Intervallgrenzen zum Intervall gehören oder nicht, werden verschiedene Arten von Intervallen unterschieden.

- **Offenes Intervall**

Beim **offenen Intervall** gehören die Intervallgrenzen **nicht** zum Intervall, dies wird durch **runde Klammern** angedeutet. Das Intervall zum Beispiel **I = (1; 5)** ist ein offenes Intervall von 1 bis 5, die Intervallgrenzen 1 und 5 gehören **nicht** zum Intervall. Zwischen den Randpunkten 1 und 5 liegen alle weiteren Elemente x des offenen Intervalls (1; 5).

I = (1; 5)

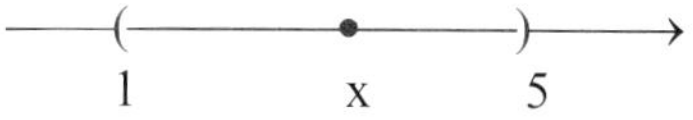

$x \in (1; 5) \Rightarrow 1 < x < 5$

- **Abgeschlossenes Intervall**

Beim **abgeschlossenen Intervall** gehören die Intervallgrenzen zum Intervall dazu, dies wird durch **eckige Klammern** angedeutet. Das Intervall zum Beispiel **I = [1; 5]** ist ein **abgeschlossenes** Intervall von 1 bis 5, die Intervallgrenzen 1 und 5 gehören zum Intervall I. Zwischen den Randpunkten 1 und 5 liegen alle weiteren Elemente x des Intervalls [1; 5].

I = [1; 5]

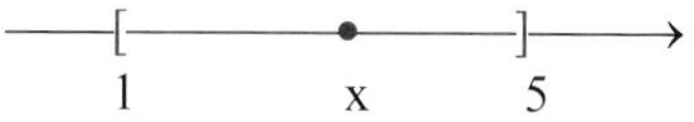

$x \in [1; 5] \Rightarrow 1 \le x \le 5$

- **Halboffenes Intervall**

Beim **halboffenen Intervall** gehört entweder nur die linke oder nur die rechte Grenze zum Intervall, dies wird durch eckige und runde Klammern entsprechend gekennzeichnet.

I = [1; 5)

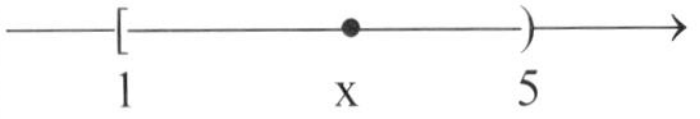

$x \in [1; 5) \Rightarrow 1 \leq x < 5$

Die Intervalle zum Beispiel **I = (1; 5]** bzw.**I = [1; 5)** nennt man **halboffene** Intervalle von 1 und 5, das heißt, im ersten Fall gehört der Randwert 1 nicht, wohl aber der Randwert 5 zur Menge I; im zweiten Fall gehört der Randwert 5 nicht zur Menge I, wohl aber der Randwert 1 und jeweils alle dazwischenliegenden Zahlen x.

I = (1; 5]

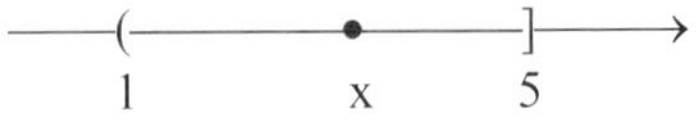

Merke

offenes Intervall: **(a; b) $\Leftrightarrow$ a < x < b**

abgeschlossenes Intervall: **[a; b] $\Leftrightarrow$ a ≤ x ≤ b**

halboffenes Intervall: **(a; b] $\Leftrightarrow$ a < x ≤ b oder [a; b) $\Leftrightarrow$ a ≤ x < b**

Weiterhin gilt: **(∞; b] $\Leftrightarrow$ x ≤ b und [a; ∞) $\Leftrightarrow$ x ≥ a**

Übungen

1. Gegeben sind die Mengen $A = \{x \in \mathbb{N} \mid 1 \leq x \leq 10\}$ und $B = \{x \in \mathbb{N} \mid x \text{ ist Teiler von } 10\}$. Geben Sie die Mengen A und B in aufzählender Form an.

2. Ermitteln Sie die Zahlen, die zu den rationalen Zahlen bzw. zu den irrationalen Zahlen gehören. Begründen Sie Ihre Antwort. (TR benutzen)

a) $2;\ \frac{5}{3};\ \sqrt{6};\ \sqrt{9};\ \log 10;\ \ln 10;\ -\frac{6}{8}$ b) $\frac{9}{11};\ -\sqrt{12};\ \log 20;\ 3\frac{4}{5};\ 2{,}\overline{03};\ 0{,}1\overline{6}$

3. Geben Sie an, welche der folgenden Intervalle geschlossen, offen oder halboffen sind.

a) (–2,5; 6); b) $-4 < x < -2$ c) $-2 \leq x < 5{,}05$; d) [3; 30]; e) [–1; ∞); f) $-1 < x < 15$

Aufgaben 3.1

1. Gegeben sind die Mengen $A = \{x \in \mathbb{N} \mid 3 \leq x \leq 6\}$ und $B = \{x \in \mathbb{N} \mid x \text{ ist Teiler von } 24\}$. Geben Sie die Mengen A und B in aufzählender Form an.

2. Schreiben Sie folgenden Mengen in aufzählender Form. Stellen Sie fest, ob es sich um eine endliche, unendliche oder leere Menge handelt? Es gilt: $x \in \mathbb{N}$. (P: Primzahl)

a) $A = \{x \mid x < 5\}$; b) $B = \{x \mid x > 2\}$; c) $C = \{x \mid x \in P \text{ und } 3 < x < 12\}$; d) $D = \{x \mid x - 1 < 4\}$

3. Welche der Zahlen gehören zu den rationalen Zahlen und welche Zahlen gehören zu den irrationalen Zahlen? Begründen Sie Ihre Antwort. (TR benutzen)

a) $2{,}5;\ \frac{7}{3};\ \sqrt{8};\ \sqrt{9};\ -\frac{6}{15};\ \sqrt{5};\ \log 100;\ 1{,}\bar{3}$

b) $\frac{1}{11};\ -\sqrt{12};\ \log 25;\ 2\frac{5}{3};-1{,}05;\ 1{,}\bar{3};\ \log 30$

c) $\sqrt{8};\ 0{,}5;\ \sqrt{64};\ 16\frac{1}{3};\ 22;\ \log 100;\ -\frac{4}{7};\ 7\frac{1}{7}$

d) $55{,}\overline{55};\ -\sqrt{4};\ 16{,}66\ldots;\ -\sqrt{20};\ \lg 10;\ \lg 250$

4. Stellen Sie fest, ob die folgenden Intervalle geschlossen, offen oder halboffen sind.

a) $(-1{,}5;\ 2)$;	b) $-2 < x < 4$	c) $-2 \le x \le 7{,}05$;	d) $[1;\ 100]$;
e) $[-1;\ \infty)$;	f) $-5 < x < 12$	g) $(-2;\ 4)$	h) $3{,}14 \le x \le 6$
i) $-\sqrt{3} \le x \le \sqrt{3}$	j) $[-5;\ \infty)$	k) $(-100;\ 100)$	l) $[-2;\ 100]$

5. Ermitteln Sie die Zahlen, die für x des jeweils angegebenen Zahlenbereichs eingesetzt werden dürfen.

a) $x < 7\ (x \in \mathbb{N})$ b) $-4 < x < 5\ (x \in \mathbb{Z})$ c) $-3 \le x \le 3\ (x \in \mathbb{Z})$ d) $-\frac{7}{2} < x < \frac{5}{3}\ (x \in \mathbb{Q})$

3.2 Algebraische Grundlagen

Algebraische Terme

In der Mathematik werden alle Zahlen oder Variablen oder Verknüpfungen aus Zahlen und Variablen als **Terme** bezeichnet. Durch **Verknüpfungen** von Termen entstehen neue Terme. Enthalten Terme keine Variablen, so beschreiben sie eine Zahl, die durch Ausrechnen ermittelt werden kann. Diese Zahl ist der **Wert des Terms.** Terme können durch Umformungen vereinfacht werden. Diese verändern zwar die Form des Terms, nicht aber ihren Wert. Deswegen heißen diese Umformungen auch **Äquivalenzumformungen.** Werden in Termen mit Variablen Zahlen für die Variablen eingesetzt, so ergibt die Ausrechnung des Terms ebenfalls einen konkreten Zahlenwert.

Beispiele:

Terme als Zahlen: $5,\ -3,\ \frac{3}{4},\ \sqrt{5}\ \ldots$; Terme als Variablen: x, y, A, V ...

Durch Rechenzeichen und Klammern verknüpfte Terme:

$2bc,\quad 3a - b,\quad b^2,\quad 1 + 2\sqrt{2},\quad 5(x + y),\quad (a + b)\cdot(a - b),\quad (2x - 1)^2$

Berechnung von Termen:
- $5 \cdot (3 + 4) = 5 \cdot 7 = 35$
- $(2 + 3)^2 = 5^2 = 25$
- $5x + y - 3x = 2x + y$ (für z. B. x = 2 und y = 1 gilt 5 = 5.)

 ISBN 978-3-8120-0504-3

Verknüpfungen von Termen

Für die Verknüpfungen und Zusammenfassungen von Termen kommen das Addieren, das Subtrahieren, das Multiplizieren und Dividieren in Betracht. Ihre Ergebnisse werden als Summe, Differenz, Produkt und Quotient bezeichnet. Des Weiteren werden das Potenzieren, Radizieren und Logarithmieren behandelt.

Summe:	Differenz:	Produkt:	Quotient (Bruch):	Potenz:	Wurzel:	Logarithmus:
$\mathbf{a+b}$	$\mathbf{a-b}$	$\mathbf{a\cdot b}$	$\mathbf{\frac{a}{b}}$	$\mathbf{a^n}$	$\mathbf{\sqrt[n]{a}}$	$\mathbf{\log_a b}$
1. Rechenstufe		2. Rechenstufe		3. Rechenstufe		

Den Zusammenhang der Begriffe Summe, Produkt und Potenz veranschaulicht das folgende **Beispiel:**

$$\overbrace{x+x+x}^{\text{Summe}} = \overbrace{3\cdot x}^{\text{Produkt}} \qquad \overbrace{x\cdot x\cdot x}^{\text{Produkt}} = \overbrace{x^3}^{\text{Potenz}}$$

Koeffizient ↗ (3) Variable ↖ (x)

Rechnen mit Brüchen

Beispiele:

Beim **Addieren/Subtrahieren** *gleichnamiger* Brüche werden die Zähler addiert/subtrahiert und die Nenner beibehalten.

- $\frac{3}{4}+\frac{7}{4}=\frac{10}{4}$
- $\frac{3x}{5}-\frac{6x}{5}=-\frac{3x}{5}$

Beim Addieren/Subtrahieren *ungleichnamiger* Brüche werden diese zuerst durch **Erweitern** gleichnamig gemacht, indem sie auf den Hauptnenner gebracht und dann wie unter a) addiert (subtrahiert) werden.

- $\frac{3}{4}+\frac{1}{5}=$ | *durch Erweitern auf HN 20 bringen und gleichnamige Brüche addieren*

  $\frac{3\cdot\mathbf{5}}{4\cdot\mathbf{5}}+\frac{1\cdot\mathbf{4}}{5\cdot\mathbf{4}}=\frac{15}{20}+\frac{4}{20}=\frac{19}{20}$

Beim **Multiplizieren** von Brüchen wird Zähler mit Zähler und Nenner mit Nenner multipliziert.

- $\frac{5}{9}\cdot\frac{3}{7}=\frac{15}{63}$
- $\frac{3}{4}\cdot\frac{2x}{5}=\frac{6x}{20}$

Beim **Dividieren** zweier Brüche wird der 1. Bruch mit dem *Kehrwert* des zweiten Bruches multipliziert.

- $\frac{\frac{3}{8}}{\frac{11}{4}}=\frac{3\cdot 4}{8\cdot 11}=\frac{12}{88}$
- $\frac{\frac{3a}{8b}}{\frac{11c}{4d}}=\frac{3a\cdot 4d}{8b\cdot 11c}=\frac{12ad}{88bc}$

Übungen

1. Fassen Sie die folgenden gleichnamigen Brüche zusammen:

a) $\frac{3}{5}+\frac{4}{5}-\frac{7}{5}$ b) $\frac{12}{7}+\frac{4}{7}-\frac{16}{7}+\frac{1}{7}$ c) $\frac{3x}{8}+\frac{6x}{8}-\frac{3x}{8}$ d) $\frac{3x}{12}+\frac{6x}{12}-\frac{31x}{12}-\frac{10x}{12}$

2. Bringen Sie die folgenden Brüche auf den gleichen Nenner:

a) $\frac{3}{5}+\frac{4}{6}-\frac{7}{4}$ b) $\frac{12}{5}+\frac{4}{3}-\frac{16}{4}+\frac{1}{10}$ c) $\frac{5x}{3}-\frac{4x}{6}+\frac{10x}{4}$ d) $\frac{3x}{5}+\frac{6x}{6}-\frac{3x}{10}$

3. Ordnen Sie die folgenden Brüche der Größe nach:

a) $\frac{1}{2};\frac{4}{6}$ b) $\frac{2}{3};\frac{4}{5};\frac{6}{8}$ c) $\frac{-2}{5};\frac{-4}{5};\frac{-3}{4}$ d) $-\frac{2}{3};\frac{-4}{8};\frac{-6}{11};\frac{-3}{5}$

4. Bilden Sie das Produkt.

a) $\frac{7}{9}\cdot\frac{1}{7}$ b) $\frac{5c}{6}\cdot\frac{3c}{7}\cdot\frac{-3}{8}$ c) $\frac{15}{10}\cdot\frac{13}{7}\cdot\frac{-22}{10}\cdot\frac{3}{5}$ d) $-\frac{4}{9}\cdot\frac{-3x}{7}\cdot\frac{-8}{3}$

5. Dividieren Sie die folgenden Brüche:

a) $\frac{3}{8}:\frac{3}{4}$ b) $\frac{3}{5}:\frac{7}{4}$ c) $\dfrac{\frac{2a}{5b}}{\frac{11a}{4b}}$ d) $\dfrac{\frac{3x}{8y}}{\frac{c}{2d}}$ e) $\dfrac{\frac{5a}{8b}}{\frac{11x}{4b}}$

Rechnen mit Klammern

Das Rechnen mit algebraischen Summen führt zum Rechnen mit Klammern. Hierbei kommt es darauf an, die Rechenregeln für das Klammerrechnen zu beachten.

Beispiele:

Addition und Subtraktion von Summen

Werden zwei oder mehr Summen **addiert,** so kann die Klammer ohne weitere Umformung vernachlässigt werden.

- $(2x + 3y) + (5x - 2y) =$
  $2x + 3y + 5x - 2y = \mathbf{7x + y}$
- $(9a - 2b) + (-4a + 5b) =$
  $9a - 2b - 4a + 5b = \mathbf{5a + 3b}$

Werden zwei Summen voneinander **subtrahiert,** so kann die Klammer aufgelöst werden, wenn gleichzeitig alle Vorzeichen der Summanden in der zweiten Klammer umgekehrt werden.

- $(5x + 4y) - (2x - 3y) =$
  $5x + 4y - 2x + 3y = \mathbf{3x + 7y}$
- $(6a - 3b) - (-2a + 6b) =$
  $6a - 3b + 2a - 6b = \mathbf{8a - 9b}$

Multiplikation einer Summe mit einer Zahl

Wird eine Summe mit einer **Zahl multipliziert,** so wird jeder Summand der Summe mit der Zahl multipliziert und es werden die Ergebnisse addiert. Diese Umformung wird als **Ausmultiplizieren** der Klammer bezeichnet.

- $(4x - 3y)\cdot\mathbf{4} = 4x\cdot\mathbf{4} - 3y\cdot\mathbf{4} = 16x - 12y$
- $(6a + 3b)\cdot(-k) = 6a\cdot(\mathbf{-k}) + 3b\cdot(\mathbf{-k})$
  $\mathbf{= -6ak - 3bk}$

Ausklammern

Auch der umgekehrte Weg kann mathematisch von Bedeutung sein: Kommt in einer Summe eine Zahl oder eine Variable in jedem Summanden vor, so kann sie als Faktor vor die Klammer gesetzt werden. Diese Umformung heißt **Ausklammern** oder **Faktorisieren**. Wie schon beim Ausmultiplizieren sind auch hier die Vorzeichenregeln zu beachten.

- $20x - 20 = 20(x - 1)$
- $21a + 12b - 24 = \mathbf{3}\cdot 7a + \mathbf{3}\cdot 4b - \mathbf{3}\cdot 8$
  $= \mathbf{3}\cdot(7a + 4b - 8)$
- $14x - 4y + 9x + 12y = \mathbf{x}\cdot(14 + 9) + \mathbf{y}\cdot(12-4)$
  $= 23x + 8y$
- $x^2 + 5x = \mathbf{x}\cdot x + 5\mathbf{x} = \mathbf{x}\cdot(x+5)$

Durch das Ausklammern wird es möglich, den Bruch mit 2 zu kürzen. Es werden nur Faktoren gekürzt.

- $\frac{2x+4}{6} = \frac{2(x+2)}{6}$ | Bruch durch 2 kürzen
  $= \frac{x+2}{3}$

Multiplikation von Summen

Werden zwei Summen miteinander **multipliziert,** so ist jeder Summand der ersten Summe mit jedem Summanden der zweiten Summe zu multiplizieren und die Ergebnisse zusammenzufassen. Auch hier sind die Vorzeichenregeln zu beachten.

- $(2x + y)(3x - 2y)$
  $= 2x \cdot 3x + 2x \cdot (-2y) + y \cdot 3x + y \cdot (-2y)$
  $= 6x^2 - 4xy + 3xy - 2y^2$
  $= 6x^2 - xy - 2y^2$

Binomische Formeln

Eine Sonderform des Rechnens mit Summen stellt das Rechnen mit den drei **binomischen Formeln** dar.

1. Binomische Formel:

$$\mathbf{(a + b)^2 = a^2 + 2ab + b^2}$$

2. Binomische Formel:

$$\mathbf{(a - b)^2 = a^2 - 2ab + b^2}$$

3. Binomische Formel:

$$\mathbf{(a + b)(a - b) = a^2 - b^2}$$

Beispiele:

- $(x + 4)^2 = x^2 + 2 \cdot 4 \cdot x + 4^2 = x^2 + 8x + 16$
- $(x - 3)^2 = x^2 - 2 \cdot 3 \cdot x + 3^2 = x^2 - 6x + 9$
- $(2 + x)(2 - x) = 2 \cdot 2 - x \cdot x = 4 - x^2$

Übungen

1. Fassen Sie die folgenden Summen zusammen:
a) $(2x + 5y) + (x - 12y)$ b) $(a + 3b) - (2a - 6b)$ c) $(x - 3y) - (12x - 16y) + 3x$

2. Multiplizieren Sie die Klammern aus und fassen Sie so weit wie möglich zusammen.
a) $(2x + y)(x - y)$ b) $(a + 3b)(2a - 6b)$ c) $(3a - 3b)(2a - 3b)$
d) $(3x - 3y)(3x + 3y)$ e) $(2y + 6x)(a - 15b)$ f) $(2b - 30c)(30c + 2b)$

3. Wandeln Sie die folgenden Summen durch Ausklammern in ein Produkt um.
a) $x^2 + x$ b) $2x^2 + 4x$ c) $2x + 14x^2 + 3c + 6c^2$ d) $a - 4b^2 + 4a^2 - 12b$

4. Multiplizieren Sie unter Anwendung der binomischen Formeln die folgenden Klammern aus.
a) $(a - 4b)^2$ b) $(3x + 2y)^2$ c) $(4c - 5d)(4c + 5d)$
d) $(12a - 3b)^2$ e) $(3x + 10y)^2$ f) $(0{,}01x - 0{,}2y)^2$

5. Ergänzen Sie die folgenden Summen so, dass ihre Summanden nach den binomischen Formeln zusammengefasst werden können.
a) $9 + 4y^2 + \ldots$ b) $x^2 + y^2 + \ldots$ c) $9x^2 - 12xy + \ldots$ d) $16x^2 + 25y^2 + \ldots$ e) $x^2 + 25 - \ldots$

6. Schreiben Sie die folgenden Ausdrücke als binomische Formeln.
a) $4x^2 + 4y^2 + 8xy$ b) $9x^2 - 9y^2$
c) $16x^2 + 4y^2 - 16xy$ d) $12xy + 4x^2 + 9y^2$

Potenzen

Begriff und Schreibweisen

Produkte aus gleichen Faktoren lassen sich zu Potenzen zusammenfassen. Eine **Potenz a^n** besagt, dass die Zahl der Basis, z. B. a, n-mal mit sich selbst multipliziert wird. Sie ist also ein **Produkt aus n gleichen Faktoren a.**

$a^n = \underbrace{a \cdot a \ldots \cdot a}_{\text{n-Faktoren a}} = a^n \qquad a \in \mathbb{R};\ n \in \mathbb{N};\ a^0 = 1.$

- $x \cdot x \cdot x \cdot x \cdot x = x^5$
- $2a \cdot 2a \cdot 2a \cdot 2a = 16a^4$

Ist eine Potenz a^n gegeben, so ist der Potenzwert b gesucht.

Exponent → n

Potenz: $a^n = b$ ← **Potenzwert**

Basis → a

Rechnen mit Potenzen

Beispiele:

Potenzen können nur **addiert/subtrahiert** werden, wenn sie in Basis und Exponent übereinstimmen.

- $3\mathbf{a}^4 + 2\mathbf{a}^4 = 5\mathbf{a}^4$
- $6\mathbf{x}^5 - 3\mathbf{x}^5 = 3\mathbf{x}^5$

Potenzen mit **gleicher Basis** werden **multipliziert**, indem die Exponenten addiert und die Basen beibehalten werden.

- $\mathbf{4}^2 \cdot \mathbf{4}^4 = \mathbf{4}^6 = 4\,096$
- $\mathbf{a}^r \cdot \mathbf{a}^s = \mathbf{a}^{r+s}$

Potenzen mit **gleichem Exponenten** werden **multipliziert,** indem die Basen miteinander multipliziert und die Exponenten beibehalten werden.

- $3^2 \cdot 4^2 = (3 \cdot 4)^2 = 144$
- $a^r \cdot b^r = (a \cdot b)^r$

Diese Regel wird entsprechend auf die **Division** von Potenzen mit **gleichem Exponenten** angewendet.

- $\frac{5^5}{3^5} = \left(\frac{5}{3}\right)^5 \approx 12{,}86$
- $\frac{a^r}{b^r} = \left(\frac{a}{b}\right)^r$

Potenzen mit **gleicher Basis** werden **dividiert**, indem die Exponenten voneinander subtrahiert und die Basen beibehalten werden.

- $\frac{2^6}{2^4} = \frac{2 \cdot 2 \cdot 2 \cdot 2 \cdot 2 \cdot 2}{2 \cdot 2 \cdot 2 \cdot 2} = 2^2,$

  kurz: $\frac{2^6}{2^4} = 2^{6-4} = 2^2$
- $\frac{a^8}{a^3} = \frac{a \cdot a \cdot a \cdot a \cdot a \cdot a \cdot a \cdot a}{a \cdot a \cdot a} = a^5$

  kurz: $\frac{a^8}{a^3} = a^{8-3} = a^5$

Eine Potenz wird **potenziert,** indem man die Exponenten multipliziert und die Basis beibehält.

- $(a^r)^s = a^{rs}$
- $(2^4)^3 = 2^{12} = 4\,096$

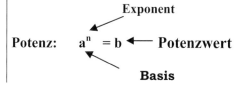

Merke:

Für das Rechnen mit Potenzen gelten die folgenden Regeln:

1. Addition und Subtraktion: $p \cdot a^n \pm q \cdot a^n = (p + q) \cdot a^n$

2. Multiplikation: $a^n \cdot a^m = a^{n+m}$ **bzw.** $a^n \cdot b^n = (a \cdot b)^n$

3. Division für n – m > 1: $\frac{a^n}{a^m} = a^{n-m}$ **bzw.** $\frac{a^n}{b^n} = (\frac{a}{b})^n$

4. Potenzieren: $(a^n)^m = a^{nm}$

Übungen

1. Fassen Sie die folgenden Potenzen zusammen.

a) $4a^3 + 6a^3 - 2a^3$ b) $5x^3 - 3x^3 + 2x^3 - 10x^3$ c) $5y^2 - 6x^2 + 19y^2 - 12y^2 + 10x^2$

2. Multiplizieren Sie die folgenden Potenzen.

a) $3a^3 \cdot 4a^2$ b) $6y^2 \cdot 3y^2 \cdot 4y^4$ c) $10c^5 \cdot 12c^3 \cdot 2c^6$ d) $12a^4 \cdot 15b^4$ e) $2x^2 \cdot 4y^2 \cdot 4z^2$

3. Führen Sie die folgenden Divisionen aus.

a) $4a^5 : 6a^4$ b) $\frac{25y^2}{5x^2}$ c) $\frac{-12x^4}{4x^3}$ d) $(3a^3 \cdot 4a^2) : 6a^5$ e) $(15x^2 : 5x) \cdot 3x^3$

4. Berechnen Sie folgende Potenzen.

a) $3(x^{2^2})$ b) $3(x^2)^2$ c) $(3x^2)^2$ d) $2(x^{2^2}) \cdot 4(x^{4^2})$ e) $3y^3 \cdot (5y^2)^3$

Erweiterungen des Potenzbegriffs

Die Division von Potenzen mit gleicher Basis führt dazu, dass der oben formulierte Potenzbegriff erweitert werden muss:

Die Erweiterung des Potenzbegriffes auf $n \in \mathbb{Z}$ führt dazu, auch mit Potenzen mit negativem Exponenten (gleiche Basis) zu rechnen.

Beispiele:

a) $\frac{2^5}{2^4} = \frac{2 \cdot 2 \cdot 2 \cdot 2 \cdot 2}{2 \cdot 2 \cdot 2 \cdot 2} = 2$ kurz: $\frac{2^5}{2^4} = 2^{5-4} = 2^1$ b) $\frac{2^4}{2^4} = \frac{2 \cdot 2 \cdot 2 \cdot 2}{2 \cdot 2 \cdot 2 \cdot 2} = 1$ kurz: $\frac{2^4}{2^4} = 2^{4-4} = 2^0$

c) $\frac{2^2}{2^5} = \frac{2 \cdot 2}{2 \cdot 2 \cdot 2 \cdot 2 \cdot 2} = \frac{1}{2^3}$ kurz: $\frac{2^2}{2^5} = 2^{2-5} = 2^{-3}$ d) $\frac{3^3}{3^4} = \frac{3 \cdot 3 \cdot 3}{3 \cdot 3 \cdot 3 \cdot 3} = \frac{1}{3}$ kurz: $\frac{3^3}{3^4} = 3^{3-4} = 3^{-1} = \frac{1}{3}$

In diesen Fällen ist das Ergebnis kein „Produkt aus gleichen Faktoren“ mehr, also keine Potenz. Wie die Beispiele zeigen, ist eine Potenzschreibweise dennoch zweckmäßig, wenn folgende Erweiterungen des Potenzbegriffs vorgenommen werden:

Erweiterungen des Potenzbegriffs: für $a \in \mathbb{R}^*$, $n \in \mathbb{N}$ gilt: $\mathbf{a^1 = a}$ $\mathbf{a^0 = 1}$ $\mathbf{a^{-n} = \frac{1}{a^n}}$

Übungen

1. Führen Sie die folgenden Divisionen aus.

a) $\frac{2^5}{2^3}$ b) $\frac{a^5}{a^4}$ c) $\frac{x^3}{x^4}$ d) $\frac{a^2a^3}{a^5}$ e) $\frac{b^5}{b^3b^3}$ f) $\frac{c^5c^2}{c^3c^3c}$

2. Wandeln Sie die folgenden Terme so um, dass Sie die enthaltenen Potenzen mit positiven Exponenten schreiben können.

a) 3^{-2} b) a^{-3} c) $b^{-3}b^{-4}$ d) $(x^2)^{-2}$ e) $(x^{-2})^2$ f) $(x^{-2})^{-2}$

3. Wandeln Sie die folgenden Brüche in Produkte um, indem Sie die Potenzen auf eine andere Form bringen.

a) $\frac{3^6}{3^3}$ b) $\frac{a^5}{a^4}$ c) $\frac{c \cdot c^2}{c^3 \cdot c^2}$ d) $\frac{a^{-2}a^3}{a^5}$ e) $\frac{4x^2}{2x^{-3}3x^4}$ f) $\frac{y^3y^{-3}}{y^2y^{-2}}$

Wurzeln

Begriff und Schreibweisen

Beim Rechnen mit Potenzen sind Basis und Exponent gegeben und der Potenzwert ist gesucht. Umgekehrt ist es, wenn der Exponent und der Potenzwert gegeben sind und die Basis gesucht ist.

Beispiele:

a) Ein Quadrat hat einen Flächeninhalt von 16 m^2. Welche Kantenlänge besitzt dieses Quadrat?
b) Ein Würfel hat einen Rauminhalt von 27 m^3. Welche Kantenlänge besitzt der Würfel?

Lösung:

a) Flächenformel für ein Quadrat lautet: $A = a^2$ Durch Einsetzen erhält man die Kantenlänge 4.	Für $a > 0$ folgt: Aus $a^2 = 16$ folgt $a = \mathbf{4}$, denn $\mathbf{4}^2 = 16$
b) Volumenformel für einen Würfel lautet: $V = a^3$. Durch Einsetzen erhält man die Kantenlänge 3.	Aus $a^3 = 27$ folgt $a = \mathbf{3}$, denn $\mathbf{3}^3 = 27$

Diese Beispiele können wie folgt verallgemeinert werden: Ist der Exponent n und der Potenzwert b einer Potenz gegeben, so wird nach derjenigen **positiven** Basis a gesucht, die n-mal mit sich selbst malgenommen den Potenzwert ergibt. Dies führt in die Wurzelschreibweise:

Für n = 2 gilt:	$a^2 = b$	$a = \sqrt[2]{b}$ oder kurz $a = \sqrt{b}$, (nur bei n = 2)
Für n = 3 gilt:	$a^3 = b$	$a = \sqrt[3]{b}$
Allgemein gilt:	$\mathbf{a^n = b}$	$\mathbf{a = \sqrt[n]{b}}$

Der Ausdruck $\sqrt[n]{b}$ besagt, dass eine **positive** Zahl a gesucht ist, die n mal mit sich selbst malgenommen b ergibt. Diese Zahl wird als Wurzelwert oder **Wurzel** bezeichnet. Ihre Berechnung heißt **Wurzelziehen** oder **Radizieren.**

Wurzelexponent

Wurzel: $\sqrt[n]{b} = a$ ← **Wurzel(wert)**

Radikand

Wurzeln als Potenzen

Wurzeln können auch in Potenzform geschrieben werden.

Man vereinbart: $\sqrt{b} = b^{1/2}$; da $b^{1/2} \cdot b^{1/2} = b^1 = b$; $\sqrt[3]{b} = b^{1/3}$ da $b^{1/3} \cdot b^{1/3} \cdot b^{1/3} = b^1 = b$;

Durch die Anwendung der Rechenregel über das **Potenzieren** von Potenzen kann jede allgemeine Wurzel in Form einer Potenz geschrieben werden.

Beispiel:

Das Produkt aus vier gleichen Faktoren $\sqrt[3]{b}$ wird zu einer Potenz zusammengefasst.

$$\sqrt[3]{b} \cdot \sqrt[3]{b} \cdot \sqrt[3]{b} \cdot \sqrt[3]{b} = (\sqrt[3]{b})^4$$

Die Wurzel $\sqrt[3]{b}$ kann als Potenz mit dem Exponenten 1/3 geschrieben und in gleicher Weise zusammengefasst werden. Potenzen werden potenziert, indem man die Exponenten multipliziert.

$$b^{1/3} \cdot b^{1/3} \cdot b^{1/3} \cdot b^{1/3} = (b^{1/3})^4 = b^{4/3}$$

es gilt: $(\sqrt[3]{b})^4 = b^{4/3}$

Werden diese Überlegungen verallgemeinert, so kann der Potenzbegriff auf Potenzen mit rationalen Exponenten erweitert werden.

Merke ($b \geq 0$, $n \in \mathbb{N}^*$, $m \in \mathbb{N}$)

Wurzeln können allgemein als Potenzen mit rationalen Exponenten dargestellt werden:

Für $b \geq 0$; $n \in \mathbb{N}\backslash\{0\}$; $m \in \mathbb{N}$ gilt: • $\sqrt[n]{b} = b^{1/n}$ • $(\sqrt[n]{b})^m = \sqrt[n]{b^m} = b^{m/n}$

Radizieren ist die **Umkehrung** des Potenzierens: $\sqrt[n]{b^n} = b$

Werden diese Überlegungen verallgemeinert, so kann der Potenzbegriff auf Potenzen mit rationalen Exponenten erweitert werden.

Übungen

1. Wandeln Sie die folgenden Wurzeln in Potenzen bzw. Potenzen in Wurzeln um.

a) $\sqrt{a}$ b) $\sqrt[4]{b}$ c) $\sqrt[3]{x^2}$ d) $(\sqrt[4]{b})^3$ e) $a^{1/3}$ f) $y^{2/3}$ g) $(a+b)^{3/4}$ h) $(16n)^{1/4}$

2. Berechnen bzw. vereinfachen Sie.

a) $a^{1/2}a^{1/2}$ b) $b^{2/3}b^{2/3}b^{2/3}$ c) $x^{3/4}x^{2/4}x^{1/4}$ d) $\sqrt[3]{x^2} \cdot \sqrt[4]{x^2}$ e) $\sqrt[3]{x}\sqrt[3]{x}\sqrt[3]{x}$

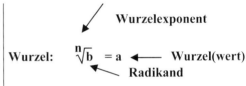

Logarithmen

Begriff und Schreibweisen

Sind beim Rechnen mit Potenzen die Basis und der Potenzwert gegeben und der Exponent gesucht, so führt seine Berechnung zum Begriff des Logarithmus. Dieser Fall stellt eine weitere Umkehrung des Potenzierens dar.

Beispiele:

Bei einem Glücksspiel setzt ein Spieler zunächst 2,00 €. Danach verdoppelt er seinen Einsatz nach jedem Spiel. Wie viel Runden darf er spielen, wenn er den von der Spielbank zugelassenen Höchsteinsatz von 64,00 € nicht überschreiten darf?

Lösung:

Im ersten Spiel werden 2,00 €, danach 4,00 €, 8,00 €, 16,00 € usw. gesetzt, so lange, bis er die 64,00 €-Höchstgrenze erreicht hat.
Dies ist nach 6 Spielen der Fall.

Spiel:	Einsatz in €
1. Spiel:	2
2. Spiel:	$2^2 = 4$
3. Spiel:	$2^3 = 8$
4. Spiel:	$2^4 = 16$
5. Spiel:	$2^5 = 32$
6. Spiel:	$2^6 = 64 \Rightarrow n = 6$ (Spiele)

Der Spieler darf bei diesem Spielsystem 6 Runden spielen.

Die Lösung mit mathematischem Ansatz führt auf den Begriff des Logarithmus.

Gleichungsansatz:

$2^n = 64 \quad \Leftrightarrow \quad n = \log_2 64$

$n = 6$

In dem Beispiel wird der Exponent zur Basis 2 gesucht, der den Potenzwert 64 ergibt. Dieser gesuchte Wert wird als Logarithmus 64 zur Basis 2 bezeichnet.

Allgemein ist folgende Schreibweise vereinbart:

$$\mathbf{a^n = b \quad \Leftrightarrow \quad n = \log_a b}$$

Der **Logarithmus** einer Zahl b zur Basis a ist derjenige Exponent, mit dem a potenziert werden muss, um b zu erhalten.

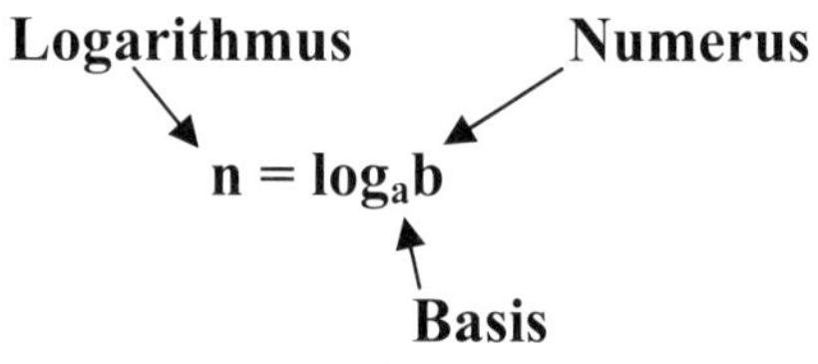

Bevor eine mathematische Lösung zur Berechnung von Gleichungen der Form $a^n = b$ mit beliebiger Basis a gefunden wird, sollen mit Hilfe der obigen Definition folgende Logarithmen unmittelbar angegeben werden:

Merke

$\mathbf{\log_a a = 1}$, denn $a^1 = a$	$\mathbf{\log_a 1 = 0}$, denn $a^0 = 1$	$\mathbf{\log_a(a^n) = n}$, denn $a^n = a^n$

Übung

Vervollständigen Sie.

a) $2^x = 8 \Rightarrow x = \ldots$ b) $x = \log_4 16 \Rightarrow x = \ldots$ c) $0{,}25^x = 4 \Rightarrow x = \ldots$

Berechnen von Logarithmen mit dem Taschenrechner

Die Logarithmensätze gelten unabhängig von der Wahl der Basis a $\in \mathbb{R}^+ \setminus \{1\}$. Der englische Mathematiker Henry Briggs (1561–1630) hat für die Basis 10 die Logarithmen ermittelt und in einer Logarithmentafel zusammengestellt, sie werden nach ihm als Briggs-Logarithmen oder **Zehnerlogarithmen** bezeichnet. Ein anderes Logarithmensystem ist durch die reelle Zahl e $\approx$ 2,7182818... als Basis gegeben, diese Logarithmen werden als **natürliche Logarithmen** bezeichnet. Da beide Logarithmensysteme in den meisten handelsüblichen Taschenrechnern enthalten sind, lassen sich Logarithmen von Zahlen oder das Rechnen mit Logarithmen innerhalb dieser Systeme mit dem Taschenrechner durchführen. Die Logarithmen zur Basis 10 sind mit der Bezeichnung **lg** abgekürzt, die natürlichen Logarithmen mit der Abkürzung **ln.** Das Ermitteln von Logarithmen und das Rechnen mit Logarithmen wird an ausgewählten Beispielen gezeigt.

Beispiele:

Berechnen Sie die mit Hilfe der TR den Zehnerlogarithmus log und den natürlichen Logarithmus ln von folgenden Werten: 1 000; 250; 3; 0,25.

Lösung:

log 1 000 = 3;	log 250 = 2,39794;	log 3 = 0,4771213;	log 0,25 = –0,60206
ln 1 000 = 6,9077553;	ln 250 = 5,5214609;	ln 3 = 1,0986123;	ln 0,25 = –1,3862944

Rechnen mit Logarithmen und Logarithmensätze

Viele Fragestellungen aus dem Wachstumsbereich, z. B. Finanzmathematik, Epidemien, Bevölkerungspopulationen usw., basieren auf Logarithmen mit *beliebiger Basis a*. Man löst diese Probleme, indem man die beliebige Basis a auf eine bekannte Basis 10 bzw. e zurückführt.

Beispiele:

Berechnen Sie x: a) $\log_3 100 = x$ und b) $5^x = 625$ mit Hilfe der beiden Logarithmensysteme.

Lösung:

a)

$$\log_3 100 = x \Rightarrow 3^x = 100 \quad | \lg$$
$$x \cdot \lg 3 = \lg 100$$
$$x = \frac{\lg 100}{\lg 3} = \frac{2}{0{,}4771} \approx \underline{4{,}19}$$

$$\log_3 100 = x \Rightarrow 3^x = 100 \quad | \ln$$
$$x \cdot \ln 3 = \ln 100$$
$$x = \frac{\ln 100}{\ln 3} \approx \frac{4{,}6051}{1{,}0986} \approx \underline{4{,}19}$$

b)

$$5^x = 625 \quad | \lg$$
$$x \cdot \lg 5 = \lg 625$$
$$x = \frac{\lg 625}{\lg 5} = \frac{2{,}7958}{0{,}6989} = \underline{4}$$

$$5^x = 625 \quad | \ln$$
$$x \cdot \ln 5 = \ln 625$$
$$x = \frac{\ln 625}{\ln 5} = \frac{6{,}43775}{1{,}6094} = \underline{4}$$

Für das Rechnen mit Logarithmen gelten die folgenden Logarithmensätze:

	Beispiele:
Wird ein **Produkt,** z. B. $a \cdot b$, **logarithmiert,** so werden die jeweiligen Logarithmen addiert.	• $\lg(6 \cdot 3{,}14) = \lg 6 + \lg 3{,}14 = 0{,}7781 + 0{,}4971 = \underline{1{,}275}$
Wird ein **Quotient,** z. B. $\frac{a}{b}$, **logarithmiert,** so werden die jeweiligen Logarithmen subtrahiert.	• $\ln \frac{6{,}28}{2{,}71} = \ln 6{,}28 - \ln 2{,}71 = 1{,}8373 - 0{,}99 = \underline{0{,}84}$
Wird eine **Potenz,** z. B. a^b,**logarithmiert,** so wird der Logarithmus mit der Exponenten multipliziert.	• $\ln(0{,}44)^6 = 6 \cdot \ln 0{,}44 = 6 \cdot (-0{,}82) = \underline{-4{,}92}$
Wird ein **Wurzelausdruck,** z. B. $\sqrt{a}$, **logarithmiert,** so wird der Logarithmus durch den Wurzelexponenten dividiert.	• $\lg \sqrt[5]{411} = \frac{1}{5} \lg 411 = \underline{0{,}5227}$
Anwendung aller vier obigen Sätze.	• $\ln \frac{a^2}{c^3} = \ln a^2 - \ln c^3 = \underline{2 \ln a - 3 \ln c}$

Merke:

Für das Rechnen mit Logarithmen gelten die folgenden Regeln:

1. Multiplikation der Numeri: $\log(a \cdot b) = \log a + \log b$

2. Division der Numeri: $\log \frac{a}{b} = \log a - \log b$

3. Potenzieren der Numeri: $\log a^n = n \cdot \log a$

4. Radizieren der Numeri: $\log \sqrt[n]{a} = \frac{1}{n} \log a$

Übung Berechnen Sie: a) $\ln \frac{1000}{22{,}5}$ b) $\lg 200^3$ c) $\ln \sqrt[5]{100}$ d) $\ln a^4$ e) $\lg 1000 - \lg \frac{a^2}{10}$

Aufgaben 3.2

Rechnen mit Brüchen

1. Vereinfachen Sie.

a) $\frac{3}{4} + \frac{3}{6} - \frac{5}{6} \cdot \frac{6}{8}$ b) $\frac{4}{5} + \frac{3}{7} \cdot \frac{5}{6}$ c) $\frac{5}{8} : \frac{4}{9}$ d) $\frac{2}{6} : \frac{4}{6}$ e) $\frac{2}{3} : \frac{8}{12} + \frac{4}{4^2} \cdot \frac{64}{16}$ f) $\frac{2}{3} - \frac{4}{4-4^2}$ g) $\frac{x}{2} + \frac{x}{4}$

h) $3 \cdot \frac{x}{4} + \frac{x}{8} + \frac{x}{8}$ i) $\frac{2x+2}{2} + \frac{4x+2}{2}$ j) $\frac{x}{2} - \frac{x-3}{2}$ k) $\frac{8x-4}{4} - \frac{2+2x}{2}$ l) $\frac{2x+4}{2} \cdot \frac{2+2x}{2}$

Rechnen mit Klammern

2. Multiplizieren bzw. klammern Sie aus und vereinfachen Sie.

a) $x - (x-2) + 2(1-2x)$ b) $0{,}5(x-1) - 5(2x-2)$ c) $2x(2-x) + (1+3x)$ d) $2x - x^2$

e) $2x^2 - 2x$ f) $ax + ab - az + ay$ g) $3x^2 + 3x + 3$ h) $\frac{4(x+1)}{2x+2} - \frac{3x+3}{x+1}$ i) $4x^2 - 4x - 4$

Binomische Formeln

3. Berechnen Sie die Terme u. a. mit Hilfe der binomischen Formeln.

a) $(2x-1)^2$ b) $(3-3y)^2$ c) $(2+2b)^2$ d) $(a+b)(b-a)$ e) $(a+b)^2-(a-b)^2$
f) $(\sqrt{2a}-b)^2$ g) $(\sqrt{a}-\sqrt{b})^2$ h) $(x+y)(2x+2y)$ i) $(\sqrt[3]{x}-\sqrt[3]{y})(\sqrt[3]{x}+\sqrt[3]{y})$

Potenzen und Wurzeln

4. Vereinfachen Sie soweit, dass die Ergebnisse, wenn notwendig, keine negativen Exponenten haben. Ermitteln Sie, soweit möglich, durch Kürzen den einfachsten Ausdruck.

a) $(-3)^4$ b) $(\frac{1}{4})^{-2}$ c) a^2+a^{-2} d) $3a^2\cdot 5a^{-4}$ e) $a^4\cdot 3a^n$ f) $-4a^2\cdot 5a^{-5}$ g) $\frac{a^2a^{-3}}{b^3b^{-3}}$

h) $\frac{a^{-3}b^2}{a^{-3}b^{-2}}$ i) $(-\frac{1}{2})^{-4}$ j) $(\frac{1}{3^3})^{-2}$ k) $(\frac{1}{0{,}1})^{-1}$ l) $(-\frac{-2}{5})^{-3}$ m) $3^2\cdot 3^{-2}\cdot 3^3$ n) $(-2^2)^3$

o) $(x^3)^{-2}$ p) $(x^{-2})^{-2}$ q) $\frac{x^{-2}}{2x^{-3}x^4}$ r) $\frac{a^2a^{-3}}{a^3a^{-4}}$ s) $\frac{c^2\cdot c^2}{c^{-3}\cdot c^2}$ t) $\frac{a^{-1}a^4}{a^3}$ u) $\frac{z}{z^{-4}}\cdot z^2$

5. Vereinfachen bzw. berechnen Sie folgende Wurzelterme

a) $\sqrt[4]{16}$ b) $\sqrt{64}\cdot\sqrt{6}$ c) $3\sqrt{5}\cdot 4\sqrt{2}$ d) $\sqrt{9a^2}\cdot 4\sqrt{4b^2}$ e) $\sqrt{16a+16b}$
f) $(\sqrt{x})^2+(\sqrt{y})^2$ g) $\sqrt{16x^4}$ h) $\sqrt{(x+y)^2}$ i) $\sqrt{a^2\cdot b^2}$ j) $\sqrt[3]{x}\cdot\sqrt[3]{x^2}$

6. Geben Sie folgende Terme in einfachster Form an.

a) $2x^{-\frac{2}{3}}\cdot x^{\frac{2}{3}}$ b) $(\frac{a^0a^{-4}}{a^{-7}})^{\frac{1}{3}}$ c) $\frac{2}{a^{-2}}+\frac{a}{(2a)^{-1}}$ d) $\sqrt[3]{x}\cdot\sqrt[3]{x^2}$ e) $\sqrt{\frac{1}{y^5y^{-7}}}$

Logarithmen

7. Berechnen Sie mit dem TR folgende Logarithmen zur Basis 10 und zur Basis e.

a) 120 000; b) 665; c) 33,33; d) 4,78; e) 0,35; f) 0,0555; g) 0,00125

8. Berechnen Sie x.

a) $\log_4 100 = x$ (lg) b) $\log_{12} 0{,}5 = x$ (ln) c) $4^x = 20$ (lg) d) $12{,}5^x = 5$ (ln)
e) $\log_{0,5} 25 = x$ (lg) f) $\log_{0,1} 2 = x$ (ln) g) $0{,}5^x = 0{,}05$ (lg) h) $0{,}5^x = 3$ (ln)

9. Berechnen Sie folgende Logarithmen mit Hilfe der Logarithmensätze.

a) $\ln(25\cdot 100)$ b) $\ln 0{,}44^3$ c) $3\lg\frac{22{,}5}{16}$ d) $\lg\sqrt[4]{888}$ e) $\ln\frac{a^2}{b}$ f) $\ln\frac{x^2-a^2}{a-x}$

3.3 Gleichungen

Lineare Gleichungen

Bei einer linearen Gleichung steht die Lösungsvariable (hier x) in der ersten Potenz.
Lineare Gleichung: $4x - 6 = 26$

Lösungsvariable: $x \in \mathbb{R}$
Beim Lösen linearer Gleichungen wird diejenige Zahl aus einer vorgegebenen Grundmenge (hier $\mathbb{R}$) gesucht, die die Gleichung in eine *wahre Aussage* überführt. Die gefundene Zahl ist Element der Lösungsmenge L.

Beispiel:

$4x - 6 = 26 \quad | +6$

$4x = 32 \quad | :4$

$x = \mathbf{8}$

eingesetzt in die Ausgangsgleichung:

$4 \cdot \mathbf{8} - 6 = 26 \quad \Leftrightarrow 26 = 26$ (wahre Aussage)

$\underline{L = \{8\}}$ ist Lösungsmenge

Ist das Lösungselement nicht unmittelbar erkennbar, so ist die Gleichung durch Umformungen so umzustellen, dass die Lösungsvariable isoliert wird. Dabei darf sich aber nicht der Wert der Lösungsvariable verändern, die Gleichungen müssen also zueinander gleichwertig (*äquivalent*), bleiben. Deshalb werden die vorgenommenen Umformungen auch **Äquivalenzumformungen** genannt.

Beispiel:

Gegeben ist die Gleichung $5(2x - 1) = 13x - 11$ mit der Grundmenge $\mathbb{R}$ für x.
Ermitteln Sie die Lösungsmenge L.

Lösung:

a) Man löst die Klammer auf, addiert zuerst 11 und subtrahiert dann 10x auf beiden Seiten.
Nach der Division durch 3 erhält man die Lösung für x, die als Lösungsmenge angegeben wird.

$5(2x - 1) = 13x - 11 \quad |$ ausmultipliziert:

$10x - 5 = 13x - 11 \quad | +11$

$10x + 6 = 13x \quad | -10x$

$6 = 3x \quad | :3$

$2 = x$ bzw. $\underline{x = 2}$ $\quad L = \{2\}$

Übung

Lösen Sie die folgenden Gleichungen und geben Sie die Lösungsmenge an.

a) $3(x + 6) = 4x + 17$ b) $22(2 - 2x) = -4(2x + 7)$ c) $5x\,(18 - 10) = 10\,(3x + 5)$

Gleichungen mit zwei Variablen – Lineare Gleichungssysteme

Begriff und Darstellungsform

Gleichungen mit zwei Variablen sind dann gegeben, wenn neben der ersten Lösungsvariablen x noch eine weitere auftaucht, zum Beispiel y. Sollen solche Gleichungen in wahre Aussagen überführt werden, so werden Zahlenpaare (x|y) gesucht, wobei die erste Zahl für x und die zweite Zahl für y steht.

Beispiel:

Gleichung mit zwei Variablen:

$2x + 3y = 11 \Rightarrow x = 4 \wedge y = 1$

Zahlenpaar : $(4|1)$

oder $x = 6 \wedge y = \frac{-1}{3}$ Zahlenpaar: $(6|\frac{-1}{3})$

oder $x = 10 \wedge y = -3$ Zahlenpaar: $(10|-3)$

Es ist unmittelbar erkennbar, dass es unendlich viele Zahlenpaare gibt, die die Gleichung 2x + 3y = 11 erfüllen.

Darstellung der Lösungsmenge:

aufzählend: $L = \{(4|1); (6|\frac{-1}{3}); (10|-3),...\}$

beschreibend: $L = \{(x|y)|\ 2x + 3y = 11\}$

Wird nun eine eindeutige Lösung, bestehend aus einem Zahlenpaar (x|y), angestrebt, so wird eine zweite Gleichung mit den zwei Variablen, z. B. x und y, benötigt. Man verbindet beide Gleichungen durch ein ∧ („und"). Dadurch entsteht ein **lineares Gleichungssystem,** bei dem im Allgemeinen beide Gleichungen nummeriert untereinander geschrieben werden.
Lösungselemente eines solchen Gleichungssystems sind diejenigen Wertepaare, die beide Gleichungen gleichzeitig erfüllen, im Beispiel ist x = 3 und y = 2.

Beispiel:

Lineares Gleichungssystem:
$2x + 3y = 12 \wedge 2x - y = 4$

1. $2x + 3y = 12$
2. $2x - y = 4$

$L = \{(3|2)\}$

Lösen linearer Gleichungssysteme

Beim Lösen linearer Gleichungssysteme geht man so vor, dass man eine Variable in einem ersten Schritt eliminiert und die andere berechnet. Dann wird der Wert der ermittelten Variablen zur Berechnung der anderen herangezogen.

1. Das Gleichsetzungsverfahren

Sind beide Gleichungen des Gleichungssystems nach derselben Variablen x oder y aufgelöst, empfiehlt sich das Gleichsetzungsverfahren.

Die in beiden Gleichungen enthaltenen gleichen Terme auf einer Seite der Gleichungen (hier 2x) besagen, dass die jeweils auf der anderen Seite stehenden Terme 12 – 3y und 4 + y ebenfalls gleich sind. Das bedeutet, dass diese Terme gleichgesetzt werden können.
Die Auflösung der erhaltenen Gleichung nach der verbleibenden Variablen führt zur Lösung y = 2.

Der erhaltene Wert wird in eine der beiden Gleichungen eingesetzt und die zweite Variable kann berechnet werden. Die Lösung des Gleichungssystems ist das Zahlenpaar (3| 2).

Beispiel:

1. $2x = 12 - 3y$
2. $2x = 4 + y$
Gleichsetzen der rechten Terme der Gleichungen:

$\mathbf{12 - 3y = 4 + y}$ | – 4 + 3y
$8 = 4y$ | : 4
$2 = y$ | eingesetzt in **1.**

1. $2x = 12 - 3 \cdot 2$
$2x = 6 \Rightarrow \underline{x = 3}$
Lösungsmenge: $\underline{L = \{(3|2)\}}$

2. Das Additionsverfahren

Stimmen die Koeffizienten einer der beiden Variablen bis auf das Vorzeichen überein, wird das Additionsverfahren eingesetzt. Eine Addition der beiden Gleichungen führt dann dazu, dass die betreffende Variable wegfällt und die verbleibende Variable berechnet wird.

Beim Additionsverfahren wird die zweite Gleichung mit 3 multipliziert und zur ersten Gleichung addiert. Dadurch enthält die neue Gleichung nur noch die Variable x. Für sie ergibt sich nach Auflösung der Gleichung x = 3.
Dieser Wert wird in eine der beiden Ausgangsgleichungen eingesetzt und so der Wert für die zweite Variable y berechnet.
Die Lösung des Gleichungssystems ist das Zahlenpaar (3|2).

Beispiel:

1. $2x + 3y = 12$
2. $2x - y = 4 \quad | \cdot (3)$

1. $2x + 3y = 12$
2. $\underline{6x - 3y = 12}$ | Addition **1.** + **2.**
$8x = 24 \Rightarrow \underline{x = 3}$ eingesetzt in **2.**:
2. $2 \cdot 3 - y = 4 \quad | + y$
$6 = 4 + y \Rightarrow \underline{y = 2}$
Lösungsmenge: $\underline{L = \{(3|2)\}}$

Übung

Lösen Sie die Gleichungssysteme mit Hilfe des Gleichsetzungs- und Additionsverfahren.

a) $x - y = 65$
$2x + 2y = 214$

b) $2x - y = 5$
$4x - y = 14$

c) $5x + 3y = 21$
$7x + 8y = 37$

d) $x = 50 - 10y$
$2x + 2y = -8$

Quadratische Gleichungen

Begriff und Formen quadratischer Gleichungen

Gleichungen, in denen die Lösungsvariable x in der zweiten Potenz als höchster Potenz vorkommt, heißen **quadratische** Gleichungen. Jede quadratische Gleichung kann dargestellt werden in der **allgemeinen Form:**

$$\mathbf{ax^2 + bx + c = 0 \qquad a, b, c \in \mathbb{R}, a \neq 0}$$

ax^2 ist das **Quadratglied,**
bx ist das **Linearglied,**
c ist das **Absolutglied.**

Je nach dem Auftreten der einzelnen Glieder werden folgende Arten von Quadratgleichungen unterschieden:

	Reinquadratische Gleichungen: $b = 0$	Unvollständig quadratische Gleichungen: $c = 0$	Gemischt-quadratische Gleichungen
Beispiele:	$x^2 - 16 = 0$ $3x^2 - 27 = 0$ $x^2 - 1 = 0$	$6x^2 - 3x = 0$ $2x^2 + x = 0$ $x^2 + 2x = 0$	$x^2 - 2x + 1 = 0$ $x^2 + 4x - 12 = 0$ $2x^2 - 3x + 1 = 0$

Lösen quadratischer Gleichungen

Die Verfahren zur Lösung quadratischer Gleichungen richten sich nach ihrer Form.

1. Lösen einer reinquadratischen Gleichung

Bei der Lösung einer reinquadratischen Gleichung wird diese nach x^2 aufgelöst, sodass auf der anderen Seite der Gleichung ein konstanter Zahlenwert **k** steht. Ist dieser Zahlenwert k größer null, ergeben sich zwei Lösungen: $x_1 = +\sqrt{k}$ und $x_2 = -\sqrt{k}$.

Beispiele:

(1) $3x^2 - 27 = 0 \quad | + 27$
$3x^2 = +27 \quad | : 3$
$x^2 = 9$
$x_1 = +\sqrt{9} = 3$ und $x_2 = -\sqrt{9} = -3$
$\Rightarrow \underline{L = \{-3; 3\}}$

Ist der Zahlenwert k kleiner null, ist die Lösungsmenge die leere Menge, da keine Zahl aus $\mathbb{R}$ zum Quadrat genommen eine negative Zahl ergibt.

$$(2)\quad 3x^2 + 27 = 0 \quad | -27$$
$$ 3x^2 = -27 \;| :3$$
$$ x^2 = -9 \qquad \Rightarrow \underline{L = \{\}}$$

🕯 Übung

Bestimmen Sie die Lösungsmenge (soweit vorhanden) folgender reinquadratischen Gleichungen.

a) $4x^2 - 64 = 0$ b) $2x^2 - 18 = 0$ c) $0{,}5x^2 + 2 = 0$

d) $6x^2 - 12 - x = x(2x - 1) + 4$ e) $0{,}5x^2 + 6 = 0$ f) $4x^2 - 32 = -16$

2. Lösen einer unvollständig-quadratischen Gleichung

Beispiel:

Bei der Lösung einer unvollständig-quadratischen Gleichung wird der Satz vom Nullprodukt angewendet, wonach ein Produkt dann den Wert null annimmt, wenn einer der Faktoren null ist.

$$x^2 - 6x = 0 \qquad | \text{ x ausklammern und}$$
$$x(x - 6) = 0 \qquad | \text{ faktorweise 0 setzen}$$
$$x = 0 \;\vee\; x - 6 = 0 \;\Leftrightarrow\; x = 6$$
$$x_1 = 0 \text{ und } x_2 = 6 \;\Rightarrow\; \underline{L = \{0;\, 6\}}$$

Merke

> Eine quadratische Gleichung der Form $\mathbf{ax^2 + bx = 0}$ besitzt zwei Lösungen, eine ist immer **0**.

🕯 Übung

Bestimmen Sie die Lösungsmenge der folgenden unvollständig-quadratischen Gleichungen.

a) $x^2 - 6x = 0$ b) $2x^2 - x = 0$ c) $\frac{1}{4}x^2 + 2x = 0$ d) $5x^2 - 25x = 0$ e) $\frac{2}{5}x^2 + 2x = 0$

3. Lösen einer gemischt-quadratischen Gleichung

Die Lösung gemischt-quadratischer Gleichungen lässt sich auf die Lösung reinquadratischer Gleichungen zurückführen, wenn die folgende Form gegeben ist: $x^2 + px + q = 0$

Ist die quadratische Gleichung in der allgemeinen Form vorgegeben, so ist sie durch Umformungen auf die oben angegebene Form zu bringen, damit der angegebene Lösungsweg beschritten werden kann. Hierbei kommen die erste oder zweite binomische Formel zur Anwendung.

Allgemeine Form der Quadratgleichung:
$$x^2 + px + q = 0$$

1. Binomische Formel:
$$a^2 + 2ab + b^2 = (a + b)^2$$

$x = a$
$p = 2b$
$q = b^2$

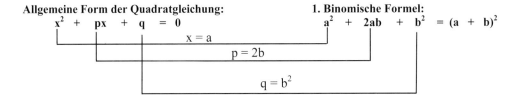

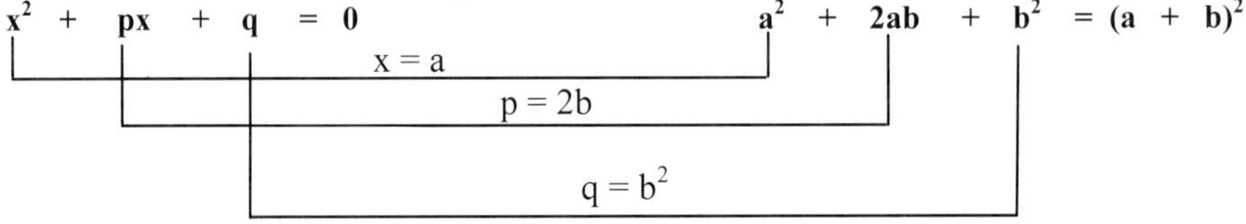

Für die Überführung der Summe in den quadratischen Klammerausdruck ist der Wert von b entscheidend. b lässt sich aus dem Vergleich der beiden obigen Gleichungen wie folgt bestimmen:

Wenn x = a gesetzt wird und p = 2b ist, dann ist $b = \frac{p}{2}$. Wird dieser Wert in $q = b^2$ eingesetzt, so ergibt sich $q = \left(\frac{p}{2}\right)^2$. Den Wert von q nennt man **die quadratische Ergänzung.** Sie ist auf beiden Seiten der quadratischen Gleichung zu addieren, erst dann kann die gewünschte Zusammenfassung erfolgen und der Lösungsgang wie bei der reinquadratischen Gleichung abgeschlossen werden.

Beispiel:

Gegeben ist die Gleichung $x^2 + 4x - 5 = 0$. Berechnen Sie die Lösungsmenge L.

Lösung:

Zunächst wird das Absolutglied auf die rechte Seite der Gleichung gebracht.
Die quadratische Ergänzung ergibt sich durch:

$p = 4 \Rightarrow \frac{p}{2} = 2 \Rightarrow (\frac{p}{2})^2 = \mathbf{2^2}$

Sie wird auf beiden Seiten addiert.
Das Zusammenfassen der linken Seite nach dem binomischen Lehrsatz und die Summenbildung auf der rechten Seite führen zur gewünschten Form, aus der sich die Lösungen ableiten lassen.
Die erhaltenen Werte sind die Lösungselemente x_1 und x_2.

$$x^2 + 4x - 5 = 0 \quad | + 5$$
$$x^2 + 4x = 5 \quad | + \mathbf{2^2}$$
$$x^2 + 4x + \mathbf{2^2} = 5 + \mathbf{2^2}$$
$$(x + 2)^2 = 9$$
$$x_1 + 2 = +\sqrt{9}$$
$$x_2 + 2 = -\sqrt{9}$$
$$x_1 = +3 - 2 = 1$$
$$x_2 = -3 - 2 = -5$$
$$\underline{L = \{1; -5\}}$$

Übung

Berechnen Sie die Lösungsmenge der folgenden gemischt-quadratischen Gleichungen

a) $x^2 + 2x - 8 = 0$ b) $x^2 - 4x + 4 = 0$ c) $x^2 - 5x + 6 = 0$

d) $x^2 - x - 2 = 0$ e) $x^2 - 4x + 5 = 0$ f) $x^2 - 2x - 1{,}25 = 0$

Lösen mit der p-q-Formel

Die Lösungsschritte einer gemischt-quadratischen Gleichung der Form: $\mathbf{x^2 + px + q = 0}$ lassen sich zu einem Schritt zusammenfassen, wenn hierzu die sogenannte **p-q-Formel** eingesetzt wird. Ihre allgemeine Herleitung erfolgt durch die folgenden Schritte:

Allgemeine Form: Das Absolutglied wird auf die andere Seite gebracht.	$\mathbf{x^2 + px + q = 0} \mid -q \mid + \left(\frac{p}{2}\right)^2$
Addition der quadratischen Ergänzung $\left(\frac{p}{2}\right)^2$.	$\left(x + \frac{p}{2}\right)^2 = \left(\frac{p}{2}\right)^2 - q \mid \sqrt{\ }$
Zusammenfassen der linken Seite nach der 1. binomischen Formel.	$x_1 + \frac{p}{2} = +\sqrt{\left(\frac{p}{2}\right)^2 - q}$ oder $x_2 + \frac{p}{2} = -\sqrt{\left(\frac{p}{2}\right)^2 - q}$
Freistellen von x.	$x_1 = -\frac{p}{2} + \sqrt{\left(\frac{p}{2}\right)^2 - q}$ oder $x_2 = -\frac{p}{2} - \sqrt{\left(\frac{p}{2}\right)^2 - q}$

7 Haarmann, Thun ISBN 978-3-8120-0504-3

Da die Lösungselemente der Quadratgleichung nur von den Konstanten p und q bestimmt werden, heißt die hier abgeleitete Formel kurz **p-q-Formel.**

Ist die Quadratgleichung in der allgemeinen Form $\mathbf{ax^2 + bx + c = 0}$ gegeben, so ist sie zunächst durch Division durch a zu **normieren,** damit sie auf die Form $\mathbf{x^2 + px + q = 0}$ gebracht und dann die p-q-Formel angewendet werden kann.

Beispiel:

Gegeben ist die Gleichung $2x^2 - 4x - 6 = 0$. Berechnen Sie die Lösungsmenge L.

Lösung:

Zunächst wird die Gleichung normiert.	$2x^2 - 4x - 6 = 0 \quad \vert :2$ $x^2 - 2x - 3 = 0 \qquad p = -2, \quad q = -3$
Anwenden der p-q-Formel ergibt die Lösungen.	$x_1 = -\left(\frac{-2}{2}\right) + \sqrt{\left(\frac{-2}{2}\right)^2 + 3} = 3 \wedge x_2 = -\left(\frac{-2}{2}\right) - \sqrt{\left(\frac{-2}{2}\right)^2 + 3} = -1$ $\underline{L = \{-1; 3\}}$

Merke

Jede gemischt-quadratische Gleichung kann auf die Form $\mathbf{x^2 + px + q = 0}$ gebracht werden. Die Lösung erfolgt in einem Schritt mit der **p-q-Formel:**

$$\mathbf{x_1 = -\frac{p}{2} + \sqrt{\left(\frac{p}{2}\right)^2 - q}} \quad \text{und} \quad \mathbf{x_2 = -\frac{p}{2} - \sqrt{\left(\frac{p}{2}\right)^2 - q}}$$

Je nach dem Wert unter der Wurzel hat die Gleichung zwei, ein oder kein Lösungselement.

Übung

Berechnen Sie die Lösungsmenge. Wenden Sie die p-q-Formel an.
a) $x^2 + 6x + 8 = 0$ b) $x^2 + x - 20 = 0$ c) $x^2 - 4x - 5 = 0$ d) $2x^2 + x - 6 = 0$ e) $3x^2 - 18x + 15 = 0$

Aufgaben 3.3

Lineare Gleichungen

1. Berechnen Sie die Werte für x der folgenden Gleichungen.

a) $3(x + 5) = 0$ b) $x - 1 = 24 - 4x$ c) $9 + 5x = 3 - 3x$ d) $2x(4x + 2) = -4x(3 - 2x) + 12$
e) $x - 5x + 3{,}5 = 2$ f) $0{,}3\overline{3}\,x + 0{,}7\overline{7} = 0{,}1\overline{1}x - 0{,}3\overline{3}$ g) $22(x + 2) = 10x$

2. Ein Team von vier Mitarbeitern erhält für einen Verbesserungsvorschlag 6 900 €. Diese Prämie wird nach einem bestimmten Schlüssel untereinander aufgeteilt. Der zweite Mitarbeiter erhält 200 € mehr als der erste. Der dritte Mitarbeiter erhält 200 € mehr als der zweite und der vierte Mitarbeiter erhält 200 € mehr als der dritte. Wie viel € erhält jeder.

3. Eine Schülergruppe will eine Besichtigung durchführen und mietet einen Bus, der 510 € kosten soll. Jeder Teilnehmer zahlt 25,50 €. Wie viel Schüler nehmen an der Busfahrt teil?

Lineare Gleichungssysteme

4. Ermitteln Sie die Lösungsmenge mit einem geeigneten Lösungsverfahren.

a) $2x + 2y = 20$ $2x - 2y = 4$	b) $2x - y = 65$ $2x - 2y = 214$	c) $4x - 2y = 30$ $y = x - 10$
d) $5x + 3 = y$ $8x - 6 = y$	e) $12 - 4y = x$ $8y - 84 = x$	f) $6x + 22 = 2y$ $11 - 4x = 0{,}5y$

5. Thomas kauft eine Jeans und eine passende Jacke dazu. Er bezahlt für beide Kleidungsstücke zusammen 100 €. Die Jeans ist 20 € billiger als die Jacke. Wie teuer sind Jeans und Jacke?

6. Eine Jugendgruppe plant einen mehrtägigen Ausflug mit dem Bus. Der Gruppe liegen zwei Angebote vor: 1. Angebot 50 € pro Tag und 2,50 €/km. 2. Angebot 100 € pro Tag und 2,00 €/km. Bei welcher Anzahl gefahrener km sind beide Angebote gleich. Welches Angebot ist bei 500 km günstiger?

7. Ein Einzelhändler bezieht von einem Großmarkt zwei Sorten Apfelsinen der Marken „Sonne“ und „Saftig“ . In der ersten Woche bezieht er 40 kg „Sonne“ und 30 kg „Saftig“, in der zweiten Woche 50 kg „Sonne“ und 20 kg „Saftig“. Für die Lieferung der ersten Woche bezahlt er 292 €, für die Lieferung der zweiten Woche 302 €. Berechnen Sie den jeweiligen kg-Preis der einzelnen Apfelsinensorten.

Quadratische Gleichungen

8. Gegeben sind die quadratischen Gleichungen. Berechnen Sie ihre Lösungsmenge.

a) $x(4x + 3) = 6x^2 + 2x$	b) $4x^2 - x = x(2x + 1)$	c) $x(x + 2) = 4x^2 - x$	d) $x^2 + x - 6 = 0$
e) $x^2 - 16x + 15 = 0$	f) $x^2 - 3x - 7 = 0$	g) $3x^2 - 6x - 9 = 0$	h) $2x^2 + 12x - 14 = 0$
i) $-2x^2 + 8x + 10 = 0$	j) $x^2 - 5x + 4 = 0$	k) $x^2 - 10x + 25 = 0$	l) $-x^2 - 16x + 60 = 0$

9. Eine Terrasse wird mit 108 quadratischen Platten ausgelegt. Die Kantenlängen einer Platte sind 50 x 50 cm. Welche Abmessungen hat die Terrasse, wenn ihr Längenmaß dreimal so groß ist wie ihr Breitenmaß?

10. Die Klasse FOS 2a macht einen Ausflug mit einem Reisebus zu einem Gesamtkostenpreis von 175 €. Der Anteil der Reisekosten ist für alle Teilnehmer gleich. In dem Bus sind noch 10 Plätze frei. Bei voll besetztem Bus müsste jeder Mitfahrer 2 € weniger bezahlen. Wie hoch ist der Fahrpreis und wie viele Schülerinnen und Schüler nehmen am Ausflug teil?

4 Funktionen

4.1 Der Funktionsbegriff

In vielen Bereichen der Naturwissenschaften, der Technik, der Wirtschaftswissenschaften und der Sozialwissenschaften lassen sich Zusammenhänge und Abhängigkeiten zwischen zwei Größen mit Hilfe von Funktionen übersichtlich beschreiben.
Hierbei hat man es mit Zuordnungen von Elementen einer Menge mit den Elementen einer anderen Menge zu tun.

Beispiel:

Die Karlsberg GmbH erzielte in den ersten Monaten eines Jahres folgende wertmäßigen Umsätze in Tausend Euro.
Man erkennt, dass zu jedem Monat genau ein bestimmter Umsatz gehört bzw. jedem Monat wird genau ein bestimmter Umsatz eindeutig **zugeordnet.** So ist z. B. im Monat 2 der Umsatz 12 Tsd. Euro.

Monat	1	2	3	4	5	6
Umsatz in Tsd. Euro	10	12	13	13	15	12

Neben der tabellarischen Darstellung verdeutlicht die Darstellung im **Pfeildiagramm** den Zusammenhang zwischen **Definitionsmenge** und **Wertemenge.** Die Zuordnung zwischen der Definitionsmenge D (Monate) und der Wertemenge W (Umsätze) ist **eindeutig.** Es verläuft genau ein Pfeil von **jedem** Element der Menge D zu einem Element der Menge W. Dabei können auch mehr als ein Pfeil auf einem Element der Wertemenge enden. (Z. B. enden bei 12 Tsd. bzw. 13 Tsd. Euro jeweils zwei Pfeile.)

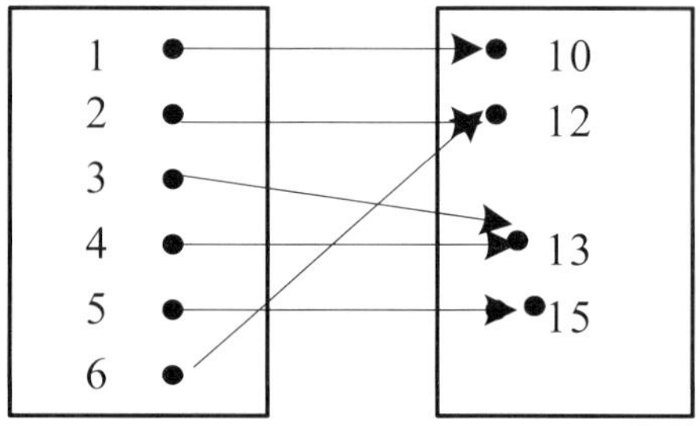

Die Funktion f wird ebenfalls als Menge bezeichnet, und zwar als **Paarmenge,** bestehend aus den **Paaren** (x; y).

Paarmenge:

f = {(1;10), (2;12), (3;13), (4;13), (5,15), (6;12)}

Merke

> Eine Zuordnung f, die jedem Element einer Menge D (Definitionsmenge) **genau ein** Element einer Menge W (Wertemenge) zuordnet, heißt **Funktion** und wird mit **f** bezeichnet.
> Funktionen können auch als Paarmengen angeben werden.

Diese Funktionsdefinition ist sehr allgemein formuliert. Wegen der außerordentlichen Bedeutung und mannigfachen Anwendung des Funktionsbegriffes muss dieser Begriff so erweitert werden, dass man die im Folgenden zu behandelnden Probleme bearbeiten kann.

Funktionsgleichung, Funktionsterm und Funktionsgraph

Besteht ein mathematischer Zusammenhang zwischen den Werten der Definitions- und Wertemenge, so wird dieser durch eine Gleichung, der sogenannten **Funktionsgleichung,** festgelegt. Der Term, mit dem die den x-Werten zugeordneten y-Werten berechnet werden, heißt **Funktionsterm.** Die Darstellung der dadurch erhaltenen Wertepaare $(x|y)$ wird als **Funktionsgraph** bezeichnet.

Beispiel:

Eine Tankstelle verlangt 1,20 € für den Liter Normal-Benzin.

a) Erstellen Sie eine Wertetabelle für 1, 5, 10, 20, 30 Liter Benzin. Setzen Sie dabei x für die Anzahl der Liter und y für den Preis in €.
b) Geben Sie die **Funktionsgleichung** an, mit der der Preis jeder beliebig getankten Benzinmenge x berechnet werden kann.
c) Bestimmen Sie Definitions- und Wertemenge.
d) Veranschaulichen Sie sich den Zusammenhang zwischen x und y in einem Koordinatensystem als **Funktionsgraph.**

Lösung:

a), b)

x in Liter	1	5	10	20	30	...	x
y in €	1,20	6,00	12,00	24,00	36,00	...	$\mathbf{y = 1{,}20 \cdot x}$

Der Preis für y in Abhängigkeit von x wird für jede beliebige Menge x nach $y = 1{,}20 \cdot x$ berechnet.

Die Gleichung $\mathbf{y = 1{,}20 \cdot x}$ wird als **Funktionsgleichung,** der Ausdruck $\mathbf{1{,}20 \cdot x}$ als **Funktionsterm** bezeichnet.

c) Definitions- und Wertemenge ist die Menge aller positiven reellen Zahlen (einschließlich null).

$D = \mathbb{R}_+ \quad W = \mathbb{R}_+$

d) Man trägt in einem rechtwinkligen Koordinatensystem auf der x-Achse die Literanzahl z. B. in 10er Schritten und auf der y-Achse den zugehörigen Preis ebenfalls in 10er Schritten ab (auch andere Einteilungen sind möglich). Die einzelnen Wertepaare, z. B. (10;12), (20;24), ..., werden als Punkte gekennzeichnet und verbunden. So können auch Zwischenwerte abgelesen werden. Der Graph verläuft durch den Koordinatenursprung P(0|0).

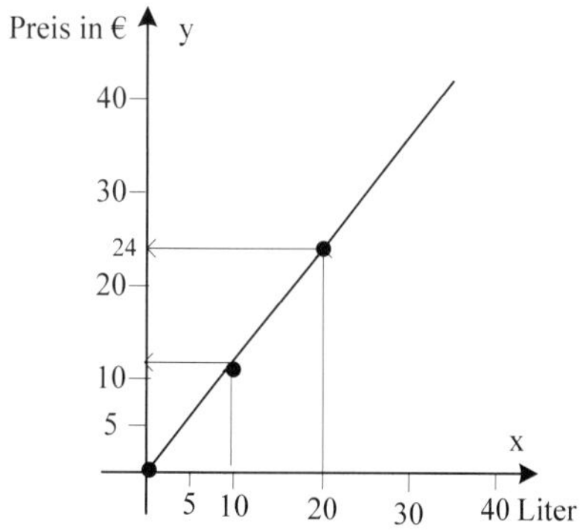

> Eine Funktion, deren Definitionsbereich und deren Wertemenge Teilmengen aus $\mathbb{R}$ sind, heißt **reelle Funktion.**

Es werden weiterhin nur reelle Funktionen behandelt.

Wenn **D** = ℝ ist, kann auf die Angabe der Definitionsmenge verzichtet werden. Zur Verdeutlichung des Zuordnungscharakters von Funktionen drückt man die Zuordnungsvorschrift mit Hilfe eines **Funktionsterms** aus. Man verwendet für die Zuordnungsvorschrift eine symbolische Schreibweise ($x \mapsto f(x)$) oder eine Funktionsgleichung ($f(x) = \ldots$ bzw. $y = \ldots$). Jedem Wertepaar einer reellen Funktion entspricht ein Punkt im Koordinatensystem. (Wertepaar (1;0) ist auch Punkt P(1;0).) Entsprechend erhält man als grafische Darstellung einer Funktion den **Funktionsgraph.**

Jedem $x \in \mathbb{R}$ wird die Zahl $\mathbf{y = x - 1}$ zugeordnet.

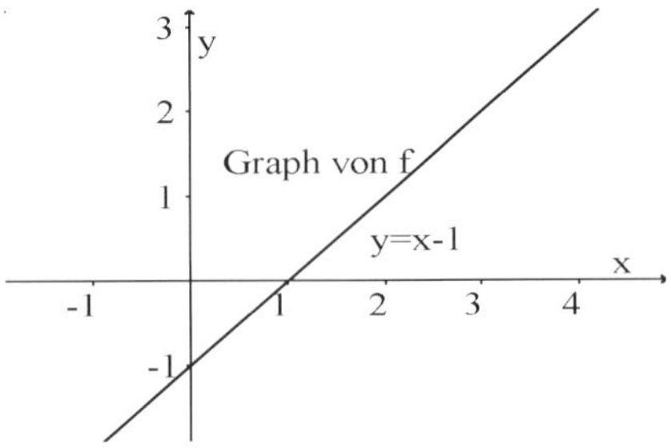

Beispiel:

Die Zuordnung lautet: Jedem $x \in \mathbb{R}$ wird die reelle Zahl $y = 0{,}5x + 1$ zugeordnet.

a) Geben Sie die Zuordnungsvorschrift und die Funktionsgleichung an.

b) Zeichnen Sie den Graphen und berechnen Sie einige Funktionswerte.

Lösung

a) Zuordnungsvorschrift: $f: x \mapsto 0{,}5x + 1$

Funktionsgleichung: $f(x) = 0{,}5x + 1$

bzw. $y = 0{,}5x + 1$

Funktionsterm: $0{,}5x + 1$

Definitionsbereich: $D = \mathbb{R}$

Berechnung von Funktionswerten:

$x_0 = -1;\quad f(-1) = 0{,}5 \cdot (-1) + 1 = 0{,}5$

$x_0 = 0;\quad f(0) = 0{,}5 \cdot 0 + 1 = 1$

$x_0 = 2;\quad f(2) = 0{,}5 \cdot 2 + 1 = 2$

$x_0 = 5;\quad f(5) = 0{,}5 \cdot 5 + 1 = 3{,}5$

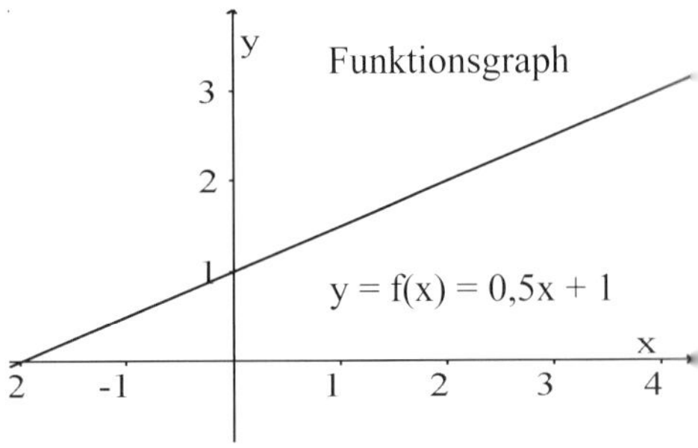

Es wird an dieser Stelle vereinbart, Funktionen in der Regel nur mit ihrer Funktionsgleichung anzugeben (z. B. statt: Zeichnen Sie die Funktion f mit der Gleichung $f(x) = 2x + 1$ – kürzer: Zeichnen Sie den Graphen der Funktion $f(x) = 2x + 1$).

Übungen

1. Jedem $x \in \mathbb{R}$ wird die Zahl $2 - 0{,}25x$ zugeordnet.

a) Wie lautet die Funktionsgleichung $f(x) = ..$?

b) Geben Sie den Definitionsbereich D an.

c) Berechnen Sie: $f(-3)$; $f(-0{,}5)$; $f(0)$; $f(2{,}5)$ und $f(8)$;

d) Zeichnen Sie den Graphen für $x \in [-4; 10]$.

2. Gegeben ist die Funktion $f(x) = 2x - 2$.

a) Geben Sie den Funktionsterm an.

b) Wie lautet der Definitionsbereich.

c) Erstellen Sie eine Wertetafel und skizzieren Sie den Graphen von f.

Funktionen und Relationen

Funktionen sind Zuordnungen mit der Eigenschaft der Eindeutigkeit. Das heißt: Jedem Element der Definitionsmenge wird genau ein Element der Wertemenge zugeordnet.
Nicht jede Zuordnung erfüllt diese Eigenschaft. Zuordnungen, die diese Eindeutigkeit nicht erfüllen werden als **Relation** bezeichnet. Funktionen sind spezielle Relationen.

Relationen als Zuordnung

eindeutig?

ja — nein

Funktionen

Ob eine Funktion vorliegt, kann man am Graphen erkennen, denn Funktionsgraphen sind dadurch ausgezeichnet, dass sie von jeder Parallelen zur y-Achse **höchstens einmal** geschnitten werden. Werden Graphen z. B. mehrmals von Parallelen zur y-Achse geschnitten, so liegen Relationen vor.

Beispiel:

Der abgebildete Kreis ist nicht Graph einer Funktion. Für alle x-Werte aus dem Intervall (–3, 3) gibt es jeweils zwei y-Werte, die dem x-Wert zugeordnet werden können. Diese Zuordnung ist nicht eindeutig. Es handelt sich nicht um eine Funktion. Die Zuordnung, die zum Graphen führt, ist eine **Relation.**

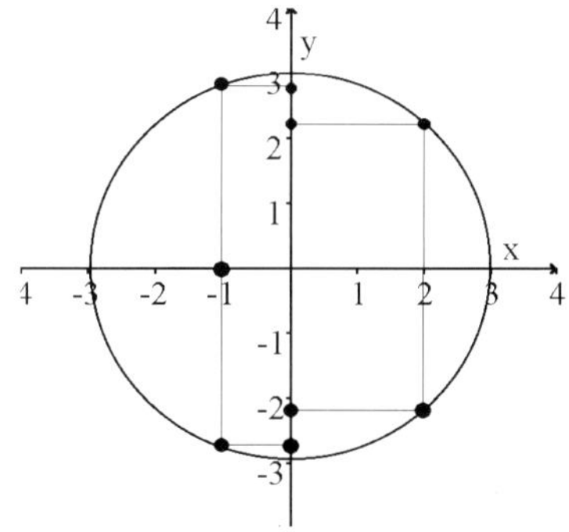

Zur Veranschaulichung:

Der linke Graph ist Graph einer Funktion f, da jede Parallele zur y-Achse den Graphen von f *höchstens* einmal schneidet.

Der rechte Graph stellt eine **Relation** dar. Es gibt Parallelen zur y-Achse, die den Graphen *mehrmals* schneiden.

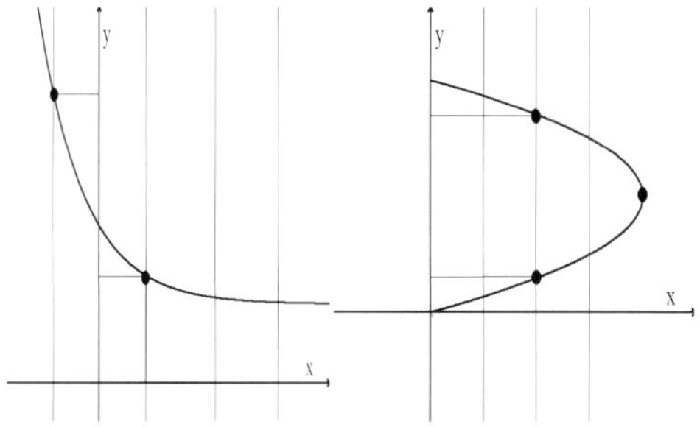

Funktion (eindeutige Relation) keine Funktion (Relation)

Aufgaben 4.1

1. Wie lautet von folgenden Funktionen der Definitionsbereich D(f) und der Funktionswert $f(x_0)$?

a) $f(x) = x - 3$; $x_0 = -1$; $x_0 = 4$
b) $f(x) = 2x + 2$; $x_0 = 0$; $x_0 = 3{,}5$
c) $f(x) = 0{,}5x - 1$; $x_0 = -3$; $x_0 = 1{,}5$
d) $f(x) = 2x^2$; $x_0 = -2$; $x_0 = 1{,}5$
e) $f(x) = \frac{x}{6} - 2$ $x_0 = -2$; $x_0 = 1{,}5$
f) $f(x) = \frac{10}{x}$; $x_0 = -1$; $x_0 = 5$

2. Jedem $x \in \mathbb{R}$ wird die Zahl $2x - 3{,}5$ zugeordnet.
a) Wie lautet die Funktionsgleichung $f(x) = ..?$ b) Geben Sie den Definitionsbereich D an.
c) Berechnen Sie: $f(-4)$; $f(-2)$; $f(0)$; $f(2{,}5)$; $f(10)$; d) Skizzieren Sie den Graphen für $x \in [-2; 6]$.

3. Bei welcher der Abbildungen (Pfeildiagramme) handelt es sich um eine Funktion?

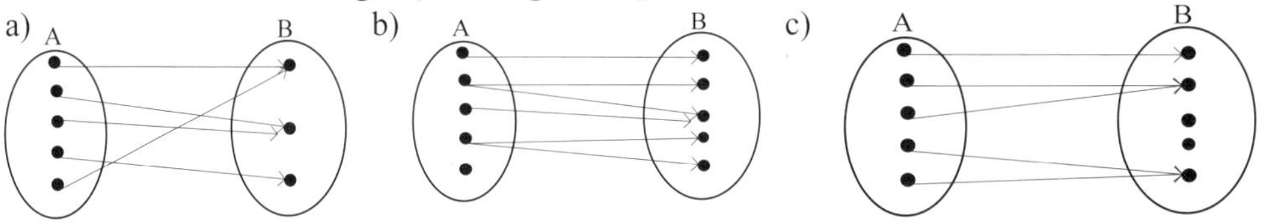

4. Welche der handskizzierten Graphen veranschaulichen eine Funktion? (Begründung)

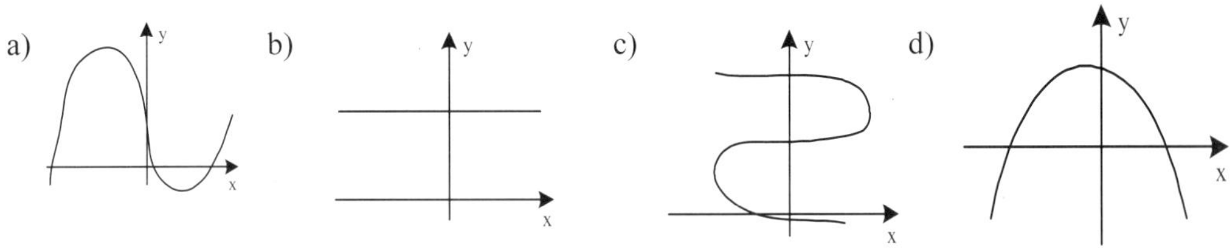

4.2 Lineare Funktionen

Einführungsbeispiel:

Die jährlichen Stromkosten berechnen sich aus einer Zählermiete von 120 € und einem Strompreis von 0,20 € pro Kilowattstunde.
Berechnen Sie die Stromkosten bei einem Verbrauch von 100 kWh; 200 kWh; 500 kWh; 1 000 kWh und bei **x kWh?** Stellen Sie die Wertetafel auf und skizzieren Sie den Graphen.

Lösung:

Verbrauch in kWh	0	100	200	500	1 000	...	**x**
Kosten in €	120	140	160	220	320	...	**0,20x + 120**

Für **x kWh** erhält man die **Formel,** in der x eine Zahl ist. **Kosten € = 0,20 €/kWh · x kWh + 120 €**
(Formel dient als Modell für den Sachverhalt.) In der Gleichung ist x eine Größe (Größe: Zahl und Einheit).

Ist kein Strom verbraucht worden (0 kWh), muss nur die Zählermiete bezahlt werden. Den Werten aus der Wertetafel sind entsprechende Punkte zugeordnet. Verbindet man diese Punkte, so erhält man als Graph eine Gerade.
Es handelt sich um eine eindeutige Zuordnung. Der Zusammenhang zwischen Stromverbrauch x und Kosten K wird als Funktionsgleichung geschrieben: $\boxed{K(x) = 0{,}20x + 120}$

Da für den Stromverbrauch alle positiven reellen Zahlen zugelassen sind ($x \in D = \mathbb{R}_+$), kann der Graph als Gerade gezeichnet werden.

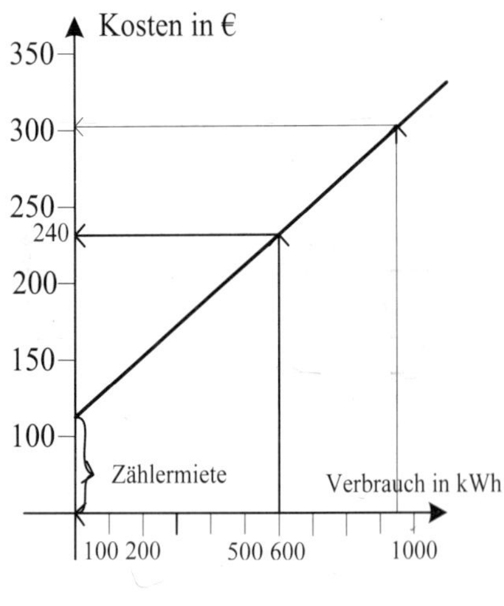

Aus dem Graphen können jetzt die Kosten in € für beliebige Zwischenwerte, z. B. für 600 kWh oder 920 kWh, abgelesen werden.
Die rechnerische Überprüfung ergibt z. B. x = 600: f(600) = 0,20 · 600 + 120 = 240 (€)
x = 920: f(920) = 0,20 · 920 + 120 = 304 (€)

Nun bieten die Stromversorger in der Regel **mehrere unterschiedliche Tarife** an.

Beispiel:

Die Tarife dreier Energieversorger sind der Tabelle zu entnehmen. Geben Sie den Zusammenhang zwischen Verbrauch x und Kosten K(x) in einer Gleichung an.

Tarif	**Preis je kWh**	**Zählermiete**
I	0,40	entfällt
II (s.o.)	0,20	120,00
III	0,10	450,00

Lösung:
Entsprechend den obigen Überlegungen bestimmt man die beiden restlichen Kostenfunktionen von Tarif I und Tarif III.

Tarif I: K(x) = 0,40 · x
Tarif II: K(x) = 0,20 · x + 120
Tarif III: K(x) = 0,10 · x + 450

Die Schaubilder von K_I und K_{III} zeigen, dass die Geraden unterschiedlich **steigen** sowie verschiedene **Schnittpunkte** mit der Ordinate (y-Achse) haben. Es wird deutlich, dass das Steigungsverhalten der Geraden vom Kilowattpreis (Faktor von x) und die Schnittpunkte mit der Ordinate von der Zählermiete (Schnittpunkt mit der y-Achse) abhängen. Der Graph einer linearen Funktion ist durch seine Steigung und seinen Schnittpunkt mit der y-Achse festgelegt.

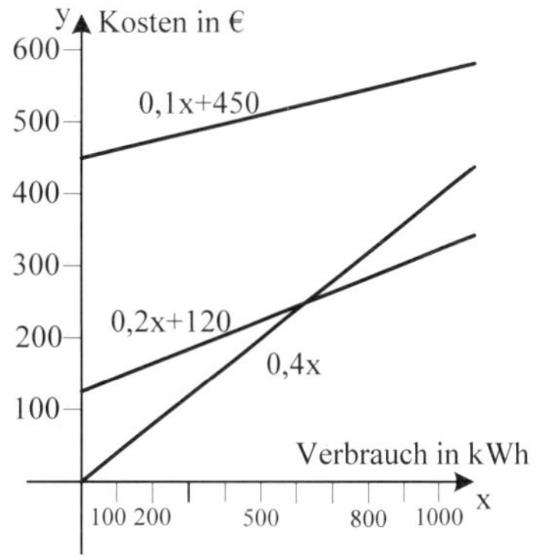

Merke

> Funktionen f vom Typ: **f(x) = m·x + b** mit b, m ∈ ℝ heißen **lineare Funktionen**. Ihr Graph ist eine Gerade.

Beispiele:

- f(x) = –x; m = –1; b = 0
- f(x) = 4 – 2x; m = –2; b = 4
- f(x) = 3x – 4; m = 3; b = –4
- f(x) = 5; m = 0; b = 5

Beispiel:

Gegeben ist die lineare Funktion f mit f(x) = 0,5x – 1 und x∈ ℝ.

a) Erstellen Sie eine Wertetabelle, zeichnen Sie den Graphen von f und kennzeichnen Sie die Punkte P(0| f(0)) P(2| f(2)) und P(4|f(4)). Geben Sie die Steigung m und den y-Achsenabschnitt b an.

b) Prüfen Sie, ob die Punkte $P_1(1|-0{,}5)$ und $P_2(5|2)$ auf dem Graphen von f liegen (Punktprobe).

c) Für welche Stelle von x gilt: f(x) = 2? Geben Sie die Koordinaten des Punktes P an.

Lösung:

a) Eine Gerade ist durch zwei Punkte eindeutig festgelegt.

Wertetabelle:

x	0	2	4
f(x)	–1	0	1

m = 0,5; b = –1

b) Punktprobe mit P_1 (1|–0,5): 0,5 · **1** – 1 = –0,5

Punktprobe mit P_2 (5|2): 0,5 · **5** – 1 = 1,5

P_1 liegt auf dem Graphen von f, P_2 nicht.

c) Man löst die Funktionsgleichung nach x auf.

f(x) = 2 = 0,5x – 1 |+1

3 = 0,5x ⇒ 6 = x Die Gerade verläuft durch P(6|2).

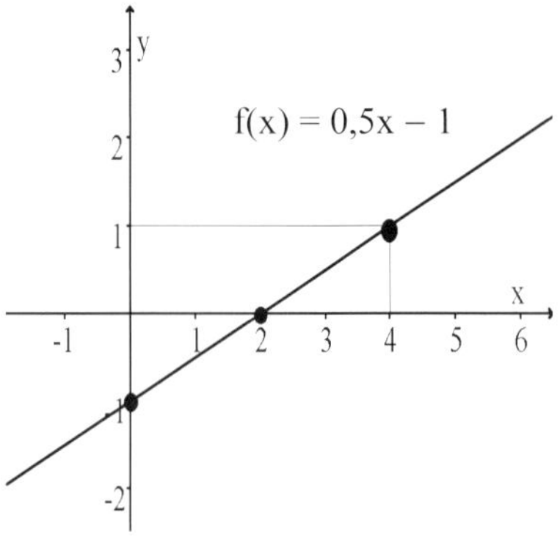

Übung

Gegeben ist die lineare Funktion f mit der Gleichung f(x) = 2x + 1.

a) Zeichnen Sie den Graphen im Intervall x ∈ [–2;2].

b) Prüfen Sie durch Rechnung, ob die Punkte P, Q,...auf dem Graphen von f liegen: P(1 | 3); Q (–3 | 5); R (2,5 | 5); S (3,5 | 8); T (–1,5 | 1).

c) Der Punkt P(–2 | f(–2)) liegt auf dem Graphen von f, wie groß ist f(–2)?

d) Der Punkt P(x_1 | 6) liegt auf dem Graphen von f, wie groß ist x_1?

Zeichnen von Geraden mittels Steigungsdreieck

Das Verkehrsschild weist auf eine **Steigung** einer Straße von 12 % hin. Dies bedeutet, dass auf einer Länge von 100 m (in der Waagerechten gemessen) die zu überwindende Höhe 12 m beträgt. Man sagt, die Straße hat eine **Steigung** von 0,12. Sie ergibt sich aus dem Verhältnis von Höhenunterschied (12 m) und Länge der Grundseite (100 m); kurz: $\frac{12}{100} = 0{,}12$.

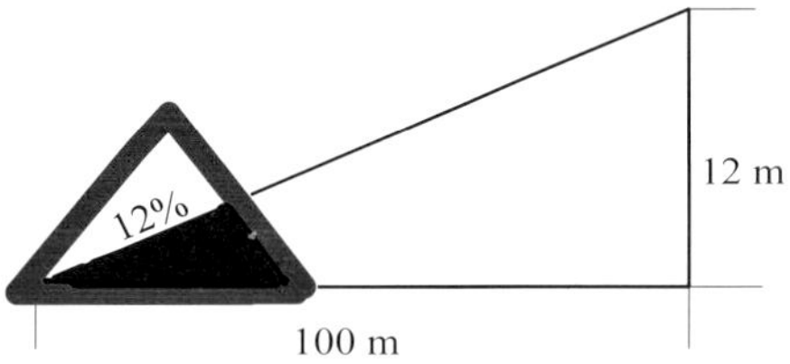

Überträgt man die Überlegungen aus dem Verkehrsschild auf die dargestellte Gerade, misst die y-Werte bei x = 2 und x = 4 und berechnet die Verhältnisse aus y-Koordinate und zugehöriger x-Koordinate, so ist dieses konstant.

$$\mathbf{m = \frac{1}{2} = \frac{2}{4} = 0{,}5}$$

Das Verhältnis bezeichnet man als **Steigung m** der Geraden. Das Dreieck, das durch y- und x-Koordinate gebildet wird, bezeichnet man als **Steigungsdreieck.**

Aus $\frac{y}{x} = 0{,}5$ folgt y = 0,5x bzw. <u>f(x) = 0,5x.</u>

Da die Gerade durch den Ursprung P(0|0) verläuft, heißt sie **Ursprungsgerade.**

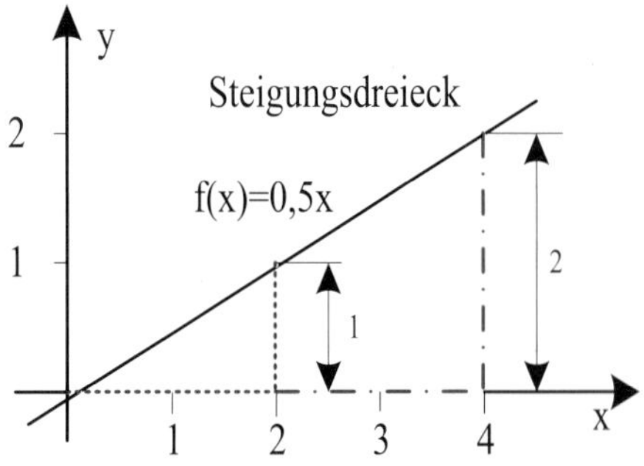

Beispiel:

Gegeben sind $f(x) = 1{,}5x$ und $g(x) = -0{,}5x$; $x \in \mathbb{R}$
Veranschaulichen Sie die Steigungen der Graphen von f und g mit Hilfe des Steigungsdreiecks.

Lösung:

Der Graph von f ist eine Ursprungsgerade mit der Steigung von $m = 1{,}5 = \frac{3}{2}$.
Beim Zeichnen des Steigungsdreiecks geht man von P(0|0) aus zwei Einheiten nach rechts und drei Einheiten nach oben.
Da **m > 0** ist bezeichnet man die Gerade als **steigend.**

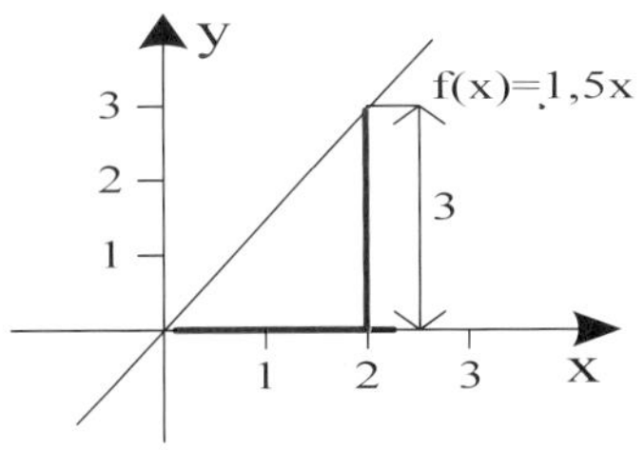

Der Graph von f ist eine Ursprungsgerade mit der Steigung von $m = -0{,}5 = -\frac{1}{2}$.
Beim Zeichnen des Steigungsdreiecks geht man von P(0|0) aus zwei Einheiten nach rechts und eine Einheit nach unten.
Da **m < 0** ist, bezeichnet man die Gerade als **fallend.**

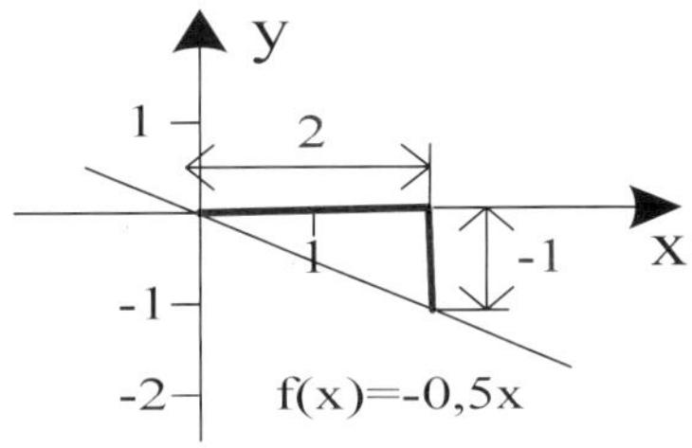

Der y-Achsenabschnitt

Geraden, die nicht durch den Ursprung verlaufen, kann man aus ihrer Ursprungsgerade (Gerade mit gleicher Steigung durch P(0|0)) herleiten.

Beispiel:

Zeichnen Sie die Funktion $f(x) = 2{,}5x$ mit Hilfe eines Steigungsdreiecks. Ermitteln Sie die Geraden mit der Gleichungen $f_1(x) = 2{,}5x + 1$ und $f_2(x) = 2{,}5x - 1$. Vergleichen Sie die Lage der Graphen zueinander.

Lösung:

Die Funktionsgleichungen von f_1 und f_2 unterscheiden sich lediglich durch die angefügten Summanden +1 und −1.

Die Darstellung im Koordinatensystem zeigt, dass die Graphen von f_1 und f_2 durch Parallelverschiebung aus $f(x) = 2{,}5x$ hervorgegangen sind. Das bedeutet, dass die Steigung gleich geblieben ist und die angefügten Summanden **+1** bzw. **−1** den Achsenabschnitt angeben. Man verschiebt die Ursprungsgerade um 1.

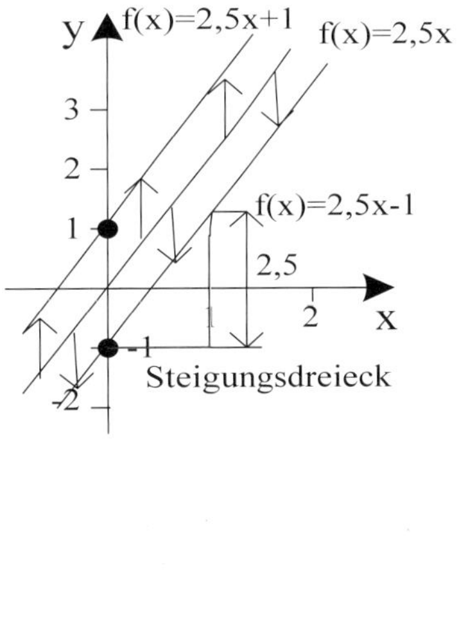

Merke

> In der allgemeinen Geradengleichung $\mathbf{y = m \cdot x + b}$ gilt für m und b:
> m ↑ = **Steigung**, b ↑ = **y-Achsenabschnitt**

Da bei bekannter Geradengleichung Steigung und y-Achsenabschnitt gegeben sind, kann der Graph einer linearen Funktion unmittelbar gezeichnet werden.

Beispiel:

Zeichnen Sie den Graphen von f, wenn die Funktion $f(x) = \frac{2}{3}x - 3;\ x \in \mathbb{R}$ gegeben ist.

Lösung:

Der y-Achsenabschnitt b = –3. Damit liegt P(0|–3) als erster Punkt fest. Von P aus wird nun anhand der Steigung $m = \frac{2}{3}$ das Steigungsdreieck abgetragen, und zwar um drei Einheiten nach rechts und zwei Einheiten nach oben.

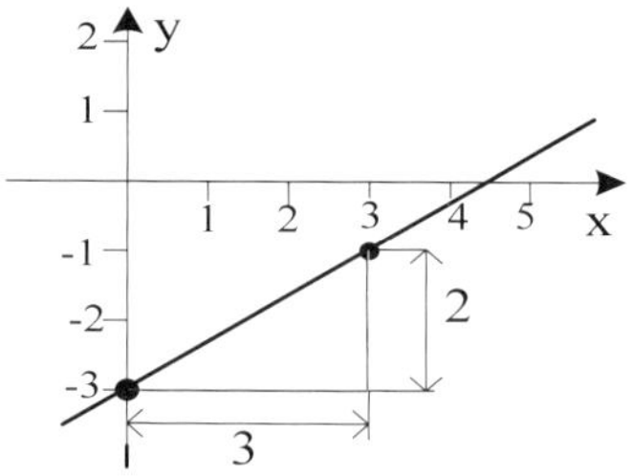

Übung

Zeichnen Sie mit Hilfe von y-Achsenschnittpunkt und Steigungsdreieck den Graphen von f.

a) $f(x) = \frac{3}{4}x$ b) $f(x) = -\frac{1}{3}x$ c) $f(x) = \frac{3}{5}x + 1$ d) $f(x) = \frac{3}{2}x - 2$

Zeichnen von Geraden mittels zweier gegebener Punkte

Zum Zeichnen einer Geraden benötigt man bekanntlich zwei Punkte. Dass das genügt, um mit Hilfe dieser Punkte die Steigung und den Funktionsterm einer Geraden zu bestimmen, zeigt das Beispiel.

Beispiel:

Der Graph einer linearen Funktion verläuft durch die Punkte $P_1(1|2)$ und $P_2(3|6)$.

a) Zeichnen Sie die Gerade durch P_1 und P_2 legen Sie dann das Steigungsdreieck durch diese Punkte und berechnen Sie damit die Steigung m.

b) Ermitteln Sie die Funktionsgleichung der Geraden.

Lösung:

a) Man zeichnet eine Gerade durch die Punkte $P_1(1|2)$ und $P_2(3|6)$ sowie die Parallelen durch P_1 und P_2 zu den beiden Achsen. So entsteht ein Steigungsdreieck. Das Verhältnis der Differenzen der beiden y-Werte und der beiden x-Werte ist m. $\mathbf{m} = \frac{6-2}{3-1} = \frac{4}{2} = 2$

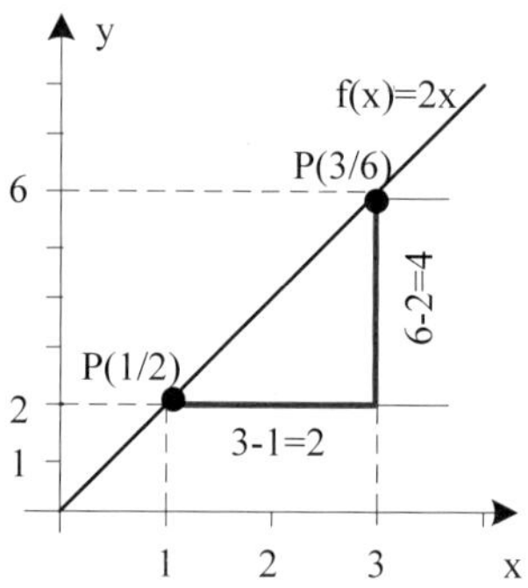

b) Jeder Funktionsterm einer linearen Funktion hat die allgemeine Form **f(x) = m · x + b.** Die Steigung m = 2 wird in die gesuchte Funktion eingesetzt. Zur Berechnung von b werden die Koordinaten eines gegebenen Punktes (hier P_1) in die Gleichung eingesetzt.
Die Rechnung mit dem Punkt $P_2(2|4)$ führt zum gleichen Ergebnis.

f(x) = m · x + b

f(x) = 2x + b

$P_1(1|2)$: $2 = 2 \cdot 1 + b \;|-2$
$0 = b$ $\underline{f(x) = 2x}$

$P_1(2|4)$: $4 = 2 \cdot 2 + b \;|-4$
$0 = b$ $\underline{f(x) = 2x}$

Merke

Sind $P_1(x_1|f(x_1))$ und $P_2(x_2|f(x_2))$ zwei Punkte einer Geraden, so wird die Steigung m mit der Formel

$$\mathbf{m = \frac{f(x_2) - f(x_1)}{x_2 - x_1}}$$ berechnet.

Den zugehörigen y-Achsenabschnitt erhält man, indem man die Koordinaten eines Punktes P_1 oder P_2 in die Funktionsgleichung einsetzt und diese dann nach b umstellt.

Übungen

1. Bestimmen Sie die Steigung der Geraden durch die bekannten Punkte P_1 und P_2.
a) $P_1(2|4)$ und $P_2(5|7)$ b) $P_1(1|-2)$ und $P_2(4|0)$ c) $P_1(-3|3)$ und $P_2(2|1)$

2. Bestimmen Sie die Gleichung der Geraden, die durch die Punkte
a) $P_1(2|3)$ und $P_2(4|7)$ b) $P_1(1|-2)$ und $P_2(2|5)$ c) $P_1(3|2)$ und $P_2(4|0)$ geht.

Der Steigungswinkel einer Geraden

Die Gerade als Graph einer linearen Funktion f und die x-Achse schließen einen Winkel α ein, den man als **Steigungswinkel** α bezeichnet. Dieser Winkel wird wie in den Skizzen angegeben gemessen.

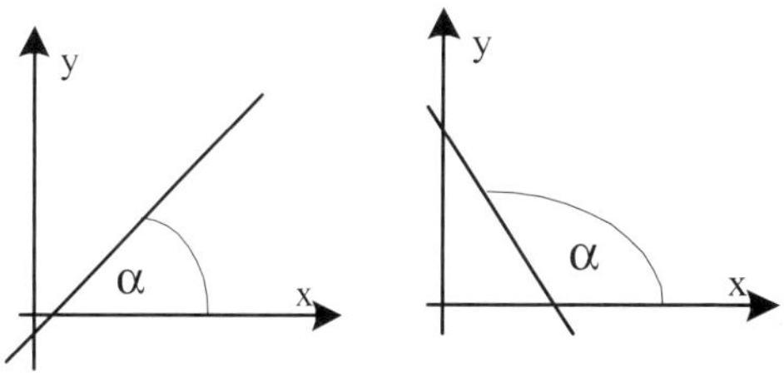

Zwischen der Steigung m und dem Steigungswinkel α besteht ein rechnerischer Zusammenhang:

Der Tangens des Winkels α ist gegeben als das Verhältnis von Gegenkathete Gk zur Ankathete Ak in einem rechtwinkligen Dreieck. Die Steigung m einer Geraden ist also gleich dem Tangens ihres Steigungswinkels α.

$$\tan\alpha = \frac{Gk}{Ak} = \frac{f(x_2) - f(x_1)}{x_2 - x_1} = m$$

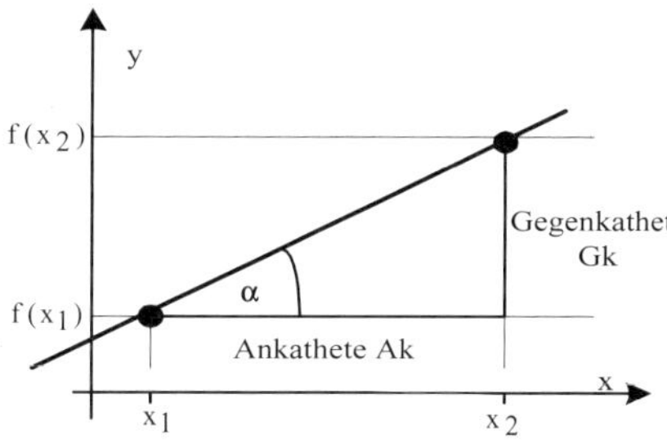

Beispiel

Eine Gerade geht durch die Punkte $P_1(-1 \mid -2)$ und $P_2(1 \mid 1)$.
a) Wie lautet die Funktionsgleichung?
b) Ermitteln Sie den Steigungswinkel α und zeichnen Sie den Graphen.

Lösung:

a) Für die allgemeine Funktionsgleichung sind m und b zu berechnen. Die Steigung m wird mit Hilfe der Steigungsformel berechnet. Die Funktionsgleichung wird nach b umgestellt. Für x setzt man den Wert der x-Koordinate und für f(x) den Wert der y- Koordinate des Punktes $P_2\ (1 \mid 1)$ein. Mit dem Punkt P_1 kommt man zum gleichen Ergebnis.

$f(x) = m \cdot x + b$

$$m = \frac{f(x_2) - f(x_1)}{x_2 - x_1} = \frac{1-(-2)}{1-(-1)} = \frac{3}{2}$$

$$f(x) = 1{,}5x + b \Rightarrow b = f(x) - 1{,}5 \cdot x = 1 - 1{,}5 \cdot 1 = -0{,}5$$

$\underline{f(x) = 1{,}5x - 0{,}5}$

b) Den Steigungswinkel α bestimmt man mit dem Taschenrechner (TR) (Tastenfolge: [1,5]; [inv]; [$\tan^{-1}$]
$1{,}5 = \tan\alpha \Rightarrow \alpha = \underline{56{,}3^0}$

c) Den Graphen von f kann man mit Hilfe der Punkte P_1 und P_2 zeichnen. Achsenschnittpunkte dienen der Kontrolle.

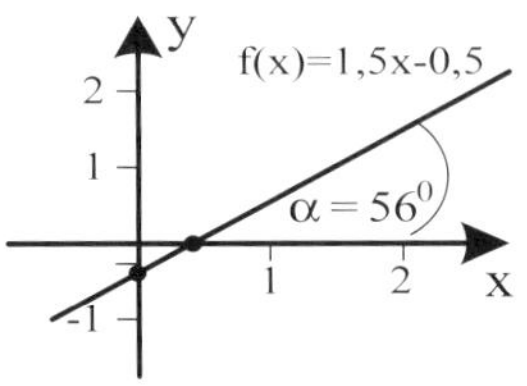

Übungen

Bestimmen Sie die Gleichung der Geraden, die durch die folgenden Punkte verläuft und geben Sie den Steigungswinkel α an.
a) $P_1(1 \mid 4)$; $P_2(-2 \mid -2)$ b) $P_1(-2 \mid -1)$; $P_2(1 \mid 5)$ c) $P_1(3 \mid -1)$; $P_2(-1 \mid 1)$

Achsenschnittpunkte von Geraden

Beispiel

Gegeben sei die Funktion $\mathbf{f(x) = 2x - 2}$. Mit Hilfe der Wertetabelle zeichnet man den Graphen.

x	−1	0	2
f(x)	−4	−2	2

Berechnung der Schnittpunkte mit den Achsen:
<u>1. Schnittpunkt mit der x-Achse (Nullstelle):</u>
Bedingung: $f(x) = \mathbf{0}$

$2x - 2 = \mathbf{0} \mid +2$

$2x = 2 \mid :2$

$\Rightarrow \mathbf{x = 1}$ **(Nullstelle)**

<u>2. Schnittpunkt mit der y-Achse:</u>
Bedingung: $x = \mathbf{0}$

$f(\mathbf{0}) = 2 \cdot \mathbf{0} - 2 = -2$

$\Rightarrow \mathbf{y = -2}$ **(y-Achsenabschnitt)**

Der y-Achsenabschnitt ist das Absolutglied
$b = -2$

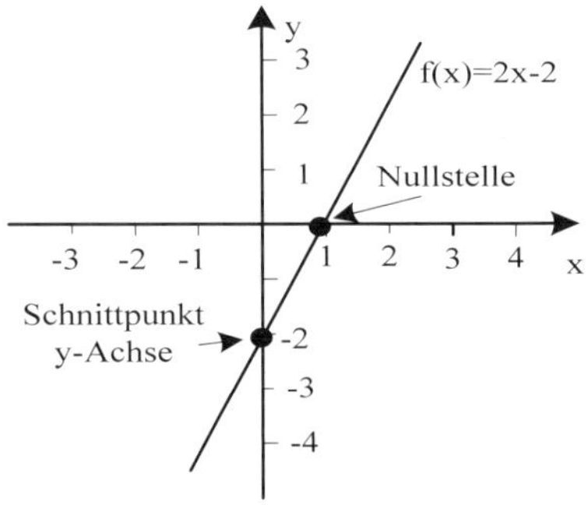

Merke

Die Berechnung der Achsenschnittpunkte der linearen Funktion f(x) = mx + b erfolgt mit den folgenden Bedingungen
Schnittpunkt y-Achse: Bedingung: **x = 0**; f(0)=b — Schnittpunkt x-Achse (Nullstelle): Bedingung: **f(x) = 0**

Schnittpunkte von Geraden

Sind die Graphen **zweier** linearer Funktionen f und g *nicht* parallel ($m_f \neq m_g$), so haben sie einen gemeinsamen **Schnittpunkt P(x_s | f(x_s))**. Den Schnittpunkt berechnet man durch Gleichsetzen der Funktionsterme von f und g.

f(x) = g(x)

Beispiel

Berechnen Sie die Koordinaten des Schnittpunktes den die Grafen der beiden linearen Funktionen: f(x) = x + 1 und g(x) = 4 – 0,5x besitzen. Überprüfen Sie die Rechnung graphisch.

Lösung:

Die beiden Funktionsterme werden gleichgesetzt. Die Rechnung ergibt $x_S = 2$. Dieser Wert wird in die Gleichung von f eingesetzt. Man erhält $y_S = 3$.

$x + 1 = 4 - 0{,}5x \quad | +0{,}5x$

$1{,}5x + 1 = 4 \quad | -1$

$1{,}5x = 3 \Rightarrow \mathbf{x = \underline{2}}$

$y = x + 1 = \mathbf{2} + 1 = 3$

$y = \underline{\mathbf{3}}$ Schnittpunkt: $\underline{P_S(2 | 3)}$

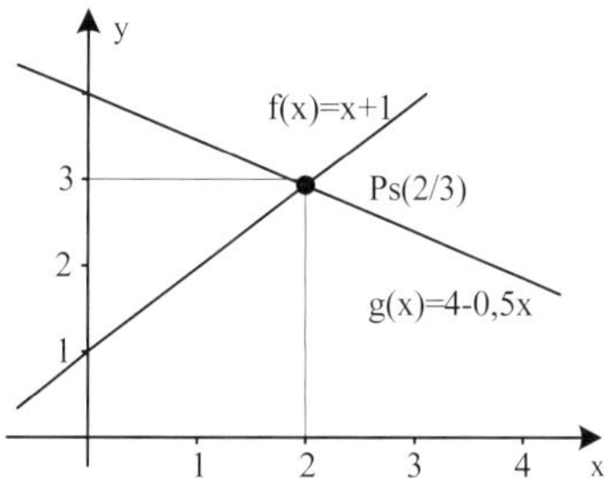

Zusammenfassendes Beispiel

Gegeben sind die Funktion f(x) = 0,5x – 2 und die Punkte $P_1(1 | -3)$ und $P_2(-3 | 1)$.
a) Wie lautet die Funktionsgleichung der Geraden durch die Punkte P_1 und P_2?
b) Zeichnen Sie die Graphen der beiden Funktionen in ein Koordinatensystem
c) Berechnen Sie den Schnittpunkt der beiden Graphen.
d) Berechnen Sie die Schnittpunkte der beiden Graphen mit den Achsen.

Lösung:

a) In der allgemeinen Funktionsgleichung sind m und b zu berechnen. Die Steigung m wird mit Hilfe der Steigungsformel berechnet. Die Funktionsgleichung wird nach b umgestellt. Für x setzt man den Wert der x-Koordinate und für f(x) den Wert der y-Koordinate des Punktes P_2 ein. Mit dem Punkt P_1 kommt man zum gleichen Ergebnis.

$f(x) = mx + b$

$$m = \frac{f(x_2) - f(x_1)}{x_2 - x_1} = \frac{1-(-3)}{-3-1} = \frac{4}{-4} = -1$$

$f(x) = mx + b \Rightarrow b = f(x) - m \cdot x$

$= 1 + 1 \cdot (-3)$

$= -2$

$\underline{f(x) = -x - 2}$

c) Die beiden Funktionsterme werden gleichgesetzt.

$0{,}5x - 2 = -x - 2 \quad |+x \quad |+2$

$1{,}5x = 0 \Rightarrow x = 0$

Dieser Wert wird in die Gleichung von f eingesetzt. Man erhält ys = – 2.

Schnittpunkt: PS(0 | – 2).

d) Die Schnittpunkte mit der y-Achse können unmittelbar angegeben werden, sie lauten in beiden Fällen P(0 | –2).

Der Schnittpunkt mit der x-Achse: $f(x_0) = 0$ ist die Lösung der Gleichung:

$0 = 0{,}5x - 2$ bzw. $0 = -x - 2$.

Die x-Koordinate wird als Nullstelle bezeichnet.

b)

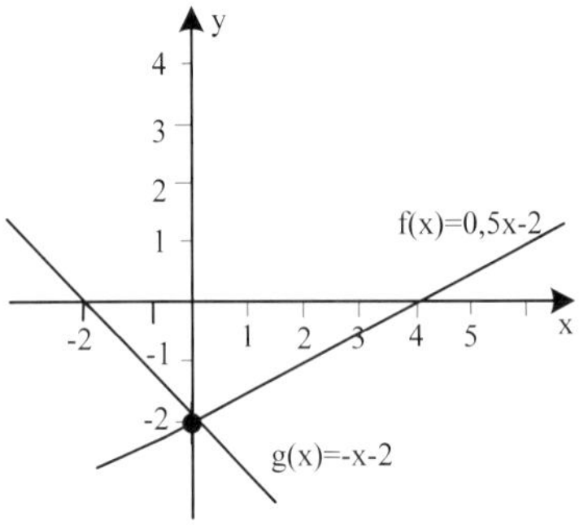

$0 = 0{,}5x - 2 \quad | + 2$

$2 = 0{,}5x \Rightarrow x = 4$ (Nullstelle)

$0 = -x - 2 \Rightarrow x = -2$ (Nullstelle)

Übung

Berechnen Sie die Schnittpunkte mit den beiden Achsen der Graphen der Funktionen f und g und ermitteln Sie ihren Schnittpunkt. Überprüfen Sie Ihre Ergebnisse durch eine Zeichnung.

a) $f(x) = 4 - x$; $g(x) = 0{,}5x - 5$

b) $f(x) = 0{,}25x + 1$; $g(x) = 2x - 1$

c) $f(x) = -1{,}5x - 2$; $g(x) = 2{,}5x + 6$

d) $f(x) = -10x + 100$; $g(x) = -20x + 200$

Anwendungen

a) Gewinnschwelle

In der Ökonomie wird häufig ein mathematisches Modell zur Ermittlung der Gewinnzone verwendet. Hierbei werden die Begriffe Kosten, Erlös und Gewinn in Zusammenhang gebracht.

Bei der Produktion eines Gutes entstehen **Gesamtkosten**, die sich aus den fixen Kosten (Kosten, die unabhängig von der Produktionsmenge sind) und den variablen Kosten (Kosten, die von der Menge des produzierten Gutes abhängen) zusammensetzen.

$$\mathbf{K(x) = K_f + K_v(x)}$$

Neben dem Kostenbegriff ist der **Erlösbegriff** sehr wichtig. Unter **Erlös E** oder Umsatz sollen hier alle Geldeingänge, die durch den Verkauf von Waren entstehen, verstanden werden.

$$\mathbf{E(x) = p \cdot x}$$

Unter **Gewinn** versteht man in der Regel die Differenz von Erlös und Kosten.

$$\mathbf{G(x) = E(x) - K(x)}$$

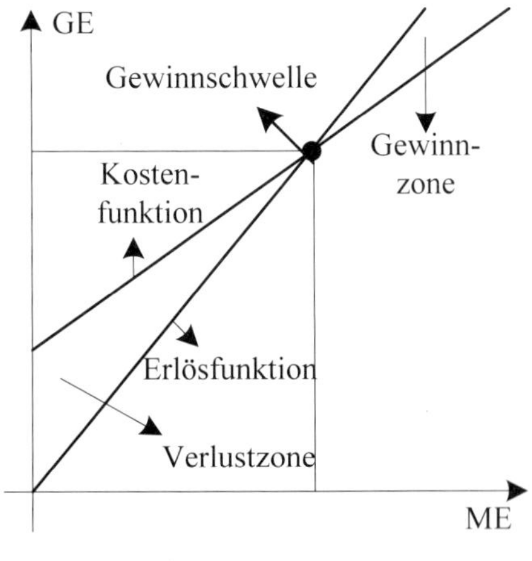

Beispiel (Gewinnschwelle):

Die Fixkosten eines Unternehmens betragen 500 GE. Die variablen Kosten eines Produktes sind 0,35 Geldeinheiten/Mengeneinheit. Das Unternehmen verkauft das Produkt zu einem Stückpreis von 0,75 Geldeinheiten.

a) Stellen Sie die Kosten- und Erlösfunktion auf.

b) Bei welcher Produktionsmenge (Gewinnschwelle) werden die Gesamtkosten durch die Erlöse gedeckt? Wie hoch sind bei dieser Produktionsmenge die Kosten? ($x \in (0; 2000)$)

c) Ermitteln Sie die Gewinnfunktion. Überprüfen Sie anhand der Gewinnfunktion die unter b) errechnete Gewinnschwelle.

d) Stellen Sie Kosten-, Erlös- und Gewinnfunktion in einem Schaubild dar.

Lösung:

a) K sei die Kostenfunktion, die sich aus den variablen Kosten K_v und den fixen Kosten K_f in Abhängigkeit der Stückzahl x zusammensetzt.

$K(x) = K_f + K_v(x)$

$\mathbf{K(x) = 500 + 0{,}35x}$; $x \in [0; 2000]$

E ist die Erlösfunktion, die den Erlös als Produkt aus dem Marktpreis p = 0,75 und der Stückzahl x angibt.

$\mathbf{E(x) = 0{,}75 \cdot x}$

b) Durch Gleichsetzen der Terme von K(x) und E(x) wird der Wert für die „kostenneutrale" Stückzahl x_G berechnet.

$K(x_G) = E(x_G)$

$500 + 0{,}35x_G = 0{,}75x_G \Rightarrow x_G = \underline{1250}$

Man bezeichnet diese Stückzahl x_G auch als **Gewinnschwelle.**

Die Kosten berechnet man mit Hilfe der Kostenfunktion K. Es sind 937,50 GE.

$K(1250) = 0{,}35 \cdot 1250 + 500 = \underline{937{,}50}$

c) Es gilt: Gewinn = Erlös – Kosten

$G(x) = E(x) - K(x)$

$G(x) = 0{,}75x - (0{,}35x + 500)$

$\underline{G(x) = 0{,}4x - 500}$

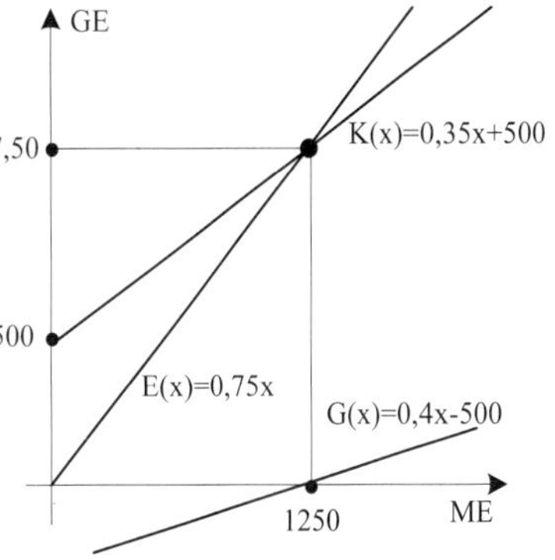

Übung

Ein Betrieb arbeitet mit einer Kostenfunktion K mit $K(x) = 2{,}5x + 15$; $x \in (0; 25]$. Das Produkt wird am Markt zu einem Stückpreis von 3,5 GE abgesetzt.

a) Berechnen Sie die Gewinnschwelle für dieses Produkt.

b) Überprüfen Sie mit Hilfe der Gewinnfunktion die unter a) berechnete Gewinnschwelle.

c) Ermitteln Sie, ob der Betrieb bei der abgesetzten Menge von 20 ME einen Gewinn erzielen kann? Wie hoch ist dieser Gewinn?

d) Veranschaulichen Sie sich die Situation in einem Schaubild.

8 Haarmann, Thun ISBN 978-3-8120-0504-3

b) Marktpreisbildung

In einer Marktwirtschaft bieten die Anbieter (Produzenten) meistens umso mehr von einem Gut an, je höher der Gewinn und damit in der Regel auch sein Preis ist. Dagegen werden die Nachfrager (Konsumenten) eine Ware umso mehr nachfragen, je niedriger der Preis ist. Wird zu einem gegebenen Preis mehr nachgefragt als angeboten, so werden die Anbieter den Preis so lange anheben, bis Angebots- und Nachfragemenge gleich sind. Ist umgekehrt das Angebot größer als die Nachfrage, so hat das so lange fallende Preise zur Folge, bis sich ebenfalls beide Mengen ausgleichen. Der Marktpreis, der sich bei diesem Wechselspiel von Angebot und Nachfrage ergibt, heißt **Gleichgewichtspreis.**
Auch der Staat kann aus politischen, sozialen, fiskalischen oder sonstigen Gründen in das Marktpreisgeschehen eingreifen und so eine Änderung des Marktpreises bewirken. Der Eingriff des Staates kann durch eine Festlegung von Mindest- und Höchstpreisen das Wechselspiel zwischen Angebot und Nachfrage beeinflussen.

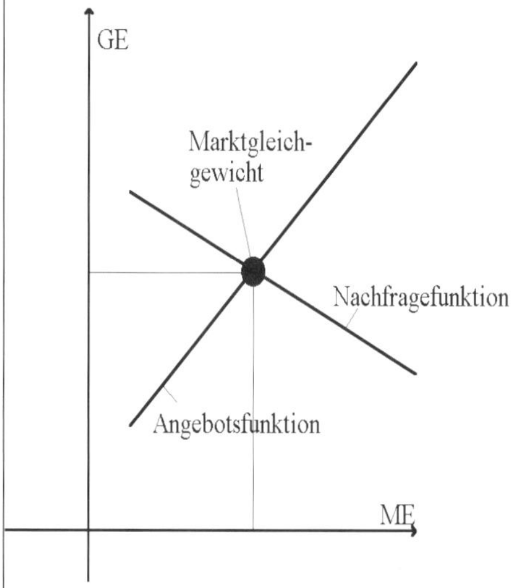

Beispiel (Marktgleichgewicht):

Auf einem Markt gelten für ein bestimmtes Produkt die Angebotsfunktion mit der Gleichung: $p_A(x) = 0{,}5x + 2$ und Nachfragefunktion: $p_N(x) = -x + 6$. Es gilt für beide Funktionen: $x \in [1; 5]$.

a) Berechnen Sie das Marktgleichgewicht M_G.
b) Zu welchem Preis fragen die Konsumenten eine Menge von 4 ME nach?
c) Welche Menge wird bei einem Preis von 3 GE angeboten?
d) Der Staat garantiert einen Mindestpreis von 4 GE/ME. Dabei entsteht ein Angebotsüberschuss. Berechnen Sie diesen. Welche Konsequenz hat dies für den Staat?
e) Der Staat legt einen Höchstpreis von 3 GE fest. Daraus entsteht ein Nachfrageüberschuss. Berechnen Sie diesen. Welche Konsequenz hat dies für den Staat?
f) Veranschaulichen Sie sich die Teilaufgaben in einem Schaubild.

Lösung:

a) Gleichsetzen der Terme von p_A und p_N, um zunächst die Gleichgewichtsmenge x_G zu berechnen. Durch Einsetzen von x_G in z. B. p_N ergibt sich der Gleichgewichtspreis p_G. Die Koordinaten des Schnittpunktes geben das Marktgleichgewicht an **(M_G (2,67 | 3,33))**. Bei einer Menge von 2,67 ME und einem Preis von 3,33 GE gleichen sich Angebot und Nachfrage aus.

$p_A(x) = p_G(x)$

$0{,}5x + 2 = -x + 6 \Rightarrow x_G \approx \underline{2{,}67}$

Gleichgewichtsmenge

$p_G = p_N(2{,}67) \approx -2{,}67 + 6 = \underline{3{,}33}$

Gleichgewichtspreis

b) Für x_A wird 4 in den Term der Nachfragefunktion eingesetzt.

$$p_N(4) = -4 + 6 = \underline{2\ (GE)}$$

c) Man setzt den Term der Angebotsfunktion gleich 3 und löst nach x auf.

$$p_A(x) = 3$$

$$0{,}5x + 2 = 3 \Rightarrow x = \underline{2\ (ME)}$$

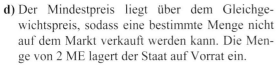

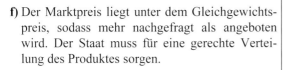

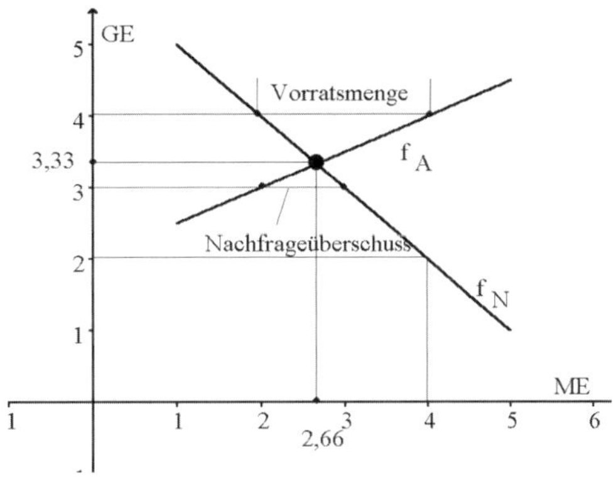

d) Der Mindestpreis liegt über dem Gleichgewichtspreis, sodass eine bestimmte Menge nicht auf dem Markt verkauft werden kann. Die Menge von 2 ME lagert der Staat auf Vorrat ein.

$4 = p_N(x_N)$ und $4 = p_A(x_A)$

$4 = -x_N + 6 \Rightarrow x_N = 2$

$4 = 0{,}5x_A + 2 \Rightarrow x_A = 4$

Angebotsüberschuss:

$x_A - x_N = 4 - 2 = \underline{2\ (ME)}$

f) Der Marktpreis liegt unter dem Gleichgewichtspreis, sodass mehr nachgefragt als angeboten wird. Der Staat muss für eine gerechte Verteilung des Produktes sorgen.

$3 = p_N(x_N) = p_A(x_A)$

$3 = -x_N + 6 \Rightarrow x_N = 3$

$3 = 0{,}5x_A + 2 \Rightarrow x_A = 2$

Nachfrageüberschuss:

$x_N - x_A = 3 - 2 = \underline{1\ (ME)}$

Übung

Für ein landwirtschaftliches Produkt werden die Nachfrage und das Angebot durch folgende Funktionen beschrieben: $p_N(x) = -0{,}75x + 10$ sowie $p_A(x) = x + 5;\ x \in [1; 5]$.

a) Bestimmen Sie rechnerisch das Marktgleichgewicht.

b) Zu welchem Preis werden 6 ME nachgefragt?

c) Wie viel ME können zu einem Stückpreis von 6 GE abgesetzt werden?

d) Der Staat gewährt zum Schutz der Landwirtschaft einen Mindestpreis von 9 GE. Wie hoch ist der dadurch bedingte Angebotsüberschuss, der vom Staat eingelagert werden muss?

e) Welcher Nachfrageüberhang wäre bei einer Höchstpreisfestsetzung von 6 GE durch den Staat zu erwarten?

f) Veranschaulichen Sie sich die Teilaufgaben in einem Schaubild.

c) Lineares Wachstum

Lineares Wachstum heißt, dass in gleichen Zeitspannen die Werte um den gleichen Betrag zunehmen. Da Wachstumsprozesse, und das gilt auch für lineare Wachstumsprozesse, häufig von mehreren Faktoren abhängen, ist es im Allgemeinen schwierig, sie in ein bestimmtes mathematisches Modell – lineares Modell – einzuordnen. Ziel bei linearen Wachstumsprozessen – insbesondere bei statistischen Erhebungen – ist es, eine Funktion aufzustellen, aus der Zwischenwerte berechnet und Prognosen aufgestellt werden können. Zu linearen Wachstumsprozessen gehören.

Bevölkerungswachstum in bestimmten Zeitabschnitten

Säulenwachstum in Tropfsteinhöhlen

Zunahme der **Erdtemperatur** mit steigender Tiefe

Zunahme der **Arbeitslosigkeit** von 1999 bis 2003

Abnahme von **Neugeborenen** in den Industrienationen Europas (negatives Wachstum)

Reaktionsfähigkeit von Menschen bei Alkoholeinfluss

Beispiel:

In der Tabelle ist die **Reaktionszeit** von Menschen abhängig vom **Alkoholgehalt** im Blut angegeben (Durchschnittswerte).

Alkoholgehalt in ‰	0,2	0,3	0,4	0,5	0,6	0,7	0,8	0,9	1,0
Reaktionszeit in s	0,13	0,16	0,18	0,21	0,24	0,27	0,30	0,33	0,36

a) Ermitteln Sie die Differenz d zweier aufeinander folgender Messergebnisse.
b) Geben Sie eine lineare Funktion an, die die Abhängigkeit zwischen Alkoholgehalt und Reaktionszeit angenähert wiedergibt.
c) Welche Reaktionszeit ist in etwa bei einem Alkoholgehalt von 0, 8 ‰ bzw. 1,5 ‰ im Blut zu erwarten?

<u>Lösung:</u>

a) Man erkennt, dass die Differenz d zweier aufeinander folgender Werte mit einer Ausnahme (d zwischen 0,4 und 0,3 wird vernachlässigt) konstant ist.

$d = 0,16 - 0,13 = 0,21 - 0,18$
$= 0,24 - 0,21 = 0,27 - 0,24$
$= 0,32 - 0,29 = 0,35 - 0,32 \Rightarrow \underline{d = 0,03}$

b) Zu ermitteln ist die Funktion mit der Gleichung f(x) = mx + b. Für den Alkoholgehalt gilt die Variable x und für die Reaktionszeit f(x). Die Steigung m wird berechnet, indem man zwei gemessene Punkte der Tabelle wählt und die Werte in die Steigungsformel einsetzt. Es ergibt sich ein Steigungswert von m = 0,3. Mit einem beliebigen Punkt auf der Geraden, z. B. $P_1(0,24|0,6)$, lässt sich der y-Achsenabschnitt b berechnen.

f(x) = mx + b x: Alkohohlgehalt
f(x): Reaktionszeit

Berechnung der **Steigung** mit P(0,6|0,24) und Q(0,7|0,27)

$$m = \frac{0,27 - 0,24}{0,7 - 0,6} = 0,3$$

Berechnung von **b:**

$0,24 = 0,3 \cdot 0,6 + b \Rightarrow b = 0,06$

$\underline{f(x) = 0,3x + 0,06}$

c) Die Reaktionszeit bei z. B. 0,8 ‰ bzw. 1,5 ‰ Alkohol im Blut beträgt ca. 0,3 s bzw. 0,51 s. In der Zeit von 0,51 s ist ein Auto mit 50 km/h ca. 7,08 m weit gefahren.

$f(0{,}8) = 0{,}3 \cdot 0{,}8 + 0{,}06 = 0{,}3$ (s)
$f(1{,}5) = 0{,}3 \cdot 1{,}5 + 0{,}06 = 0{,}51$ (s)

Übung

In den Höhlen eines Kalkgebirges entstehen durch die Kalkbestandteile des tropfenden Wassers Steinsäulen – sogenannte Stalagmiten bzw. Stalaktiten –. Man geht dabei von einem Wachstum von 1 mm in 10 Jahren aus.
a) Stellen Sie eine Funktionsgleichung für das Wachstum der Steinsäulen auf.
b) Welche Höhe erreicht ein Stalagmit nach 1 000 Jahren?
c) Wie alt ist ein 2 m langer herabhängender Stalaktit?

Aufgaben 4.2

Lineare Funktionen

1. Gegeben sind die linearen Funktionen $f(x) = x + 2$ und $g(x) = -0{,}5x + 1$.
a) Zeichnen Sie die Graphen im Intervall $x \in [-2; 2]$.
b) Prüfen Sie durch Rechnung, ob die Punkte P, Q,...auf dem Graphen von f bzw. g liegen: $P(1 \mid 3)$; $Q(-3 \mid 2{,}5)$; $R(2{,}5 \mid 4{,}5)$; $S(3 \mid -0{,}5)$; $T(-1{,}5 \mid 1)$.
c) Der Punkt $P(3 \mid f(3))$ liegt auf dem Graphen von f, wie groß ist f(3)?
d) Der Punkt $P(x_1 \mid 6)$ liegt auf dem Graphen von f und g, wie groß ist jeweils x_1?

2. Ermitteln Sie den Schnittpunkt mit der y-Achse, zeichnen Sie das Steigungsdreieck und dann den Graphen von f.
a) $f(x) = 0{,}5x$ b) $f(x) = -\frac{3}{4}x$ c) $f(x) = \frac{5}{3}x + 1$ d) $f(x) = -4 + \frac{7}{4}x$

3. Gegeben sind die beiden Graphenpunkte P_1 und P_2. Bestimmen Sie die Funktionsgleichung.
a) $P_1(1 \mid 3)$; $P_2(-4 \mid -2)$ b) $P_1(-1 \mid -1)$; $P_2(3 \mid -5)$ c) $P_1(0 \mid 4)$; $P_2(3 \mid 1)$
d) $P_1(0{,}5 \mid 0)$; $P_2(-2 \mid 1{,}25)$ e) $P_1(4 \mid 4)$; $P_2(-4 \mid 4)$; f) $P_1(-1 \mid 1)$; $P_2(0 \mid 6)$

4. Bestimmen Sie die Funktionsgleichungen der abgebildeten Geraden.

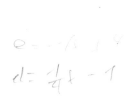

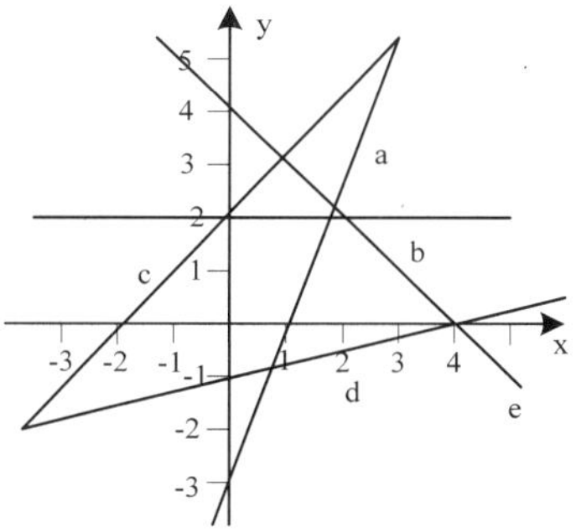

5. Bestimmen Sie die Schnittpunkte der Graphen von f mit den Koordinatenachsen und zeichnen Sie den Graphen. Wie groß sind der Steigungswert und der Steigungswinkel?
a) $f(x) = 1 - x$ b) $f(x) = 0{,}5x - 2$ c) $f(x) = 4 - 3x$ d) $f(x) = 2 - 0{,}25x$

6. Gegeben ist die Funktion $f(x) = 0{,}5x - 2$. Eine Parallele zum Graphen von f verläuft durch den Punkt P(2|3). Eine weitere Parallele durch den Punkt (–2| –4).
a) Skizzieren Sie die beiden Sachverhalte.
b) Bestimmen Sie die Funktionsterme der beiden Parallelen.
c) Berechnen Sie die Schnittpunkte der beiden Parallelen mit den Koordinatenachsen.

7. Berechnen Sie den Schnittpunkt der Geraden f und g.
a) $f(x) = 2x + 2$; $g(x) = 2 - 2x$
b) $f(x) = -0{,}5x + 1$; $g(x) = 3$
c) $f(x) = 3 - 0{,}25x$; $g(x) = 4x + 0{,}25$
d) $f(x) = -x$; $g(x) = -0{,}5x + 3$
e) $f(x) = -1 + 2x$; $g(x) = 0{,}5x + 2$
f) $f(x) = 10x + 15$; $g(x) = 12 - 12x$

8. Gegeben sind:
1. die Punkte $P_1(4|0)$ und $P_2(0|2)$ einer Geraden f und die Funktionsgleichung der Geraden g mit $g(x) = 0{,}5x + 1$ und
2. die Punkte $P_1(0|-4)$ und $P_2(1|2)$ einer Geraden f und die Funktionsgleichung der Geraden g mit $g(x) = 1 - 0{,}5x$.

a) Ermitteln Sie die Funktionsgleichung der Geraden von f.
b) Bestimmen Sie die Schnittpunkte der beiden Geraden mit den Koordinatenachsen.
c) Berechnen Sie den Schnittpunkt der beiden Geraden.

9. Gegeben sind die Funktion $f(x) = 0{,}5x - 2$ und die Punkte $P_1(1|-2)$ und $P_2(-3|1)$.
a) Wie lautet die Funktionsgleichung der Geraden g durch die Punkte P_1 und P_2?
b) Zeichnen Sie die Graphen der beiden Funktionen in ein Koordinatensystem ein.
c) Berechnen Sie den Schnittpunkt der beiden Graphen.
d) Berechnen Sie die Schnittpunkte der beiden Graphen mit den Achsen.

10. Prüfen Sie, ob sich die Geraden von f und g schneiden. Berechnen Sie, falls vorhanden, den Schnittpunkt. (Bestimmen Sie in c), d) und e) zuerst die Funktionsgleichung.)
a) $f(x) = x - 5$; $g(x) = -x + 1$
b) $f(x) = 2x + 1$; $g(x) = 2x - 5$
c) $f(x) = -x + 3$; der Graph von g geht durch $P_1(1|0)$ und $P_2(3|0{,}\overline{3})$.
d) Die Gerade von f hat den Steigungswinkel von $\alpha = 45^0$. Die Gerade von g geht durch die Punkte $P_1(-1|3)$ und $P_2(2|0)$.
e) Der Graph von f hat die gleiche Steigung wie die Gerade, die durch die Punkte $P_1(2|1)$ und $P_2(0|4)$ geht. Der Graph von f geht durch den Punkt $P_1(0|4)$.

Anwendungen

11. Lohnt es sich, einen **„Diesel“ oder einen „Benziner“** zu fahren? Die festen Kosten für ein Dieselauto betragen im Jahr ca. 5 000 € (Abschreibung, Wartung,...). Die Treibstoffkosten werden bei einem Verbrauch von 6,5 Litern auf 100 km mit 1,05 €/l angenommen. Bei einem Auto mit Bezinmotor „Super bleifrei“ betragen die jährlichen Fixkosten ca. 4 500 €. Die Treibstoffkosten bei einem Verbrauch von 10 Litern auf 100 km werden mit 1,20 €/l angenommen.
a) Ermitteln Sie die beiden Kostenfunktionen und zeichnen Sie ihre Graphen.
b) Bei welcher Kilometerzahl sind die Kosten gleich?
c) Wie hoch sind die Kosten beider Fahrzeuge bei 10 000 km bzw. 30 000 km jährlicher Fahrleistung?

12. Zwei Busunternehmen bieten folgende Tarife für einen Schulausflug an:

Tarif A: Grundgebühr 40,00 €; km-Gebühr 1,50 €/km.

Tarif B: Grundgebühr 10,00 €; km-Gebühr 2,00 €/km.

a) Erstellen Sie für beide Unternehmen eine Tabelle von 10 bis 80 km mit x: Entfernung in km und y: Fahrpreis in € und lesen Sie ab, bei welcher Entfernung die Schüler gleich viel bezahlen müssen?
b) Geben Sie die Funktionsgleichungen an, mit denen für jede km-Leistung der Fahrpreis berechnet werden kann.
c) Zeichnen Sie die Graphen.
d) Lesen Sie aus der Zeichnung ab, welches Busunternehmen bei einer Entfernung von 90 km günstiger ist. Prüfen Sie das rechnerisch nach. Bestimmen Sie auch den Preisunterschied bei dieser Entfernung.

13. Ein Betrieb verkauft eines seiner Produkte:

1. Zu einem Stückpreis von 3,5 GE/ME, dabei betragen die fixen Kosten 275 GE und die variablen Kosten 1,25 GE/ME.
2. Zu einem Stückpreis von 12 GE/ME, dabei betragen die fixen Kosten 1 250 GE und die variablen Kosten 9 GE/ME.

a) Ermitteln Sie Kosten- und Erlösfunktion.
b) Skizzieren Sie die beiden Funktionen in ein Koordinatensystem.
c) Ermitteln Sie die Gewinnschwelle.
d) Wie groß ist der Gewinn bei einer verkauften Menge von erstens 200 ME und zweitens 1 000 ME?

14. Eine Winzergenossenschaft berechnet für die Auslieferung ihrer Kisten 0,80 € pro Kiste, bei einem monatlichen Fixkostenanteil von 750 €. Würde ein Logistikunternehmen die Auslieferung der Kisten übernehmen, so würde es der Genossenschaft 1,10 € pro Kiste zahlen.

a) Geben Sie die Kostenfunktion der Genossenschaft an.
b) Um welchen Betrag lassen sich die Kosten bei einer monatlichen Auslieferung von 2 800 Kisten senken? Bei welcher Kistenzahl verbilligt sich die Auslieferung um 500€?
c) Fertigen Sie eine Zeichnung an.

15. Aufgrund von Marktuntersuchungen hat man festgestellt, dass das Verhalten von Anbietern und Konsumenten auf dem Markt für ein bestimmtes Gut durch folgende Funktionen annähernd beschrieben werden kann:

1. $p_N(x) = 50 - 0{,}1x$ und $p_A(x) = 0{,}25x + 15$; $x \in [20; 200]$

2. $p_N(x) = 250 - 25x$ und $p_A(x) = 15x + 50$; $x \in [2; 60]$

a) Bestimmen Sie das Marktgleichgewicht.
b) Wie viel ME werden abgesetzt bei einem Preis von **1.** 48 GE/ME und **2.** 200 GE/ME?
c) Der Höchstpreis wird auf **1.** 35 GE/ME und **2.** 100 GE/ME festgesetzt. Berechnen Sie den Nachfrageüberschuss.
d) Der Staat garantiert einen Preis von **1.** 45 GE/ME und **2.** 150 GE/ME. Wie hoch ist die vom Staat aufzukaufende Menge?
e) Stellen Sie die Fälle 1. und 2. grafisch dar.

16. In den westlichen Industrienationen kommen auf 800 000 Neugeborene ca. 1 Million Sterbefälle. Diese Statistik gilt ungefähr ab dem Jahr 1990. Im Jahr 2005 hatten die beobachteten Industrienationen eine Einwohnerzahl von ca. 250 Mio. Einwohnern.

a) Ermitteln Sie den negativen Wert für m und stellen Sie eine Funktion auf, aus der man für jedes Jahr nach 1980 die Einwohnerzahl berechnen kann.

b) Wie groß war die Bevölkerungszahl im Jahr 2000 und wie groß wird sie im Jahre 2020 sein, wenn sich diese Entwicklung fortsetzt?

17. Die Erdtemperatur nimmt um ca. 2^0 C je 100 m Tiefe zu. In 50 m Tiefe herrscht eine Temperatur von ca. 12^0 C in Europa. Welche Temperatur herrscht in 1 km Tiefe bzw. in 100 km Tiefe? Aus welcher Tiefe kommt das ca. 80^0 C warme Wasser der Geysire in Island?

18. Die Einwohnerzahl einer Industriestadt wuchs in den Jahren 1960 – 1970 von 250 000 auf ca. 299 500 Einwohner nahezu linear an.

a) Berechnen Sie den jährlichen Zuwachs und geben Sie die lineare Wachstumsfunktion an.

b) Welche Einwohneranzahl (theoretisch) berechnen Sie für 1975?

4.3 Quadratische Funktionen

Einführungsbeispiel:

Die Bremswegformel, die man in der Fahrschule lernt, gibt den funktionalen Zusammenhang zwischen der gefahrenen Geschwindigkeit v als Ausgangsgröße und dem Bremsweg s als zu berechnende Größe an.

$s = \left(\frac{v}{10}\right)^2$ bzw. $\mathbf{s = 0{,}01v^2}$

Gegeben sind die Geschwindigkeiten v in (km/h) von z . B. v = {0, 10, 30, 50, 80, 100}.

Erstellen Sie eine Wertetafel und tragen Sie die berechneten Punkte in ein Koordinatensystem ein. Auf der x-Achse (Abzisse) soll die gefahrene Geschwindigkeit v und auf der y-Achse (Ordinate) der Bremsweg s aufgetragen.

v in km/h	0	10	30	50	80	100
s in m	0	1	9	25	64	100

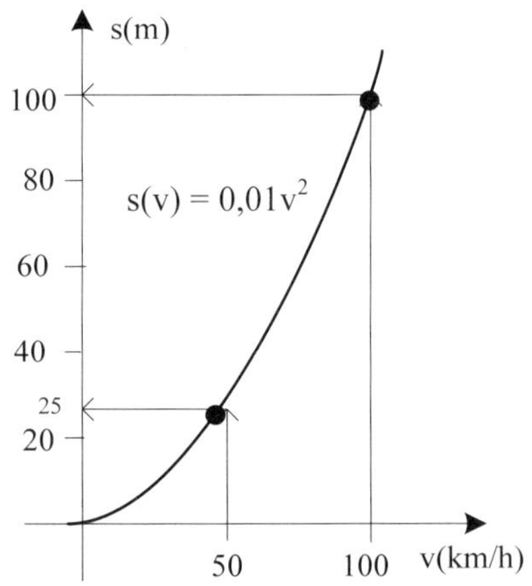

Funktionsgleichung: $s(v) = 0{,}01v^2$

Verbindet man die Punkte, so stellt man fest, dass ein „gekrümmter“ Kurvenzug entsteht.
Man erkennt am Graphen, dass es sich um eine Parabel mit der Gleichung $s(v) = 0{,}01v^2$ handelt.

Merke

Funktionen f, bei denen die Variable x die 2 als höchsten Exponenten besitzt, heißen **quadratische** Funktionen oder Funktionen 2. Grades. In der einfachsten Form haben sie die Gleichung

$$\mathbf{f(x) = ax^2};\ a \in \mathbb{R}\setminus\{0\};\ x \in \mathbb{R}.$$

Ihre Graphen bezeichnet man als **Parabeln.**

Von der Normalparabel zur allgemeinen Parabel

- Ist der Faktor **a = 1,** so erhält man die Funktion: $\mathbf{f(x) = x^2}$**.**
- Ihr Graph wird als **Normalparabel** bezeichnet. Der Punkt S(0 | 0) heißt **Scheitelpunkt.**
- Ist der Faktor **a > 1,** so ist die Parabel gegenüber der Normalparabel **gestreckt,** z. B. $\mathbf{f(x) = 2x^2}$**.**
- Ist der Faktor **a < 1** mit (0 < a < 1), so ist die Parabel gegenüber der Normalparabel **gestaucht,** z. B. $\mathbf{f(x) = 0{,}5x^2}$**.**
- Ist der Faktor **a < 0,** so ist die Parabel nach unten geöffnet.

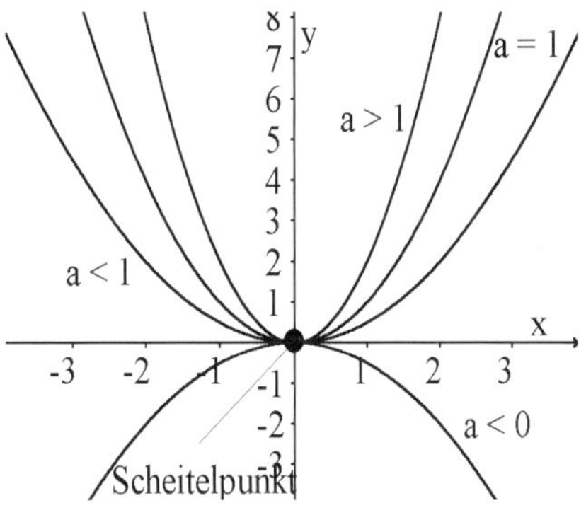

Durch Verschieben der Normalparabel entlang der beiden Achsen erhält man weitere Parabeln.

1. Verschiebung längs der y-Achse

$$\mathbf{f(x) = x^2 + v;}$$

Es gibt zwei Fälle:

- v > 0: nach oben verschobene Normalparabel
  z. B. v = 2; $f(x) = x^2 + 2$
- v < 0: nach unten verschobene Normalparabel
  z. B. v = –2; $f(x) = x^2 - 2$

Der Scheitelpunkt liegt jeweils in S(0 | v).

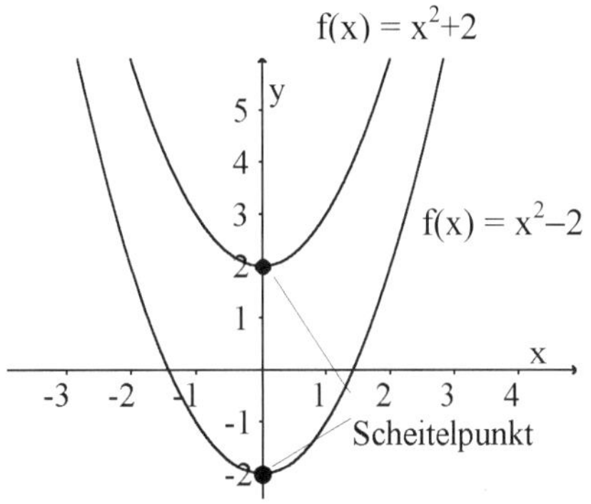

2. Verschiebung längs der x-Achse

$$\mathbf{f(x) = (x - u)^2}$$

Der Graph der Normalparabel wird um den Wert u in positiver oder negativer Richtung auf der x-Achse verschoben.

- u < 0: Verschiebung nach links
  z. B. u = – 0,5; $f(x) = (x + 0{,}5)^2 = x^2 + 1x + 0{,}25$
- u > 0: Verschiebung nach rechts
  z. B. u = 3; $f(x) = (x - 3)^2 = x^2 - 6x + 9$

Der Scheitelpunkt liegt jeweils in S(u | 0).

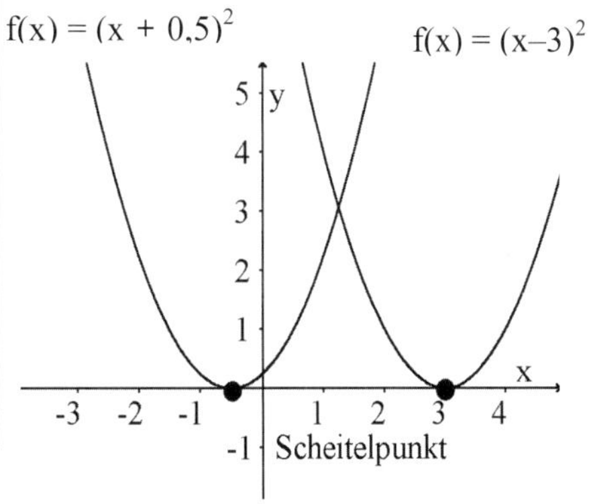

3. Verschiebung in Richtung beider Achsen

$$f(x) = (x - u)^2 + v$$

Der Graph der Normalparabel wird auf der x-Achse um den Wert u und auf der y-Achse um den Wert v verschoben.

- z. B. u = 2 und v = 1;
  $f(x) = (x-2)^2 + 1 = x^2 - 4x + 5$

Der Scheitelpunkt liegt in S(2 | 1).

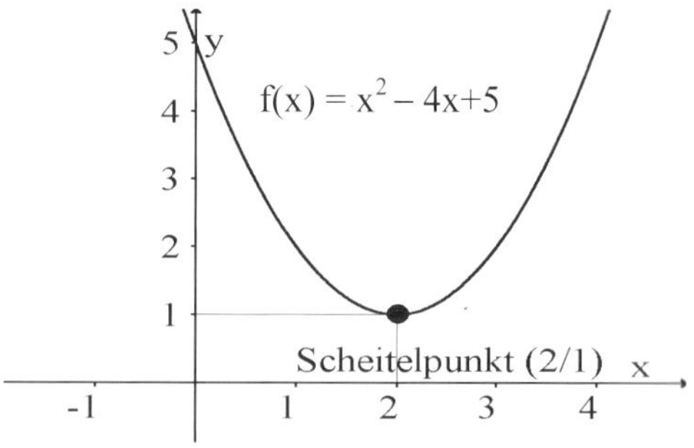

Die Scheitelpunktsform der Parabel erlaubt es, die Koordinaten des Scheitelpunktes direkt abzulesen. Von ihm aus kann die Parabel je nach Streckung oder Stauchung direkt skizziert werden.

Beispiel:

Gegeben ist die Funktion $f(x) = 1{,}5(x-1)^2 - 4$

a) Welche Streckung und Verschiebung längs der x- und y-Achse sind erforderlich, um den Graphen von f aus der Normalparabel zu erzeugen?

b) Geben Sie die Funktion f in einer anderen Form an, indem Sie die Klammer ausmultiplizieren und die Glieder zusammenfassen.

Lösung:

a) Der Graph ist eine gestreckte Parabel. Er ist gegenüber der Normalparabel um den Betrag u = 1 auf der x-Achse und um v = – 4 auf der y-Achse verschoben. Der Scheitelpunkt des Graphen liegt im Punkt S(1 | – 4). In der Form, in der die Funktion angegeben ist, kann der **Scheitelpunkt** sofort abgelesen werden.

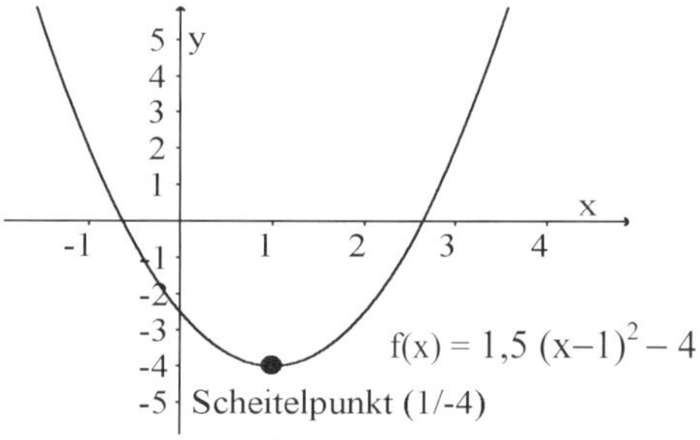

b) Durch Ausmultiplizieren der Klammer $(x-1)^2$ und Zusammenfassen erhält man eine andere Form der Funktionsgleichung. Die Faktoren 1,5; –3 und –2,5 heißen **Koeffizienten** der Funktionsgleichung.

$f(x) = 1{,}5\,(x - \mathbf{1})^2 - \mathbf{4}$

Scheitelpunkt: S(1 | – 4)

$f(x) = 1{,}5x^2 - 3x \quad - 2{,}5$

↓ ↓ ↓

$a = 1{,}5;\ b = -3;\ c = -2{,}5$

Übungen

1. Durch welche Streckungen, Stauchungen, Spiegelungen und Verschiebungen sind folgende Parabeln aus der Normalparabel hervorgegangen.

a) $f(x) = (x-2)^2$ b) $f(x) = 2x^2 + 1$ c) $f(x) = (x+3)^2 - 1$ d) $f(x) = (x-4)^2 + 6$

2. Gegeben sind die Funktionen $f(x) = (x-2)^2 - 3$ und $g(x) = 0{,}5(x+3)^2 + 1$.

a) Lesen Sie jeweils den Scheitelpunkt ab.

b) Untersuchen Sie die Graphen von f und g bezüglich der Normalparabel auf Streckung und Verschiebungen. Bestimmen Sie die Koeffizienten.

Merke

> Die Funktion $\mathbf{f(x) = a(x-u)^2 + v}$; $x \in \mathbb{R}$; u, v $\in \mathbb{R}$; $a \neq 0$ heißt quadratische Funktion in **Scheitelpunktform;** Scheitelpunkt: **S(u | v)**
>
> Die Funktion $\mathbf{f(x) = ax^2 + bx + c}$ heißt quadratische Funktion in **Koeffizientenform.**
> Koeffizienten: **a, b** und **c**
> (Die Koeffizientenform wird auch als Polynormform bezeichnet.)

Beispiele:

- $f(x) = 2(x+2)^2 - 5$
  Scheitelpunkt: $u = -2$; $v = -5$
- $f(x) = 3x^2 - 4x + 2{,}5$
  Koeffizienten: $a = 3$, $b = -4$; $c = 2{,}5$

Die Umformung einer Scheitelpunktform in die Koeffizientenform wird im obigen Beispiel behandelt. Etwas schwieriger ist die Umformung von der Koeffizientenform in die Scheitelpunktform.

Beispiel:

Gegeben sind die Funktion $f(x) = x^2 - 4x + 8$ und $g(x) = 2x^2 - 12x + 19$ in Koordinatenform. Bestimmen Sie die Scheitelpunktform $f(x) = (x-u)^2 + v$ und geben Sie die Koordinaten des Scheitelpunktes an.

Lösung:

Es wird zuerst der Klammerausdruck entsprechend der zweiten binomischen Formel bestimmt. Dabei wird b = 4 halbiert, anschließend das Quadrat 2^2 (= quadratische Ergänzung) addiert und subtrahiert, damit der ursprüngliche Term $(x^2 - 4x + \mathbf{2^2} - \mathbf{2^2} + 8)$ erhalten bleibt. Da $x^2 - 4x + 2^2 = (x-2)^2$ ist, wird $-2^2 + 8$ gesondert berechnet.
Der Scheitelpunkt S hat die Koordinaten (2|4).

$\mathbf{f(x) = x^2 - 4x + 8}$ | quadrat. Ergänzung $\mathbf{2^2}$
$= x^2 - 4x + \mathbf{2^2} - \mathbf{2^2} + 8$
$= (x-2)^2 - 2^2 + 8$
$= (x-2)^2 + 4$ Scheitelpunktform
↓ u, ↓ v
<u>S(2|4)</u>

Bei der Funktion **g(x)** wird zuerst der Streckfaktor 2 ausgeklammert. Mit dem Term in der Klammer wird dann genauso vorgegangen wie unter a). Es wird b = 6 halbiert, anschließend das Quadrat (3^2) addiert und subtrahiert, damit der ursprüngliche Term $(x^2 - 6x + \mathbf{3^2} - \mathbf{3^2} + 9{,}5)$ erhalten bleibt.
Da $x^2 - 6x + 3^2 = (x-3)^2$ wird $-3^2 + 9{,}5 = 0{,}5$ gesondert berechnet.
Der Scheitelpunkt S hat die Koordinaten (3|1).

$\mathbf{g(x) = 2x^2 - 12x + 19}$
$= 2(x^2 - 6x + 9{,}5)$
$= 2(x^2 - 6x + \mathbf{3^2} - \mathbf{3^2} + 9{,}5)$
$= 2((x-3)^2 - 3^2 + 9{,}5)$
$= 2((x-3)^2 + 0{,}5)$
$= 2(x-3)^2 + 1$ Scheitelpunktform
↓ u, ↓ v
<u>S(3|1)</u>

Übung

Die Funktionen f und g und h sind in Koeffizientenform gegeben.
$f(x) = x^2 + 4x - 8$; $g(x) = x^2 + 6x - 4$ und $h(x) = 2x^2 - 4x + 6$
Bestimmen Sie die Scheitelpunktform und geben Sie den Scheitelpunkt an. Skizzieren Sie die Parabel.

Nullstellen quadratischer Funktionen

Zur Berechnung von Nullstellen gilt bekanntlich die Bedingung $f(x) = 0$. Dadurch wird die Funktionsgleichung der quadratischen Funktion in eine quadratische Gleichung ($f(x)= 0$) überführt. Die Ermittlung von Lösung wird im Kapitel 3 Seite 95 behandelt. Die dort vorgestellten Verfahren kommen hier zur Anwendung, wie die folgenden Beispiele zeigen.

Beispiele:

Gegeben sind die folgenden quadratischen Funktionen. Berechnen Sie ihre Nullstellen.

a) $f(x) = 0{,}5x^2 - 2$ b) $f(x) = -1{,}5x^2 + 6x$ c) $f(x) = 0{,}5x^2 - x - 1{,}5$

Lösung:

a) Bei der rein-quadratischen Funktion wird der Gleichungsterm nach x^2 umgestellt. Die Gleichung hat die zwei Lösungen $\sqrt{4}$ und $-\sqrt{4}$ (da 4 größer 0). Die Nullstellen sind $x_1 = 2$ und $x_2 = -2$. Die x-Achse wird in $P_1(2|0)$ und $P_2(-2|0)$ geschnitten.

$f(x) = 0{,}5x^2 - 2 \wedge f(x) = 0$
$0 = 0{,}5x^2 - 2$
$0{,}5x^2 = 2$
$x^2 = 4 \quad | \sqrt{\ }$
$x = \sqrt{4} = \underline{2} \vee x = -\sqrt{4} = \underline{-2}$

b) Bei der unvollständig-quadratischen Funktion reicht es aus, den in beiden Summanden auftretenden Faktor x des Funktionsterms auszuklammern und das erhaltene Produkt faktorweise null zu setzen. Die Nullstellen sind $x_1 = 0$ und $x_2 = 4$. Die x-Achse wird in $P_1(0|0)$ und $P_2(4|0)$ geschnitten.

$f(x) = -1{,}5x^2 + 6x \wedge f(x) = 0$
$0 = -1{,}5x^2 + 6x \Rightarrow 0 = x \cdot (-1{,}5x + 6)$
$\underline{x = 0}$ oder $-1{,}5x + 6 = 0$
$1{,}5x = 6 \Rightarrow \underline{x = 4}$

c) Der Term der allgemein gemischt-quadratischen Funktion wird zunächst „normiert“ und danach gemäß der p-q-Formel (Seite 98) nach x aufgelöst.

$$x_1 = -\frac{p}{2} + \sqrt{\left(\frac{p}{2}\right)^2 - q} \qquad x_2 = -\frac{p}{2} - \sqrt{\left(\frac{p}{2}\right)^2 - q}$$

Die Nullstellen sind $x_1 = 3$ und $x_2 = -1$. Die x-Achse wird in $P_1(3|0)$ und $P_2(-1|0)$ geschnitten.

$f(x) = 0{,}5x^2 - x - 1{,}5 \wedge f(x) = 0$
$0 = 0{,}5x^2 - x - 1{,}5 \quad | \cdot 2$
$0 = x^2 - 2x - 3$

$x_1 = +1 + \sqrt{1^2 + 3} = +1 + \sqrt{4}) = \underline{3}$
$x_2 = +1 - \sqrt{1^2 + 3} = +1 - \sqrt{4}) = \underline{-1}$

Die Anzahl der Nullstellen von quadratischen Funktionen

Hinsichtlich der Anzahl der Nullstellen ist folgende Überlegung wichtig:
Der Graph einer beliebigen quadratischen Funktion $f(x) = ax^2 + bx + c$ ist eine **Parabel,** die aus der Normalparabel hervorgeht. Der Anschauung ist unmittelbar zu entnehmen, dass sie *zwei* Nullstellen, *eine* oder *keine* Nullstelle haben kann.

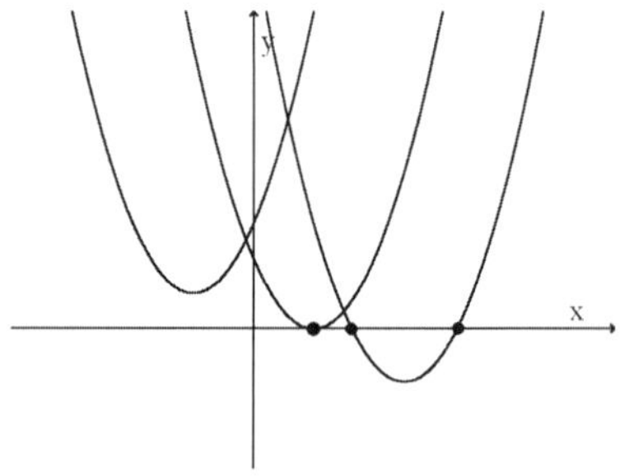

Während eine unvollständig-quadratische Funktion der Form $f(x) = ax^2 + bx$ stets zwei Lösungen (eine ist $x = 0$) besitzt, ist dies bei der rein-quadratischen oder bei der gemischt-quadratischen Funktion davon abhängig, ob der beim Wurzelziehen entstehende Wert unter der Wurzel (Diskrminante D) positiv, null oder negativ ist: Dabei sei die p-q-Formel Ausgangspunkt der Betrachtungen:

1. Nullstellen der rein-quadratischen Funktion

Über die Lösungen rein-quadratischer Funktionen der Form $f(x) = ax^2 + b$ entscheiden die Konstante b und der Faktor a.

1. **a** $\neq$ beliebig, **b = 0** eine Lösung bei $x = 0$
2. **a, b** gleiches Vorzeichen; keine Lösung
3. **a, b** verschiedene Vorzeichen; zwei Lösungen

$f(x) = ax^2 + b \wedge b \text{ beliebig} \wedge a \neq 0$

$$0 = x^2 + \frac{b}{a} \Rightarrow \boxed{x_{1/2} = \pm\sqrt{-\frac{b}{a}}}$$

Beispiel

Welche der drei Funktionen an: $f(x) = 0{,}5x^2 - 2$; $g(x) = 0{,}5x^2$ und $h(x) = 0{,}5x^2 + 2$ hat eine, zwei bzw. keine Lösung (Nullstellen) Ermitteln Sie die Lösung.

Lösung:

Bei der **Funktion f** ist $b < 0$ und $a > 0$. Die Funktion f hat zwei Lösungen, die unmittelbar berechnet werden können. f hat **zwei** Nullstellen.

$$0 = 0{,}5x^2 - 2 \Rightarrow x_{1/2} = \pm\sqrt{\frac{2}{0{,}5}};$$

$x_1 = \underline{2} \wedge x_2 = \underline{-2}$

Bei der **Funktion g** ist $b = 0$. Es existiert nur eine Lösung bei $x = 0$. g hat **eine** Nullstelle.

$0 = 0{,}5x^2 \Rightarrow x = 0$

Bei der **Funktion h** ist $b > 0$ und $a > 0$. Da der Wurzelterm kleiner als null ist, existiert keine Lösung. h hat **keine** Nullstellen.

$0 = 0{,}5x^2 + 2 \Rightarrow x_{1/2} = \pm\sqrt{-4}\,;\ -4 < 0$

2. Nullstellen der gemischt-quadratischen Funktion

Um eine Aussage über die Lösungen gemischt-quadratischer Funktionen zu machen, wird die Gleichung in die Normalform gebracht und dann die p-q-Formel (Seite 98) angewendet.
Je nach Größe des Wurzelterms, der auch als **Diskriminante D** bezeichnet wird, wird entschieden, ob **eine, zwei** oder **keine** Lösungen existieren.

1. D = 0: **eine** Lösung bei $x = -\frac{p}{2}$
2. D > 0: **zwei** Lösungen bei $x_1 = -\frac{p}{2} + \sqrt{\left(\frac{-p}{2}\right)^2 - q}$
   und $x_2 = -\frac{p}{2} - \sqrt{\left(\frac{-p}{2}\right)^2 - q}$
3. D < 0: **keine** Lösung

$f(x) = ax^2 + bx + c \wedge a, b \neq 0 \wedge a > 0$

$0 = ax^2 + bx + c$

$0 = x^2 + \frac{b}{a}x + \frac{c}{a};\quad p = \frac{b}{a};\quad q = \frac{c}{a};$

$$\mathbf{x_1 = -\frac{p}{2} + \sqrt{\left(\frac{p}{2}\right)^2 - q}\,;\ x_2 = -\frac{p}{2} - \sqrt{\left(\frac{p}{2}\right)^2 - q}}$$

$$\boxed{\mathbf{D = \left(\frac{p}{2}\right)^2 - q}}$$

Merke

Die Graphen von quadratischen Funktionen besitzen entweder **eine, keine** oder **zwei** Nullstelle(n).
Die Nullstelle wird durch Lösen der quadratischen Gleichung $\mathbf{ax^2 + bx + c = 0}$ errechnet.

Die Zahl der Nullstellen hängt von der Größe des Wurzelterms $\mathbf{D=\left(\frac{p}{2}\right)^2 - q}$ innerhalb der p-q-Formel $\mathbf{x_{1/2} = -\frac{p}{2} + \sqrt{\left(\frac{-p}{2}\right)^2 - q}}$ ab. **D** wird als **Diskriminante** bezeichnet.

Es gibt 3 Fälle:
$\mathbf{D > 0}$ ⇒ **zwei** Nullstellen,
$\mathbf{D = 0}$ ⇒ **eine** Nullstelle,
$\mathbf{D < 0}$ ⇒ **keine** Nullstelle.

Beispiel:

Gegeben ist die Funktion $f(x) = 3x^2 + 2x - 5$. Bestimmen Sie
a) den Scheitelpunkt S des Graphen von f,
b) den Schnittpunkt des Graphen von f mit der y-Achse,
c) die Diskriminante D und die Schnittpunkte des Graphen mit der x-Achse.
d) Skizzieren Sie den Graphen mit Hilfe der berechneten Zahlenwerte.

<u>Lösung:</u>

a) Die Berechnung der Scheitelpunktkoordinaten geschieht mit Hilfe der quadratischen Ergänzung $(\frac{1}{3})^2$.

$$f(x) = 3x^2 + 2x - 5 = 3(x^2 + \frac{2}{3}x - \frac{5}{3})$$
$$= 3(x^2 + \frac{2}{3}x + (\frac{1}{3})^2 - (\frac{1}{3})^2 - \frac{5}{3}$$
$$= 3 \cdot ((\mathbf{x} + \frac{\mathbf{1}}{\mathbf{3}})^2 - (\frac{1}{3})^2 - \frac{5}{3})$$
$$= 3(x + \frac{1}{3})^2 - \frac{16}{3}; \qquad \underline{S(\frac{-1}{3} \mid \frac{-16}{3})}$$

b) Für die Berechnung des Schnittpunktes mit der y-Achse gilt die Bedingung x = 0.

$$f(0) = 3 \cdot 0^2 + 2 \cdot 0 - 5 = \underline{-5}$$

c) Es existieren zwei Nullstellen, da die Diskriminante größer als null ist. Sie werden mit Hilfe der p-q-Formel berechnet.

D: $(\frac{1}{3})^2 + \frac{5}{3} = \frac{16}{9};\ \frac{16}{9} > 0)$

$$f(x) = 0 = 3x^2 + 2x - 5$$
$$0 = x^2 + \frac{2}{3}x - \frac{5}{3} \qquad (p = \frac{2}{3};\ q = -\frac{5}{3})$$
$$x_1 = -\frac{1}{3} + \sqrt{(-\frac{1}{3})^2 + \frac{5}{3}} = \underline{1};\quad x_2 = -\frac{1}{3} - \sqrt{(-\frac{1}{3})^2 + \frac{5}{3}} = \underline{-\frac{5}{3}}$$

d) Der Graph von f wird mit Hilfe der berechneten Werte gezeichnet.

$S(-\frac{1}{3} \mid -\frac{16}{3})$; $P_0(0 \mid -5)$; $P_1(1 \mid 0)$; $P_2(-\frac{5}{3} \mid 0)$

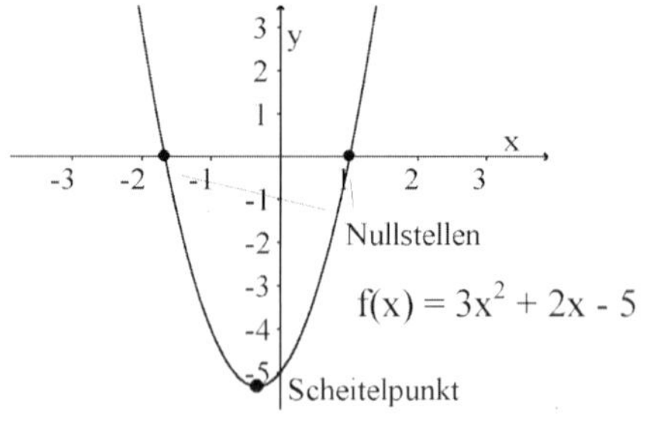

Übungen

1. Entscheiden Sie ohne Rechnung, ob die folgenden Funktionen mit den angegebenen Gleichungen eine, zwei oder keine Nullstellen besitzen.

a) $f(x) = x^2 - 5$ b) $f(x) = -x^2 + 2$ c) $f(x) = 2x^2 - 4$ d) $f(x) = 0{,}5x^2 + 2$

e) $f(x) = -3x^2 - 3$ f) $f(x) = (x - 2)^2$ g) $f(x) = 2x^2 - 4x + 2$ h) $f(x) = (x - 3)^2 + 1$

2. Bestimmen Sie die Nullstellen der Funktionen mit den angegebenen Gleichungen.

a) $f(x) = x^2 - 2x - 3$ b) $f(x) = x^2 - 2x - 8$ c) $f(x) = x^2 + 5x + 4$ d) $f(x) = x^2 - 6x + 11$

3. Gegeben ist die Funktion $f(x) = 3x^2 - 3x - 4{,}5$.

a) Berechnen Sie die beiden Achsenschnittpunkte des Graphen von f.
b) Bestimmen Sie den Scheitelpunkt.
c) Skizzieren Sie den Graphen von f nur mit Hilfe der berechneten Werte.

4. Gegeben ist die Funktion $f(x) = 3x^2 + 2x - 5$. Bestimmen Sie

a) den Scheitelpunkt des Graphen von f,
b) den Schnittpunkt des Graphen von f mit der y-Achse,
c) die Schnittpunkte des Graphen mit der x-Achse.
d) Skizzieren Sie den Graphen von f nur mit Hilfe der berechneten Werte.

Schnittpunkte zweier Graphen

Um die Schnittpunkte der Graphen zweier Funktionen zu berechnen, müssen die Funktionsterme ihrer Funktionsgleichungen gleichgesetzt werden: **$f(x) = g(x)$**

Beispiel:

In welchen Punkten schneiden sich die Parabeln der beiden Funktionsgleichungen: $f(x) = x^2 + 4x - 3$ und $g(x) = 3 - 0{,}5x^2$? Skizzieren Sie die Graphen.

Lösung

Gleichsetzen der beiden Funktionsterme von f und g ($f(x) = g(x)$). Die quadratische Gleichung wird mit Hilfe der p-q-Formel gelöst.

$$x^2 + 4x - 3 = 3 - 0{,}5x^2$$

$$1{,}5x^2 + 4x - 6 = 0 \quad |: 1{,}5$$

$$x^2 + \frac{8}{3}x - 4 = 0 \Rightarrow x_1 = -\frac{4}{3} + \sqrt{\left(\frac{4}{3}\right)^2 + 4} = \underline{1{,}07}$$

$$\Rightarrow x_2 = -\frac{4}{3} - \sqrt{\left(\frac{4}{3}\right)^2 + 4} = \underline{-3{,}74}$$

$f(1{,}07) = g(1{,}07) = \underline{2{,}43}$; $S_1(1{,}07 \mid 2{,}43)$

$f(-3{,}74) = g(-3{,}74) = \underline{-3{,}97}$; $S_2(-3{,}74 \mid -3{,}97)$

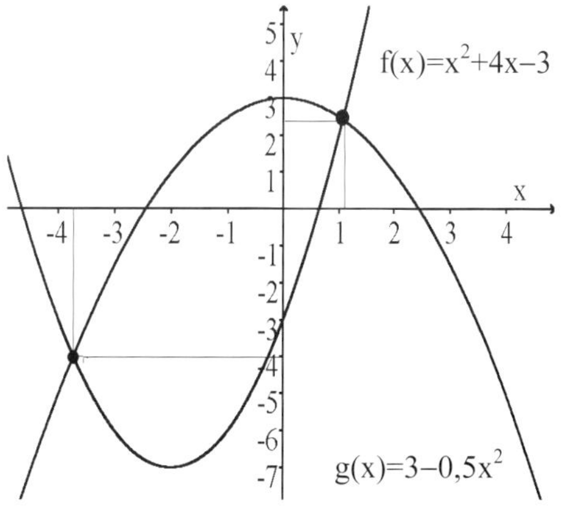

Übung

Gegeben sind die Funktionen f und g mit den angegebenen Gleichungen. Berechnen Sie die Schnittpunkte der Graphen von f und g und fertigen Sie eine Skizze an.

a) $f(x) = x^2 - 2x + 3$ und $g(x) = 2x + 3$ b) $f(x) = 2x^2 + x + 2$ und $g(x) = -x^2 + 2x + 4$

c) $f(x) = 2x^2 + 14x + 6$ und $g(x) = -x^2 + 2x + 3$ d) $f(x) = -3x^2 + 150x$ und $g(x) = 30x + 900$

Anwendungen

a) Erlös und Gewinn beim Monopolisten

Ein Angebotsmonopol liegt vor, wenn ein Produkt nur von einem Produzenten angeboten wird. Da in diesem Fall der Nachfragefunktion nur ein einziger Anbieter gegenübersteht, ist für diesen Anbieter die Nachfragefunktion zugleich seine individuelle **Preis-Absatz-Funktion** p_N. Der Monopolist kann unbehelligt von Konkurrenten seine Absatzmenge so bestimmen, dass er den Preis festsetzen kann, der sich aus der Preis-Absatz-Funktion ergibt.
Sein **Erlös** bestimmt er aus dem Produkt seiner Absatzmenge und dem auf dem Markt bekannten Preis. **($E(x) = p_N(x) \cdot x$)**.

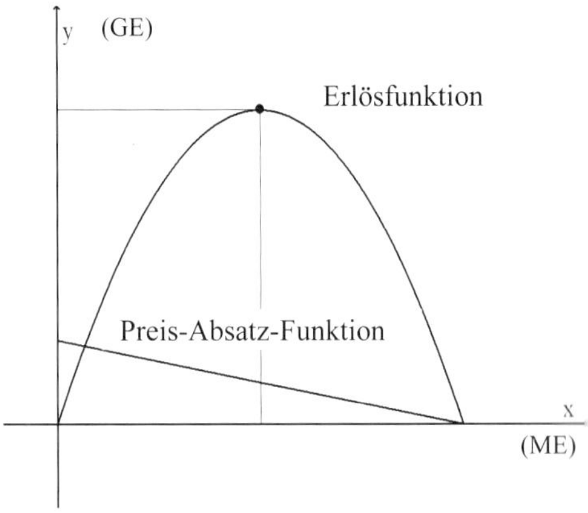

Beispiel

Gegeben sind die Gesamtkostenfunktion $K(x) = 0{,}2x + 3$
und die Preis-Absatz-Funktion $p_N(x) = -0{,}2x + 4$

a) Ermitteln Sie den ökonomischen Definitionsbereich $D_{ök}$.
b) Bestimmen Sie die Erlösfunktion und berechnen Sie die erlösmaximale Ausbringungsmenge.
c) Berechnen Sie die Gewinnschwellen.
d) Bestimmen Sie die Gewinnfunktion und ermitteln Sie den Maximalgewinn.
e) Veranschaulichen Sie sich die Sachverhalte aus b), c) und d).
f) Berechnen Sie den Cournot´schen Preis.

Lösung:

a) Die Preis-Absatz-Funktion ist nur im ersten Quadranten definiert.

$x \geq 0$ und $p_N(x) \geq 0$;
$-0{,}2x + 4 \geq 0 \Rightarrow x \leq 8$; $D_{ök} = [0; 8]$

b) Unter dem Erlös, auch als Umsatz bezeichnet, versteht man das Produkt aus der Menge x und dem zugehörigen Verkaufspreis. Die erlösmaximale Ausbringungsmenge erhält man, indem man die Erlösfunktion in die Scheitelpunktsform umwandelt und dann den Scheitelpunkt S bestimmt. Bei x =10 ME ist der Erlös von 20 GE maximal.

$$E(x) = p_N(x) \cdot x$$
$$E(x) = (-0{,}2x + 4) \cdot x$$
$$= -0{,}2x^2 + 4x$$
$$= -0{,}2(x^2 - 20x)$$
$$= -0{,}2((x-10)^2 - 10^2)$$
$$= -0{,}2(x-10)^2 + 20; \quad \underline{S(10|20)}$$

c) Bei quadratischen Erlösfunktionen existieren, anders als bei linearen Erlösfunktionen, in der Regel zwei Gewinnschwellen, die **Nutzenschwelle** und die **Nutzengrenze.** Sie befinden sich an den Stellen, an denen sich Kosten- und Erlösfunktion schneiden. Man setzt Kosten- und Erlösfunktion gleich und berechnet mit Hilfe der quadratischen Ergänzung die x-Werte.

Die Nutzenschwelle N_S liegt bei einer verkauften Menge von ca. 1 ME und die Nutzengrenze N_G bei einer verkauften Menge von ca. 18 ME.

$K(x) = E(x)$

$0{,}2x + 3 = -0{,}2x^2 + 4x \quad | +0{,}2x^2 \quad |-4x$

$0{,}2x^2 - 3{,}8x + 3 = 0 \quad |:0{,}2$

$x^2 - 19x + 15 = 0$

$x_1 = 9{,}5 + \sqrt{(\frac{19}{2})^2 - 15} = 18{,}2$

$x_2 = 9{,}5 - \sqrt{75{,}25} = 0{,}825$

d) Die Gewinnfunktion wird ermittelt aus der Differenz von Erlös- und Kostenfunktion.

$G(x) = E(x) - K(x)$

$G(x) = -\,0{,}2x^2 + 4x - (0{,}2x + 3)$

$\underline{G(x) = -\,0{,}2x^2 + 3{,}8x - 3}$

Bei der Berechnung des Maximalgewinnes wird die Scheitelpunktsform benötigt. Der Scheitelpunkt der Gewinnfunktion S(9,5|15,05) bedeutet, dass bei einer Ausbringung von 9,5 ME (gewinnmaximale Absatzmenge) der maximale Gewinn von 15,05 GE erzielt wird.

$G(x) = -0{,}2(x^2 - 19x + 15)$

$= -0{,}2((x - 9{,}5)^2 - 9{,}5^2 + 15)$

$= -0{,}2((x - 9{,}5)^2 - 9{,}5^2 + 15\ )$

$= -0{,}2((x - 9{,}5)^2 - 75{,}25)$

S(9,5|15,05); $x_{max} = \underline{9{,}5\ ME}$ $\quad G_{max} = \underline{15{,}05\ GE}$

f) Zu Ehren des französischen Mathematikers und Ökonoms A. Cournot wird in der Wirtschaftstheorie bei einem Monopolisten die gewinnmaximale Absatzmenge $x_{max.}$ auch als <u>Cournot´sche Menge</u> x_C bezeichnet. Der zu x_C zugehörige Preis heißt <u>Cournot´scher Preis</u> p_C und ist der Funktionswert der Preisabsatzfunktion p_A.

$x_C = \underline{9{,}5\ ME} \quad p_C = -\,0{,}2 \cdot 9{,}5 + 4 = \underline{2{,}1\ GE}$

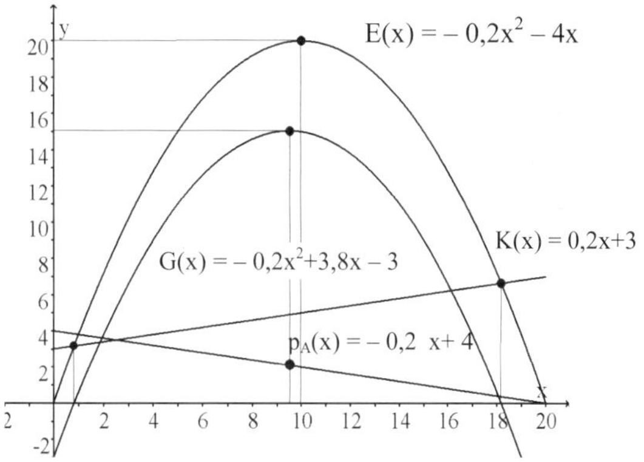

b) Zu- und Abnahme von Einzeller-Kulturen

Zunahme und Abnahme einer bestimmten **Einzeller-Art** kann man modellhaft mit Hilfe quadratischer Funktionen beschreiben (Punkte entsprechen gemessenen Werten). Dabei tritt die Vermehrung aufgrund plötzlich auftretender Besserung einer oder mehrerer Bedingungen (Nährlösungen) ein, während sich die Verringerung der Anzahl der Einzeller stets mit der Zunahme einer gewissen Nahrungskonkurrenz erklären lässt. Nun wird die Einzeller-Art nie völlig verschwinden, sodass stets ein Anfangs- und ein Restbestand übrig bleibt. (Graph hat keine Schnittpunkte mit der x-Achse.)

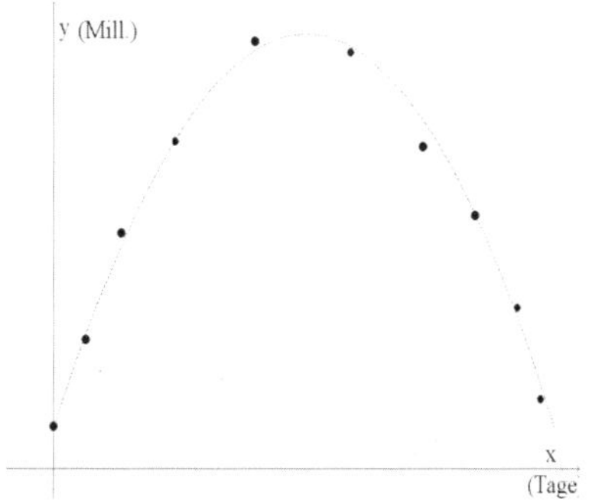

Beispiel:

Der Graph einer Zellkulturenentwicklung besteht aus mehreren gemessenen Punkten und zeigt den Verlauf einer nach unten geöffneten Parabel im ersten Quadranten. Zunächst erkennt man einen progressiven Wachstumsverlauf, der sich bis zum Scheitelpunkt abschwächt, dann nimmt die Zellentwicklung bis zu einem verbleibenden Restbestand ab.

a) Stellen Sie eine Funktion der Form $f(x) = ax^2 + bx + c$ auf, indem Sie a, b und c mit Hilfe der Punkte $P_1(0|5)$, $P(5|42{,}5)$ und $P(12|53)$ ermitteln. (Andere verfügbare Punkte führen auch zum Ergebnis.)

b) Bestimmen Sie das Maximum der Einzeller-Art (Scheitelpunkt des Graphen von f).

c) Nach welcher Zeit liegt ein Restbestand an Einzeller-Kulturen von 10 % vom Maximalwert (Scheitelpunkt) vor? Skizzieren Sie den Graphen.

Lösung:

a) Aus Punkt P_1 ergibt sich der Anfangsbestand von 5 ME (c = 5).
Mit Hilfe der beiden anderen Punkte stellt man ein lineares Gleichungssystem auf und berechnet a und b.

$P_1(0|5)$: $5 = a \cdot 0^1 + b \cdot 0 + c \Rightarrow c = 5$

$P_2(5|42{,}5)$: $42{,}5 = a \cdot 5^2 + b \cdot 5 + 5$

$P_3(12|53)$: $53 = a \cdot 12^2 + b \cdot 12 + 5$

I: $42{,}5 = 25a + 5b + 5 \quad | \cdot (-2{,}4)$

II: $\underline{53 = 144a + 12b + 5}$

$-49 = 84a \qquad -7 \Rightarrow a = -0{,}5 \wedge b = 10$

$\underline{f(x) = -0{,}5x^2 + 10x + 5}$

b) Bei der Berechnung des Maximums wird die Scheitelpunktsform benötigt. Der Scheitelpunkt der Wachstumsfunktion S(10|55) bedeutet, dass nach 10 Tagen ca. 55 Mill. Einzeller-Kulturen entstanden sind.

$$\begin{aligned} f(x) &= -0{,}5(x^2 - 20x - 10) \\ &= -0{,}5((x-10)^2 - 10^2 - 10) \\ &= -0{,}5((x-10)^2 - 10^2 - 10) \\ &= -0{,}5((x-10)^2 - 110) \\ &= -0{,}5(x-10)^2 + 55 \end{aligned}$$

$\underline{S(10|55)}$;

c) Der 10%ige Restbestand von 55 Mill. ist 5,5 Mill. Man stellt die Gleichung auf und berechnet x mit Hilfe der quadratischen Ergänzung.

$$\begin{aligned} 5{,}5 &= -0{,}5x^2 + 10x + 5 \quad &|\cdot(-1) \\ -5{,}5 &= 0{,}5x^2 - 10x - 5 \quad &|+5{,}5 \\ 0 &= 0{,}5x^2 - 10x + 0{,}5 \quad &|\cdot 2 \\ 0 &= x^2 - 20x + 1 & \\ (x-10)^2 - 10^2 + 1 &= 0 & \\ (x-10)^2 &= 99 \quad &|\sqrt{} \end{aligned}$$

$x_1 = 10 + \sqrt{99} \approx \underline{20}$

$x_2 = 10 - \sqrt{99} \approx 0$

Nach ca. 20 Tagen liegt ein Restbestand von 5,5 Mill. Einzeller-Kulturen vor.

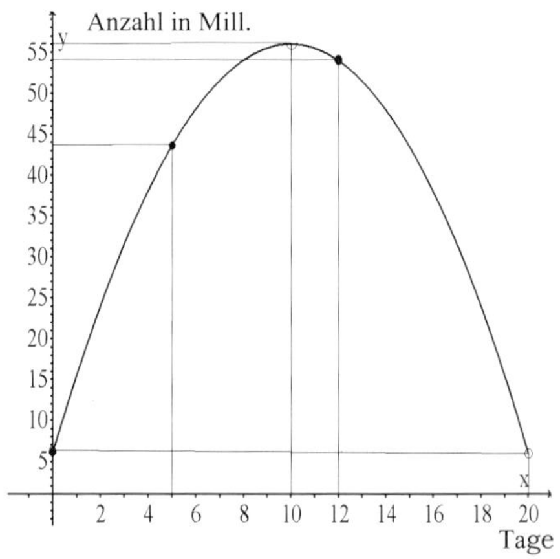

Übung (Monopolist)

Gegeben sind die Preis-Absatz-Funktion: $p_N(x) = -0{,}25x + 5$ und
die Kostenfunktion $K(x) = 1{,}5x + 2$

a) Ermitteln Sie $D_{ök}$, die Erlösfunktion und die erlösmaximale Ausbringungsmenge.
b) Berechnen Sie die Gewinnschwellen.
c) Bestimmen Sie die Gewinnfunktion und ermitteln Sie den Maximalgewinn. (Graphen zeichnen.)

Übung (Einzeller-Kulturen)

Gegeben ist die Funktion einer Zellkulturenentwicklung $f(x) = -0{,}25x^2 + 10x + 5$.

a) Welche Punkte $P_1(0|5)$, $P_2(10|80)$, $P_3\,(12|100)$, $P_4\,(25|101)$ und $P_5\,(30|30)$ kommen für die Bestimmung der quadratischen Funktion **nicht** infrage?
b) Bestimmen Sie das Maximum der Einzeller-Art (Scheitelpunkt des Graphen von f).
c) Nach welcher Zeit liegt ein Restbestand an Einzeller-Kulturen von 5 % vom Maximalwert (Scheitelpunkt) vor? Skizzieren Sie den Graphen.

Aufgaben 4.3

1. Eine Normalparabel wird so verschoben, dass ihr Scheitelpunkt im Punkt S liegt. Wie lautet ihre Funktionsgleichung?
a) $S(1\,|-1)$ b) $S(0\,|-5)$ c) $S(3{,}5\,|\,2{,}5)$ d) $S(a\,|\,2a)$

2. Bestimmen Sie die Scheitelpunktsform folgender Funktionsgleichungen:
a) $f(x) = x^2 + x$ b) $f(x) = 4x^2 - x - 4$ c) $f(x) = 2x^2 - 2x + 2$ d) $f(x) = x^2 + 3x - 8$

3. Bestimmen Sie die Funktionsgleichungen der abgebildeten Parabeln, die durch Verschiebung und Streckung aus der Normalparabel hervorgegangen sind.

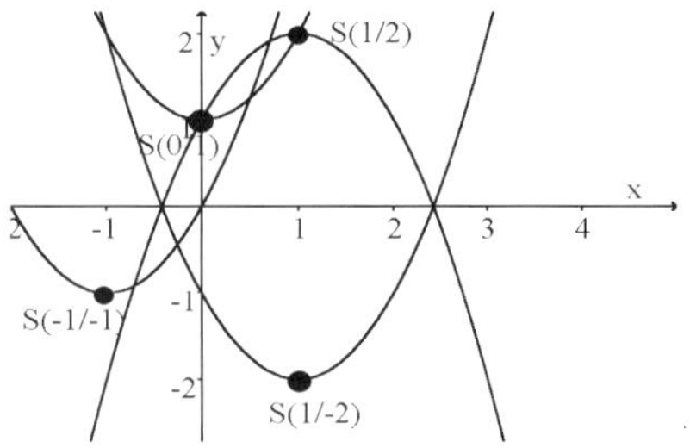

4. Gegeben sind die Funktionen f.
a) $f(x) = x^2 - x - 6$ b) $f(x) = 2x^2 - 32x + 28$ c) $f(x) = 4x^2 - 12x - 7$
d) $f(x) = 2x^2 - 4x - 6$ e) $f(x) = -x^2 + 6x + 1$ f) $f(x) = -2x^2 + 8x + 10$

a) Ermitteln Sie die Diskriminante und berechnen Sie die Schnittpunkte der Graphen mit der x- und y-Achse. (Methode beliebig.)
b) Berechnen Sie den Scheitelpunkt.
c) Skizzieren Sie den Graphen mit Hilfe der berechneten Punkte.

5. Wie lauten die quadratischen Funktionen, die folgende Nullstellen haben?
a) $x_1 = -3;\ x_2 = 3$ b) $x_1 = -2;\ x_2 = 1$ c) $x_1 = 0;\ x_2 = 2{,}5$

6. Berechnen Sie die Punkte, in denen sich die Graphen der Funktionen f und g schneiden.
a) $f(x) = 2x^2 - 3x;\ \ g(x) = 6 - x^2$ b) $f(x) = x^2 - 2x + 2;\ \ g(x) = 8x - 2x^2$
c) $f(x) = x^2 + 2x + 3;\ \ g(x) = 3x^2 + 2x + 1$ d) $f(x) = 3x^2 - 4x + 5;\ \ g(x) = x + 5$

7. Der Graph der quadratischen Funktion $f(x) = x^2 - bx + c$ geht durch die Punkte $P_1(1|1)$ und $P_2(-1|-2)$. Ermitteln Sie b und c.

8. Der Graph einer quadratischen Funktion hat bei $x = 4$ genau eine Nullstelle und geht durch den Punkt $P(-1|2)$. Bestimmen Sie den Funktionsterm.

***9.** Eine Parabel hat den Scheitelpunkt bei $S(1|4)$ und geht durch den Koordinatenanfangspunkt. Bestimmen Sie die Gleichung der Parabel.

10. Geben Sie jeweils **zwei** Funktionsterme der Form $ax^2 + bx + c$ an, deren Graphen
a) keinen Schnittpunkt mit der x-Achse hat,
b) genau einen Schnittpunkt mit der x-Achse hat,
c) zwei Schnittpunkte mit der x-Achse haben.

(Beachten Sie bei der Bestimmung von a, b und c die Diskriminante $D=(\frac{p}{2})^2 - q$.)

Anwendungen

11. Gegeben sind Preis-Absatz-Funktion: $p_N(x) = -0{,}5x + 15$ und Kostenfunktion $K(x) = 1{,}5x + 5$.
a) Ermitteln Sie $D_{ök}$, die Erlösfunktion und die erlösmaximale Ausbringungsmenge.
b) Berechnen Sie die Gewinnschwellen.
c) Bestimmen Sie die Gewinnfunktion und ermitteln Sie den Maximalgewinn.
d) Geben Sie den Cournot´schen Punkt an. Skizzieren Sie die Graphen.

12. Beim Monopolist hängt der Preis von der nachgefragten Menge ab. Die Erlöskurve des Monopolisten ist eine Parabel, die die x-Achse bei x = 16 schneidet. Der maximale Erlös beträgt 320 €. Bestimmen Sie die Erlösfunktion und die Preis-Absatz-Funktion.

13. Die Brückendurchfahrt hat die Form einer Parabel 2. Ordnung. Bestimmen Sie die Funktionsgleichung. Ein Fahrzeug ist 3 m breit und 3 m hoch, ein anderes 3,25 m breit und 3 m hoch. Untersuchen Sie, ob beide Fahrzeuge die Brücke unterqueren können?

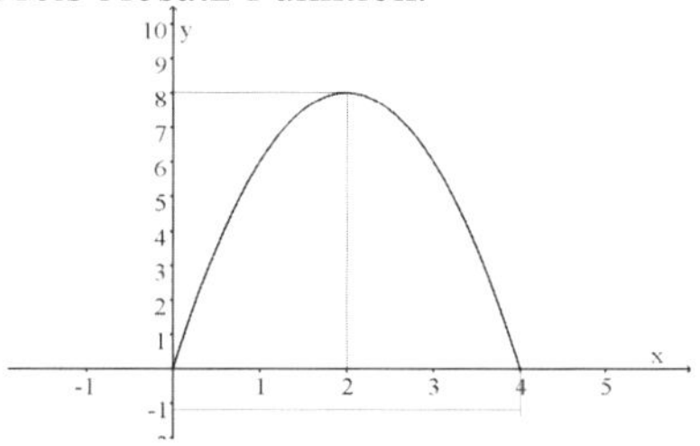

14. Auf einer Teststrecke wird der Benzinverbrauch eines PKWs gemessen. Der Benzinverbrauch hängt bekanntlich quadratisch von der gleich bleibenden Geschwindigkeit ab. Ermitteln Sie aus den gemessenen Werten die Funktion zur Berechnung des Benzinverbrauches. Mit welchem Verbrauch ist bei konstant 100 km/h, 120 km/h und 150 km/h zu rechnen?

v	30	50	80
b	6,25	6,25	7

15. Gegeben sind die drei Punkte $P_1(0|10)$ $P_2(5|12{,}5)$ und P_3 $(10|5)$ einer Zellkulturenentwicklung mit der angenäherten quadratischen Funktion $f(x) = -0{,}3x^2 + bx + c$.
a) Welcher der beiden Punkte P_2 bzw. P_3 muss als „Ausreißer" betrachtet werden und kommt für die Berechnung von b und c nicht infrage? Wie lautet die Funktionsgleichung?
b) Nach welcher Zeit liegt ein Restbestand an Einzeller-Kulturen von 50 % vom Maximalwert (Scheitelpunkt) vor? Skizzieren Sie den Graphen.

4.4 Potenzfunktionen

Einführungsbeispiel:

Die Berechnung einfacher Körper ist aus dem Geometrieunterricht bekannt.

Ein Würfel hat die Kantenlänge 10.
Geben Sie die Formeln zur Berechnung der Gesamtlänge L, der Oberfläche O und des Volumens V als Funktionsgleichung an und berechnen Sie sie.
Für welche Kantenlänge sind Oberflächen- und Volumenmaß gleich.

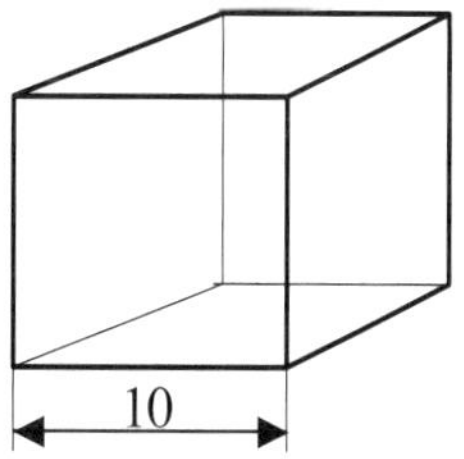

$\mathbf{L(x) = 12x}$

$\mathbf{O(x) = 6x^2}$

$\mathbf{V(x) = x^3}$

Lösung:

Für die Kantenlänge x = 6 sind Oberfläche und Volumen gleich groß (Einheiten bleiben unberücksichtigt).

$L(10) = 12 \cdot 10 = 120$ (LE);
$O(10) = 6 \cdot 10^2 = 60$ (FE);
$V(10) = 10^3 = 1\,000$ (VE)
$O(x) = V(x) \Rightarrow 6x^2 = x^3 \quad |:x^2 \qquad x > 0$
$\underline{6 = x}$
Probe: $O(6) = 6 \cdot 6^2 = 216$; $V(6) = 6^3 = 216$

Merke

Funktionen f vom Typ $\mathbf{f(x) = ax^n}$ mit $x \in \mathbb{R}$; $a \in \mathbb{R}\backslash\{0\}$ und $n \in \mathbb{R}^*$ heißen **Potenzfunktionen** vom Grade n.

Anmerkung: In diesem Kapitel werden für n positive ganzzahlige Werte eingesetzt.

Beispiele:

Potenzfunktionen mit geraden Exponenten ($a > 0$) z. B. $f_2(x) = x^2$ und $f_4(x) = x^4$ haben ähnliche Graphen. Ihre Funktionswerte sind nicht-negativ.

Potenzfunktionen mit ungeraden Exponenten ($a > 0$) z. B. $f_1(x) = x$ und $f_3(x) = x^3$; $f_5(x) = x^5$ haben für negative x-Werte auch negative Funktionswerte und für positive x-Werte auch positive Funktionswerte.

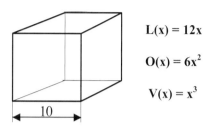

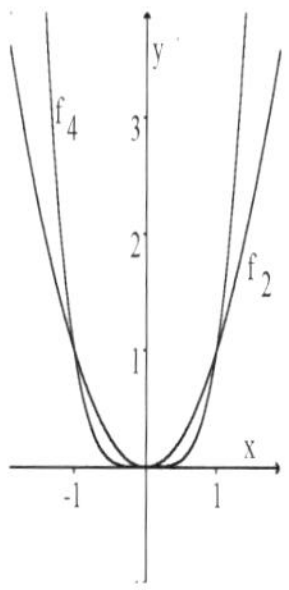

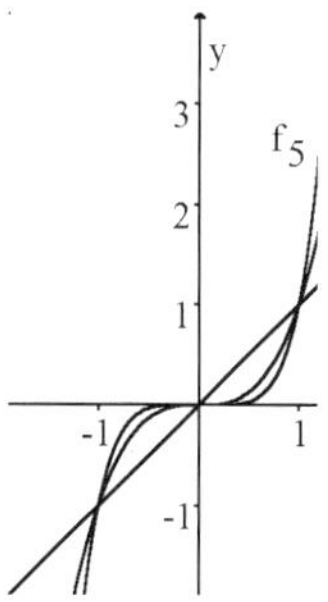

Symmetrie

Eine wichtige Eigenschaft von Funktionsgraphen ist die Symmetrie, die besonders einfach am Beispiel der Potenzfunktionen erklärt werden kann. Man unterscheidet Punkt- und Achsensymmetrie.

Der Graph der Funktion f ist achsensymmetrisch zur y-Achse, wenn für alle $x \in D(f)$ gilt:

$$\mathbf{f(x) = f(-x)}$$

Der Graph der Funktion f ist punktsymmetrisch zum Koordinatenanfangspunkt, wenn für alle $x \in D(f)$ gilt:

$$\mathbf{f(x) = -f(-x)}$$

Beispiel:

Prüfen Sie, ob der Graph von f achsensymmetrisch zur y-Achse oder punktsymmetrisch zum Ursprung ist: a) $f(x) = 2x^2$ b) $f(x) = \frac{1}{3}x^3$

Lösung:

a) Graphen von Funktionen mit nur **geraden** Exponenten sind symmetrisch zur y-Achse (achsensymmetrisch). Der Nachweis am Beispiel bestätigt dies.	$f(-x) = f(x)$ $f(-x) = 2(-x)^2 = 2x^2 = f(x)$
b) Man vermutet, dass Graphen von Funktionen mit **ungeradem** Exponenten punktsymmetrisch zum Urspung sind. Dies wird durch Nachweis bestätigt.	$f(-x) = -f(x)$ $f(-x) = \frac{1}{3}(-x)^3 = -\frac{1}{3}(x)^3 = -f(x)$

Aufgaben 4.4

1. a) Berechnen Sie die Gesamtlänge der Kanten, die Oberfläche und das Volumen eines Quaders mit der Kantenlänge von 5 cm und der Höhe von 10 cm.
b) Berechnen Sie die Oberfläche und das Volumen einer Kugel mit dem Radius r = 10 cm.

2. Wie ändern sich die Funktionswerte, wenn sich die x-Werte verdoppeln bzw. halbieren?

a) $f(x) = 0{,}5x^3$ b) $f(x) = 0{,}1x^4$ c) $f(x) = 0{,}5x^4$ d) $f(x) = \frac{1}{3}x^3$

3. Skizzieren Sie die Graphen folgender Potenzfunktionen f. Untersuchen Sie die Graphen der Funktionen f von a) bis c) und e) auf Symmetrie zum Ursprung und die Graphen der Funktionen f von b) bis d) auf Symmetrie zur y-Achse.

a) $f(x) = 0{,}25x^3$ b) $f(x) = 0{,}2x^4$ c) $f(x) = -3x^3$ d) $f(x) = 0{,}75x^2$ e) $f(x) = -0{,}5x^4$

4.5 Ganzrationale Funktionen (Polynomfunktionen)

Einführungsbeispiel

Gegeben sind die Preis-Absatz-Funktionen im Monopol: a) $p_N(x) = -2x + 4$
und b) $p_N(x) = -0{,}05x^2 - 2x + 10$;
jeweils für $x \geq 0$. Ermitteln Sie die Erlösfunktionen.

Lösung:

Die Erlösfunktion E ist das **Produkt** aus $p_N(x)$ und x und wird durch Multiplikation unmittelbar bestimmt.	$E(x) = p_N(x) \cdot x$
Aus einer linearen Preis-Absatz-Funktion ergibt sich eine quadratische Erlösfunktion.	$E(x) = (-2x + 4)x$ $= -2x^2 + 4x$
Ist die Preis-Absatz-Funktionen eine **quadratische,** so erhält man im Monopol eine Erlösfunktion dritten Grades.	$E(x) = (-0{,}05x^2 - 2x + 10)x$ $= -0{,}05x^3 - 2x^2 + 10x$

Die Terme $-2\mathbf{x}^2 + 4x$ und $-0{,}05\mathbf{x}^3 - 2x^2 + 10x$ bezeichnet man als **Polynome** zweiten bzw. dritten Grades. Die höchsten Potenzen, z. B. x^2 bzw. x^3, dienen zur Bezeichnung solcher Polynome. Polynome finden in vielen Bereichen von Sozialwissenschaften, Wirtschaft und Technik Verwendung.

Polynome erhält man durch wiederholte Addition (Subtraktion) und Multiplikation aus den Grundfunktionen: $f(x) = c$; $c \in \mathbb{R}$ und $g(x) = x$.

Beispiel:

$x \cdot x \cdot x + x \cdot x + c \cdot x + c = \underline{x^3 + x^2 + c \cdot x + c}$

Merke

Reelle Funktionen f der Form:

$$\mathbf{f(x) = a_n x^n + a_{n-1} x^{n-1} + \ldots + a_1 x + a_0}$$

$(n \in \mathbb{N};\ a_0 \ldots a_n \in \mathbb{R};\ a_n \neq 0)$

heißen **ganzrationale Funktionen** vom Grad n. bzw. **Polynomfunktionen.** Die reellen Zahlen a_1, a_2, a_3,...a_n heißen Koeffizienten der ganzrationalen Funktionen.

Beispiele:

- $f(x) = -2x + 3$; Grad 1;
  $a_1 = -2$; $a_0 = 3$
- $f(x) = x^2 + 2x - 4$; Grad 2;
  $a_2 = 1$; $a_1 = 2$; $a_0 = -4$
- $f(x) = x^3 - 2x + 2$; Grad 3;
  $a_3 = 1$; $a_2 = 0$; $a_1 = -2$; $a_0 = 2$
- $f(x) = 3x^4 + 2x^2 + 9x$; Grad 4;
  $a_4 = 3$; $a_3 = 0$; $a_2 = 2$; $a_1 = 9$; $a_0 = 0$

Übungen

1. Geben Sie den Grad und die Koeffizienten der ganzrationalen Funktion f an.

a) $f(x) = x^3 - 2x^2 - x - 1$ b) $f(x) = 0{,}25x^4 - 3x^2 + 12$ c) $f(x) = 2{,}5 - 3x^3 - 0{,}5x^4 - 5x$

2. Geben Sie jeweils zwei Beispiele für Polynomfunktionen dritten bzw. vierten Grades an.

Symmetrieeigenschaften von Graphen ganzrationaler Funktionen

Polynomfunktionen werden wie Potenzfunktionen auf Symmetrieeigenschaften untersucht

Der Graph der reellen Funktion f mit dem Definitionsbereich D ist **achsensymmetrisch** zur y-Achse, wenn für alle $x \in D(f)$ gilt:

$$\mathbf{f(-x) = f(x)}$$

Funktionen mit dieser Eigenschaft heißen auch **gerade** Funktionen.

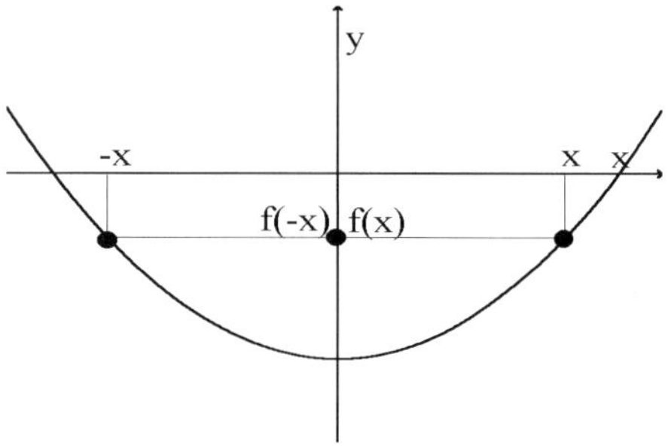

Der Graph der reellen Funktion f mit dem Definitionsbereich D ist **punktsymmetrisch** zum Ursprung, wenn für alle $x \in D(f)$ gilt:

$$\mathbf{f(-x) = -f(x)}$$

Funktionen mit dieser Eigenschaft heißen auch **ungerade** Funktionen.

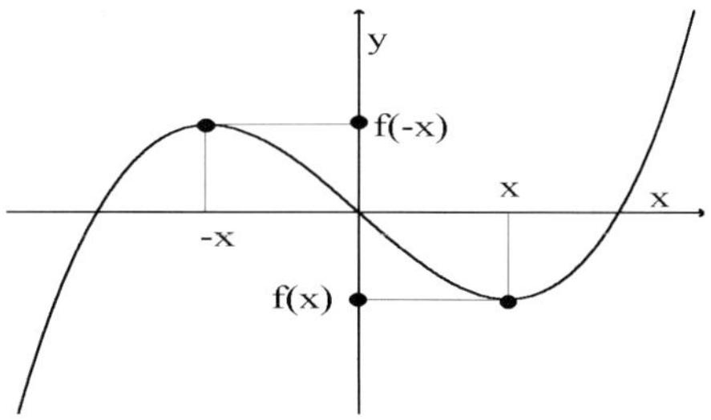

Beispiel:

Prüfen Sie, ob der Graph von f achsensymmetrisch zur y-Achse und der Graph von g punktsymmetrisch zum Ursprung ist. Zeigen Sie, dass h nicht symmetrisch ist. Welche Vermutung gilt für die Funktion k?

$f(x) = x^4 - 2x^2$ $\quad g(x) = 2x^3 - 3x$ $\quad h(x) = x^3 + 5x^2 + x$ $\quad k(x) = 2x^4 + x^2 + 10$

Lösung:

Die Funktion **f** ist symmetrisch zur y-Achse, wie man durch Rechnung nachweist.

$$f(-x) = (-x)^4 - 2(-x)^2 = x^4 - 2x^2 = f(x)$$

Die Funktion **g** ist symmetrisch zum Ursprung (punktsymmetrisch), ebenfalls durch Rechnung leicht nachzuweisen.

$$g(-x) = 2(-x)^3 - 3(-x) = -2x^3 + 3x = -g(x)$$

Die Funktion **h** ist *nicht* symmetrisch zur y-Achse (achsensymmetrisch) und *nicht* symmetrisch zum Ursprung (punktsymmetrisch), wie nachgewiesen wird.

$$h(-x) = (-x)^3 + 5(-x)^2 + (-x) = -x^3 + 5x^2 - x \neq h(x)$$

$$h(-x) = (-x)^3 + 5(-x)^2 + (-x) = -x^3 + 5x^2 - x \neq -h(x)$$

Man vermutet, dass die Funktion **k** nicht symmetrisch ist, da der Wert 10 ohne Variable x erscheint. Da $10 = 10 \cdot x^0$ ist, gehört die Funktion k zu den achsensymmetrischen Funktionen.

$$k(-x) = 2(-x)^4 + (-x)^2 + 10x^0 = 2x^4 + x^2 + 10 = k(x)$$

Betrachtet man noch einmal die drei Funktionsgleichungen f(x), g(x) und h(x) aus dem letzten Beispiel, so kann man aus der Funktionsgleichung **ohne** Rechnung erkennen, ob der Graph punktsymmetrisch zum Ursprung oder achsensymmetrisch zur y-Achse oder keines von beiden ist.

Merke

Der Graph einer ganzrationalen Funktion f mit $D(f) = \mathbb{R}$ ist achsensymmetrisch zur y-Achse, wenn im Funktionsterm **nur gerade** Exponenten vorkommen, und punktsymmetrisch zum Ursprung, wenn im Funktionsterm **nur ungerade** Exponenten vorkommen. (bei der Punktsymmetrie gilt: $a_0 = 0$)

Beispiele:

- $f(x) = x^4 - 2x^2$ achsen-
- $f(x) = 2x^4 - 4x^2 + 1$ symmetrisch

- $f(x) = x^3 - 2x$ punkt-
- $f(x) = 2x^5 - x^3 - x$ symmetrisch

- $f(x) = x^3 - 2x^2 + 1$ nicht
- $f(x) = 2x^5 - x^3 - x^2$ symmetrisch

Übung

Untersuchen Sie, ob der Graph von f punktsymmetrisch zum Ursprung oder achsensymmetrisch zur y-Achse ist oder keines von beiden zutrifft.

a) $f(x) = x^5 - 3x^3 - 4x$ $\quad$ b) $f(x) = 0{,}5x^4 - 3x^2 - 6$ $\quad$ c) $f(x) = x^3 + 2x^2 + x - 12$

d) $f(x) = 2x^3 + 2x$ $\quad$ e) $f(x) = 4x^5 + 2x^3 - x + 1$ $\quad$ f) $f(x) = -2x^3 + 0{,}2x^4 - 2x^2 + 1$

Unendlichkeitsverhalten von Graphen ganzrationaler Funktionen

Da ganzrationale Funktionen in ganz ℝ definiert sind, ist es wichtig zu wissen, wie sich ihre Graphen verhalten, wenn x große positive oder große negative Werte annimmt, oder anders formuliert: wie verhält sich der Graph, wenn die x-Werte gegen $+\infty$ oder gegen $-\infty$ gehen. Man untersucht das **Unendlichkeitsverhalten** der Funktion.

Beispiel:

Gegeben sind die ganzrationalen Funktionen f und g mit den Gleichungen $f(x) = x^3 - 0{,}5x^2 - 2x$ und $g(x) = -\ 0{,}25x^4 - 3x^2 + 2$.

a) Legen Sie eine Wertetabelle $x \in [-10;\ 10]$ an und zeichnen Sie die zugehörigen Graphen.

b) Wie verhält sich der Graph von f bzw. g für große Werte von x? Welcher Summand des Funktionsterms gibt den Ausschlag für das Verhalten der Funktion im Unendlichen ($x \to \pm\infty$)?

Lösung:

a)

x	–10	...	–2	–1	0	1	2	...	10
f(x)	–1 030	...	–6	0,5	0	–1,5	2	...	930
g(x)	–2 798	...	–1,4	–1,25	...	–1,25	–14	...	–2 798

b) Verlauf des Graphen von $f(x) = \mathbf{x^3} - 0{,}5x^2 - 2x$:

Strebt x $\to +\infty$, so strebt f $\to +\infty$,

strebt x $\to -\infty$, so strebt f $\to -\infty$,

Der Summand $\mathbf{x^3}$ gibt den Ausschlag für das Verhalten im Unendlichen.

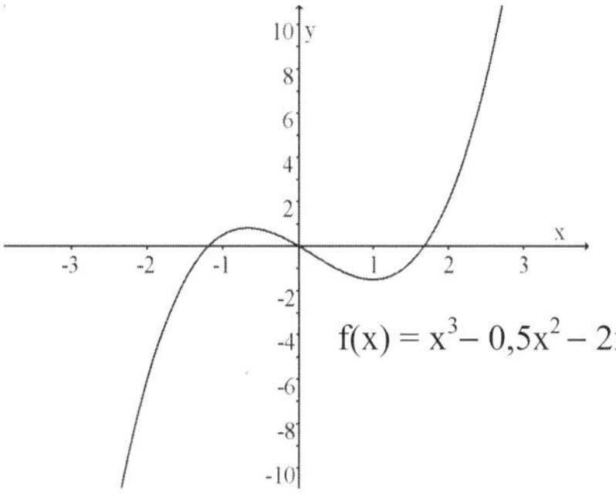

Verlauf des Graphen von $g(x) = \mathbf{-\ 0{,}25x^4} + 3x^2 + 2$

Strebt x $\to +\infty$, so strebt f $\to -\infty$,

strebt x $\to -\infty$, so strebt f $\to -\infty$,

Der Summand $\mathbf{-\ 0{,}25x^4}$ gibt den Ausschlag für das Verhalten im Unendlichen.

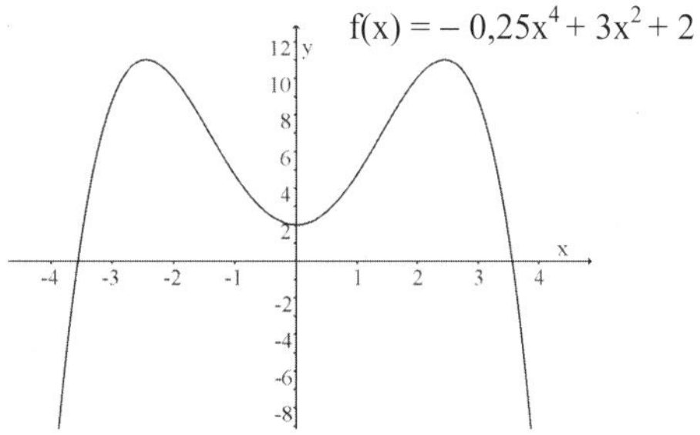

Der Verlauf des Graphen von ganzrationalen Funktionen hängt offensichtlich vom Grad n der Funktion und vom Vorzeichen des Faktors vor dem x mit dem höchsten Exponenten, also a_n, ab. Letztlich ist immer der Summand mit dem höchsten Exponenten für das Verhalten im Unendlichen ausschlaggebend, zusammen mit dem Vorzeichen des zugehörigen Faktors.

Damit kann der Verlauf grob mit dem Verlauf der Potenzfunktionen der Form $f(x) = ax^n$ charakterisiert werden, sodass es **vier** verschiedene typische Verläufe gibt:

„Typische" Verläufe von ganzrationalen Funktionen

	$a_n > 0$	$a_n < 0$
n gerade	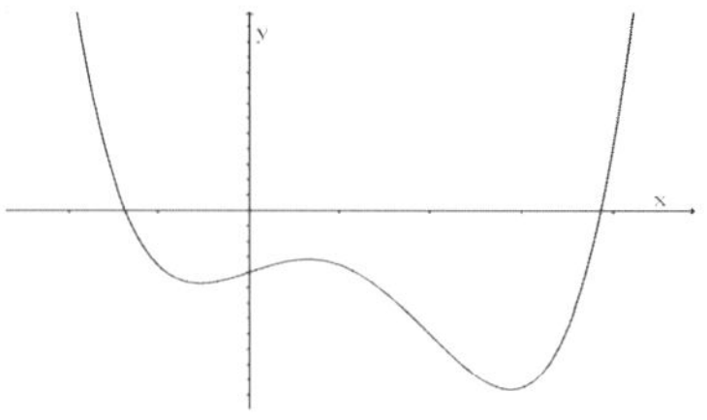	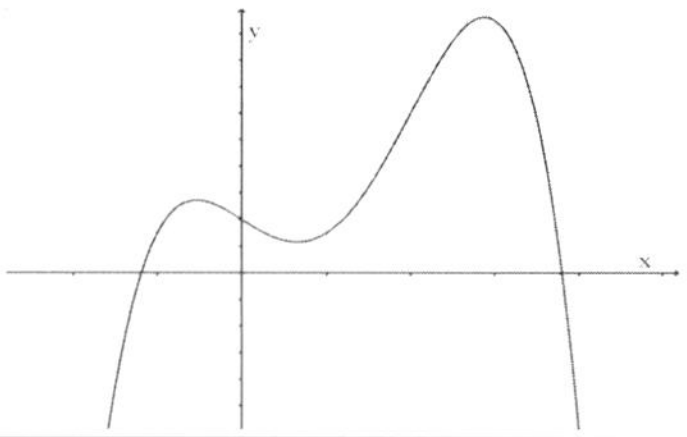
n ungerade	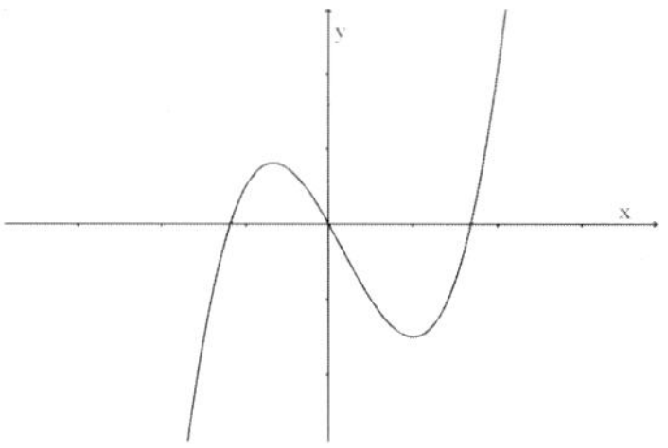	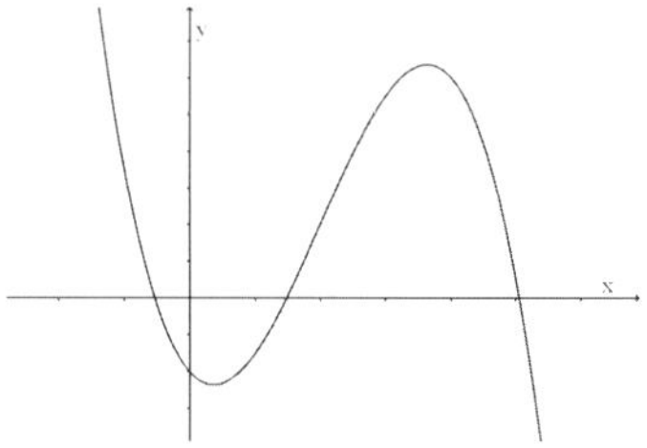

Übung

Gegeben sind die Funktionen f. Untersuchen Sie das Unendlichkeitsverhalten der Graphen.
a) $f(x) = 2x^4 - 6x^2 + 4$ b) $f(x) = -x^3 + 3x^2 + x$ c) $f(x) = x^5 - 0{,}5x^3 - 6$ d) $f(x) = 3x^2 - 6x^5$

Nullstellen von ganzrationalen Funktionen

Bei linearen und quadratischen Funktionen werden die Stellen x als Nullstellen der Funktion f bezeichnet, für die gilt: $\mathbf{f(x) = 0}$.
Der Graph der Funktion f hat dort Berühr- oder Schnittpunkte mit der x-Achse.

Bei quadratischen Funktionen berechnet man die Nullstellen u. a. mit der p-q-Formel. Man kann sich von der Richtigkeit der Berechnung überzeugen, wenn man die Linearfaktoren $x - 5$ und $x + 1$, aus denen man die Nullstellen ablesen kann, multipliziert. $(x = 5 \vee x = -1)$
Umgekehrt kann man bei Bekanntsein des Funktionsterms und **der Nullstelle** die andere Nullstelle durch eine besondere Art der **Division** berechnen. Man beginnt damit, dass man die höchste Potenz vom Divisor (x^2) durch die höchste Potenz vom Dividend (x) teilt. Dann wird der Dividend $(x - 5)$ mit diesem Ergebnis (x) multipliziert $((x - 5)x = x^2 - 5x)$. $(x^2 - 5x)$ wird dann vom entsprechenden Teilterm $x^2 - 4x$ abgezogen und -5 zur weiteren Rechnung herangezogen.). Dann wird das Verfahren wiederholt. (NR= Nebenrechnung.)

Beispiel:

$f(x) = 0 = x^2 - 4x - 5$

$x_1 = 2 + \sqrt{4+5} = \underline{5}$; $x_2 = 2 - \sqrt{4+5} = \underline{-}$

$x^2 - 4x - 5 = (x - 5)\,(x + 1)$
↓ ↓
Linearfaktoren

$(x^2 - 4x - 5) : (x - 5) = x + 1$ NR.: $\frac{x^2}{x} = x$
$\underline{-(x^2 - 5x)}$ ↓
$0 + x - 5$ $\frac{x}{x} = 1$
$\underline{-(x - 5)}$
$0 \quad 0$

Mit diesem besonderen Divisonsverfahren, der **Polynomdivision**, lassen sich Nullstellen von ganzrationalen Funktionen **höheren** Grades berechnen, wie das folgende Beispiel zeigt.

Beispiel:

Wie lauten die Nullstellen der Funktion $f(x) = x^3 - 6x^2 + 11x - 6$?

Lösung:

Die erste Nullstelle wird durch Probieren ($x_1 = 1$) bestimmt. Sie ergibt den Linearfaktor $(x - 1)$, sodass gilt:

$$(x^3 - 6x^2 + 11x - 6) : (x - 1) = g(x)$$

g(x) ist ein quadratischer Term, dessen Nullstellen mit Hilfe der pq-Formel bestimmt werden können. Um den Term von g(x) zu erhalten, ist die Polynomdivision durchzuführen:

1. Schritt: Der erste Summand x^3 der ersten Klammer wird durch den ersten Summanden x des Linearfaktors dividiert und ergibt x^2.
2. Schritt: x^2 wird mit dem Linearfaktor $(x - 1)$ multipliziert und das Ergebnis von der ersten Klammer abgezogen.
3. Schritt: Vom Restterm wird erneut der erste Summand $-5x^2$ durch x geteilt und als zweiter Summand $-5x$ hinter x^2 geschrieben.
4. Schritt: $-5x$ wird mit dem Linearfaktor multipliziert, das Ergebnis $-5x^2 + 5x$ vom Restterm abgezogen.
5. Schritt: Vom erhaltenen Rest $6x - 6$ wird 6x durch x geteilt und ergibt 6 als letzten Summanden.
6. Schritt: Die Multiplikation von 6 mit dem Linearfaktor $(x - 1)$ ergibt $6x - 6$, sodass sich nach Subtraktion mit dem Restterm der Rest 0 ergibt.

Die Polynomdivision ist damit abgeschlossen: $g(x) = x^2 - 5x + 6$.

Die pq-Formel ergibt die weiteren Lösungen $x_2 = 2$ und $x_3 = 3$, sie sind auch Nullstellen von f.

Antwort:

Der Graph von f mit $f(x) = x^3 - 6x^2 + 11x - 6$ hat die Nullstellen $x_1 = 1$, $x_2 = 2$ und $x_3 = 3$.

Darstellung in Linearfaktoren:

$x^3 - 6x^2 + 11x - 6 = (x - 1)(x - 2)(x - 3)$

Probieren: $f(1) = 1 - 6 + 11 - 6 = 0$

Erste Nullstelle von f ist $x_1 = 1$

Darstellung der Polynomdivision:

1. Schritt:

$$(x^3 - 6x^2 + 11x - 6) : (x - 1) = x^2$$

2. Schritt:

$$\begin{aligned}&(x^3 - 6x^2 + 11x - 6) : (x - 1) = x^2\\ &\underline{-(x^3 - x^2)}\\ &\quad -5x^2 + 11x - 6\end{aligned}$$

3. Schritt:

$$\begin{aligned}&(x^3 - 6x^2 + 11x - 6) : (x - 1) = x^2 - 5x\\ &\underline{-(x^3 - x^2)}\\ &\quad -5x^2 + 11x - 6\end{aligned}$$

4. Schritt:

$$\begin{aligned}&(x^3 - 6x^2 + 11x - 6) : (x - 1) = x^2 - 5x\\ &\underline{-(x^3 - x^2)}\\ &\quad -5x^2 + 11x - 6\\ &\quad \underline{-(-5x^2 + 5x)}\\ &\qquad 6x - 6\end{aligned}$$

5. Schritt:

$$\begin{aligned}&(x^3 - 6x^2 + 11x - 6) : (x - 1) = x^2 - 5x + 6\\ &\underline{-(x^3 - x^2)}\\ &\quad -5x^2 + 11x - 6\\ &\quad \underline{-(-5x^2 + 5x)}\\ &\qquad 6x - 6\end{aligned}$$

6. Schritt:

$$\begin{aligned}&(x^3 - 6x^2 + 11x - 6) : (x - 1) = x^2 - 5x + 6\\ &\underline{-(x^3 - x^2)}\\ &\quad -5x^2 + 11x - 6\\ &\quad \underline{-(-5x^2 + 5x)}\\ &\qquad 6x - 6\\ &\qquad \underline{-(6x - 6)}\\ &\qquad\quad 0\end{aligned}$$

Dieses Verfahren lässt sich immer dann anwenden, wenn ein Polynom durch einen Linearfaktor dividiert wird, der einer Nullstelle „entspricht".

Es gilt:

Ist x_1 eine Nullstelle einer ganzrationalen Funktion f, dann gilt: $\mathbf{f(x) = (x - x_0) \cdot g(x)}$. Dabei ist g(x) ein um ein Grad niedrigerer Funktionsterm einer ganzrationalen Funktion als der von f(x)

Die Funktion f im Beispiel ist eine ganzrationale Funktion dritten Grades, sie hat **drei** Nullstellen. Lineare Funktionen haben **höchstens eine** Nullstelle, quadratische Funktionen **höchstens zwei** Nullstellen.

Bei Funktionen vom Grad $n > 3$ ist die Vorgehensweise gleich, jedoch müssen im Allgemeinen die Schritte **„**Probieren, Polynomdivision“ mehrmals durchgeführt werden**.**

Merke

> Nullstellen von Funktionen höheren Grades, die in **Polynomdarstellung** gegeben sind, werden durch folgende Schrittfolge bestimmt:
>
> **1. Schritt:** Ermitteln einer Nullstelle x_1 durch Einsetzen in die Funktionsgleichung
>
> **2. Schritt:** Division des Funktionsterms durch den Linearfaktor $x - x_1$
>
> **3. Schritt:** Bestimmen der Lösungen des erhaltenen Restterms. Ist der Restterm vom Grade **n > 2**, sind die Schritte 1 bis 3 erneut zu durchlaufen.
>
> Eine ganzrationale Funktion vom Grade **n** hat **höchstens n** Nullstellen.

Wichtig ist das Wort „*höchstens*“, denn es gibt ganzrationale Funktionen vom Grad n, die keine bzw. weniger als n Nullstellen haben.

Beispiel:

Zeigen Sie, dass die Funktion $f(x) = x^3 + 2x + 3$ nur **eine** Nullstelle hat.

Lösung:

Durch Probieren erhält man die Nullstelle $x_0 = -1$.

$$f(x) = x^3 + 2x + 3$$
$$f(-1) = 0; \quad x_0 = -1 \text{ (Nullstelle)}$$

Das Restpolynom $g(x) = x^2 - x + 3$ wird durch Polynomdivision bestimmt.

$$\begin{array}{l}
(x^3 \qquad + 2x + 3) : (x + 1) = x^2 - x + 3 \\
\underline{-(x^3 + x^2)} \quad \downarrow \quad \downarrow \qquad x^3 : x = x^2 \quad \uparrow \quad \uparrow \\
0 \quad -x^2 + 2x \qquad\qquad -x^2 : x = -x \\
\quad \underline{-(-x^2 - x)} \qquad\qquad\qquad 3x : x = 3 \\
\qquad 0 \quad 3x + 3 \\
\qquad\quad \underline{-(3x + 3)} \\
\qquad\qquad 0 \quad 0
\end{array}$$

Die Gleichung $0 = x^2 - x + 3$ versucht man mit Hilfe der p-q-Formel zu lösen.

$$x_1 = 0{,}5 \pm \sqrt{(0{,}5)^2 - 3}$$

Sie hat **keine** Lösungen, da die Diskriminante D kleiner als null ist.

$$D = (0{,}5)^2 - 3 = -2{,}75 < 0$$

Ein wichtiger Hinweis:

Wenn die ganzrationale Funktion $f(x) = a_n x^n + a_{n-1} x^{n-1} + \ldots + a_1 x + a_0$ nur ganzzahlige Nullstellen hat und wenn $a_n = 1$ und $a_0 \neq 0$, dann sind die Nullstellen *Teiler des Absolutgliedes* a_0.

Beispiel:

Bestimmen Sie von der Funktion $f(x) = 2x^3 + 8x^2 - 38x + 28$ die Nullstellen und geben Sie den Funktionsterm von f als Produkt von Linearfaktoren an.

***Lösung*:**

Man dividiert den Funktionsterm durch 2.

$$f(x) = 0 = 2x^3 + 8x^2 - 38x + 28 \quad |:2$$
$$0 = x^3 + 4x^2 - 19x + 14$$

Für $a_0 = 14$ gibt es acht ganzzahlige Teiler, die der Reihe nach geprüft werden, welche davon Nullstellen sind. Schon 1 ist eine Nullstelle. Der Funktionsterm f(x) ist durch den Linearfaktor $(x - 1)$ ohne Rest dividierbar $(f(x) : (x - 1) = g(x))$.

Teiler von 14: $\{-1; 1; -2; 2; -7; 7; -14; 14\}$

$$f(1) = 1^3 + 4 \cdot 1^2 - 19 \cdot 1 + 14 = 0$$

$$(x^3 + 4x^2 - 19x + 14) : (x - 1) = x^2 + 5x - 14$$
$$\begin{array}{l} \underline{-(x^3 - x^2)} \\ 0 \quad 5x^2 - 19x \\ \quad \underline{-(5x^2 - 5x)} \\ \quad\quad 0 \quad -14x + 14 \\ \quad\quad\quad \underline{-(-14x + 14)} \\ \quad\quad\quad\quad 0 \quad\quad 0 \end{array}$$

Die Gleichung $g(x) = 0$ liefert zwei weitere Nullstellen. Der Funktionsterm f(x) kann nun als Produkt von 3 Linearfaktoren: $(x - 1)$, $(x - 2)$ und $(x + 7)$ angegeben werden. Die Funktion f hat die Nullstellen $x_1 = 1$; $x_2 = 2$ und $x_3 = -7$.

$$g(x) = 0 = x^2 + 5x - 14$$
$$\Rightarrow x_2 = \underline{2;}\ x_3 = \underline{-7}$$

$$\underline{f(x) = (x - 1) \cdot (x - 2) \cdot (x + 7)}$$

Übungen

Gegeben sind die Funktionen
a) $f(x) = x^3 + x^2 - 17x + 15$ b) $f(x) = x^3 + 4x^2 + x - 6$ und c) $f(x) = 2x^3 + 4x^2 - 10x - 12$.
Berechnen Sie ihre Nullstellen, indem Sie eine Nullstelle durch Probieren ermitteln. (Teiler des Absolutgliedes beachten.)

Nullstellen bei biquadratischem Term

Ein besonderes Lösungsverfahren zur Nullstellenbestimmung ist das **Substitutionsverfahren**. Es ist dann anwendbar, wenn die Funktionsgleichung die Form $\mathbf{f(x) = ax^4 + bx^2 + c}$ (Funktionen mit *nur geraden* Exponenten) hat. Das Verfahren wird in diesem Fall an einem Beispiel gezeigt.

Beispiel:

Berechnen Sie die Nullstellen der Funktion $f(x) = 2x^4 - 10x^2 + 8$.

Man setzt $x^4 = z^2$ und $x^2 = z$ und berechnet für z_1 und z_2 die Lösungen z. B. mit Hilfe der p-q-Formel.

$$f(x) = 2x^4 - 10x^2 + 8\ ; \quad x^4 = z^2; \quad x^2 = z$$
$$f(z) = 2z^2 - 10z + 8 \quad | \text{ Aus } f(x) = 0 \text{ folgt:}$$
$$0 = z^2 - 5z + 4$$
$$z_1 = 2{,}5 + \sqrt{(2{,}5)^2 - 4} = 4; \quad z_2 = 2{,}5 - \sqrt{(2{,}5)^2 - 4} = 1$$

Die Funktionen hat die Nullstellen $x_1 = 2$; $x_2 = -2$; $x_3 = 1$ und $x_4 = -1$

$$z_1 = x^2 = 4; \quad x_1 = \sqrt{4} = \underline{2}; \quad x_2 = -\sqrt{4} = \underline{-2;}$$
$$z_2 = x^2 = 1; \quad x_3 = \sqrt{1} = \underline{1} \text{ und } x_4 = -\sqrt{1} = \underline{-1}$$

Merke

Berechnung der Nullstellen von biquadratischen Funktionen der Form $\mathbf{f(x) = ax^4 + bx^2 + c}$

1. Schritt: Ersetzten von x^4 durch z^2 und x^2 durch z

2. Schritt: Lösen der dadurch erhaltenen quadratischen Gleichung nach z

3. Schritt: Ersetzen von z_1 und z_2 durch x_1^2 und x_2^2

4. Schritt: Auflösen nach x_1 bis x_4 durch Wurzelziehen.

Eine biquadratischen Funktionen hat entweder **keine, zwei** oder **vier** Nullstellen.

Übung

Berechnen Sie die Nullstellen der folgenden biquadratischen Funktionen.

a) $f(x) = x^4 + 2x^2 - 15$ b) $f(x) = x^4 - 25x^2 - 16$ c) $f(x) = 2x^4 + 2x^2 - 4$.

Schnittpunkte zweier Graphen

Um die Schnittpunkte der Graphen zweier ganzrationaler Funktionen zu berechnen, müssen die Funktionsterme ihrer Funktionsgleichungen gleichgesetzt werden:

$$\mathbf{f(x) = g(x)}$$

Beispiel:

In welchen Punkten schneiden sich die Parabeln der beiden Funktionsgleichungen: $f(x) = x^3 + 5x^2$ und $g(x) = 3x^4 + x^3 - 7x^2$? Skizzieren Sie die Graphen.

Lösung

Man setzt, wie üblich die beiden Funktionsterme von f und g gleich $(f(x) = g(x))$

Nach algebraischer Vereinfachung wird x^2 ausgeklammert. $x^2 = 0$ und die Lösung von $x^2 - 4 = 0$ werden getrennt berechnet.

$$x^3 + 5x^2 = 3x^4 + x^3 - 7x^2 \quad |-x^3 \quad |-5x^2$$
$$0 = 3x^4 - 12x^2 \quad |:3$$
$$0 = x^4 - 4x^2$$
$$0 = x^2(x^2 - 4)$$
$$\downarrow \quad \downarrow$$
$$0 \quad 0$$

$$x^2 = 0 \Rightarrow x = 0 \ \vee \ x^2 - 4 = 0 \Rightarrow x = 2 \vee x = -2$$

Die zugehörigen y-Werte ergeben sich durch Einsetzen: Schnittpunkte: P(–2|12); P(0|0); P(2|28)

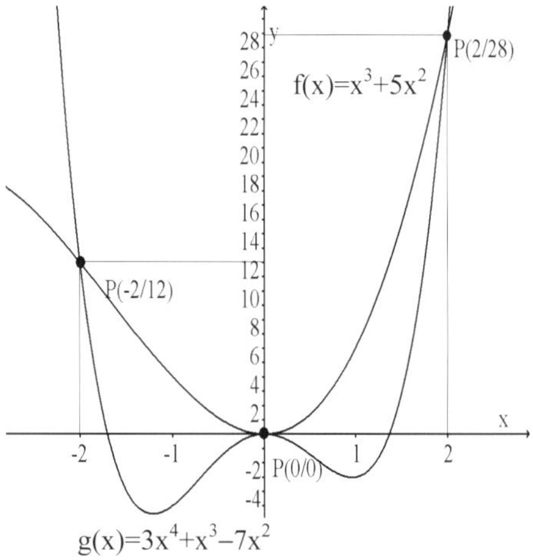

Anwendungen zu ganzrationalen Funktionen

a) Marktmodell

In der Volkswirtschaftslehre unterscheidet man – grob betrachtet – vier Marktmodelle, die beschreiben, ob zwischen den Anbietern eines Marktes Wettbewerb stattfindet oder nicht und welcher Art dieser Wettbewerb ist.

Eines dieser Modelle ist der ***vollkommene atomistische*** Markt **(Polypol).**

Da der Polypolist keinen Einfluss auf den Preis hat, ist der Bereich für ihn besonders wichtig, in welchem er seine Produkte am vorteilhaftesten anbieten kann. Legt man einen **S-förmigen** Kostenverlauf und eine lineare Erlösfunktion zugrunde, so gibt es eine vom Polypolisten produzierte Menge x_S eines Gutes, die als „Gewinnschwelle" bzw. „Nutzenschwelle" oder als Mindestabsatzmenge bezeichnet wird. Man spricht auch vom **„Break-even-Point".** Von diesem Punkt an sind die Kosten erstmals kleiner als der Erlös (man spricht von Gewinn).
Wegen des später progressiven Kostenverlaufes existiert ein oberer Schnittpunkt zwischen den Graphen von Erlös- und Kostenfunktionen. Man spricht von „Gewinngrenze" bzw. „Nutzengrenze". Ist die produzierte Menge größer als die Gewinngrenze, so sind die Kosten höher als die Erlöse (man spricht von Verlust).

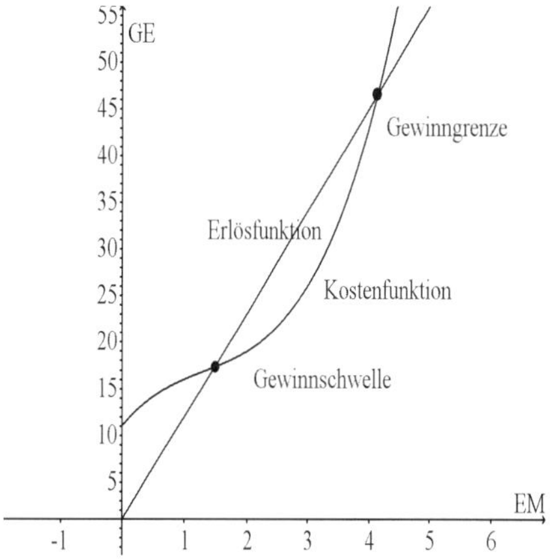

Beispiel:

Gegeben sind die Erlösfunktion: $E(x) = 12x$ und die Kostenfunktion K mit $K(x) = x^3 - 4x^2 + 9x + 12$.

a) Skizzieren Sie in einem Schaubild die Graphen von K, E.
b) Ermitteln Sie die Gewinnfunktion G, wenn gilt: $G(x) = E(x) - K(x)$.
c) Berechnen Sie Nutzenschwelle x_S und Nutzengrenze x_G für $x \in [1; 7]$.

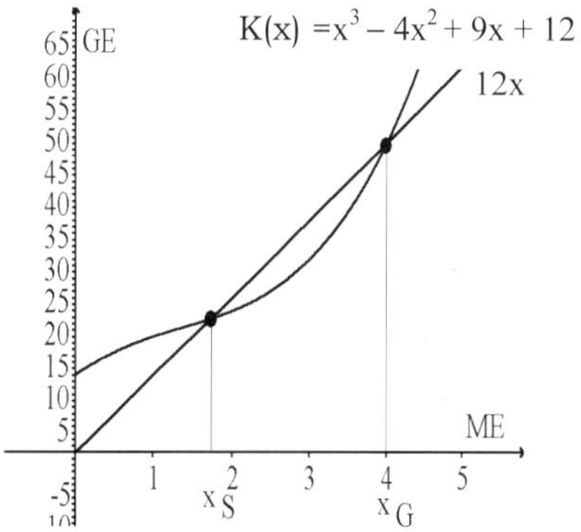

Lösung:

b) Zuerst wird die Gewinnfunktion G(x) ermittelt.

$G(x) = E(x) - K(x)$
$G(x) = 12x - (x^3 - 4x^2 + 9x + 12)$
$= -x^3 + 4x^2 + 3x - 12$

c) Um Gewinnschwelle und Gewinngrenze zu berechnen, werden die Funktionsterme von E und K gleichgesetzt. Durch Probieren – pos. Teiler von 12 sind:{1; 2; 3; 4; 6; 12} – errechnet man eine Lösung mit $x_1 = 4$.

$E(x) = K(x)$.
$12x = x^3 - 4x^2 + 9x + 12$
$0 = x^3 - 4x^2 - 3x + 12$
$0 = 4^3 - 4 \cdot 4^2 - 3 \cdot 4 + 12$

Mit Hilfe der Polynomdivision wird das Restpolynom $g(x) = x^2 - 3$ ermittelt.

Von den Lösungen der Gleichung $0 = x^2 - 3$ interessiert nur die für x_2.

Gewinnschwelle: $\mathbf{x_S = \sqrt{3} \approx 1{,}73}$;

Gewinngrenze: $\mathbf{x_G = 4}$.

$(x^3 - 4x^2 + 2 - 3x + 12) : (x - 4) = x^2 - 3$

$0 = x^2 - 3 \Rightarrow x_2 = \underline{\sqrt{3}};\ \ x_3 = -\sqrt{3}$

b) Volumen von geradlinig begrenzten Körpern

Zur Aufbewahrung verschiedener Kleinteile im werkkundlichen Unterricht soll aus einem Stück Pappe mit den Maßen 20 cm × 20 cm ein nach oben offener Karton hergestellt werden.
Aus den Seiten werden Quadrate mit der Seitenlänge h ausgeschnitten und nach oben geklappt.
Es stellt sich die Frage: Wie groß ist das Maß h, damit der Karton ein möglichst **großes** Volumen erhält?
Welcher Definitionsbereich für h ist sinnvoll?
Stellen Sie eine Funktion auf und ermitteln Sie aus dem Graphen den ungefähren Wert für h.

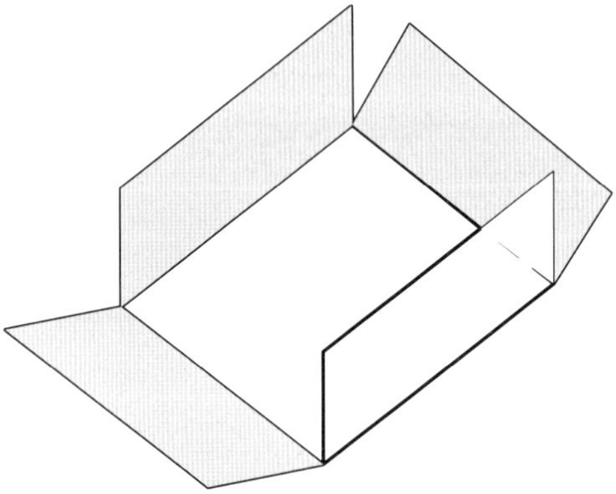

Planskizze:

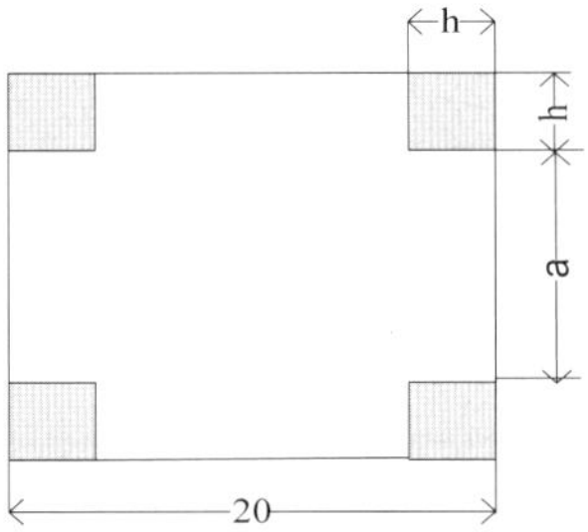

Mit Hilfe der Inhaltsformel eines Quaders $V = a^2 \cdot h$ berechnet man das Volumen. Dabei ist $A = (20 - 2h)^2$ die Grundfläche und h die Höhe.

$V = (20 - 2h)^2 \cdot h = (400 - 80h + 4h^2)h$

$V = 4h^3 - 80h^2 + 400h$

<u>Lösung:</u>

Für unterschiedliche Werte von h, z. B. h = 1 bzw. h = 5, erhält man unterschiedliche Volumen.

$h = 1$: $V = 4 \cdot 1^3 - 80 \cdot 1^2 + 400 \cdot 1 = 324\ cm^2$

$h = 5$: $V = 4 \cdot 5^3 - 80 \cdot 5^2 + 400 \cdot 5 = 500\ cm^2$

Man erkennt, dass der sinnvolle Definitionsbereich zwischen 0 und 10 liegt; **D(V) = (0; 10).**

Es wird die Funktion V(h) aufgestellt und der Graph von V (z.B. mit dem GTR) gezeichnet.

$$\mathbf{V(h) = 4h^3 - 80h^2 + 400h}$$

Je nach Zeichengenauigkeit kann man am Graphen den h-Wert, der das größte Volumen erwarten lässt, ablesen. Man liest **h ≈ 3,5 cm.**

$V(3{,}5) = 4 \cdot 3{,}5^3 - 80 \cdot 3{,}5^2 + 400 \cdot 3{,}5 = \underline{591{,}5\ cm^2}$

$V(h) = 4h^3 - 80h^2 + 400h$

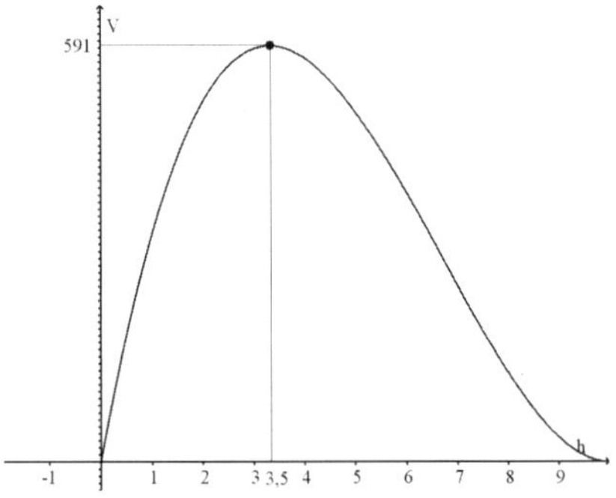

Übungen

1. Ein Betrieb erzielt für eines seiner Produkte einen Stückpreis von 28 GE. Seine Kosten K errechnen sich nach $K(x) = x^3 - 6x^2 + 15x + 18$. Ermitteln Sie die Gewinnfunktion G und berechnen Sie Gewinnschwelle und Gewinngrenze für $x \in [0; 8]$. Skizzieren Sie die Graphen aller drei Funktionen in ein Schaubild.

2. Zur Aufbewahrung von Spielzeug fertigt ein Vater einen Pappkarton aus einem Stück mit den Maßen 30 cm × 30 cm an. Der Pappkarton bleibt oben offen.
Wie groß ist das Maß h, damit der Karton ein möglichst **großes** Volumen erhält?
Welcher Definitionsbereich für h ist sinnvoll? Stellen Sie eine Funktion V auf und ermitteln Sie aus dem Graphen den ungefähren Wert für h.

Aufgaben 4.5

1. Geben Sie den Grad und die Koeffizienten der Funktionen f an.
a) $f(x) = x^3 - 4x^2 - 2x$ b) $f(x) = 2x^5 - 3x^4 + 10x - 1$
c) $f(x) = 80x^3 + 60x^2 - x - 2$ d) $f(x) = 3x^2 - 4x + 5x^4$

2. Berechnen Sie die Funktionswerte an der Stelle x_0.
a) $f(x) = 4x^3 - x^2 + 2;\ x_0 = 3$ b) $f(x) = 3x^4 + x + 15;\ x_0 = 4$
c) $f(x) = 0{,}5x^3 + 2x^2 + 4x - 10;\ x_0 = -2$ d) $f(x) = x^4 - x^3 - x^2 + 4x + 1;\ x_0 = 5$

Symmetrie

3. Welche Graphen der folgenden Funktionen sind achsensymmetrisch zur y-Achse, punktsymmetrisch zum Punkt $P(0 \mid 0)$ oder keines von beiden?
a) $f(x) = 4x^5 - 3x$ b) $f(x) = 2x^6 - 4x^2 + 3$ c) $f(x) = 3x^3 - x + 4$
d) $f(x) = 2x^4 - x^2 + x$ e) $f(x) = x^5 + 4x^4 - 2$ f) $f(x) = x^3 + 6x - x^5$

4. Zeigen Sie rechnerisch, dass der Graph von f achsensymmetrisch zur y-Achse oder punktsymmetrisch zum Ursprung ist.
a) $f(x) = x^4 - x^2$ b) $f(x) = 3x - 3x^3$ c) $f(x) = x^4 - x^2 - 1$

Nullstellen

5. Geben Sie die Nullstellen von f an.
a) $f(x) = (x^2 - 1)(x + 2)$ b) $f(x) = (x - 5)(x + 3)x^2$
c) $f(x) = x(x - 2)^2(x - 4)$ d) $f(x) = x^3(x + 1)(x - 2)$

6. Bestimmen Sie die Nullstellen von f. Ermitteln Sie zunächst eine Nullstelle durch Probieren.
a) $f(x) = x^3 - 2x^2 - x + 2$ b) $f(x) = x^3 - 2x^2 - 3x$ c) $f(x) = 3x^3 - 3x^2 - x + 1$
d) $f(x) = x^3 + 3x^2 - 9x - 2$ e) $f(x) = x^3 - x^2 - 10x + 6$ f) $f(x) = -1{,}5x^3 + 6x^2 - 4{,}5$
g) $f(x) = x^3 - 2x^2 + 6x - 12$ h) $f(x) = 2x^3 + x^2 - 10x + 7$ i) $f(x) = 0{,}5x^3 - 4x - 4$

10 Haarmann, Thun ISBN 978-3-8120-0504-3

7. Setzen Sie: $x^4 = z^2$ und $x^2 = z$ und berechnen Sie die Nullstellen der Funktion f.

a) $f(x) = x^4 - 8x^2 + 16$ b) $f(x) = x^4 - 10x^2 + 9$

c) $f(x) = 0{,}4x^4 - 6{,}4x^2$ d) $f(x) = 2x^4 - 12x^2 + 16$

Schnittpunkte von Graphen

8. Berechnen Sie den (die) Punkt(e), in dem (denen) sich die Graphen folgender Funktionen schneiden.

a) $f(x) = 2x^2 - 3$; $g(x) = 6 - x^2$ b) $f(x) = 0{,}5x^3 - 2x$; $g(x) = x^2 - 4$

c) $f(x) = x^3 + x^2 - 2$; $g(x) = x - 1$ d) $f(x) = x^3 + 2x^2 - 4$; $g(x) = 0{,}5x - 4$

e) $f(x) = 2x^3 - x^2$; $g(x) = x^4 + 2x^3 - 4$ f) $f(x) = x^4 - 2x + 2$ $g(x) = 2x^2 - 2x + 10$

Bestimmung von Funktionstermen

9. Ordnen Sie jedem Schaubild den richtigen Funktionsterm zu.

1. $f(x) = x^3 - 4x$

2. $g(x) = (x^2 - 1)(3 - x)$

3. $h(x) = 0{,}5x^3 + x^2 + x + 2$

4. $j(x) = (x + 1)^2(x - 2)$

5. $k(x) = 2x^3 - x^4 + 9x$

a)

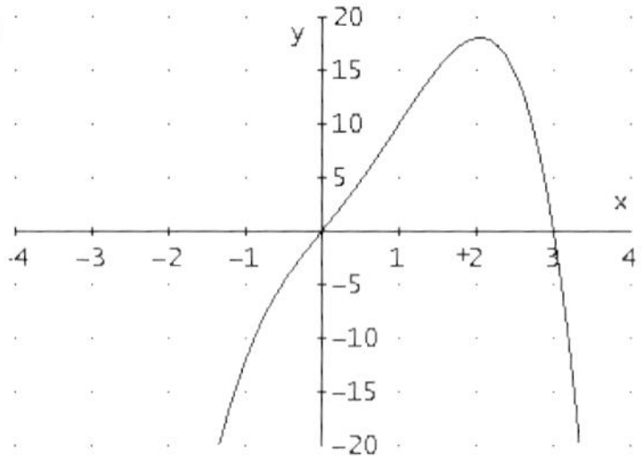

b)

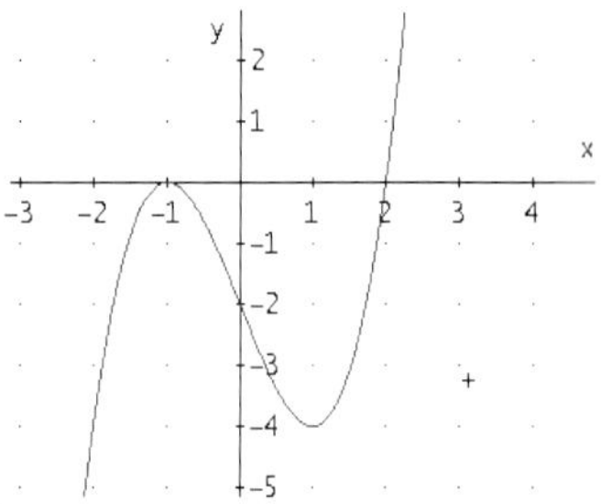

c)

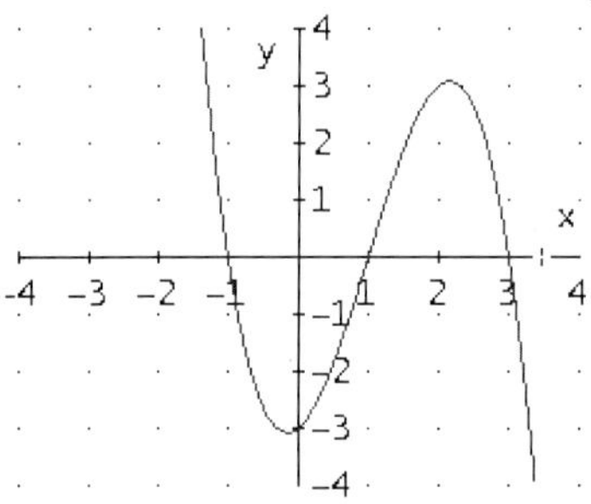

d)

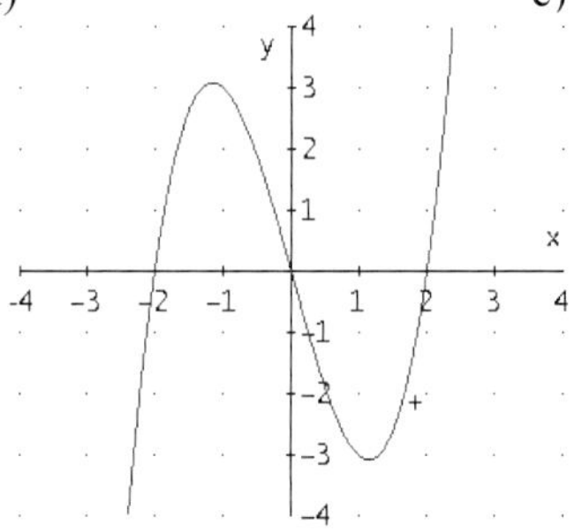

e)

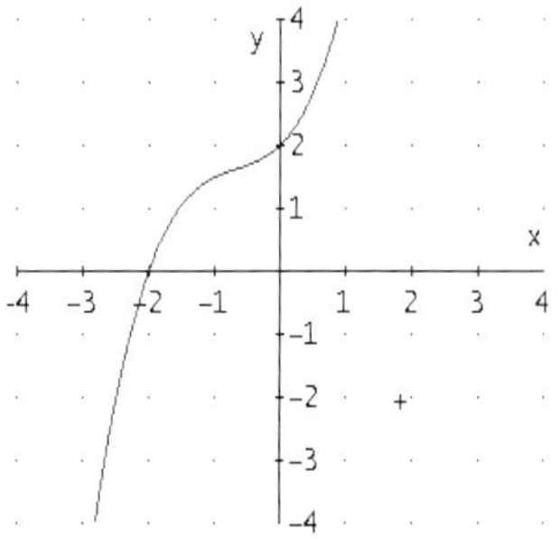

***10.** Bestimmen Sie die ganzrationale Funktion n-ten Grades, welche die angegebenen Eigenschaften besitzt.

a) Funktion 2. Grades: Graph hat Nullstellen bei $x_1 = -2$ und $x_2 = 3$ und geht durch $P(2| -2)$.

b) Funktion 2. Grades: Graph hat Nullstellen bei $x_1 = -1$ und $x_2 = 2$. Er geht durch $P(0 | -2)$.

c) Funktion 3. Grades: Graph hat Nullstellen bei $x_1 = 0$, $x_2 = -1$ und $x_3 = 5$ und geht durch $P(2| -4{,}5)$.

d) Funktion 3. Grades: Graph ist punktsymmetrisch zum Ursprung, geht durch $P(3 | -1{,}5)$ und hat bei $x_1 = 2$ eine Nullstelle.

e) Funktion 3. Grades: Graph hat Nullstellen bei $x_1 = -1$, $x_2 = 2$, $x_3 = 3$ und geht durch $P(-2 | 5)$.

f) Funktion 4. Grades: Graph hat Nullstellen bei $x_1 = 1$, $x_2 = 2$, verläuft durch $P(0|4)$ und ist achsensymmetrisch zur y-Achse.

g) Funktion 4. Grades: Graph hat Nullstellen bei $x_1 = -1$ und $x_2 = 2$, verläuft achsensymmetrisch zur y-Achse. Außerdem gilt: $a_4 = 0{,}5$.

Zusammengesetzte Aufgaben

11. Gegeben ist $f(x) = 0,\bar{3}\,x^3 - x$.

a) Untersuchen Sie f auf Symmetrie zum Ursprung.

b) Bestimmen Sie die Nullstellen und zeichnen Sie den Graphen.

c) Bestimmen Sie die Schnittpunkte der Graphen von f und g: $g(x) = -\frac{1}{3}x^2 + 2x + 3$

*d) Bestimmen Sie die Funktionsgleichung der Geraden, die durch die äußeren unter c) errechneten Schnittpunkte geht.

12. Gegeben ist: $f(x) = x^4 - 3x^2 - 4$.

a) Untersuchen Sie f auf Symmetrie zur y-Achse.

b) Berechnen Sie die Nullstellen und zeichnen Sie den Graphen.

c) Wie lautet die Funktionsgleichung der Geraden, die durch den Schnittpunkt des Graphen von f mit der y-Achse und einem Schnittpunkt des Graphen von f mit der x-Achse geht (zwei Lösungen)?

*d) In welchen Punkten schneidet diese Gerade den Graphen von f noch einmal?

Anwendungen

13. Berechnen Sie die Nutzenschwelle und die Nutzengrenze und ermitteln Sie die Gewinnfunktion G.

a) $K(x) = x^3 - 3x^2 + 4x + 18$; $E(x) = 11x$ b) $K(x) = x^3 - 9x^2 + 43x + 45$; $E(x) = 51{,}5x$
Skizzieren Sie alle drei Grafen für a) $x \in [0, 5]$, b) $x \in [0; 10]$

14. Gegeben sind Kosten- und Erlösfunktion. $E(x)= 12x$; $K(x) = 0{,}5x^3 - 4x^2 + 15x + 20$

a) Berechnen Sie Nutzenschwelle und Nutzengrenze.

b) Ermitteln Sie die Gewinnfunktion G.

c) Auf welchen Betrag müssen die Fixkosten gesenkt werden, damit die Nutzenschwelle bereits bei 2 ME liegt? Wie ändert sich in dem Fall die Nutzengrenze?

d) Skizzieren Sie alle Graphen für $x \in [0; 10]$.

15. Ein Schuhkarton hat im Allgemeinen die Maße 30 cm × 15 cm × 10 cm ($V = l \cdot b \cdot h$). Prüfen Sie zeichnerisch, ob diese Maße ein größtes Volumen garantieren, wenn der Schuhkarton aus einem rechteckigen Stück Pappe mit den Maßen 50 cm × 35 cm hergestellt wird? Skizzieren Sie den Graphen.

5 Folgen, Reihen und Finanzmathematik

5.1 Begriff der Zahlenfolgen

In vielen Intelligenztests kommt die Frage nach der Fortsetzung einer gegebenen Folge von Zahlen vor. Die zwei **gesuchten** Zahlen im Beispiel sind 27, 38. (Differenz zweier aufeinander folgender Zahlen sind die ungeraden Zahlen 3, 5, 7, ...).

INTELLIGENZTEST

ergänzen Sie:

(3) (6) (11) (18) (...) (...)

Die sechs Zahlen 3, 6,...,27, 38 sind in einer festen Reihenfolge $a_1, a_2, ..., a_5, a_6$ angeordnet.
Die Zahl mit dem Index n (z. B. n = 3; $a_3 = 11$) steht dabei an n-ter Stelle in der Reihenfolge und heißt **n-tes Folgenglied.**
(a_2: zweites Folgenglied; a_5:fünftes Folgenglied usw.)

3	6	11	18	....	....
a_1	a_2	a_3	a_4	a_5	a_6
↓	↓	↓	↓	↓	↓
3	6	11	18	27	38

Zahlenfolgen, kurz auch als Folgen bezeichnet, bestehen im Allgemeinen aus unendlich vielen reellen Zahlen $a_n \in \mathbb{R}$. Würde man das Einführungsbeispiel über $a_6 = 38$ hinaus weiterführen, so ließen sich leicht weitere Folgenglieder berechnen ($a_7 = 51$, $a_8 = 66$, ...).

Für Zahlenfolgen schreibt man $<a_n>$ (a_n in spitzen Klammern) und zählt dann die einzelnen Folgenglieder auf.
Jeder Indexzahl $n \in \mathbb{N}^*$ wird das zugehörige Folgenglied $\mathbf{a_n}$ zugeordnet. So betrachtet können Zahlenfolgen als **spezielle Funktionen** mit $n \in \mathbb{N}^*$ (Ausgangsmenge) und $a_n \in \mathbb{R}$ (Zielmenge) aufgefasst werden.

$<a_n>$: a_1, a_2, a_3, ...

Indexzahlen:

1	2	3	4	5	6 ...
↓	↓	↓	↓	↓	↓
a_1	a_2	a_3	a_4	a_5	a_6 ...

Folgenglieder

Beispiele:

- Eine konstante Folge: $<a_n>$: 4, 4, 4, 4, 4,...
- Folge der Primzahlen: $<a_n>$: 2, 3, 5, 7, 11,...
- Folge der Quadrate der natürlichen Zahlen $\mathbb{N}^*$: $<a_n>$: 1, 4, 9, 16, 25, ...

Mathematisch fassbar sind diejenigen Folgen, bei denen sich die Folgenglieder durch ein Bildungsgesetz $a_n = f(n)$ ermitteln lassen.

Beispiel:

Folge	Beschreibung der Folge	Bildungsgesetz der Folge
$<a_n>$: 3, 6, 9, 12, 15, ...	a_n: Folge aller mit 3 multiplizierten natürlichen Zahlen. ($n \in \mathbb{N}^*$)	$a_n = 3 \cdot n$

Beispiel:

Gegeben ist die Folge $\langle a_n \rangle$ mit dem Bildungsgesetz:
$a_n = n^2 - n;\ n \in \mathbb{N}^*$.
a) Wie lauten die ersten *sieben* Folgenglieder?
b) Berechnen Sie das 25. Folgenglied.

Lösung:

a) $a_1, a_2, a_3, a_4, a_5, a_6, a_7, ..$

$\downarrow \quad \downarrow \quad \downarrow \quad \downarrow \quad \downarrow \quad \downarrow \quad \downarrow$

$\langle a_n \rangle$: 0, 2, 6, 12, 20, 30, 42,..

b) $a_{25} = 25^2 - 25 = 625 - 25 = \underline{600}$

Merke

> Eine Zahlenfolge (kurz: Folge) ist eine Zuordnung, bei der jedem Element **n** der **Definitionsmenge** $\mathbb{N}^*$ genau ein Element $\mathbf{a_i}$ der **Zielmenge** $\mathbb{R}$ zugeordnet wird.
> Folgen können durch ein Bildungsgesetz $a_n = f(n)$ beschrieben werden.

Liegen die Anfangsglieder einer Folge vor, so lassen sich weitere Glieder der Folge ermitteln, wenn das Bildungsgesetz erkannt ist.

Beispiele:

Bestimmen Sie jeweils das passende Bildungsgesetz der angegebenen Folgen.

a) $\langle a_n \rangle$: $1, \frac{1}{2}, \frac{1}{3}, \frac{1}{4}, ...$; b) $\langle a_n \rangle$: 2, 4, 6, 8, 10,... c) $\langle a_n \rangle$: 1, 0, 1, 4, 9,...

Lösung:

Es ist der Zusammenhang zwischen der Indexzahl und dem dazugehörigen Folgenglied herauszuarbeiten:

	a)	b)	c)
	1 2 3 4 ...	1 2 3 4 ...	1 2 3 4 ...
	↓ ↓ ↓ ↓	↓ ↓ ↓ ↓	↓ ↓ ↓ ↓
	$1\ \frac{1}{2}\ \frac{1}{3}\ \frac{1}{4} ...$	2 4 6 8 ...	0 1 4 9 ...
Bildungsgesetz:	$\underline{a_n = \frac{1}{n}}$	$\underline{a_n = 2n}$	$\underline{a_n = (n-1)^2}$

Anmerkung: Die Folge $a_n = \frac{1}{n}$ wird als **Nullfolge** bezeichnet, da sie für große Werte von n dem Wert 0 zustrebt.

Übungen

1. Geben Sie die ersten 6 Glieder der Folgen mit den angegebenen Bildungsgesetzen an.

a) $a_n = 3n - 1$ b) $a_n = 2n - n^2$ c) $a_n = 5 \cdot 2^n$ d) $a_n = \frac{1 - n}{n + 2}$ e) $a_n = \frac{2^n}{n^2}$ f) $a_n = \frac{n^2}{2^n}$

2. Wie lautet das Bildungsgesetz der angegebenen Folgen? Geben Sie auch die nächsten drei Glieder an.

a) $\langle a_n \rangle = \langle 1, 3, 5, 7, ... \rangle$ b) $\langle b_n \rangle = \langle 2, \frac{3}{2}, \frac{4}{3}, \frac{5}{4}, ... \rangle$ c) $\langle c_n \rangle = \langle 2, 6, 12, 20, ... \rangle$

Aufgaben 5.1

1. Gegeben sind die Folgen $<a_n>$. Bestimmen Sie die ersten fünf Glieder der jeweiligen Folge.

a) $a_n = 2n - 2$ b) $a_n = 2n^2$ c) $a_n = \frac{3}{2n}$

d) $a_n = \frac{n-1}{n+1}$ e) $a_n = \frac{4n-1}{4n}$ f) $a_n = \frac{2-n^2}{n}$

2. Gegeben sind die ersten vier Glieder einer Folge $<a_n>$. Ermitteln Sie eine Bildungsvorschrift und berechnen Sie die nächsten drei Glieder.

a) $<3, 5, 7, ...>$ b) $<1, 4, 27, 256, ...>$ c) $<2, 6, 10, 14, ...>$

d) $<\frac{1}{2}, \frac{2}{3}, \frac{3}{4}, \frac{4}{5}, ...>$ e) $<1; 2, 4, 8, 16, ...>$ f) $<-1, \frac{1}{2}, -\frac{1}{3}, \frac{1}{4}, ...>$

5.2 Arithmetische Folgen und Reihen

Arithmetische Folgen

Einführungsbeispiel:

Bei den jährlich anfallenden Kosten für Wartung und Reparatur einer Werkzeugmaschine kalkuliert ein Unternehmen im ersten Jahr der Nutzung mit ca. 200,00 €. In den darauffolgenden Jahren erhöhen sich diese Beträge aufgrund höherer Beanspruchung um jeweils 400,00 € pro Jahr.

a) Wie hoch sind die jährlichen Wartungs- und Reparaturkosten in den ersten fünf Jahren? Entwickeln Sie ein Bildungsgesetz, mit dem die Kosten eines beliebigen Jahres berechnet werden können.

c) In welchem Jahr überschreiten die Jahreskosten den „oberen Wert" von 5 000,00 €?

Lösung:

a) Zu den Kosten von 200,00 € des 1. Jahres werden für die weiteren Jahre die Kosten von je 400,00 € addiert. Durch eine einfache Umformung, aus der die jeweilige Jahreszahl, in der die Kosten anfallen, hervorgeht, kann man leicht das Bildungsgesetz entwickeln, wenn die Jahreszahl durch n ersetzt wird.

$K(1) = 200$

$K(2) = 200 + 400 = 200 + (\mathbf{2} - 1)\,400 = 600$

$K(3) = 200 + 400 + 400 = 200 + 2 \cdot 400 = 200 + (\mathbf{3} - 1)\,400 = 1\,000$

$K(4) = 200 + (\mathbf{4} - 1)\,400 = 1\,400$

$K(5) = 200 + (\mathbf{5} - 1)\,400 = 1\,800$

$\underline{K(n) = 200 + (\mathbf{n} - 1)\,400}$

b) Die unter a) gefundene Gesetzmäßigkeit wird nach n umgestellt. Nach 13 Jahren muss das Unternehmen eine weitere Nutzung infrage stellen.

$K(n) \leq 5\,000$

$200 + (n - 1)\,400 \leq 5\,000$

aufgelöst nach n: $\Rightarrow \underline{n = 13}$

Werden die Werte der jährlichen Wartungs- und Reparaturkosten der Reihe nach als Glieder einer Folge geschrieben, so fällt auf, dass die Abstände dazwischen konstant 400 betragen:

$$200 \xrightarrow{+400} 600 \xrightarrow{+400} 1\,000 \xrightarrow{+400} 1\,400 \xrightarrow{+400} 1\,800 \xrightarrow{+400} 2\,200 \ldots$$

Folgen mit dieser Eigenschaft werden als **arithmetische** Folgen, bezeichnet. Auch sie werden in der Schreibweise $\langle a_n \rangle$ angegeben. Die obige Folge lautet dann:

$$\langle a_n \rangle = \langle 200, 600, 1\,000, 1\,400, 1\,800, 2\,200, \ldots \rangle.$$

Merke

Eine Folge $\langle a_n \rangle$ heißt **arithmetische** Folge, wenn die Differenz zweier aufeinanderfolgender Glieder stets dieselbe reelle Zahl d ergibt.

$$\mathbf{a_{n+1} - a_n = d} \qquad n \in \mathbb{N}^*$$

Beispiel:

Die Folge a_n: $a_n = 3n - 2$ ist eine arithmetische Folge, denn es gilt:

$$a_{n+1} - a_n = 3(n+1) - 2 - (3n - 2)$$
$$= 3n + 3 - 2 - 3n + 2 = \underline{3}$$

Damit ist die Differenz d = 3 konstant.

Arithmetische Folgen werden ebenfalls durch ein Bildungsgesetz a_n angegeben. Es lässt sich – wie oben im Einführungsbeispiel angedeutet – schon durch die Angabe des „Anfangsgliedes“ a_1 und der Differenz d herleiten:

$$a_1 = a_1 \qquad a_2 = a_1 + \mathbf{1} \cdot d \qquad a_3 = a_2 + \mathbf{2} \cdot d \qquad a_4 = a_1 + \mathbf{3} \cdot d \qquad \ldots \qquad a_n = a_1 + \mathbf{(n-1)} \cdot d$$

Merke

Ist $\langle a_n \rangle$ eine arithmetische Folge mit dem Anfangsglied a_1 und der Differenz d gegeben, so gilt für das Bildungsgesetz:

$$\mathbf{a_n = a_1 + (n-1)\, d} \quad \text{für alle } n \in \mathbb{N}^*$$

Je nach vorgegebener Aufgabenstellung lassen sich die Bildungsgesetze arithmetischer Folgen mit Hilfe dieser Formel aufstellen und ihre Glieder berechnen.

Beispiel:

Bestimmen Sie jeweils das Bildungsgesetz der angegebenen arithmetischen Folgen, die gegeben sind durch:

a) $a_1 = 1$; $d = 3$ b) $\langle a_n \rangle = 2, 6, 10, 14, \ldots$ c) $a_3 = 6$; $a_6 = 18$.

Bestimmen Sie für jede Folge auch das jeweils 10. Folgenglied a_{10}.

Lösung:

a) In die obige Formel $a_n = a_1 + (n-1) \cdot d$ werden die Werte für $a_1 = 1$ und $d = 3$ eingesetzt.

$a_n = 1 + (n-1) \cdot 3 \Rightarrow a_n = \underline{3n - 2}$

$a_{10} = 3 \cdot 10 - 2 = \underline{28}$

b) Aus den ersten vier Gliedern der Folge lassen sich a_1 und d ermitteln und dann auf die obige Formel anwenden.

$\langle a_n \rangle = 2, 6, 10, 14, \ldots$
$a_1 = 2;\ d = 4$
$a_n = 2 + (n-1)\,4 \Rightarrow a_n = \underline{4n - 2}$
$a_{10} = 4 \cdot 10 - 2 = \underline{38}$

c) Um d zu berechnen, verschafft man sich durch Aufschreiben der Glieder a_3 und a_6 der Folge einen Überblick.
Um a_1 zu berechnen, kann jeweils eine der Gleichungen verwendet werden.

$a_3 = 6$
$a_4 = 6 + d$
$a_5 = 6 + 2d$
$a_6 = 6 + 3d = 18 \Rightarrow 3d = 12 \Rightarrow d = \underline{4}$
$a_3 = a_1 + 2d \Rightarrow a_1 = a_3 - 2d$
$= 6 - 8 = \underline{-2}$
$a_n = -2 + (n-1)4$
$a_n = \underline{4n - 6}$
$a_{10} = 4 \cdot 10 - 6 = \underline{34}$

Übungen

1. Gegeben ist die arithmetische Folge $\langle a_n \rangle$: 2; 1,5; 1; 0,5; ... .
a) Geben Sie die nächsten drei Glieder der Folge an.
b) Wie lautet das Bildungsgesetz der Folge?

2. Ermitteln Sie das Bildungsgesetz der arithmetischen Folge $\langle a_n \rangle$: 1, 3, 5, 7, 9,...

3. Welche der gegebenen Bildungsgesetze beschreiben arithmetische Folgen?

a) $a_n = 4n - 2$ b) $a_n = 4 + 5n$ c) $a_n = \frac{2n+1}{n}$ d) $a_n = (-1)^n + 2n$ e) $a_n = 6n$

4. Wie viel durch 3 teilbare Zahlen liegen zwischen 1 und 500?

Arithmetische Reihen

Über den bedeutenden Mathematiker C.F. Gauß gibt es zu berichten: Eines Tages stellte sein Mathematiklehrer der Klasse die Aufgabe, die Summe der Zahlen von 1 bis 100 zu berechnen. Er hoffte, etwas Zeit zum Korrigieren zu bekommen. Das war ein Irrtum. Der neunjährige Gauß löste die Aufgabe im Nu.

Er schrieb die Zahlen 1 bis 50 in eine Zeile, und die Zahlen 51 bis 100 in einer zweiten Zeile in umgekehrter Reihenfolge darunter und addierte jeweils die zwei untereinander stehenden Zahlen. Als Summe erhielt er stets 101. Da er dies genau 50 Mal durchführen musste, hatte er die Summe der Zahlen zwischen 1 und 100 errechnet.

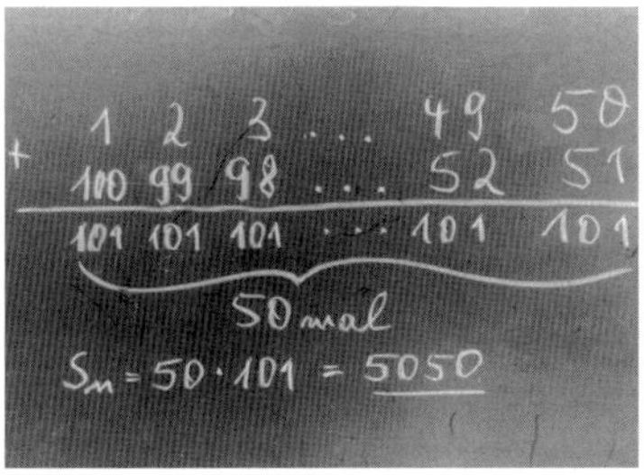

Bei dieser Folge <a_n>: 1, 2, 3,..., 100 handelt es sich um eine arithmetische Folge mit n = 100, a_1 = 1 und a_{100} = 100. Werden die einzelnen Rechenschritte zusammengefasst, so ergibt sich eine Formel zur Berechnung der Summe der ersten 100 Folgenglieder.

Nach Verallgemeinerung lässt sich mit dieser Formel die Summe der ersten n Glieder einer arithmetischen Folge – auch als Teilsumme s_n bezeichnet –, leicht berechnen.

$$s_{100} = n\frac{1+100}{2} = \frac{n}{2}(1+100)$$

$$\boxed{s_n = \frac{n}{2}(a_1 + a_n)}$$

s_n: Summe der n ersten Glieder einer arithmetischc Folge
a_1: erstes Glied der arithmetischen Folge
a_n: n-tes Glied der arithmetischen Folge
n: Anzahl der Glieder

Merke

Ist <a_n> eine beliebige arithmetische Folge, dann gilt für die Summe s_n der ersten n Folgeglieder:

(1) $$s_n = \frac{n}{2}(a_1 + a_n)$$ oder

(2) $$s_n = \frac{n}{2}[2a_1 + (n-1)\cdot d]$$

Anmerkung: Für a_n wird in (2) $\mathbf{a_n = a_1 + (n-1)\cdot d}$ eingesetzt.

Mit Hilfe dieser Formeln lässt sich zum Einführungsbeispiel für arithmetische Folgen die Frage nach den Gesamtkosten, die bis zu einem bestimmten Jahr an Wartungs- und Reparaturkosten insgesamt angefallen sind, berechnen.

Beispiel:

Die jährlichen Wartungs- und Reparaturkosten einer Werkzeugmaschine (Seite 150) entwickelten sich nach dem Gesetz einer arithmetischen Folge wie folgt:

<a_n>: 200, 600, 1 000, 1 400, 1 800, 2 200, …

Wie hoch sind die bis einschließlich dem 13. Nutzungsjahr anfallenden Kosten insgesamt?

Lösung:

Der vorgegebenen Zahlenfolge lassen sich die benötigten Daten entnehmen.
Weil das letzte Folgenglied a_{13} nicht gegeben ist, wird mit der Formel (2) gerechnet.
Die Gesamtkosten in den ersten 13 Jahren betragen somit 33 800,00 €.

$a_1 = 200,\quad d = 400,\quad n = 13$

$$a_n = \frac{n}{2}[2a_1 + (n-1)d]$$

$$a_{13} = 6{,}5(400 + 12\cdot 400) = \underline{33\,800}$$

Der richtige Umgang mit den Formeln zu den arithmetischen Folgen und Reihen ermöglicht auch die Lösung weiterführender inner- oder außermathematischer Fragestellungen.

Beispiel:

a) Zu berechnen ist: $2 + 4 + 6 + 8 + ... + 50 = ?$

b) Gegeben sind die Teilsummen: $s_1 = 1$ und $s_5 = 20$.
Ermitteln Sie das Bildungsgesetz a_n, die Differenz d und die Summe s_{100} der ersten hundert Glieder.

Lösung:

a) Man erkennt, dass die geraden natürlichen Zahlen bis einschließlich 50 (Differenz $d = 2$) addiert werden sollen.

Es gilt: $a_1 = 2$; $n = 25$; $a_{25} = 50$;
Aus der Formel (1) ergibt sich:

$$s_{25} = \frac{25}{2}(2 + 50) = \underline{650}$$

b) Mit Hilfe der Summenformel für s_5 wird bei bekanntem $a_1 = 1$, $s_1 = 1$ und $n = 5$ zunächst a_5 und d berechnet.

geg: $a_1 = s_n = 1$, $\quad s_5 = 20 \Rightarrow n = 5$

$$20 = \frac{5}{2}(1 + a_5) \Rightarrow a_5 = 7$$

$$a_5 = a_1 + 4d \Rightarrow d = (a_5 - a_1) : 4$$

$$d = (7 - 1) : 4 = \underline{1{,}5}$$

Das Bildungsgesetz ergibt sich aus der Formel der arithmetischen Formel nach Einsetzen der Werte von a_1 und d.

$$a_n = 1 + (n - 1)1{,}5 = \underline{1{,}5n - 0{,}5}$$

Die Summe der ersten hundert Glieder errechnet sich aus der Summenformel, nachdem a_{100} mit Hilfe der Formel für a_n bestimmt wurde.

Aus $a_{100} = 1{,}5 \cdot 100 - 0{,}5 = 149{,}5$ folgt:

$$s_{100} = \frac{100}{2}(1 + 149{,}5)$$

$$= 50 \cdot 150{,}5 = \underline{7\,525}$$

Beispiel:

Ein trapezförmiges Dach hat 50 Ziegelreihen. Die oberste Reihe hat 30 Ziegel. Jede weitere Reihe hat 4 Ziegel mehr als die vorhergehende Reihe. Wie viele Ziegel befinden sich auf dem Dach?

Lösung:

Es wird mit Hilfe der Formel $a_n = a_1 + (n - 1)d$ die Anzahl der Ziegel in der 50. Reihe berechnet. Mit Hilfe der Summenformel wird dann die Gesamtzahl der Dachziegel ermittelt. Es sind 6 400 Ziegel.

$$a_n = a_1 + (n - 1)\,d$$

$$= 30 + (50 - 1) \cdot 4 = 226$$

$$s_n = \frac{n}{2}(a_1 + a_n) = \frac{50}{2}(30 + 226) = \underline{6\,400}$$

Übungen

1. Berechnen Sie die Summe aller durch vier teilbaren natürlichen Zahlen unter 250.

2. Berechnen Sie die fehlenden Größen.

	a)	b)	c)	d)	e)	f)
a_1	4			5	10	–205
d	4	5		2	–3	6
n	20	15	40			
a_n		71	634			
s_n			23 800	140	–473	–3 285

Aufgaben 5.2

1. Gegeben sind die ersten drei Glieder einer arithmetischen Zahlenfolge. Wie lauten die nächsten fünf Glieder?
a) 2, 4, 6, ... b) 0, –2, –4, ... c) 36, 33, 30, ... d) 2, 5, 8, ...

2. Ermitteln Sie das Bildungsgesetz arithmetischer Folgen zur Berechnung des n-ten Gliedes.
a) $a_1 = -4$; $d = 4$ b) $a_5 = 16$; $a_{10} = 31$ c) $a_6 = -116$; $a_3 = -56$ d) $<a_n>$: 5, 9, 13, ...

3. Stellen Sie $a_n = a_1 + (n-1)d$ nach a_1, n und d um.

4. Wie viele durch 4 teilbare Zahlen liegen zwischen 1 und 200?

5. Wie groß ist die Summe aller durch 7 teilbaren Zahlen von 14 bis 518?

6. Wie viele aufeinanderfolgende gerade natürliche Zahlen sind zu addieren, wenn das Anfangsglied $a_1 = 2$ und die Summe $s_n = 1640$ sein soll?

7. Die ersten 8 Glieder einer arithmetischen Folge haben die Summe 80. Die ersten 5 Glieder derselben Folge haben die Summe 35. Berechnen Sie a_1, d und s_{20}.

8. Wie lautet die Formel (allgemein) für die Summe der n ersten ungeraden natürlichen Zahlen?

9. Eine Maschine hat 120 000,00 € gekostet. Da die Maschine im Laufe der Zeit an Wert verliert, darf das Unternehmen jährlich einen festen Betrag abschreiben (= lineare Abschreibung).
a) Berechnen Sie den Restwert der Maschine nach 6 Jahren, wenn der Abschreibungsbetrag pro Jahr 12 000,00 € beträgt?
b) Nach wie viel Jahren ist die Maschine auf „null" € abgeschrieben?

10. Ein Stapel Röhren hat in der untersten Reihe 10 Röhren und in jeder darauf liegenden Reihe eine Röhre weniger. Wie viel Reihen gibt es, wenn oben genau eine Röhre liegt? Wie viel Röhren liegen insgesamt auf dem Stapel?

11. Beim Bau eines Brunnens wird jeder Meter Brunnentiefe um d € teurer. Wie hoch ist die Kostenerhöhung je Meter, wenn der erste Meter 215,00 € und die 30 m tiefe Bohrung insgesamt 10 800,00 € kostet?

12. Bei einem Wettbewerb sollen 12 000,00 € unter 12 Preisträgern so aufgeteilt werden, dass jeder folgende Preisträger 60,00 € weniger erhält als der vorhergehende. Wie viel Geld erhält der erste und wie viel Geld erhält der letzte Preisträger?

13. Die Erdtemperatur nimmt um ca. 1^0 C je 50 m Tiefe zu. In 50 m Tiefe herrscht in Europa eine Temperatur von ca. 12^0 C. Welche Temperatur herrscht in 1 km Tiefe bzw. in 100 km Tiefe? Aus welcher Tiefe kommt das ca. 80^0 C warme Wasser der Geysire?

5.3 Geometrische Folgen und Reihen

Begriff und Baugesetz der geometrischen Folgen

Es heißt, dass sich Sessa, der Erfinder des Schachspiels, zur Belohnung für diese Erfindung von seinem König Weizenkörner wünschte. Die Zahl der Körner sollte folgendermaßen berechnet werden:
Auf das erste Feld ein Korn, auf das zweite Feld zwei Körner und auf jedes weitere Feld doppelt so viele Körner wie auf dem vorhergehenden. Wie viele Körner hätte Sessa von seinem König auf dem 64. Feld bekommen müssen?

Es handelt sich um eine Zahlenfolge mit einer sofort zu erkennenden Bildungsvorschrift für a_n. Hierbei gibt n die Nummer des jeweiligen Schachfeldes an. Außerdem ist zu erkennen, dass der Quotient von zwei aufeinanderfolgenden Gliedern stets **2** ist.

Felder:

n:	1	2	3	4	5 ...	10 ...
	↓	↓	↓	↓	↓	↓
a_n:	1	2	4	8	16 ...	512 ...

Körner

Sessa hätte eine unvorstellbar große Menge Weizenkörner (über eine Trillion) erhalten müssen. Bei einem Gewicht von 1 g pro Weizenkorn wären dies ca. 461 Mrd. Tonnen.

$a_n = 2^{n-1}$ → Bildungsgesetz

$$q = \frac{2}{1} = \frac{4}{2} = \ldots = \frac{a_{n+1}}{a_n} = \ldots = \frac{2^{64}}{2^{63}} = 2$$

$a_{64} = 2^{63} = 9223372036854775808 \approx \underline{10^{19}}$

Die in diesem Beispiel ermittelte Folge $\mathbf{a_n = 2^{n-1}}$ gehört zu den **geometrischen** Folgen, die vor allem bei **Wachstumsuntersuchungen** und in der **Finanzmathematik** angewendet werden.

Merke

Eine Folge $<\mathbf{a_n}>$ mit $a_n \neq 0$ heißt geometrische Folge, wenn der Quotient zweier aufeinanderfolgender Glieder stets dieselbe Zahl $q \neq 0$ ergibt.

$$\frac{\mathbf{a_{n+1}}}{\mathbf{a_n}} = \mathbf{q} \qquad n \in \mathbb{N}^*$$

Beispiel:

Die Folge $<a_n>$ mit $\mathbf{a_n = 3 \cdot 2^n}$ ist eine geometrische Folge mit q = 2, denn es gilt für $n \in \mathbb{N}^*$:

$$\frac{a_{n+1}}{a_n} = \frac{3 \cdot 2^{n+1}}{3 \cdot 2^n} = \frac{3 \cdot 2^n \cdot 2}{3 \cdot 2^n} = \underline{2}$$

Damit ist der Quotient q = 2 konstant.

Die Glieder einer geometrischen Folge entstehen aus dem Anfangsglied a_1 durch fortlaufende Multiplikation mit derselben „Konstanten" q, sodass sich ein Bildungsgesetz für a_n ergibt:

$$a_1 = a_1 \qquad a_2 = a_1 \cdot q^1 \qquad a_3 = a_2 \cdot q^2 \qquad a_4 = a_1 \cdot q^3 \qquad \ldots \qquad a_n = a_1 \cdot q^{n-1}$$

Merke

> Ist $<a_n>$ eine geometrische Folge mit dem Anfangsglied a_1 und dem konstanten Faktor q gegeben, so gilt für das Bildungsgesetz:
>
> $$\mathbf{a_n = a_1 \cdot q^{n-1}} \qquad \text{für alle } n \in \mathbb{N},\ q \in \mathbb{R};\ q \neq 0,$$

Je nach Aufgabenstellung lassen sich die Glieder einer geometrischen Folge berechnen oder ihr Bildungsgesetz aufstellen.

Beispiele:

$<a_n>$ ist jeweils eine geometrische Folge. Bearbeiten Sie folgende Aufgaben:

a) Berechnen Sie die ersten fünf Glieder der Folge mit dem Bildungsgesetz $a_n = 0{,}5 \cdot 3^{n-1}$

b) Setzen Sie die Folge $<a_n> = <3, 9, 27, 81, \ldots>$ um drei Glieder fort und bestimmen Sie das Bildungsgesetz von a_n.

c) Wie lautet das 10. Glied einer geometrischen Folge $<a_n>$, wenn gilt: $a_1 = 4$ und $q = 2{,}5$?

d) Gegeben ist die Folge mit dem Bildungsgesetz $a_n = 3^n$. Bestimmen Sie die ersten vier Glieder. Von welchem n ab sind die Glieder von $<a_n>$ größer als 10 000?

e) Von einer geometrischen Folge sind bekannt: $a_3 = 6{,}25$ und $a_6 = 97{,}656$. Bestimmen Sie ihr Bildungsgesetz und geben Sie a_1 und a_2 an.

Lösung:

a) Die Zahlen: 1, 2, 3, 4, 5 werden in das Bildungsgesetz eingesetzt.

$<a_n>: 0{,}5;\ 1{,}5;\ 4{,}5;\ 13{,}5;\ 40{,}5;\ \ldots$

b) Die nächsten drei Glieder a_5, a_6 und a_7 können unmittelbar berechnet werden. Der Quotient zweier aufeinanderfolgender Glieder ist konstant, er ist $q = 3$.

$<a_n>: 3, 9, 27, 81, 243, 729, 2\,187, ..$

$a_1 = 3;\ q = \frac{9}{3} = \frac{27}{9} = \ldots = \underline{3}$

Nach der obigen Formel kann das Bildungsgesetz unmittelbar angegeben werden.

Bildungsgesetz: $\underline{a_n = 3 \cdot 3^{n-1}}$

c) Zunächst wird das Bildungsgesetz für $a_1 = 4$ und $q = 2{,}5$ aufgestellt. Danach kann dann a_{10} berechnet werden.

$a_n = 4 \cdot 2{,}5^{n-1}$

$a_{10} = 4 \cdot 2{,}5^{10-1} \approx 15\,258{,}789$

d) Mit Hilfe der Größer-Beziehung wird der gesuchte Wert für n ermittelt. Dabei werden beide Seiten logarithmiert und nach n aufgelöst. Vom 9. Glied an sind alle Glieder der Folge $<a_n>$ größer als 10 000.

$<a_n> = <3;\ 9;\ 27;\ 81;\ \ldots>$

$3^n > 10\,000 \quad | \ln$

$n \cdot \ln 3 > \ln 10\,000$

$n > \frac{\ln 10\,000}{\ln 3} = \underline{8{,}3836} \Rightarrow \underline{n = 9}$

e) Um das Bildungsgesetz zu ermitteln, wird zuerst q mit Hilfe der dritten Wurzel berechnet. Mit q = 2,5 werden dann a_2 und a_1 ermittelt.

Das Bildungsgesetz lautet: $\underline{a_n = 1 \cdot 2{,}5^{n-1}}$

$a_{n+1} = a_n\, q;\quad a_3 = 6{,}25$

$a_4 = a_3 \cdot q = 6{,}25 \cdot q;\quad a_5 = 6{,}25 \cdot q^2$

$a_6 = 6{,}25 \cdot q^3 = 97{,}65625$

$\Rightarrow q = \sqrt[3]{\dfrac{97{,}65625}{6{,}25}} = \underline{2{,}5}$

$a_2 = \dfrac{6{,}25}{2{,}5} = 2{,}5;\quad a_1 = \underline{1}$

Übungen

1. Gegeben ist die geometrische Folge $\langle a_n \rangle$ mit $a_1 = 5$ und $q = 3$. Bestimmen Sie das Bildungsgesetz und berechnen Sie die ersten vier Glieder der Folge. Wie groß sind das zehnte und das zwanzigste Glied der Folge?

2. Welche der folgenden Folgen sind geometrische Folgen?
a) $\langle a_n \rangle$: 3; 6; 12; 24; 48; ... b) $a_n = -3 \cdot 1{,}5^n$ c) $\langle a_n \rangle$: 2; 4; 12; 48; 240; ... d) $a_n = n^3$

3. Berechnen Sie das n-te Glied einer geometrischen Folge, deren Anfangsglieder gegeben sind.
a) $\langle a_n \rangle$: 5; 10; 20; 40; ... n = 8 b) $\langle b_n \rangle$: 5; 6,25; 7,8125; 9,765625; ... n = 12

4. Von einer geometrischen Folge ist bekannt: $a_3 = 31{,}25$ und $a_5 = 195{,}3125$.
Berechnen Sie das Anfangsglied und das Folgenglied a_6.

5. Zwischen den Gliedern $a_1 = 10$ und $a_5 = 2\,560$ sollen drei Glieder so zwischengeschaltet werden, dass a) eine arithmetische Folge entsteht,
b) eine geometrische Folge entsteht.
Geben Sie die ersten fünf Glieder dieser Folgen an.

6. Gegeben ist eine geometrische Folge mit dem Anfangsglied $a_1 = 2$ und dem Quotienten $q = 4$.
a) Geben Sie die ersten drei Glieder der Folge an und ermitteln Sie daraus das Bildungsgesetz.
b) Wie viel Glieder benötigen Sie, damit das letzte Folgenglied erstmals den Wert 2 000 überschreitet?

Fallende und alternierende geometrische Folgen

Ist in einer geometrischen Folge der Faktor $q > 1$, so ist jedes Folgenglied größer als das vorhergehende. Es ergeben sich **monoton steigende** Folgen. Werden für q positive Werte kleiner 1 oder negative Werte zugelassen, so ergeben sich je nach dem Wert von q **monoton fallende** $(0 < q < 1)$ oder **alternierende** $(q < 0)$ geometrische Folgen.

Beispiel:

Ein Baufahrzeug mit einem Neupreis von 50 000,00 € wird jährlich mit 25 % vom jeweiligen Restwert abgeschrieben (= degressive Abschreibung).

a) Stellen Sie die Folge der Restwerte für die ersten vier Jahre auf und ermitteln Sie das Bildungsgesetz der Folge.
b) Berechnen Sie mit Hilfe des Bildungsgesetzes den Wert des Fahrzeugs zu Beginn des 7. Jahres.
c) Nach wie viel Abschreibungen (= Jahren) hat das Fahrzeug noch einen Wert von 5 000,00 € ?

Lösung:

a) Es handelt sich um eine geometrische Folge mit dem Anfangsglied 50 000 (Neupreis) und dem Abschreibungsfaktor q = 1– 0,25 = 0,75, Werden diese Werte in die Formel für geometrische Folgen eingesetzt, so ergibt sich das Bildungsgesetz für die Restwerte zu Beginn eines Jahres.

$a_1 = 50\,000$
$a_2 = 50\,000 \cdot 0{,}75 = 37\,500$
$a_3 = 37\,500 \cdot 0{,}75 = 50\,000 \cdot 0{,}75^2 = 28\,125$
$a_4 = 28\,125 \cdot 0{,}75 = 50\,000 \cdot 0{,}75^3 = 21\,093{,}75$

Bildungsgesetz: $a_n = 50\,000 \cdot 0{,}75^{n-1}$

b) Für n = 7 erhält man den Restwert nach 6 Abschreibungen (= Beginn des 7. Jahres).

$a_7 = 50\,000 \cdot 0{,}75^6$
$= 50\,000 \cdot 0{,}1779785 = \underline{8\,898{,}93}$

c) Das Bildungsgesetz für die Zahl der Abschreibungen: $a_n = 50\,000 \cdot 0{,}75^n$ (!) wird nach n umgestellt.
Zur Berechnung von n ist die Gleichung zu logarithmieren.

$5\,000 = 50\,000 \cdot 0{,}75^n \Leftrightarrow 0{,}1 = 0{,}75^n$
$\Rightarrow n \cdot \ln 0{,}75 = \ln 0{,}1 \quad | : \ln 0{,}75$

$$n = \frac{\ln 0{,}1}{\ln 0{,}75} \approx 8$$

Restwert nach 8 Jahren: ca. 5 000,00 €.

Fallende geometrische Folgen sind **Nullfolgen,** da sich ihre Glieder immer mehr dem Wert null nähern, je größer n wird. Im dargestellten Beispiel würde das bedeuten, dass der Restwert der Maschine erst nach (theoretisch) unendlich vielen Jahren mit 0 angegeben werden könnte. Dies wird in der Praxis aber nicht vorkommen, da die Maschine bei Verschrottung mit dem jeweiligen Restwert direkt abgeschrieben wird.

Beispiel:

Gegeben sind zwei Folgen mit dem Bildungsgesetz
a) $a_n = 3 \cdot (-2)^n$ b) $b_n = 20 \cdot (-0{,}5)^n$

Stellen Sie die ersten 5 Glieder der Folge auf. Zeigen Sie, dass es sich um alternierende geometrische Folgen handelt. Berechnen Sie mit Hilfe des Bildungsgesetzes das jeweils 9. und 10. Folgenglied.

Lösung:

a) Es handelt sich um eine geometrische Folge mit dem Anfangsglied 3 und dem konstanten Faktor q = – 2.

$a_1 = 3 \cdot (-2)^1 = -6$
$a_2 = 3 \cdot (-2)^2 = 3 \cdot 4 = 12$
$a_3 = 3 \cdot (-2)^3 = 3 \cdot (-8) = -24$
$a_4 = 3 \cdot (-2)^4 = 3 \cdot 16 = 48$
$a_5 = 3 \cdot (-2)^5 = 3 \cdot (-32) = -96$

Mit Hilfe des Bildungsgesetzes ergeben sich für **n = 9** und **n = 10** die gesuchten Folgenglieder. Sie streben keinem festen Wert zu.

$a_9 = 3 \cdot (-2)^9 = 3 \cdot (-512) = \underline{-1\,536}$

$a_{10} = 3 \cdot (-2)^{10} = 3 \cdot 1\,024 = \underline{3\,072}$

b) Dieselbe Betrachtung führt zu einer Nullfolge, da sich die Folgenglieder unabhängig vom Vorzeichen immer mehr dem Wert 0 annähern.

$a_1 = 20 \cdot (-0{,}5)^1 = -10$
$a_2 = 20 \cdot (-0{,}5)^2 = 20 \cdot 0{,}25 = 5$
$a_3 = 20 \cdot (-0{,}5)^3 = 20 \cdot (-0{,}125) = -2{,}5$

Man erkennt alternierende Folgen daran, dass das Vorzeichen der Folgenglieder von Folgenglied zu Folgenglied wechselt (alterniert).

$a_4 = 20 \cdot (-0{,}5)^4 = 20 \cdot 0{,}0625 = 1{,}25$
$a_5 = 20 \cdot (-0{,}5)^5 = 20 \cdot (-0{,}03125) = -0{,}625$

$a_9 = 20 \cdot (-0{,}5)^9 = \underline{-0{,}0390625}$ $a_{10} = 20 \cdot (-0{,}5)^{10} = \underline{0{,}1953125}$

Merke

Die geometrische Folge $\langle a_n \rangle$ mit $-1 < q < 1$ und $q \neq 0$ ist eine **Nullfolge.**
(D.h., die Folgenwerte gehen bei großen Werten von n gegen null.)
Die geometrische Folge $\langle a_n \rangle$ mit $q < 0$ ist eine alternierende Folge, das heißt, die Folgenglieder wechseln von Folgenglied zu Folgenglied ihr Vorzeichen. Für $-1 < q < 0$ liegt ebenfalls eine Nullfolge vor.

Beispiel:

- $a_n = 2 \cdot 0{,}5^{n-1}$; $q = 0{,}5$; $a_1 = 2$
  $a_2 = 2 \cdot 0{,}5^1 = \underline{1}$
  $a_{10} = 2 \cdot 0{,}5^9 = \underline{0{,}0039}$;
  $a_{100} = 2 \cdot 0{,}5^{99} = \underline{3{,}2 \cdot 10^{-30}}$
- $a_n = 3(-\frac{1}{2})^n$; $q = -\frac{1}{2}$
  $\langle a_n \rangle: -\frac{3}{2}, \frac{3}{4}, -\frac{3}{8}, \frac{3}{16}, \ldots$

Übungen

1. Geben Sie die ersten fünf Glieder einer geometrischen Folge an. Wie lautet das jeweils 10. Glied:
a) $a_1 = 5$; $q = 3$ b) $a_1 = 500$; $q = -0{,}5$ c) $a_1 = -3$; $q = 2$

2. Bestimmen Sie die Bildungsvorschrift und berechnen Sie drei weitere Glieder der Folge. Wie groß ist das fünfte, zehnte und zwanzigste Glied?
a) Folge $\langle a_n \rangle$ mit $a_1 = 6\,000$; $q = 0{,}5$ b) Folge $\langle b_n \rangle$ mit $a_1 = 6\,000$; $q = -0{,}5$

3. Berechnen Sie a_1 und a_{10} der geometrischen Folge mit $a_3 = 40\,500$ und $a_5 = 32\,805$.

4. Geben Sie die ersten 8 Glieder der Folge $\langle a_n \rangle$: 10; – 8; 6,4; – 5,12; ... Welchem Wert streben die Folgenglieder Ihrer Meinung nach zu?

5. Von einer geometrischen Folge sind drei der Werte a_1, q, n, a_n bekannt. Berechnen Sie den jeweils fehlenden Wert.
a) $a_1 = 140$, $n = 3$, $a_3 = 78{,}75$ b) $q = 2$, $n = 6$ $a_6 = 96$ c) $a_1 = -40$, $q = \frac{1}{2}$, $a_n = -1{,}25$

Geometrische Reihen

Die Aufsummierung der Folgenglieder einer geometrischen Folge führt zum Begriff der **geometrischen Reihe.** Zur Klärung des Unterschiedes sei noch einmal die Schachbrettaufgabe mit den Reiskörnern des letzten Abschnitts aufgegriffen:

Folge der Anzahl der Reiskörner ...

... auf dem einzelnen Schachbrettfeld (= **geometrische Folge**)	1	2	4	8	16	32	64	128 ...
... bis zum i-ten Feld insgesamt (= **geometrische Reihe**)	1	3	7	15	31	63	127	**255** ...

Da die Berechnung der Glieder einer geometrischen Reihe ebenfalls sehr mühsam ist, bedient man sich einer Formel, die im Folgenden hergeleitet wird:

1. Durch Aufsummierung der Glieder einer geometrischen Folge entsteht die zugehörige Reihe (Gleichung **1**).
2. Werden beide Seiten mit q multipliziert, ergibt sich die äquivalente Gleichung **2.**
3. Durch Subtraktion der Gleichung (1) von Gleichung (2) fallen alle Glieder der rechten Seite bis auf das letzte in (2) und das erste in (1) weg.
4. Die Auflösung nach s_n ergibt die gesuch te Formel zur Berechnung des n-ten Reihengliedes s_n.

$$s_n = a_1 + a_1 \cdot q + a_1 \cdot q^2 + a_1 \cdot q^3 + a_1 \cdot q^4 + ... + a_1 \cdot q^{n-1} \quad \textbf{(1)}$$

$$s_n \cdot q = a_1 \cdot q + a_1 \cdot q^2 + a_1 \cdot q^3 + a_1 \cdot q^4 + ... + a_1 \cdot q^n \quad \textbf{(2)}$$

$$s_n \cdot q - s_n = a_1 \cdot q^n - a_1 \quad \textbf{(2) – (1)}$$

$$s_n(q-1) = a_1(q^n - 1) \quad | : (q-1)$$

$$\boxed{\mathbf{s_n = a_1 \cdot \frac{q^n - 1}{q - 1}}} \text{ bzw. } \boxed{\mathbf{s_n = a_1 \cdot \frac{1 - q^n}{1 - q}}}$$

Beispiel:

Überprüfen Sie die Gültigkeit der Formel für s_n anhand der Schachbrettaufgabe und lösen Sie die folgende Aufgabe: Wie viel Reiskörner werden insgesamt benötigt, wenn nur die ersten acht Felder des Schachbretts mit Reiskörnern belegt werden sollen, und zwar nach der Regel, 1 Korn auf das erste Feld, 2 Körner auf das zweite, 4 auf das dritte, 8 auf das vierte Feld usw.

Lösung:

Die gegebenen Werte werden in die Formel eingesetzt. Die Ausrechnung ergibt den Wert, der im einleitenden Text durch die Ausrechnung der Einzelglieder der Reihe ermittelt wurde. Es werden insgesamt 255 Körner benötigt.

$$a_1 = 1; \quad q = 2, \quad n = 8$$

$$s_n = 1 \cdot \frac{2^8 - 1}{2 - 1} = \frac{256 - 1}{1} = \underline{255}$$

Merke

Ist <a_n> mit $q \neq 0$; $q \neq 1$ eine beliebige geometrische Folge, dann gilt für die Summe s_n der ersten n Glieder der zugehörigen geometrischen **Reihe:**

(1) $\mathbf{s_n = a_1 \cdot \frac{q^n - 1}{q - 1}}$ oder **(2)** $\mathbf{s_n = a_1 \cdot \frac{1 - q^n}{1 - q}}$

11 Haarmann, Thun ISBN 978-3-8120-0504-3

Hinweis: Die Formel (2) wird verwendet, wenn $|q| < 1$ ist. Dadurch wird das Rechnen mit negativen Zahlen vermieden.

Beispiel:

Bei den Aufwendungen für Wartung und Instandhaltung eines Fuhrparks kalkuliert ein Unternehmen im ersten Jahr der Nutzung mit Aufwendungen in Höhe von 40 000,00 €. In den darauffolgenden Jahren erhöhen sich die Aufwendungen aufgrund zunehmenden Verschleißes um jährlich 10 %.

a) Zeigen Sie, dass die jährlich anfallenden Kosten eine geometrische Folge darstellen. Stellen Sie das Bildungsgesetz der Folge auf. Wie hoch sind die Aufwendungen im 6. Nutzungsjahr?
b) Berechnen Sie die insgesamt anfallenden Aufwendungen in den ersten 6 Jahren der Nutzung.
c) Nach wie viel Jahren werden die Gesamtaufwendungen die Summe von 500 000,00 € erstmals überschreiten?

<u>Lösung</u>

a) Die Aufwendungen ergeben sich durch fortgesetzte Multiplikation der Jahresaufwendungen mit dem Faktor $q = 1 + 0,1 = 1,1$.
Das Bildungsgesetz ergibt sich nach Einsetzen in die Formel für geometrische Folgen.

Die Aufwendungen des 6. Nutzungsjahres errechnen sich für n = 6, sie betragen 70 862,44 €.

1. Jahr:	2. Jahr:	3. Jahr:	4. Jahr:
40 000	44 000	48 400	53 240
	· 1,1	**· 1,1**	**· 1,1**

Bildungsgesetz: $a_n = 40\,000 \cdot 1{,}1^n$

Für n = 6 gilt: $a_6 = 40\,000 \cdot 1{,}1^6 = 40\,000 \cdot 1{,}771561 = \underline{70\,862{,}44}$

b) Für $a_1 = 40\,000$; $q = 1{,}1$ und $n = 6$ ergeben sich nach Einsetzen in die Formel für s_n Gesamtaufwendungen in Höhe von 308 624,40 €.

$$s_n = 40\,000 \cdot \frac{1{,}1^6 - 1}{1{,}1 - 1}$$

$$= 40\,000 \cdot \frac{1{,}771561 - 1}{1{,}1 - 1}$$

$$= 40\,000 \cdot 7{,}71561 = \underline{308\,624{,}40}$$

c) Es werden die gegebenen Werte in die Formel für s_n eingesetzt. Nach Umstellen und anschließendem Logarithmieren ergibt sich der gesuchte Wert für n.
Nach 9 Jahren wird die angegebene Summe erstmals überschritten.

$$500\,000 < 40\,000 \cdot \frac{1{,}1^n - 1}{1{,}1 - 1} \quad | : 40\,000 \,|\, \cdot 0{,}1$$

$$1{,}25 < 1{,}1^n - 1 \quad | + 1$$

$$2{,}25 < 1{,}1^n \Leftrightarrow n \cdot \ln 1{,}1 > \ln 2{,}25 \quad | : \ln 1{,}1$$

$$n > \frac{\ln 2{,}25}{\ln 1{,}1} \approx 8{,}5$$

Für den positiven Wert $q < 1$ ergibt sich eine fallende geometrische Folge. Daher werden die Zuwächse der Glieder der zugehörigen Reihe immer geringer, bis sie schließlich null werden. Die Glieder der Reihe streben demnach einem festen (Grenz-)Wert zu, weil der Wert von q^n gegen null strebt und deshalb vernachlässigt werden kann.

Beispiel:

Gegeben ist die geometrische Folge mit $a_2 = 2\,400$ und $a_4 = 384$.

a) Ermitteln Sie für $n \in \mathbb{N}^*$ das Bildungsgesetz a_n und berechnen Sie die ersten 5 Folgenglieder.
b) Stellen Sie auch das Bildungsgesetz der zugehörigen Reihe s_n auf. Wie groß ist das 5., das 10. und das 20. Folgenglied?
c) Welchen Wert wird die Summe *aller* Folgenglieder nicht überschreiten, wenn $n \to \infty$ geht?

Lösung:

a) Mit Hilfe der gegebenen Glieder a_2 und a_4 der geometrischen Folge wird q bestimmt und das Bildungsgesetz der geometrischen Folge angegeben.

$a_4 = a_2 q^2$

$384 = 2\,400 \cdot q^2 \Rightarrow q = \sqrt{\frac{384}{2400}} = 0{,}4$

$a_1 = a_2 / 0{,}4 \Rightarrow 2\,400 : 0{,}4 = 6\,000$

Bildungsgesetz: $\underline{a_n = 6\,000 \cdot 0{,}4^{n-1}}$

Durch Einsetzen von n = 1, 2, 3, 4, 5 ergeben sich die ersten fünf Folgenglieder.

$<a_n>$: 6 000; 2 400; 960; 384; 153,6; ...

b) Nach Einsetzen der gegebenen Werte in die Formel $s_n = a_1 \cdot \frac{1-q^n}{1-q}$ ergibt sich das Bildungsgesetz. Durch Vereinfachen lassen sich die gesuchten Folgenglieder für s_5, s_{10} und s_{20} leicht berechnen.

Bildungsgesetz: $s_n = 6\,000 \cdot \frac{1-0{,}4^n}{1-0{,}4}$

$s_n = 10\,000 \cdot (1 - 0{,}4^n)$

$s_5 = 9\,897{,}60$; $s_{10} = 9\,998{,}95$; $s_{20} = 9\,999{,}99$

c) Für $n \to \infty$ strebt $0{,}4^n \to 0$. Der Wert von 10 000 wird s_n nicht überschritten.

Es gilt: : $s_n = 6\,000 \cdot \frac{1}{1-0{,}4} = 10\,000$

Merke

Die Glieder einer geometrischen Reihe mit $0 < q < 1$ streben für wachsende n einem festen Wert zu. Er berechnet sich nach der Formel:

$$\mathbf{s_n = \frac{a_1}{1-q}}$$

Übungen

1. Bestimmen Sie die fehlenden Zahlen zu folgenden geometrischen Reihen:

	a)	b)	c)	d)	e)
a_1		10		25	
q	3		2	1,5	5
n	8	9	10	4	12
a_n	2,187	15 258,79			488 281,25
s_n			2 557,5		

2. Gegeben ist die Folge $<a_n>$: 120; 90; 67,5; 50,625; ...
Geben Sie das Bildungsgesetz für a_n an und berechen Sie s_n.

3. Gegeben ist die geometrische Folge mit dem Bildungsgesetz $a_n = 0{,}8^n$.
Ab dem wievielten Glied ist a_n kleiner als 0,001 bzw s_n größer als 3?

4. Katrin hat sich in den Ferien für 14 Arbeitstage zu je 8 Stunden um einen Aushilfsjob beworben. Um die mathematische Urteilskraft Katrins besser beurteilen zu können, unterbreitet die Mitarbeiterin des Personalbüros folgende Vorschläge für die Entlohnung:
Vorschlag A: 12,00 € je Stunde;
Vorschlag B: 5,00 € am 1. Tag bei Erhöhung des Tagessatzes um je 15,00 € für die Folgetage;
Vorschlag C: 0,10 € am ersten Tag bei Verdopplung des Betrags für jeden weiteren Tag.
Welcher Vorschlag bringt in 14 Arbeitstagen das meiste Geld?

5. Beim Aufspringen eines Balles ist zu beobachten, dass die Sprunghöhe von Sprung zu Sprung abnimmt.
Man nimmt an, dass jede Sprunghöhe nur 80 % der vorangegangenen Höhe und die erste Sprunghöhe genau 1 m ist.

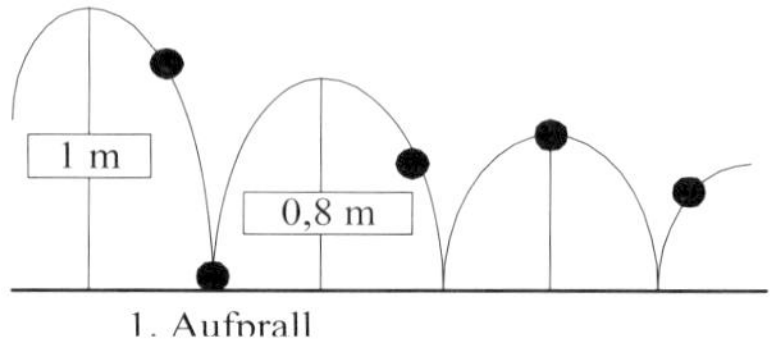

a) Berechnen Sie die Höhe nach 5 Sprüngen?
b) Nach wie viel Sprüngen hat der Ball nur noch eine Höhe von weniger als 10 cm erreicht?
c) Welchen „Weg“ hat der Ball insgesamt zurückgelegt, bis er ganz zur Ruhe kommt?

6. Bestimmen Sie die folgenden Summen:

a) $1 + 3 + 3^2 + \ldots + 3^{10}$ b) $16 + 12 + 9 + \ldots + \frac{2\,187}{1\,024}$ c) $-24 + 12 - 6 + \ldots + 0{,}375$

Aufgaben 5.3

Geometrische Folgen und Reihen q > 1

1. Gegeben sind die ersten Glieder einer geometrischen Folge. Berechnen Sie die nächsten 3 Glieder.

a) $\frac{4}{3}, \frac{16}{9}, \frac{64}{27}, \ldots$ b) $\frac{5}{2}, \frac{25}{4}, \frac{125}{8}, \ldots$ c) 2; 3; 4,5; ... d) $1, \sqrt{3}, 3, \ldots$

2. Bestimmen Sie das Bildungsgesetz und berechnen Sie die ersten vier Glieder der Folge.
a) $a_2 = 5$; $q = 2{,}5$ b) $\langle a_n \rangle$: 1; 1,5; 2,25; ... c) $a_3 = 18$; $a_5 = 162$ d) $a_4 = -6{,}75$; $a_9 = 51{,}2578125$

3. Formen Sie $a_n = a_1 q^{n-1}$ jeweils nach a_1, q und n um.

4. Die Summe von Zweierpotenzen $2^1 + 2^2 + 2^3 + \ldots$ ergibt 32 767. Wie viele Summanden hat die Summe?

5. Von einer geometrischen Folge ist die Summe des 2. und 3. Gliedes 5,625. Das Produkt des 2. und 4. Gliedes ist gleich 11,390625. Wie lauten die ersten vier Glieder der Folge?
Berechnen Sie die Summe der ersten 10 Glieder.

6. Ein Börsenspezialist verspricht die Verdopplung eines Kapitals an der Börse in 5 Jahren, bei einem Kapitaleinsatz von mindestens 10 000,00 €.
a) Mit welchem jährlich gleich bleibenden Zuwachs rechnet der Broker?
b) Wie hoch wäre das Kapital bei einer Einlage von 10 000,00 € am Ende des dritten Jahres?

7. Ein Unternehmen will seine Produktion in sieben Jahren um 45 % bei einer Anfangsproduktion von 4 000 Stück pro Jahr steigern. Berechnen Sie die Gesamtproduktion in sieben Jahren und die prozentuale gleich bleibende jährliche Steigerung.

8. Peter, ein „gewitzter" Schüler der Klasse 12 eines Fachoberschule, erhält einen Ferienjob für 4 Wochen (20 Arbeitstage). Er ködert seinen Chef mit dem Vorschlag, als sehr billige Arbeitskraft am ersten Tag nur einen Cent, am zweiten 2 Cents, am dritten Tag vier Cents usw. verdienen zu wollen. a) Wie viel € verdient Peter am 20. Tag?
b) Wie viel würde er insgesamt in den 20 Tagen verdienen?

9. Ein Sparvertrag sieht vor, dass jährlich 1 000,00 € eingezahlt werden. Dieser Betrag wird zu einem Zinssatz von 5 % verzinst und jährlich dem Kapital zugerechnet.
a) Welches Guthaben liegt am Ende des fünften Jahres vor?
b) Wie hoch ist der gesamte Zinsbetrag in den fünf Jahren?

Geometrische Folgen und Reihen $|q| < 1$

10. Ermitteln Sie für $n \in \mathbb{N}^*$ das Bildungsgesetz.

a) $<a_n>$: 0,5; 0,25; 0,125, ... b) $<a_n>$: 1; 0,6; 0,36; ... c) $<a_n>$: $\frac{1}{3^2}, \frac{1}{3^3}, \frac{1}{3^4}, \ldots$

d) $a_3 = \frac{9}{4}$; $a_5 = \frac{81}{64}$ e) $a_3 = 0{,}16$; $a_6 = -0{,}01024$; f) $a_5 = 2 \cdot 10^{-4}$; $a_{10} = 2 \cdot 10^{-9}$

11. Berechnen Sie die Summen der unendlichen geometrischen Reihe für $|q| < 1$

a) $1 + \frac{1}{4} + \frac{1}{16} + \ldots$ b) $2 + \frac{2}{3} + \frac{2}{9} + \ldots$ c) $1 - \frac{2}{3} + \frac{4}{9} - \frac{8}{27} + \ldots$

d) $3 - \frac{3}{2} + \frac{3}{4} + \ldots$ e) $1 + \frac{1}{8} + \frac{1}{64} + \ldots$ f) $\frac{1}{5^2} - \frac{1}{5^4} + \frac{1}{5^6} - \ldots$

12. Ein Fadenpendel wird 30 cm nach rechts bewegt und dann losgelassen. Die folgenden Amplituden betragen 80 % des Betrages der vorhergehenden Amplitude.

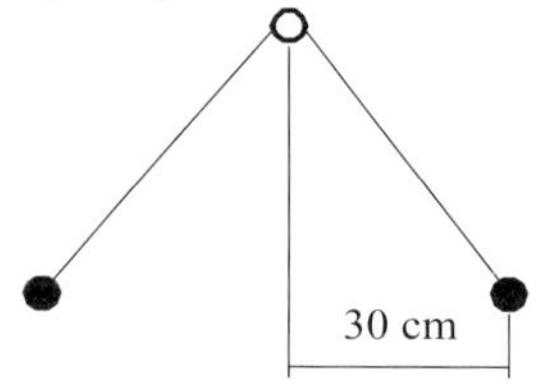

a) Geben Sie ein Bildungsgesetz zur Berechnung der jeweiligen Amplitude (Ausschlag) an und berechnen Sie die ersten fünf Ausschläge.
b) Ermitteln Sie mit Hilfe der Formel für s_n die Summe der ersten 10 Ausschläge und die Summe „aller" Ausschläge s bis zum Stillstand.

13. Ein Pkw kostet nach 10 Jahren 5 857,80 €.
a) Wie hoch war sein Neupreis, wenn angenommen wird, dass er im ersten Jahr 20 % vom Neupreis und in jedem weiteren Jahr jeweils ein Zehntel vom aktuellen Preis (= degressive Abschreibung) verliert?
b) Nach wie viel Jahren kostet der Neuwagen ca. 8 928,00 € unter der Annahme aus a)?

14. Bei einem Alkoholtest wurde im Abstand von einer Stunde die Alkoholkonzentration k im Blut gemessen.

t(h)	0	1	2	3	4	5	6
k(‰)	1,00	0,8	0,64	0,51	0,41	0,33	0,26

a) Ermitteln Sie q.
b) Nach welcher Zeit ist die Alkoholkonzentration auf 0,1 ‰ (nüchtern) gesunken?

15. Ein radioaktives Präparat zerfällt in jeder Sekunde um 2 %. Nach welcher Zeit ist nur noch a) die Hälfte und b) ein Drittel des Präparates vorhanden?

5.4 Finanzmathematik

Die Folgen- und Reihenlehre stellt die Grundlage für finanzmathematische Fragestellungen dar. So kann die **Zinseszinsrechnung** als Anwendung **geometrischer Folgen** angesehen werden. Die **Renten**- und **Tilgungsrechnung** sind Anwendungen für **geometrische Reihen.**

5.4.1 Zinseszinsrechnung

Grundaufgabe der Zinseszinsrechnung

Die Zinseszinsrechnung wird bereits im Kapitel 2 als Anwendung der zusammengesetzten Prozentrechnung ausführlich behandelt. Deshalb soll sie an dieser Stelle nur so weit dargestellt werden, wie es für die Bereitstellung der Grundlagen der Rentenrechnung erforderlich ist.

Wird unterstellt, dass die jährlich anfallenden Zinsen einem vorhandenen Kapital zugeschlagen werden, so stellt die Entwicklung der Kapitalbeträge eine geometrische Folge dar.

Einfürungsbeispiel:

Ein Kapital von 5 000,00 € ist bei einem Zinssatz von 6 % vier Jahre lang auf Zinseszins angelegt.
a) Zeigen Sie, dass die Entwicklung des Kapitals eine geometrische Folge darstellt.
b) Geben Sie das Bildungsgesetz der Folge an und bestätigen Sie die Formel aus Kapitel 2.
c) Auf welchen Betrag ist das Kapital in 15 Jahren angewachsen?

Lösung:

a) Das Kapital von 5 000,00 € wächst im ersten Jahr um die Jahreszinsen von 300,00 € auf 5 300,00 € an, Zinsfaktor: $q = 1 + \frac{6}{100} = 1{,}06$.

Die weiteren Beträge ergeben sich durch fortlaufende Multiplikation mit dem **konstanten Faktor q = 1,06**, was zu einer geometrischen Folge führt.

$K_0 = 5\,000$

$K_1 = 5\,000 \cdot \mathbf{1{,}06} = \underline{5\,300}$

$K_2 = \quad = 5\,300 \cdot 1{,}06 = 5\,000 \cdot 1{,}06^2 = \underline{5\,618}$

$K_3 = 5\,618 \cdot \mathbf{1{,}06} = 5\,000 \cdot 1{,}06^3 = \underline{5\,955{,}08}$

$K_4 = 5\,955{,}08 \cdot \mathbf{1{,}06} = 5\,000 \cdot 1{,}06^4 = \underline{6\,312{,}38}$

b) Das Bildungsgesetz für die Folge der Kapitalbeträge kann damit angegeben werden.

Bildungsgesetz: $K_n = 5\,000 \cdot 1{,}06^n$

c) Für n = 15 wird das Endkapital berechnet. Der Betrag wächst auf 11 982,79 € an.

$K_{15} = 5\,000 \cdot 1{,}06^{15}$

$= 5\,000 \cdot 2{,}39655819 = \underline{11\,982{,}79}$

Für die Berechnung des **Endkapitals K_n** eines auf Zinseszins angelegten **Anfangskapitals K_0**, das zu einem **Jahreszinssatz von p %** mit einer **Laufzeit von n** Jahren angelegt ist, gilt die **Zinseszinsformel**:

Merke

$$\mathbf{K_n = K_0 \cdot q^n} \qquad \textbf{Aufzinsungsfaktor } \mathbf{q^n = \left(1 + \frac{p}{100}\right)^n}$$

Übungen

1. Berechnen Sie das Endkapital mit Hilfe der Zinseszinsformel.

	Anfangskapital	Zinssatz	Laufzeit
a)	20 000,00 €	3 %	5 Jahre
b)	8 500,00 €	2,5 %	10 Jahre
c)	750,00 €	1,75 %	7 Jahre

2.: Ein Kapital von 10 000,00 € wird auf Zinseszins 8 Jahre lang zu 5 % bzw. zu 10 % verzinst. Um wie viel Prozent ist das zu 10 % angelegte Kapital höher angewachsen?

3. Eine Bank schlägt die Zinsen eines angelegten Kapitals von 5 000,00 € jeweils halbjährlich mit 2 % dem bestehenden Betrag zu.

a) Wie hoch ist das angelegte Kapital nach 12 Jahren bei dieser halbjährlichen Verzinsung?

b) Auf welchen Betrag wäre das Kapital angewachsen, wenn die Bank jährlich 4 % Zinseszins gezahlt hätte?

Umkehraufgaben der Zinseszinsrechnung

Sind in einer Zinseszinsaufgabe von den vier Größen Anfangskapital, Endkapital, Zinssatz und Zeit drei Größen bekannt, so kann die vierte Größe berechnet werden.
In Kapitel 2 wurden die Berechnungen mit Hilfe der Tabelle der Aufzinsungsfaktoren vorgenommen. Da das Radizieren und Logarithmieren in Kapitel 3 behandelt wurde, können diese Probleme nun algebraisch gelöst werden.

Beispiel:

Ein Sparer legt einen bestimmten Kapitalbetrag auf Zinseszins bei seiner Bank an.

a) Wie hoch muss der Betrag sein, damit er bei einem Zinssatz von 3 % nach 10 Jahren über einen Betrag von 12 000,00 € verfügen kann (auf volle 10,00 € runden)?

b) Wie hoch müsste der Zinssatz sein, damit er mit einem Anfangskapital von 8 500,00 € innerhalb von 10 Jahren auf 12 000,00 € kommt?

c) In welcher Zeit würde das Anfangskapital von 8 500,00 € auf 17 500,00 € anwachsen (p = 3,5)?

Lösung:

a) Die gegebenen Werte werden in die nach K_0 umgestellte Formel eingesetzt. Die Ausrechnung ergibt ein Anfangskapital von aufgerundet 8 930,00 €.

Anfangskapital K_0 gesucht:

$$K_n = K_0\, q^n \iff K_0 = \frac{K_n}{q^n} = \frac{12\,000}{1{,}03^{10}} = \underline{8\,929{,}13}$$

b) Umstellen der Zinseszinsformel nach q^n. Nach Einsetzen der Werte ergibt sich der Aufzinsungsfaktor q^n. Auflösen nach q durch **Radizieren** mit der 10. Wurzel (= hoch $\frac{1}{10}$ = 0,1) und dann $q = 1 + \frac{p}{100}$ aufgelöst nach p ergibt den Zinssatz von 3,5 %.

Zinssatz p gesucht:

$$K_n = K_0\, q^n \iff q^n = \frac{K_n}{K_0}$$

$$q^n = \frac{12\,000}{8\,500} = 1{,}4117 \quad |\ 10.\ \text{Wurzel}$$

$$q = \sqrt[10]{1{,}4117} = (1{,}4117)^{0,1}$$

$$q \approx 1{,}035 \quad \Rightarrow \quad \underline{p = 3{,}5}$$

c) Umstellen der Zinseszinsformel nach q^n und Einsetzen der gegebenen Werte. **Logarithmieren** der Gleichung und Auflösen nach n ergibt eine Laufzeit von 21 Jahren.

Laufzeit n gesucht : $K_n = K_0\, q^n \Leftrightarrow q^n = \frac{K_n}{K_0}$

$$q^n = \frac{17\,500}{8\,500} = 2{,}059 \Rightarrow n = \frac{\ln 2{,}059}{\ln 1{,}035} \approx \underline{\underline{21}}$$

Die Zinseszinsformel kann allgemein wie folgt nach den übrigen Größen umgeformt werden. Bei der Ausrechnung leistet ein wissenschaftlicher Taschenrechner gute Dienste.

Merke

Rechnen mit der Zinseszinsformel:

Endkapital	**Anfangskapital:**	**Zinssatz:**	**Laufzeit:**
$K_n = K_0 \cdot q^n$	$K_0 = \frac{K_n}{q^n}$	$q = \sqrt[n]{\frac{K_n}{K_0}}$ mit $q = 1 + \frac{P}{100}$	$n = \frac{\ln \frac{K_n}{K_0}}{\ln q}$

Übungen

1. Nach wie viel Jahren hat sich ein Anfangskapital von 35 000,00 € verdoppelt (p = 4)?

2. Bei welchem Zinssatz würde ein Anfangskapital von 30 000,00 € nach dem 5. Jahr auf 40 000 € angewachsen sein?

3. Wie viel € muss ein Sparer heute auf Zinseszins anlegen, wenn er nach Ablauf von 18 Jahren eine Summe von 30 000,00 € zur Verfügung haben will (p = 5)?

5.4.2 Rentenrechnung

Der Rentenendwert als geometrische Reihe

Anders als in der Zinseszinsrechnung wird in der Rentenrechnung das Kapital in gleich bleibenden Raten und regelmäßigen zeitlichen Abständen eingezahlt. Grundaufgabe der Rentenrechnung ist es, den Endwert aller Einzahlungen einschließlich Zinseszinsen zu ermitteln.
Werden die Raten R am jeweiligen Ende eines Zeitabschnittes, z. B. am **Ende** eines Jahres, gezahlt, so spricht man von einer **nachschüssigen** Rente. Erfolgt dagegen die Zahlung der Rente am **Anfang** eines Jahres, so spricht man von einer **vorschüssigen** Rente.
Zur Berechnung des Endwertes sind alle eingezahlten Beträge auf den Zeitpunkt n aufzuzinsen und zu addieren, hierbei gilt:

Vorschüssige Rente (Zahlungen zu Beginn eines Zeitraumes):

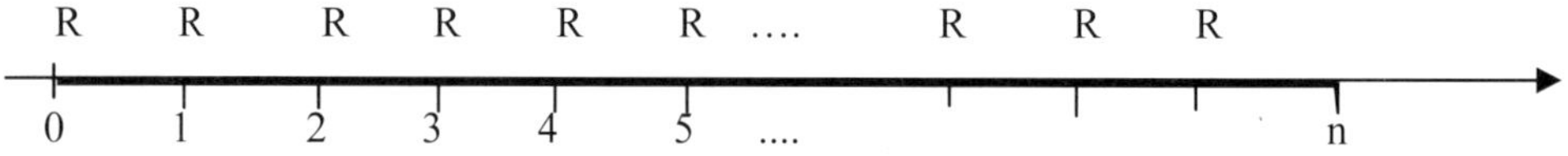

Die erste Rate wird n Jahre, die zweite Rate (n – 1) Jahre usw. und die letzte Rate noch ein Jahr aufgezinst. Das führt zu

$$\begin{aligned} K_n &= R \cdot q^n + R \cdot q^{n-1} + R \cdot q^{n-2} + \ldots + R \cdot q \\ &= Rq \cdot (q^{n-1} + q^{n-2} + q^{n-3} + \ldots + 1) \end{aligned}$$

Der Klammerausdruck stellt eine geometrische Reihe mit $a_1 = 1$ und dem Faktor q dar. Somit gilt:

$$K_n = Rq \cdot \frac{q^n - 1}{q - 1} \qquad \text{vorschüssiger Rentenendwert}$$

Nachschüssige Rente (Zahlungen am Ende eines Zeitraumes):

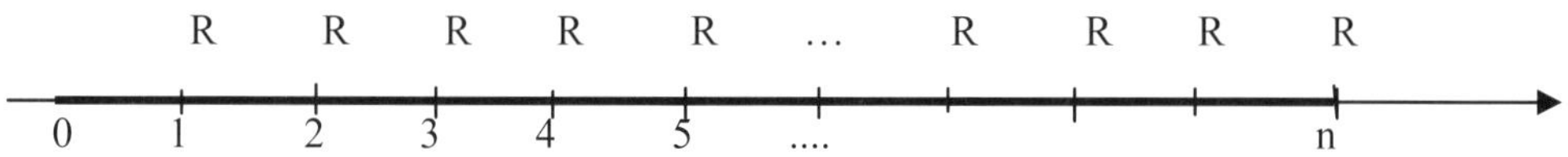

Die erste Rate wird (n – 1) Jahre, die zweite Rate (n – 2) Jahre usw. und die letzte Rate nicht mehr aufgezinst. Das führt zu

$$K_n = R \cdot q^{n-1} + R \cdot q^{n-2} + R \cdot q^{n-3} + \ldots + R$$
$$= R \cdot (q^{n-1} + q^{n-2} + q^{n-3} + \ldots + 1)$$

Der Klammerausdruck wird erneut als geometrische Reihe geschrieben. Somit gilt:

$$K_n = R \cdot \frac{q^n - 1}{q - 1} \qquad \text{nachschüssiger Rentenendwert}$$

Beispiel:

Herr Grotmann zahlt jedes Jahr 1 000,00 € auf sein Konto zu einem Zinssatz von 4 % ein. Über welches Kapital kann er nach 10 Jahren verfügen, wenn die Einzahlungen
a) zu Jahresbeginn (vorschüssig),
b) am Jahresende (nachschüssig) eingezahlt werden?

Lösung:

a) Die gegebenen Werte werden in die Formel für den vorschüssigen Rentenendwert eingesetzt. Die Ausrechnung ergibt den Endwert 12 486,35 €.

$$K_{10} = 1\,000 \cdot 1{,}04 \cdot \frac{1{,}04^{10} - 1}{1{,}04 - 1}$$
$$= 1\,000 \cdot 1{,}04 \cdot 12{,}00610712$$
$$= \underline{12\,486{,}35}$$

b) Dieselbe Rechnung erfolgt mit der Formel für den nachschüssigen Rentenendwert.

$$K_{10} = 1\,000 \cdot \frac{1{,}04^{10} - 1}{1{,}04 - 1}$$
$$K_3 = 1\,000 \cdot 12{,}00610712$$
$$= \underline{12\,006{,}11}$$

Merke

Eine Rente R wächst in n Jahren bei einem Zinssatz von p % auf das Endkapital K_n an. Das Kapital K_n wird als Rentenendwert bezeichnet.

Vorschüssiger Rentenendwert: $K_n = Rq \dfrac{q^n - 1}{q - 1}$

Nachschüssiger Rentenendwert: $K_n = R \dfrac{q^n - 1}{q - 1}$

Übungen

1. Berechnen Sie die Rentenendwerte unter der Annahme sowohl vorschüssiger als auch nachschüssiger Zahlungen.

	Raten	Zinssatz	Jahre	Endwert
a)	3 000,00	4 %	12	?
b)	2 500,00	3,5 %	18	?
c)	1 200,00	5 %	9	?

2. Eine Angestellte zahlt von ihrem Weihnachtsgeld jeweils am Jahresende 600,00 € bei ihrer Bank ein, um sich nach 8 Jahren davon einige Einrichtungsgegenstände kaufen zu können. Über welchen Betrag kann sie verfügen, wenn die Bank das Guthaben mit 3,5 % verzinst?

3. Ein Vater legt für seine Tochter bei ihrer Geburt ein Sparbuch an und zahlt darauf am Anfang eines jeden Jahres 800,00 € ein. Auf welche Summe ist das Sparbuch nach Ablauf von 19 Jahren angewachsen, wenn die Bank 4 % Zinsen zahlt?

4. Frau Kirchhoff will sich in sechs Jahren ein neues Auto für 18 000,00 € kaufen. Hierfür zahlt sie sechsmal jeweils am Jahresende einen Betrag R bei ihrer Bank ein. Welchen Betrag muss sie jährlich aufbringen, wenn die Bank 3,5 % Zinsen zahlt (auf volle 50,00 € aufrunden)?

5. Welcher Betrag R muss zu Beginn eines jeden Jahres auf ein Konto eingezahlt werden, damit nach 12 Jahren bei 3 %iger Verzinsung der Bank ein Guthaben von 8 770,00 € zur Verfügung steht (auf volle 100,00 € runden)?

Rentenbarwert

Soll eine Rente so umgewandelt werden, dass sie zu Beginn ihrer Laufzeit in einer Summe ausgewiesen wird, so ist der **Rentenbarwert** gesucht, also der Wert der Rente zum heutigen Zeitpunkt. Der Barwert ermöglicht die Vergleichbarkeit verschiedener Zahlungsvereinbarungen.

Die Berechnung des Barwerts kann erfolgen, indem alle Ratenzahlungen einzeln auf den Zeitpunkt 0 abgezinst und dann aufaddiert werden, oder indem zunächst der Endwert der Rente bestimmt und dieser dann in einer Summe auf den Zeitpunkt 0 abgezinst wird.

Beispiel:

Ein Fabrikant möchte sein Ferienapartment an der See verkaufen. Der Makler erhält drei Angebote von Kaufinteressenten:
1. Zahlung von 120 000,00 € bei Abschluss des Kaufvertrages;
2. Zahlung einer 27-mal zu zahlenden nachschüssigen Rente in Höhe von 6 000,00 €;
3. Zahlung einer 15-mal zu zahlenden vorschüssigen Rente in Höhe von 10 000,00 €.

Welches Angebot ist für den Fabrikanten das günstigste bei einem Bankzinssatz von 3 %?

Lösung:

Es sind die Renten der Angebote 2 und 3 mit der Barzahlung von 260 000,00 € zu vergleichen.

Angebot 1: 120 000,00 € Barzahlung

Berechnung des **Rentenendwerts** durch Einsetzen der gegebenen Werte in die **nachschüssige** Rentenendwertformel. Die nachschüssige Rentenzahlung ergibt einen Rentenendwert von 244 257,80 € zum Zeitpunkt 27. Dieser Rentenendwert muss auf den Zeitpunkt 0 abgezinst werden. Hierzu ist der Rentenendwert mit dem Faktor $\frac{1}{1{,}03^{27}}$ zu multiplizieren.

Angebot 2:

$$K_{27} = 6\,000\ \frac{1{,}03^{27} - 1}{1{,}03 - 1} = \underline{244\,257{,}80}$$

$$K_0 = \frac{244\,257{,}80}{1{,}03^{27}} = 109\,962{,}19$$

Angebot 2 ist auf den heutigen Zeitpunkt bezogen schlechter als Angebot 1, da 109 962,10 € < 120 000,00 € ist.

Berechnung des **Rentenendwerts** durch Einsetzen der gegebenen Werte in die **vorschüssige** Rentenendwertformel. Die vorschüssige Rentenzahlung ergibt einen Rentenendwert von 191 568,81 € zum Zeitpunkt 15. Dieser Rentenendwert muss auf den Zeitpunkt 0 abgezinst werden. Hierzu ist der Rentenendwert mit dem Faktor $\frac{1}{1{,}03^{15}}$ zu multiplizieren.

Angebot 3:

$$K_{15} = 10\,000 \cdot 1{,}03\ \frac{1{,}03^{15} - 1}{1{,}03 - 1} = \underline{191\,568{,}81}$$

$$K_0 = \frac{191\,568{,}81}{1{,}03^{15}} = \underline{122\,960{,}73}$$

Angebot 3 ist auf den heutigen Zeitpunkt bezogen günstiger als Angebot 1, da 122 960,73 € > 120 000,00 € ist.

Auswertung:

Finanzmathematisch ist das Angebot 3 zwar etwas günstiger als das Angebot 1, es berücksichtigt aber nicht die Zukunftsrisiken (Geldentwertung, Zahlungsmoral des Käufers etc.). Deshalb kann es sein, dass der Fabrikant seine Entscheidung anders trifft als es die Rechnung aufzeigt.

Merke

Der Barwert einer Rente ergibt sich nach folgenden Formeln:

Vorschüssig: $K_0 = \frac{R \cdot q}{q^n} \cdot \frac{q^n - 1}{q - 1}$ **Nachschüssig:** $K_0 = \frac{R}{q^n} \cdot \frac{q^n - 1}{q - 1}$

Übungen

1. Berechnen Sie die jeweiligen Rentenbarwerte:
   a) vorschüssige Rente mit R = 2 000,00 €; Laufzeit 12 Jahre, Zinssatz 3,5 %,
   b) nachschüssige Rente mit R = 3 500,00 €, Laufzeit 6 Jahre, Zinssatz 4 %,

2. Ein Sparer möchte aus dem Erlös einer Immobilie einen bestimmten Betrag so anlegen, dass er daraus eine zehnmal zu zahlende nachschüssige Rente in Höhe von 900,00 € pro Jahr erhält. Wie viel muss er heute anlegen, wenn die Bank die Einzahlung mit 4 % verzinst (aufrunden auf volle 100,00 €)?

3. Der Barwert einer über 18 Jahre laufenden vorschüssigen Jahresrente beträgt bei einer jährlichen Verzinsung von 5 % insgesamt 76 940,00 €. Wie hoch sind die jährlichen Raten?

Die Sparkassenformel

Die Zinseszinsrechnung tritt dann mit der Rentenrechnung in Kombination, wenn eine einzelne Einzahlung zu einer Rentenzahlung dazukommt. Dann ist die Einzelzahlung mit der Zinseszinsformel zu verzinsen, die Rente mit der Rentenformel, je nach Art der Zahlung.

Beispiel:

Ein Vater zahlt für das Studium seiner Tochter heute 5 000,00 € auf ein Konto und zusätzlich zehnmal jeweils am Jahresende noch 600,00 € ein. Auf welchen Betrag wird das Konto angewachsen sein, wenn die Tochter in 10 Jahren mit dem Studium beginnt? Jährliche Verzinsung 3 %.

Lösung:

1. Die 5 000,00 € werden mit der Zinseszinsformel 10 Jahre aufgezinst und ergeben $K_{e10} = 6\,719{,}58$ €.

$$K_{e10} = 5\,000 \cdot 1{,}03^{10} = 6\,719{,}58$$

2. Die 10-malige Zahlung der nachschüssigen Rente ergibt einen Rentenendwert von $K_{R10} = 6\,878{,}33$ €.

$$K_{R10} = 600 \cdot \frac{1{,}03^{10} - 1}{1{,}03 - 1} = 6\,878{,}33$$

Das Endkapital nach zehn Jahren ergibt sich aus der Zusammenfassung der beiden Beträge. Es lautet auf 13 597,91 €.

$$K_{10} = 6\,719{,}58 + 6\,878{,}33 = \underline{13\,597{,}91}$$

Merke

Erfolgt eine einmalige Zahlung K_0 und eine n-malige Rentenzahlung R auf ein gemeinsames Konto, so wird je nach Aufgabenstellung mit der **Sparkassenformel gerechnet:**

Vorschüssig: $\mathbf{K_n = K_0 q^n \pm Rq\frac{q^n - 1}{q - 1}}$ **Nachschüssig:** $\mathbf{K_n = K_0 q^n \pm R\frac{q^n - 1}{q - 1}}$

Hinweis: + bedeutet: **Kapitalaufbau,** – bedeutet: **Kapitalabbau**

Übungen

1. Zu einem Anfangskapital von K_0 € werden jährlich R € bei einer Verzinsung von p % a) hinzugefügt bzw. b) abgehoben. Wie groß ist das Endkapital K_n?

a) $K_0 = 12\,000{,}00$ €; R = 600,00 € (nachschüssig); n = 10 Jahre; p = 3 %

b) $K_0 = 15\,000{,}00$ €; R = 800,00 € (vorschüssig); n = 12 Jahre; p = 2,5 %

2. Um sich nach vier Jahren selbstständig machen zu können, zahlt ein angestellter Meister im ersten Jahr 17 500,00 € zu 6 % ein.
Wie hoch sind die jährlich am Jahresende einzuzahlenden Raten, wenn er bei gleichem Zinssatz am Ende des vierten Jahres über 75 000,00 € verfügen will (auf voll 100,00 € gerundet)?

3. Eine Erbschaft von 40 000,00 € wird bei einer Bank mit 4 % verzinst. Wie viel € kann der Sparer jährlich zu Jahresbeginn abheben, wenn das Konto nach 25 Jahren aufgebraucht sein soll?

5.4.3 Tilgungsrechnung

Eine weitere Anwendung für Folgen und Reihen ist die Tilgungsrechnung. Unter einer Tilgung versteht man die regelmäßige Rückzahlung einer Schuld in Teilbeträgen. In den meisten Fällen entsteht das Schuldverhältnis durch Hypotheken und Anleihen.

Es werden zwei Arten von Tilgung unterschieden:

1. Ratentilgung **2. Annuitätentilgung**

1. Ratentilgung

Eine Ratentilgung liegt dann vor, wenn die jährlichen **Tilgungsraten T gleich** hoch sind. Die Zahlungen von Tilgung **zuzüglich** Zinsen erfolgen bei jeder Tilgung grundsätzlich am Jahresende. Zentraler Begriff bei beiden Tilgungsarten ist die **Annuität.** Sie wird aus der Summe aus Tilgungsrate und Zinsen errechnet. Die Ratentilgung ist mathematisch den **arithmetischen** Folgen und Reihen zuzuordnen.

Beispiel:

Eine Anleihe K_0 von 30 000,00 € soll in 6 Jahren bei gleich bleibenden Raten zu einem Zinssatz von 5 % getilgt werden.

a) Berechnen Sie die Tilgungsrate T und ermitteln Sie für das erste Jahr Zinsen und Annuität.

b) Stellen Sie einen Tilgungsplan auf.

Lösung:

a) Zuerst wird die jährliche Tilgungsrate T berechnet. Sie beträgt 5 000,00 € und ist für jedes der 6 Jahre **gleich.**
Die Zinsen z am Ende des ersten Jahres werden mit Hilfe der Jahreszinsformel berechnet..

$$T = \frac{K_0}{n} = \frac{30\,000}{6} = \underline{5\,000}$$

$$z = \frac{30\,000 \cdot 5}{100} = \underline{1\,500}$$

$$A = 5\,000 + 1\,500 = \underline{6\,500}$$

Für die weiteren Jahre werden mit Hilfe eines Tilgungsplans (siehe Tabelle) Zinsen und Annuitäten ermittelt.

b) Tilgungsplan:

z. B. *zweites Jahr*

Restschuld:
30 000,00 – 5 000,00= 25 000,00 (€)

Zinsen: $z_2 = \frac{25\,000 \cdot 5}{100} = 1\,250{,}00$ (€)

Annuität:
1 250,00 + 5 000,00 = 6 250,00 (€)

Gesamtannuität für 6 Jahre:
30 000,00 + 5 250,00 = 35 250,00 (€)

Jahr	Restschuld (Jahresanfang)	Zinsen	Tilgung	Annuität
1	**30 000**	1 500	5 000	6 500
2	25 000	1 250	5 000	6 250
3	20 000	1 000	5 000	6 000
4	15 000	750	5 000	5 750
5	10 000	500	5 000	5 500
6	5 000	250	5 000	5 250
	Summe	**5 250**	**30 000**	**35 250**

Merke

Unter **Annuität** versteht man die jährliche Gesamtleistung

Annuität = Zinsen + Tilgung

$$\mathbf{A = z + T}$$

Die **Tilgung** errechnet sich aus Kapital durch Laufzeit:

$$\mathbf{T = \frac{K_0}{n}}$$

Die Beträge von **Restschuld, Annuität und Zinsen** weisen gleiche Abstände auf und stellen damit **arithmetische Folgen** dar. Sie können daher zu beliebigen Zeitpunkten **ohne** Tilgungsplan berechnet werden, indem man entsprechende Formeln zu ihrer Berechnung verwendet.

Besonders übersichtlich kann die Formel zur Berechnung der **Restschuld** ermittelt werden. Die Restschuld wird zu **Beginn** eines Jahres festgelegt. Das heißt, man beginnt mit einer Restschuld von 40 000,00 €. Zu ihrer Herleitung dienen die Werte des obigen Beispiels. Dabei gilt:
T: Tilgungsrate ; $K_0 = R_1$: Schuldbetrag (Anleihe), R_n: Restschuld;
n: Jahr, für das die Restschuld berechnet wird.

1. Jahr: $R_1 = 30\,000$

2. Jahr: $R_2 = 30\,000 - 5\,000 = 25\,000$

$= 40\,000 - (\mathbf{2} - 1) \cdot 5\,000 = 25\,000$

3. Jahr: $R_3 = 25\,000 - 5\,000 = 20\,000$

$= (30\,000 - (\mathbf{3} - 1) \cdot 5\,000 = 20\,000$

↓ ↓ ↓

n. Jahr $\boxed{\mathbf{R_n = K_0 - (n-1) \cdot T}}$

z.B. **6**. Jahr: $R_6 = 30\,000 - (\mathbf{6} - 1) \cdot 5\,000 = \underline{5\,000}$

Um die wachsende **Annuität A_n** zu jedem beliebigen Zeitpunkt - z.B. im dritten Jahr A_3 - zu berechnen, berechnet man die **Zinsen** Z_3 der verbleibenden Restschuld R_3 und addiert die gleichbleibende Tilgungsrate T.
Auch diese Formel kann aus dem Beispiel hergeleitet werden.
Die jährlich neu zu berechnenden **Zinsen** verringern sich stets um den gleichen Betrag, sodass man die in der *gesamtem Laufzeit* gezahlten Zinsen mit Hilfe der Reihenformel für **arithmetische Reihen** berechnen kann.

z. B. $A_3 = [30\,000 - (\mathbf{3} - 1) \cdot 5000] \frac{5}{100} + 5000$

$= \underline{6\,000}$

$$\boxed{\mathbf{A_n = [K_0 - (n-1) \cdot T\,] \frac{p}{100} + T}}$$

$Z_3 = [3\,0000 - (\mathbf{3} - 1) \cdot 5\,000] \frac{5}{100} = \underline{1\,000}$

$$\boxed{\mathbf{Z = \frac{n}{2} (z_1 + z_n)}}$$

Merke

Berechnung der **Restschuld** für das n-te Jahr : $\mathbf{R_n = K_0 - (n-1) \cdot T}$

Berechnung der **Annuität** für das n-te Jahr: $\mathbf{A_n = z_n + T = [K_0 - (n-1) \cdot T\,] \frac{p}{100} + T}$

Berechnung der **Gesamtzinsen:** $\mathbf{Z = \frac{n}{2} \cdot (z_1 + z_n)}$

Beispiel:

Ein Darlehen von 50 000,00 € soll in 10 Jahren bei 6 %iger Verzinsung in gleich großen Tilgungsraten getilgt werden.

a) Erstellen Sie für die ersten und letzten drei Jahre einen Tilgungsplan. Berechnen Sie Restschuld, Zinsen und Tilgung.

b) Bestimmen Sie unabhängig von den Werten der ersten drei Jahre mit Hilfe der Formel für die Restschuld die fehlenden Werte von Restschuld, Zinsen und Annuität für die **letzten drei** Jahre.

c) Berechnen Sie die gesamte Zinsbelastung und die Gesamtbelastung.

Lösung:

Zur Berechnung der Restschuld wird die Formel von Seite 174 angewendet. Der jeweilige Restschuldwert wird jedes Jahr verzinst. Die Annuität ist die Summe aus Zinsen und Tilgung. (Prüfen Sie auch die fehlenden Zinsen und Annuitäten nach.) Die Gesamtbelastung beträgt 66 500,00 €. Davon werden 16 500,00 € an Zinsen bezahlt.

Jahr	Restschuld (Jahresanfang)	Zinsen	Tilgung	Annuität
1	**50 000**	$\frac{50\,000 \cdot 6}{100} = 3\,000$	$\frac{50\,000}{10} = 5\,000$	3 000 + 5 000 = 8 000
2	50 000 – 5 000 = 45 000	$\frac{45\,000 \cdot 6}{100} = 2\,700$	5 000	2 700 + 5 000 = 7 700
3	45 000 – 5 000 = 40 000	$\frac{40\,000 \cdot 6}{100} = 2\,400$	5 000	2 400 + 5 000 = 7 400
4	…	…	5 000	…
5	…	…	5 000	…
6	…	…	5 000	…
7	…	…	5 000	…
8	50 000 –·(8–1) · 5 000 = 15 000	$\frac{15\,000 \cdot 6}{100} = 900$	5 000	900 + 5 000 = 5 900
9	50 000 –·(9–1) ·5 000 = 10 000	$\frac{10\,000 \cdot 6}{100} = 600$	5 000	600 + 5 000 = 5 600
10	50 000 – (10–1) ·5000 = 5 000	$\frac{5\,000 \cdot 6}{100} = 300$	5 000	300 + 5 000 = 5 300
	Summe	**16 500**	**50 000**	**66 500**

Übungen

1. Ein Darlehen von 60 000,00 € soll in sechs Jahren bei einer jährlichen Verzinsung von 10 % durch gleich hohe Jahresraten getilgt werden. Erstellen Sie den Tilgungsplan.

2. Zum Kauf eines Autos hat ein Schüler der Fachoberschule bei seiner Bank ein Darlehen über 12.000,00 € zu 8 % aufgenommen. Er möchte es in sechs gleich hohen Jahresraten zurückzahlen.

a) Berechnen Sie die Tilgungsrate T und ermitteln Sie für das **erste** und **zweite** Jahr die Rest schuld, Zinsen und die Annuität mittels einer Tabelle.

b) Berechnen Sie für das **fünfte** und **sechste** Jahr Restschuld, Zinsen und Annuität (Formeln). Berechnen Sie die Gesamtbelastung und die gesamte Zinsbelastung.

2. Annuitätentilgung

Die Ratentilgung ist gekennzeichnet durch anfangs hohe und später niedrigere Gesamtbelastungen aufgrund fallender Zinsbeträge. Um eine gleichmäßige Gesamtbelastung aus Tilgung und Zinsen zu erreichen, ist ein Betrag (= **Annuität**) zu berechnen, der über eine vereinbarte Laufzeit zur Tilgung der Gesamtschuld führt. Das hat zur Folge, dass bei fallenden Zinsen pro Jahr der Tilgungsanteil innerhalb der Annuität immer mehr zunimmt. Tilgung und Zinsen werden wiederum grundsätzlich am Jahresende gezahlt.

Gegenüberstellung:

Ratentilgung: **Tilgungsraten T** konstant + abnehmende Zinsen = **fallende** Annuität

Annuitätentilgung: **Annuität A** konstant – abnehmende Zinsen = **steigende** Tilgungsbeträge

Mathematisch ist die Annuitätentilgung den **geometrischen** Folgen und Reihen zuzuordnen.

Beispiel:

Ehepaar Schulz muss für die Anschaffung einer neuen Heizungsanlage ein Darlehen in Höhe von 10 000,00 € aufnehmen. Die Bank bietet einen über 5 Jahre laufenden Vertrag mit einem Zinssatz von 4 % und jährlich gleich bleibenden Rückzahlungsraten (= Annuitäten) an.

a) Wie hoch ist die Annuität A?
b) Stellen Sie einen Tilgungsplan auf.
c) Entwickeln Sie die Tilgungsformel.

Lösung:

a) Würde das Darlehen K_0 ohne Tilgung über 5 Jahre **verzinst,** so wäre die Schuld auf 12 166,53 € angewachsen. Sie wird getilgt durch die jährlich vereinbarte Rückzahlung in gleich hohen Beträgen A. Die Summe der Rückzahlungen stellt eine nachschüssige Rentenrechnung dar mit A als Unbekannte.

$$K_5 = K_0\, q^5 \Rightarrow K_5 = 10\,000 \cdot 1{,}04^5 = \underline{12\,166{,}53}$$

$$12\,166{,}53 = A\,\frac{1{,}04^5 - 1}{1{,}04 - 1} \Rightarrow A = \underline{2\,246{,}27}$$

Werden beide Formeln (Zinseszinsrechnung und nachschüssige Rentenzahlung) gleichgesetzt, so erhält man durch eine algebraische Umformung die Formel zur Berechnung der Annuität bei der Annuitätentilgung.

Allgemein:

$$K_0\, q^n = A\,\frac{q^n - 1}{q - 1}$$

$$\mathbf{A = K_0\, q^n \frac{q - 1}{q^n - 1}}$$

b) Tilgungsplan:

Jahr	Restschuld (Jahresanfang)	Zinsen	Annuität	Tilgung
1	10 000,00	400,00	2 246,27	1 846,27
2	8 153,73	326,15	2 246,27	1 920,12
3	6 233,61	249,34	2 246,27	1 996,93
4	4 236,68	169,47	2 246,27	2 076,80
5	2 159,87	86,40	2 246,27	2 159,88
	Summe	**1 231,35**	**11 231,35**	**10 000,00**

c) Um nun unabhängig vom Tilgungsplan die jährlichen Tilgungsraten berechnen zu können, bestimmt man bei bekannter Annuität zunächst die erste Tilgungsrate T_1. Man erkennt, dass die Tilgungsraten eine geometrische Folge mit q = 1,04 bilden. Aufgrund dieser Feststellung wird die Formel zur Berechnung von Tilgungsraten entwickelt.

$T_1 = 2\,246{,}27 - 400 = 18\,46{,}27$

$$\frac{1\,920{,}12}{1\,846{,}27} = \frac{1\,996{,}93}{1\,920{,}12} = \ldots = 1{,}04$$

$T_2 = T_1 q;\quad T_3 = T_1 q^2;\quad T_4 = T_1 q^3 \ldots$

$$\mathbf{T_i = T_1\, q^{n-1}}$$

Merke

Die für den gesamten Zeitraum geltende **Annuität** A wird nach:

$$\mathbf{A = K_0 q^n \frac{q-1}{q^n-1}} \quad \text{berechnet.}$$

Die **Tilgung** in einem beliebigen Jahr n wird nach

$$\mathbf{T_n = T_1 \cdot q^{n-1}} \quad \text{berechnet.}$$

Beispiel:

Ein Darlehen von 50 000,00 € soll bei einer jährlichen Verzinsung von 8 % in 10 Jahren durch gleich bleibende Annuitäten zurückgezahlt werden. Der Darlehensnehmer wendet sich mit folgenden Fragen an seine Bank:

a) Wie groß ist die jährliche Gesamtbelastung (Annuität)?
b) Wie hoch sind die Zinsen und die Tilgung im ersten Jahr?
c) Wie groß ist die Tilgung und die Restschuld nach Ablauf von 5 Jahren ?

Lösung:

a) Mit Hilfe der Formel wird die Annuität A berechnet. Der Darlehensnehmer zahlt jährlich an Tilgung und Zinsen den Betrag von A = 7 451,47 €.

$K_0 = 50\,000;\quad p = 8$ bzw. $q = 1{,}08;\quad n = 10.$

$$A = 50\,000 \cdot 1{,}08^{10} \cdot \frac{1{,}08 - 1}{1{,}08^{10} - 1} = \underline{7\,451{,}47}$$

$$Z_1 = \frac{50\,000 \cdot 8}{100} = \underline{4\,000}$$

b) Die Tilgung im ersten Jahr errechnet sich aus der Differenz von Annuität und Zinsen im ersten Jahr.

$T_1 = 7\,451{,}47 - 4\,000 = \underline{3\,451{,}47}$

c) Um die Restschuld R_5 nach 5 Jahren zu berechnen, müssen vom Darlehen die bis zu diesem Zeitpunkt gezahlten 5 Tilgungen abgezogen werden. Die Summe der Tilgungen kann mit Hilfe der Formel für geometrische Reihen berechnet werden. Die Restschuld nach Ablauf von 5 Jahren und gezahlten 5 Tilgungsraten beträgt R_5 = 29 164,94 €.

$R_5 = 50\,000 - (T_1 + T_2 + T_3 + T_4 + T_5)$

$$T_1 + T_2 + \ldots + T_n = T_1 \frac{q^n - 1}{q - 1},$$

$$R_5 = 50\,000 - 3\,451{,}47 \frac{1{,}08^5 - 1}{1{,}08 - 1}$$

$= \underline{29\,751{,}60}$

12 Haarmann, Thun ISBN 978-3-8120-0504-3

Aus den obigen Überlegungen kann die allgemeine Formel zur Berechnung der **Restschuld R_n** unmittelbar hergeleitet werden.

$$\mathbf{R_n = K_0 - T_1 \frac{q^n - 1}{q - 1}}$$

Eine **zweite Möglichkeit**, die Restschuld nach n Jahren zu berechnen, bietet sich mit Hilfe der Sparkassenformel an ($R_n = K_n \cdot q^n - A \frac{q^n - 1}{q - 1}$), wenn man von der aufgezinsten Anfangsschuld K_n die aufgezinsten Annuitäten A abzieht.

Kontrollrechnung mit Sparkassenformel:

$$R_n = 50\,000 \cdot 1{,}08^5 - 7\,451{,}47 \frac{1{,}08^5 - 1}{108 - 1}$$

$$= 73\,466{,}40 - 43\,714{,}80 = \underline{29\,751{,}60}$$

Übungen

1. Berechnen Sie die Annuität, die Tilgung im ersten Jahr und die Restschuld nach 5 Jahren für die folgenden Darlehen:

	Darlehen	**Zinssatz**	**Laufzeit**
a)	84 000,00 €	4 %	12 Jahre
b)	55 000,00 €	5 %	11 Jahre
c)	100 000,00 €	6 %	10 Jahre

2. Ein Darlehen von 24 000 € soll bei einer Laufzeit von 15 Jahren in gleich bleibenden Tilgungsraten bei 6 % Verzinsung zurückgezahlt werden.

a) Wie groß ist die Annuität?

b) Berechnen Sie die Restschuld nach 6 Jahren.

c) Nach 6 Jahren erhöht sich der Zinssatz von 6 % auf 7 %. Wie groß ist die neue Annuität?

Aufgaben 5.4

Zinseszinsrechnung

1. Berechnen Sie die fehlenden Größen.

	K_0	p	q	n	K_n
a)	30 000	3		10	
b)	8 500		1,04		13 608,77
c)	140 000	7,5		15	

2. Ein Kapital von 12 500,00 € wird mit 4 % verzinst. Nach 5 Jahren wird ein Betrag von 2 500,00 € zusätzlich eingezahlt. Das neue Kapital wird mit 4 % noch 5 Jahre weiterverzinst. Wie hoch ist der Endbetrag nach 10 Jahren?

3. Der „zinslose“ Kredit: Ein Privatmann bietet ein Kurzdarlehen zu folgenden Bedingungen an: Auszahlung: 5 020,00 €, Rückzahlung von 8 000,00 € in 8 Jahren. Beurteilen Sie das Angebot unter Berücksichtigung von Zinseszinsen.

4. Ein Hochschullehrer kann beim Kauf eines Apartments zwischen zwei Zahlungen wählen:

1. Drei Raten zu je 80 000,00 €. Die erste Rate sofort nach Abschluss des Kaufvertrages, die zweite Rate nach drei Jahren und die dritte Rate nach fünf Jahren.
2. 230 000,00 € zahlbar nach zwei Jahren.

Welche Zahlungsmöglichkeit ist bei einem unterstellten Zinssatz von 5 % die günstigere?

5. Für die Anschaffung einer Büroeinrichtung benötigt eine Diplom-Kauffrau eine Kaufsumme von 25 000,00 €. Auf ihrem Sparkonto verfügt sie über ein Guthaben von 20 000,00 €. Wie lange müsste dieses Guthaben auf Zinseszinsen weiterhin angelegt sein, damit die benötigte Summe zur Verfügung steht. Das Guthaben wird mit 4,5 % verzinst?

6. Zur besseren Beurteilung der Zinsentwicklung eines auf Zinseszins angelegten Sparkontos bearbeitet eine Fachoberschülerin die folgenden Fragen:
Wie viel Geld muss ich anlegen, um bei 4%iger Verzinsung am Jahresende eine Zinsgutschrift von 200,00 € zu erhalten?
Welche Zinsgutschrift erhalte ich im 10. Jahr, wenn die Einzahlung 5 000,00 € beträgt?
Wie viel Jahre dauert es, bis ich in einem Jahr doppelt so viel Zinsen erhalte wie im 10. Jahr?
Beantworten Sie die vorliegenden Fragen.

Rentenrechnung

7. Zu einem Kapital von 50 000,00 € werden 20 Jahre lang jährlich 850,00 € eingezahlt.
Auf welchen Betrag ist das Kapital angewachsen, wenn die Bank einen Zinssatz von 4,5 % zugrunde legt und die jährlichen Einzahlungen (a) nachschüssig, (b) vorschüssig erfolgen?

8. Ein Angestellter will sich in drei Jahren ein Auto für 23 900,00 € kaufen. Sein Sparkonto weist einen Stand von 8 000,00 € auf. Den Rest möchte er durch drei gleich hohe Raten, die er jeweils am Ende eines jeden Jahres einzahlen will, aufbringen. Wie hoch müssen diese Raten mindestens sein, wenn das Guthaben mit 4 % verzinst wird?

9. Jemand hat von seinem Vermögen in Höhe von 55 000,00 €, das zu 5 % bei der Bank auf Zinseszinsen steht, zu Anfang eines jeden Jahres für Unterhaltszwecke 5 000,00 € abgehoben. Wie groß ist sein Vermögen nach 10 Jahren?

10. Ein Kapital wächst von 23 500,00 € auf 36 952,77 € an. Wie viel Jahre sind dazu erforderlich, wenn bei einem Zinssatz von 4 % jeweils am Jahresanfang 500,00 € eingezahlt werden?

11. Eine 20-jährige Rente wird in eine 15-jährige Rente bei $p = 5{,}5$ % umgewandelt.
Berechnen Sie die Höhe der beiden Renten, wenn die zweite Rente (Rente mit 15-jähriger Laufzeit) um 2 500,00 € höher sein soll als die erste Rente.

Tilgungsrechnung

12. Eine Schuld von 50 000,00 € soll durch Ratentilgung in 5 Jahren bei 5%iger Verzinsung getilgt werden.
a) Berechnen Sie die Tilgungsrate und stellen Sie einen Tilgungsplan auf.
b) Berechnen Sie die Gesamtbelastung und die gesamte Zinsbelastung.

13. Eine Hypothek von 100 000,00 € wird zu 5% verzinst und durch gleich hohe Jahresraten mit 4 % der Anfangsschuld (Hypothek) getilgt.
a) Berechnen Sie Tilgungsrate, Tilgungsdauer und die Annuität im ersten Jahr und erstellen Sie für die ersten drei Jahre einen Tilgungsplan.
b) Berechnen Sie Restschuld, Zinsen und Annuität für das 20. Jahr.
Stellen Sie den „Resttilgungsplan auf.
c) Wie hoch ist die Gesamtzinslast in den 25 Jahren?

14. Ein Darlehen von 40 000,00 € soll mit gleichen Jahresraten in Höhe von 20 % der Anfangsschuld zurückgezahlt werden. Die Verzinsung der Bank beträgt in den ersten drei Jahren 8 %, danach wird der Zinssatz auf 6 % gesenkt.
a) Berechnen Sie die Tilgungsdauer des Darlehens.
b) Erstellen Sie einen Tilgungsplan unter Berücksichtigung des Zinssatzwechsels.

15. Berechnen Sie die Annuität, wenn bei einem Zinssatz von 5 % eine Schuld von 30 000,00 € in 5 Jahren bei gleich hohen Annuitäten getilgt werden soll.

16. Ein Darlehen in Höhe von 100 000,00 €, das mit 8 % verzinst wird, soll in 10 Jahren mit gleich hohen Annuitäten getilgt werden.
a) Berechnen Sie die Annuität.
b) Wie hoch ist der erste Zins- und Tilgungsbeitrag?
c) Stellen Sie den Tilgungsplan für die ersten drei Jahre auf.

17. Einem Bauwilligen, der eine Haus für 200 000,00 € erwerben möchte, wird von der Bank folgendes Angebot unterbreitet:
Zinssatz: 8 %, Tilgung: 2 % der Anfangsschuld.
a) Berechnen Sie die Annuität, wenn sie aus Zinsen und Tilgung im ersten Jahr errechnet wird.
b) Wie lange dauert die Rückzahlung des Darlehens (auf volle Jahre aufrunden) ?

18. Eine Darlehensnehmerin hat ein Darlehen von 20 000,00 € zu einen Zinssatz von 6 % aufgenommen. Sie tilgt das Darlehen im ersten Jahr mit einem Tilgungssatz von 1 %.
a) Berechnen Sie die Annuität
b) Nach wie viel Jahren hat die Darlehensnehmerin das Darlehen getilgt?
c) Stellen Sie für die ersten drei Jahre den Tilgungsplan auf und prüfen Sie rechnerisch die Restschuld nach 3 Jahren nach.

19. Welches Darlehen kann bei 10 % Zinsen in 12 Jahren bei gleich bleibender Annuität von 9 500,00 € zurückgezahlt werden? (Annuitätsfaktor berücksichtigen.)

20. Eine Familie interessiert sich für den Erwerb eines Hauses. Sie ist in der Lage, jährlich 14 400,00 € von ihrem Einkommen für Verzinsung **und** Tilgung einer Hypothek zu bezahlen. Die Bank berechnet einen Zinssatz von 7 %.
Berechnen Sie die Höhe der einzelnen Darlehen, wenn eine Laufzeit von
a) 20 Jahren b) 25 Jahren und c) 30 Jahren
mit der Bank vereinbart wird.

21. Eine Anleihe von 1 000 000,00 € soll innerhalb 50 Jahren mittels gleich bleibender Annuität bei einem Zinssatz von 4,5 % getilgt werden.
a) Wie hoch ist Annuität?
b) Wie hoch ist die Tilgung im 28. Jahr?
c) Ermitteln Sie das Restkapital nach 4 Jahren.
d) Wie hoch sind die Zinsen im 5. Jahr?

22. Eine Firmenanleihe von 240 000,00 € wird zu einem Zinssatz von 6 % mit 1 % Tilgung von der Darlehenssumme aufgenommen. Die Firma löst ihre Restschuld nach 5 Jahren durch ein neues Darlehen mit einem Zinssatz von 4 % und 2 % Tilgung von der Restschuld ab.
a) Berechnen Sie die Annuität des ersten Darlehens.
b) Berechnen Sie die Restschuld nach Ablauf von 5 Jahren. (Tilgungsplan aufstellen.)
c) Bestimmen Sie die Annuität des zweiten Darlehens.
d) Berechnen Sie die Laufzeit des neuen Darlehens.

6 Einführung in die Differenzialrechnung

6.1 Grenzwerte von Funktionen

1. Fall: Grenzwerte einer Funktion f für $x \to \pm\infty$

Im vorletzten Kapitel wurde bereits das Unendlichkeitsverhalten (Verhalten für $x \to \pm\infty$) von ganzrationalen Funktionen untersucht. Diese Untersuchung soll in diesem Abschnitt auf weitere Funktionen fortgesetzt und um eine neue Schreibweise ergänzt werden.

Grenzwertbetrachtungen in Anwendungen

Einführungsbeispiel:

Bei der Produktion von Mountainbike-Rädern fallen in jeder Woche 8 800,00 € Fixkosten an. Die variablen Kosten betragen pro Rad 800,00 €.

a) Erstellen Sie die Kosten- und die Stückkostenfunktion. Wie hoch sind die Stückkosten bei $x = 20$, $x = 50$ bzw. $x = 100$ produzierten Rädern?

b) Stellen Sie die Kosten- und die Stückkostenfunktion in einem Schaubild dar.

Lösung:

a) Die **Kostenfunktion** kann unmittelbar aus den gegebenen Daten ermittelt werden, dabei sind 800,00 € die variablen Kosten pro Stück.
Die Kosten pro Stück (Stückkosten) erhält man, indem man die Kosten K durch die Menge x teilt, k(x) ist somit die **Stückkostenfunktion.**

$$K(x) = 800x + 8\,800$$

$$k(x) = \frac{K(x)}{x}$$

$$k(x) = \frac{800x + 8\,800}{x} = 800 + \frac{8\,800}{x}$$

b) Die **Stückkostenfunktion k** ist mathematisch betrachtet eine neue Funktion. Sie heißt gebrochen-rational, weil sich x im Nenner des Bruches $\frac{8\,800}{x}$ befindet. Dies bedeutet:

1. Für x darf nicht die Zahl *Null* eingesetzt werden. Es gibt keinen y-Achsenabschnitt.
2. Der Wert des Bruches wird umso **kleiner**, je größer x wird. Damit nehmen die Stückkosten bei zunehmender Produktionsmenge ab.
   Bei z. B. 20 produzierten Rädern betragen sie 1 240,00 €, bei z. B. 100 produzierten Rädern sind es nur noch 888,00 €, da sich die Fixkosten auf die größere Stückzahl verteilen.
   Beim Term $800 + \frac{8\,800}{x}$ nimmt $\frac{8\,800}{x}$ beliebig kleine Werte an, wenn x beliebig groß gewählt wird. Die Funktionswerte der Stückkostenfunktion k nähern sich deshalb mit **wachsendem x** immer mehr der Zahl 800 an.

$$k(20) = 800 + \frac{8\,800}{20} = 1\,240$$

$$k(50) = 800 + \frac{8\,800}{50} = 976$$

$$k(100) = 800 + \frac{8\,800}{100} = 888$$

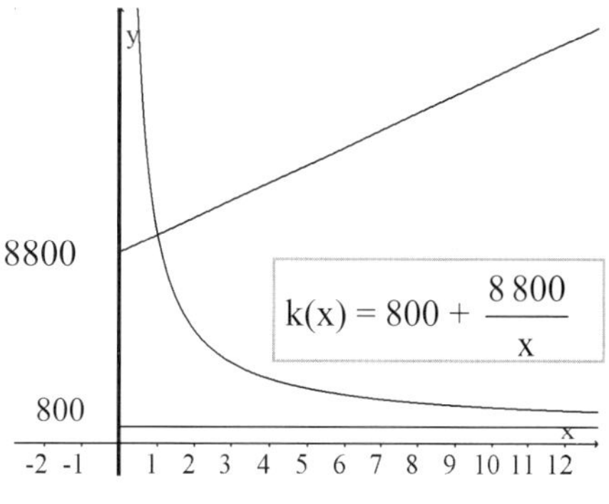

$$k(100\,000) = 800 + \frac{8\,800}{100\,000} = 800{,}088$$

Bei Herstellung einer unvorstellbar großen Menge Rädern würden die Stückkosten angenähert den variablen Kosten pro Stück von 800,00 € entsprechen, z. B. k(100 000) = 800,088.

Zusammenfassung:

Kommt der Graph einer Funktion f mit wachsendem x der x-Achse oder einer Parallelen zur x-Achse beliebig nahe, so hat f einen Grenzwert. Im Beispiel kommt der Graph der Parallelen zur x-Achse mit der Gleichung **y = 800** beliebig nahe. Dies wird mathematisch wie folgt ausgedrückt: Der **Grenzwert** der Funktion k für $x \to +\infty$ ist 800, kurz: $\lim\limits_{x\to\infty} k(x) = 800$.

In diesem praktischen Fall hat der Grenzwert der Funktion k streng genommen nur theoretische Bedeutung, denn es ist nicht möglich, eine unendlich große Anzahl von Rädern zu produzieren.

Erweitert man aber die Grenzwertuntersuchungen auf allgemeine Funktionen f und lässt auch die Betrachtung auf $x \to -\infty$ zu, so gilt die folgende Definition.

Merke

> Wenn die Werte für x unbeschränkt wachsen und die Funktionswerte f(x) dabei einem Zahlenwert **g** beliebig nahe kommen, so heißt die Funktion f für $x \to \pm\infty$ **konvergent** mit dem Grenzwert g.
>
> Kurzschreibweise: $\lim\limits_{x\to\pm\infty} f(x) = g$ *(Limes: Grenze)*
>
> Gelesen: Der **Limes** von f(x) für x gegen plus minus unendlich ist gleich **g.**

Dass der Grenzwert einer Funktion nicht immer eine feste Zahl g sein muss, zeigt das folgende Beispiel. In diesem Fall spricht man von einem **uneigentlichen** Grenzwert der Funktion.

Beispiel:

Die Abhängigkeit der Herstellungskosten K von der Stückzahl x einer Ware sei durch die Funktion $K(x) = 0{,}3x^2 + 1{,}5x + 50$ angegeben.

a) Ermitteln Sie die Stückkostenfunktion k und die Funktion der variablen Stückkosten k_v.

b) Welcher Funktion nähert sich die Stückkostenfunktion k für wachsende Werte von x.

c) Skizzieren Sie die Graphen von K und k, und K_v.

Lösung:

a) Die Stückkostenfunktion k erhält man durch Division von K(x) durch x. Die Funktion der variablen Stückkosten ergibt sich aus dem nichtgebrochenen Teil der Funktion k.

$$k(x) = \frac{K(x)}{x} = \frac{0{,}3x^2 + 1{,}5x + 50}{x} = \underline{0{,}3x + 1{,}5 + \frac{50}{x}}$$

$$k_v(x) = \underline{0{,}3x + 1{,}5}$$

b) Die Stückkostenfunktion k_v strebt zwar für $x \to \infty$ gegen unendlich, weil gleichzeitig der Restterm 0,3x + 1,5 (= Term der variablen Stückkosten) gegen ∞ strebt. Da aber $\lim\limits_{x\to\infty} \frac{50}{x} = 0$ gilt, nähert sich die Stückkostenfunktion der Funktion der variablen Stückkosten $k(x) = 0{,}3x + 1{,}5$ an. Damit gilt:

$$\lim_{x\to\infty}\left(0{,}3x + 1{,}5 + \frac{50}{x}\right) = \infty \text{ und für } x \to \infty \text{ gilt:}$$

$$0{,}3x + 1{,}5 + \frac{50}{x} \approx \underline{0{,}3x + 1{,}5.}$$

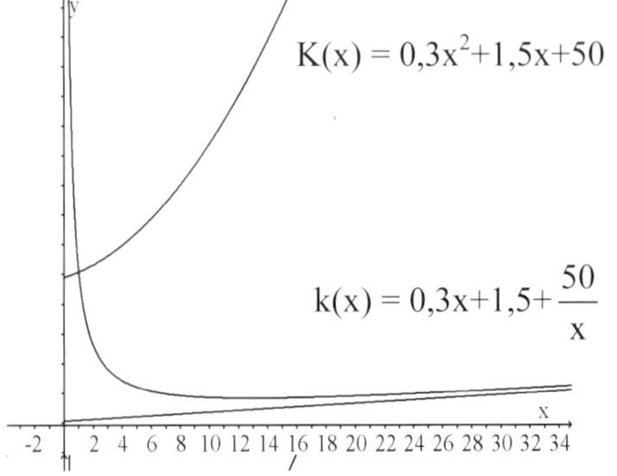

Grenzwertbetrachtungen sind auch dann durchführbar, wenn die Funktionsterme der zu untersuchenden Funktionen in **Bruchform** gegeben sind. Dies ist im ökonomischen Bereich zum Beispiel bei der Betrachtung von Konsumfunktionen der Fall, mit der die Konsumausgaben eines Haushalts in Abhängigkeit vom Einkommen berechnet werden. Interessant in diesem Zusammenhang ist die Frage nach dem **Sättigungswert** des Konsums. Darunter versteht man die Geldausgabe, die ein Haushalt für Nahrungsmittel ausgibt, wenn dieser theoretisch über ein unendlich hohes Einkommen verfügt. Der Sättigungswert ist also der Grenzwert der Konsumfunktion C für $x \to \infty$. Der Quotient $\frac{C(x)}{x}$ wird auch als **Nahrungsmittelquote** bezeichnet.

Beispiel:

Der Nahrungsmittelkonsum C in GE/Jahr eines Haushaltes wird in Abhängigkeit vom Haushaltseinkommen x in GE/Jahr durch die Konsumfunktion $C(x) = \frac{15x-30}{x+5}$ gegeben.

a) Ermitteln Sie den Sättigungswert (Grenzwert) des Nahrungsmittelkonsums.

b) Gegen welchen Wert strebt die durchschnittliche Nahrungsmittelquote $\frac{C(x)}{x}$.

<u>Lösung:</u>

a) Die unmittelbare Grenzwertbestimmung würde für $x \to \infty$ auf einen unbestimmten Wert führen, da $\frac{\infty}{\infty}$ nicht erklärt ist. Deshalb wird eine **Grenzwertvorbereitung** durchgeführt, indem Zähler- und Nennerterm mit $\frac{1}{x}$ erweitert werden. Damit wird die anschließende Grenzwertbildung ermöglicht.

<u>Ges:</u> $g = \lim_{x\to\infty} C(x)$; $\quad g = \lim_{x\to\infty} \frac{15x-30}{x+5}$

$C(x) = \frac{15x-30}{x+5}$ | Erweitern mit $\frac{1}{x}$

$C(x) = \frac{\frac{15x}{x} - \frac{30}{x}}{\frac{x}{x} + \frac{5}{x}}$ | Kürzen

$C(x) = \frac{15 - \frac{30}{x}}{1 + \frac{5}{x}}$;

Bei der **Grenzwertbildung** ergeben die Teilgrenzwerte $\lim_{x\to\infty} \frac{-30}{x}$ und $\lim_{x\to\infty} \frac{5}{x}$ beide **null**.

Weil $\lim_{x\to\infty} \frac{30}{x} = \lim_{x\to\infty} \frac{5}{x} = 0$ ist, folgt:

Der Nahrungsmittelkonsum des Haushalts nähert sich bei „unendlich großem" Einkommen **15 GE/Jahr.**

$$\lim_{x\to\infty} C(x) = \lim_{x\to\infty} \frac{15 - \frac{30}{x}}{1 + \frac{5}{x}} = \frac{15-0}{1+0} = 15$$

b) Die Konsumfunktion C wird durch x dividiert und umgeformt. Auch hier ist eine unmittelbare Grenzwertbildung nicht möglich, da sie wiederum zu einem unbestimmten Ausdruck führen würde.

$$g = \lim_{x\to\infty} \frac{C(x)}{x} = \lim_{x\to\infty} \frac{\frac{15x-30}{x+5}}{x}$$

$$= \lim_{x\to\infty} \frac{15x-30}{(x+5)x} = \lim_{x\to\infty} \frac{15-30}{x^2+5x}$$

Bei der Grenzwertvorbereitung werden Zähler- und Nennerterm mit $\frac{1}{x^2}$ erweitert. Nach dem Kürzen ist die Grenzwertbildung möglich.

$$\frac{C(x)}{x} = \frac{15x-30}{x^2+5} \quad | \text{ erweitern mit } \frac{1}{x^2}$$

$$\frac{C(x)}{x} = \frac{\frac{15x}{x^2}-\frac{30}{x^2}}{\frac{x^2}{x^2}+\frac{5}{x^2}} \quad | \text{ kürzen}$$

$$= \frac{\frac{15}{x}-\frac{30}{x^2}}{1+\frac{5}{x^2}}$$

Weil $\lim\limits_{x\to\infty}\frac{15}{x}$, $\lim\limits_{x\to\infty}\frac{30}{x^2}$ und $\lim\limits_{x\to\infty}\frac{5}{x^2}$ jeweils **null** werden, strebt die durchschnittliche Nahrungsmittelquote g gegen **null.**

$$\lim_{x\to\infty}\frac{C(x)}{x} = \lim_{x\to\infty}\frac{\frac{15x}{x^2}-\frac{30}{x^2}}{\frac{x^2}{x^2}+\frac{5}{x^2}} = \frac{0-0}{1+0} = 0$$

In der Graphischen Darstellung wird deutlich, dass sich die Konsumausgaben C mit steigendem Einkommen x gegen den Wert 15 annähern, C „konvergiert“ gegen 15, während sich die Nahrungsmittelquote der x-Achse und damit dem Wert 0 annähert.

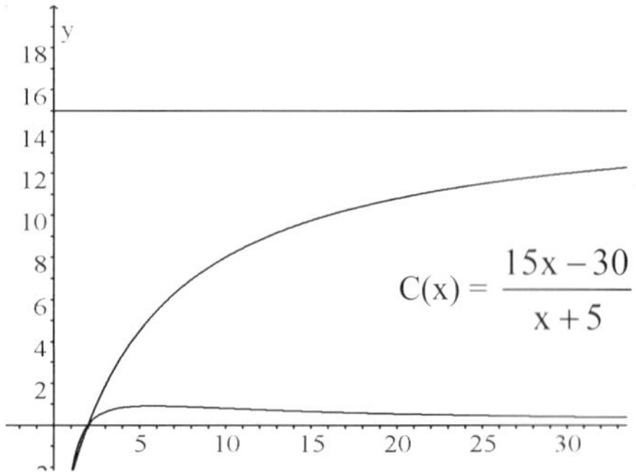

Übungen

1. Ein Unternehmen unterstellt bei der Produktion von Taschenkalendern einen linearen Kostenverlauf. Die Abhängigkeit der Kosten K von der Produktionsmenge x lässt sich durch die Funktion K mit K(x) = 2,5x + 8 beschreiben.

a) Geben Sie die Stückkostenfunktion an und ermitteln Sie die Stückkosten bei einer Produktion von 50, 100, 1 000 Stück.

b) Welcher Grenzwert ergibt sich für die Stückkosten bei einer sehr großen Menge x ? Führen Sie die Grenzwertbetrachtung durch.

c) Stellen Sie die Kosten- und die Stückkostenfunktion grafisch dar.

2. Gegeben ist die Konsumfunktion C mit $C(x) = \frac{30x-20}{5x+5}$ eines Haushaltes.

a) Wie hoch ist der Sättigungswert des Nahrungsmittelkonsums.

b) Gegen welchen Wert strebt die durchschnittliche Nahrungsmittelquote $\frac{C(x)}{x}$.

Allgemeine Vorgehensweise bei Grenzwertbetrachtungen

Grenzwertuntersuchungen für $x \to \pm\infty$ werden in der Mathematik an verschiedenen Funktionenklassen durchgeführt. Allen Untersuchungen ist gemeinsam, dass grundsätzlich drei Fälle von Grenzwerten vorkommen:

(1) Grenzwert 0, **(2) Grenzwert g,** **(3) uneigentlicher Grenzwert $\pm\infty$.**

Die Vorgehensweise zur Grenzwertbestimmung soll hier beispielhaft an ganzrationalen Funktionen (uneigentlicher Grenzwert) und an gebrochen-rationalen Funktionen aufgezeigt werden.

Beispiel:

Bestimmen Sie den Grenzwert der ganzrationalen Funktion f mit $f(x) = x^3 - x^2 + 2x$ für $x \to \pm\infty$.

Lösung:

Die unmittelbare Grenzwertbestimmung ist nicht möglich, da $\infty^3 - \infty^2 + 2\infty = \infty - \infty + \infty$ unbestimmt ist.

Zur Grenzwertvorbereitung wird das x mit dem höchsten Exponenten, also x^3, ausgeklammert.

$$f(x) = x^3 - x^2 + 2x \quad | \; x^3 \text{ ausklammern}$$
$$= x^3\left(1 - \frac{x^2}{x^3} + \frac{2x}{x^3}\right) \quad | \text{ kürzen}$$
$$= x^3\left(1 - \frac{1}{x} + \frac{2}{x^2}\right)$$

Der Grenzwert des Produkts ergibt bei $x \to +\infty$ für den ersten Faktor $\infty^3 = +\infty$ und 1 für den Klammerausdruck, da die Bruchterme $\frac{1}{x}$ und $\frac{2}{x^2}$ für $x \to +\infty$ den Wert 0 ergeben.

$$\lim_{x\to\infty} \left[x^3\left(1 - \frac{1}{x} + \frac{2}{x^2}\right)\right] = +\infty \cdot (1 - 0 + 0) = \infty$$

Für $x \to -\infty$ ist $(-\infty)^3 = -\infty$ im ersten Faktor, der Grenzwert der Klammer ist wiederum 1.

$$\lim_{x\to-\infty} f(x) = \lim_{x\to-\infty} \left[x^3\left(1 - \frac{1}{x} + \frac{2}{x^2}\right)\right] = -\infty \cdot (1 + 0 + 0) = -\infty$$

Merke

> Die Grenzwertbildung einer **ganzrationalen Funktion** mit der Gleichung
>
> $$\mathbf{f(x) = a_n x^n + a_{n-1} x^{n-1} + \ldots + a_1 x + a_0}$$
>
> führt stets auf den **uneigentlichen Grenzwert** $+\infty$ oder $-\infty$.
>
> Der Grenzwert für f wird durch die Potenz x^n für $x \to \infty$ oder $x \to -\infty$ und dem Vorzeichen des konstanten Faktors $\mathbf{a_n}$ bestimmt.

Auch bei den gebrochen-rationalen Funktionen ist eine Grenzwertvorbereitung erforderlich. Diese wird so durchgeführt, dass Zähler und Nenner des Funktionsterms jeweils mit dem Faktor 1 durch x mit dem höchsten Exponenten im Nenner erweitert werden, also z. B. mit $\frac{1}{x}$, $\frac{1}{x^2}$ usw. Dadurch wird erreicht, dass nach dem Kürzen im Nenner jeweils ein konstanter Summand und ein oder mehrere Bruchterme auftreten, die nach der Grenzwertbildung null ergeben und wegfallen.

Beispiel:

Gegeben sind die Funktionen: a) $f(x) = \frac{x^2}{x^3 - 1}$ b) $f(x) = \frac{x+1}{x-1}$ c) $f(x) = \frac{2x^2 - 3}{x - 1}$

Berechnen Sie die Grenzwerte für $x \to \infty$ und $x \to -\infty$.

Lösung:

a) Zähler und Nenner werden mit $\frac{1}{x^3}$ erweitert (x^3 ist der höchste vorkommende Exponent von x im Nenner). Nach dem Kürzen erfolgt die Grenzwertbildung.

$$f(x) = \frac{\frac{x^2}{x^3}}{\frac{x^3}{x^3} - \frac{1}{x^3}} = \frac{\frac{1}{x}}{1 - \frac{1}{x^3}}$$

Wegen $\lim\limits_{x \to \infty} \frac{1}{x} = \lim\limits_{x \to \infty} \frac{1}{x^3} = 0$ ist der Grenzwert g = 0. Die Grenzwertermittlung für $x \to -\infty$ erfolgt analog.

$$\lim_{x \to \infty} \frac{\frac{1}{x}}{1 - \frac{1}{x^3}} = \frac{0}{1-0} = \underline{0}$$

$$\lim_{x \to -\infty} \frac{\frac{1}{x}}{1 - \frac{1}{x^3}} = \frac{-0}{1+0} = \underline{0}$$

Da der Grad des Zählers kleiner ist als der Grad des Nenners (2 < 3), gilt g = 0.

b) Zähler und Nenner werden mit $\frac{1}{x}$ erweitert. Nach dem Kürzen erfolgt die Grenzwertbildung.

$$f(x) = \frac{\frac{x}{x} + \frac{1}{x}}{\frac{x}{x} - \frac{1}{x}} = \frac{1 + \frac{1}{x}}{1 - \frac{1}{x}}\ ; \ \lim_{x \to \infty} \frac{1 + \frac{1}{x}}{1 - \frac{1}{x}} = \frac{1+0}{1-0} = \underline{1}$$

Wegen $\lim\limits_{x \to \infty} \frac{1}{x} = 0$ und $\lim\limits_{x \to -\infty} \frac{1}{x} = 0$ ist der Grenzwert g = 1. Mit dem vereinfachten Term wird die Grenzwertbildung für $x \to -\infty$ durchgeführt.

$$\lim_{x \to -\infty} \frac{1 + \frac{1}{x}}{1 - \frac{1}{x}} = \frac{1-0}{1+0} = 1$$

Da Zählergrad und Nennergrad gleich (1 = 1) sind, ist g = 1 Grenzwert.

c) Zähler und Nenner werden mit $\frac{1}{x}$ erweitert. Nach dem Kürzen erfolgt die Grenzwertbildung.

$$f(x) = \frac{\frac{2x^2}{x} - \frac{3}{x}}{\frac{x}{x} - \frac{1}{x}} = \frac{2x - \frac{3}{x}}{1 - \frac{1}{x}}$$

Da $\lim\limits_{x \to \infty} \frac{1}{x} = 0$ und $\lim\limits_{x \to \infty} \frac{3}{x} = 0$ sind, ist der Grenzwert $g = \infty$, weil $\lim\limits_{x \to \infty} 2x = \infty$.

$$\lim_{x \to \infty} \frac{2x - \frac{3}{x}}{1 - \frac{1}{x}} = \frac{\infty - 0}{1-0} = \infty$$

Dieselbe Überlegung gilt für $x \to -\infty$. Es ist $\lim\limits_{x \to -\infty} f(x) = -\infty$, weil $\lim\limits_{x \to -\infty} 2x = -\infty$.

$$\lim_{x \to -\infty} \frac{2x - \frac{3}{x}}{1 - \frac{1}{x}} = \frac{-\infty - 0}{1+0} = -\infty$$

Der Zählergrad ist größer als der Nennergrad (2 > 1).

Dadurch ergibt sich im umgeformten Bruchterm ein uneigentlicher Grenzwert im Zähler und eine Konstante als Grenzwert im Nenner. Der Grenzwert ist ein uneigentlicher Grenzwert.

Merke

Die Grenzwertbildung einer gebrochen-rationalen Funktion mit der Gleichung

$\mathbf{f(x) = \frac{g(x)}{h(x)}}$ mit dem Zählergrad **n** und dem Nennergrad **m**

erfolgt durch Grenzwertvorbereitung, indem Zähler und Nenner mit dem Faktor $\mathbf{\frac{1}{x^m}}$ erweitert werden.

Nach dem Kürzen im Zähler und im Nenner erfolgt die Grenzwertbildung.

Dabei ergeben sich drei Fälle:

1. Fall: Zählergrad < Nennergrad $\Rightarrow \lim\limits_{x\to\pm\infty} f(x) = 0,$

2. Fall: Zählergrad = Nennergrad $\Rightarrow \lim\limits_{x\to\pm\infty} f(x) = g,$

3. Fall: Zählergrad > Nennergrad $\Rightarrow \lim\limits_{x\to\pm\infty} f(x) = +\infty$ **oder** $-\infty.$

Übungen

1. Führen Sie Grenzwertbetrachtungen für $x \to \pm\infty$ bei den ganzrationalen Funktionen durch.
a) $f(x) = 2x^3 - 2x^2 + 3x - 1$ b) $f(x) = 3x^4 + 2x^2 - 4$ c) $f(x) = -x^2 + 2x - 1$

2. Geben Sie je ein Beispiel für eine ganzrationale Funktion mit dem folgenden Grenzwertverhalten:
a) $\lim\limits_{x\to\pm\infty} f(x) = +\infty$ b) $\lim\limits_{x\to\infty} f(x) = -\infty$ c) $\lim\limits_{x\to\infty} f(x) = -\infty$ und $\lim\limits_{x\to-\infty} f(x) = +\infty$

3. Bestimmen Sie den Grenzwert der Funktionen für $x \to \pm\infty$.
a) $f(x) = \frac{3x}{2-x^2}$ b) $f(x) = \frac{x^2+1}{1-x^2}$ c) $f(x) = \frac{x^2-x}{x+1}$ d) $f(x) = \frac{2}{x-2}$

2. Fall: Grenzwert einer Funktion f für $x \to x_0$

Im folgenden Abschnitt werden Funktionen f behandelt, die für x_0 keinen Funktionswert besitzen, also eine **Definitionslücke** bei x_0 besitzen. Es ist dann zu untersuchen, wie sich die Funktionswerte in der Nähe der Stelle x_0 verhalten. Begonnen wird mit einer Funktion, die zwei Definitionslücken besitzt, die sich in unterschiedlicher Form darstellen.

Pole und Lücken als Definitionslücken

Beispiel:

Gegeben ist die gebrochen-rationale Funktion $f(x) = \frac{x-1}{x^2-1}$; Grundmenge für x sei $\mathbb{R}$.

a) Legen Sie eine Wertetabelle an und stellen Sie fest, an welchen Stellen f Definitionslücken besitzt. Leiten Sie daraus die Definitionsmenge von f ab.
b) Untersuchen Sie getrennt die Umgebung der erhaltenen Definitionslücken, indem Sie sich in einer verfeinerten Wertetabelle mit x von „links" bzw. von „rechts" an die Definitionslücken annähern. Welche Grenzwerte vermuten Sie für die Funktionswerte, wenn $x \to x_0$ strebt.
c) Veranschaulichen Sie das erhaltene Ergebnis an dem zugehörigen Graphen.

Lösung:

a) Definitionslücken liegen dort vor, wo der Nenner des Funktionsterms 0 ergibt, weil eine Division durch 0 nicht erklärt (**n. e.**) und somit nicht erlaubt ist. Damit sind $x = -1$ und $x = 1$ Definitionslücken von f.
Alle übrigen Werte aus $\mathbb{R}$ bilden die **Definitionsmenge**.

Wertetabelle:

x	–3	–2	**–1**	0	**1**	2	3
f(x)	– 0,5	– 1	**n. e.**	1	**n. e.**	0,33	0,25

Definitionsmenge:
$D = \mathbb{R} \setminus \{-1; 1\}$

b) Die Annäherung an die Stelle $x = -1$ zeigt, dass die Funktionswerte absolut zunehmen, je mehr man sich der Stelle annähert. Eine solche Stelle wird als „Unendlichkeitsstelle" oder kurz „Polstelle" bezeichnet. Der Pol hat die Gleichung $x = -1$ und ist eine senkrechte Gerade. (In diesem Fall spricht man von einem *Pol mit Vorzeichenwechsel.*)
Auf den allgemeinen Nachweis wird hier verzichtet. Er wird durchgeführt, indem man den Funktionswert $f(-1 + h)$ bestimmt und danach den Grenzwert für $h \to 0$ bildet.

Verfeinerte Wertetabelle für $x \to -1$:

Von „links" (-1^-)		**Von „rechts" (-1^+)**	
x	f(x)	x	f(x)
– 2	– 1	0	1
– 1,5	– 2	– 0,5	2
– 1,1	– 10	– 0,9	10
– 1,01	– 100	– 0,99	100
– 1,001	–1 000	–0,999	1 000
Vermutung: $\lim\limits_{x \to -1^-} f(x) = -\infty$		**Vermutung:** $\lim\limits_{x \to -1^+} f(x) = +\infty$	

Es liegt eine „Unendlichkeitsstelle" (Pol) vor.

Die Annäherung an die Stelle $x = +1$ zeigt, dass sich die Funktionswerte dem Wert 0,5 nähern, je mehr man sich der Stelle nähert. Eine solche Stelle wird als „hebbare Lücke" oder kurz „Lücke" bezeichnet. Anschaulich stellt sie ein „Loch" in dem Graphen der Funktion f dar. Hebbar heißt sie deshalb, weil sie durch die **Zusatzdefinition** $f(1) = 0{,}5$ geschlossen werden kann.
Die auf diese Weise „geschlossene" neue Funktion hätte dann den zusammengesetzten Funktionsterm:

$$f(x) = \begin{cases} \dfrac{x-1}{x^2-1} & \text{für } x \in \mathbb{R} \setminus \{-1, 1\} \\ 0{,}5 & \text{für } x = 1 \end{cases}$$

Verfeinerte Wertetabelle für $x \to +1$:

Von „links" ($+1^-$)		**Von „rechts" ($+1^+$)**	
x	f(x)	x	f(x)
0	1	2	0,333
0,5	0,666	1,5	0,4
0,9	0,526	1,1	0,476
0,99	0,5025	1,01	0,4975
0,999	0,50025	1,001	0,49975
Vermutung: $\lim\limits_{x \to -1^-} f(x) = \mathbf{0{,}5}$		**Vermutung:** $\lim\limits_{x \to -1^+} f(x) = \mathbf{0{,}5}$	

Es liegt eine „hebbare Lücke" vor.

c) In der grafischen Darstellung wird die Polstelle bei $x = -1$ erkennbar. Die beiden Funktions-„Äste" nähern sich der „gedachten" senkrechten Gerade $x = -1$ an.
Die Lücke befindet sich im Punkt $L(1|0{,}5)$.

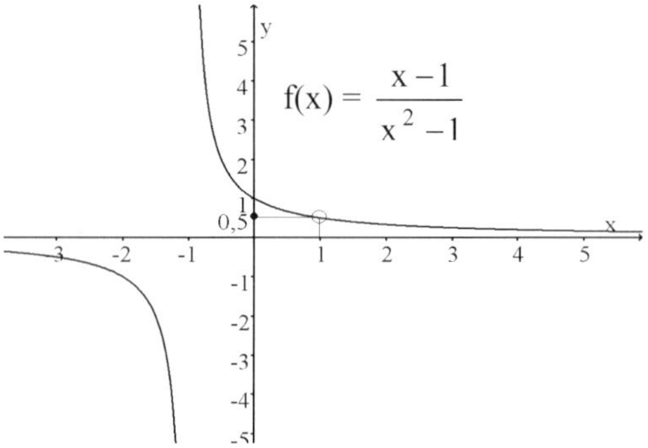

Bestimmung von Polen und Lücken

Eine vereinfachte algebraische Grenzwertbestimmung ist durchführbar, indem man die Definitionslücken x_0 in den Zählerterm einsetzt und den Wert $Z(x_0)$ berechnet. So ergeben sich zwei Fälle:

1. Fall:	**2. Fall:**
Nenner = 0 und Zähler ≠ null	Nenner und Zähler beide null
kurz: $N(x_0) = 0 \wedge Z(x_0) \neq 0$	kurz: $N(x_0) = 0 \wedge Z(x_0) = 0$
↓	↓
Polstelle	**Lücke**

Diese Betrachtungsweise soll an einem Beispiel gezeigt werden.

Beispiel:

Gegeben ist die gebrochen-rationale Funktion $f(x) = \frac{x-1}{x^2-1}$; $D = \mathbb{R}\backslash\{-1; 1\}$.

a) Entscheiden Sie über die Art der Definitionslücke.

b) Bestimmen Sie die „hebbare" Lücke durch Vereinfachen des Funktionsterms und geben Sie die Zusatzdefinition der Funktion f zum Schließen der Lücke an.

Lösung

a) Untersuchung der Stelle x = – 1: Die Definitionslücke x = – 1 wird in den Zählerterm eingesetzt. Da der Wert Z(–1) = – 2 ≠ 0 ist, liegt eine Polstelle vor.	$Z(x) = x - 1$ Für $x = -1$ gilt: $Z(-1) = -1 - 1 = -2 \neq 0 \Rightarrow$ **Polstelle**
Untersuchung der Stelle x = 1: Die Definitionslücke x = 1 wird in den Zählerterm eingesetzt. Da der Wert Z(1) = 0 ist, liegt eine Lücke vor.	$Z(x) = x - 1$ Für $x = 1$ gilt: $Z(1) = 1 - 1 = 0 \Rightarrow$ **Lücke**
b) Der Funktionsterm wird gekürzt für x ≠ 1. In den so vereinfachten Funktionsterm wird der x-Wert der Lücke eingesetzt, f(1) ergibt dann den y-Wert der Lücke. Schließen der Lücke durch Zusatzdefinition: f(1) = 0,5.	$f(x) = \frac{x-1}{x^2-1} = \frac{x-1}{(x+1)(x-1)}$ | (x – 1) kürzen $= \frac{1}{x+1} \Rightarrow f(\mathbf{1}) = \frac{1}{1+1} = \mathbf{\frac{1}{2}}$ Die Lücke liegt in **P(1|0,5)**.

Merke

Bei der Grenzwertbestimmung von Funktionen für $\mathbf{x \to x_0}$ ergeben sich zwei Fälle:

1. Fall: $\lim\limits_{x \to x_0} f(x) = +\infty$ oder $\lim\limits_{x \to x_0} f(x) = -\infty$ Die Funktion besitzt eine **Unendlichkeitsstelle** oder **Polstelle**, kurz Pol genannt.

2. Fall: Nähern sich die Funktionswerte f(x) für $\mathbf{x \to x_0}$ dem Zahlenwert **g** beliebig nahe, egal ob x von „links" oder von „rechts" gegen x_0 strebt, so heißt **g Grenzwert** von f(x):

$$\lim_{x \to x_0} f(x) = g$$

gelesen: **Limes** von f(x) für x gegen x_0 ist gleich **g.**

Die Funktion besitzt eine (hebbare) **Lücke,** die durch die Zusatzdefinition $f(x_0) = g$ geschlossen werden kann.

Anmerkung: Ein weitere mathematische Behandlung des Grenzwertverhaltens gebrochen-rationaler Funktionen erfolgt in Kapitel 9.

Übungen

1. Gegeben sind die folgenden Funktionen mit $x \in \mathbb{R}$. Geben Sie jeweils die Definitionsmengen an.

a) $f(x) = \frac{x+2}{x}$ b) $f(x) = \frac{2x^2+2}{x^2-4}$ c) $f(x) = \frac{x+2x}{x^2+1}$ d) $f(x) = \frac{x+1}{x^2-2x}$ e) $f(x) = \frac{x^2+4}{x-2}$

2. Gegeben sind die Funktionen mit $x \in \mathbb{R}$. Bestimmen Sie deren Definitionsmengen. Zeigen Sie anhand „verfeinerter Wertetabellen", dass es sich bei den Definitionslücken um Polstellen handelt.

a) $f(x) = \frac{2}{x-1}$ b) $f(x) = \frac{x-2}{x+2}$ c) $f(x) = \frac{x-1}{x^2}$

6.2 Stetigkeit von Funktionen

Einführungsbeispiel:

Ein Unternehmen bietet eine Ware bis zu 100 Stück zu einem Grundpreis von 50,00 GE an. Für jede darüber hinaus bestellte Stückzahl wird ein Rabatt von 40 % gewährt.

a) Geben Sie die Rabattstaffelfunktion R für eine maximale Bestellung von 200 ME an und skizzieren Sie den Graphen.

b) Geben Sie den Grenzwert an der „Nahtstelle" des Definitionsbereiches an.

c) Führen Sie dieselbe Untersuchung unter der Annahme durch, dass bei einer Bestellmenge über 100 kg der Rabatt auf die Gesamtmenge gewährt wird.

Lösung:

a) Der Kunde zahlt zunächst 50,00 GE/Stück für die Ware bis 100 Stück. Bei einem Kauf über 100 Stück zahlt er für die ersten 100 Stück 50,00 GE, dann nur 30,00 GE/Stück (50,00 GE/Stück abzüglich 40 %). Damit beim Verkauf von genau 100 Stück stets der gleiche Preis gezahlt wird, muss bei der abschnittsweise definierten Funktion R im Abschnitt für $100 \leq x \leq 200$, 5000 addiert werden.

Rabattstaffelfunktion:

$$R(x) = \begin{cases} 50x & \text{für } 0 \leq x < 100 \\ 30(x-100) + 5\,000 & \text{für } 100 \leq x \leq 200 \end{cases}$$

$$R(x) = \begin{cases} 50x & \text{für } 0 \leq x < 100 \\ 30x + 2\,000 & \text{für } 100 \leq x \leq 200 \end{cases}$$

b) Man führt den Grenzwertprozess an der Nahtstelle bei x = 100 für $x \to 100$ von **links** und für $x \to 100$ von **rechts** durch und stellt fest, dass **links- und rechtsseitiger Grenzwert** gleich sind. (100^- bedeutet links- und 100^+ rechtsseitige Annäherung.)

Man sagt: Die Funktion R ist an der Stelle $x_0 = 100$ **stetig.**

Linksseitig: $\lim\limits_{x \to 100^-} 50x = \underline{5\,000}$

Rechtsseitig: $\lim\limits_{x \to 100^+} 30x + 2\,000 = \underline{5000}$

$$\left(\lim_{x \to 100^-} 50x = \lim_{x \to 100^+} 30x + 2\,000 = 5\,000\right)$$

Die **Rabattstaffelfunktion** wird nun als zusammengesetzte Funktion R dargestellt.
Graphisch stellt die Nahtstelle an der Stelle $x = 100$ eine „Knickstelle" dar.
(Man kann die Funktion ohne Absetzen des Zeichenstiftes durchzeichnen.)

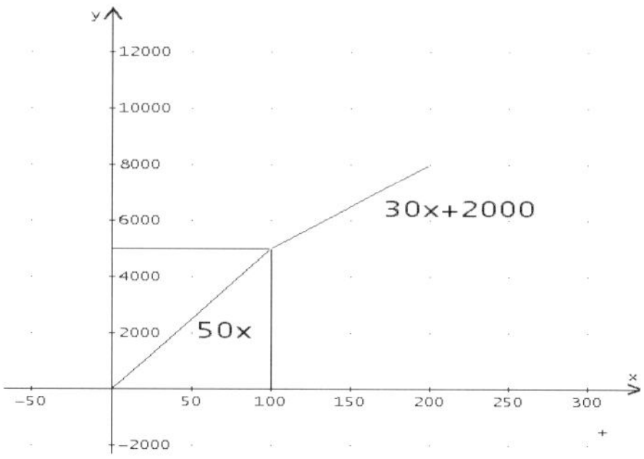

c) In diesem Fall zahlt der Kunde für die ersten 100 kg einen Preis von 50,00 €/kg. Die Preisgerade hat also die Steigung $m = 50$.
Für Bestellmengen über 100 kg wird ein Preis von 30,00 €/kg auf die **Gesamtbestellmenge** berechnet. Die Preisgerade hat somit die Steigung $m = 30$ und würde bei Verlängerung für $x < 100$ durch den Ursprung verlaufen.
Der Graph besteht aus zwei Geradenabschnitte mit einer **Sprungstelle** an der Stelle **x = 100.**
Man sagt: Die Funktion R ist an der Stelle
$x = 100$ **unstetig.**

(Man kann die Funktion *nicht* ohne Absetzen des Zeichenstiftes durchzeichnen)

Anmerkung: Es kann also vorteilhafter sein, eine Menge über 100 kg zum günstigeren kg-Preis einzukaufen als eine Menge unter 100 kg zum teureren kg-Preis.

Rabattstaffelfunktion:

$$R(x) = \begin{cases} 50x & \text{für } 0 \le x \le 100 \\ 30x & \text{für } 100 < x \le 200 \end{cases}$$

Linksseitig: $\lim\limits_{x \to 100^-} 50x = \underline{\underline{5\,000}}$

Rechtsseitig: $\lim\limits_{x \to 100^+} 30x = \underline{\underline{3\,000}}$

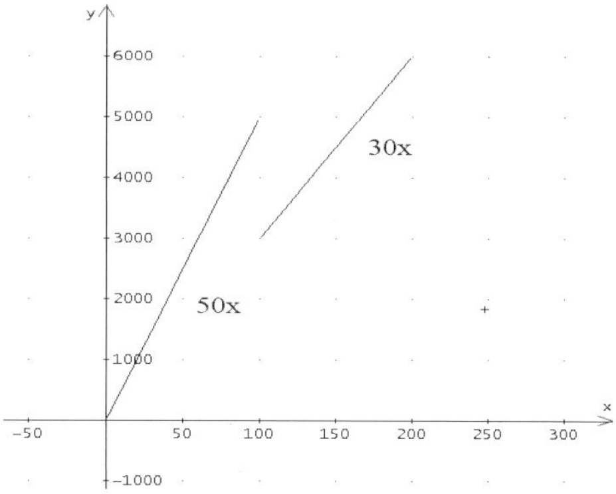

Nun ist das „Durchzeichnenkönnen" eines Funktionsgraphen noch kein Kriterium für die Beschreibung des Begriffs ***„Stetigkeit"*** einer Funktion. Es bedarf noch einer mathematischen Präzisierung, denn es gibt Funktionen, die nicht in einem Zug gezeichnet werden können und trotzdem stetig sind.

Beispiel:

Der Graph der Funktion $f(x) = \dfrac{1}{x-2}$ ist an der Stelle $x_0 = 2$ „unterbrochen". Die Unterbrechung kommt dadurch zustande, dass die Funktion f an der Stelle $x_0 = 2$ nicht definiert ist: $D(f) = \mathbb{R}\setminus\{2\}$. Die Funktion f ist stückweise stetig, sie ist in zwei getrennten Intervallen stetig (f ist für alle $x \neq 2$ stetig, obwohl der Graph von f unstetig ist).

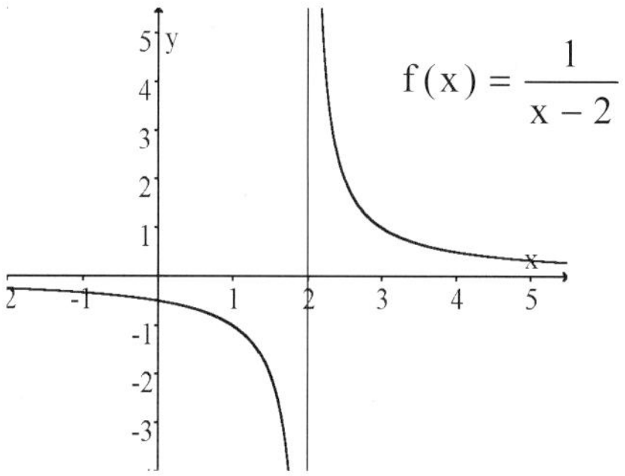

Entscheidend für die Beschreibung der Stetigkeit einer Funktion an einer Stelle x_0 sind die Existenz des **Funktionswertes $f(x_0)$** und des **links- und rechtsseitigen Grenzwertes.**

Merke

> Eine Funktion f heißt an der Stelle x_0 **stetig,** wenn der links- und rechtsseitige Grenzwert existieren und mit dem Funktionswert $f(x_0)$ übereinstimmen.
>
> $$\lim_{x \to x_0^+} f(x) = \lim_{x \to x_0^-} f(x) = f(x_0)$$

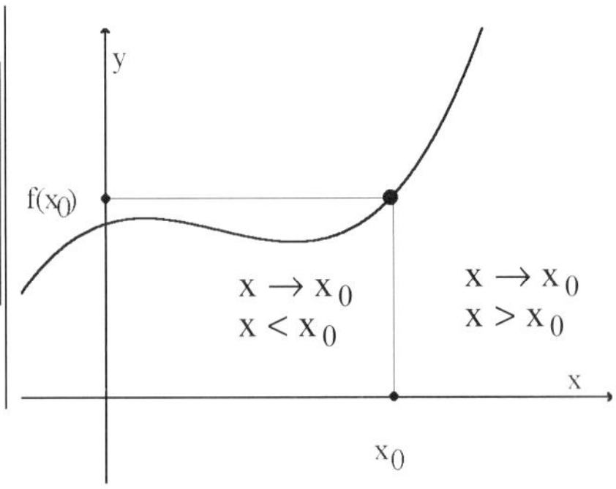

Außerdem gilt: Eine Funktion f heißt in einem Intervall [a; b] stetig, wenn f für alle $x_0 \in [a; b]$ stetig ist.

Ein besonders wichtiger Fall liegt dann vor, wenn eine Funktion, deren links- und rechtsseitige Grenzwerte an der Stelle x_0 für $x \to x_0$ existieren und gleich sind, aber an der Stelle x_0 nicht notwendigerweise definiert ist, d. h. **keinen** Funktionswert $f(x_0)$ besitzt, wie das folgende Beispiel zeigt.

Beispiel:

Die Funktion $f(x) = \dfrac{1-x^2}{1-x}$ hat an der Stelle $x_0 = 1$ eine Definitionslücke, $D(f) = \mathbb{R}\setminus\{1\}$.
Es ist eine „hebbare" Definitionslücke, kurz als Lücke bezeichnet (Seite 271).

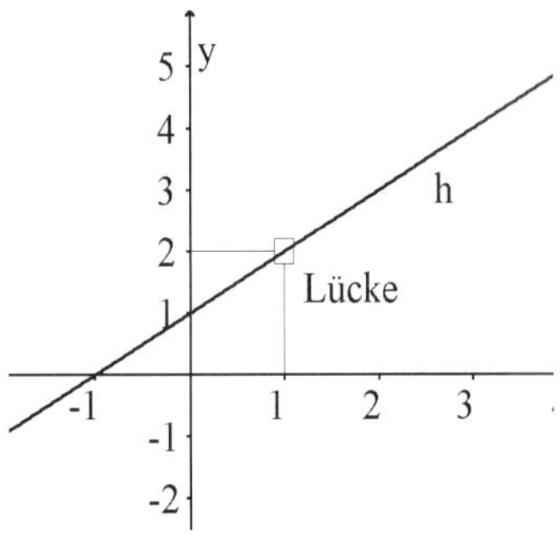

Lösung:

Durch Ausklammern von (1 – x) im Zählerterm und durch Kürzen erhält man einen vereinfachten Funktionsterm. Dieser ist Term einer Funktion h, die eine „Fortsetzung" ermöglicht.

h stimmt in jedem Punkt mit f (f(1) existiert in f nicht) überein, darüber hinaus ist h auch an der Stelle $x_0 = 1$ definiert. Der Grenzwert für $x \to 1$ kann unmittelbar mit 2 angegeben werden.

$$f(x) = \frac{1-x^2}{1-x} = \frac{(1-x)(1+x)}{1-x} = 1+x$$

$$h(x) = \begin{cases} \dfrac{1-x^2}{1-x} & \text{für } x \in D(f) \\ 1+x & \text{für } x = 1 \end{cases}$$

$$\lim_{x \to 1;\, x^+} (1+x) = \lim_{x \to 1;\, x^-} (1+x) = \underline{2}$$

Es gilt hier: linksseitiger Grenzwert = rechtsseitiger Grenzwert.

Man sagt: Die Funktion h setzt an der Stelle $x_0 = 1$ die Funktion f **stetig fort.** Die Funktion h wird aus diesem Grund auch als **stetige Fortsetzung** der Funktion f bezeichnet. Anschaulich formuliert: Mit Hilfe von h wird die Lücke bei $x_0 = 1$ *geschlossen.*

Zusammenfassung:

Stetigkeitsuntersuchung von Funktionen an der Stelle x_0:

Sprungstelle:	**Lücke:**
f ist bei x_0 **unstetig,** da rechts- und linksseitiger Grenzwert verschieden sind.	f ist bei x_0 stetig **fortsetzbar,** da rechts- und linksseitiger Grenzwert gleich sind.

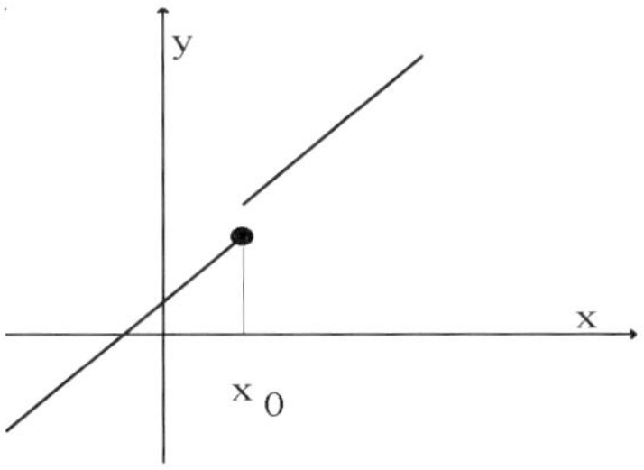

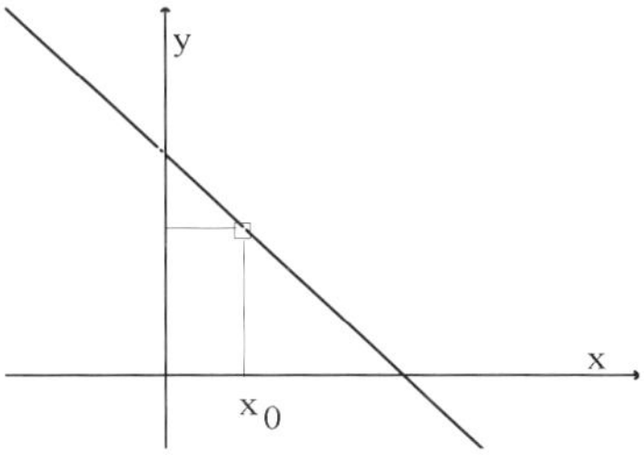

Beispiel:

Ermitteln Sie den Definitionsbereich der Funktion $f(x)=\frac{x^2-4x}{2x^2-32}$ und führen Sie eine Stetigkeitsuntersuchung durch.

Lösung:

Es werden die Definitionslücken berechnet. **Sie** liegen dort vor, wo der Nenner des Funktionsterms 0 ergibt. Damit sind x = – 4 und x = 4 Definitionslücken von f. Alle übrigen Werte aus ℝ bilden die **Definitionsmenge.**

$f(x)=\frac{x^2-4x}{2x^2-32}$; $0=2x^2-32 \Rightarrow x_1=4 \vee x_2=-4$

$D(f)=\mathbb{R}\setminus\{-4, 4\}$

Durch Einsetzen von $x_1 = 4$ und $x_2 = -4$ im Zähler erkennt man, dass bei $x_1 = -4$ eine Polstelle und bei $x_2 = 4$ eine Lücke vorliegt.

$f(-4)=\frac{32}{0}$ (Pol); $f(4)=\frac{0}{0}$; (Lücke)

Um die Lücke „auszufüllen", vereinfacht man den Funktionsterm (Kürzen mit (x – 4)) . Es entsteht eine stetige Fortsetzung durch die Funktion h, in der die Lücke durch den Wert $\frac{1}{4}$ geschlossen wird.

$$f(x)=\frac{x^2-4x}{2x^2-32}=\frac{x(x-4)}{2(x-4)(x+4)} \quad | : (x-4)$$

$$=\frac{x}{2(x+4)}$$

Die neue Funktion h stimmt in jedem Punkt mit f überein, darüber hinaus ist h auch an der Stelle $x_0 = 4$ definiert. h heißt stetige Fortsetzung der Funktion f an der Stelle x = 4.

$$h(x)=\begin{cases}\frac{x^2-4x}{2x^2-32}; & x\in\mathbb{R}\setminus\{-4\}\\ \frac{1}{4}; & x=4\end{cases}$$

Übungen

1. Bestimmen Sie die Definitionslücken x_0 der Funktionen von f und entscheiden Sie direkt über die Art der Definitionslücke, indem Sie den Wert des Zählers an der Stelle x_0 berechnen. Ermitteln Sie sofern möglich die **stetige Fortsetzung**, sodass die „hebbaren" Lücken geschlossen werden.

a) $f(x)=\frac{x-1}{x}$ b) $f(x)=\frac{x^2-2x}{x-2}$ c) $f(x)=\frac{x}{x-1}$ d) $f(x)\ \frac{x^2-1}{x-1}$

13 Haarmann, Thun ISBN 978-3-8120-0504-3

2. Werden 50 ME einer Ware gekauft, so bietet ein Unternehmen dies zum Preis von 30 GE/ME an. Für jede darüber hinaus bestellte Stückzahl wird ein Rabatt von 20 % gewährt.
a) Geben Sie die Rabattstaffelfunktion R für eine maximale Bestellung von 100 ME an und skizzieren Sie den Graphen.
b) Wiederholen Sie die Untersuchung unter der Annahme, dass bei einer Bestellmenge über 50 ME der Preis von 24,00 GE/ME für die Gesamtmenge gezahlt werden muss, durch. Stellen Sie den zugehörigen Graph als abschnittsweise definierte Funktion mit „Sprungstelle“ dar.

Aufgaben 6.1 und 6.2

Grenzwerte für $x \to \pm\infty$

1. Bestimmen Sie das **Kostenverhältnis** $\frac{K_1}{K_2}$ der Kosten zweier Produktionsabteilungen eines Betriebes mit den Kostenfunktionen $K_1(x) = 1{,}5x + 30$ und $K_2(x) = x + 40$ $(x \geq 0)$ hinsichtlich stark steigender Produktionszahlen x.

2. Gegeben sind folgende Kostenfunktionen für $x \geq 0$.
(1) $K(x) = 20x + 120$ (2) $K(x) = 3x^2 + 4x + 18$ (3) $K(x) = x^3 - 9x^2 + 43x + 45$
a) Erstellen Sie jeweils die Stückkostenfunktion und geben Sie ihre Definitionsmenge an. Wie hoch sind die Stückkosten bei $x = 10$, $x = 20$ bzw. $x = 50$ Stück?
b) Untersuchen Sie das Verhalten der Stückkostenfunktionen für wachsende Werte von x.

3. Gegeben ist die Kostenfunktion $K(x) = 1{,}5x^2 + 4{,}5x + 45$.
a) Ermitteln Sie die Stückkostenfunktion k. Zeichnen Sie auch den Graphen der variablen Stückkostenfunktion $h(x) = 1{,}5x + 4{,}5$.
b) Welcher Funktion nähert sich die Stückkostenfunktion k für wachsende Werte von x an?
c) Skizzieren Sie die drei Graphen und ermitteln Sie graphisch das Minimum der Stückkosten.

4. Die Konsumfunktion $C(x) = \frac{10x - 20}{2x + 10}$ eines Haushaltes wird in Abhängigkeit vom Haushaltseinkommen x in GE/Jahr angegeben.
a) Ermitteln Sie den Sättigungswert (Grenzwert) des Konsums.
b) Zeigen Sie, dass die durchschnittliche Nahrungsmittelquote $\frac{C(x)}{x}$ gegen null strebt.

5. Gegeben sind die Kostenfunktionen $K_1(x) = 5x + 50$ und $K_2(x) = 2{,}5x + 20$ $(x \geq 0)$ zweier Produktionsabteilungen eines Betriebes. Bestimmen Sie die Kostenverhältnisse $\frac{K_1}{K_2}$ sowie $\frac{K_2}{K_1}$ der Kosten hinsichtlich stark steigender Produktionszahlen x.

6. Bestimmen Sie für $x \to \pm\infty$ die Grenzwerte der Funktionen:

a) $f(x) = x^3 - 4x^2 + 2x + 5$ b) $f(x) = 0{,}2x^4 + 3x^2 - 2x + 1$ c) $f(x) = -\frac{1}{2}x^3 + 2x^2 - 2$

d) $f(x) = \frac{2x^2 + 2}{1 + x^2}$ e) $f(x) = \frac{x^3}{2x^2 - x}$ f) $f(x) = \frac{3x^2 - 2x}{x - 2}$

g) $f(x) = \frac{2x + 200}{10 + x^2}$ h) $f(x) = \frac{3x}{2 - x}$ i) $f(x) = \frac{2x^3}{2 - x^3}$

Grenzwerte für $x \to x_0$

7. Gegeben sind die Funktionen 1. $f(x) = \frac{2-x}{4-x^2}$; $G = \mathbb{R}$ 2. $g(x) = \frac{x^2-x}{x-x^3}$; $G = \mathbb{R}$

a) Bestimmen Sie getrennt die Nullstellen von Zähler und Nenner und geben Sie die Definitionsmenge D(f) an. Entscheiden Sie unmittelbar, welche Art von Definitionslücke vorliegt.

b) Vereinfachen Sie den Funktionsterm durch Kürzen und schließen Sie die auftretenden Lücken durch eine Zusatzdefinition. Geben Sie die Funktionsgleichung der Funktionen f und g unter Berücksichtigung der Zusatzdefinition an.

c) Zeichnen Sie die Graphen.

8. Gegeben sind die Funktionen 1. $f(x) = \frac{x^2-4}{2x-4}$; $G = \mathbb{R}$ und 2. $g(x) = \frac{x-1}{x^2-2x+1}$; $G = \mathbb{R}$

a) Geben Sie die Definitionsmenge D(f) an. Untersuchen Sie anhand einer „verfeinerten" Tabelle, wie sich die Funktionswerte in der Umgebung der Definitionslücken verhalten. Welchen Grenzwert vermuten Sie jeweils? Vereinfachen Sie jeweils den Bruchterm und bestimmen Sie, falls vorhanden, die Koordinaten der auftretenden Lücken.

9. Gegeben ist die Funktion $f(x) = \frac{1-x}{1-x^2}$; $G = \mathbb{R}$.

a) Geben Sie die Definitionsmenge D(f) an.

b) Vereinfachen Sie den Funktionsterm algebraisch und untersuchen Sie das Grenzwertverhalten für die Nullstellen des Nenners.

c) Zeichnen Sie den Graphen.

10. Ein Unternehmen bietet eine Ware zu 100 GE/ME für eine Bestellmenge bis zu 200 ME an. Werden mehr als 200 ME bestellt, wird auf die darüber liegenden Mengeneinheiten ein Rabatt von 50 % gewährt. Geben Sie die Rabattstaffelfunktion R für eine maximale Bestellung von 300 ME an und skizzieren Sie den Graphen.

11. Ermitteln Sie von den folgenden Funktionen f zuerst die Definitionslücken. Untersuchen Sie an diesen Stellen dann die Funktion f auf Stetigkeit.

a) $f(x) = \frac{2x-6}{x^2-9}$ b) $f(x) = \frac{x^2+x}{x^2-4x}$ c) $f(x) = \frac{x^2-5x+6}{4-x^2}$

d) $f(x) = \frac{x^2+x}{x^2-1}$ e) $f(x) = \frac{x^3-2x+1}{x-1}$ f) $f(x) = \frac{x+2}{x^3-x^2+12}$

12. Für eine Multifunktionshose, Typ 2.000 – Kord, gilt in einem Angebot die folgende Preisstaffel: Bei einer Abnahme

ab 5 Stück: **48,00 €**; ab 20 Stück: **45,00 €**; ab 40 Stück: **42,00 €**; ab 60 Stück: **40,00 €**

a) Stellen Sie die Preisstaffel als abschnittsweise definierte Funktion dar.

b) Bestimmen Sie durch Annäherung die Grenzwerte an den Intervallgrenzen.

c) Skizzieren Sie den zugehörigen Graphen und begründen Sie, warum die Funktion nicht stetig ist.

d) Ihnen stehen zum Einkauf der Ware 1 500,00 € zur Verfügung. Welche Menge werden Sie im günstigsten Fall einkaufen können?

6.3 Steigung und Ableitung an der Stelle x_0

Eine der zentralen Fragen in der Differenzialrechnung besteht darin, auf der Grundlage des Grenzwertbegriffes danach zu fragen, wie sich bei Änderung der x-Werte einer Funktion die zugehörigen Funktionswerte ändern. So möchte z. B. ein Unternehmen wissen, in welchem Umfang die Kosten bei einer Änderung der produzierten Menge steigen. Dies wird mathematisch durch die Steigung der zugehörigen Kostenfunktion ausgedrückt. Da diese oftmals als nichtlineare Funktionen vorliegen, kann die Frage nach der Steigung nicht unmittelbar – wie etwa bei den Linearfunktionen – beantwortet werden.

Von der Sekante zur Tangente

Beispiel:

Die Kostenstruktur eines Betriebes wird durch folgende Kostenfunktion **K(x) = $2x^2 + 2x + 10$** beschrieben. Ausgehend von einer zurzeit geleisteten Produktionsmenge von $x_0 = 1$ ME ist beabsichtigt, die Produktionsmenge x zu steigern. Die dabei entstehende **„durchschnittliche"** Kostensteigerung ist zu untersuchen.

a) Berechnen Sie die durchschnittliche Kostensteigerung bei einer Produktionserweiterung auf 2 ME, 3 ME, 5ME bzw. 1,1 ME. Was stellen Sie fest? Zeichnen Sie den Graphen.

b) Ermitteln Sie eine Funktion, mit der die **Kostenzunahme** für jede Produktionsmenge $x > 1$ berechnet werden kann.

c) Ermitteln Sie die **Grenzkosten** an der Stelle $x_0 = 1$.

Lösung:

a) In der Tabelle sind Mengen und Kosten für die geplante Produktionserweiterung angegeben.

x in ME	$x_0 = 1$	1,1	2	3	...	5
K(x)in GE	14	14,62	22	34	...	70

Unter der **„durchschnittlichen Kostensteigerung"**, bezogen auf die Produktionsmenge **$x_0 = 1$,** versteht man den Quotienten – bezeichnet als *Differenzenquotient* – aus **Kostenzuwachs** **$K(x) - K(x_0)$** und **Produktionssteigerung $x - x_0$.**

$$\frac{K(x)-K(x_0)}{x-x_0} \quad \textbf{Differenzenquotient}$$

Diese Formel entspricht der Steigungsformel bei Geraden. Ihr Ergebnis gibt dort den Steigungswert m einer Geraden an.

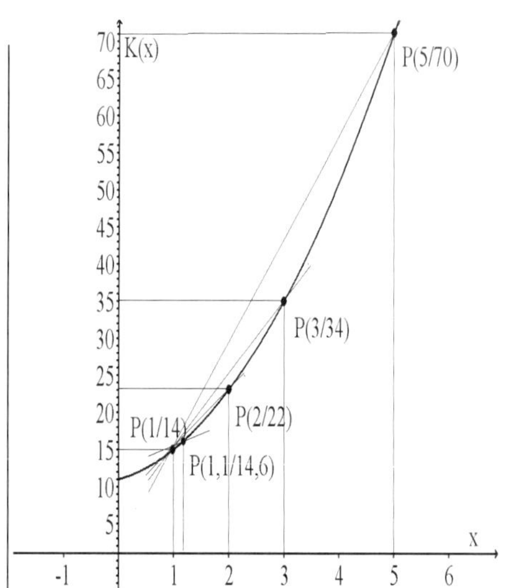

Bei der Ausdehnung der Produktion von 1 ME auf 5 ME entstehen 70 GE – 14 GE = 56 GE zusätzliche Kosten für zusätzliche 4 Stück. Das entspricht einer **durchschnittlichen** Steigerung von **14** GE je ME.
Bei der Ausdehnung auf 3 ME beträgt sie **10** GE je ME, bei einer Ausdehnung auf 2 ME nur noch **8** GE je ME und bei der Ausdehnung auf 1,1 ME ist die durchschnittliche Steigerung noch **6,2** GE je ME. Je geringer die Produktionserweiterung, desto geringer die durchschnittliche Steigerung je ME.

$$(1;5): \frac{K(5)-K(1)}{5-1} = \frac{70-14}{5-1} = \mathbf{14}$$

$$(1;3): \frac{K(3)-K(1)}{3-1} = \frac{34-14}{3-1} = \mathbf{10}$$

$$(1;2): \frac{K(2)-K(1)}{2-1} = \frac{22-14}{2-1} = \mathbf{8}$$

$$(1;1,1): \frac{K(1,1)-K(1)}{1,1-1} = \frac{14,62-14}{1,1-1} = \mathbf{6,2}$$

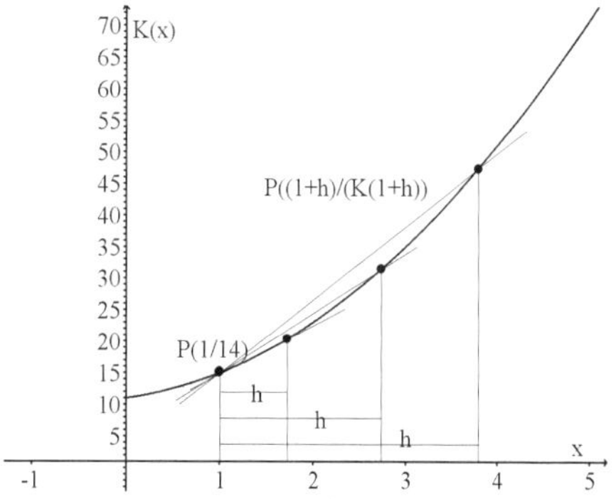

Am Graphen lässt sich die **durchschnittliche** Kostensteigerung mit Hilfe von **Sekanten**, die alle durch den Punkt **P(1|14)** verlaufen, darstellen. Der Steigungswert m der Sekanten entspricht der durchschnittlichen Kostensteigerung zwischen der Produktion von x = 1 ME und der jeweiligen neuen Produktion je ME. Die Steigung nimmt ab, je geringer die Produktionserweiterung ausfällt.

b) Um eine **allgemeine** Aussage – unabhängig von einer Zielproduktion – über die durchschnittlichen Kosten je ME bei einer Produktionserweiterung treffen zu können, wählt man für alle Werte von Produktionssteigerungen den Buchstaben **h** mit $h > 0$ (siehe Grafik).
Man berücksichtigt die Formel des Differenzenquotienten (siehe a)), setzt für $x_0 = 1$ und $x = 1 + h$ sowohl in die Kostenfunktion ($K(x) = 2x^2 + 2x + 10$; Zähler) und den Nenner ein. Nach Vereinfachen und Kürzen ergibt sich der allgemeine Ausdruck für den durchschnittlichen Kostenzuwachs **6 + 2h.**
Der Term heißt **Differenzenquotient** der Funktion K an der Stelle $x_0 = 1$.
Werden die oben gegebenen Werte von h zur Berechnung der durchschnittlichen Kostensteigerung je ME in den Term **6 + 2h** eingesetzt, ergeben sich die bereits bekannten Werte. Sie nehmen ab, je weiter man an die Stelle $x_0 = 1$ heranrückt und nähern sich dem Wert 6.

$$(1;1+h):\ \frac{K(1+h)-K(1)}{1+h-1} \qquad (K(1)=14)$$

$$= \frac{2(1+h)^2 + 2(1+h) + 10 - 14}{h}$$

$$= \frac{2 + 4h + 2h^2 + 2 + 2h + 10 - 14}{h}$$

$$= \frac{6h + 2h^2}{h} \quad |:h$$

$$= \mathbf{6 + 2h}$$

Überprüfung an den in a) vorgegebenen Werten:

$h = 5 - 1 = 4 \quad \Rightarrow 6 + 2 \cdot 4 = \mathbf{14}$
$h = 3 - 1 = 2 \quad \Rightarrow 6 + 2 \cdot 2 = \mathbf{10}$
$h = 2 - 1 = 1 \quad \Rightarrow 6 + 2 \cdot 1 = \mathbf{8}$
$h = 1{,}1 - 1 = 0{,}1 \quad \Rightarrow 6 + 2 \cdot 0{,}1 = \mathbf{6{,}2}$

c) Um die **Grenzkosten**, das ist Kostensteigerung bei „unendlich" kleiner Produktionssteigerung, bestimmen zu können, muss h immer kleiner werden, also **h → 0** streben. Hierzu wird der **Grenzwert d**es Differenzenquotienten gebildet. Er heißt **Differenzialquotient.**
Die **Grenzkosten** an der Stelle x = 1 betragen damit **6 ME**, weil 2h → 0 geht. Das heißt: An der Stelle x = 1 ruft eine *„unendlich"* kleine Erhöhung (oder Verringerung) der Produktion Zusatzkosten (oder Minderkosten) von ***6** GE pro ME* hervor.

$$\lim_{h \to 0} \frac{K(1+h)-K(1)}{1+h-1} = \lim_{h \to 0} (6 + 2h) = 6 + 0 = \mathbf{6}$$

Hierbei ist zu beachten, dass der Grenzwertprozess **h → 0** nur von theoretischer Bedeutung ist, weil sich ein „unendlich kleiner" Produktionszuwachs gar nicht messen ließe.

Anschaulich bedeutet das Ergebnis, dass die eingezeichneten **Sekanten** „im Grenzfall" für **h → 0** gegen eine „Grenzlage" streben und zur **Tangente** an den Graphen der Funktion f werden. Diese Tangente ist die Grenzlage der Sekanten und verläuft durch den Punkt P(1|14) mit dem Steigungswert m = 6.

Begriff der Ableitung einer Funktion

Nun können die Grenzkosten nicht nur an der Stelle $x_0 = 1$, sondern an jeder beliebigen Stelle x_0 des Definitionsbereiches einer Kostenfunktion und daher zu jeder Produktionsmenge $x > x_0$ berechnet werden. (Dies gilt nicht für die Ränder des Definitionsbereiches.)

Beispiel:

Legt man die gleiche Kostenfunktion $\mathbf{K(x) = 2x^2 + 2x + 10}$ des obigen Beispiels zugrunde, so lassen sich für jeden Wert $x > x_0$ die Grenzkosten ermitteln. Berechnen Sie allgemein die Grenzkosten an der Stelle x_0.

Lösung:

Nach Aufstellen des Differenzenquotienten wird x ersetzt durch $x_0 + h$. Der erhaltene Zähler wird zuerst ausmultipliziert und dann zusammengefasst.
Da $h > 0$ ist, kann durch h dividiert werden.
Damit ist der Differenzenquotient für die Grenzwertbildung hinreichend vorbereitet.
Die Grenzwertbildung führt zu dem Term $\mathbf{4x_0 + 2}$.
Mit ihm können die Grenzkosten an jeder Stelle $x_0 > 0$ der Kostenfunktion berechnet werden.
Anschaulich gibt der Term die Steigung der Tangente durch den Punkt $P(x_0|f(x_0))$ an.

1. Schritt: Differenzenquotient aufstellen

$$\frac{K(x)-K(x_0)}{x-x_0} = \frac{2x^2+2x+10-(2x_0^2+2x_0+10)}{x-x_0}$$

für $x = x_0 + h$ gilt:

$$= \frac{2(x_0+h)^2+2(x_0+h)+10-2x_0^2-2x_0-10}{x_0+h-x_0}$$

$$= \frac{2(x_0^2+2x_0h+h^2)+2x_0+2h+10-2x_0^2-2x_0-10}{h}$$

$$= \frac{2x_0^2+4x_0h+2h^2+2x_0+2h+10-2x_0^2-2x_0-10}{h}$$

$$= \frac{4x_0h + 2h^2 + 2h}{h} = 4x_0 + 2h + 2$$

2. Schritt: Grenzwertbildung für $h \to 0$:

$$\lim_{h \to 0} (4x_0 + 2h + 2) = \mathbf{4x_0 + 2}$$

Die Höhe der Grenzkosten richtet sich nach dem gewählten Wert von x_0. Allgemein sind sie also wie die Kosten selbst eine Funktion von x. Als Kennzeichnung wird die Bezeichnung K´ verwendet, sodass im obigen Fall die Gleichung der Grenzkostenfunktion $\mathbf{K'(x) = 4x + 2}$ lautet.
K´ wird auch als **Ableitung** von K bezeichnet:

kurz:	**Kostenfunktion K**	**Grenzkostenfunktion K´**
	$\mathbf{K(x) = 2x^2 + 2x + 10}$	$\mathbf{K'(x) = 4x + 2}$ (*Ableitung* von K)

Der Ableitungsbegriff ist in der Analysis von **grundlegender** Bedeutung und soll wie folgt für eine Funktion f und ihrer Ableitung f´präzisiert werden. Der Wert $\mathbf{f'(x_0)}$ wird dabei als **Ableitung** von f an der Stelle x_0 bezeichnet.

Merke

Der Grenzwert $\lim\limits_{h \to 0} \frac{f(x_0 + h) - f(x_0)}{h}$ einer Funktion f wird mit f′(x) bezeichnet, man nennt ihn auch **1. Ableitung an der Stelle x_0.**

Es gilt: $f'(x_0) = \lim\limits_{h \to 0} \frac{f(x_0 + h) - f(x_0)}{h}$; setzt man $\mathbf{h = x - x_0}$ so gilt: $\mathbf{f'(x_0) = \lim\limits_{x \to x_0} \frac{f(x) - f(x_0)}{x - x_0}}$

Außerdem gilt:
- $\mathbf{f'(x_0)}$ gibt die Steigung der Tangente an den Graphen von f im Punkt $P(x_0|f(x_0))$ und damit die Steigung des Graphen von f im Punkt $P(x_0|f(x_0))$ an.
- Der Grenzwert $f'(x_0)$ wird auch als lokale **Änderungsrate** bezeichnet.
- $f'(x_0)$ wird gelesen: f Strich von x_0

Übungen

1. Die Kostenfunktion eines Betriebes lautet $K(x) = 2x^2 + 4x + 20$; $x \geq 0$. Die zurzeit geleistete Produktionsmenge von 2 ME soll auf 3, 5, 10 ME gesteigert werden. Berechnen Sie jeweils die durchschnittliche Steigerung je ME für die angegebenen Zielmengen. Berechnen Sie den Differenzen- und den Differenzialquotient der Funktion K an der Stelle $x_0 = 2$.

2. Gegeben ist die Kostenfunktion $K(x) = x^2 + 2x + 15$. Bestimmen Sie durch Grenzwertbildung die Funktion K′(x) zur Berechnung der Grenzkosten in jedem Punkt des Intervalls $x \in (0; 6)$. Wie lautet der Wert für K′ an der Stelle x = 3?

Bestimmung der Tangentengleichung durch einen Punkt einer Kurve

Ein Grundproblem der Differenzialrechnung ist das *Tangentenproblem.* Dabei geht es um die Bestimmung der Gleichung der Tangente, die an einen vorgegebenen Punkt P einer Kurve zur Funktion f gelegt wird. Zur Bestimmung der Steigung in P wird die 1. Ableitung der Funktion f herangezogen, denn die Steigung der Kurve in P ist gleich der Steigung der Tangente durch P.

Beispiel:

Zeichnen Sie den Graphen von $f(x) = 4 - x^2$ und im Punkt P(1|3) die Tangente an den Graphen.

Wie lautet die Gleichung der Tangente. Zeichnen Sie auch die Tangente ein.

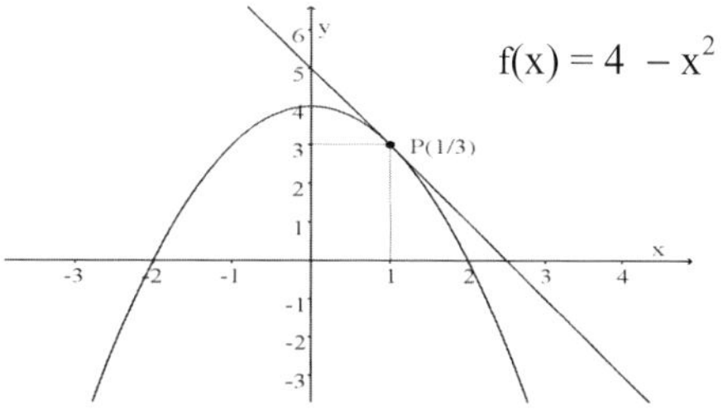

Lösung:

Die allgemeine Form der Tangente lautet:

t(x) = mx + b.

Zur Bestimmung der Steigung m wird die Steigung der Kurve in P(1|3) durch Grenzwertbestimmung ermittelt.

1. Schritt: Differenzenquotient aufstellen

$$\frac{f(x_0 + h) - f(x_0)}{h} = \frac{4 - (x_0 + h)^2 - (4 - x_0^2)}{h}$$

$$= \frac{4 - (x_0^2 + 2x_0 h + h^2) - 4 + x_0^2}{h}$$

Nach dem Ausmultiplizieren, Zusammenfassen und Kürzen entsteht der für den Grenzwert vorbereitete Term $\mathbf{-2x_0 - h}$.

$$= \frac{4 - x_0^2 - 2x_0h - h^2 - 4 + x_0^2}{h}$$

$$= \frac{-2x_0h - h^2}{h} = -2x_0 - h$$

2. Schritt: Grenzwertbildung für $h \to 0$

Es gilt: $f'(x_0) = -2x_0$

$$f'(x_0) = \lim_{h\to 0}(-2x_0 - h) = \mathbf{-2x_0}$$

Wird x = 1 aus P in f′eingesetzt, so ergibt sich die Tangentensteigung m = – 2.

Zur Bestimmung von b werden die Koordinaten von P (1|3) in t eingesetzt.

$t(x) = -2x + b;\quad 3 = -2 \cdot 1 + b \Rightarrow b = 5$

$\mathbf{t(x) = -2x + 5.}$

Übungen

1. Berechnen Sie die Ableitungen $f'(x)$ der gegebenen Funktionen f an der Stelle x_0 durch Grenzwertbildung.

a) $f(x) = 0{,}5x^2 - x;\ x_0 = 2;\ x_0 = -2$ b) $f(x) = 2 - x^2;\ x_0 = -1;\ x_0 = 2$

2. Skizzieren Sie den Graphen der folgenden Funktionen f und die Tangente durch den Punkt $P(x_0 \mid f(x_0))$ an den Graphen von f. Berechnen Sie die Gleichung der Tangente im Punkt P.

a) $f(x) = 2x^2 - 2;\ x_0 = 3$ b) $f(x) = x^2 - 0{,}5x;\ x_0 = 0$ c) $f(x) = x - x^2;\ x_0 = -1$

6.4 Die Ableitungsfunktion

Mit Hilfe der Ableitung lassen sich die Steigungen von Funktionsgraphen an bestimmten Stellen x_0 berechnen. Schon weiter oben wurde deutlich, dass es je nach Wahl der Stelle x_0 unterschiedliche Steigungswerte und damit offenbar einen funktionalen Zusammenhang zwischen der Funktion f und der zugehörigen Ableitung f′ gibt. Deshalb wird die Funktion f′ auch als Ableitungsfunktion von f bezeichnet. Mit ihr lassen sich bequem die Steigungen an beliebigen Stellen der Funktion f berechnen.

Beispiel:

Gegeben ist die Parabel mit der Gleichung $f(x) = x^2$.

a) Bestimmen Sie durch Grenzwertbetrachtung die Ableitung von f an der Stelle x_0.

b) Berechnen Sie mit Hilfe der Ableitung die Steigungen der Parabel an den folgenden Stellen $x \in \{-3; -2; -1; 0; 1; 2; 3\}$ und geben Sie die Gleichung der Ableitungsfunktion f′ an.

c) Stellen Sie die Funktion f und ihrer Ableitungsfunktion f′ grafisch dar.

Lösung:

a) Es wird der Differenzenquotient aufgestellt und die Variable x durch $x_0 + h$ ersetzt.

1. Schritt: Differenzenquotient aufstellen

$$\frac{f(x_0 + h) - f(x_0)}{h} = \frac{(x_0 + h)^2 - x_0^2}{h}$$

Nach dem Ausmultiplizieren, Zusammenfassen und Kürzen entsteht der für den Grenzwert vorbereitete Term $\mathbf{2x_0 + h}$.

$$\frac{x_0^2 + 2x_0h + h^2 - x_0^2}{h} = \frac{2x_0h + h^2}{h} = \mathbf{2x_0 + h}$$

Bei der Grenzwertbildung fällt h weg. Die Ableitung an der Stelle x_0 lautet $2x_0$.

2. Schritt: Grenzwertbildung für $h \to 0$:

$$f'(x_0) = \lim_{h \to 0} (2x_0 + h) = \mathbf{2x_0}$$

b) Werden die Werte für x in den Ableitungsterm $2x_0$ eingesetzt, so ergibt sich die Wertetabelle.
Die gesuchte Ableitungsfunktion f′ hat die Gleichung: $\mathbf{f'(x) = 2x}$.

Wertetabelle der Steigungen:

x	−3	−2	−1	0	1	2	3
f′(x)	−6	−4	−2	0	2	4	6

Ableitungsfunktion: $\mathbf{f'(x) = 2x}$

c) Die Ableitungsfunktion f′ ist eine Urprungsgerade mit der Steigung 2.

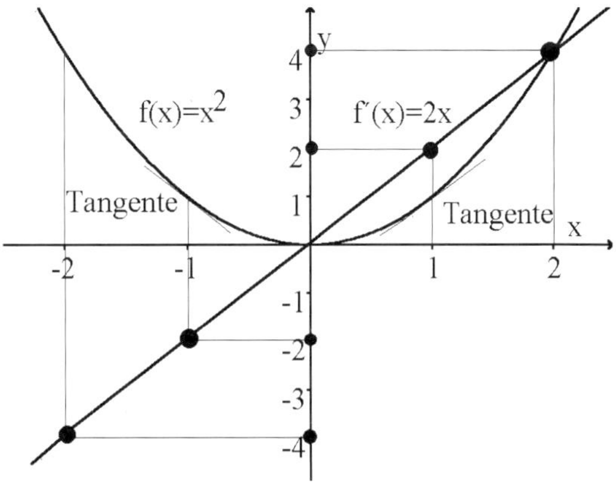

Merke

> Ist von einer ganzrationalen Funktion f die Ableitungsfunktion f′ bekannt, so kann der Funktionswert f′(x) der Ableitungsfunktion f′ an jeder Stelle $x \in D(f)$ berechnet werden. Das heißt, man kann für jeden Punkt $P(x \mid f(x))$ des Graphen der Funktion f den **Steigungswert f′(x)** berechnen.

Anmerkung:
Die Bestimmung der Ableitungsfunktion f′ bzw. die Berechnung der Ableitung einer Funktion f an einer Stelle $x \in D(f)$ wird in der Mathematik als **Differenzieren** und das Gebiet, das sich damit beschäftigt, als **Differenzialrechnung** bezeichnet. Die Definitionsbereiche der Funktionen f und f′ sind bei ganzrationalen Funktionen immer $\mathbb{R}$ $(D(f) = D(f') = \mathbb{R})$.

Übungen

1. Gegeben ist die Funktion $f(x) = 3x - x^2$.
  a) Bestimmen Sie die Funktion f′, mit deren Hilfe die Steigungswerte in jedem beliebigen Punkt ermittelt werden können.
  b) Berechnen Sie die Steigungswerte für $x_0 = -1$; $x_0 = 0$ und $x_0 = 2$.

2. Gegeben ist die Funktion $f(x) = x^2 - 4x$.
  a) Ermitteln Sie die Ableitungsfunktion f′ sowie die Steigung im Punkt $P(1{,}5 \mid f(1{,}5))$.
  b) Berechnen Sie die Gleichung der Tangente durch $P(1{,}5 \mid f(1{,}5))$ und skizzieren Sie die Graphen von f, f′ und den der Tangente t durch den Punkt $P(1{,}5 \mid f(1{,}5))$.

Aufgaben 6.4

1. Ermitteln Sie die Ableitungsfunktion f′ und berechnen Sie den Steigungswert an der Stelle x_0.
a) $f(x) = 0{,}5x^2$; $x_0 = 1$ b) $f(x) = x^2 - 2$; $x_0 = -2$ c) $f(x) = x^3$; $x_0 = 2$
d) $f(x) = 2x^2 - 2x$; $x_0 = 0$ e) $f(x) = x^2 - 2x - 1$; $x_0 = 3$ f) $f(x) = x^4$; $x_0 = 0{,}5$

2. Bestimmen Sie die Funktionsgleichung der Ableitungsfunktion f′ und die Tangentengleichung im Punkt $P(x_0 \mid f(x_0))$.
a) $f(x) = x^2 - 1$; $x_0 = 1$ b) $f(x) = 0{,}25x^3$; $x_0 = 2$ c) $f(x) = x^2 - 3x$; $x_0 = 3$
d) $f(x) = -x^2 - 2x - 1$; $x_0 = -1$ e) $f(x) = 2 - 2x^3$; $x_0 = 1$ f) $f(x) = 8x - 4x^2$; $x_0 = 1$

3. Berechnen Sie die Ableitungsfunktionen f′(x) der gegebenen Funktionen f an der Stelle x_0. Ermitteln Sie die Steigung m an den vorgegebenen Stellen x_0.
a) $f(x) = 5x^2 - 20x$; $x_0 = 1$, $x_0 = 2$ b) $f(x) = 4 + 2x - x^2$; $x_0 = -1$; $x_0 = 2$

4. Ermitteln Sie zuerst die Ableitungsfunktion f′ und berechnen Sie dann durch Einsetzen des x_0-Wertes den Steigungswert an der angegebenen Stelle x_0.
a) $f(x) = 4x - x^2$; $x_0 = 0$; $x_0 = 3$ b) $f(x) = 2x^2 - 4$; $x_0 = 0{,}5$; $x_0 = -1$

6.5 Ableitungsregeln

Die rechnerische Ermittlung der Ableitungsfunktion f′ von f mit Hilfe der Grenzwertbestimmung erfordert durch die notwendigen Umformungen meistens einen großen Rechenaufwand. Mit Hilfe bestimmter Ableitungsregeln lassen sie sich einfach und schnell bestimmen.

1. Ableitung der Funktion $f(x) = x^n$ (Potenzregel)

Mit Hilfe der Grenzwertbestimmung können für die nebenstehenden Beispiele die Ableitungsfunktionen bestimmt werden. Dabei lässt sich eine Gesetzmäßigkeit erkennen, die allgemein bewiesen werden kann.

Beispiele:
- $f(x) = x \Rightarrow f'(x) = 1$
- $f(x) = x^2 \Rightarrow f'(x) = 2x$
- $f(x) = x^3 \Rightarrow f'(x) = 3x^2$
- $f(x) = x^4 \Rightarrow f'(x) = 4x^3$

Merke **(Potenzregel)**

Die Potenzfunktion f mit $\mathbf{f(x) = x^n}$; $x \in \mathbb{R}^*$ und $n \in \mathbb{N}$ hat die Ableitungsfunktion $\mathbf{f'(x) = nx^{n-1}}$

Es gilt: $$f(x) = x^n \Rightarrow f'(x) = nx^{n-1}$$

Übung

Bilden Sie mit Hilfe der Potenzregel die Ableitungen f′ der folgenden Funktionen:
a) $f(x) = x^5$ b) $f(x) = x^7$ c) $f(x) = x^9$ d) $f(x) = x^m$ e) $f(x) = x^{k+1}$
f) $f(x) = x^{2m}$ g) $f(x) = x^{n-1}$ h) $f(x) = x^{2n+4}$ i) $f(x) = x^{3k-2}$ j) $f(x) = x^{m+n}$

2. Ableitung einer konstanten Funktion (Konstantenregel)

Wird die Potenzregel auch für n ∈ ℕ, also einschließlich der Zahl Null zugelassen, so ergibt sich die Regel über die Ableitung einer Konstanten. Da eine konstante Funktion, zum Beispiel f(x) = k, stets eine Parallele zur x-Achse mit der Steigung 0 ist, ist das Ergebnis für die Ableitung f′(x) = 0 plausibel.

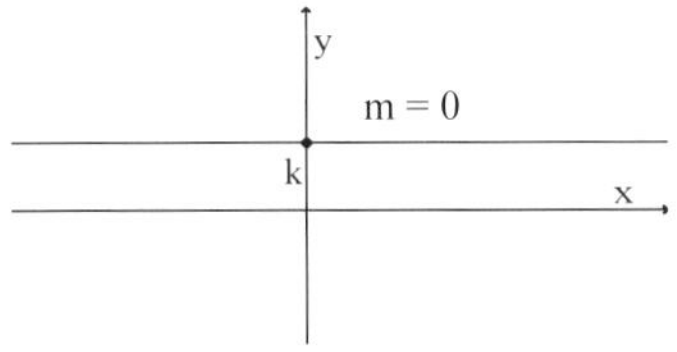

Merke

Die konstante Funktion f(x) = k hat die Ableitungsfunktion: f′(x) = 0

f(x) = k ⇒ f′(x) = 0

3. Ableitung einer Funktion mit konstantem Faktor (Faktorregel)

Ist eine Funktion f mit einem konstanten Faktor versehen, so lässt sich zeigen, dass dieser beim Ableiten erhalten bleibt. Eine Herleitung dieser Regel sei an einem Beispiel gezeigt.

Beispiel:

Es ist die Ableitungsfunktion von $f(x) = 3x^3$ zu bestimmen.

Lösung:

Man schreibt $f(x) = 3x^3$ als Summe und wendet die Potenz- und Summenregel (siehe 4.) an.

$f(x) = \mathbf{3}x^3 = x^3 + x^3 + x^3$ | Potenzregel

$f'(x) = 3x^2 + 3x^2 + 3x^2$ | Summenregel

$f'(x) = \mathbf{3} \cdot 3x^2 = \underline{9x^2}$

Merke

Ist g(x) eine für x ∈ D(f) differenzierbare Funktion, dann gilt für c ∈ ℝ:

Konstante Faktoren bleiben beim Ableiten erhalten, kurz:

f(x) = c · g(x) ⇒ f′(x) = c · g′(x)

Übung

Bilden Sie mit Hilfe der Faktorregel die Ableitungen f′ der folgenden Funktionen:

a) $f(x) = 3x^4$ b) $f(x) = 4x^5$ c) $f(x) = 2x^3$ d) $f(x) = 6x^7$ e) $f(x) = 3x^5$

f) $f(x) = 2x^{10}$ g) $f(x) = -x^4$ h) $f(x) = 0{,}5x^3$ i) $f(x) = -3{,}5x^5$ j) $f(x) = -2x^7$

k) $f(x) = 3x^m$ l) $f(x) = 8x^{k-1}$ m) $f(x) = mx^2$ n) $f(x) = kx^{k-2}$ o) $f(x) = tx^{m-n}$

4. Ableitung einer Summenfunktion (Summenregel)

Ganzrationale Funktionen sind Beispiele für Summenfunktionen. Zu ihrer Ableitung wird die folgende Ableitungsregel benötigt.

Beispiel:

Es ist die Ableitungsfunktionen von $f(x) = x^3 - 3x^2$ zu bestimmen.

Lösung:

Die Funktion f wird in die Funktionen u und v zerlegt.

$$f(x) = x^3 - 3x^2$$
$$f(x) = u(x) - v(x);$$

Auf beide Funktionen wird jeweils getrennt die Potenz- und die Konstantenregel angewendet.

$$f'(x) = 3x^2 - 6x$$
$$f'(x) = u'(x) - v'(x)$$

Das summandenweise Ableiten einer Summenfunktion wird wie folgt festgelegt:

Merke

Sind die Funktionen u und v in einem Intervall ableitbar, so ist dort auch die Summenfunktion u + v ableitbar und es gilt:

Eine Summenfunktion wird summandenweise abgeleitet.

$$\mathbf{f(x) = u(x) + v(x) \Rightarrow f'(x) = u'(x) + v'(x)}$$

Beispiele:

- $f(x) = x^5 + 2x^3 \Rightarrow f'(x) = 5x^4 + 6x^2$
- $f(x) = -x - 4x^6 \Rightarrow f'(x) = -1 - 24x^5$
- $f(x) = 4x^4 - 2x^2 \Rightarrow f'(x) = 16x^3 - 4x$
- $f(x) = 0{,}5x^3 - 2 + 7x \Rightarrow f'(x) = 1{,}5x^2 + 7$
- $f(x) = -0{,}1x^3 + 6x^2 - 3 \Rightarrow f'(x) = -0{,}3x^2 + 12$

Übungen

1. Bestimmen Sie mit Hilfe der Ableitungsregeln die Ableitungsfunktionen f′ der Funktionen f.

a) $f(x) = 3x^2 - 0{,}5x$ b) $f(x) = 25x^2 - x^4 - 12$ c) $f(x) = x^3 - 7x^4 + 30x$
d) $f(x) = 0{,}1x^3 - 3x^2 + 4x + 10$ e) $f(x) = -x^2 - 5x^3$ f) $f(x) = -2x^3 + 4x^4 + x^5$

2. Bestimmen Sie die Ableitungen der folgenden Funktionen.

a) $f(x) = 2x^7 - 3x^5 + x^3 - 4x + 1$ b) $f(x) = -3x^4 + 2x^2 - 6$ c) $f(x) = 2x^3 - 9x^4 - 3x$
d) $f(x) = (x^2 - 1)x^3$ e) $f(x) = (x - 2)x^2$ f) $f(x) = (2x + 5x^3)(x^2 - x^3)$

5. Ableitung der Hyperbelfunktion

Die Hyperbelfunktion hat die Form $f(x) = \frac{1}{x^n}$ mit $x \in \mathbb{R}\setminus\{0\}$, $n \in \mathbb{N}^*$. Sie kann mit Hilfe der Grenzwertbetrachtung abgeleitet werden. Die Regel lässt sich aber auch unter Verwendung der Potenzregel zeigen. Hierzu werden Kenntnisse der Potenzrechnung mit negativen Exponenten herangezogen.

Beispiel:

Es sind die Hyperbelfunktionen $f(x) = \frac{1}{x}$; $f(x) = \frac{1}{x^2}$ und $f(x) = \frac{1}{x^5}$ mit Hilfe der Potenzregel abzuleiten.

Lösung:

Man setzt zunächst allgemein: $\frac{1}{x^n} = x^{-n}$; $x \neq 0$, (Potenzschreibweise mit negativer Hochzahl) und ermittelt dann nach der Potenzregel die Ableitungsfunktion.
Um einen negativen Exponenten zu vermeiden, wird die Potenz in eine Bruchdarstellung zurückverwandelt.

$f(x) = \frac{1}{x} = x^{-1}$ | Potenzregel
$f'(x) = -1x^{-2}$ | In Bruchschreibweise
$= \underline{\frac{-1}{x^2}}$

$f(x) = \frac{1}{x^2} = x^{-2}$ | Potenzregel
$f'(x) = -2x^{-3}$ | In Bruchschreibweise
$= \underline{\frac{-2}{x^3}}$

$f(x) = \frac{1}{x^5} = x^{-5}$; $(x^{-5})' = -5x^{-6} = \underline{\frac{-5}{x^6}}$

Merke

Die Funktion $f(x) = \frac{1}{x^n} = x^{-n}$; $x \neq 0$, ist für $n \in \mathbb{N}$ nach der Potenzregel ableitbar:

$$\mathbf{f(x) = \frac{1}{x^n} \Rightarrow f'(x) = -\frac{n}{x^{n+1}}}$$

Übungen

1. Bestimmen Sie mit Hilfe der Ableitungsregeln die Ableitungsfunktionen f′ der Funktionen f.

a) $f(x) = \frac{3}{x}$ b) $f(x) = -\frac{4}{x}$ c) $f(x) = \frac{1}{x^4}$ d) $f(x) = -\frac{5}{x^4}$ e) $f(x) = \frac{5}{x^8}$

f) $f(x) = \frac{2}{x} + \frac{3}{x^2}$ g) $f(x) = \frac{4}{x^3} - \frac{3}{x^5}$ h) $f(x) = \frac{3}{x^3} - \frac{1}{x^6}$ i) $f(x) = -\frac{4}{x^3} + 8x^{-2}$

2. Leiten Sie die folgenden Funktionen f nach der Potenzregel ab.

a) $f(x) = 2x^{-1}$ b) $f(x) = x^{-5}$ c) $f(x) = 4x^{-2}$ d) $f(x) = 8x^{-7}$ e) $f(x) = -3x^{-2}$
f) $f(x) = 4x^{-5}$ g) $f(x) = -x^{-2}$ h) $f(x) = 0{,}2x^{-5}$ i) $f(x) = -2{,}5x^{-4}$ j) $f(x) = 5x^{-3}$

6. Ableitungen höherer Ordnung

Die Ableitungsfunktion f′ einer Funktion f wird auch als erste Ableitungsfunktion f′ bezeichnet. Leitet man diese erste Ableitungsfunktion f′ ein weiteres Mal ab, so erhält man die zweite Ableitungsfunktion f′′. Bei weiterer Ableitung entsteht die dritte Ableitung f′′′, die vierte Ableitung $f^{(4)}$

Beispiel:

Leiten Sie die Funktion $f(x) = 5x^4 - 3x^3 + 17x$ viermal ab.

Lösung:

Mit Hilfe der Potenz-, Summen-, Faktor- und Konstantenregel erhält man die Ableitungen f′, f′′, f′′′, $f^{(4)}$.

$f'(x) = 20x^3 - 9x^2 + 17$
$f''(x) = 60x^2 - 18x$
$f'''(x) = 120x - 18$
$f^{(4)} = 120$

Übungen

1. Bestimmen Sie, wenn möglich, die 3. Ableitung der folgenden Funktionen.

a) $f(x) = 2x^4 - 3x^3 + 2x - 5$ b) $f(x) = 2x + 4x^3 + 5x^6$ c) $f(x) = 4 - 2x + 5x^2 - x^4$

d) $f(x) = 3x^5 - 2x^4 + 6x + 4$ e) $f(x) = 2x^4 + 8x^2 + 12x$ f) $f(x) = x^3 - 5x^2 + x - 1$

2. Bestimmen Sie die 2. Ableitung der folgenden Funktionen.

a) $f(x) = \frac{2}{x}$ b) $f(x) = -\frac{3}{x^2}$ c) $f(x) = \frac{-1}{x^2}$ d) $f(x) = -\frac{1}{x^3}$ e) $f(x) = \frac{3}{x^5}$

f) $f(x) = 2x^{-3}$ g) $f(x) = -3x^{-1}$ h) $f(x) = 0{,}4x^{-3}$ i) $f(x) = -2x^{-2}$ j) $f(x) = 4x^{-3}$

Aufgaben 6.5

1. Bestimmen Sie die Ableitungsfunktion f′ einer gegebenen Funktion f. Bedienen Sie sich dabei der bisher behandelten Ableitungsregeln.

a) $f(x) = x^4$ b) $f(x) = x^2 - 30x^3$ c) $f(x)=0{,}25x^4 - 3x^3 - 8x^2 + 1$

d) $f(x) = 6x^4 - 0{,}25x^3 + 2x$ e) $f(x) = -0{,}5x^4 - 12x^3 + 22x^2$ f) $f(x) = x^5 + 3x^2 - 1{,}5x^3$

g) $f(x) = \frac{1}{4}x^4 - \frac{1}{2}x^2 + 2$ h) $f(x) = \frac{3}{2}x^2 - 6x^3 + 2x$ i) $f(x) = \frac{2}{3}x^4 + \frac{1}{2}x^3 - x^2$

2. Bringen Sie die folgenden Funktionsgleichungen zunächst auf eine andere Form, sodass Sie die Ihnen bekannten Ableitungsregeln anwenden können.

a) $f(x) = 3(x^2 - x^4 - 1)$ b) $f(x) = x^2(x^2 - 2x)$ c) $f(x) = (4x^2 + 2x - 1)x$

d) $f(x) = (x - 4)(x^2 + 10)$ e) $f(x) = (\frac{1}{2}x^2 - x)(2x + 4)$ f) $f(x) = x^2(x - 1)(x + 2)$

g) $f(x) = (2 + 3x)(1 - 5x)$ h) $f(x) = (x^2 + 3x - 1)(x + 2)$ i) $f(x) = (x^3 - 2x)x^2$

3. Bestimmen Sie die Ableitungsfunktionen f′der folgenden Funktionen mit Formvariablen.

a) $f(x) = ax^2 - bx^4$ b) $f(x) = 3ax^2 + 4bx^3$ c) $f(x) = 5a + 16b^2x$

d) $f(x) = ax + 2bx^2$ e) $f(x) = a^4x + c$ f) $f(x) = 3x^2 + c^3$

g) $f(x) = ax^4 + b^3x^2$ h) $f(x) = tx^3 - 2x^2$ i) $f(x) = t^2x^2 - t^3$

4. Bestimmen Sie die Ableitungsfunktionen f′der folgenden Funktionen

a) $f(x) = 2x^n - 3x^m$ b) $f(x) = 3x^{n+1} + x^{2n}$ c) $f(x) = n + 3x^{3m}$

d) $f(x) = 4x + 2x^m$ e) $f(x) = \frac{1}{n}x^n + nx$ f) $f(x) = 3x^{n-2} + x^{3n}$

g) $f(x) = ax^n + b^mx^m$ h) $f(x) = mx^m + 4x^{n-2}$ i) $f(x) = n^2x^n - x^3$

5. An welchen Stellen hat der Graph der Funktion f den Steigungswert m?

a) $f(x) = x^2 - 3x$; $m = -1$ b) $f(x) = x^3 - 2x^2 - 1$; $m = 0$ (2 Lösungen)

c) $f(x) = 0{,}5x^2 - 3x + 1$; $m = -3$ d) $f(x) = x^3 - x + 2$; $m = 2$ (2 Lösungen)

e) $f(x) = 4 - x^2$; $m = 1$ f) $f(x) = 2 - x + x^3$; $m = 0$ (2 Lösungen)

g) $f(x) = x^3 - x$; $m = 2$ (2 Lösungen) h) $f(x) = 0{,}5x^3 - 0{,}5x^2 + 1$; $m = 0$ (2 Lösungen)

6. Gegeben sind die Funktion f und eine Stelle x_0. Berechnen Sie $f(x_0)$ und die Gleichung der Tangente, die durch den Punkt $P(x_0 \mid f(x_0))$ geht.

a) $f(x) = x^3 - 2x^2;\ x_0 = 2$

b) $f(x) = x^3 - \frac{1}{3}x - 4;\ x_0 = 0$

c) $f(x) = \frac{1}{3}x^3 - \frac{1}{4}x^2 - 1;\ x_0 = -1$

d) $f(x) = x^3 + 2x - 4;\ x_0 = 0{,}5$

e) $f(x) = \frac{1}{2}x^3 - x^2;\ x_0 = 2$

f) $f(x) = x^3 - x^2 + x + 1;\ x_0 = 1$

7. Gegeben sind die Funktionen f. Bestimmen Sie die Gleichungen der Tangenten, die die Kurven in ihren Nullstellen berühren. Nutzen Sie gegebenenfalls die Symmetrieeigenschaften aus.

a) $f(x) = x^2 - x - 6$

b) $f(x) = \frac{1}{2}x^2 + x - 4$

c) $f(x) = x^2 - 4x + 3$

d) $f(x) = x^4 - 5x^2 + 4$

e) $f(x) = x^3 - x$

f) $f(x) = \frac{1}{2}x^4 + x^2$

8. In welchem Punkt hat der Graph der Funktion $f(x) = 0{,}5x^2$ einen Steigungswinkel von $\alpha = 45°$? Bestimmen Sie die Gleichung der Tangente, die durch diesen Punkt geht.

9. Unter welchem Winkel schneiden sich die Graphen der Funktionen f und g?

a) $f(x) = \frac{1}{2}x^2 - 2;\ g(x) = x - 1$

b) $f(x) = x^2 - 4x + 1;\ g(x) = 1 - x^2$

c) $f(x) = 4 - x^2;\ g(x) = 2$

d) $f(x) = \frac{1}{2}x^2 + 2x - 1;\ g(x) = 0{,}1x^2$

Ermitteln Sie die Tangentengleichung am Graphen von f im Schnittpunkt.

10. Berechnen Sie den Schnittpunkt der beiden Funktionen $f(x) = x^2$ und $g(x) = \frac{1}{x}$ und die Gleichung der Tangente von g im Schnittpunkt.

11. Die Funktionen $f(x) = \frac{1}{3}x^3 - 4x$ und $g(x) = \frac{1}{2}x^2 - \frac{7}{6}x + 2$ schneiden einander dreimal.

a) In welchen Punkten hat der Graph zu f waagerechte Tangenten?
b) Wie groß ist die Steigung der Funktion f im Ursprung? Bestimmen Sie auch die Gleichung der Tangente durch diesen Punkt.
c) Bestimmen Sie die Schnittpunkte S_1 bis S_3 der beiden Graphen.
d) Ermitteln Sie die Funktionsgleichung der Geraden, die durch die beiden rechts liegenden Schnittpunkte verläuft.
e) Eine Parallele der Geraden $t(x) = \frac{1}{3}x + 4$ wird im Punkt P zur Tangente an den Graphen der Funktion g. Bestimmen Sie die Koordinaten von P.

12. Gegeben sind: $f(x) = x^2 - \frac{9}{10}$ und $g(x) = \frac{1}{10}x^3$

a) In welchen Punkten schneiden sich die Graphen von f und g (auf 2 Dezimale runden)?
b) An welchen Stellen haben die Graphen von f und g die gleiche Steigung?
c) Für welchen x-Wert haben die Graphen von f und g Tangenten mit dem Steigungswert 1?
d) Fertigen Sie eine Zeichnung an und überprüfen Sie Ihre Ergebnisse.

13. Gegeben sind folgende Funktionsgleichungen. Bestimmen Sie deren Ableitungsfunktionen und ermitteln Sie jeweils die Tangentengleichung im Punkt $P(x_0 \mid f(x_0))$.

a) $f(x) = \frac{-1}{x^2}$; $x_0 = 2$ b) $f(x) = \frac{-2}{x^3}$; $x_0 = 1$

14. Gegeben ist die Funktion $f(x) = 2x^2 + \frac{2}{x^3}$; $D(f) = \mathbb{R}\setminus\{0\}$.

a) Berechnen Sie den Steigungswert an der Stelle $x_0 = 2$.
b) Wie lautet die Gleichung der Tangente im Punkt $P(2 \mid f(2))$?

15. Die Graphen von $f(x) = x^2 - 2$ und $g(x) = \frac{4}{x}$; $x > 0$ schneiden sich einmal.

a) Berechnen Sie den Schnittpunkt.
b) Bestimmen Sie die Gleichungen der beiden Tangenten in dem Schnittpunkt.
c) Unter welchem Winkel schneiden sich die Tangenten?

16. Der Graph der Funktion $f(x) = x$ ist Tangente des Graphen von $g(x) = \frac{1}{4}x^2 - x + 4$. In welchem Punkt berühren sich die Gerade und der Graph der Funktion g?

17. Die Graphen der Funktion $f(x) = x^3$ und $g(x) = -\frac{3}{2}x^2 + 0{,}5$ berühren sich. Berechnen Sie den Berührpunkt.

18. Prüfen Sie nach, ob sich die Graphen der Funktionen $f(x) = x^2 + 2$ und $g(x) = -x^2 + 3x + 0{,}5$ berühren können.

7 Kurvenuntersuchungen ganzrationaler Funktionen

Bereits in Kapitel 4 wurden Eigenschaften ganzrationaler Funktionen, nämlich das Verhalten für große Beträge von x (Unendlichkeitsverhalten) und das Symmetrieverhalten behandelt. Diese Eigenschaften werden als **globale** Eigenschaften bezeichnet ebenso wie das **Monotonie**- und **Krümmungsverhalten,** das in diesem Kapitel untersucht werden soll. Als **lokale** Eigenschaft wurde bereits die Bestimmung von Nullstellen, ebenfalls in Kapitel 4, dargestellt.

In diesem Kapitel kommen die **Extrema** und **Wendepunkte** als weitere markante Punkte einer Kurve hinzu, sodass am Ende eine komplette Kurvenuntersuchung durchgeführt werden kann.

7.1 Extrema und Monotonie

Extrema

Einführungsbeispiel:

Bei der täglichen Produktion von Dachziegeln werden die Kosten des Herstellers für x Einheiten (in 1000 Stück) durch die Kostenfunktion $\mathbf{K(x) = x^3 - 6x^2 + 15x + 8}$ (Geldeinheiten in 100,00 €) und die Erlöse durch die Erlösfunktion $\mathbf{E(x) = 12x}$ (Geldeinheiten ebenfalls in 100,00 €) erfasst.

a) Ermitteln Sie die Gewinnfunktion G und zeichnen Sie ihren Graphen.

b) Bei welcher **Produktionsmenge x** ist der Gewinn **am größten** bzw. **am geringsten** (d. h., der Verlust ist am größten)?

Lösung:

a) Die Gewinnfunktion errechnet sich aus der Differenz von Erlös- und Kostenfunktion.

$$G(x) = E(x) - K(x)$$
$$= 12x - (x^3 - 6x^2 + 15x + 8)$$
$$= -x^3 + 6x^2 - 3x - 8$$

b) Am Graphen ist zu erkennen, dass bei einer Tagesproduktion von 3,5 bis 4 Mengeneinheiten täglich, also zwischen 3 500 und 4 000 Ziegel, der größte Gewinn mit etwas über 12 GE, also etwa 1 200,00 €, erzielt wird. Diese Zahlen sollen nun für die Betriebsleitung genau errechnet werden.
Ebenso ist es für die Betriebsleitung wichtig zu wissen, bei welcher Menge der geringste Gewinn, also der größte Verlust pro Tag, abgelesen zwischen 0 und 500 Ziegel, liegt. Denn dieser Bereich müsste auf jeden Fall in der Produktion vermieden werden.
In der Gewinnfunktion ist also die **Stelle b,** an der die Gewinnfunktion ihr **Maximum** hat, genauer zu bestimmen ebenso wie die **Stelle a,** an der die Gewinnfunktion ihr **Minimum** (maximaler Verlust) hat.

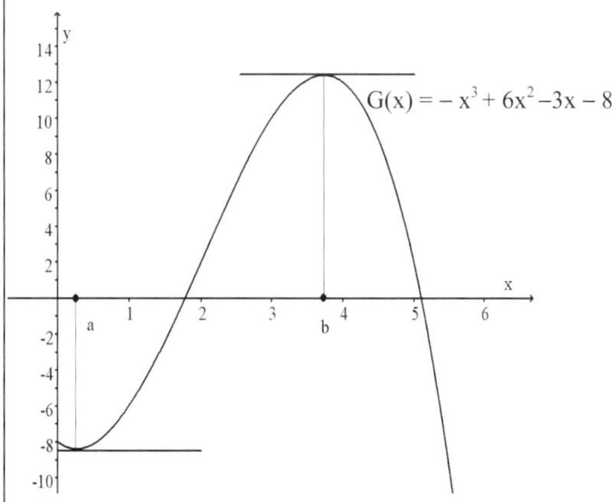

14 Haarmann, Thun ISBN 978-3-8120-0504-3

In Kapitel 6 wird an verschiedenen Stellen die Steigung in einem Graphenpunkt mit der Steigung der Tangente in diesem Punkt gleichgesetzt. Das gilt auch für waagerechte Tangenten.
In der Zeichnung ist zu erkennen, dass die Tangenten durch den Hoch- bzw. Tiefpunkt von G(x) waagerecht verlaufen, also die ***Steigung null*** *besitzen.*

Da die Steigung einer Funktion mit Hilfe ihrer Ableitung bestimmt werden kann, ist in diesem Fall die erste Ableitungsfunktion G´ zu ermitteln.

Aus der Gleichung der Gewinnfunktion wird die erste Ableitung G´ ermittelt und gleich **0** gesetzt, da die Steigung der Tangenten **null** ist.
Die erhaltene Gleichung ist gemischt-quadratisch. Sie wird auf die Normalform gebracht und dann mit Hilfe der p-q-Formel gelöst.
Die Lösungen sind die gesuchten Werte für a und b, wobei zu beachten ist, dass die Zahlen in 1 000 Stück zu rechnen sind.

Die Betriebsleitung kann mit einem maximalen Gewinn bei einer Produktion von 3 732 Ziegel und mit einem minimalen Gewinn (in diesem Fall ein maximaler Verlust) bei einer Produktion von 268 Ziegeln pro Tag rechnen.

$$G(x) = -x^3 + 6x^2 - 3x - 8$$
$$G'(x) = -3x^2 + 12x - 3$$
$$G'(x) = \mathbf{0}$$
$$\mathbf{0} = -3x^2 + 12x - 3 \qquad |:(-3)$$
$$0 = x^2 - 4x + 1$$
$$x_1 = \frac{4}{2} + \sqrt{\left(\frac{4}{2}\right)^2 - 1} = \underline{3{,}732}$$
$$x_2 = \frac{4}{2} - \sqrt{\left(\frac{4}{2}\right)^2 - 1} = \underline{0{,}268}$$
$$b = 3{,}732$$
$$a = 0{,}268$$

Werden nun a und b durch allgemeines x und G(a) und G(b) durch allgemeines f(x) ersetzt, so gelten die folgenden wichtigen Begriffe, die weiterhin verwendet werden.

Merke

Ist der Punkt **H**(x | f(x)) auf dem Graphen von f ***größer*** als alle unmittelbar links und rechts von ihm benachbarten Punkte, heißt er **lokaler Hochpunkt H** und die Stelle x **lokale Maximalstelle** und der zugehörige f(x)-Wert **lokales Maximum.**

Ist der Punkt **T**(x | f(x)) auf dem Graphen von f ***kleiner*** als alle links und rechts von ihm benachbarten Punkte, heißt er **lokaler Tiefpunkt T** und die Stelle x **lokale Minimalstelle** und der zugehörige f(x)-Wert **lokales Minimum.**

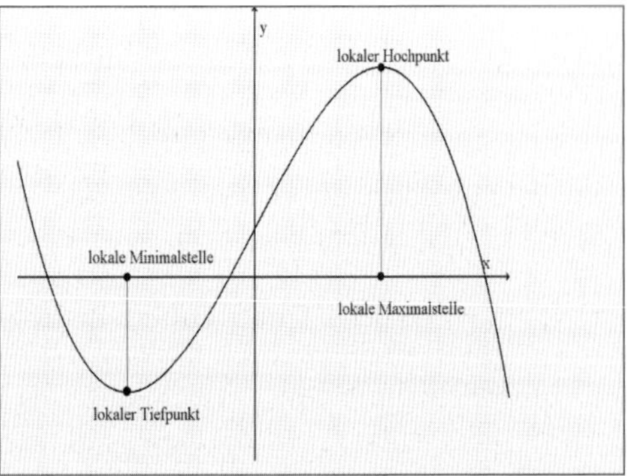

Für Maximum und Minimum wird auch der Oberbegriff **Extremum** verwendet. Die lokalen Maximal- und Minimalpunkte heißen zusammenfassend auch **lokale Extrempunkte.**

Im obigen Beispiel konnte mit Hilfe des Graphen von G entschieden werden, welcher Punkt mit waagerechter Tangente ein Hoch- oder ein Tiefpunkt ist. Soll diese Frage mit algebraischen Mitteln beantwortet werden, so sind weitere Überlegungen anzustellen. Hierzu soll zunächst der Graph der Gewinnfunktion G und ihre ersten beiden Ableitungsfunktionen G´ und G´´ betrachtet werden.

Stelle b = 3,27:

1. Die erste Ableitungsfunktion G´ hat bei b = 3,73 eine Nullstelle.
   $G'(3{,}732) = -3 \cdot 3{,}732^2 + 12 \cdot 3{,}732 - 3 = \mathbf{0{,}00..}$
2. Die zweite Ableitungsfunktion G´´ mit der Gleichung **G´´(x) = – 6x + 12** hat an der Stelle b = 3,732 einen **negativen** Funktionswert.
   $G''(3{,}732) = -6 \cdot 3{,}732 + 12 = -10{,}392 < 0$.
   Hieraus ist zu folgern, dass ein **lokaler Hochpunkt** in P (3,723 | **12,39**) vorliegt.

Stelle a = 0,267:

1. Die erste Ableitungsfunktion G´ hat bei a = 0,268 eine Nullstelle.
   $G'(0{,}268) = -3 \cdot 0{,}268^2 + 12 \cdot 0{,}268 - 3 = \mathbf{0{,}00..}$
2. Die zweite Ableitungsfunktion G´´ hat an der Stelle a = 0,268 einen **positiven** Funktionswert
   $G''(0{,}268) = -6 \cdot 0{,}268 + 12 = 10{,}398 > 0$.
   Hieraus ist zu folgern, dass ein **lokaler Tiefpunkt** in P(0,268 | **– 8,39**) vorliegt.

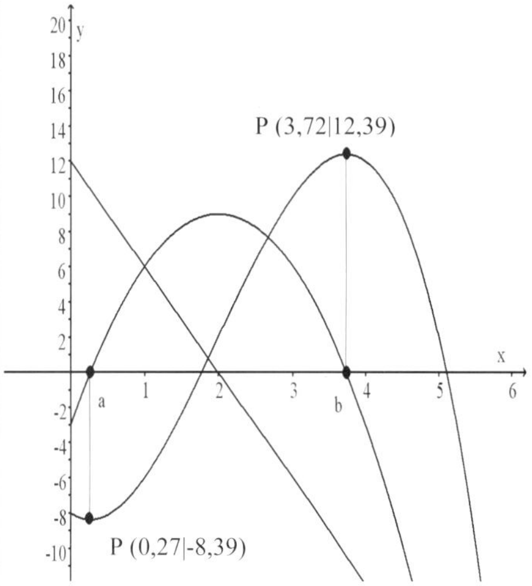

Anmerkung: Die Begründung, dass für G´´(b) < 0 ein Hochpunkt und für G´´(a) > 0 ein Tiefpunkt vorliegt, ist darin zu sehen, dass G´ in der Umgebung von **b fällt** und in der Umgebung von **a steigt.** Da aber die Steigung von G´ mit der Ableitung von G´, also G´´, gemessen wird, muss G´´ hier kleiner als 0 sein. Umgekehrt muss die Steigung von G´´ an der Stelle von a größer 0 sein, da G´steigt.

Notwendige und hinreichende Bedingung von Extremwerten

Ein lokaler Extremwert kann nur dann vorliegen, wenn die erste Ableitungsfunktion f´ an der Stelle x_E einen Schnittpunkt mit der x-Achse (Nullstelle) besitzt, also $f'(x_E) = 0$ ist.

$f'(x) = 0$ wird auch als **notwendige Bedingung** für einen lokalen Extrempunkt bezeichnet.

Ist zusätzlich nach Einsetzen der Stelle x_E in die zweite Ableitungsfunktion f´´ diese entweder positiv oder negativ, so lässt dieses auf einen lokalen Extremwert bei x_E schließen.

Die Bedingung $f'(x) = 0 \wedge f''(x) \neq 0$ wird auch als **hinreichende Bedingung** bezeichnet.

Merke

Ist die Funktion f in einer Umgebung von x_E zweimal differenzierbar und gilt:
$\mathbf{f'(x_E) = 0 \wedge f''(x_E) < 0}$, dann hat f in x_E einen **lokalen Hochpunkt** (Maximum),
$\mathbf{f'(x_E) = 0 \wedge f''(x_E) > 0}$, dann hat f in x_E einen **lokalen Tiefpunkt** (Minimum).

Beispiel:

Gegeben ist die Funktion $f(x) = \frac{1}{3}x^3 - 2x^2 + x + 4$.

a) Berechnen Sie die relativen Extremstellen und die zugehörigen Hoch- und Tiefpunkte.

b) Zeichnen Sie die Graphen von f, f′ und f′′ in ein Schaubild.

Lösung:

Zur Überprüfung der **hinreichenden Bedingung** werden zunächst die ersten beiden Ableitungen f′ und f′′ bestimmt.

$f'(x) = x^2 - 4x + 1$
$f''(x) = 2x - 4$

Es wird die erste Ableitung gleich 0 gesetzt (Steigung der Tangente ist null).

notwendige Bedingung: $f'(x) = 0$
$0 = x^2 - 4x + 1$

Mit Hilfe der p-q-Formel werden die Nullstellen berechnet.

$x_1 = 2 + \sqrt{4-1} \approx \underline{3{,}73}$

$x_2 = 2 - \sqrt{4-1} \approx \underline{0{,}27}$

Um festzustellen, ob ein Hoch- oder Tiefpunkt vorliegt, werden die erhaltenen Werte x_1 und x_2 in die **zweite** Ableitungsfunktion f′′ eingesetzt.

Die zugehörigen y-Werte werden mit Hilfe der Funktionsgleichung von f berechnet.

hinreichende Bedingung: $f''(x) \neq 0$
$f''(3{,}73) = 2 \cdot 3{,}73 - 4 = 3{,}46 \ \mathbf{> 0}$
Tiefpunkt bei $x_1 = 3{,}73$

$f(3{,}73) = \frac{1}{3}\,3{,}73^3 - 2 \cdot 3{,}73^2 + 3{,}73 + 4 \approx \mathbf{-2{,}80}$

Tiefpunkt: T(3,73|−2,80)

$f''(0{,}27) = 2 \cdot 0{,}27 - 4 = -3{,}46 \ \mathbf{< 0}$
Hochpunkt bei $x_2 = 0{,}27$

$f(0{,}27) = \frac{1}{3}\,0{,}27^3 - 2 \cdot 0{,}27^2 + 0{,}27 + 4 \approx \mathbf{4{,}13}$

Hochpunkt: H(0,27|4,13)

Die Graphen von f, f′ und f′′ lassen folgende Zusammenhänge erkennen:

Im **Hochpunkt** des Graphen von f hat der Graph von f′ einen Schnittpunkt mit der x-Achse und der Graph von f′′ hat dort einen negativen Funktionswert (f′′< 0), weil der Graph von f′ an dieser Stelle fällt.

Im **Tiefpunkt** des Graphen von f hat der Graph von f′ ebenfalls einen Schnittpunkt mit der x-Achse und der Graph von f′′ hat dort einen positiven Funktionswert (f′′ > 0), weil der Graph von f′ steigt.

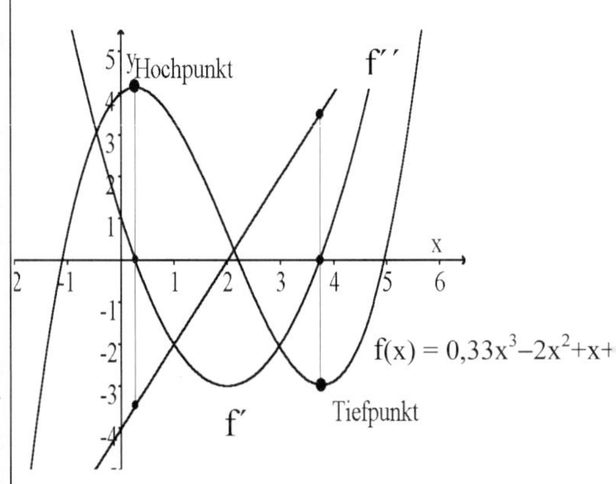

Nicht jede differenzierbare Funktion besitzt einen Extremwert, wie das folgende Beispiel zeigt.

Nicht jede differenzierbare Funktion besitzt einen Extremwert, wie das folgende Beispiel zeigt.

Beispiel:

Zeigen Sie, dass die Funktion mit der Gleichung $f(x) = x^3 + 0{,}1x - 1$ keinen Extremwert besitzt.

Lösung:

Man stellt fest, dass der Graph der ersten Ableitungsfunktion eine nach oben geöffnete Parabel mit dem Scheitelpunkt in S(0|0,1) ist und somit keine Nullstellen hat.
Am Graphen von f ist zu erkennen, dass es **keinen** Punkt mit waagerechter Tangente gibt.

$f'(x) = 3x^2 + 0{,}1$

$0 = 3x^2 + 0{,}1 \quad |:3$

$0 = x^2 + 0{,}033 \Rightarrow x^2 \approx -0{,}033; \quad x \approx \pm\sqrt{-0{,}033}$

nicht lösbar!

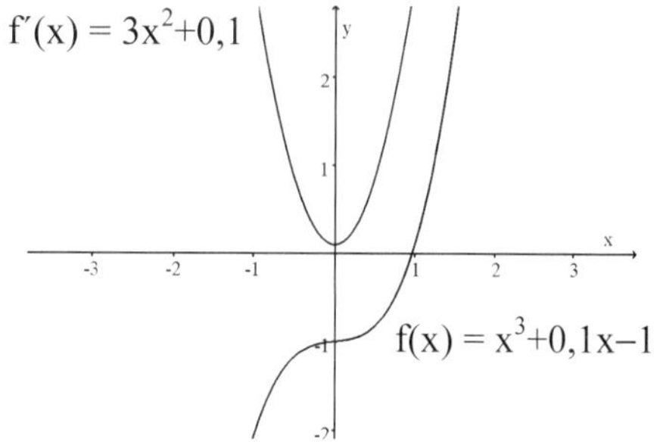

Übungen

1. Gegeben sind die folgenden Quadratfunktionen f. Bestimmen Sie mit Hilfe der Ableitungen die Koordinaten der Scheitelpunkte und stellen Sie fest, ob es sich dabei um Hoch- oder um Tiefpunkte handelt.

a) $f(x) = x^2 - x + 6$ b) $f(x) = -x^2 - 3x + 4$ c) $f(x) = x^2 + x - 6$

d) $f(x) = \frac{1}{2}x^2 - \frac{7}{2}x + 5$ e) $f(x) = -\frac{1}{2}x^2 - 4x - 7{,}5$ f) $f(x) = 2x^2 + 6x - 8$

2. Stellen Sie fest, ob die Graphen der folgenden Funktionen f Punkte mit waagerechten Tangenten haben können.

a) $f(x) = -\frac{1}{2}x^3 + 3x^2 + 18x$ b) $f(x) = x^3 + 3x$ c) $f(x) = 2x^3 - 6x^2$

d) $f(x) = x^3 + \frac{3}{2}x^2 + 3x$ e) $f(x) = \frac{1}{2}x^4 - x^2 + \frac{3}{2}$ f) $f(x) = 2x^3 - 6x^2 + 6x - 2$

3. Gegeben sind die Funktionen f, g und h mit den angegebenen Gleichungen.
Bestimmen Sie die Extrema, soweit vorhanden, und berechnen Sie jeweils den Hoch- und Tiefpunkt der Graphen von f und g. Zeichnen Sie die Graphen der drei Funktionen und ihre ersten und zweiten Ableitungsfunktionen jeweils in ein Koordinatensystem ein.

a) $f(x) = x^3 + x^2 - 4x - 1$ b) $g(x) = -x^3 - 2x^2 + 3x + 2$ c) $h(x) = x^3 + 0{,}5x + 2$

d) $f(x) = 0{,}5x^3 + 0{,}6x^2 - x$ e) $g(x) = \frac{1}{2}x^3 - \frac{3}{2}x^2 + 4$ f) $h(x) = 0{,}5x^4 - 2x^2 + \frac{3}{2}$

g) $f(x) = x^3 + x^2 + x$ h) $g(x) = \frac{1}{2}x^3 - 3x$ i) $h(x) = x^3 - x^2 + 2$

j) $f(x) = 2x^4 - 4x^2$ k) $g(x) = x^3 - 3x^2 + 3x - 1$ l) $h(x) = \frac{1}{8}x^4 - \frac{2}{3}x^3 + x^2$

Monotonie

Betrachtet man den Graphen im Intervall [a; b], so ist zu erkennen, dass die Funktionswerte im Intervall $[a; x_H]$ zunehmen, im Intervall $[x_H; x_T]$ abnehmen und im Intervall $[x_T; b]$ wieder zunehmen.
Anders ausgedrückt:
Der Graph von f **„steigt"** in den Intervallen $[a; x_H]$ und $[x_T; b]$ und **„fällt"** im Intervall $[x_T; b]$. Im Hoch- und Tiefpunkt ändert sich das **Steigungs**verhalten des Graphen von f.

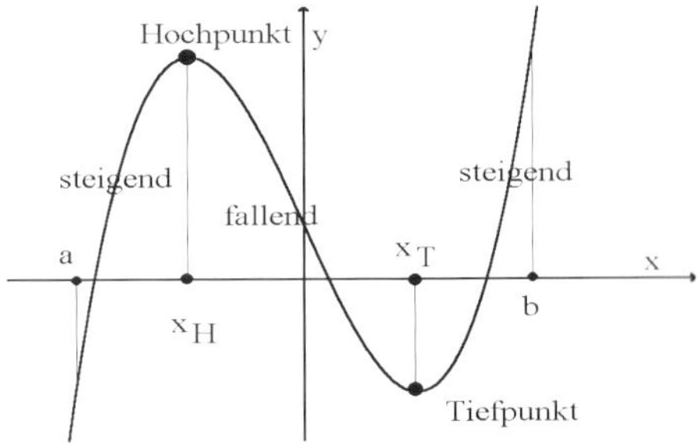

Die Begriffe „steigt" und „fällt" sind der Anschauung entnommen und bedürfen noch der Präzisierung. Man spricht in diesem Fall von steigender und fallender **Monotonie.** Da sich das monotone Verhalten eines Graphen von Intervall zu Intervall ändern kann, muss bekannt sein, in welchem Intervall er auf Monotonie betrachtet werden soll.

Die Untersuchung von monotonem Verhalten eines Graphen geschieht unter Zuhilfenahme eines einfachen Satzes, der am folgenden Beispiel erarbeitet wird.

Beispiel:

Gegeben ist die Funktion $f(x) = 2x^3 + 4x^2 - 8x$.

a) Berechnen Sie die lokalen Extremstellen und geben Sie Intervalle der Funktion f mit den Extremstellen als Intervallgrenzen an. Wählen Sie aus jedem der drei Intervalle einen beliebigen x-Wert und berechnen Sie den zughörigen Funktionswert der ersten Ableitung.

b) Zeichnen Sie die Graphen von f, f′ in ein Schaubild und vermuten Sie unter zur Hilfenahme der Feststellung von a), in welchem Intervall der Graph von f monoton steigt bzw. monoton fällt.

Lösung:

Aufgrund der obigen Ergebnisse zur Monotonie wird folgender Satz formuliert.

a) Es wird die 1. Ableitungsfunktion f′(x) gebildet, ihr Term gleich null (Steigung der Tangente ist null) gesetzt und die erhaltene Gleichung gelöst. Die Lösungen sind die lokalen Extremstellen x_1 und x_2.
Der Definitionsbereich der Funktion f wird in **drei** Intervalle I_1, I_2 und I_3 eingeteilt mit den lokalen Extremstellen als Intervallgrenzen.

$f'(x) = 6x^2 + 8x - 8$

$$0 = 6x^2 + 8x - 8 \Rightarrow 0 = x^2 + \frac{4}{3}x - \frac{4}{3}$$

Extremstellen: $x_1 = -2$, $x_2 = 0{,}67$

$\mathbf{I_1: x < -2;} \quad \mathbf{I_2: -2 < x < \frac{2}{3};} \quad \mathbf{I_3: x > \frac{2}{3}}$

Eine beliebig gewählte Zahl aus jedem Intervall wird in die erste Ableitungsfunktion eingesetzt und ihr Funktionswert berechnet.
Zu I_1: gewählt $x = -3$; $f'(-3) = 22$ $\mathbf{> 0}$
zu I_2: gewählt $x = 0$; $f'(0) = -8$ $\mathbf{< 0}$
zu I_3 : gewählt $x = 1$; $f'(1) = 6$ $\mathbf{> 0}$
<u>Ergebnis:</u>
In I_1 und I_3 steigt der Graph von f monoton, hier gilt $f' > 0$, in I_2 fällt der Graph von f monoton, hier gilt $f' < 0$.

$f'(x) = 6x^2 + 8x - 8$

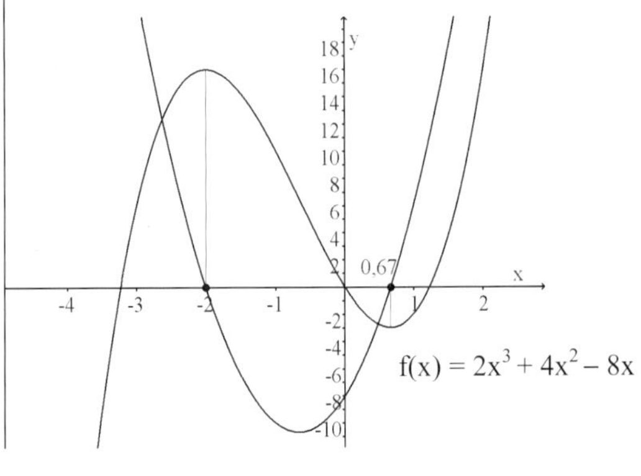

Aufgrund der obigen Ergebnisse zur Monotonie wird folgender Satz formuliert.

Merke

> Ist die Funktion f im Intervall [a; b] differenzierbar, dann gilt für alle $x \in [a, b]$:
> Wenn $\mathbf{f'(x) \geq 0}$, dann ist **f monoton steigend.**
> Wenn $\mathbf{f'(x) \leq 0}$, dann ist **f monoton fallend.**
> Wenn $\mathbf{f'(x) > 0}$, dann ist **f streng monoton steigend.**
> Wenn $\mathbf{f'(x) < 0}$, dann ist **f streng monoton fallend.**

Fehlt das Gleichheitszeichen (=), so spricht man von **streng** steigender bzw. **streng** fallender Monotonie. Wie mit dem obigen Satz umzugehen ist, zeigt das folgende Beispiel.

Beispiel:

Gegeben ist die Funktion $f(x) = x^3 - 0{,}5x^2 - 2x$.
Untersuchen Sie das Monotonieverhalten der Funktion f und zeichnen Sie die Graphen von f und f′.

Lösung:

Man ermittelt die Ableitungsfunktion f′ und berechnet die Nullstellen von f′ (in den Nullstellen von f kann sich das Vorzeichen ändern).

$$f'(x) = 3x^2 - x - 2$$
$$0 = 3x^2 - x - 2 \quad |:3$$
$$= x^2 - \frac{1}{3}x - \frac{2}{3} \quad | \text{ p-q-Formel ergibt:}$$
$$x_1 = -\mathbf{\frac{2}{3}} \quad \text{und} \quad x_2 = \mathbf{1}$$

Die beiden Nullstellen von f′ teilen die x-Achse in drei Intervalle I_1, I_2 und I_3.

$$\mathbf{I_1: x < -\frac{2}{3}; \quad I_2: -\frac{2}{3} < x < 1; \quad I_3: x > 1}$$

Aus jedem Intervall wird ein x-Wert beliebig ausgewählt und in den Term der ersten Ableitungsfunktion eingesetzt. Danach wird geprüft, ob f′ dort positiv oder negativ ist.

$\mathbf{I_1: x < -0{,}67}$ z. B. $x_1 = -1$; $f'(-1) = 2\ \mathbf{> 0}$
f ist **monoton steigend** im Intervall I_1

$\mathbf{I_2: -0{,}67 < x < 1}$ z. B. $x_2 = 0$; $f'(0) = -2\ \mathbf{< 0}$
f ist **monoton fallend** im Intervall I_2

$\mathbf{I_3: x > 1}$ z. B. $x_3 = 2$; $f'(2) = 8\ \mathbf{> 0}$
f ist **monoton steigend** im Intervall I_3

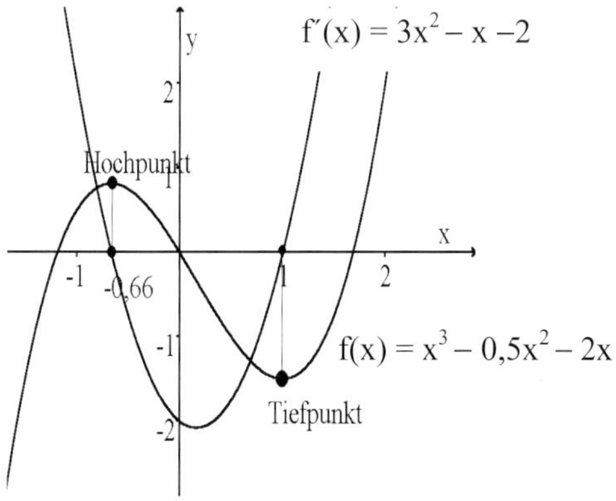

Auch bei Funktionen, die keine Extremstellen besitzen, stellt sich die Frage nach der Monotonie im Definitionsbereich der Funktion.

Beispiel:

Stellen Sie fest, dass die Funktion $f(x) = 2x^3 - 0{,}5x^2 + x - 2$ keinen Extremwert besitzt. Untersuchen Sie die Funktion f hinsichtlich ihres Monotonieverhaltens in ihrem Definitionsbereich. Skizzieren Sie die Graphen von f und f′.

Lösung:

Es wird die erste Ableitungsfunktion f′ gebildet und ihr Term gleich 0 gesetzt. Die dadurch entstehende Gleichung ist mit Hilfe der p-q-Formel zu lösen. Da der Term innerhalb der Wurzel (Diskriminante D) kleiner als null ist, gibt es keine Lösung, damit auch keine Nullstelle der ersten Ableitungsfunktion f′ und deshalb auch **keine Extrema** der Funktion f. Als Monotonieintervall gilt nur der Definitionsbereich ℝ.

$$f'(x) = 6x^2 - x + 1$$
$$0 = 6x^2 - x + 1 \quad |:6$$
$$0 = x^2 - \frac{1}{6}x + \frac{1}{6}$$
$$x_{1,2} = \frac{1}{12} \pm \sqrt{\left(\frac{1}{12}\right)^2 - \frac{1}{6}}$$
$$x_{1,2} = \frac{1}{12} \pm \sqrt{-\frac{23}{144}} \quad \text{keine Lösung !}$$

Da f′ für alle $x \in \mathbb{R}$ positiv ist, ist der Graph von f in seinem Definitionsbereich streng monoton steigend.

$f'(x) > 0$ für $x \in \mathbb{R}$.

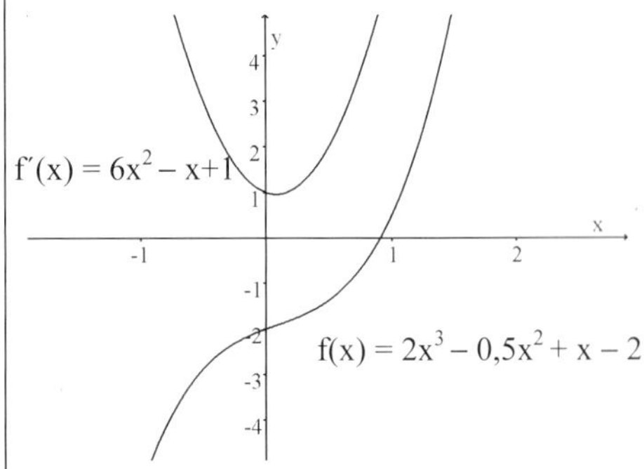

Übungen

1. Gegeben sind die Funktionen f und g mit den Gleichungen

$f(x) = \frac{1}{3}x^3 + \frac{1}{2}x^2 - 2x - 1$ und $h(x) = x^3 + \frac{5}{2}x - 4$.

a) Untersuchen Sie f und h auf ihr Monotonieverhalten in ihrem Definitionsbereich D = ℝ.
b) Skizzieren Sie die Graphen von f und h sowie f′ und h′ in ein Koordinatensystem.

2. In welchen Intervallen verlaufen die Funktionen mit den angegebenen Gleichungen monoton?

a) $f(x) = \frac{1}{6}x^3$ b) $f(x) = \frac{1}{3}x^4$ c) $f(x) = -\frac{1}{3}x^3 - x$ d) $f(x) = -\frac{1}{4}x^3 + \frac{1}{2}x^2$

3. Gegeben sind die folgenden Funktionen f mit $x \in \mathbb{R}$. In welchen Intervallen verlaufen die Graphen zu f monoton steigend bzw. monoton fallend? In welchen Punkten liegen die lokalen Extrema? Skizzieren Sie die Graphen zu f′.

a) $f(x) = 2x^3 - 6x$ b) $f(x) = -2x^4 + 2x^3$ c) $f(x) = 0{,}5x^3 - x^2 - 2x + 0{,}5$

Aufgaben 7.1

Extrema

1. Untersuchen Sie die Funktion f auf Extremstellen.

a) $f(x)=2x^2-4x$ b) $f(x)=x^3-4x^2$ c) $f(x)=2x^3-6x^2-1$

d) $f(x)=\frac{1}{3}x^3-3x^2-9x$ e) $f(x)=-2x^3+x^2+4x-4$ f) $f(x)=\frac{1}{2}x^4-6x^2+6$

2. Für die Graphen der folgende Funktionen sind Hoch- und Tiefpunkte (soweit vorhanden) zu ermitteln. Skizzieren Sie die Graphen von f und f'.

a) $f(x)=\frac{1}{2}x^2+3x-2$ b) $f(x)=3x^3-6x^2+x-4$ c) $f(x)=x^4-4x^2-5$

d) $f(x)=0{,}5x^3-3x$ e) $f(x)=-x^3+5x^2-15x+9$ f) $f(x)=2x^3-6x^2+4$

g) $f(x)=x^4-5x^2+4x$ h) $f(x)=-\frac{2}{3}x^3-x^2+10x-1$ i) $f(x)=x^5-6x^3-2x$

3. Untersuchen Sie die folgenden Funktionen auf Nullstellen und Extrema.

a) $f(x)=\frac{1}{6}x^3-\frac{1}{2}x^2-x$ b) $f(x)=\frac{1}{3}x^3-2x^2+3x$ c) $f(x)=x^3-6x^2+9x-2$

4. Zeigen Sie, dass die Graphen von $f(x)=x^3-x^2+4x$ und $f(x)=x^5+x$ keine Extrempunkte besitzen.

5. Welche Bedingung müssen a und b erfüllen, damit die Funktion $f(x)=ax^3+bx$ $(a \neq 0)$ zwei Extrema besitzt?

6. Eine ganzrationale Funktion dritten Grades hat höchstens zwei lokale Extrema und ein lokales Minimum. Finden Sie eine Begründung.

7. Es ist leicht einsehbar, dass bei der Herstellung von Erzeugnissen die Gesamtkosten mit zunehmender Produktionsmenge monoton steigen. Stellen Sie mit Hilfe einer Monotonieuntersuchung fest, welche der beiden Funktionen zur Darstellung der Abhängigkeit von Produktionsmenge x und zugehörigen Kosten K geeignet ist und welche nicht.

a) $K_1(x)=x^3-2x^2+6x+6$ b) $K_2(x)=x^3+2x^2-6x+6$

Monotonie

8. In welchen Intervallen sind folgende Funktionen monoton steigend bzw. monoton fallend? Geben Sie Hoch- und Tiefpunkte des Graphen von f an.

a) $f(x)=4x-x^2$ b) $f(x)=x^3-6x^2+10x-2$ c) $f(x)=x^4-2x^2+4$

d) $f(x)=-x^3+3x$ e) $f(x)=-x^2+3x^3-4x$ f) $f(x)=-x^5-x^3+x$

9. Gegeben sind die beiden Funktionen f und g. In welchen Intervallen haben beide Funktionen das gleiche Monotonieverhalten?

a) $f(x)=x^2-4x-1$ b) $f(x)=1-x^3$ c) $f(x)=-x^2+4x+2$

$g(x)=2x-2$ $g(x)=x^3-2x^2$ $g(x)=3x^2-3x^3$

10. Geben Sie das Monotonieverhalten der jeweiligen Funktion f an, wenn die Graphen der Ableitungsfunktionen f′ abgebildet sind.

a)

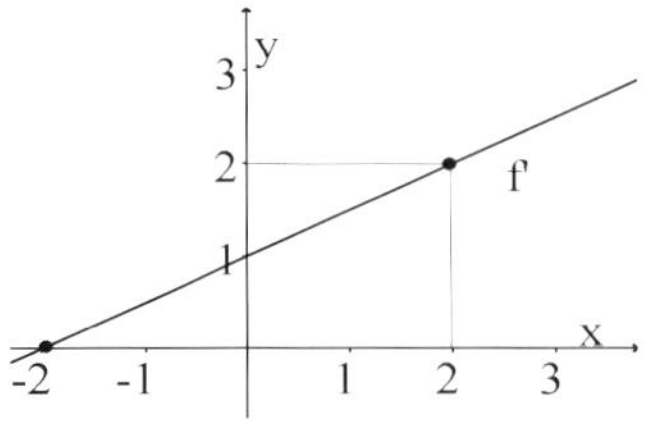

b)

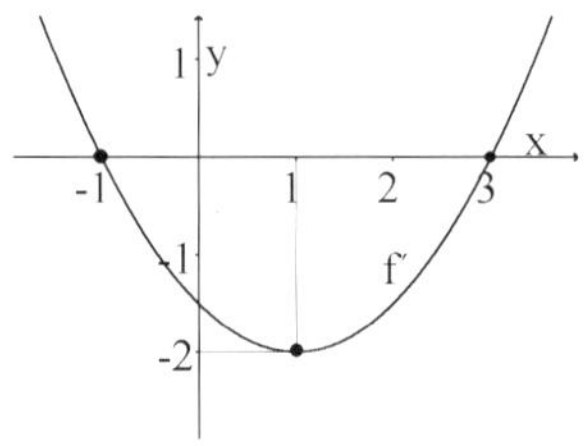

c)

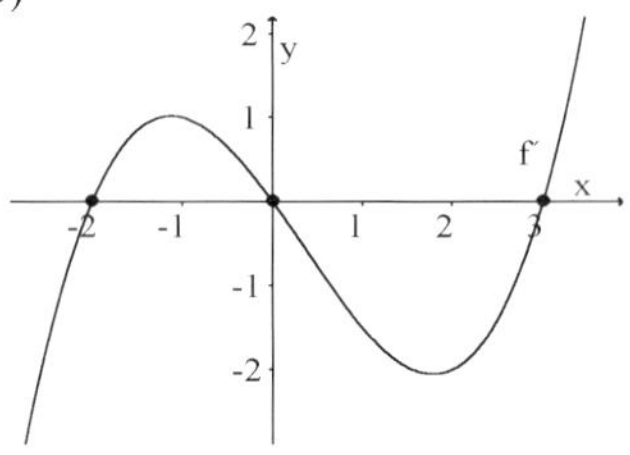

11. Für welche Werte von a_2 steigt die Gesamtkostenfunktion $K(x) = x^3 - a_2x^2 + 10x + a_0$ in $\mathbb{R}_+$ streng monoton?

7.2 Wendepunkte und Krümmung

Wendepunkte

Das Verkehrsschild zeigt zwei Kurven an. Betrachtet man beide Kurven in Fahrtrichtung, so ist die erste Kurve eine **Links**kurve. Man bezeichnet eine solche Kurve auch als **linksgekrümmte Kurve**. Die zweite Kurve ist eine **Rechts**kurve. Sie wird auch als **rechtsgekrümmte Kurve** bezeichnet.

Im Schaubild sind die Graphen von f, f′ und f′′ einer Funktion dritten Grades dargestellt.
Man erkennt, dass der Schnittpunkt des Graphen von f′′ mit der x-Achse (Nullstelle) und der x-Wert des Punktes P_W des Graphen von f identisch sind. In diesem Punkt P_W, auch als **Wendepunkt** bezeichnet, ändert sich offensichtlich das Krümmungsverhalten des Graphen von f. Man erkennt ferner, dass der Graph der ersten Ableitungsfunktion f′ dort einen Extremwert (Hochpunkt) hat.

Der Punkt des Graphen von f, in dem in diesem Fall die **Linkskrümmung** in eine **Rechtskrümmung** übergeht (auch Rechts- in Linkskrümmung möglich), bezeichnet man als **Wendepunkt.**

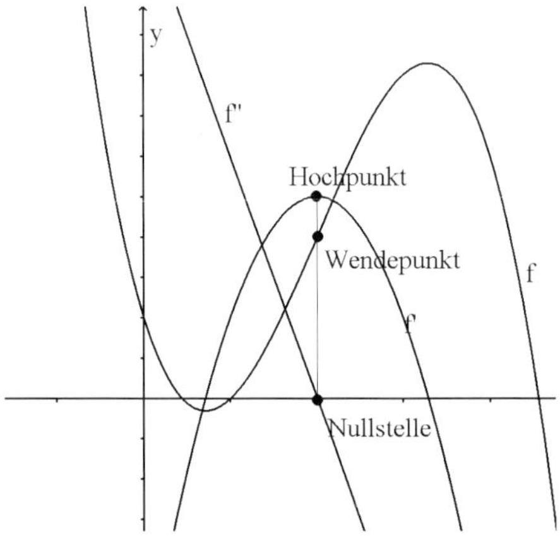

Merke

> Ist f eine zweimal differenzierbare Funktion, dann heißt die Stelle x_W **Wendestelle** von f, wenn f′′ bei x_W eine **Nullstelle** und f′ dort ein lokales **Extremum** hat.

Es stellt sich nun die Frage, wie man die Wendestellen berechnet. Dabei erweist sich der folgende Satz als nützlich:

Merke

Ist die Funktion f in der Umgebung von x_W dreimal differenzierbar und gilt:

$f''(x_W) = 0$ und **$f'''(w) \neq 0$,** dann hat **f** bei **x_W** eine **Wendestelle.**

In Analogie zur Extremwertbestimmung gilt:

$f''(x) = 0$ ist **notwendige** Bedingung,

$f''(x) = 0 \wedge f'''(x) \neq 0$ ist **hinreichende** Bedingung für das Vorliegen von Wendepunkten.

Die Anwendung des Satzes wird am folgenden Beispiel gezeigt.

Beispiel:

Untersuchen Sie $f(x) = x^3 - 3x$ auf Wendestellen. Berechnen Sie den Wendepunkt des Graphen von f und skizzieren Sie die Graphen von f, f′ und f′′.

Lösung:

Die drei Ableitungsfunktionen lauten:

$f'(x) = 3x^2 - 3$; $f''(x) = 6x$; $f'''(x) = 6$

Notwendige Bedingung: $f''(x) = 0$

$f''(x) = 6x$

$6x = 0 \Rightarrow x_W = 0$

Da f''' eine konstante Funktion ist, ist $f'''(0) = 6 \neq 0$. Damit ist die **hinreichende Bedingung** für das Vorliegen einer Wendestelle erfüllt.

f hat bei $x_W = 0$ eine Wendestelle.

Berechnung des zugehörigen Funktionswertes:

$f(0) = 0^3 - 3 \cdot 0 = 0$

Die Funktion f hat einen Wendepunkt in W(0|0).

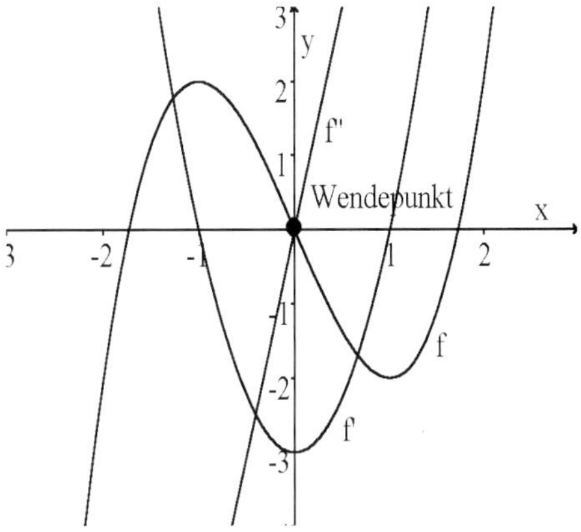

Nicht jede zweifach differenzierbare Funktion besitzt eine Wendestelle.

Beispiel:

Zeigen Sie, dass $f(x) = \frac{1}{4}x^4 - 2x$ keine Wendestellen hat.

Lösung :

Die **notwendige** Bedingung $f''(x_W) = 0$ des Satzes ist erfüllt, aber nicht die **hinreichende** Bedingung $f'''(x) \neq 0$; $x_W = 0$ ist <u>keine</u> Wendestelle von f.

$f'(x) = x^3 - 2$; $f''(x) = 3x^2$

$0 = 3x^2 \Rightarrow x_W = \underline{\underline{0}}$

$f'''(x) = 6x$; $f'''(0) = 0$

Übungen

1. Gegeben sind die Funktionen f mit den angegebenen Gleichungen. Untersuchen Sie die Funktionen auf Wendepunkte.

a) $f(x) = -\frac{1}{2}x^4 + 3x^2 - 2{,}5$ b) $f(x) = \frac{1}{8}x^3 - 3x$ c) $f(x) = -x^4 + 16x^2 + 5x$

d) $f(x) = x^5 - 2x^3 + 2x$ e) $f(x) = \frac{1}{2}x^3 - x^2 - 2x + 4$ f) $f(x) = x^3 - 3x - 4$

g) $f(x) = x^3 - 3x$ h) $f(x) = -3x^4 + 8x^3 - 6x^2$ i) $f(x) = x^3 - 3x^2 - x + 3$

2. Zeichnen Sie den Graphen der Funktion f mit der Gleichung $f(x) = \frac{1}{4}x^4 - 2x$ und bestätigen Sie so das Ergebnis des obigen Beispiels, dass f keine Wendepunkte besitzt.

3. Gegeben ist eine Schar von Kurven mit der Gleichung $f_k(x) = 2x^3 - 6x^2 + kx$ mit $k \in \mathbb{R}^*$. Zeigen Sie durch Rechnung, dass die Lage der Wendepunkte nicht von k abhängt.

Krümmung

Im Wendepunkt eines Graphen ändert sich sein Krümmungsverhalten, das heißt: Eine Rechtskrümmung geht in eine Linkskrümmung oder eine Linkskrümmung in eine Rechtskrümmung über. Dieser Zusammenhang soll zunächst anschaulich, dann formal beschrieben werden. Dabei ist ein Zusammenhang zwischen den Graphen von f und f′′ festzustellen.

Der Punkt $P(x_W|f(x_W))$ sei **Wendepunkt** des Graphen von f.

Graph von f:

Er durchläuft für alle $\mathbf{x < x_W}$ eine **Rechtskurve** und für alle $\mathbf{x > x_W}$ eine **Linkskurve.**

Graph von f′′:

Er hat in der Wendestelle x_W einen Schnittpunkt mit der x-Achse **(Nullstelle).**

Er verläuft für alle $\mathbf{x < x_W}$ im **negativen Bereich** ($f''(x) < 0$) und für alle $\mathbf{x > x_W}$ im **positiven Bereich** ($f''(x) > 0$).

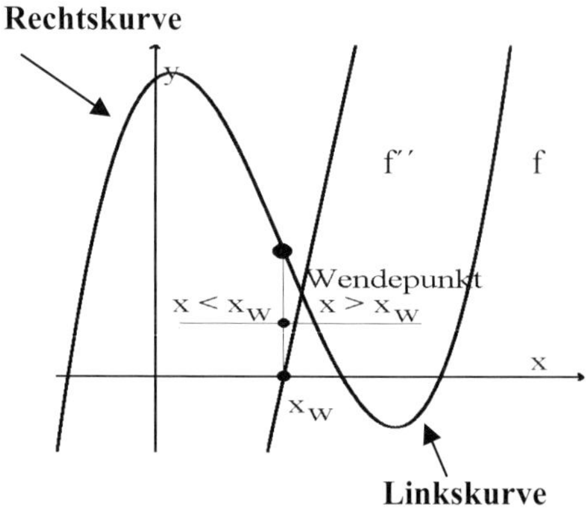

Es gilt folgender Satz:

Merke **(Krümmungskriterium)**

Für eine im Intervall [a; b] zweimal differenzierbare Funktion f gilt:
Ist $f''(x) < 0$, dann ist f rechtsgekrümmt.
Ist $f''(x) > 0$, dann ist f linksgekrümmt.

Am folgenden Beispiel wird gezeigt, wie der Satz angewendet werden kann.

Beispiel:

Gegeben ist die Funktion $f(x) = 0{,}5x^3 - 3x^2 + 4x + 2$.
a) Berechnen Sie die Wendestelle von f.
b) Untersuchen Sie die Art der Krümmung von f und stellen Sie die Graphen von f und f´´ dar.

Lösung:

a) Es wird die zweite Ableitungsfunktion f´´ermittelt und deren Nullstelle berechnet (notwendige Bedingung).
Die dritte Ableitungsfunktion liefert die Bestätigung, dass f eine Wendestelle bei x = 2 hat (hinreichende Bedingung).

$f'(x) = 1{,}5x^2 - 6x + 4$
$f''(x) = 3x - 6$
$0 = 3x - 6 \Rightarrow x_W = \underline{2}$
$f'''(x) = 3 \wedge f'''(2) = 3 \neq 0$

b) Die Wendestelle teilt die x-Achse in zwei Intervalle I_1 und I_2. Man wählt aus jedem Intervall einen x-Wert und setzt ihn in den Term der zweiten Ableitungsfunktion ein und prüft, ob dort f´´(x) positiv oder negativ ist.

I_1: $x < 2$, z. B. $x_1 = 0$; $f''(0) = -6$ **< 0**
$\Rightarrow$ f ist **rechtsgekrümmt** im Intervall I_1

I_2: $x > 2$, z. B. $x_2 = 3$; $f''(3) = 3$ **> 0**
$\Rightarrow$ f ist **linksgekrümmt** im Intervall I_2

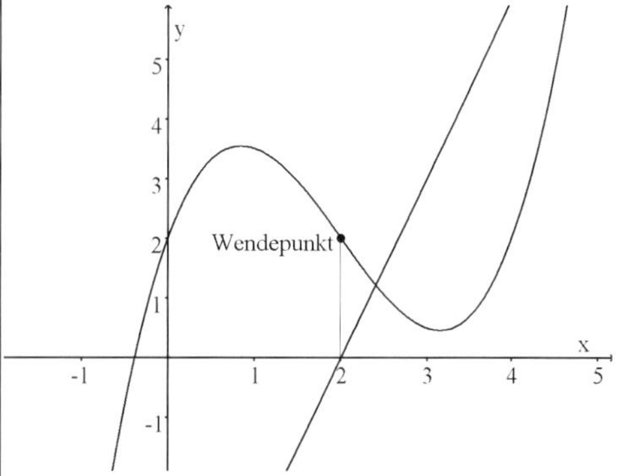

I_1: rechtsgekrümmt **I_2: linksgekrümmt**

Eine Sonderform von Wendepunkten tritt dann auf, wenn diese gleichzeitig eine waagerechte Tangente (Steigung 0) aufweisen.
Diese Punkte sind keine Hoch- oder Tiefpunkte, denn die Bedingung $f''(x_E) < 0$ oder $f''(x_E) > 0$ ist nicht erfüllt. Diese Punkte werden als Sattelpunkte bezeichnet.

Merke

Sattelpunkte sind Wendepunkte mit waagerechter Tangente.

Für Sattelpunkte gilt die hinreichende Bedingung

$f'(x) = 0$ und $f''(x) = 0$ und $f'''(x) \neq 0$.

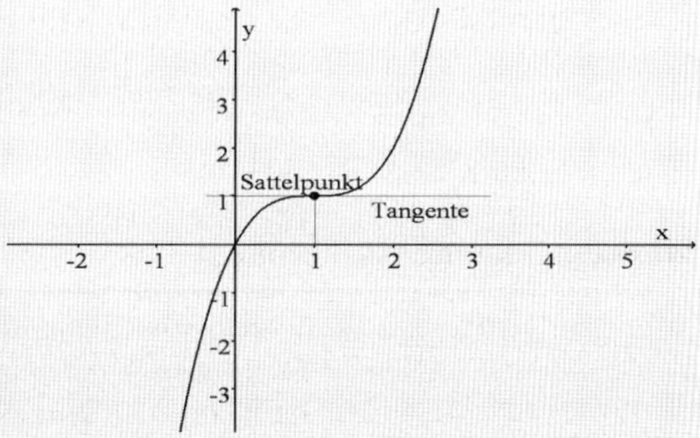

Beispiel:

Gegeben ist die Funktion $f(x) = 0{,}5x^4 - 2x^3$.

a) Berechnen Sie die Extremstellen von f und untersuchen Sie die Funktion auf Wendestellen.

b) Untersuchen Sie das Krümmungsart von f und skizzieren Sie die Graphen von f, f′ und f′′.

Lösung:

a) Man berechnet die Nullstellen der ersten Ableitungsfunktion und erhält $x_1 = 0$ und $x_2 = 3$. Mit Hilfe der 2. Ableitung wird deutlich, dass bei $x = 3$ die hinreichende Bedingung für ein Extremum (Minimum) erfüllt ist, während dies bei $x = 0$ nicht gegeben ist, da $f''(0) = 0$.

$f'(x) = 2x^3 - 6x^2$

$0 = 2x^3 - 6x^2 \Rightarrow 0 = x^2(2x - 6)$

$x_1 = 0; \quad x_2 = 3$

$f''(x) = 6x^2 - 12x$

$f''(3) = \mathbf{18 > 0}$ **Minimum**

$f''(0) = 0$ **kein Extremum**

Für die Wendestellen werden die Nullstellen der zweiten Ableitungsfunktion f′′ berechnet. Es sind $x_1 = 0$; $x_2 = 2$. Damit haben an der Stelle $x_1 = 0$ die erste und die zweite Ableitungsfunktion eine Nullstelle. Da gleichzeitig die dritte Ableitungsfunktion an dieser Stelle ungleich null ist, liegt bei $x_1 = 0$ eine Wendestelle vor und der Punkt P(0|0) ist ein Wendepunkt mit waagerechter Tangente, also ein **Sattelpunkt.**

$f''(x) = 0 \Rightarrow 6x^2 - 12x = 0$

$x(6x - 12) = 0 \quad \Rightarrow x = 0; \quad x = 2$

$f'''(x) = 12x - 12;$

$f'''(0) = -12 \neq 0$ **Sattelpunkt**

$f'''(2) = 12 \neq 0$ **Wendepunkt**

Wendestelle bei $x_1 = 0$

Punkt (0|0) ist ein Sattelpunkt.

Die Stelle x = 2 ist Wendestelle der Funktion f und der Punkt W(2|– 8) Wendepunkt.
W(0|0) ist ein Sattelpunkt.

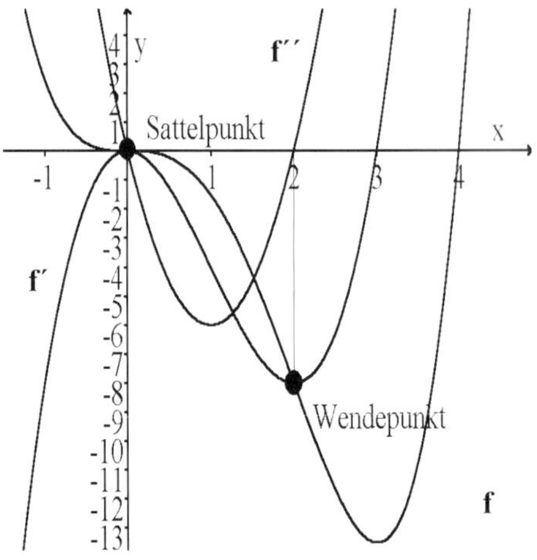

b) Der x-Wert des Sattelpunktes $x_S = 0$ und die Wendestelle $x_W = 2$ teilen die x-Achse in drei Intervalle I_1, I_2 und I_3.

Mit Hilfe eines beliebig gewählten Wertes aus jedem der drei Intervalle wird die Art der Krümmung bestimmt.

$\mathbf{I_1 : x < 0}$	z. B. $x_1 = -1$; $f''(-1) = 18$ f ist **linksgekrümmt**	$\mathbf{> 0}$
$\mathbf{I_2: 0 < x < 2}$	z. B. $x_2 = 1$; $f''(1) = -6$ f ist **rechtsgekrümmt**	$\mathbf{< 0}$
$\mathbf{I_3: x > 2}$	z. B. $x_3 = 3$; $f''(3) = 18$ f ist **linksgekrümmt**	$\mathbf{> 0}$

Übungen

Gegeben sind die drei Funktionen f, g und h mit

$f(x) = 2x^3 + 4x^2 - 10x - 1 \qquad g(x) = -x^3 + 2x^2 + 3x + 2 \qquad h(x) = x^4 + 0{,}5x^2.$

a) Bestimmen Sie, sofern vorhanden, die Wendepunkte der Graphen von f, g und h.

b) Untersuchen Sie die Krümmungsart der Funktionen f, g und h in ihrem Definitionsbereich und zeichnen Sie die Graphen der drei Funktionen und ihrer Ableitungsfunktionen.

Aufgaben 7.2

Wendepunkt und Krümmung

1. Leiten Sie die Funktionen zweimal ab und berechnen Sie, falls vorhanden, die Wendestellen folgender Funktionen f.

a) $f(x) = x^2 - 4x + 6$ b) $f(x) = x^3 - 5x^2$ c) $f(x) = x^3 - 4x^2 + 5x - 10$

d) $f(x) = x^4 - 3x^3 + x^2$ e) $f(x) = -3x^3 - x^4 + 3x + 1$ f) $f(x) = x^5 - x^3 - x$

g) $f(x) = x^3 - 3x^2$ h) $f(x) = \frac{1}{3}x^3 - 2x^2 + 5x + 12$ i) $f(x) = \frac{1}{4}x^3 - 2x^2 + 4x$

2. Untersuchen Sie die Graphen von f auf Wende- bzw. Sattelpunkte. Geben Sie die Bereiche (Intervalle) an, in denen die Graphen von f links- bzw. rechtsgekrümmt sind.

a) $f(x) = 2x^2 - 3x - 4$ b) $f(x) = x^3 - x^2$ c) $f(x) = 0{,}5x^3 - 6x^2 + 12x + 10$

d) $f(x) = -x^4 - 3x^3 - x$ e) $f(x) = x^5 - 5x$ f) $f(x) = x^4 - 2x^3$

3. Gegeben sind die Funktionen f.

a) $f(x) = 3x^3 - 5x + 2$ b) $f(x) = -x^3 + \frac{1}{2}x^2 + 2x + 4$ c) $f(x) = \frac{1}{4}x^4 + x^2$.

d) $f(x) = \frac{1}{12}x^4 + x + 10$ e) $f(x) = -\frac{1}{4}x^3 + 2x^2 - 3x + 1$ f) $f(x) = 0{,}3x^5 - x^3$

g) $f(x) = x^3 - 6x^2 + 9x - 2$ h) $f(x) = x^3 - 2x^2 + 2$ i) $f(x) = x^3 + 2x^2 + 2$

(1) Bestimmen Sie, sofern vorhanden, die Wendepunkte der Graphen von f.
(2) Untersuchen Sie die Krümmungsart der Funktionen f und zeichnen Sie die Graphen der Funktionen und ihre ersten beiden Ableitungsfunktionen.

4. Ermitteln Sie, soweit vorhanden, die Gleichungen der ersten drei Ableitungsfunktionen. Prüfen Sie dann, ob die Funktion f an den angegebenen Stellen ein Extremum, eine Wende- oder eine Sattelstelle hat.

a) $f(x) = -x^2 - x$; $x_1 = -0{,}5$ b) $f(x) = \frac{1}{3}x^4 - \frac{4}{3}x^3 + 3$; $x_1 = 0$; $x_2 = 2$

c) $f(x) = \frac{1}{4}x^3 + 1{,}5x^2 - 1$; $x_1 = -2$; $x_2 = -4$ d) $f(x) = \frac{2}{9}x^3 - \frac{4}{3}x^2 + \frac{8}{3}x - 5$; $x_1 = 2$;

5. Gegeben ist eine ganzrationale Funktion n-ten Grades. Wie groß muss n mindestens sein, damit die Funktion Wendestellen hat?

6. Gegeben ist die Funktionenschar f_t mit der Gleichung $f_t(x) = 2x^3 - 5x^2 + tx$ und $t \in \mathbb{R}$. Begründen Sie, dass die Kurven der Schar alle dieselben Wendestellen haben.

7.3 Kurvendiskussion

Mit der Kurvendiskussion, wie sie in diesem Kapitel durchgeführt wird, werden die oben genannten globalen und lokalen Eigenschaften einer Funktion f bzw. ihres Graphen untersucht: **Symmetrie, Verhalten für $x \to \infty$ bzw. $x \to -\infty$, Nullstellen, Extrem- und Wendepunkte.**
An einem Beispiel werden diese Eigenschaften noch einmal zusammenfassend dargestellt. Ein Kurzschema für die Kurvenuntersuchung befindet ich im Anhang (Seite 413).

Beispiel:

Gegeben ist die Funktion $\mathbf{f(x) = 0{,}5x^3 - x^2 - 4x}$. Führen Sie eine Kurvendiskussion durch.

Lösung:

1. Symmetrie
Der Funktionsterm $0{,}5x^3 - x^2 - 4x$ ist ganzrational. Bei der Variablen x treten gerade und ungerade Exponenten auf. Es liegt also **weder Achsen- noch Punktsymmetrie** vor.

2. Verhalten für $x \to \infty$ bzw. $x \to -\infty$
Der Term mit dem größten Exponenten von x dient zur Untersuchung der Näherung für große bzw. kleine x-Werte, da $a_3 = 0{,}5 > 0$, n ungerade gilt:
$x \to \infty \Rightarrow f(x) \to \infty; \quad x \to -\infty \Rightarrow f(x) \to -\infty$

3. Nullstellen
Bedingung: $f(x) = 0$:
$0 = 0{,}5x^3 - x^2 - 4x$
$0 = x(0{,}5x^2 - x - 4) \Rightarrow x_1 = \underline{0};$
$0 = 0{,}5x^2 - x - 4 \quad | \cdot 2$
$0 = x^2 - 2x - 8 \Rightarrow x_2 = 1 + \sqrt{1+8} = \underline{4}$
$x_3 = 1 - \sqrt{1+8} = \underline{-2}$
Es gibt Nullstellen in $N_1(0|0)$, $N_2(4|0$ und $N_3(-2|0)$.

4. Extrempunkte (Extrema)
Notwendige Bedingung: $f'(x) = 0$

$$f'(x) = \frac{3}{2}x^2 - 2x - 4 \Rightarrow 0 = x^2 - \frac{4}{3}x - \frac{8}{3}$$

$$x_4 = \frac{2}{3} + \sqrt{\left(\frac{2}{3}\right)^2 + \frac{8}{3}} \approx \underline{2{,}43}; \quad x_5 = \frac{2}{3} - \sqrt{\left(\frac{2}{3}\right)^2 + \frac{8}{3}} \approx \underline{-1{,}1}$$

Hinreichende Bedingung:
$f''(x) = 3x - 2;$
$f''(2{,}43) \approx 5{,}29 > 0 \Rightarrow$ Tiefpunkt
$f''(-1{,}1) \approx -5{,}3; \; -5{,}3 < 0 \Rightarrow$ Hochpunkt
Berechnung der zugehörigen y-Werte durch Einsetzen in die Funktionsgleichung zu f führt zu:
Tiefpunkt in $T(2{,}43|-8{,}45)$
Hochpunkt in $H(-1{,}1|2{,}52)$

5. Wendepunkt
Notwendige Bedingung: $f''(x) = 0$

$f''(x) = 3x - 2$

$0 = 3x - 2 \quad \Rightarrow x_6 \approx \underline{0{,}67}$

Hinreichende Bedingung durch Untersuchung an der 3. Ableitung:
$f'''(0{,}67) = 3 \neq 0$
$\Rightarrow$ Bedingung für Wendepunkt erfüllt.

Berechnung des zugehörigen y-Wertes durch Einsetzen in die Funktionsgleichung zu f führt zu:
Wendepunkt in $W(0{,}67|-2{,}96)$

6. Graph
Die charakteristischen Punkte aus 3. bis 5. sowie evtl. weitere Punkte werden eingezeichnet.

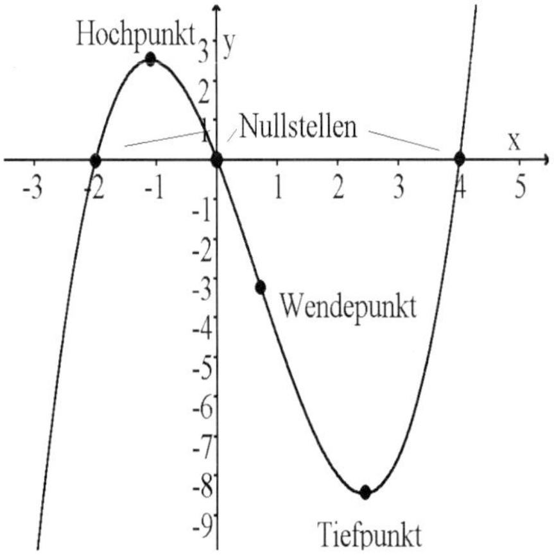

$f(x) = 0{,}5x^3 - x^2 - 4x$

Zum Zwecke der Vertiefung wird eine weitere Kurvendiskussion durchgeführt.

Beispiel:

Gegeben ist die Funktion $\mathbf{f(x) = 0{,}25x^4 - 2x^2 + 1{,}75}$. Führen Sie eine Kurvendiskussion nach dem vorstehend angegebenen Schema durch.

Lösung:

1. Symmetrie

Es liegt Symmetrie zur y-Achse (Achsensymmetrie) vor, da alle vorkommenden Exponenten von x gerade sind. Nachweis:

Bedingung: $f(x) = f(-x)$

$f(-x) = 0{,}25(-x)^4 - 2(-x)^2 + 1{,}75$

$= 0{,}25x^4 - 2x^2 + 1{,}75 = f(x)$, was zu zeigen war.

2. Verhalten für $x \to \infty$ bzw. $x \to -\infty$

Entscheidend ist der Term: $0{,}25x^4$.

Weil $0{,}25 > 0$, n gerade, gilt:

$x \to \infty \Rightarrow f(x) \to \infty$ **und** $x \to -\infty \Rightarrow f(x) \to \infty$

3. Nullstellen

Bedingung: $f(x) = 0$

$0{,}25x^4 - 2x^2 + 1{,}75 = 0$

Man setzt $x^2 = z$ und löst die Gleichung:

$0{,}25z^2 - 2z + 1{,}75 = 0 \quad |\cdot 4$

$z^2 - 8z + 7 = 0$

$z_1 = 4 + \sqrt{4^2 - 7} = 7; \quad z_2 = 4 - \sqrt{4^2 - 7} = 1$

Rücksetzung: $z = x^2$

$x^2 = 7$: $x_1 = \sqrt{7} \approx \underline{2{,}65}$; $\quad x_2 = -\sqrt{7} \approx \underline{-2{,}65}$;

$x^2 = 1$: $x_3 = \sqrt{1} = \underline{1}$; $\quad x_4 = -\sqrt{1} = \underline{-1}$

Es gibt 4 Nullstellen in

$\mathbf{N_1}(2{,}65|0)$, $\mathbf{N_2}(-2{,}65|0)$, $\mathbf{N_3}(1|0)$ und $\mathbf{N_4}(-1|0)$.

4. Extrema

Notwendige Bedingung: $f'(x) = 0$

$f'(x) = x^3 - 4x$; $\quad 0 = x(x^2 - 4) \Rightarrow x_5 = \underline{0}$;

$0 = x^2 - 4$; $4 = x^2 \Rightarrow x_6 = \underline{2}$; $x_7 = \underline{-2}$

Hinreichende Bedingung: $f''(x) \neq 0$

$f''(x) = 3x^2 - 4$

$f''(0) = -4 < 0$; Hochpunkt bei $x_5 = 0$

$f''(2) = 8 > 0$; Tiefpunkt bei $x_6 = 2$

$f''(-2) = 8 > 0$; Tiefpunkt bei $x_7 = -2$

Einsetzen in die Funktionsgleichung von f führt zu:

Hochpunkt in $H_1\,(0|1{,}75)$

Tiefpunkte in $T\,(2|-2{,}25)$ und in $T\,(-2|-2{,}25)$

5. Wendepunkte

Bedingung: $f''(x) = 0$

$f''(x) = 3x^2 - 4 \Rightarrow 0 = 3x^2 - 4$

$0 = x^2 - \frac{4}{3}$

$x_8 = +\sqrt{\frac{4}{3}} \approx 1{,}15$

$x_9 = -\sqrt{\frac{4}{3}} \approx -1{,}15$

Untersuchung an der 3. Ableitung f''':

$f'''(x) = 6x$;

$f'''(1{,}15) = 6{,}93 \neq 0$

$f'''(-1{,}15) = -6{,}93 \neq 0$

$\Rightarrow$ Bedingung für Wendepunkte erfüllt.

Berechnung der zugehörigen y-Werte durch Einsetzen in die Funktionsgleichung zu f führt zu:

Wendepunkte in $W(1{,}15\,|-0{,}47)$ und $W(-1{,}15|-0{,}47)$.

6. Graph

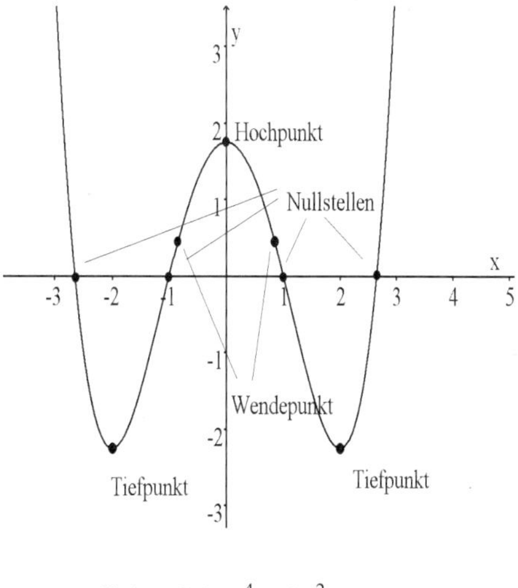

$f(x) = 0{,}25x^4 - 2x^2 + 1{,}75$

15 Haarmann, Thun ISBN 978-3-8120-0504-3

Merke

Die Kurvenuntersuchung **von ganzrationalen Funktionen** wird anhand folgender Untersuchungskriterien durchgeführt:

1. Verhalten für große Beträge von x (Unendlichkeitsverhalten)

2. Symmetrieverhalten (zum Ursprung, zur y-Achse)

3. Schnittpunkte mit den Achsen (Nullstellen, y-Achsenabschnitt)

4. Extrempunkte (Hoch- und Tiefpunkte)

5. Wendepunkt(e)

6. Graph der Funktion

Anmerkung: Die Definitionsmenge ganzrationaler Funktionen ist mit $D = \mathbb{R}$ uneingeschränkt gegeben und wird daher in dieser Funktionenklasse nicht gesondert untersucht.

Übung

Führen Sie eine Kurvenuntersuchung nach dem obigen Schema durch.

a) $f(x) = 0{,}5x^3 - 2x^2$ und b) $f(x) = x^3 - 3x^2 + 4$ c) $f(x) = -x^3 + 5x + 4$ und

d) $f(x) = 2x^4 - 6x^2$

Aufgaben 7.3

1. Diskutieren Sie die Funktionen f nach dem obigen Schema .

a) $f(x) = x^3 - 3x^2$ b) $f(x) = x^3 - 2x + 1$ c) $f(x) = x^3 - 4x^2 + 6x - 3$

d) $f(x) = x^3 - x^2 - x - 2$ e) $f(x) = x^4 - 4x^2$ f) $f(x) = 0{,}5x^4 - x^3 - 0{,}5x^2$

g) $f(x) = 0{,}5x^3 - 3x^2 + 5x - 2$ h) $f(x) = 0{,}5(x^2 - 4)(x + 2)$ i) $f(x) = -0{,}5x^4 + 3x^2 - 4$

2. Gegeben ist die Funktion $f(x) = x^4 - \frac{1}{3}x^3 - 2x^2$.

a) Untersuchen Sie den Graphen von f auf Symmetrie.
b) Untersuchen Sie das Unendlichkeitsverhalten von f.
c) Untersuchen Sie die Funktion auf Extrema und Wendestellen.
d) Skizzieren Sie den Graphen von f im Intervall [–2; 2].

3. Gegeben ist die Funktion $f(x) = x^3 - 3x^2$.
a) Untersuchen Sie den Graphen von f auf Symmetrie.
b) Berechnen Sie die Extrempunkte des Graphen.
c) Berechnen Sie den Wendepunkt und die Gleichung der Tangente durch W (Wendetangente).

4. Gegeben ist die Funktion $f(x) = x^3 - x$.
a) Untersuchen Sie die Funktion auf Nullstellen.
b) Bestimmen Sie die Extrema und geben Sie das Monotonieverhalten an.
c) Bestimmen Sie die Wendepunkte und geben Sie das Krümmungsverhalten an.
d) Wie lautet die Gleichung der Geraden, die durch den Wendepunkt geht?

5. Gegeben ist die Funktion $f(x) = \frac{1}{9}x^3 - 3x$.

a) Untersuchen Sie die Funktion auf Nullstellen, Extrema und Wendepunkte.
b) Wie lautet die Gleichung der Tangente durch den Punkt $P(3|f(3))$?
c) In welchen Punkten hat der Graph der Funktion die Steigung $m = 9$?

7.4 Bestimmung von Funktionsgleichungen aus vorgegebenen Eigenschaften

In der Kurvenuntersuchung werden – ausgehend von einer gegebenen Funktionsgleichung – die Graphen von Funktionen auf ganz bestimmte Eigenschaften hin untersucht. Umgekehrt ist es, wenn die Eigenschaften einer Funktion gegeben sind und ihre Funktionsgleichung bestimmt werden soll.
Solche Aufgaben sind in inner- und außermathematischen Fragestellungen, z. B. in Wirtschaft und Technik, dann gegeben, wenn eine Problemsituation (Realmodell) durch mathematische Bedingungen beschrieben werden kann, mit deren Hilfe eine passende Funktion zu bestimmen ist, die die gegebene Problemsituation hinreichend abbildet. Die Ermittlung solcher Funktionen geschieht anhand eines einfachen innermathematischen Beispiels.

Beispiel:

Der Graph auf einer für den Unterricht vorbereiteten Folie wird an einigen Stellen so stark verwischt, dass er nur noch teilweise zu erkennen ist. Leider ist auch vom Funktionsterm nur noch ein geringer Teil abzulesen. Es soll nun versucht werden, aus den „Resten" die zugehörige Funktionsgleichung f(x) zu ermitteln.

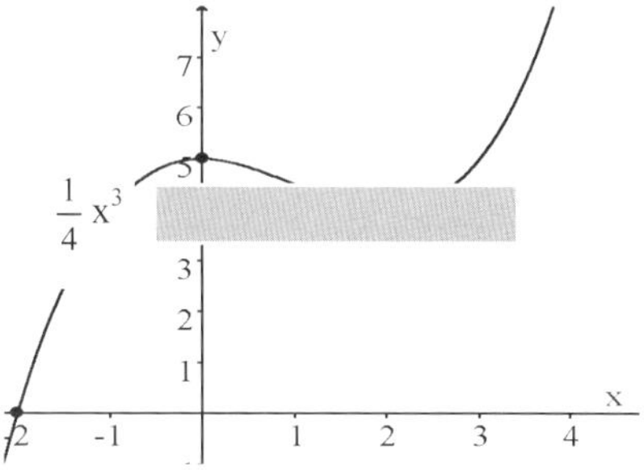

Lösung:

Zu erkennen ist:

1. Es ist der Graph einer ganzrationalen Funktion dritten Grades mit $a_3 = 0{,}25$.

I. $f(x) = \frac{1}{4}x^3 + a_2x^2 + a_1x + a_0$

2. Der Graph schneidet die y-Achse bei $y = 5$, d. h., $f(0) = 5$ ist somit das Absolutglied a_0 und kann unmittelbar angegeben werden.

II. $5 = \frac{1}{4}\,0 + a_2 \cdot 0 + a_1 \cdot 0 + a_0 \Rightarrow a_0 = \underline{5}$

3. Im Punkt $P(0|5)$ hat der Graph von f offensichtlich einen Hochpunkt. Mit Hilfe der ersten Ableitungsfunktion f' und der Bedingung $f'(x) = 0$ wird a_1 errechnet. Es ist $a_1 = 0$.

III. $f'(x) = \frac{3}{4}x^2 + 2a_2x + a_1$

$0 = 0 + 0 + a_1 \Rightarrow a_1 = \underline{0}$

4. Einen Schnittpunkt mit der x-Achse hat der Graph bei $x_1 = -2$. Mit Hilfe der Bedingung $f(-2) = 0$ wird der Wert für a_2 bestimmt, es ist $a_2 = -0{,}75$.

IV. $f(x) = \frac{1}{4}x^3 + a_2x^2 + 5$

$0 = \frac{1}{4}(-2)^3 + a_2(-2)^2 + 5$

$0 = -2 + 4a_2 + 5 \Rightarrow a_2 = -0{,}75$

Die gesuchte Funktion hat somit die Gleichung: $\mathbf{f(x) = 0{,}25\,x^3 - 0{,}75\,x^2 + 5}$

Die Konstruktion von Funktionen aus gegebenen Bedingungen besteht offensichtlich in der Bestimmung der Koeffizienten einer Funktionsgleichung.

Eine ganzrationale Funktion vom **Grad n** lautet allgemein:

$$\mathbf{f(x) = a_n x^n + a_{n-1} x^{n-1} + ... + a_1 x + a_0}$$

Die Funktionsgleichung enthält **n + 1 Koeffizienten:** $\mathbf{a_n; a_{n-1}; a_{n-2}; ... , a_1; a_0}$ als Unbekannte.

Eine ganzrationale Funktion z. B. **dritten Grades** lautet

$$\mathbf{f(x) = a_3 x^3 + a_2 x^2 + a_1 x + a_0}$$

und enthält folglich die **4 Koeffizienten:** $\mathbf{a_3; a_2; a_1}$ **und** $\mathbf{a_0}$ als Unbekannte.
Es ist zweckmäßig, bei der Ermittlung der unbekannten Koeffizienten eine bestimmte Schrittfolge einzuhalten, um sich so besser der jeweils vorliegenden Situation anpassen zu können.

Beispiel:

Zu bestimmen ist eine ganzrationale Funktion *dritten* Grades, deren Graph durch den Punkt $P(0|1)$ geht und dort eine waagerechte Tangente hat. Außerdem schneidet der Graph bei $x = 2$ die x-Achse und die gesuchte Funktion f hat an der Stelle $x = 1$ eine Wendestelle.

Lösung:

1. Schritt:
Aufstellen der Funktionsgleichung in allgemeiner Form, hier als Funktion 3. Grades. Außerdem werden vorsorglich die ersten beiden Ableitungen aufgeschrieben, die noch benötigt werden.

$f(x) = a_3x^3 + a_2x^2 + a_1x + a_0$

$f'(x) = 3a_3x^2 + 2a_2x + a_1$

$f''(x) = 6a_3x + 2a_2$

2. Schritt:
Übersetzen der im Text gegebenen Bedingungen am Graph in die Funktionsbedingungen. Da der Grad n der Funktion drei ist, sind vier Bedingungen aufzustellen.

1. Bedingung am Graph:
   Der Graph von f geht durch $P(0|1)$.
   Funktionsbedingung: $f(0) = 1$

2. Bedingung am Graph:
   Im Punkt $P(0|1)$ hat der Graph von f eine waagerechte Tangente.
   Funktionsbedingung: $f'(0) = 0$

3. Bedingung am Graph:
   An der Stelle $x = 2$ liegt eine Nullstelle vor.
   Funktionsbedingung: $f(2) = 0$.

4. Bedingung am Graph:
   An der Stelle $x = 1$ liegt eine Wendestelle vor.
   Funktionsbedingung: $f''(1) = 0$

3. Schritt:
Überführen der Funktionsbedingungen in Bedingungsgleichungen und Aufstellen eines linearen Gleichungssystems mit 4 Gleichungen.

$f(0) = 1$: I. $1 = a_3 \cdot 0 + a_2 \cdot 0 + a_1 \cdot 0 + a_0 \Rightarrow a_0 = 1$

$f'(0) = 0$: II. $0 = 3a_3 \cdot 0^2 + 2a_2 \cdot 0 + a_1 \Rightarrow a_1 = 0$

$f(2) = 0$: III. $0 = a_3\, 2^3 + a_2\, 2^2 + a_1 \cdot 2 + a_0$

$f''(1) = 0$: IV. $0 = 6a_3 \cdot 1 + 2a_2$

4. Schritt:
Zusammenfassen der verbleibenden Gleichungen Gleichungen III und IV zu einem Gleichungssystem und Bestimmen seiner Lösung.
Nach der Additionsmethode ergibt sich für $a_2 = -0{,}75$ und für $a_3 = 0{,}25$. Nach Einsetzen aller Werte a_0 bis a_3 in die allgemeine Funktionsgleichung erhält man:

$$\underline{f(x) = 0{,}25x^3 - 0{,}75x^2 + 1}$$

III. $8a_3 + 4a_2 + 1 = 0$

IV. $6a_3 + 2a_2 = 0 \quad | \cdot (-2)$

$$\begin{array}{rl} 8a_3 + 4a_2 + 1 = 0 & \text{III} \\ -12a_3 - 4a_2 \quad = 0 & \text{IV} \quad + \\ \hline -4a_3 \quad + 1 = 0 & \Rightarrow a_3 = 0{,}25;\ a_2 = -0{,}75 \end{array}$$

Übungen

1. Wie lautet die Gleichung einer Normalparabel, die
a) die y-Achse bei 5 schneidet und durch den Punkt P(2|5) verläuft,
b) die x-Achse an der Stelle $x = 2$ mit der Steigung $m = 5$ schneidet?

2. Wie lautet die Gleichung einer ganzrationalen Funktion 3. Grades, die
a) die x-Achse im Koordinatenursprung berührt und durch den Punkt P(1|3) mit der Steigung 3 läuft,
b) den Koordinatenursprung mit der Steigung – 8 schneidet, eine Nullstelle bei $x = 4$ und eine Wendestelle bei $x = \frac{2}{3}$ aufweist.

Merke

Für das Bestimmen von Funktionsgleichungen aus vorgegebenen Eigenschaften ist die folgende Schrittfolge zu beachten:

1. **Aufstellen der Funktionsgleichung** in allgemeiner Form mit ihren beiden Ableitungen.
2. Übertragen der in der Aufgabenstellung enthaltenen **Bedingungen am Graph** in die dafür erforderlichen **Funktionsbedingungen** unter Verwendung der Funktionen f, f′ und f″.
3. Überführen der Funktionsbedingungen in die **Bedingungsgleichungen.**
4. Zusammenfassen der Bedingungsgleichungen zu einem **linearen Gleichungssystem.**
5. **Lösen des Gleichungssystems** und damit Feststellen der gesuchten Konstanten.
6. Angabe der gesuchten Funktionsgleichung.

Anmerkung: Zur Sicherheit kann noch eine Probe durchgeführt werden, indem geprüft wird, ob die gegebenen Eigenschaften an der gefundenen Funktion tatsächlich gelten.

Aufgaben 7.4

1. Gegeben sind die folgenden Bedingungen am Graphen. Leiten Sie daraus die enthaltenen Funktionsbedingungen ab.
Der Graph der Funktion f
a) verläuft durch den Punkt $P(2|5)$,
b) hat an der Stelle $x = 3$ die Steigung -1,
c) hat im Punkt $T(2|-1)$ einen Tiefpunkt,
d) hat eine Tangente durch $P(3|5)$, die parallel zur Ursprungsgeraden $g(x) = 2x$ verläuft,
e) hat dieselben Nullstellen wie die Parabel mit der Gleichung $f(x) = x^2 + x - 6$.

2. Der Graph einer ganzrationalen Funktion 2. Grades geht durch den Punkt $P(0|3)$ und hat im Punkt $P_T(3|-6)$ einen Tiefpunkt. Wie lautet die Funktionsgleichung?

3. Bestimmen Sie die Gleichung einer ganzrationale Funktion 2. Grades, die an der Stelle $x = 1$ ein Extremum aufweist und Achsenschnittpunkte in $P(0|-3)$ und $Q(5|0)$ besitzt.

4. Gesucht ist der Funktionsterm einer ganzrationalen Funktion 3. Grades, die durch den Koordinatenursprung geht und dort die Steigung $m = 2$ hat. Im Punkt $P(-2|-4)$ liegt ein Extremum vor.

5. Die Gleichung einer ganzrationalen Funktion 4. Grades hat die Form $f(x) = ax^4 - bx^2$. Ihr Graph schneidet die x-Achse an der Stelle $x = 2$ mit der Steigung -8. Wie sind a und b zu wählen, damit die Bedingungen erfüllt werden?

6. Die Gleichung einer ganzrationalen Funktion 3. Grades hat die Form $f(x) = x^3 - 3x^2 + cx + d$. Ihr Graph hat eine waagerechte Tangente bei $x = 1$ und schneidet die y-Achse bei $y = 4$.
Wie lautet die Funktionsgleichung?

7. Ermitteln Sie die ganzrationale Funktion 3. Grades, deren Graph durch die Punkte $P_1(0|4)$ und $P_2(1|6)$ geht. Der Punkt P_2 ist Wendepunkt des Graphen von f. Die Steigung im Wendepunkt des Graphen ist -3.

8. Von Graph bzw. Funktion 3. Grades ist bekannt:
1. Schnittpunkt mit der y-Achse bei $y = 1$,
2. Hochpunkt $H(1|6)$,
3. Wendestelle der Funktion bei $x = 2$. Wie lautet der Funktionsterm?

9. Wie lautet die Gleichung der Funktion f 4. Grades, die an der Stelle $x = 0$ die x-Achse berührt und imPunkt $P_S(-2|2)$ einen Wendepunkt mit waagerechter Tangente hat?

10. Der Graph einer zur y-Achse symmetrischen Funktion 4. Grades hat im Punkt $P(0|2)$ ein Maximum und berührt die Parabel mit der Gleichung $g(x) = x^2 - 4x - 2$ in deren Scheitelpunkt. Berechnen Sie den Scheitelpunkt von g und bestimmen Sie den Funktionsterm von f.

11. Wie lautet die Funktionsgleichung einer Funktion 4. Grades, wenn erstens Sattelpunkt des Graphen in $P(0|9)$ und zweitens Nullstelle und Extremstelle bei $x_1 = 3$ gilt?

12. Zu bestimmen ist eine ganzrationale Funktion 3. Grades, die punktsymmetrisch zum Ursprung ist. Im Punkt P(1 | 2) hat ihr Graph ein Maximum.

13. Über den Graphen einer ganzrationalen Funktion 3. Grades ist bekannt: Wendepunkt in W(1 | 6); die Wendetangente hat die Steigung – 7; Steigung an der Stelle x = 2 ist – 4.
Die Funktionsgleichung zu f ist gesucht.

14. Eine Funktion vierten Grades hat die erste Ableitungsfunktion $f'(x) = 4x^3 - 6x + \frac{5}{3}$. Ihr Graph geht durch den Punkt P(1 | 2) und Q(–2 | 3). Wie lautet die Funktionsgleichung?

7.5 Anwendungen ganzrationaler Funktionen

In der angewandten Mathematik gibt es zahlreiche Beispiele, in denen die bisher behandelten Begriffe wie Nullstellen, Extrema, Monotonie, Wendepunkte und Krümmung bei Funktionen und deren Graphen von besonderer Wichtigkeit sind. Zwei Anwendungen aus der Kostentheorie und aus Wachstumsvorgängen in der Natur sollen hier dargestellt werden.

1. Kostenfunktionen

Begriffe der Kostentheorie

In den vorausgegangenen Kapiteln wurden bereits verschiedene Kostenfunktionen bei der Behandlung des Marktmodells vorgestellt. Hierbei ging es insbesondere um den Zusammenhang zwischen einer gegebenen Erlösfunktion eines Unternehmens und der daraus resultierenden Gewinnsituation.

In diesem Abschnitt werden Kostenverläufe behandelt, die als ganzrationale Funktionen dritter Ordnung einen „s-förmigen“ Verlauf aufweisen und deshalb in der Wirtschaftstheorie von besonderem Interesse sind.

Insbesondere werden dabei aus der Kostenfunktion abgeleitete neue Funktionen vorkommen, die im Folgenden begrifflich geklärt werden.

Funktion	Erläuterung	Bezeichnung
Gesamtkostenfunktion	Sie gibt den Zusammenhang zwischen der Produktionsmenge x und den daraus entstehenden Gesamtkosten K an.	**K(x)**
Fixkosten	sind die unabhängig von der Produktionsmenge anfallenden Kosten (= Absolutglied von K(x)).	$\mathbf{K_f}$
Variable Gesamtkosten	sind die von der Produktionsmenge abhängigen Kosten (= alle x-Glieder von K(x)).	$\mathbf{K_v(x)}$
Stück-/Durchschnittskosten	sind die Gesamtkosten je Stück.	$\mathbf{k(x) = \frac{K(x)}{x}}$
Variable Stück-/Durchschnittskosten	sind die variablen Kosten je Produktionseinheit.	$\mathbf{k_v = \frac{Kv(x)}{x}}$
Grenzkosten	sind die Kosten, die bei Ausweitung der Produktionsmenge um eine sehr kleine Einheit zusätzlich anfallen.	**K′(x)**

S-förmige Kostenverläufe

Beispiel:

Ein Betrieb legt eine Kostenfunktion mit der Gleichung $K(x) = x^3 - 6x^2 + 15x + 32$ zugrunde.

a) Bestimmen Sie die Gleichung der Grenzkostenfunktion.

b) Stellen Sie K und K´ in einem Schaubild dar.

c) Analysieren Sie den Zusammenhang zwischen der Kostenfunktion K und der Grenzkostenfunktion K´.

d) Stellen Sie auch den Zusammenhang zwischen der Kostenfunktion, der Stückkostenfunktion und der variablen Stückkostenfunktion her (Schaubild), indem Sie das Betriebsoptimum und das Betriebsminimum bestimmen.

Lösung:

a) Die Grenzkostenfunktion erhält man durch Ableiten der Kostenfunktion K.

$K(x) = x^3 - 6x^2 + 15x + 32$

$K'(x) = 3x^2 - 12x + 15$

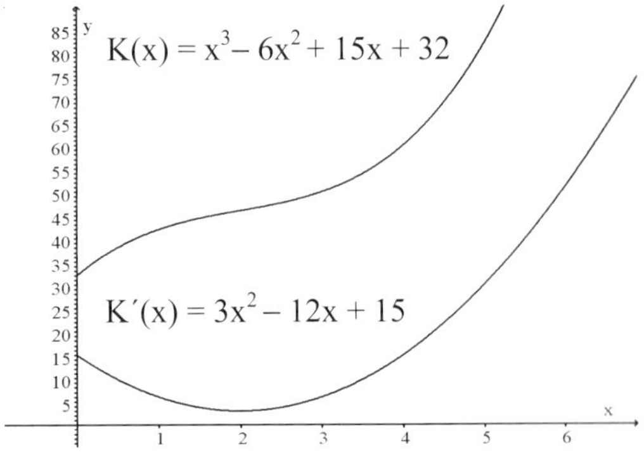

c) Die Kostenfunktion steigt monoton, weil mit zunehmender Ausbringung auch die Kosten steigen müssen, es gilt **K´(x) > 0** für alle x.
Allerdings steigen die Kosten nicht gleichmäßig zur Ausbringungsmenge (linear), sondern zunächst **unterlinear** (Rechtskrümmung), was durch **K´´(x) < 0** nachgewiesen werden kann. Nach der Wendestelle bei **x = 2** steigen die Kosten **überlinear** (Linkskrümmung) mit **K´´ (x) > 0.**
Die Grenzkosten sind am geringsten an der Wendestelle **(K´´(x) = 0),** hier ist die Steigung der Kostenfunktion K am geringsten.

$K'(x) = 3x^2 - 12x + 15$

$3x^2 - 12x + 15 > 0$

$K''(x) = 6x - 12$

$K''(x) < 0$, wenn $6x - 12 < 0 \Rightarrow \mathbf{x < 2}$

$K''(x) = 0$, wenn $6x - 12 = 0 \Rightarrow \mathbf{x = 2}$

$K''(x) > 0$, wenn $6x - 12 > 0 \Rightarrow \mathbf{x > 2}$

$\mathbf{K''(x)} = 6x - 12$

$6x - 12 = 0 \Rightarrow \mathbf{x = 2}$

d) Die Stückkosten **k** erhält man, indem man die Gesamtkosten K durch die Ausbringungsmenge dividiert.
Die variablen Stückkosten $\mathbf{k_v}$ ergeben sich aus den variablen Gesamtkosten (Gesamtkosten ohne Fixkosten), dividiert durch die Ausbringungsmenge x.

$$\mathbf{k(x)} = \frac{K(x)}{x} = \frac{x^3 - 6x^2 + 15x + 32}{x}$$

$$= x^2 - 6x + 15 + \frac{32}{x}$$

$K_v(x) = x^3 - 6x^2 + 15x$

$$\mathbf{k_v(x)} = \frac{K_v(x)}{x} = x^2 - 6x + 15$$

Das Minimum der Durchschnittskosten liegt an der Stelle x, wo eine Ursprungsgerade die Kostenkurve eben noch berührt, hier an der Stelle **x = 4.** Diese Stelle heißt **Betriebsoptimum,** der zugehörige y-Wert **15** ist die **langfristige Preisuntergrenze,** weil zu diesem Preis die Stückkosten gerade noch gedeckt sind.

$k(x) = x^2 - 6x + 15 + \frac{32}{x}$

$k'(x) = 2x - 6 - \frac{32}{x^2}$

$2x - 6 - \frac{32}{x^2} = 0 \quad | \cdot x^2$

$2x^3 - 6x^2 - 32 = 0 \Rightarrow x = \underline{4}$ (Probieren)

Das Minimum der variablen Durchschnittskosten heißt **Betriebsminimum,** der zugehörige y-Wert **6** ist die **kurzfristige Preisuntergrenze,** weil zu diesem Preis nur noch die variablen Stückkosten gerade noch gedeckt sind. Fällt der Preis unter diesen Wert, lohnt sich die Produktion nicht mehr und müsste eingestellt werden.

$k(4) = \mathbf{15}$ (langfristige Preisuntergrenze)

$k_v(x) = x^2 - 6x + 15$

$k_v'(x) = 2x - 6$

$2x - 6 = 0 \quad \Leftrightarrow \quad \mathbf{x = 3}$

$k_v(3) = \mathbf{6}$ (kurzfristige Preisuntergrenze)

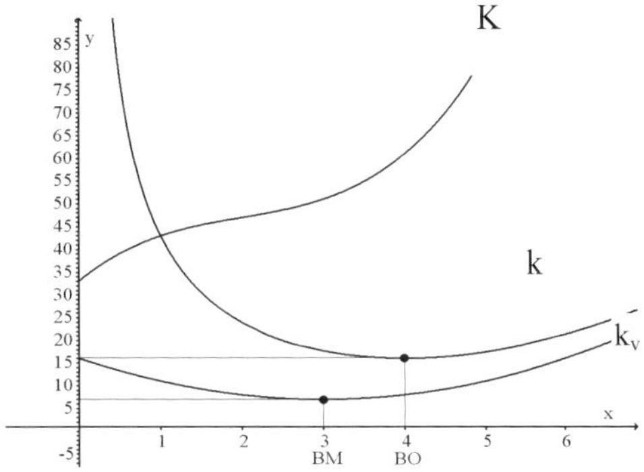

Gewinnbetrachtungen

Für den Unternehmer ist es wichtig zu wissen, für welche Produktionsmengen er bei gegebenem Marktpreis und vorgegebener Kostenfunktion einen Gewinn erzielen kann und bei welcher Menge dieser Gewinn maximal wird.

Beispiel:

Ein Betrieb stellt ein Produkt her und erzielt dabei am Markt einen Preis von p = 8 GE, wobei eine Kostenfunktion mit der Gleichung $K(x) = 0{,}5x^3 - 2x^2 + 5x + 10$ unterstellt wird.

a) Stellen Sie die Gewinnfunktion auf und berechnen Sie die Gewinnschwelle und -grenze.

b) Bei welcher Produktionsmenge wird der Gewinn am größten? Wie hoch ist er dann?

c) Stellen Sie die Situation grafisch dar.

Lösung:

a) Der Erlös ist das Produkt aus Preis und Menge. Der Gewinn ergibt sich aus der Differenz zwischen Erlös und Kosten.

$E(x) = 8x$

$\mathbf{G(x) = E(x) - K(x)}$

$G(x) = 8x - (0{,}5x^3 - 2x^2 + 5x + 10)$

$\quad = -0{,}5x^3 + 2x^2 + 3x - 10$

Gewinnschwelle und Gewinngrenze erhält man aus den Nullstellen von G. Die erste Nullstelle wird durch Einsetzen ermittelt. Die übrigen Nullstellen erhält man nach Polynomdivision durch Nullsetzen des erhaltenen Quadratterms und Anwendung der p-q-Formel.
Die Gewinnschwelle liegt bei x = 2 ME und die Gewinngrenze bei x = 4,32 ME.

G(x) = 0

$0 = -0{,}5x^3 + 2x^2 + 3x - 10 \quad | \cdot (-2)$

$0 = x^3 - 4x^2 - 6x + 20 \quad |$ durch Probieren:

$x_1 = \underline{2}$

Polynomdivision ergibt:

$(x^3 - 4x^2 - 6x + 20) : (x - 2) = x^2 - 2x - 10$

$x^2 - 2x - 10 = 0$

$x_2 \approx \underline{4{,}32}$ und $x_3 \approx -2{,}32 \notin D_K$

b) Bestimmung des Gewinnmaximums mit Hilfe der hinreichenden Bedingung ergibt: Es liegt ein Gewinnmaximum vor bei einer Produktionsmenge von 3,28 ME. Der höchstmögliche Gewinn wird durch Einsetzen des Wertes in die Gewinngleichung berechnet und beträgt 22,5 GE.

hinr. Bedingung für ein Gewinnmaximum:

$\mathbf{G'(x) = 0 \wedge G''(x) < 0}$

$G'(x) = -1{,}5x^2 + 4x + 3$

$G''(x) = -3x + 4$

Aus $G'(x) = 0$ folgt: $-1{,}5x^2 + 4x + 3 = 0$

nach p-q-Formel: $x_1 \approx \underline{3{,}28}$ $x_2 \approx \underline{-0{,}61}$

c) Die grafische Darstellung gibt mit ihren Nullstellen der Gewinnfunktion bzw. den Schnittpunkten der Kosten- mit der Erlösfunktion die Gewinnschwelle und -grenze an. Der Hochpunkt stellt das Gewinnmaximum dar.

Überprüfung an $G''(x)$:

$G''(3{,}28) = -3 \cdot 3{,}28 + 4 = -5{,}84 < 0$

Berechnung des zugehörigen Gewinns:

$G(3{,}28) = \underline{3{,}71 \text{ GE}}$

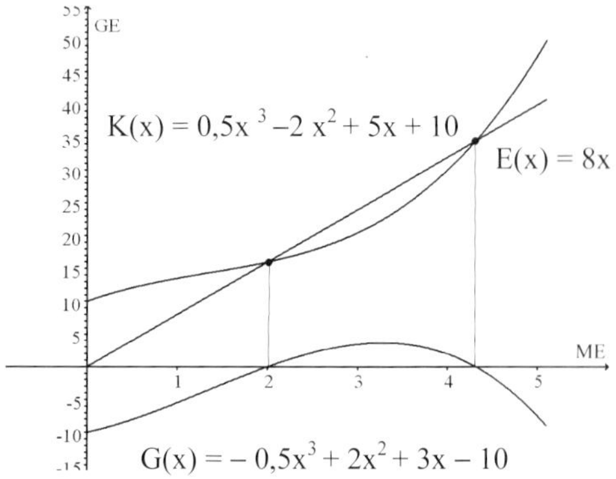

Übungen

1. Untersuchen Sie die Kosten- und Gewinnsituation, wenn Folgendes bekannt ist: $D_{ök} = [0; 8]$
$K(x) = 2x^3 - 15x^2 + 48x + 20$; $E(x) = 36x$. Bestimmen Sie im Einzelnen:

a) Gewinnfunktion sowie Gewinnschwelle und Gewinngrenze und den maximalen Gewinn,

b) die Gleichung der variablen Stückkostenfunktion und der Grenzkostenfunktion. Berechnen Sie das Minimum der variablen Stückkosten und das Minimum der Grenzkosten.

c) Skizzieren Sie die Graphen von G, k , k_V und k´sowie von E und K.

2. Gegeben ist die Kostenfunktion mit der Gleichung $K(x) = x^3 - 6x^2 + 13x + 20$ und die Erlösfunktion mit $E(x) = 15x$.

a) Bestimmen Sie die Gewinnschwelle, die Gewinngrenze und den maximalen Gewinn.

b) Aufgrund von Überproduktion sinkt der Preis auf 8,00 GE pro Stück. Untersuchen Sie unter diesen Bedingungen $G'(x) = 0$ und begründen Sie, warum unter diesen Bedingungen eine verlustfreie Produktion nicht möglich ist.

c) Wie lautet die Grenzkostenfunktion und bei welcher Menge liegt das Minimum der Grenzkosten?

2. Zunahme- und Abnahmevorgänge in Natur und Gesundheit

Vergleichbar der Anwendung der Mathematik bei der Erfassung wirtschaftlicher Zusammenhänge können auch Vorgänge aus den Bereichen Natur, Technik und Gesundheit durch ganzrationale Funktionen dargestellt werden. Dabei benutzt man die ganzrationalen Funktionen als mathematisches Modell, um mit ihrer Hilfe und bei Vernachlässigung unwesentlicher Einzelheiten in der Realität Probleme zu lösen.

Beispiel:

Wird einem Patient eine bestimmte Dosis eines Medikamentes verabreicht, so nimmt die Konzentration des Wirkstoffes im Blut (mg/l) zunächst zu, erreicht ihr Maximum und nimmt dann ab. Aus diesen Messergebnissen werden Rückschlüsse auf Dosierung und Dosierungsintervalle gezogen.

In der Tabelle sind die zeitlichen Veränderungen nach 1; 3; 5; 10 und 12 Stunden im Blut festgehalten.

t in Std.	0	1	3	5	10	12
durchschnittliche Konzentration in mg/l	0	0,59	2,13	3,75	5	3,12

a) Ermitteln Sie die ganzrationale Funktion dritten Grades, die den Zusammenhang beschreibt und skizzieren Sie den Graphen.
b) Zu welchem Zeitpunkt liegt die höchste Konzentration vor?
c) Nach welcher Zeit tritt beim Zuwachs der Konzentration eine Trendwende ein?
d) Wie viel Stunden vergehen, bis nur noch 10 % der Höchstkonzentration im Blut sind?

Lösung:

a) Man notiert die allgemeine Form einer ganzrationalen Funktion dritten Grades. Die Koeffizienten a_3; a_2; a_1 und a_0 sind gesucht. Da zum Zeitpunkt t = 0 noch keine Konzentration vorliegt, ist $a_0 = 0$.
Zur Bestimmung der Koeffizienten a_3; a_2 und a_1 stellt man ein lineares Gleichungssystem, bestehend aus drei Gleichungen, auf und löst es z. B. mit Hilfe des GTR oder mit einer der behandelten Lösungsmethoden. (Es können auch andere Zahlenpaare aus der Tabelle berücksichtigt werden.)
Der GTR ermittelt:
$a_3 = 0{,}01$; $a_2 = 0{,}05$ und $a_1 = 0{,}5$.
$\underline{f(t) = -0{,}01t^3 + 0{,}1t^2 + 0{,}5t}$

$f(t) = a_0t^3 + a_2t^2 + a_1t + a_0$
$f(0) = 0 \quad + 0 \quad + 0 \; + a_0 \Rightarrow a_0 = 0$ für $t = 0$

I. $0{,}59 = a_3 1^3 + a_2 1^2 + a_1 1$
II. $2{,}13 = a_3 3^3 + a_2 3^2 + a_1 3$
III. $5 = a_3 10^3 + a_2 10^2 + a_1 10$

I. $0{,}59 = a_3 + a_2 + a_1$
II. $2{,}13 = 27a_3 + 9a_2 + 3a_1$
III. $5 = 1000a_3 + 100a_2 + 10a_1$

b) Man ermittelt die erste Ableitung und berechnet den Hochpunkt :
Nach ca. 8 Std. und 36 Min. liegt die höchste Konzentration des Wirkstoffes im Blut vor.

$f'(t) = 0 = -0{,}03t^2 + 0{,}2t + 0{,}5$
$0 = t^2 - 6{,}67t - 16{,}67$
$\Rightarrow t = 8{,}6$ Std.
$P_H(8{,}6 \mid 5{,}33)$

c) Eine Verlangsamung des Anstieges der Konzentration tritt im Wendepunkt (Trendwende) ein. Man ermittelt zu seiner Berechnung zuerst die zweite Ableitungsfunktion.

$f''(t) = 0 = -0{,}06t + 0{,}2 \Rightarrow t = 3{,}33$ Std.

$P_W(3{,}33 \mid 2{,}40)$

Nach ca. 3 Std und 20 Min. verlangsamt sich die die Zunahme der Konzentration im Blut.

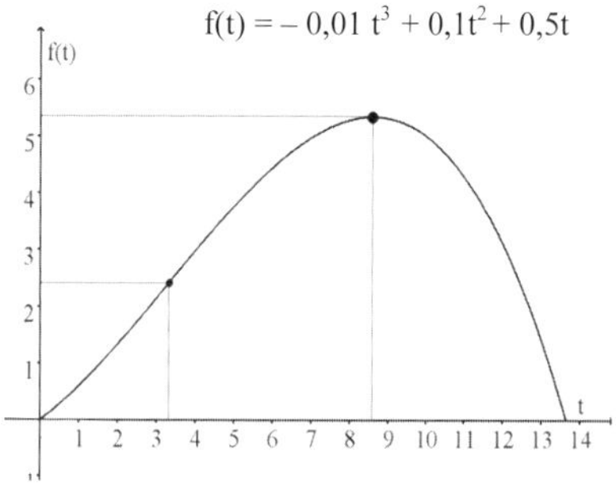

d) 10 % von der Höchstkonzentration von 5,33mg/l im Blut sind 0,533mg/l. Man stellt die Gleichung mit der Konzentrationsfunktion f auf und löst diese mit dem GTR. Evtl. genügt es schon, zum gegebenen f(t)-Wert von 5,33 den zugehörigen t-Wert dem Graphen zu entnehmen. Es wird aber empfohlen, die Gleichung zu lösen.

Nach ca. 13 Std. und 40 Min. liegt nur noch 10 % der Höchstkonzentration vor.

(Dies kann eine wichtige Information für Arzt und Patient sein.)

$$0{,}533 = -0{,}01t^3 + 0{,}1t^2 + 0{,}5t$$
$$0 = t^3 - 10t^2 - 50t + 53{,}3$$
$$\Rightarrow t = 13{,}43$$

Übung

In einer schlecht isolierten Werkstatt erhitzt sich im Sommer die Temperatur am Tage wie in der Tabelle angeben (Durchschnittswerte)

Uhrzeit t in Std.	8:00	10:00	12:00	14:00	16:00	18:00
Zeit in Std. nach 8:00 Uhr						
Temperatur in ^{0}C	17	22	26	27	25	18

a) Füllen Sie die Zeile „Stunden nach 8.00 Uhr" aus.

b) Wie lautet die ganzrationale Funktion der Form $f(t) = a_3t^3 + a_2t^2 + a_1t + a_0$; ($a_3 < 0$; $a_0 \neq 0$). Es ist ratsam, mindestens zwei Rechnungen durchzuführen (2 Funktionen). Erklären Sie, warum Sie zu verschiedenen Ergebnissen kommen?

c) Berechnen Sie den jeweiligen Hochpunkt, skizzieren Sie den Graphen und deuten Sie das erhaltene Ergebnis.

d) Erklären Sie, warum die mathematisch berechneten Werte mit den empirisch ermittelten nicht übereinstimmen müssen.

Aufgaben 7.5

1. Gegeben ist die Kostenfunktion $K(x) = x^3 - 9x^2 + 30x + 10$; $D_{ök} = [0, 7]$.

a) Ermitteln Sie das Minimum der Grenzkosten.

b) Bestimmen Sie das Betriebsminimum. Berechnen Sie auch die kurzfristige Preisuntergrenze.

c) Skizzieren Sie die Funktionen in einem Schaubild.

2. Gegeben ist die Kostenfunktion $K(x) = x^3 - 9x^2 + 28x + 25$.

a) Berechnen Sie Betriebsminimum und Betriebsoptimum sowie die kurz- und langfristige Preisuntergrenze.
b) Bestimmen Sie Schnittstellen der Stückkostenfunktion mit der Grenzkostenfunktion sowie der variablen Stückkostenfunktion mit der Grenzkostenfunktion.
c) Skizzieren Sie die Graphen von K, K′, k_V und k in einem Schaubild.

3. Gegeben ist die Kostenfunktion $K(x) = x^3 - 4x^2 + 8x + 10$. $D_{ök} = [0, 7]$.
a) Bestimmen Sie die Gleichung der Grenzkostenfunktion und stellen Sie K und K′ in einem Schaubild dar.
b) Ermitteln Sie das Minimum der Grenzkostenfunktion K′ und beschreiben Sie den Zusammenhang zwischen Grenzkosten- und Kostenfunktion.
c) Stellen Sie auch den Zusammenhang zwischen der Kostenfunktion, der Stückkostenfunktion und der variablen Stückkostenfunktion her (Schaubild), indem Sie das Betriebsoptimum und das Betriebsminimum bestimmen.

4. Gegeben ist die Kostenfunktion $K(x) = x^3 - 3x^2 + 3x + 5$ im Intervall $D_{ök}$ $x \in [0, 4]$.
a) Ermitteln Sie die Grenzkostenfunktion und das Minimum der Grenzkosten.
b) Berechnen Sie die Funktionen der Stückkosten und der variablen Stückkosten sowie die kurzfristige Preisuntergrenze.
c) Stellen Sie die Situationen aus a) und b) Graphisch dar.

5. Aufgrund einer Strukturänderung eines Betriebes hat sich folgende Kostensituation in Abhängigkeit von der produzierten Stückzahl ergeben.

x	0	1	2	3
K(x)	20	42	52	56

a) Ermitteln Sie aus den vorliegenden Daten die Kostenfunktion K als Funktion 3. Grades.
b) Bestimmen Sie die Grenzkostenfunktion K′ und das Minimum der Grenzkosten. Wie hoch sind an dieser Stelle die Stückkosten k?
c) Berechnen Sie das Betriebsminimum und die kurzfristige Preisuntergrenze.

6. Ein Betrieb erzielt für ein Produkt einen fest vorgegebenen Marktpreis von 121,00 GE. Die Funktion der variablen Stückkosten dieses Betriebes hat die folgende Gleichung:
$k_v(x) = 0{,}02x^2 - 3x + 175$. Die Fixkosten werden mit 540 GE angegeben.
a) Entwickeln Sie die Funktion der Gesamtkosten.
b) Berechnen Sie die Gewinngrenze des Betriebes, wenn bekannt ist, dass die Gewinnschwelle bei $x = 30$ liegt.
c) Bei welcher Produktionsmenge wird der höchstmögliche Gewinn erzielt? Wie hoch ist dieser?
d) Die Grenzkostenfunktion eines anderen Produkts hat die Gleichung $K'(x) = 3x^2 - 2x + 2$. Bei der Produktion von 2 ME fallen insgesamt 23 GE an. Wie hoch sind die Fixkosten ?

7. Die Gesamtkostenfunktion eines Unternehmens lautet $K(x) = \frac{1}{4}x^3 - x^2 + 3x + 13$.

a) Leiten Sie aus dieser Funktion die Grenzkostenfunktion, die Stückkostenfunktion, die Funktion der variablen Stückkosten ab.

b) Welche Menge bietet das Unternehmen im Betriebsminimum an? Wie hoch sind bei dieser Menge die Grenzkosten und die variablen Stückkosten?

c) Das in dem Unternehmen erstellte Erzeugnis wird am Markt mit einem Preis von 8,5 GE abgesetzt. Welche Menge wird der Unternehmer anbieten, um einen maximalen Gewinn zu erzielen? Wie hoch ist dieser Gewinn?

8. Aufgrund einer Kostenanalyse liegen einem Betrieb die folgenden Angaben vor: Die Entwicklung der Kosten in Abhängigkeit der Produktionsmenge kann durch eine Funktion dritten Grades beschrieben werden. Darüber hinaus ist bekannt, dass Fixkosten in Höhe von 20 GE anfallen. Bei einer Produktionsmenge von 5 ME fallen Gesamtkosten in Höhe von 125 GE an. Die Grenzkosten betragen bei dieser Stückzahl 66 GE. Das Minimum der Grenzkosten wird bei $x = \frac{1}{3}$ erreicht.

a) Stellen Sie die Funktionsgleichung der Gesamtkosten auf. Führen Sie eine Probe durch.

b) Weisen Sie nach, dass der Graph der Funktion mit der Gleichung $K(x) = x^3 - x^2 + x + 20$ streng monoton wächst. Skizzieren Sie den Graphen der Gesamtkostenfunktion.

9. Ein Produkt wird am Markt mit 18 GE pro Stück abgesetzt. Der Betrieb arbeitet mit der Gewinngleichung $G(x) = -0{,}5x^3 + 2x^2 + 14x - 18$.

a) Berechnen Sie das Gewinnmaximum.

b) Entwickeln Sie aus diesen Angaben die Kostenfunktion.

c) Berechnen Sie das Minimum der Grenzkosten.

10. Begründen Sie, warum die Funktion f mit der Gleichung $f(x) = 0{,}5x^3 - 2x^2 + 2x + 50$ nicht sinnvoll für die Beschreibung eines Gesamtkostenverlaufs geeignet ist. Legen Sie gegebenenfalls eine Graphik an.

11. Für die Produktion eines Produktes stehen zwei Fertigungsverfahren I und II zur Verfügung. Dabei gilt für das Verfahren I die Kostenfunktion $K_I(x) = 0{,}2x^3 - x^2 + 3x + 50$ und für das Verfahren II die Funktion $K_{II}(x) = 0{,}2x^3 - 0{,}5x^2 + x + 50$.

a) Für welchen Produktionsbereich ist das Verfahren I und für welchen das Verfahren II kostengünstiger?

b) Bei welcher Produktionsmenge ist der Kostenunterschied am größten?

c) Veranschaulichen Sie die Situation an einem Schaubild.

12. In der Tabelle sind die Lufttemperaturen in den Jahreszeiten Frühling, Sommer Herbst und Winter in einer norddeutschen Stadt im langjährigen Mittel aufgezeichnet. $t \in \{1, 2, 3, 4\}$.

Jahreszeit (t)	Frühling (1)	Sommer (2)	Herbst (3)	Winter (4)
langj. Mittel	9,0	22	9,0	5,0

a) Übertragen Sie die Daten in ein Koordinatensystem. Als mathematisches Modell diene eine ganzrationale Funktion der Form $f(t) = a_3t^3 + a_2t^2 + a_1t + a_0$. Bestimmen Sie die Koeffizienten a_3, a_2, a_1, a_0.

b) Berechnen Sie im Intervall $t \in [1, 4]$ die höchste- und die niedrigste Temperatur.

c) Berechnen Sie den Wendepunkt des Graphen von f im Intervall $t \in [1, 4]$.

d) Erklären Sie, warum die mathematisch berechneten Werte nicht mit den empirisch ermittelten übereinstimmen.

13. Einem Patient wird ein Medikament durch eine intravenöse Injektion zugeführt. Dabei wird zunächst eine Zunahme des Blutspiegels – auch als Invasion bezeichnet – und dann eine Abnahme des Blutspiegels – auch als Elimination bezeichnet – festgestellt. Es werden folgende Werte gemessen:

Zeit t in Stunden	0	2	4	10
Konzentration im Blut in mg/l	0	19,2	21,6	0

Als Modell der Blutspiegelkurve diene die ganzrationale Funktion $f(t) = a_3t^3 + a_2t^2 + a_1t$.

a) Ermitteln Sie die Funktion im Intervall $t \in [0, 10]$.

b) Ermitteln Sie Hoch-, Tief- und Wendepunkt des Graphen von f.

c) Nach welcher Zeit ist nur noch 1 % der Höchstkonzentration im Blut?

d) Skizzieren den Graphen von f.

14. Bei der Fotosynthese produzieren Pflanzen Sauerstoff, den sie im Laufe eines Tages an ihre Umgebung abgeben. Betrachtet man diesen Vorgang an einem Baum zwischen Sonnenaufgang 6 Uhr und Sonnenuntergang 18 Uhr, so kann der Kurvenverlauf mit Hilfe des mathematischen Modells $\mathbf{V(t) = at^3 + bt^2}$ näherungsweise beschrieben werden. ($0 \le t \le 12$)
Folgende Ergebnisse wurden gemessen:

t	0	4	8	12
V(t)	0	336	1088	1872

Dabei gibt t an, wie viel Stunden seit dem Sonnenaufgang um 6 Uhr vergangen sind und V(t) gibt an wie viel Liter Sauerstoff der Baum bis zum Zeitpunkt t *insgesamt* produziert hat.

a) Ermitteln Sie die Koeffizienten a und b mit Hilfe der gemessenen Werte und skizzieren Sie den Graphen. (Maßstab; Abzisse: 1 cm $\cong$ 2 Stunden; Ordinate: 2 cm $\cong$ 500 Liter)

b) Bestimmen Sie die Sauerstoffproduktion bis 14 Uhr. Wie viel Sauerstoff gibt der Baum zwischen 12 und 15 Uhr durchschnittlich ab?

c) Ermitteln Sie den Wendepunkt des Graphen von V und berechnen Sie den Zeitpunkt t, wann der Baum den meisten Sauerstoff abgibt. Begründen Sie die Lösung. Berechnen Sie die Steigung im Wendepunkt des Graphen von f.

8 Integralrechnung

8.1 Die Stammfunktion

Einführung

In der Differenzialrechnung wird zu einer gegebenen Funktion f die Ableitungsfunktion f′ bestimmt. So wird z. B. in der Kostentheorie zu einer Kostenfunktion K die Grenzkostenfunktion K′ ermittelt.

Soll nun umgekehrt zu einer Grenzkostenfunktion K′ die Kostenfunktion K ermittelt werden, so gibt es unendlich viele Lösungen, die sich „nur" in der Konstanten C (Fixkosten) unterscheiden.

Da bekanntlich Konstanten beim Ableiten einer Funktion null werden, kann nicht entschieden werden, welche Konstante vor der Ableitung vorlag.

Es gibt demnach beliebig viele Funktionen K, deren Ableitung K′ ist. Somit handelt es sich bei der gesuchten Kostenfunktion um eine Funktionenschar K_c.

Die Konstante C bewirkt „nur" eine Verschiebung in y-Richtung (hier: C = 20, 40, 60).

Auf die Steigung von K an der Stelle x, und das ist bekanntlich K′(x), hat die Konstante C keinen Einfluss.

Dies gilt für rationale Funktionen F allgemein.

<u>Gegeben:</u> Grenzkostenfunktion
$\mathbf{K'(x) = 3x^2 - 14x + 20}$

<u>Gesucht:</u> zugehörige Kostenfunktion

$K(x) = x^3 - 7x^2 + 20x + \mathbf{20}$
$K(x) = x^3 - 7x^2 + 20x + \mathbf{40}$ } Beispiele
$K(x) = x^3 - 7x^2 + 20x + \mathbf{60}$

<u>Allgemein:</u>
$\mathbf{K_c(x) = x^3 - 7x^2 + 20x + C}$

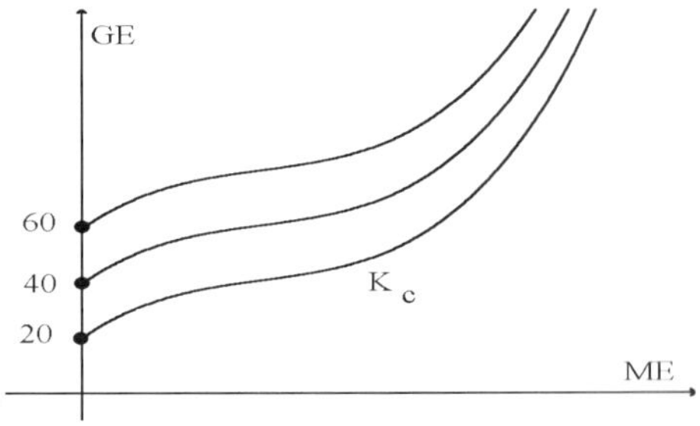

Merke

> Eine differenzierbare Funktion F heißt **Stammfunktion** von f , wenn gilt:
> $\mathbf{F'(x) = f(x)}$

Beispiel:

- $F(x) = 0{,}5x^2 - x + 1$
  ist eine Stammfunktion von $f(x) = x - 1$,
  denn es gilt:
  $F'(x) = (0{,}5x^2 - x + 1)' = x - 1 = f(x)$
- $F(x) = 2x^3 - 6x^2 + 20$
  ist eine Stammfunktion von $f(x) = 6x^2 - 12x$
  denn es gilt:
  $F'(x) = (2x^3 - 6x^2 + 20)' = 6x^2 - 12x = f(x)$

Es stellt sich die Frage: Wie **ermittelt** man zu einer bekannten **Funktion f** die **Stammfunktion F?**

Beispiele:

Beim Differenzieren von Potenzfunktionen verringert sich der Exponent der Variable x um eins und der Funktionsterm wird mit dem „alten" Exponenten multipliziert.

- $f(x) = 6x^3 \Rightarrow f'(x) = \mathbf{3} \cdot 6x^{3-\mathbf{1}} = 18x^2$
- $f(x) = 2x^4 \Rightarrow f'(x) = 4 \cdot 2x^{\mathbf{4-1}} = 8x^3$

Geht man den umgekehrten Weg, so erhöht sich der Exponent um eins und der Funktionswert wird durch den „neuen“ Exponenten dividiert.

- $f(x) = 6x^3 \Rightarrow F(x) = \dfrac{6x^4}{4} = \underline{1{,}5x^4 + C}$

Dabei kann jeder Stammfunktion eine beliebige Konstante hinzugefügt werden, denn bekanntlich fallen Konstante beim Ableiten weg. In der Regel wählt man für beliebige Konstanten den Buchstaben C. Gibt man keine Konstante an, so gilt C = 0.

- $f(x) = 0{,}1x^1 \Rightarrow F(x) = \dfrac{0{,}1x^2}{2} = \underline{0{,}05x^2 + C}$
- $f(x) = 0{,}4x^3 \Rightarrow F(x) = \dfrac{0{,}4x^4}{4} = \underline{0{,}1x^4}$

Merke (Potenzregel der Integration)

Ist n eine ganze Zahl mit $n \neq -1$ und $C \in \mathbb{R}$, dann gilt $\mathbf{f(x) = x^n}$ und hat die Stammfunktion:

$$\mathbf{F(x) = \frac{x^{n+1}}{n+1} + C}$$

Der Vorgang des „Ermittelns“ einer Stammfunktion heißt auch ***Integrieren*** oder ***Aufleiten***. Die Menge aller Stammfunktionen heißt ***unbestimmtes Integral***.

Merke

Die Menge aller Stammfunktionen einer Funktion f heißt ***unbestimmtes*** **Integral** und man schreibt dafür:

$$\int \mathbf{f(x)dx = F(x) + C}, \text{ wobei } F' = f \text{ ist.}$$

Anmerkungen: $\int f(x)dx$ wird gelesen: Integral f(x) nach dx.
f(x) heißt auch Integrandenfunktion
x heißt Integrationsvariable
dx gehört zum Symbol $\int$ und zur Variablen x

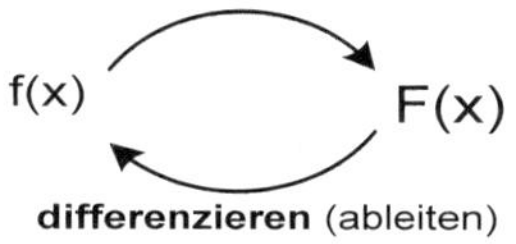

Das Integralzeichen $\int$ hat historische Bedeutung.
Es kommt vom gestreckten **S** (S von Summe).

Beispiele:

Gegeben sind die Funktionen f, bestimmen Sie die Menge der Stammfunktionen von f.

Funktionsgleichung f	Integralschreibweise	Stammfunktion
$f(x) = x^3$	$\int x^3 dx$	$F(x) = \dfrac{x^4}{4} + C = \dfrac{1}{4}x^4 + C$
$f(x) = x^7$	$\int x^7 dx$	$F(x) = \dfrac{x^8}{8} + C = \dfrac{1}{8}x^8 + C$

Die **Potenzregel der Integration** gilt auch für **negative** ganzzahlige Exponenten, die von **−1** verschieden sind.

Beispiele:

Funktionsgleichung f	Integralschreibweise	Stammfunktion
$f(x) = \frac{1}{x^2} = x^{-2}$	$\int x^{-2}dx$	$F(x) = \frac{x^{-2+1}}{-2+1} + C = \frac{x^{-1}}{-1} + C = \frac{-1}{x} + C$
$f(x) = \frac{-1}{x^6} = -x^{-6}$	$\int -x^{-6}dx$	$F(x) = -\frac{x^{-6+1}}{-6+1} + C = -\frac{x^{-5}}{-5} + C = \frac{1}{5x^5} + C$

Übungen

1. Gegeben sind die Funktionen f. Geben Sie jeweils eine Stammfunktion F an.

a) $f(x) = 2x$ b) $f(x) = \frac{1}{3}x$ c) $f(x) = 6x$ d) $f(x) = 8x$ e) $f(x) = 5$ f) $f(x) = 0$

g) $f(x) = 3x^2$ h) $f(x) = 5x^4$ i) $f(x) = 2x^5$ j) $f(x) = 3x^5$ k) $f(x) = \frac{1}{2}x^3$ l) $f(x) = \frac{2}{3}x^3$

2. Gegeben sind die folgenden Funktionen f. Geben Sie jeweils eine Stammfunktion F an.

a) $f(x) = \frac{1}{x^3}$ b) $f(x) = \frac{2}{x^4}$ c) $f(x) = \frac{4}{3x^2}$ d) $f(x) = -\frac{3}{x^5}$ e) $f(x) = \frac{-1}{x^2}$

3. Gegeben sind die folgenden Funktionen f. Geben Sie jeweils eine Stammfunktion F an.

a) $f(x) = ax$ b) $f(x) = \frac{1}{b}x$ c) $f(x) = 5ax$ d) $f(x) = 2kx$ e) $f(x) = t$ f) $f(x) = tx^2$

g) $f(x) = (n+1)x^n$ h) $f(x) = nx^{n-1}$ i) $f(x) = bx^{2n}$ j) $f(x) = x^{2n+1}$ k) $f(x) = \frac{1}{n}x^{n-1}$

Stammfunktionen ganzrationaler Funktionen

Die obige Potenzregel gilt nicht nur für „einfache“ Funktionen oder Funktionen mit negativen ganzzahligen Exponenten ungleich **−1,** sondern auch für zusammengesetzte rationale Funktionen, analog zu den Regeln der Differenzialrechnung.

Merke

1. Summenregel: $\int (f(x)+g(x))dx = \int f(x)dx + \int g(x)dx = \mathbf{F(x) + C + G(x) + C}$

2. Faktorregel: $\int k \cdot f(x)dx = \mathbf{k} \cdot \int f(x)dx = \mathbf{k \cdot F(x) + C}$

Beispiel:

Gegeben sind die Funktionen f, bestimmen Sie die Menge der Stammfunktionen von f.

Funktionsgleichung f	Integralschreibweise	Stammfunktion F
$f(x) = x^2 - 3x - 3$	$\int(x^2 - 3x - 3)dx$	$F(x) = \frac{x^3}{3} - \frac{3}{2}x^2 - 3x + C$
$f(x) = x^3 - 3x^2$	$\int(x^3 - 3x^2)dx$	$F(x) = \frac{x^4}{4} - x^3 + C$
$f(x) = \frac{10}{x^2} + x^2 + x + 1000$	$\int(10x^{-2} + x^2 + x + 1000)dx$	$F(x) = \frac{-10}{x} + \frac{x^3}{3} + \frac{x^2}{2} + 1000x + C$
$f(x) = a_0 + a_1x + a_2x^2 + a_3x^3$	$\int(a_0 + a_1x + a_2x^2 + a_3x^3)dx$	$F(x) = a_0x + \frac{a_1}{2}x^2 + \frac{a_2}{3}x^3 + \frac{a_3}{4}x^4 + C$

Übungen

1. Gegeben sind die Funktionen f. Geben Sie jeweils eine Stammfunktion F an.

a) $f(x) = 3x^2 - x$ b) $f(x) = \frac{1}{3}x^2 - 2x + 1$ c) $f(x) = 6x^5 + 4x^3 - 6$

d) $f(x) = x^4 - 2x^2 + 1$ e) $f(x) = 5x^3 - 3x^2 + x$ f) $f(x) = \frac{1}{2}x^3 - 4x^2 + 8x + 4$

2. Schreiben Sie die Terme ohne Integral.

a) $\int(x^2 + x^3 - 4)dx$ b) $\int(3x^2 - 6x + 4)dx$ c) $\int(2x - \frac{4}{x^4})dx$ d) $\int(-\frac{3}{x^2} - 4x^2 + 10)dx$

Bestimmung der Konstanten C mittels vorgegebener Funktionseigenschaften

Zu einer gegebenen Funktion f gibt es bekanntlich unendlich viele Stammfunktionen F, die sich nur durch die Konstante C unterscheiden. Ist nun eine weitere Eigenschaft der Stammfunktion bekannt, so kann C über die zugehörige Funktionsbedingung eindeutig bestimmt werden.

Beispiel:

Gegeben ist die Funktion $f(x) = x^2 - 3x$.

a) Bestimmen Sie die Stammfunktionen F_c.

b) Wie lautet die Stammfunktion von f, deren Graph die y-Achse bei – 1 schneidet?

Lösung:

a) $f(x) = x^2 - 3x \Rightarrow \int(x^2 - 3x)dx = \underline{\frac{1}{3}x^3 - \frac{3}{2}x^2 + C}$

b) Bedingung: $F(0) = -1 \Rightarrow \frac{1}{3}0^3 - \frac{3}{2}0^2 + C = -1 \Rightarrow C = \underline{-1}$; $F(x) = \underline{\frac{1}{3}x^3 - \frac{3}{2}x^2 - 1}$

Aufgaben 8.1

1. Geben Sie eine Stammfunktion an.

a) $f(x) = x^3 + 1$ b) $f(x) = x^4 - x - 1$ c) $f(x) = x^2 - x^3$

d) $f(x) = 3x^2 - 6x + 4$ e) $f(x) = -2x^3 + 3x^2 - 8x$ f) $f(x) = \frac{1}{2}x^3 + 3x^2 - 2x + 1$

g) $f(x) = -5x^4 + 4x^3 - 3x^2$ h) $f(x) = \frac{1}{3}x^2 - \frac{1}{2}x^3$ i) $f(x) = -\frac{1}{4}x^3 + 2x^2 + 7x + 4$

2. Geben Sie eine Stammfunktion an.

a) $f(x) = x^3 + t$ b) $f(x) = ax^3 - bx^2 - 1$ c) $f(x) = x^2 - kx^3$

d) $f(x) = ax^2 - 6x + b$ e) $f(x) = -mx^4 + nx^2 + x$ f) $f(x) = \frac{1}{a}x^3 + bx^2 + 2cx + d$

3. Schreiben Sie die folgenden Terme ohne Integral.

a) $f(x) = \int(3x^2 - x)dx$ b) $\int(x^2 + x^3 - 4)dx$ c) $\int(2x - \frac{4}{x^4})dx$

d) $f(x) = \int(\frac{-3}{x^2} - 4x^3 + 10)dx$ e) $\int(\frac{-1}{x^3} + 3x^2 - 4x)dx$ f) $\int(\frac{4}{x^5} - 4x)dx$

4. Nennen Sie zu der Grenzkostenfunktion $K'(x) = 1{,}5x^2 - 6x + 15$ drei verschiedene Kostenfunktionen K.

5. Wie lautet die Stammfunktion F mit der angegebenen Eigenschaften, wenn die Funktion f gegeben ist?

a) $f(x) = 2x - 2$, es gilt: $F(0) = 0$ b) $f(x) = 1 - x^2$, es gilt: $F(2) = \frac{2}{3}$

c) $f(x) = x^3 + x^2 + x$; es gilt: $F(-2) = 0$ d) $f(x) = x^3 - x + \frac{4}{x^2}$, es gilt: $F(2) = 0{,}5$

e) $\int(3x^2 - 6x)dx$; F hat eine Nullstelle bei $x_0 = 2$ f) $f(x) = 6x^2 - \frac{10}{x^2}$, es gilt: $F(-1) = -3$

g) $\int(x^2 - 2x + 2)dx$, der Graph von F hat einen Schnittpunkt mit der y-Achse bei -1.

8.2 Das bestimmte Integral

Stammfunktion und Flächenberechnungen

Eine Grundaufgabe der Integralrechnung besteht darin, den Flächeninhalt A eines krummlinig begrenzten Flächenstücks unter dem Graphen einer Funktion und der x-Achse zu berechnen **(Flächenproblem** der Integralrechnung).

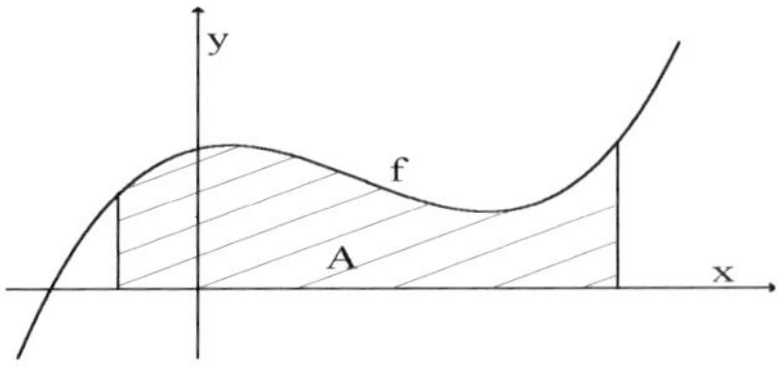

Die Lösung dieses Problems soll an zwei Funktionen, deren Graphen eine Fläche im Beispiel 1 geradlinig und im Beispiel 2 krummlinig begrenzen, vorbereitet werden. Dabei wird zunächst vorausgesetzt, dass sich die zu berechnenden Flächeninhalte im **ersten Quadranten** befinden.

Beispiel:

Zu berechnen ist der Inhalt der Fläche, die vom Graphen der Funktion $f(x) = x$ und der x-Achse
a) im Intervall $[0; x]$ (allgemein) und
b) im Intervall $x \in [0, 2]$ bzw. $x \in [1, 2]$ begrenzt wird.
c) Bilden Sie die Stammfunktion von f und berechnen Sie den Flächeninhalt für $x \in [0, 2]$.

Lösung:

a) $\mathbf{f(x) = x}$ und $I = [0; x]$

Es entsteht eine Dreiecksfläche, deren Inhalt nach der Formel $A = \frac{g \cdot h}{2}$ berechnet wird. Grundseite und Höhe haben jeweils die Länge x, also gilt:

$$A(x) = \frac{x \cdot x}{2} = \frac{x^2}{2}$$

Für jedes $x \geq 0$ kann der Inhalt einer Dreiecksfläche die vom Graphen von f und der x-Achse begrenzt wird, mit Hilfe der Funktion $\mathbf{A(x) = 0{,}5x^2}$ berechnet werden.

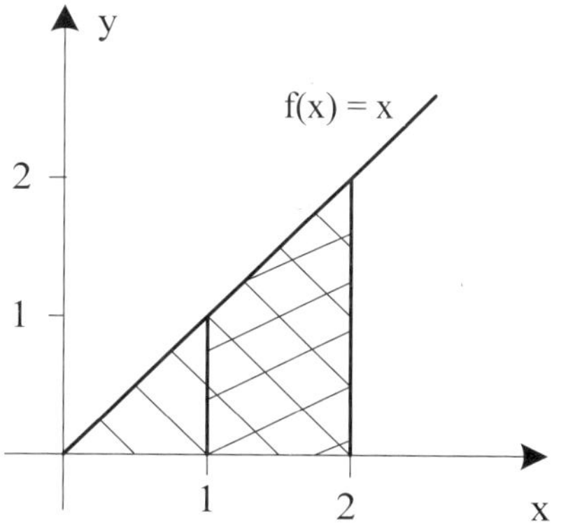

b) Im **Intervall** $\mathbf{x \in [0, 2]}$ ist die zu berechnende Fläche ein Dreieck mit der Grundseite 2 und der Höhe 2. Da die untere Grenze null ist, kann die Funktion A unmittelbar angewendet werden.

$A(2) = 0{,}5 \cdot 2^2 = \underline{2\ \text{FE}}$

Im **Intervall** $\mathbf{x \in [1, 2]}$ ist die gesuchte Fläche ein Trapez. Der Inhalt kann sowohl mit Hilfe der Trapezformel $A = \frac{G+g}{2} \cdot h$ oder mit Hilfe zweier Dreiecksberechnungen ermittelt werden.

Nach der Trapezformel ergibt sich:

$$A = \frac{f(2)+f(1)}{2} h \Rightarrow A = \frac{2+1}{2} \cdot 1 = \underline{1{,}5\ \text{FE}}$$

Bei den Dreiecksberechnungen wird einmal die Grundseite 1 und einmal die Grundseite 2 berücksichtigt und dann die Differenz gebildet.

Nach der Dreiecksformel ergibt sich:

$$A = \frac{2 \cdot f(2)}{2} - \frac{1 \cdot f(1)}{2} \Rightarrow A = \frac{2 \cdot 2}{2} - \frac{1 \cdot 1}{2} = \underline{1{,}5\ \text{FE}}$$

c) Die Stammfunktion F wird mit Hilfe der Potenzregel ermittelt. Setzt man für $x = 2$ und $C = 0$ ein, so erhält man das oben berechnete Maß für den Flächeninhalt in den Grenzen 0 und 2.

$f(x) = x \Rightarrow F(x) = 0{,}5x^2 + C$ bzw.

$$F(x) = \int x\,dx = 0{,}5x^2 + C$$

$$A = 0{,}5 \cdot 2^2 = \underline{2\ \text{FE}}$$

Offenbar lässt sich daraus folgern, dass hier ein Zusammenhang zwischen der Integralrechnung und der Berechnung von Flächen im ersten Quadranten mit der untereren Grenze null besteht.

Beispiel:

Zu berechnen ist der Inhalt der Fläche, die vom Graphen der Funktion $f(x) = x^2$ und der x-Achse

a) durch **Näherungslösungen** geradlinig begrenzter Flächen im Intervall $x \in [0, 2]$

b) mit Hilfe der Stammfunktion von f im Intervall $x \in [0,2]$.

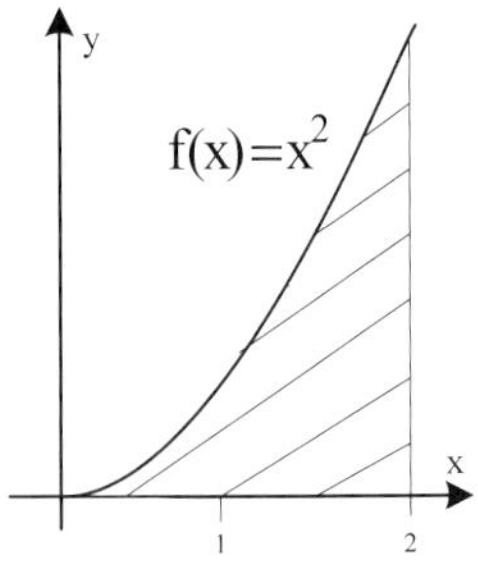

Lösung:

<table>
<tr>
<th>1. Näherung durch Bilden eines Dreiecks (Höhe h = 2)</th>
<th>2. Näherung durch Bilden eines Dreiecks und eines Trapezes (Höhe h = 1)</th>
<th>3. Näherung durch Bilden dreier Trapeze und eines Dreiecks (Höhe h = 0,5)</th>
</tr>
<tr>
<td>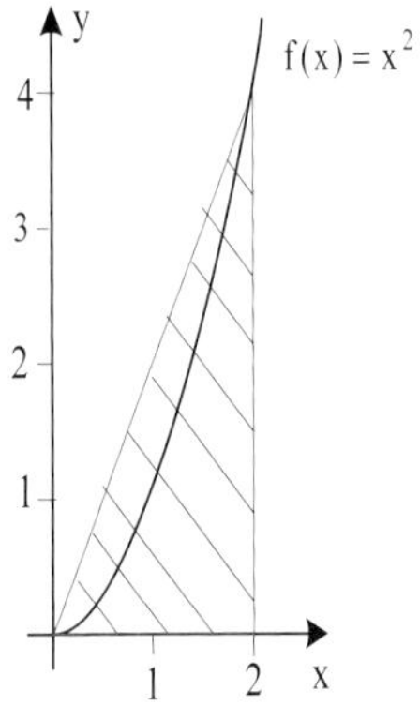
</td>
<td>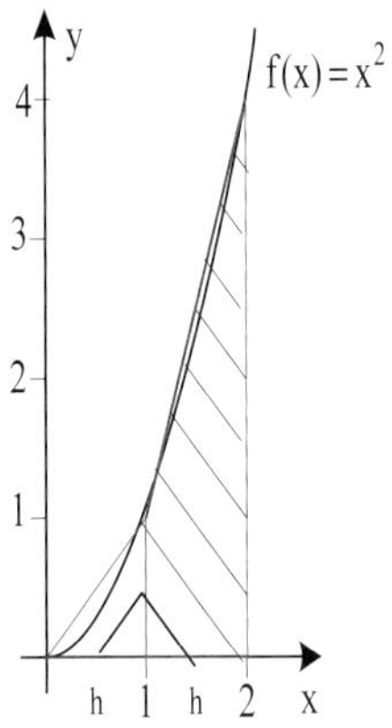
</td>
<td>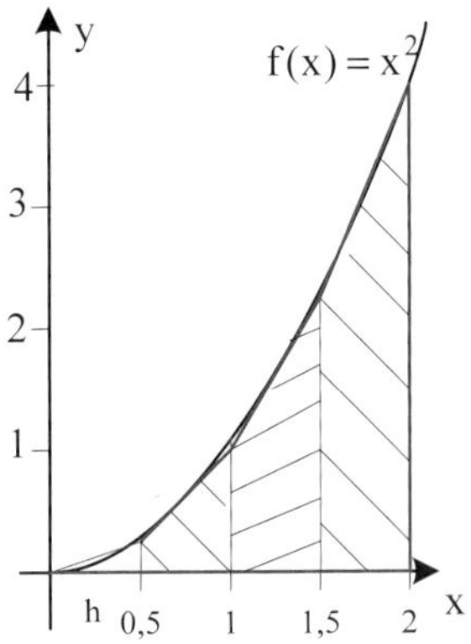
</td>
</tr>
<tr>
<td>$A = \frac{2 \cdot f(2)}{2} = \frac{2 \cdot 4}{2} = \underline{4}$</td>
<td>$A = \frac{h \cdot f(1)}{2} + \frac{f(1)+f(2)}{2} h$
$= \frac{1}{2} \cdot 1 \cdot h + \frac{1+4}{2} \cdot h$
$= \frac{1}{2} + \frac{5}{2} = \underline{3}$ (h = 1)</td>
<td>$A = \frac{h \cdot f(0{,}5)}{2} + \frac{f(0{,}5)+f(1)}{2} h + \frac{f(1)+f(1{,}5)}{2} h + \frac{f(1{,}5)+f(2)}{2} h$
$= \frac{0{,}5 \cdot 0{,}25}{2} + \frac{0{,}25+1}{2} 0{,}5 + \frac{1+2{,}25}{2} 0{,}5 + \frac{2{,}25+4}{2} 0{,}5$
$= 0{,}0625+0{,}3125+0{,}8125+1{,}5625$
$= \underline{2{,}75 \text{ FE}}$</td>
</tr>
</table>

b) Mit Hilfe der Potenzregel ermittelt man die Stammfunktion F. Setzt man für x = 2 und C = 0, so erhält man den Wert 2,67. Es lässt sich zeigen, dass dieser Wert das **exakte** Maß für den Flächeninhalt des Graphen von $f(x) = x^2$ und der x-Achse in den Grenzen 0 und 2 ist.

$f(x) = x^2 \Rightarrow F(x) = \frac{1}{3}x^3 + C$ bzw.

$F(x) = \int x^2 dx = \mathbf{\frac{1}{3} x^3 + C}$;

$F(2) = A = \frac{1}{3} \cdot 2^3 = \frac{8}{3} = \underline{2{,}67}$

Zusammenfassung:

Bei der **geradlinig** begrenzten Fläche (Beispiel Seite 245) kann der **Flächeninhalt** zwischen Funktionsgraph und x-Achse sowohl mit Hilfe geometrischer Formeln als auch mit Hilfe der Integralrechnung über die Stammfunktion **genau** berechnet werden.
Bei **krummlinig** begrenzter Fläche (Beispiel Seite 246) zwischen Funktionsgraph und x-Achse liefern die geometrischen Überlegungen nur einen **angenäherten** Wert für das Flächenmaß. Das genaue Ergebnis erhält man nur mit Hilfe der Integralrechnung. Dabei handelt es sich um diejenige **Fläche,** die:

1. vom Graphen der Funktion f, auch Randfunktion genannt, mit **nichtnegativen** Funktionswerten,
2. der x-Achse,
3. der festen unteren Grenze 0 sowie
4. einer variablen oberen Grenze x begrenzt wird.

Die Punkte 1. und 3. schränken uns in unserem Vorhaben, den Flächeninhalt zwischen der Randfunktion f und der x-Achse zu ermitteln, erheblich ein.

Begriff des bestimmten Integrals

Wie man die Flächenmaßzahl einer Funktion über dem Intervall [a; b] mit $0 \leq a \leq b$ berechnen kann, zeigt dass folgende Beispiel. Es führt gleichzeitig auf den Begriff des bestimmten Integrals.

Beispiel:

Geben Sie die Stammfunktion von $f(x) = x^2$ an und berechnen Sie den Flächeninhalt zwischen dem Graphen von f und der x-Achse.

a) Im Intervall [0; 3]
b) im Intervall [1; 3] (untere Grenze a = 1)
c) im Intervall [2; x] (untere Grenze a = 2)

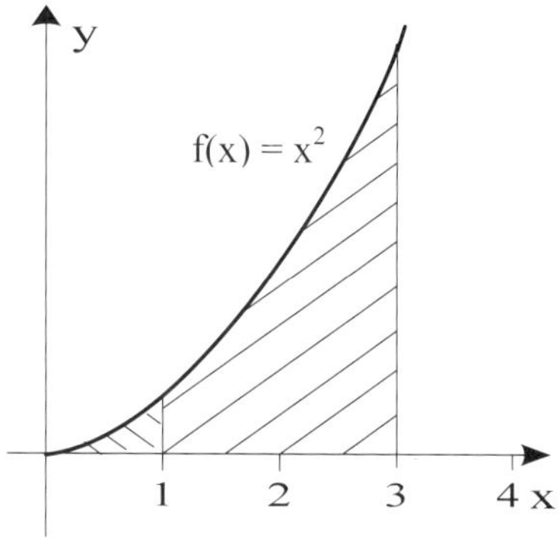

Lösung:

a) Man ermittelt die Stammfunktion F und berechnet den Flächeninhalt im Intervall [0; 3]

$$f(x) = x^2; \quad F(x) = \frac{x^3}{3} + C;$$

$$\text{für } x = 3,\ C = 0 \text{ gilt: } F(3) = A = \frac{3^3}{3} = \underline{9\ \text{FE}}$$

b) Entsprechend der bisherigen Vorgehensweise – **untere Grenze null** – wird die gesuchte Fläche als **Differenz** der Flächen in den Intervallen [0; 3] und [0; 1] dargestellt und berechnet. Bei dieser Rechnung entfällt die Konstante C.

$$F(3) - F(1) = \frac{3^3}{3} + C - (\frac{1^3}{3} + C)$$
$$= 9 - 0{,}33 = \underline{8{,}67\ \text{FE}}$$

c) Auch für beliebige Werte von x und a mit $0 \leq a \leq x$ kann der Flächeninhalt bestimmt werden. Man erhält zunächst eine Funktion F in Abhängigkeit der oberen Grenze x.

$$F(x) - F(2) = \frac{x^3}{3} + C - (\frac{2^3}{3} + C) = \underline{\frac{x^3}{3} - \frac{8}{3}}$$

Es stellt sich die Frage, wie man mit Hilfe einer Stammfunktion F von f den Flächeninhalt einer **beliebigen** Fläche im ersten und zweiten Quadranten zunächst oberhalb der x-Achse berechnen kann.

Beispiel:

Gegeben ist die Funktion $f(x) = x^2 - 2x + 2$. Berechnen Sie den Inhalt zwischen dem Graphen von f und der x-Achse in den Intervallen:

a) $[0; 3]$ b) $[-1; 3]$

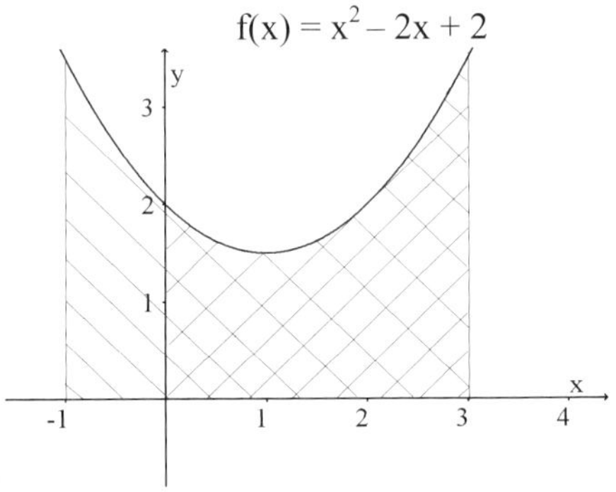

Lösung:

a) Man ermittelt zuerst die Stammfunktion F.

$$f(x) = x^2 - 2x + 2 \Rightarrow F(x) = \frac{x^3}{3} - x^2 + 2x + C$$

Die gesuchte Flächenmaßzahl A wird aus der Differenz $F(3) - F(0)$ errechnet.

b) Die gesuchte Flächenmaßzahl A wird aus der Differenz $F(3) - F(1)$ ermittelt.

$$A = F(3) - F(0)$$
$$= \frac{3^3}{3} - 3^2 + 2 \cdot 3 + C - (0 + C) = \underline{6\text{ FE}}$$

$$A = F(3) - F(-1)$$
$$= \left(\frac{3^3}{3} - 3^2 + 2 \cdot 3\right) - \left(\frac{-1^3}{3} - (-1)^2 + (2 \cdot (-1))\right)$$
$$= (9 - 9 + 6) - \left(-\frac{1}{3} - 1 - 2\right)$$
$$= \quad 6 \quad + \quad 3\frac{1}{3} = \underline{9\frac{1}{3}}$$

Wichtig: Bei der Inhaltsbestimmung einer krummlinig begrenzten Fläche tritt offensichtlich die Differenz **F(b) – F(a)** auf, wobei F eine Stammfunktion von f ist. Dieser Differenz kommt aber noch eine **weitere** Bedeutung zu. Man gibt ihr einen eigenen Namen.

Merke

Ist f im Intervall [a, b] definiert und F eine Stammfunktion von f, dann heißt:

$\int_a^b f(x)dx \rightarrow$ bestimmtes Integral (eine bestimmte Zahl) von f in den Grenzen a und b,

$$\int_a^b \mathbf{f(x)dx = [F(x)]_a^b = F(b) - F(a)} \rightarrow \text{ Hauptsatz der Integralrechnung}$$

Anmerkung: Für die Grenzen a und b ist nicht mehr vorausgesetzt, dass b > a ist. Es gilt auch b < a bzw. b = a. Die Funktionswerte von f müssen nicht wie bisher größer oder gleich null sein. Sie dürfen beliebig, also auch kleiner als null sein.
Das bestimmte Integral ist eine *Zahl*, das unbestimmte Integral dagegen ist eine *Menge von Funktionen*.

Beispiel:

Berechnen Sie das bestimmte Integral $\int_{-3}^{3}(-x^3-2x+1)dx$.

Bei der praktischen Vorgehensweise zur Bestimmung des bestimmten Integrals wird die Stammfunktion ermittelt, in eckige Klammern geschrieben und mit den beiden Grenzen versehen. Im Folgenden wird stets auf diese Darstellung zurückgegriffen.

$$\int_{-3}^{3}(-x^3-2x+1)dx = \left[-\frac{x^4}{4}-x^2+x\right]_{-3}^{3}$$

$$= -\frac{3^4}{4}-3^2+3-\left(-\frac{(-3)^4}{4}-(-3)^2-3\right)=\underline{6}$$

Beispiel:

Berechnen Sie folgende bestimmte Integrale:

a) $\int_{1}^{4}x^2dx = \left[\frac{x^3}{3}\right]_1^4 = \frac{4^3}{3}-\frac{1^3}{3}=21$

b) $\int_{3}^{0}5dx = [5x]_3^0 \quad = 0-15=-15$

c) $\int_{-1}^{3}(4x-x^4)dx = \left[2x^2-0{,}2x^5\right]_{-1}^{3} = 18-48{,}6-(2+0{,}2)=-32{,}8$

d) $\int_{2}^{2}\frac{2}{x^2}dx = \left[\frac{-2}{x}\right]_2^2 = \frac{-2}{2}-\frac{-2}{2}=0$

e) $\int_{5}^{10}\frac{300}{x^4}dx = \left[\frac{-100}{x^3}\right]_5^{10} = -0{,}1-(-0{,}8)=0{,}7$

f) $\int_{0}^{4}(4tx-x^3)dx = [2tx^2-0{,}25x^4]_0^4 = 32t-64-0=32t-64$

Bestimmtes Integral und Flächenmaßzahl

Dass der Wert des bestimmten Integrals nicht in jedem Fall mit der Maßzahl einer Fläche zwischen x-Achse und Graph übereinstimmen muss, wird dann deutlich, wenn die Fläche entweder ganz oder teilweise unterhalb der x-Achse liegt. Dies soll an dem folgenden Beispiel gezeigt werden.

Beispiel:

Gegeben sind die Funktion $f(x) = x^3 - 1$ und die Intervalle I:

a) $I_1 = [1; 2]$

b) $I_2 = [-1, 1]$

c) $I_3 = [-1; 2]$.

Berechnen Sie jeweils das bestimmte Integral über die Intervalle I_1, I_2 und I_3. Vergleichen Sie die Ergebnisse der Rechnungen mit der Größe der schraffierten Flächen. Was stellen Sie fest?

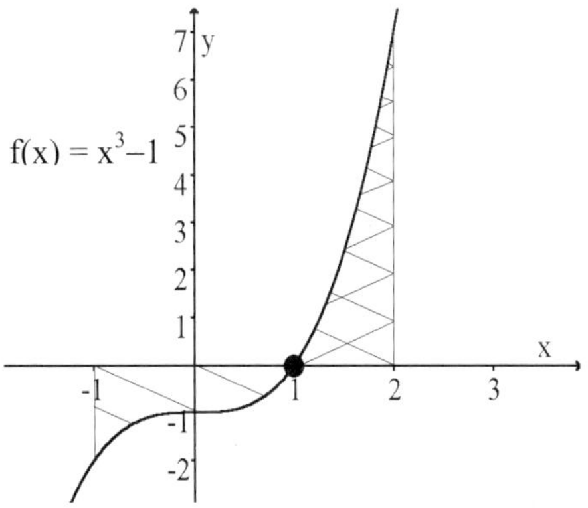

Lösung:

a) Es wird das bestimmte Integral in den Grenzen 1 und 2 berechnet.

$$\int_1^2 (x^3 - 1)dx = \left[\frac{x^4}{4} - x\right]_1^2 = (4 - 2) - (\frac{1}{4} - 1) = \underline{2{,}75}$$

b) Es wird das bestimmte Integral in den Grenzen – 1 und 1 berechnet.

$$\int_{-1}^1 (x^3 - 1)dx = \left[\frac{x^4}{4} - x\right]_{-1}^1 = (\frac{1}{4} - 1) - (\frac{1}{4} + 1) = \underline{-2}$$

c) Er wird das bestimmte Integral in den Grenzen 1 und 2 ermittelt. Das Ergebnis ist kleiner als das unter a) errechnete, obwohl die schraffierte Fläche insgesamt größer ist als die unter a).

$$\int_{-1}^2 (x^3 - 1)dx = \left[\frac{x^4}{4} - x\right]_{-1}^2 = (4 - 2) - (\frac{1}{4} + 1) = \underline{0{,}75}$$

Erläuterung:

Im Intervall **[1; 2]** ist der Wert des bestimmten Integrals **positiv** und damit gleichzeitig die Maßzahl für den Inhalt der schraffierten Fläche (die Fläche liegt **oberhalb** der x-Achse).

Im Intervall **[–1; 1]** liegt die Fläche zwischen – 1 und 1 **unterhalb** der x-Achse. Diese Fläche wird als „orientierte" Fläche bezeichnet. Das bestimmte Integral ist in diesem Intervall **negativ,** da die Funktionswerte von f negativ sind. Die Maßzahl für die „orientierte" Fläche wäre demnach der Betrag des bestimmten Integrals, also 2.

Im Intervall **[–1, 2]** werden bei der Berechnung des bestimmten Integrals der positive Wert 2,75 von I_1 und der negative Wert –2 von I_2 miteinander verrechnet und als **Differenz** 2,75 – 2 = 0,75 angegeben.

Will man hingegen die Maßzahl der Gesamtfläche im Intervall [–1, 2] ermitteln, müssen folglich der Wert des bestimmten Integrals in I_1 und der Betrag des bestimmten Integrals in I_2 addiert werden, also 2,75 + 2 = 4,75.

Übungen

1. Berechnen Sie die folgenden bestimmten Integrale. Entspricht der Zahlenwert dem Flächenmaß?

a) $\int_0^2 x^2 dx$ b) $\int_{-1}^2 0{,}5x^2 dx$ c) $\int_{-3}^3 x^3 dx$ d) $\int_2^3 (x^2 + 2)dx$ e) $\int_{-1}^3 (4 - x^2)dx$

2. Berechnen Sie jeweils die bestimmten Integrale in den angegebenen Grenzen und berechnen Sie gleichzeitig die von den Funktionsgraphen von f und der x-Achse in den angegebenen Grenzen eingeschlossenen Flächen. Fertigen Sie dazu eine passende Skizze an.
In welcher der drei Aufgaben entspricht die Lösung des bestimmten Integrals gleichzeitig dem Flächenmaß?

a) $\int_0^4 (x^2 - x)dx$ b) $\int_1^4 (0{,}25x^3 - 0{,}75x^2 + x - 3)dx$ c) $\int_1^2 (\frac{1}{x^2} - x^2)dx$

Sätze über das bestimmte Integral

Auf der Seite 242 sind im Abschnitt über Stammfunktionen schon **zwei** Rechenregeln angegeben. Da das bestimmte Integral mit Hilfe von Stammfunktionen erklärt wird, liegt es nahe, dass diese Regeln von Seite 242 auch für das bestimmte Integral gelten. Darüber hinaus gelten zwei weitere Regeln, die sich auf die Grenzen a und b beziehen.

Merke

Vertauschbarkeit der Integrationsgrenzen:

Ist die Funktion f im Intervall [a; b] definiert, so gilt: $\int_a^b f(x)dx = -\int_b^a f(x)dx$

Beispiel:

Überprüfen Sie folgende Annahme $\int_2^{-1}(3x^2-12x)dx = -\int_{-1}^{2}(3x^2-12x)dx$ durch Nachrechnen.

Lösung:

Beim Vertauschen der Grenzen muss das Integralvorzeichen geändert werden.

$$\int_2^{-1}(3x^2-12x)dx = \left[x^3-6x^2\right]_2^{-1} = \underline{9}$$

$$-\int_{-1}^{2}(3x^2-12x)dx = -\left[x^3-6x^2\right]_{-1}^{2} = \underline{9}$$

Merke

Additivität der Intervalle

Ist eine Funktion f im Intervall [a, b] sowie im Intervall [b, c] definiert und hat sie dort eine Stammfunktion, so ist sie auch im Intervall [a, c] integrierbar und es gilt:

$$\int_a^c f(x)dx = \int_a^b f(x)dx + \int_b^c f(x)dx$$

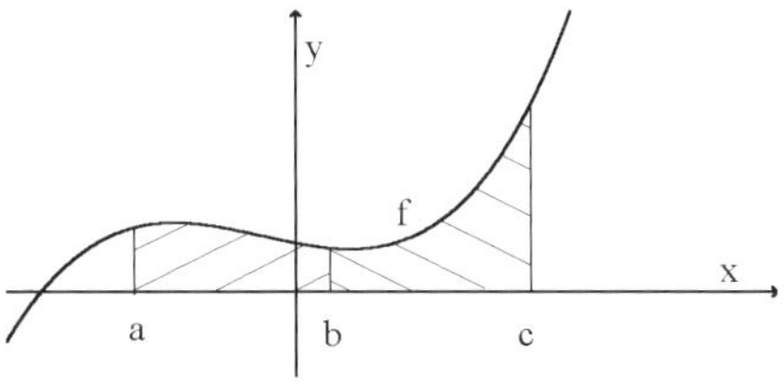

Beispiel:

a) Berechnen Sie die Summe: $\int_1^2 (x - \frac{1}{x^2})dx + \int_2^4 (x - \frac{1}{x^2})dx$.

b) Zeigen Sie die Übereinstimmung aus a) mit $\int_1^4 (x - \frac{1}{x^2})dx$.

Lösung:

a) Berechnung der Summe der Integrale:
Aufstellen der Stammfunktion und Anwenden des Hauptsatzes der Integralrechnung unter Ausnutzung der Additivität der Intervalle.

$$\int_1^2 (x - \frac{1}{x^2})dx + \int_2^4 (x - \frac{1}{x^2})dx$$
$$= \left[\frac{x^2}{2} + \frac{1}{x}\right]_1^2 + \left[\frac{x^2}{2} + \frac{1}{x}\right]_2^4$$
$$= (2 + \frac{1}{2}) - (\frac{1}{2} + 1) + (8 + \frac{1}{4}) - (2 + \frac{1}{2})$$
$$= 1 + 5{,}75 = \underline{6{,}75}$$

b) Berechnung des Einzelintegrals:

Aufstellen der Stammfunktion und Anwenden des Hauptsatzes.

$$\int_1^4 (x - \frac{1}{x^2})dx = \left[\frac{x^2}{2} + \frac{1}{x}\right]_1^4$$
$$= (8 + \frac{1}{4}) - (\frac{1}{2} + 1) = \underline{6{,}75}$$

Übungen

1. Überprüfen Sie die Gültigkeit der folgenden Gleichungen.

a) $\int_0^4 (x - 3x^2)dx = -\int_4^0 (x - 3x^2)dx$ b) $\int_0^4 (x^3 - x)dx = -\int_4^0 (x^3 - x)dx$

2. Fassen Sie die folgenden Integrale so weit wie möglich zusammen und berechnen Sie sie.

a) $\int_0^4 (0{,}5x^2)dx + \int_4^6 (0{,}5x^2)dx$ b) $\int_1^3 (0{,}25x^2)dx + \int_5^3 (0{,}25x^2)dx$

c) $\int_0^4 (2x^2)dx + \int_0^{-3} (2x^2)dx - \int_6^4 (2x^2)dx$ d) $\int_{-2}^1 (x^3)dx + \int_1^1 (x^3)dx - \int_3^1 (x^3)dx$

3. Weisen Sie die Gültigkeit der folgenden Gleichung nach:

$$\int_{-1}^2 (3x^2)dx + \int_3^5 (3x^2)dx - \int_{-1}^5 (3x^2)dx = \int_3^2 (3x^2)dx$$

Aufgaben 8.2

1. Bestimmen Sie den Flächeninhalt unter dem Graphen von f im Intervall [0; 4] einmal mit Hilfe geometrischer Mittel und einmal mit Hilfe der Stammfunktion.

a) $f(x) = x + 1$ b) $f(x) = 0{,}5x + 1$ c) $f(x) = 1 - x$ d) $f(x) = 4 - 0{,}5x$

2. Ermitteln Sie zuerst die Stammfunktion F und berechnen Sie den Flächeninhalt unter dem Graphen von f im Intervall [a; b].

a) $f(x) = \frac{1}{2}x + 1$; a = 0; b = 3   b) $f(x) = x - 1$; a = 1,5; b = 4   c) $f(x) = 6 - 3x$; a = 0; b = 2

d) $f(x) = x^2 + 1$; a = –1; b = 2   e) $f(x) = 2 - x^2 + x$; a = –1; b = 3

f) $f(x) = x^3 + x - 1$; a = 1; b = 4

3. Berechnen Sie die obere Grenze b, wenn die Funktion f, die untere Grenze a und der Flächeninhalt A unter f gegeben sind.

a) $f(x) = x$; $a = 1$; $A = 4$ b) $f(x) = 2x + 2$; $a = 2$; $A = 40$
c) $f(x) = 3x^2 - x$; $a = 1$; $A = 5{,}5$ d) $f(x) = 4x^3 - 8x$; $a = 2$; $A = 45$

4. Berechnen Sie den Inhalt der Fläche, die durch den Graphen von f, der x-Achse und den Grenzen a und b eingeschlossen wird.

a) $f(x) = 2x^2 + x - 1$; $a = 1$, $b = 4$ b) $f(x) = 0{,}3x^2 - 0{,}2x + 3$; $a = 1$, $b = 3$
c) $f(x) = \frac{1}{x^2}$; $a = -1$, $b = 3$ d) $f(x) = 6 - \frac{5}{x^3}$; $a = 4$, $b = 8$

5. Berechnen Sie die folgenden bestimmten Integrale.

a) $\int_1^4 x^3 dx$ b) $\int_{-1}^6 (6x^2 + x + 1)dx$ c) $\int_{-2}^0 (\frac{x^4}{5} + 0{,}5x^2 - x)dx$ d) $\int_2^4 (tx^2 + t^4)dx$

e) $\int_0^4 (4 - 3t - t^2)dt$ f) $\int_{-1}^3 \frac{(x^3 - 2)}{2} dx$ g) $\int_1^2 (\frac{2}{x^4} - 2x^3)dx$ h) $\int_1^4 (\frac{x^2}{3} - \frac{3}{x^2})dx$

6. Gegeben sind die Funktionen f. Berechnen Sie das bestimmte Integral, indem Sie als Grenzen die beiden Nullstellen berücksichtigen.

a) $f(x) = x(4 - x)$ b) $f(x) = (2x - 8)(2 - 2x)$ c) $f(x) = 16 - 2x^2 - 4x$

7. Berechnen Sie die gesuchten Grenzen c. Ermitteln Sie zuerst eine Stammfunktion von f (für c sind mehrere Werte möglich).

a) $16 = \int_1^c (2x + 4)dx$ b) $-\frac{4}{3} = \int_0^c (x^2 - 3x + 1)dx$ c) $\frac{-5}{3} = \int_c^2 (2x - 2x^2)dx$

8. Gegeben ist a) $f(x) = x^2 - 3x - 4$ und $I = [-2; 5]$ sowie
b) $f(x) = 3x^2 - 3x - 6$ und $I = [-2; 3]$.

Berechnen Sie im Intervall I den Gesamtinhalt der Flächen, die in diesem Intervall vom Graphen von f und der x-Achse eingeschlossen werden.

9. Für welche Werte von t gelten die folgenden Gleichungen?

a) $\int_0^2 tx^2 dx = 8$ b) $\int_{-t}^1 (1 - x^2)dx = 0$ c) $\int_t^{2t} (2x - 3x^2)dx = 10$

8.3 Anwendungen der Integralrechnung

1. Berechnung von Flächeninhalten

Die Berechnung von Flächenmaßen mit Hilfe des bestimmten Integrals wurde schon im letzten Abschnitt angedeutet. Hierbei geht es um die Berechnung von Flächenstücken, die vom Graphen einer vorgegebenen Funktion und der x-Achse in einem vorgegebenen Intervall begrenzt sind.

Dabei lassen sich folgende Fälle unterscheiden:

1. Fläche oberhalb der x-Achse

Für eine nichtnegative stetige Funktion f wird der Inhalt der Fläche zwischen dem Graphen von f und der x-Achse mit dem bestimmten Integral berechnet.

$$\mathbf{A = \int_a^b f(x)dx = F(b) - F(a)}$$

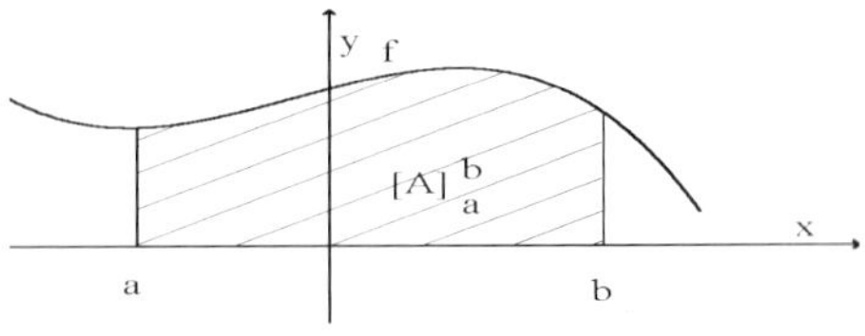

Beispiel:

Gegeben ist die Funktion $f(x) = \frac{1}{3}x^2 + 1$.

Berechnen Sie den Inhalt der Flächen für die Intervalle:

a) $x \in [2; 4]$; b) $x \in [-2; 4]$.

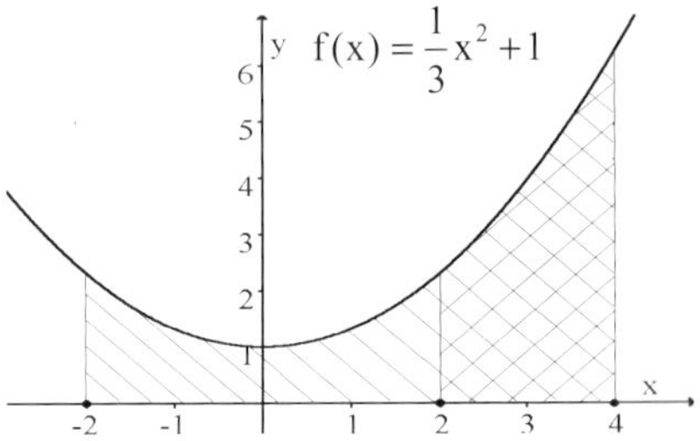

Lösung:

Der Inhalt der beiden Flächen wird mit Hilfe der bestimmten Integrale berechnet.

a) $A = \int_2^4 (\frac{x^2}{3} + 1)dx = \left[\frac{x^3}{9} + x\right]_2^4$

$= (\frac{64}{9} + 4) - (\frac{8}{9} + 2) = \underline{\frac{74}{9}} \approx 8{,}22$

b) $A = \int_{-2}^4 (\frac{x^2}{3} + 1)dx = \left[\frac{x^3}{9} + x\right]_{-2}^4$

$= (\frac{64}{9} + 4) - (-\frac{8}{9} - 2) = \underline{14}$

Übungen

1. Skizzieren Sie den Graphen von f. Berechnen Sie den Inhalt der Fläche, die der Graph mit der x-Achse im Intervall I einschließt.

a) $f(x) = x^2 + 2$; $I = [0; 3]$ b) $f(x) = x^2 - 6x + 12$; $I = [0, 3]$ c) $f(x) = -\frac{1}{2}x^2 + 2x$; $I = [2, 4]$

d) $f(x) = x^3 + 2$; $I = [-1; 1]$ e) $f(x) = x^3 - x^2$; $I = [1, 2]$ f) $f(x) = -x^3 + 4x$; $I = [1;2]$

2. Skizzieren Sie den Graphen von f. Berechnen Sie den Inhalt der Fläche, die der Graph mit der x-Achse einschließt.

a) $f(x) = 4 - x^2$ b) $f(x) = -\frac{1}{2}x^2 + x + \frac{3}{2}$ c) $f(x) = 2x - x^2$ d) $f(x) = -x^2 - x + 6$

e) $f(x) = -x^2 + 8x$ f) $f(x) = \frac{1}{4}x(x-4)^2$ g) $f(x) = -x^3 + 4x^2$ h) $f(x) = 2x^2 - \frac{1}{2}x^4$

2. Fläche unterhalb der x-Achse

Für eine Funktion f, deren Graph unterhalb der x-Achse verläuft, liefert das bestimmte Integral ein negatives Vorzeichen. Da das Maß für den Flächeninhalt aber eine positive Zahl ist, bestimmt man den Betrag des bestimmten Integrals, um das Flächenmaß zu erhalten. $\mathbf{A} = \left|\int_a^b \mathbf{f(x)dx}\right| = \left|\mathbf{F(b) - F(a)}\right|$

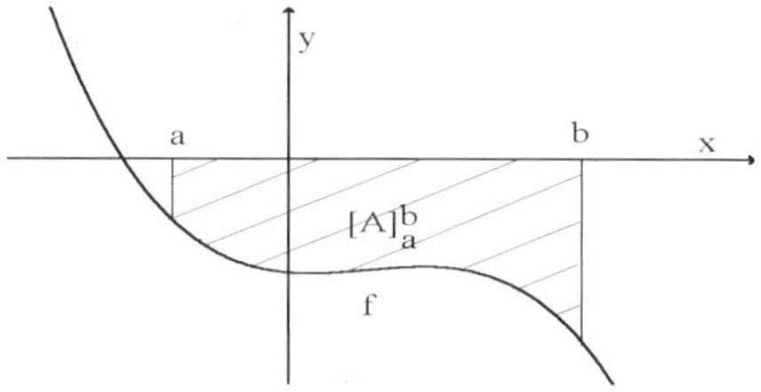

Beispiel:

Gegeben ist $f(x) = x^3 - 2x^2$.
Berechnen Sie den Inhalt der Fläche für das Intervall
a) zwischen den Nullstellen,
b) $[-1; 0]$.

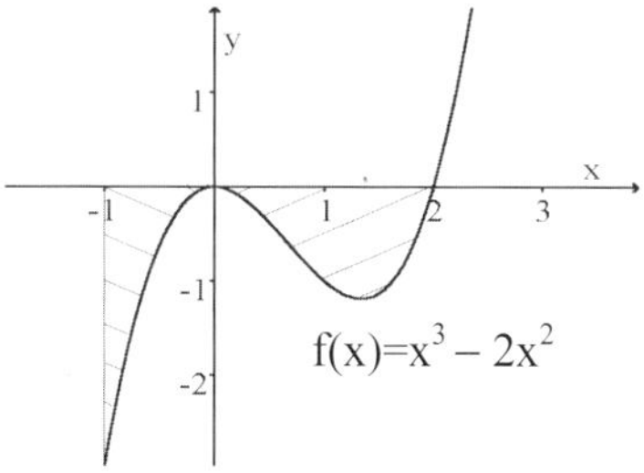

Lösung:

a) Die Nullstellen liegen bei $x_1 = 0$ und $x_2 = 2$. Die Berechnung des Flächeninhaltes erfolgt mit Hilfe des bestimmten Integrals.

b) Die Fläche A_2 liegt unterhalb der x-Achse.

1. Berechnung der Integrationsgrenzen (Nullstellen)
$f(x) = 0 = x^3 - 2x^2 = x^2(x-2) \Rightarrow x_1 = 0 \wedge x_2 = 2$

2. Berechnung des Integrals

$$A_1 = \left|\int_0^2 (x^3 - 2x^2)dx\right| = \left|\left[\frac{x^4}{4} - \frac{2x^3}{3}\right]_0^2\right| = \left|\frac{-4}{3}\right| = \underline{\frac{4}{3}}$$

$$A_2 = \left|\int_{-1}^0 (x^3 - 2x^2)dx\right| = \left|\left[\frac{x^4}{4} - \frac{2x^3}{3}\right]_{-1}^0\right| = \left|\frac{-11}{12}\right| = \underline{\frac{11}{12}}$$

Übungen

1. Skizzieren Sie den Graphen von f. Berechnen Sie den Inhalt der Fläche, die zwischen dem Graphen f und der x-Achse im Intervall I liegt.

a) $f(x) = -\frac{1}{2}x^2 + 2$; $I = [2; 4]$ b) $f(x) = -1 - x^2$; $I = [-1;2]$ c) $f(x) = \frac{1}{2}x^2 - 2x - \frac{1}{2}$; $I = [1;4]$

d) $f(x) = x^3 + 2x^2 - 4$; $I = [-2;0]$ e) $f(x) = -x^3 - 2x$; $I = [0,1]$ f) $f(x) = -x^3 + \frac{1}{4}x$; $I = [1; 2]$

2. Wie groß ist der Inhalt der Fläche, die vom Graphen von f und der x-Achse eingeschlossen wird ?

a) $f(x) = \frac{1}{2}x^2 - x$ b) $f(x) = x^2 - 5x + 4$ c) $f(x) = x^2 + x - 2$

d) $f(x) = x^3 - 4x^2$ e) $f(x) = -2x^2 + x^3$ f) $f(x) = -x^3 - 2x^2$

3. Fläche teilweise oberhalb und teilweise unterhalb der x-Achse

Hat die Funktion f im Intervall [a; b] wechselnde Vorzeichen (Nullstelle x_0 mit Vorzeichenwechsel), so liegt ein Teil der Fläche oberhalb und ein anderer Teil unterhalb der x-Achse. Das bestimmte Integral von f von a bis b gibt die Flächendifferenz an. Daher müssen die Inhalte der Flächen getrennt berechnet werden. Als „Zwischengrenze“ wird die Nullstelle x_0 benötigt.

$$\mathbf{A = A_1 + A_2 = \int_a^{x_0} f(x)dx + \int_{x_0}^{b} f(x)dx}$$

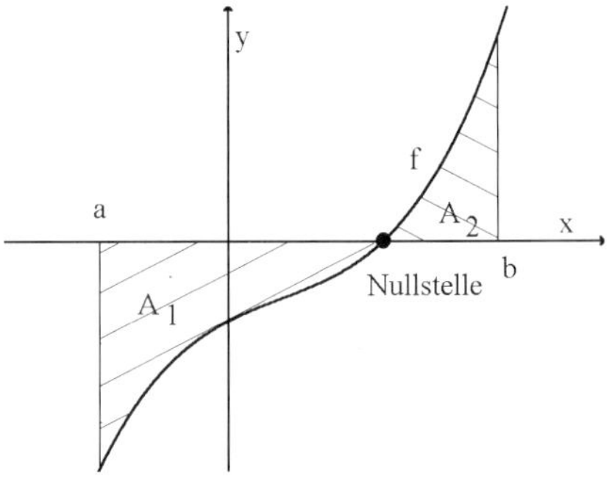

Beispiel:

Gegeben ist die Funktion $f(x) = x^2 - 3x - 4$. Berechnen Sie den Gesamtinhalt A der Flächenstücke, die von dem Graphen f im Intervall $I = [-2; 6]$ mit der x-Achse eingeschlossen wird.

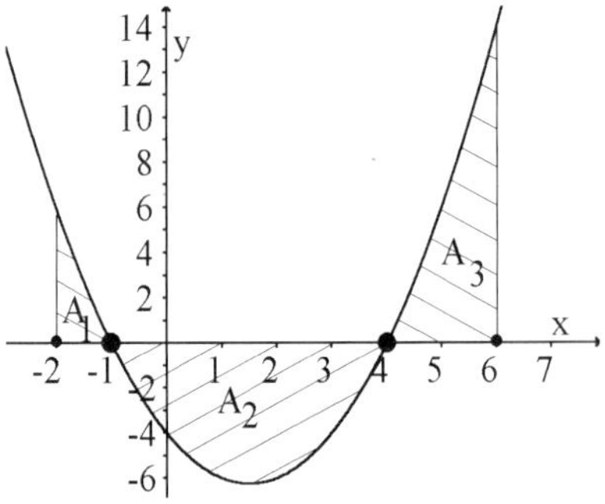

Lösung:

Der Graph von f zeigt, dass die gesuchte Fläche in drei Teilflächen A_1, A_2 und A_3 zerlegt werden kann. An den Nullstellen von f stoßen die einzelnen Flächen aneinander. Den Inhalt der drei Teilflächen berechnet man mit Hilfe der jeweiligen bestimmten Integrale. Obere bzw. untere Grenze sind jeweils die zugehörigen Nullstellen.

Nullstellen: $0 = x^2 - 3x - 4 = 0 \Rightarrow x_1 = \underline{-1}; x_2 = 4$

Berechnung der Teilflächen:

$$A_1 = \int_{-2}^{-1} (x^2 - 3x - 4)dx = \left[\frac{x^3}{3} - \frac{3}{2}x^2 - 4x\right]_{-2}^{-1}$$

$$= \left(-\frac{1}{3} - \frac{3}{2} + 4\right) - \left(-\frac{8}{3} - 6 + 8\right) = \underline{\frac{17}{6}} = \underline{2{,}83}$$

Für die Bestimmung der Flächengröße von A_2 muss der Betrag gebildet werden, weil A_2 unterhalb der x-Achse liegt („orientierte“ Fläche).

$$A_2 = \left|\int_{-1}^{4} (x^2 - 3x - 4)dx\right| = \left|\left[\frac{x^3}{3} - \frac{3}{2}x^2 - 4x\right]_{-1}^{4}\right|$$

$$= \left|\left(\frac{64}{3} - 24 - 16\right) - \left(-\frac{1}{3} - \frac{3}{2} + 4\right)\right| = \underline{20{,}63}$$

A_3 kann mit dem bestimmten Integral in den Grenzen von 4 und 6 berechnet werden.

$$A_3 = \int_{4}^{6} (x^2 - 3x - 4)dx = \left[\frac{x^3}{3} - \frac{3}{2}x^2 - 4x\right]_{4}^{6}$$

$$= (72 - 54 - 24) - \left(\frac{64}{3} - 24 - 16\right) = \underline{12{,}67}$$

Die Addition der drei Teilflächen A_1, A_2 und A_3 ergibt den Gesamtinhalt.

$$A = A_1 + A_2 + A_3 = 2{,}83 + 20{,}83 + 12{,}67 = \underline{36{,}3}$$

Übungen

1. Skizzieren Sie den Graphen von f und berechnen Sie den Inhalt der Gesamtfläche, die vom Graphen von f und der x-Achse im Intervall I eingeschlossen wird.

a) $f(x) = x^2 - 4;\ I = [0; 3]$ b) $f(x) = -x^2 - 2x + 1;\ I = [-1; 2]$ c) $f(x) = \frac{1}{2}x^2 - \frac{5}{2}x - 3;\ I = [-2,2]$

d) $f(x) = x^3 + x^2 - 2x;\ I = [-2; 2]$ e) $f(x) = \frac{1}{4}x^3 - x^2;\ I = [0,5]$ f) $f(x) = 4x^3 - 6x^2;\ I = [-1,1]$

2. Wie groß ist die Fläche, die der Graph der Funktion mit der x-Achse in dem angegebenen Intervall insgesamt angibt? Fertigen Sie auch eine Skizze an.

a) $f(x) = x^3 - 4x;\ I = [-1; 3]$ b) $f(x) = -\frac{1}{2}x^3 + \frac{9}{2}x;\ I = [-4; 2]$ c) $f(x) = \frac{1}{2}x^3 - \frac{1}{2}x;\ I = [-1,2]$

4. Fläche zwischen den Graphen zweier Funktionen

Die Graphen der Funktionen f und g schneiden sich an den Stellen a und b und schließen ein Flächenstück A ein. Die eingeschlossene Fläche A lässt sich anschaulich als Differenz der Fläche A_f unter dem Graphen von f und der Fläche A_g unter dem Graphen von g ermitteln, kurz:

$$\mathbf{A} \quad = \quad \mathbf{A_f} \quad - \quad \mathbf{A_g}$$

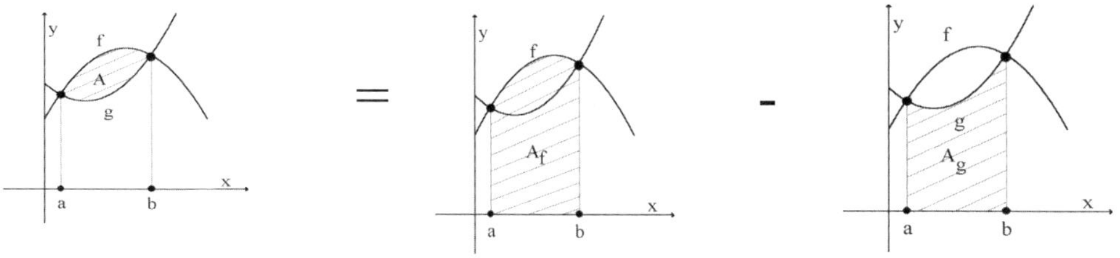

Mit Hilfe des bestimmten Integrals kann die Fläche
A als Differenz der Flächeninhalte von A_f und A_g berechnet werden. Nach obigen Satz wird die Differenz zu einem bestimmten Integral zusammengefasst.

$$A = A_f - A_g = \int_a^b f(x)dx - \int_a^b g(x)dx$$

$$A = \int_a^b f(x)dx - \int_a^b g(x)dx$$

Beispiel:

Gegeben sind: $f(x) = -x^2 + 3x + 3$ und
$g(x) = 0{,}4x^3 - x^2 + 3$.
Berechnen Sie den Inhalt der eingeschlossenen Fläche im **ersten** Quadranten.

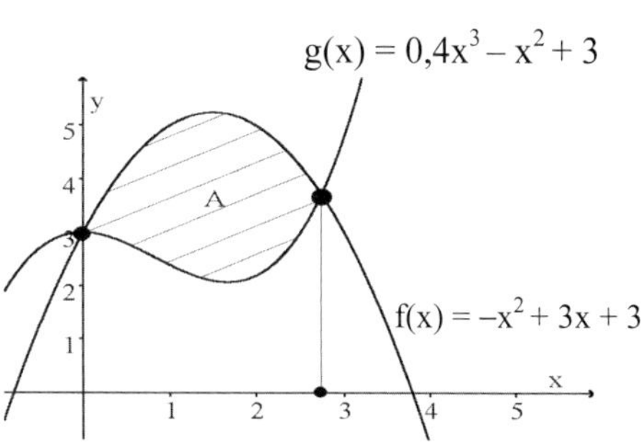

 ISBN 978-3-8120-0504-3

Lösung:

Durch Gleichsetzen der beiden Funktionsterme von f und g und algebraischer Vereinfachung werden die Schnittstellen berechnet.
Dabei finden nur positive Werte Berücksichtigung.

1. Schritt: Berechnung der Schnittstellen

$$-x^2 + 3x + 3 = 0{,}4x^3 - x^2 + 3$$
$$0 = x^3 - 7{,}5x$$
$$0 = x(x^2 - 7{,}5) \Rightarrow x_1 = \underline{0} \wedge x_2 = \sqrt{7{,}5} \approx \underline{2{,}74}$$

Man entnimmt dem Graphen, dass die Funktion g im Intervall zwischen den Schnittpunkten die „kleineren“ Funktionswerte hat. Es wird die Differenzenfunktion **f – g** ermittelt.

2. Schritt: Berechnung der Differenzfunktion

$$f(x) - g(x) = -x^2 + 3x + 3 - (0{,}4x^3 - x^2 + 3)$$
$$= -0{,}4x^3 + 3x$$

Aufstellen des bestimmten Integrals aus der Differenzfunktion in den Grenzen a = 0 bis b $= \sqrt{7{,}5}$. Das bestimmte Integral gibt das Flächenmaß von A an.

3. Schritt: Berechnung des bestimmten Integrals

$$A = \int_0^{\sqrt{7,5}} (f(x) - g(x))dx = \int_0^{\sqrt{7,5}} (-0{,}4x^3 + 3x)dx$$
$$= \left[-0{,}1x^4 + 1{,}5x^3\right]_0^{\sqrt{7,5}}$$
$$\approx (-5{,}625 + 11{,}25) - (0) = \underline{5{,}63}$$

Die oben berechnete Fläche A zwischen den Graphen der Funktionen f und g liegt oberhalb der x-Achse. Wie berechnet man nun den Inhalt einer Fläche, die z. T. unterhalb und z. T. oberhalb der x-Achse liegt?

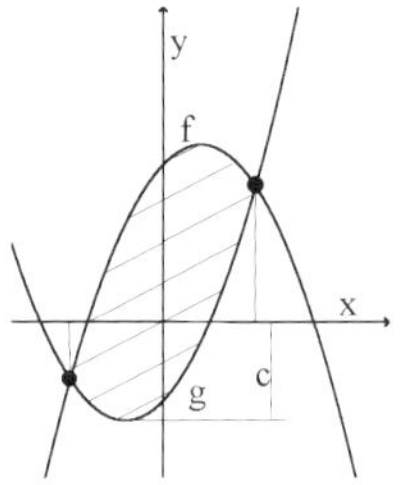

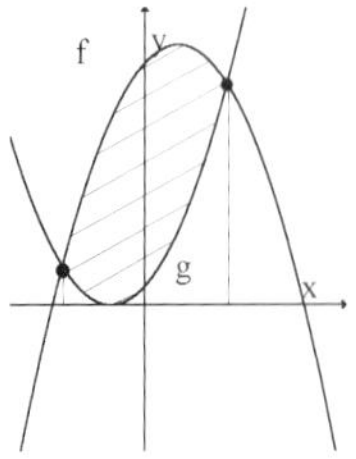

Dieses Problem ist durch folgendes Verfahren zu lösen. Liegt die Fläche teilweise unterhalb bzw. oberhalb der x-Achse, so verschiebt man die Graphen um den Betrag c in die positive Richtung der y-Achse, sodass die Fläche A ganz oberhalb der x-Achse liegt. Die Schnittstellen bleiben erhalten.
Die „Verschiebungsgröße“ c hat nur theoretische Bedeutung, denn sie hebt sich bei der Rechnung wieder auf.

$$A = \int_a^b (f(x) + c - (g(x) + c))dx$$
$$= \int_a^b (f(x) - g(x))dx$$

Beispiel:

Berechnen Sie den Inhalt der Fläche A, die von den Graphen der Funktionen
$f(x) = -0{,}5x^2 + 2x + 0{,}5$ und
$g(x) = x - 1$ eingeschlossen wird.

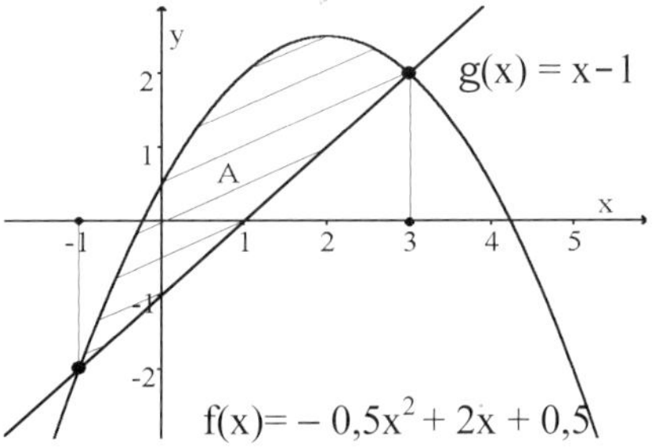

Lösung:

Die Grenzen a und b sind die Schnittstellen der Funktionen f und g. Mit Hilfe der p-q-Formel werden die Schnittstellen berechnet.

1. Berechnung der Schnittstellen

$$-0{,}5x^2 + 2x + 0{,}5 = x - 1$$
$$x^2 - 2x - 3 = 0$$
$$\Rightarrow x_1 = b = \underline{3} \wedge x_2 = a = \underline{-1}$$

Es wird die Differenzfunktion **f(x) – g(x)** gebildet, da in diesem Intervall die Funktionswerte von f größer als die Funktionswerte von g sind. Der Wert des Integrals ist positiv und entspricht damit dem Flächenmaß A.

Die Differenzfunktion **g(x) – f(x)** würde hingegen zu einem negativen Integral führen, weil die Funktionswerte von g kleiner sind als die von f. Das gesuchte Flächenmaß erhält man, indem man den Wert des Integrals als Betrag nimmt.

2. Bilden der Differenzfunktion

$$f(x) - g(x) = -0{,}5x^2 + 2x + 0{,}5 - (x - 1)$$
$$= -0{,}5x^2 + x + 1{,}5$$

Berechnung des bestimmten Integrals der Differenzfunktion in den Grenzen von a = –1 bis b = 3.

3. Berechnung des bestimmten Integrals

$$A = \int_{-1}^{3} (-0{,}5x^2 + x + 1{,}5)dx$$
$$= \left[\frac{-x^3}{6} + \frac{1}{2}x^2 + 1{,}5x\right]_{-1}^{3}$$
$$= (-4{,}5 + 4{,}5 + 4{,}5) - (\frac{1}{6} + \frac{1}{2} - 1{,}5) \approx \underline{5{,}33}$$

Häufig liegt der Fall vor, dass die von zwei Graphen eingeschlossene Fläche A in zwei oder mehrere Teilflächen zerfällt. Dies ist z. B. dann der Fall, wenn die Graphen von f und g mehr als zwei Schnittpunkte haben.

Beispiel:

Berechnen Sie den Inhalt der gesamten Fläche, die von den Graphen der Funktionen $f(x) = 0{,}5x^3 - 4x$ und $g(x) = 0{,}5x^2 - 3$ eingeschlossen wird.

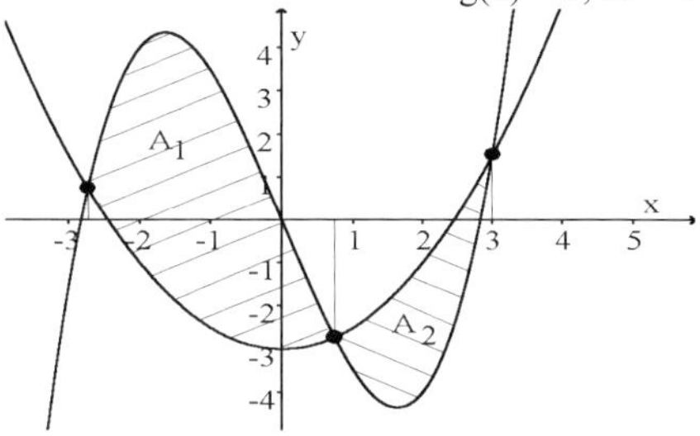

Lösung:

Der gesuchte Flächeninhalt errechnet sich durch Addition der Inhalte der Flächen A_1 und A_2.

$$A = A_1 + A_2$$

Die Integrationsgrenzen a, b und c der bestimmten Integrale sind die Schnittstellen der Graphen der Funktionen f und g. Eine Schnittstelle erhält man durch Probieren.

1. Integrationsgrenzen berechnen

$$0{,}5x^3 - 4x = 0{,}5x^2 - 3$$
$$0{,}5x^3 - 0{,}5x^2 - 4x + 3 = 0$$
$$x^3 - x^2 - 8x + 6 = 0 \Rightarrow \underline{x_1 = 3} \text{ (probieren)}$$

Die Polynomdivision liefert einen quadratischen Term. Die quadratische Gleichung hat zwei Lösungen.

Polynomdivision ergibt:

$$(x^3 - x^2 - 8x + 6) : (x - 3) = x^2 + 2x - 2$$

p-q-Formel liefert:

$$x^2 + 2x - 2 = 0 \Rightarrow x_2 = \underline{0{,}73} \wedge x_3 = \underline{-2{,}73}$$

Die Inhalte der beiden Teilflächen werden getrennt berechnet. Im Intervall [–2,73; 0,73] liegt der Graph von f **über** dem Graphen von g. Es wird das bestimmte Integral der Differenzfunktion **f – g** berechnet.

Im Intervall [0,73; 3] liegt der Graph von g **über** dem Graphen von f. Es wird das bestimmte Integral der Differenzfunktion **g – f** errechnet.

Durch Addition der Inhalte der beiden Teilflächen erhält man den Inhalt der Gesamtfläche A.

2. Berechnung der Integrale

$$A_1 = \int_{-2,73}^{0,73} ((0{,}5x^3 - 4x) - (0{,}5x^2 - 3))dx$$

$$= \left[\frac{x^4}{8} - \frac{1}{6}x^3 - 2x^2 + 3x\right]_{-2,73}^{0,73} = \underline{13{,}86}$$

$$A_2 = \int_{0,73}^{3} ((0{,}5x^2 - 3) - (0{,}5x^3 - 4x))dx$$

$$= \left[\frac{-x^4}{8} + \frac{x^3}{6} + 2x^2 - 3x\right]_{0,73}^{3} = \underline{4{,}47}$$

$$A = A_1 + A_2 = 13{,}86 + 4{,}47 = \underline{18{,}33}$$

Merke

Berechnung von Flächen zwischen Kurven

1. Schritt: Berechnung der Schnittstellen a und b als Integrationsgrenzen; Bedingung: **f(x) = g(x)**

2. Schritt: Aufstellen der Differenzfunktion **f(x) – g(x)***

3. Schritt: Berechnung des bestimmten Integrals $\int_a^b (f(x) - g(x))dx$

***Anmerkung:** Es empfiehlt sich, die Differenzfunktion so aufzustellen, dass der Wert des bestimmten Integrals von vornherein positiv ist, da er als Flächenmaß gedeutet werden soll.

Übungen

1. Berechnen Sie den Inhalt der Fläche A zwischen den Graphen von f und g bzw. f, g und h. Skizzieren Sie zuerst die Graphen.

a) $f(x) = x^2$; $g(x) = -2x^2 + 3$

b) $f(x) = -0{,}1x^2 + x$; $g(x) = -0{,}2x^2 + 2x$

c) $f(x) = 0{,}5x^2 + 1$; $g(x) = -0{,}5x^2 + x + 3$

d) $f(x) = x^2 - 4$; $g(x) = x^2 + 2x$; $h(x) = x^2 - 2x$ (Fläche unterhalb der x-Achse.)

2. Die Graphen von f und g schließen mehrere Flächen ein. Berechnen Sie die Maßzahl der insgesamt eingeschlossenen Flächen.

a) $f(x) = x^3 - 4x + 1$; $g(x) = 1$

b) $f(x) = x^3 - 2x^2 - 5x + 7$; $g(x) = 1$

c) $f(x) = x^4$; $g(x) = 5x^2 - 4$

d) $f(x) = x^3 - 3{,}5x$; $g(x) = 0{,}5x$

2. Konsumenten- und Produzentenrente

Bieten in einer Marktwirtschaft die Produzenten (Anbieter) ihre Güter weitgehend unabhängig voneinander an und treffen die Konsumenten (Nachfrager) ihre Kaufentscheidung ebenfalls weitgehend unabhängig, so lässt sich ein funktionaler Zusammenhang zwischen den angebotenen bzw. den nachgefragten Mengen x zu den vorliegenden Preisen p beobachten:

Je niedriger der Preis, desto kleiner ist die Angebotsmenge, je höher der Preis, desto größer die Angebotsmenge. Dieser Zusammenhang kann durch eine **monoton steigende** Funktion, der **Angebotsfunktion,** veranschaulicht werden.

Umgekehrt gilt: Je höher der Preis, desto niedriger die nachgefragte Menge, je niedriger der Preis, desto größer ist die nachgefragte Menge. Die **Nachfragefunktion** hat also einen **monoton fallenden** Verlauf.

Obwohl dieser Vorgang sehr komplex ist, lässt sich doch das Wesentliche durch ein einfaches Modell zwischen **Angebot** und **Nachfrage** darstellen.

Zentraler Begriff dieses Modells ist die **Marktpreisbildung.** Der Marktpreis stellt sich durch das Wechselspiel zwischen Angebot und Nachfrage ein und ergibt sich grafisch aus dem Schnittpunkt von Angebots- und Nachfragefunktion **(= Marktgleichgewicht).**

Wie die folgende Grafik zeigt, gibt es einige Produzenten, die bereit wären, ihr Produkt zu einem niedrigeren Preis als den Marktpreis anzubieten. Umgekehrt gibt es Konsumenten, die für das angebotene Produkt einen höheren Preis als den Marktpreis zu zahlen bereit wären. Beide Gruppen befinden sich „links“ vom Schnittpunkt der Angebots- und Nachfragekurve. Für diese Produzenten bzw. Konsumenten kommt es zu einer **Konsumenten**- bzw. **Produzentenrente.**

Konsumentenrente

Sind einige Nachfrager bereit, das angebotene Produkt auch zu einem Preis anzuschaffen, der über dem Marktpreis (Gleichgewichtspreis) liegt, so sparen sie Geld, wenn sie lediglich den niedrigeren Marktpreis dafür zu zahlen haben. Sie erzielen eine Konsumentenrente. Der **Gesamtbetrag,** der auf diese Weise von allen Nachfragern („links“ des Schnittpunktes) gespart wird, heißt **Konsumentenrente K.** Er ist in der Grafik durch die schraffierte Fläche K gekennzeichnet.

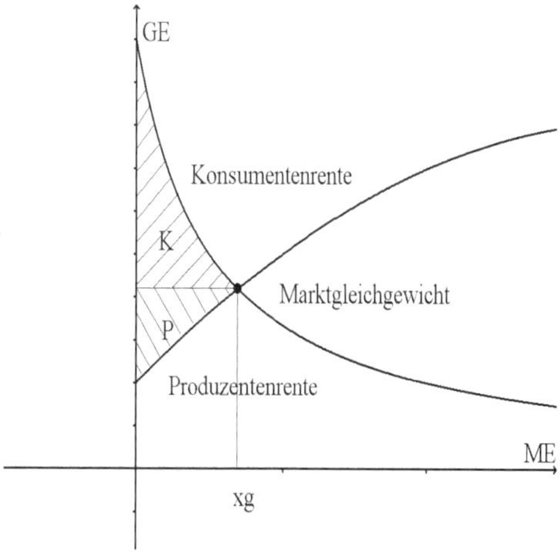

Produzentenrente

Die Produzenten, die bereit sind, ihr Produkt zu einem Preis zu verkaufen, der unter dem Marktpreis liegt, erzielen eine Mehreinnahme, wenn sie statt zum niedrigeren Preis zum Marktpreis verkaufen können. Den so von allen Anbietern erzielten **Gesamtbetrag** bezeichnet man als **Produzentenrente P.** Er ist in der Graphik durch die schraffierte Fläche P „links“ des Schnittpunktes gekennzeichnet.

Beispiel:

Auf einem Markt sind die Nachfragefunktion $p_N(x) = 20 - 0{,}5x^2$ und die Angebotsfunktion $p_A(x) = 0{,}5x^2 + 0{,}5x + 2$ gegeben.

Berechnen Sie:
a) das Marktgleichgewicht,
b) die Konsumentenrente,
c) die Produzentenrente.

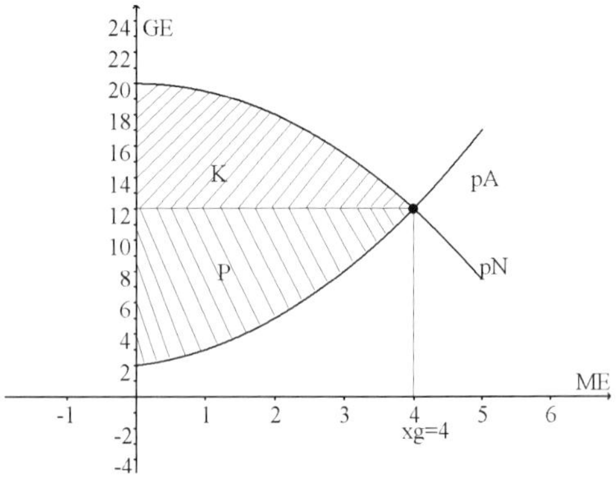

Lösung:

a) Man setzt die beiden Funktionsterme gleich und berechnet die Werte für die Gleichgewichtsmenge x_g und dann für die Preiskoordinate $p_N(4)$ bzw. $p_A(4)$. Marktgleichgewicht: $M_g = (4|12)$

$$p_N(x) = p_A(x)$$
$$20 - 0{,}5x^2 = 0{,}5x^2 + 0{,}5x + 2$$
$$0 = x^2 + 0{,}5x - 18$$
$$\Rightarrow x_1 = -4{,}5 \text{ (unbedeutend)} \wedge \underline{x_2 = 4}$$
$$p_N(4) = 20 - 0{,}5 \cdot 4^2 = \underline{12}$$

Das Marktgleichgewicht liegt in $M_g(4|12)$.

b) Mit Hilfe der Integralrechnung wird die Konsumentenrente K bestimmt. Sie wird dargestellt durch den Flächeninhalt zwischen dem Graphen von f_N, im Intervall [0; 4] und der Parallelen zur x-Achse durch den Punkt M_g (4|12). Sie beträgt 21,33 GE.

$$K = \int_0^4 (20 - 0{,}5x^2 - 12)dx = \left[8x - \frac{1}{6}x^3\right]_0^4$$
$$= (32 - \frac{32}{3}) - (0) = \frac{64}{3} \approx \underline{21{,}33}$$

c) Die Produzentenrente P wird ermittelt durch die Berechnung des Flächeninhalts zwischen der Parallelen zur x-Achse durch den Punkt $M_G(4|12)$ und dem Graphen von p_A im Intervall [0,4]. Sie beträgt 25.33 GE.

$$P = \int_0^4 (12 - (0{,}5x^2 + 0{,}5x + 2))dx$$
$$= \left[10x - \frac{1}{6}x^3 - \frac{1}{4}x^2\right]_0^4$$
$$= (40 - \frac{32}{3} - 4) - (0) = \frac{76}{3} \approx \underline{25{,}33}$$

Merke

Berechnung von Konsumenten- und Produzentenrente

1. Schritt: Berechnung des Marktgleichgewichts $M_G(x_o|p_0)$: Bedingung: $p_N(x) = p_A(x)$
2. Schritt: Berechnung des bestimmten Integrals für die **Renten:**

Konsumentenrente: $K = \int_0^b (p_N(x) - p_0)dx$, **Produzentenrente:** $P = \int_0^b (p_0 - p_A(x))dx$

Übungen

1. Auf einem vollkommenen Markt sind die folgenden Nachfrage- und Angebotsfunktionen gegeben. Berechnen Sie jeweils die Konsumenten- und Produzentenrente. Skizzieren Sie die Graphen im Intervall.

a) $p_N(x) = 0{,}5x^2 + 2$, $p_A(x) = 29 - \frac{3}{2}x$

b) $p_A(x) = x + 3$, $p_N(x) = -\frac{1}{2}x^2 + 20{,}5$

c) $p_A(x) = 0{,}25x^2 + 1$, $p_N(x) = -0{,}25x^2 + 19$

2. Berechnen Sie die Konsumenten- und Produzentenrente, wenn Nachfrage- und Angebotsfunktion bekannt sind.

a) $P_A(x) = x^2 + 60;\ p_N(x) = 132 - x^2$

b) $p_N(x) = -x^3 + 98;\ p_A(x) = \frac{1}{4}x^3 + 18$

3. Kosten-, Erlös- und Gewinnfunktion

Sind in der Ökonomie bei bestimmten Fragestellungen Ableitungsfunktionen vorgegeben und werden die zugehörigen Stammfunktionen gesucht, so können diese mit Hilfe der Integralrechnung bestimmt werden.

Gegeben:		**Gesucht:**
Grenzkostenfunktion	*durch Integration*	Gesamtkostenfunktion
Grenzerlösfunktion	*erhält man:*	Erlösfunktion

Im folgenden Beispiel wird eine **Gesamtkostenfunktion** aus ihrer jeweiligen **Grenzkostenfunktion** ermittelt.

Beispiel:

Gegeben ist die Grenzkostenfunktion $K'(x) = 0{,}3x^2 - 2x + 5$.

a) Bestimmen Sie die Gesamtkostenfunktion unter der Annahme, dass die Fixkosten 10 GE betragen?

b) Bestimmen Sie die Gesamtkostenfunktion, wenn bekannt ist, dass die Gesamtkosten bei einer Ausbringung von 5 ME insgesamt 22,5 GE betragen.

c) Wie groß sind die Gesamtkosten für eine Ausbringungsmenge von 10 ME?

Lösung:

a) Die Gesamtkosten erhält man durch Aufleiten der Grenzkostenfunktion K´. Dabei ergibt sich die Menge von Stammfunktionen, die sich nur in der Konstanten C unterscheiden. Da die Konstante C den Fixkosten 10 GE entspricht, gilt C = 10.	$K'(x) = 0{,}3x^2 - 2x + 5.$ $K(x) = \int K'(x)dx$ $= 0{,}1x^3 - x^2 + 5x + C$ $C = 10$ (Fixkosten) $K(x) = 0{,}1x^3 - x^2 + 5x + 10$
b) Es wird die Bedingung K(5) = 22,5 in die erhaltene Stammfunktion eingesetzt.	$K(x) = 0{,}1x^3 - x^2 + 5x + C \wedge K(5) = 22{,}5$: $0{,}1 \cdot 5^3 - 5^2 + 5 \cdot 5 + C = 22{,}5 \Rightarrow C = 10$
c) Die Gesamtkosten für eine Produktion von 10 ME ergeben sich durch Einsetzen für x in die Kostenfunktion.	$K(x) = 0{,}1x^3 - x^2 + 5x + 10$ $K(10) = 0{,}1 \cdot 10^3 - 10^2 + 5 \cdot 10 + 10 = \underline{60}$

Die gleichen Überlegungen gelten auch für die Ermittlung einer **Erlösfunktion** aus einer Grenzerlösfunktion, da die Erlösfunktion E Stammfunktion der Grenzerlösfunktion E′ ist.

Beispiel:

Gegeben ist die Grenzerlösfunktion $E'(x) = 3 - 2x$.

a) Wie lautet die Erlösfunktion E? Geben Sie die Nachfragefunktion p(x) an.

b) Skizzieren Sie die Graphen von E′ und p in ein Schaubild. Wie groß sind die Gesamtumsatz für eine Ausbringungsmenge von 2 ME.

Lösung:

a) Die Erlösfunktion E wird mit Hilfe der Integralrechnung bestimmt. Dabei ist zu berücksichtigen, dass bei einer Ausbringung von x = 0 der Erlös ebenfalls 0 ist, es gilt: E(0) = 0

Die zugehörige Preisabsatzfunktion wird als Quotient aus E(x) und x ermittelt.

$$E(x) = \int E'(x)dx = \int_0^x (3-2x)dx = \underline{3x - x^2}$$

$$p(x) = \frac{E(x)}{x} = \frac{3x - x^2}{x} = \underline{3 - x}$$

b) Gesamtumsatz für einen Ausbringungsmenge von x = 2 ME:

$E(2) = 3 \cdot 2 - 2 \cdot 2 = \underline{2\text{ GE}}$

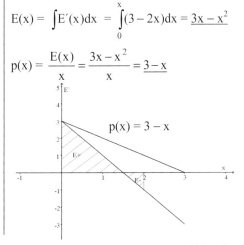

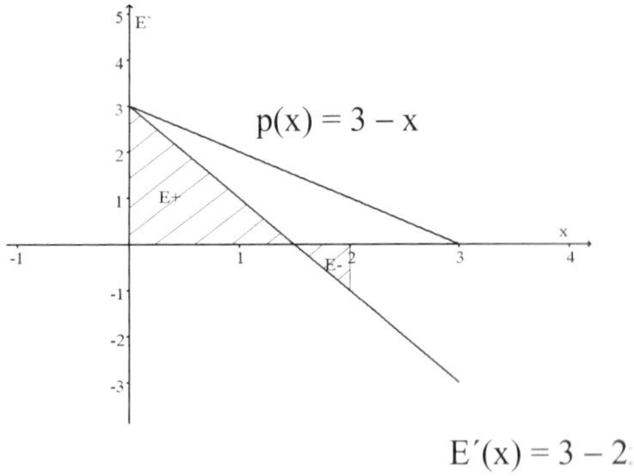

Der **Gewinn** wird als Differenz zwischen Erlös und Gesamtkosten definiert. Sind von der Erlös- und der Kostenfunktion nur ihre Ableitungen bekannt, so wird mit Hilfe der Integralrechnung der Gewinn, in diesem Fall der Bruttogewinn, berechnet. Dabei müssen die Fixkosten berücksichtigt werden, da eine Grenzkostenfunktion keine Aussage über Fixkosten zulässt.

Beispiel:

Gegeben sind Grenzkosten- und Grenzerlösfunktion eines Ein-Produkt-Unternehmens.

$K'(x) = 0{,}3x^2 - 2x + 4$ und $E'(x) = 5 - 0{,}5x$.

a) Ermitteln Sie die Gewinnfunktion, wenn die Fixkosten 5 GE betragen.

b) Wie groß ist der Bruttogewinn bei einem Ausbringungsmenge von 7 ME.

c) Weisen Sie durch Rechnen nach, dass die Schnittstelle von Grenzkosten- und Grenzerlösfunktion die Maximalstelle des Gewinnes ist. Zeichnen Sie K′ und E′.

Lösung:

a) Es gilt: Gewinn = Erlös – Kosten

Mit Hilfe der Integralrechnung wird bei bekannter Grenzerlös- und Grenzkostenfunktion die Gewinnfunktion ermittelt.

Dabei müssen zur Ermittlung der Gewinnes die Fixkosten noch subtrahiert werden.

$$G(x) = E(x) - K(x) = \int (E'(x) - K'(x))dx - K_F$$

$$= \int ((5 - 0{,}5x) - (0{,}3x^2 - 2x + 4))dx - 5$$

$$G(x) = \int (-0{,}3x^2 + 1{,}5x + 1))dx - 5$$

$$= \left[-0{,}1x^3 + 0{,}75x^2 + x\right] - 5$$

$$= \underline{-0{,}1x^3 + 0{,}75x^2 + x - 5}$$

b) Bruttogewinn bei einem Ausbringungsmenge von x = 7 ME:

$GD(7) = -0{,}1 \cdot 7^3 + 0{,}75 \cdot 7^2 + 7 = \underline{9{,}45\ GE}$

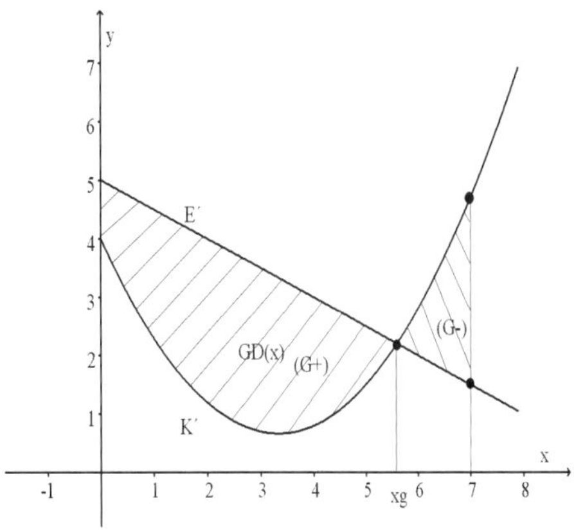

c) Der Nachweis besteht aus zwei Rechnungen:
1. Bestimmung der Maximalstelle x_g der Gewinnfunktion mit der notwendigen Bedingung $G'(x) = 0$ und
2. Bestimmung des Schnittpunktes von Grenzerlös- und Grenzkostenfunktion mit der Bedingung $E'(x) = K'(x)$.

Man stellt die Übereinstimmung des Ergebnisses fest.

1. $G'(x) = -0{,}3x^2 + 1{,}5x + 1$

$G'(x) = 0 = -0{,}3x^2 + 1{,}5x + 1 \quad |: (-0{,}3)$

$0 = x^2 - 5x - 3{,}33 \Rightarrow x_1 \approx \underline{5{,}6\ ME}$

2. $E'(x) = K'(x)$

$5 - 0{,}5x = 0{,}3x^2 - 2x + 4 \quad |-5| +0{,}5x$

$0 = 0{,}3x^2 - 1{,}5x - 1 \quad |:0{,}3$

$0 = x^2 - 5x + 3{,}33 \Rightarrow x_1 \approx \underline{5{,}6\ ME}$

Übung

Gegeben sind die Grenzkosten K´ und Grenzerlös E´ eines Ein-Produkt-Unternehmens durch die Funktionsgleichungen $K'(x) = 3x^2 - 12x + 30$ und $E'(x) = -3x + 30$. Die Fixkosten betragen 8 GE. Ermitteln Sie:

a) die Erlösfunktion E,
b) die Preis-Absatzfunktion p(x),
c) die Kostenfunktion K,
d) Gesamtgewinn bei einem Output von 2 ME,
e) das Erlösmaximum,
f) das Gewinnmaximum.
g) Skizzieren Sie den Sachverhalt.

Aufgaben 8.3

Flächenberechnung

1. Berechnen Sie den Inhalt der Fläche (Fläche oberhalb der x-Achse), die vom Funktionsgraphen, der x-Achse und den Grenzen a und b eingeschlossen wird.

a) $f(x) = 2x^2 + 1$; $a = -1, b = 1$
b) $f(x) = x^2 + x + 1$; $a = 1, b = 3$
c) $f(x) = x^3 + x^2 + 1$; $a = -1, b = 0$
d) $f(x) = x^4 - 4x^2 + 4$; $a = -1, b = 2$

2. Berechnen Sie den Inhalt der Fläche (Fläche unterhalb der x-Achse) die vom Funktionsgraphen, der x-Achse und den Grenzen a und b eingeschlossen wird.

a) $f(x) = x - 4$; $a = -2, b = 4$
b) $f(x) = 1 - x^2$; $a = 1, b = 2$
c) $f(x) = x^2 - 4$; $a = 0, b = 2$
d) $f(x) = (x + 1)^2 - 2$; $a = -1, b = 1$

3. Berechnen Sie den Inhalt der Fläche, die der Graph der Funktion f mit der x-Achse einschließt.
a) $f(x) = 2x^3 - 2x$ b) $f(x) = x^2 - x - 2$ c) $f(x) = 3 - 2x - x^2$
d) $f(x) = 2 + 3x - x^3$ e) $f(x) = 0{,}25x^4 - 2x^2 + 4$ f) $f(x) = x^4 - x^3 - 2x^2$

4. Berechnen Sie den Inhalt der Flächen, die sich zwischen den Graphen der Funktionen f und g befinden.
a) $f(x) = x^2$; $g(x) = x$ (eine Fläche) b) $f(x) = -x^2$; $g(x) = -2$ (eine Fläche)
c) $f(x) = 0{,}5x^2 - 2x$; $g(x) = -1 - x$ (eine Fläche) d) $f(x) = x^3 - x$; $g(x) = x$; (zwei Flächen)
e) $f(x) = x^3 - 3x^2$; $g(x) = -4$ (eine Fläche) f) $f(x) = x^3 + 3x^2$; $g(x) = 4$ (eine Flächen)

5. Berechnen Sie den Inhalt der Flächen zwischen den Graphen von f und g im Intervall I.
a) $f(x) = 2x - 1$; $g(x) = x + 1$;$I = [0; 1]$ b) $f(x) = 2x^2 - 1$; $g(x) = x$; $I = [0; 2]$
c) $f(x) = x^2 + 1$; $g(x) = 1 - x^2$; $I = [-2; 2]$ d) $f(x) = x^3 + 2$, $g(x) = 3x$; $I = [-2; 2]$

6. Gegeben ist die Funktion $f(x) = 4 - x^2$. Durch die Gerade mit der Gleichung $g(x) = 3$ wird die Spitze des Funktionsgraphen von f abgeschnitten. Wie viel % macht diese abgeschnittene Fläche von dem gesamten Flächeninhalt (Flächeninhalt zwischen der x-Achse und dem Graphen von f innerhalb der Nullstellen) aus?

7. Eine ganzrationale Funktion dritten Grades hat im Koordinatenanfangspunkt die Steigung $m = 0$ und bei $x_1 = -1$ den Funktionswert $f(-1) = -0{,}67$. Bei $x_2 = 2$ liegt ein Minimum vor.
a) Wie lautet die Funktionsgleichung?
b) Berechnen Sie den Inhalt der Fläche A, die sich zwischen den Nullstellen des Graphen von f und der x-Achse befindet.

8. Gegeben sind die Funktionen $f(x) = 3x - 0{,}5x^2$ und $g(x) = x$.
a) Berechnen Sie den Inhalt der Fläche, die vom Graphen der Funktion f im ersten Quadranten eingeschlossen wird.
b) Wie groß sind die von beiden Graphen eingeschlossenen Flächen werden?

9. Eine zum Ursprung punktsymmetrische Parabel dritten Grades hat eine Nullstelle bei $x_1 = 2$. Im Ursprung hat sie die Steigung – 2.
a) Berechnen Sie die Funktionsgleichung der Parabel.
b) Berechnen Sie den Inhalt, der von der Parabel mit der x-Achse eingeschlossenen Fläche?

10. Die Funktionen $f(x) = 1 - x^2$ und $g(x) = 2x^2 - 2$ schließen in jedem der vier Quadranten eine Fläche mit den Achsen ein. Berechnen Sie den Inhalt der vier Teilflächen. Welchen Inhalt hat die von beiden Graphen eingeschlossene Gesamtfläche?

Produzenten- und Konsumentenrente

11. Berechnen Sie das Marktgleichgewicht sowie die Konsumenten- und Produzentenrente, wenn Nachfrage- und Angebotsfunktion bekannt sind: $p_A(x) = x^2 + 30$; $p_N(x) = 180 - \frac{1}{2}x^2$.

12. Berechnen Sie das Marktgleichgewicht sowie die Konsumenten- und Produzentenrente, wenn folgende Nachfrage- und Angebotsfunktionen gegeben sind (untere Grenze $x = 0$):
$p_N(x) = 11{,}5 - 0{,}5x^2$; $p_A(x) = 2x + 1$

Kosten-, Erlös- und Gewinnfunktion

13. Gegeben ist die Grenzkostenfunktion $K'(x) = 0{,}6x^2 - 3x + 6$.

a) Wie lautet die Gesamtkostenfunktion, wenn die Fixkosten 7 GE betragen?
b) Wie groß sind die Gesamtkosten für einen Output von 5 ME?
c) Skizzieren Sie die Graphen von K´ und K in ein Schaubild.

14. Gegeben ist die Grenzerlösfunktion $E'(x) = 30 - x$.

a) Wie lautet die Erlösfunktion E? Geben Sie die Preis-Absatzfunktion p(x) an.
b) Skizzieren Sie die Graphen von E´ und p in ein Schaubild.
c) Wie groß ist der Gesamtumsatz für einen Output von 4 ME?
d) Bestimmen Sie das Erlösmaximum.

15. Gegeben sind Grenzkosten- und Grenzerlösfunktion eines Ein-Produkt-Unternehmens $K'(x) = 0{,}3x^2 - 2x + 8$ und $E'(x) = 10 - 0{,}5x$.

a) Ermitteln Sie die Gewinnfunktion wenn die Fixkosten 15 GE betragen.
b) Bestimmen Sie das Gewinnmaximum.
c) Wie groß ist der Gesamtumsatz für einen Output von 7 ME.
d) Weisen Sie durch Rechnen nach, dass die Schnittstelle von Grenzkosten- und Grenzerlösfunktion die Maximalstelle des Gewinns ist.

16. Gegeben sind die Grenzkosten K´ sowie der Grenzerlös E´ eines Ein-Produkt-Unternehmens durch die Funktionsgleichungen $K'(x) = 0{,}6x^2 - 4x + 8$ und $E'(x) = -x + 10$. Die Fixkosten betragen 10 GE. Ermitteln Sie:

a) die Kostenfunktion K und Erlösfunktion E,
b) die Preis-Absatzfunktion p(x),
c) Gesamtgewinn bei einem Output von 6 ME,
d) die gewinnmaximale Absatzmenge.
e) Skizzieren Sie den Sachverhalt.
f) Weisen Sie nach, dass die Schnittstelle von Grenzkosten- und Grenzerlösfunktion die Maximalstelle des Gewinnes ist.

9 Gebrochen-rationale Funktionen

9.1 Grundlagen

In diesem Kapitel werden Funktionen untersucht, deren Terme Brüche enthalten, bei denen die Variable x im Nenner auftritt. Diese Funktionen werden als gebrochen-rationale Funktionen bezeichnet. Beispiele gebrochen-rationaler Funktionen wurden bereits in Kapitel 6 bei Grenzwertbetrachtungen von Funktionen vorgestellt. Bei diesen Funktionen ist besonders zu beachten, dass der Nenner der vorkommenden Brüche nicht null wird, da bekanntlich eine Division durch null nicht erlaubt ist. Dies führt zu einer Einschränkung der Definitionsmenge.

Begriff und Definitionsmenge

Einführungsbeispiel:

Bei der Produktion eines Massenartikels fallen täglich 80,00 € Fixkosten und variable Kosten in Höhe von 2,50 € je produzierte Einheit an.

a) Erstellen Sie die Kostenfunktion K.

b) Ermitteln Sie die Stückkostenfunktion k. Wie hoch sind die Stückkosten bei einer Produktion von x = 100 und x = 500 Stück?

c) Stellen Sie Kosten- und Stückkostenfunktion in einem Schaubild gegenüber.

Lösung:

a) Die Kostenfunktion kann unmittelbar aus den gegebenen Daten ermittelt werden, dabei sind 2,50 € die variablen Stückkosten.

$K(x) = \underline{2{,}50x + 80}$

b) Die **Stückkostenfunktion** gehört mathematisch betrachtet zur Klasse der **gebrochen-rationalen Funktionen,** weil sich die Variable x im Nenner des Bruches $\frac{80}{x}$ befindet. In diesem Fall darf für x nicht die Zahl *Null* eingesetzt werden.

Der Wert des Bruches $\frac{80}{x}$ wird umso kleiner, je größer x wird, da sich die Fixkosten von 80 auf eine größere Stückzahl verteilen: Bei einer Produktion von z. B. 100 Stück sind die Kosten pro Stück 3,30 €, bei 500 produzierten Teilen sind es **nur** noch 2,66 € je Stück.

$$k(x) = \frac{2{,}50x + 80}{x} = \underline{2{,}50 + \frac{80}{x}}$$

$$k(100) = 2{,}50 + \frac{80}{100} = 3{,}30$$

$$k(500) = 2{,}50 + \frac{80}{500} = 2{,}66$$

c) Der Graph von K ergibt eine Linearfunktion, der Graph der Stückkostenfunktion ergibt eine gebrochen-rationale Funktion (Hyperbel) mit der Gleichung: $\mathbf{k(x) = 2{,}50 + \frac{80}{x}}$ **mit** $\mathbf{x \in \mathbb{R}\setminus\{0\}}$.

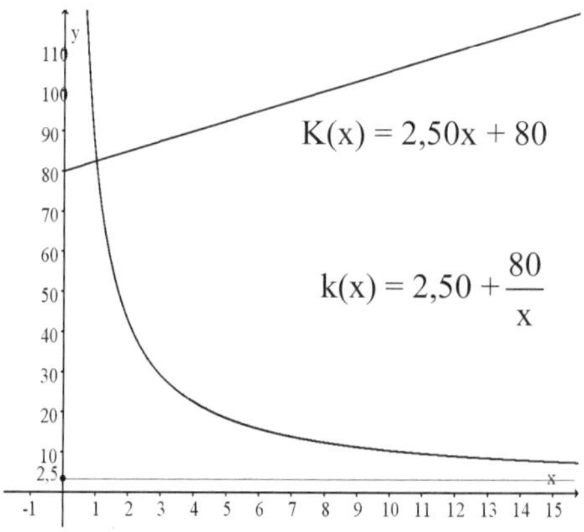

Einfache Beispiele gebrochen-rationaler Funktionen sind: $\mathbf{f(x)=\frac{1}{x}}$ und $\mathbf{f(x)=\frac{1}{x^2}}$

Wertetabellen der Funktionen

x	…	−3	−2	−1	1	2	3	…
$\mathbf{f(x)=\frac{1}{x}}$	…	$-\frac{1}{3}$	$-\frac{1}{2}$	−1	1	$\frac{1}{2}$	$\frac{1}{3}$	…

x	…	−3	−2	−1	1	2	3	…
$\mathbf{f(x)=\frac{1}{x^2}}$	…	$\frac{1}{9}$	$\frac{1}{4}$	1	1	$\frac{1}{4}$	$\frac{1}{9}$	…

Es ist zu erkennen, dass mit zunehmenden Werten von x die Funktionswerte f(x) gegen null gehen.

Die Funktion $\mathbf{f(x)=\frac{1}{x}}$ ist für x = 0 nicht definiert.
Ihr Graph besteht aus zwei Teilen, die im ersten und im dritten Quadranten liegen.
Er schneidet weder die x- noch die y-Achse. Er „schmiegt" sich den beiden Koordinatenachsen an. Man bezeichnet die x-Achse als **Asymptote** und die y-Achse als **Polgerade.** Die Stelle x = 0 heißt **Polstelle.** Der Graph von f heißt **Hyperbel.** Sie verläuft punktsymmetrisch zum Ursprung.
Man sagt, die Funktion f ist **ungerade** (wegen x^1).

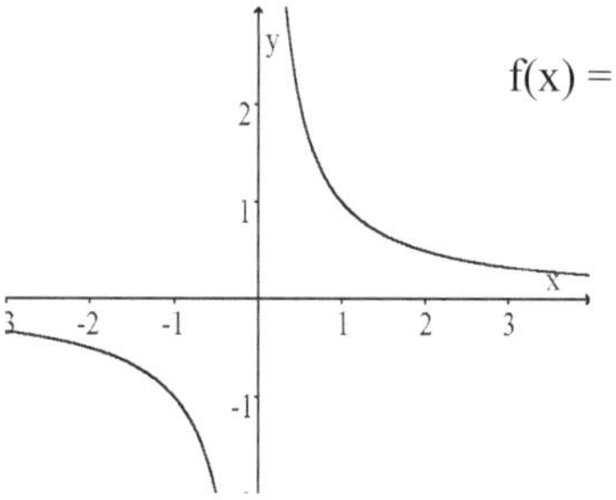

Die Funktion $\mathbf{f(x)=\frac{1}{x^2}}$ ist ebenfalls für x = 0 nicht definiert. Ihr Graph besteht aus zwei Teilen, die im ersten und im zweiten Quadranten liegen. Er schneidet weder die x- noch die y-Achse.
Er „schmiegt" sich den beiden Koordinatenachsen an. Man bezeichnet die y-Achse als **Polgerade** und x-Achse als **Asymptote.** Die Stelle x = 0 heißt **Polstelle.** Der Graph ist symmetrisch zur y-Achse.
Man sagt: Die Funktion f ist **gerade** (wegen x^2).

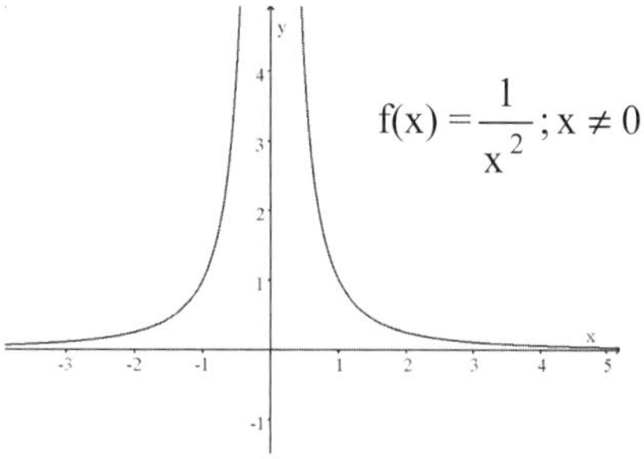

Zu den gebrochen-rationalen Funktionen gehören alle Funktionen, deren Terme in Bruchform gegeben sind und somit aus **Zählerterm und Nennerterm** bestehen, wobei der Nennerterm die Variable x enthält. Diejenigen Werte für **x,** für die der Nenner null wird, gehören nicht zur Definitionsmenge D(f) und müssen ausgeschlossen werden. Sie heißen **Definitionslücken $\mathbf{x_L}$.**

Beispiele:

- $f(x)=\frac{1}{(x+1)^2} \wedge x \neq -1$
- $f(x)=\frac{x+1}{x} \wedge x \neq 0$,
- $f(x)=\frac{2x}{x+5} \wedge x \neq -5$
- $f(x)=\frac{2x+8}{x^2-4} \wedge x \neq \pm 2$

Merke

Die **gebrochen-rationale Funktion** f ist gegeben durch:

$$\mathbf{f(x)=\frac{Z(x)}{N(x)}=\frac{Zählerterm}{Nennerterm}}$$

maximale Definitionsmenge: **D(f) = ℝ\ {Nullstellen des Nenners}**

Beispiel:

Gegeben ist die Funktion $f(x) = \frac{x+1}{2x-2}$; $x \in D(f)$.

a) Bestimmen Sie die Definitionsmenge und die Definitionslücke der Funktion. Zeichnen Sie den Graphen. Wie lautet die Gleichung der Polgeraden?

b) Untersuchen Sie den Graphen von f auf Schnittpunkte mit den Koordinatensachsen.

Lösung:

a) Die **Definitionsmenge** ergibt sich aus der Nullstelle des Nenners:

$2x - 2 = 0 \Rightarrow x = 1$; $\underline{D(f) = \mathbb{R}\setminus\{1\}}$

Definitionslücke: $x = 1$

Gleichung der **Polgeraden:** $\underline{x_P = 1}$

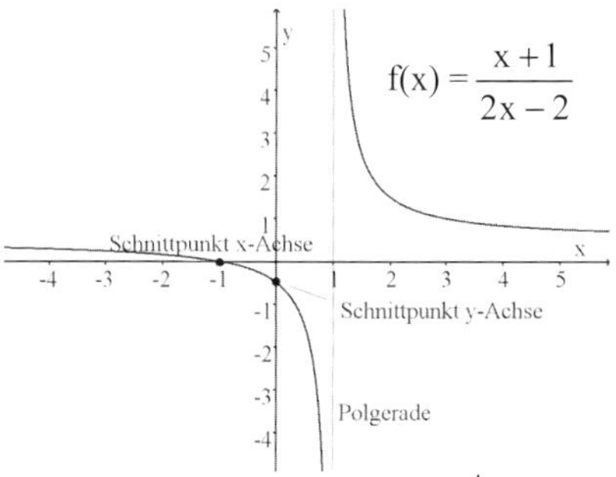

b) Der **Schnittpunkt** mit der **x-Achse** (= Nullstelle) ergibt sich aus der Nullstelle des Zählers.

$0 = x + 1 \Rightarrow \underline{x = -1}$ $\qquad N(-1 \mid 0)$

c) Der **Schnittpunkt** mit der **y-Achse** errechnet sich aus f(0).

$f(0) = \frac{0+1}{2 \cdot 0 - 2} = \underline{-0{,}5}$ $\qquad P(0 \mid -0{,}5)$

Übungen

1. Bestimmen Sie jeweils die Definitionsmenge der Funktionen mit der Grundmenge $G = \mathbb{R}$.

a) $f(x) = \frac{x+3}{x-2}$ b) $f(x) = \frac{x-2}{x+1}$ c) $f(x) = \frac{x^2-4}{x-1}$ d) $f(x) = \frac{x^2+3x-2}{(x-2)(x+1)}$

2. Bestimmen Sie Definitionsbereich, Nullstelle und Schnittpunkt mit der y-Achse von f. Geben Sie auch die Gleichungen der Polgeraden an.

a) $f(x) = \frac{x}{x+2}$ b) $f(x) = \frac{x+1}{x^2-16}$ c) $f(x) = \frac{x^2-1}{4-x^2}$ d) $f(x) = \frac{x^2-4}{x^2-3x}$

Untersuchung von Definitionslücken

Bei der Untersuchung gebrochen-rationaler Funktionen stellt sich die Frage nach dem Verhalten der zugehörigen Funktionsgraphen in der Umgebung ihrer Definitionslücken.

(1) Polstellen

Beispiel:

Gegeben ist die Funktion $f(x) = \frac{x+1}{x-2}$; $x \in D(f)$.

a) Geben Sie die Definitionsmenge D(f) und die Definitionslücke an?

b) Fertigen Sie für $x \in [1; 3]$ eine Wertetabelle an und stellen Sie fest, wie sich die Funktionswerte bei Annäherung an die Definitionslücke verhalten?

c) Berechnen Sie die Nullstelle und den Schnittpunkt mit der y-Achse und zeichnen Sie den Graphen.

Lösung:

a) Die Nullstelle des Nenners befindet sich bei $x_0 = 2$. Es gilt $D(f) = \mathbb{R}\setminus\{2\}$.

$x - 2 = 0 \Rightarrow x = 2$

b) Nähert man sich von beiden Seiten dem Wert 2, so streben die Funktionswerte bei linksseitiger **Annäherung** gegen große negative, bei rechtsseitiger Annäherung gegen große positive Werte. Dies lässt auf einen **Pol mit Vorzeichenwechsel** schließen. Die Funktionswerte streben also bei rechtsseitiger Annäherung gegen $+\infty$ und bei linksseitiger Annäherung gegen $-\infty$.

Wertetafel:

	linksseitig				rechtsseitig		
x	1	1,5	1,9	**2**	2,1	2,5	3
f(x)	−2	−5	−29	nicht definiert	31	7	4

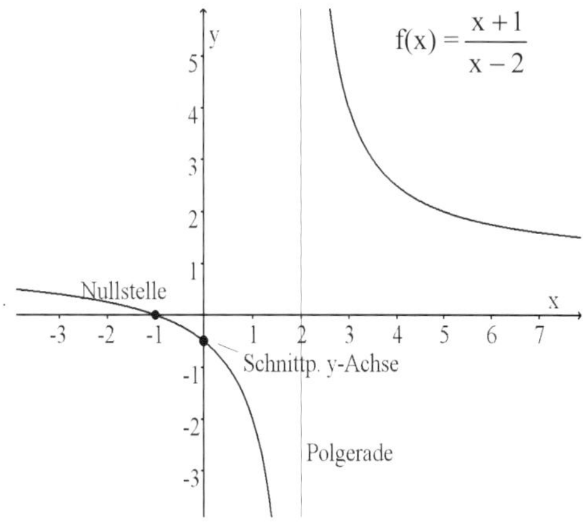

c) Der Zählerterm wird null gesetzt und nach x aufgelöst:

$\frac{x+1}{x-2} = 0 \Leftrightarrow x + 1 = 0 \Rightarrow x = -1$ (Nullst.)

Die *Nullstelle* liegt im Punkt $N(-1|0)$.

Den *Schnittpunkt mit der y-Achse* errechnet man für x = 0: $f(0) = \frac{0+1}{0-2} = -\frac{1}{2}$

Schnittpunkt y-Achse: $P(0|-0{,}5)$.

(2) Hebbare Definitionslücken (Lücken)

Nullstellen des Nennerterms von gebrochen-rationalen Funktionen stellen nicht in jedem Fall Polstellen dar, wie das folgende Beispiel zeigt.

Beispiel:

Gegeben ist die Funktion $f(x) = \frac{x^2 - 1}{x+1}$; $x \in D(f)$.

a) Ermitteln Sie die Definitionsmenge D(f).
b) Fertigen Sie eine Wertetafel für $x \in [-2; 0]$ an und nähern Sie sich der Definitionslücke. Welchem y-Wert nähern sich die Funktionswerte von f an dieser Stelle?
c) Ermitteln Sie die Lücke algebraisch, wie in Kapitel 6 behandelt. Durch welche Zusatzdefinition kann die Lücke in f geschlossen werden?
d) Berechnen Sie die Nullstelle, den Schnittpunkt mit der y-Achse und zeichnen Sie den Graphen.

Lösung:

a) Die Nullstelle des Nenners befindet sich bei $x_0 = -1$. Es gilt $D(f) = \mathbb{R}\setminus\{-1\}$.

$N(x) = 0$
$x + 1 = 0 \Rightarrow x = -1$

−1, so gehen Zähler und Nenner beide gegen null. Die Funktionswerte von f nähern sich aber, – siehe Wertetabelle – der Zahl − 2. Die Zahl − 2 „passt" genau als y-Wert in den Graphen von f, der als Gerade bei $x_0 = -1$ eine hebbare Lücke aufweist, weil sie durch einen einzigen Punkt geschlossen werden kann.

Das bedeutet: Es liegt eine hebbare *Lücke* an der Stelle − 1 vor.

Sie ist behebbar durch die Zusatzdefinition: $f(-1) = -2$, weil f(x) für $x \to -1$ gegen − 2 strebt.

x	−2	−1,5	−1,1	**−1**	−0,9	−0,5	0
f(x)	−3	−2,5	**−2,1**	nicht definiert	**−1,9**	−1,5	−1

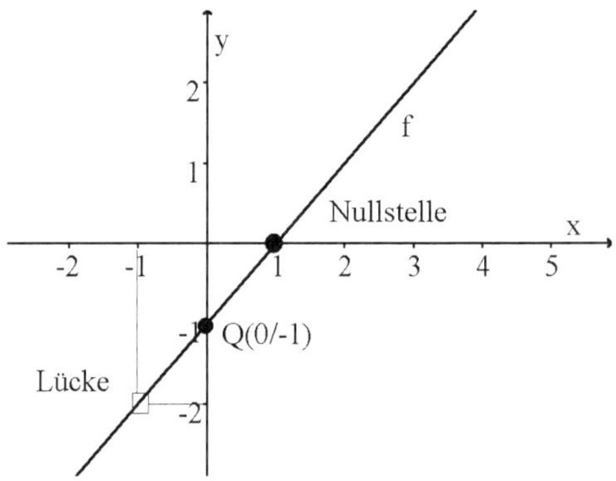

c) Der Zählerterm wird mit Hilfe des 3. binomischen Lehrsatzes in Linearfaktoren zerlegt. Danach wird der Term insgesamt gekürzt, sodass x + 1 der Term einer neuen Funktion h ist. Sie ist mit Ausnahme der Stelle x = − 1 identisch der der Funktion f.

Errechnet man nun h(−1), so erhält man den y-Wert der Lücke, $y_L = -2$ in der Funktion f.

Die Zusatzdefinition gibt den Funktionswert der Funktion h an der Definitionslücke an.

$$\frac{x^2-1}{x+1} = \frac{(x-1)(x+1)}{(x+1)} \;\Big|\; :(x-1)\,;\; x \neq -1$$

$$= x - 1;$$

$\underline{h(x) = x - 1}$ (gekürzte Funktion von f)

$h(-1) = -1 - 1 = -2$ Lücke: $\underline{L(-1|-2)}$

$$f(x) = \begin{cases} \dfrac{x^2-1}{x+1} & \text{für } x \in D(f) \\ -2 & \text{für } x = -1 \end{cases}$$

d) Man setzt den Zählerterm null und berechnet die Nullstelle in N(1|0).

$$\frac{x^2-1}{x+1} = 0 \Leftrightarrow x^2 - 1 = 0 \Rightarrow x_1 = 1 \in D(f);\; N(1|0).$$

$$x_2 = -1 \notin D$$

Die Schnittstelle mit der y-Achse errechnet sich aus x = 0. Q(0|−1).

Schnittpunkt mit der y-Achse: $f(0) = \dfrac{0^2-1}{0+1} = -1$

Merke **(Pole und Lücken)**

Das Schaubild einer gebrochen-rationalen Funktion mit $f(x) = \dfrac{Z(x)}{N(x)}$ mit $x \in D(f)$ besitzt

a) Polstellen in den Nullstellen x_L des Nenners, wenn der Funktionsterm aus Zähler und Nenner nicht gekürzt werden kann oder bereits gekürzt ist,

b) hebbare Lücken, wenn eine Nullstelle x_L des Nenners gleichzeitig auch Nullstelle des Zählers ist. Um die Lücke zu beheben, ist der Funktionsterm von f durch $(x - x_L)$ zu kürzen. Der dadurch erhaltene gekürzte Term h ergibt nach Einsetzen von x_L den Funktionswert der Lücke an. Die Funktion f kann dann durch eine Zusatzdefinition geschlossen werden. Es gilt:

$$\mathbf{f(x) = \begin{cases} f(x) & \text{für } x \in D(f) \\ h(x_L) & \text{für } x = x_L \end{cases}}$$

Übungen

1. Bestimmen Sie die Definitionsmenge und die Polstellen der folgenden Funktionen. Untersuchen Sie das Verhalten in der Umgebung der Polstellen und geben Sie die Gleichungen der Polgeraden an. Bestimmen Sie auch die Schnittpunkte mit den Achsen.

a) $f(x)=\frac{x-1}{x+2}$ b) $f(x)=\frac{x+3}{x-1}$ c) $f(x)=\frac{2x-4}{x+2}$ d) $f(x)=\frac{4x}{(x-4)^2}$

2. Bestimmen Sie die Definitionsmenge der folgenden Funktionen und untersuchen Sie die Art der Definitionslücke. Ermitteln Sie bei Vorliegen hebbarer Lücken die Zusatzdefinition, mit der der Graph der Funktion „geschlossen“ werden kann. Bestimmen Sie auch die Schnittpunkte mit den Achsen.

a) $f(x)=\frac{4x+4}{x+1}$ b) $f(x)=\frac{x^2-1}{x-1}$ c) $f(x)=\frac{x^2+x}{x}$ d) $f(x)=\frac{x^2-9}{x+3}$

Asymptoten

Auch das Verhalten für $\mathbf{x \to \pm\infty}$ (Unendlichkeitsverhalten oder **asymptotisches Verhalten**) wurde in Kapitel 6 bereits dargestellt und untersucht. Die Vorgehensweise soll an dieser Stelle an drei Beispielen kurz wiederholt werden.

Beispiel:

Gegeben sind die Funktionen:

1) $f(x)=\frac{x}{x^2-1}$ 2) $f(x)=\frac{2x-2}{x-2}$ 3) $f(x)=\frac{x^2+4}{2x}$ mit $x \in D(f)$

a) Bestimmen Sie die Definitionsmenge der Funktion und bestimmen Sie die Polstellen.
b) Untersuchen Sie das Unendlichkeitsverhalten der drei Funktionen. Fertigen Sie eine Skizze an.

Lösung:

a) Die Definitionsmenge ergibt sich aus der Nullstelle des Nenners.

$x^2-1=0 \Rightarrow x_1=1;\ x_2=-1;\ D(f)=\mathbb{R}\backslash\{-1,1\}$

Polgeraden: $x=1$ und $x=-1$

Der Zählergrad (1) ist kleiner als der Nennergrad (2), daher ist $\lim\limits_{x\to\infty} f(x)=\lim\limits_{x\to-\infty} f(x)=0$.

Gleichung der Asymptote $y_{As}=0$.

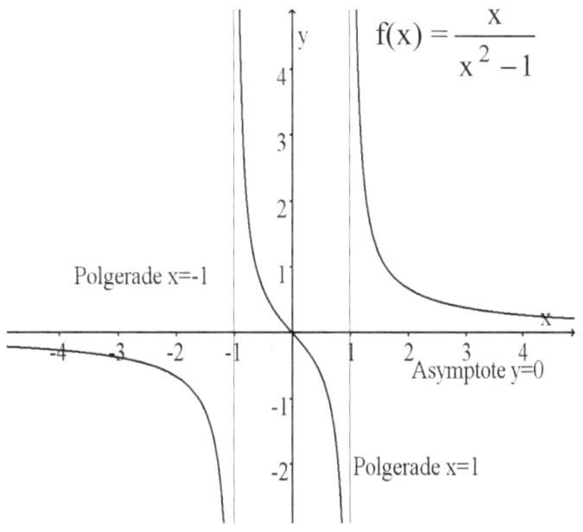

18 Haarmann, Thun ISBN 978-3-8120-0504-3

b) Die Definitionsmenge ergibt sich aus der Nullstelle des Nenners. $x - 2 = 0 \Rightarrow x = 2$

$D(f) = \mathbb{R}\setminus\{2\}$ Polgerade: $x = 2$

Der Zählergrad (1) ist gleich dem Nennergrad (1), daher ist $\lim\limits_{x\to\infty} f(x) = \lim\limits_{x\to-\infty} f(x) = 2$.

Gleichung der Asymptote $y_{As} = 2$.

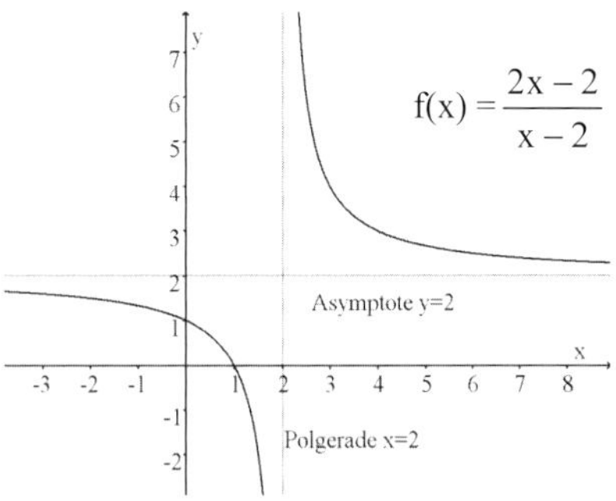

c) Definitionsmenge ist $D(f) = \mathbb{R}\setminus\{0\}$.

Der Zählergrad (2) ist größer als der Nennergrad (1). Daher erfolgt eine Polynomdivision (Z(x) : N(x)).

$(x^2 + 4) : 2x = 0{,}5x + \frac{2}{x}$. Die Gleichung der Asymptote ergibt sich aus dem ganzrationalen Teil $0{,}5x$ ($y_{As} = 5x$), da der Term $\frac{2}{x}$ für $x \to \infty$ gegen null geht.

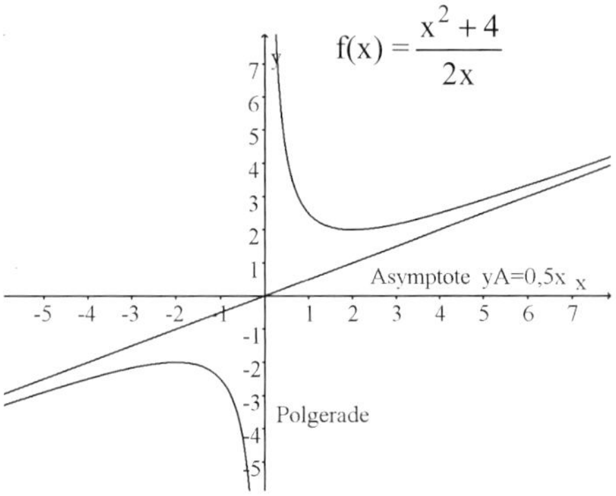

Merke **(Gleichung der Asymptoten)**

1. Zählergrad **kleiner** Nennergrad: Die Asymptote liegt auf der x-Achse, $\mathbf{y_{As} = 0}$.
2. Zählergrad **gleich** Nennergrad: Die Asymptote verläuft **waagerecht.** Ihre Gleichung ergibt sich aus dem Quotient der Werte vor der höchsten Potenz in Zähler und Nenner.
3. Zählergrad **um 1 größer** als Nennergrad. Graph hat eine **schiefe** Asymptote. Die Asymptotenfunktion wird durch Polynomdivision ermittelt.

Übung

Geben Sie, wenn möglich, die Gleichung der Asymptoten ohne Rechnung an bzw. ermitteln Sie mit Hilfe einer Polynomdivision die Gleichung der Asymptoten.

a) $f(x) = \frac{x}{x^2-2}$ b) $f(x) = \frac{x+2}{x^2-1}$ c) $f(x) = \frac{4x-2}{x^2}$ d) $f(x) = \frac{2x+3}{x+1}$ e) $f(x) = \frac{2x^2-x}{4x^2+2}$

f) $f(x) = \frac{x^2+4}{x}$ g) $f(x) = \frac{x^2+x}{x}$ h) $f(x) = \frac{x^2-2x}{x-1}$ i) $f(x) = \frac{x^2-4}{x+1}$ j) $f(x) = \frac{3x^2+x}{2x+1}$

Aufgaben 9.1

1. Gegeben sind die Funktionen $f(x) = \frac{x^2}{2x-2}$; $x \in D(f)$ und $f(x) = \frac{x+4}{4-2x}$; $x \in D(f)$.

a) Bestimmen Sie die Definitionsmenge D(f) der Funktionen und geben Sie die Polstelle an.
b) Untersuchen Sie die Graphen von f auf Schnittpunkte mit den Koordinatensachsen.
c) Untersuchen Sie das asymptotische Verhalten der Graphen von f.

2. Ordnen Sie jedem der sechs Graphen eine der acht Funktionsgleichungen zu.

1) $f(x)=\dfrac{2}{x-1}$

2) $f(x)=\dfrac{x}{x+4}$

3) $f(x)=\dfrac{2x}{x^2+1}$

4) $f(x)=\dfrac{8x}{x^2+1}$

5) $f(x)=\dfrac{x^2-4}{1-x^2}$

6) $f(x)=\dfrac{2x}{x+1}$

7) $f(x)=\dfrac{2-x^2}{x-1}$

8) $f(x)=\dfrac{5x}{x^2+4}$

a)

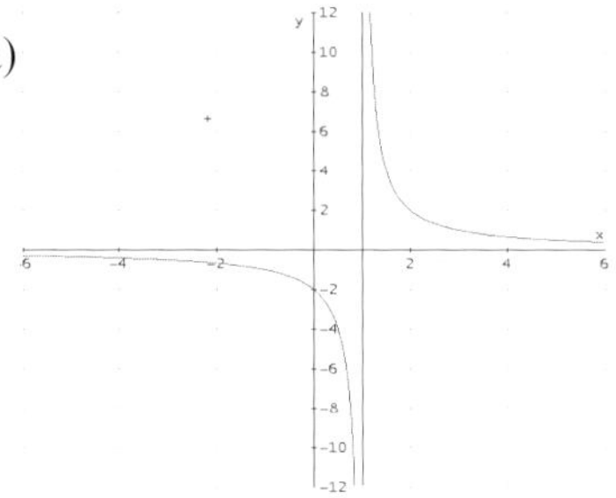

b)

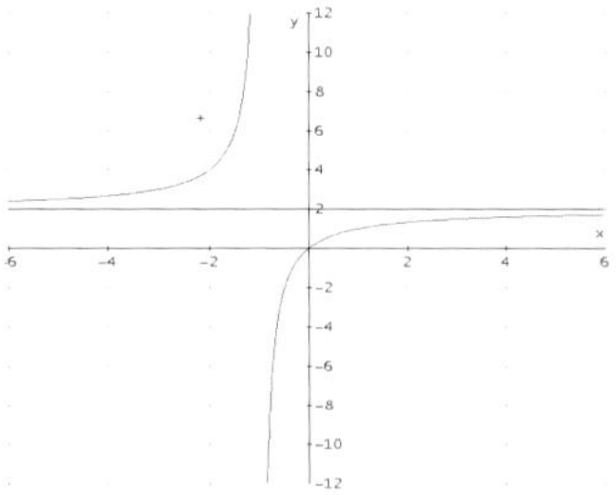

c)

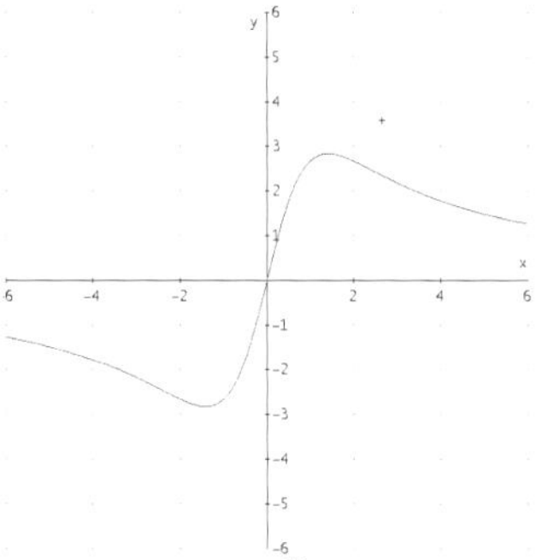

d)

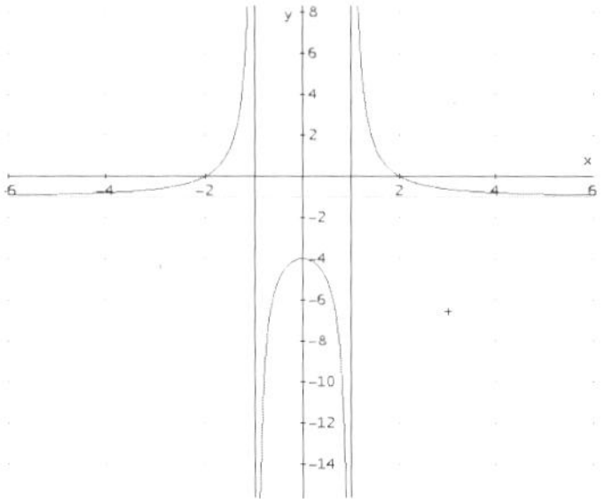

e)

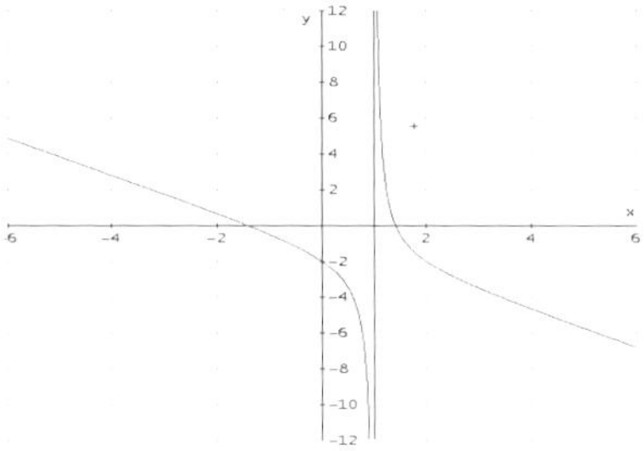

f)

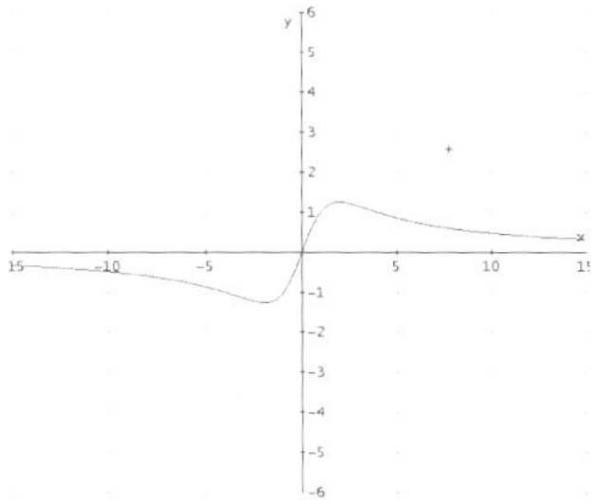

3. Gegeben sind folgende Funktionen f:

a) $f(x)=\dfrac{x}{x^2-1}$; b) $f(x)=\dfrac{3x}{1-3x}$; c) $f(x)=\dfrac{x^2}{4-x^2}$; d) $f(x)=\dfrac{x^2-1}{x^2-4x}$; e) $f(x)=\dfrac{x^2+x}{x^2-9}$

1. Bestimmen Sie jeweils: Definitionsmenge, Art der Definitionslücken, Nullstellen und die Gleichung der Asymptoten.
2. Zeichnen Sie die Graphen der Funktionen unter Verwendung der unter 1. ermittelten Ergebnisse.

4. Suchen Sie den Funktionsterm einer Funktion, die die folgenden Eigenschaften hat. Ist die Funktion eindeutig bestimmt?

a) Definitionslücken bei $x_1=-2$ und $x_2=2$. Nullstelle bei $x=5$. Schnittstelle mit der y-Achse bei $y=1{,}25$. Asymptote ist die x-Achse.

b) Definitionslücke bei $x=0$. Nullstellen bei $x_1=-1$ und $x_2=1$. Asymptote $a(x)=x$.

c) Keine Nullstelle. Polgerade geht durch $x=-2$. Asymptote ist die x-Achse.

9.2 Ableitung und Kurvendiskussion von gebrochen-rationalen Funktionen

Die Quotientenregel

Um anwendungsbezogene Probleme, insbesondere aus den Bereichen Gesundheit und Wirtschaft, zu behandeln, müssen die bisher behandelten Betrachtungen über gebrochen-rationale Funktionen erweitert werden. Dies geschieht mit Hilfe der Ableitungsfunktionen.
Die Bestimmung der Ableitungsfunktion f′ einer Funktion f, gebildet durch den

Quotienten $\mathbf{f(x) = \frac{u(x)}{v(x)}}$, geschieht mit Hilfe der **Quotientenregel.**

Merke

Sind die Funktionen u und v an der Stelle x_0 differenzierbar und ist $v(x_0) \neq 0$, ist auch ihr Quotient $\frac{u(x)}{v(x)}$ an der Stelle x_0 differenzierbar. Es gilt für alle $x = x_0$ und $x \in D(f)$:

$$f'(x) = \frac{u'(x) \cdot v(x) - u(x) \cdot v'(x)}{(v(x))^2} \qquad \text{Kurzform: } f' = \frac{u' \cdot v - u \cdot v'}{v^2}$$

Ihre Gültigkeit soll an einem besonderen Beispiel (Nenner ohne Summe) veranschaulicht werden.

Beispiel:

Gegeben ist die Funktion $f(x) = \frac{2x + 2}{x^2}$. Ermitteln Sie die Ableitungsfunktion f′

a) mit Hilfe der Summen- und Potenzregel nach Aufspalten des Funktionsterms,
b) mit Hilfe der Quotientenregel.

Zeigen Sie die Übereinstimmung der erhaltenen Ableitungsfunktionen.

Lösung:

a) Der Funktionsterm wird in zwei Summanden aufgespalten. Jeder Summand kann dann nach der Potenzregel für Potenzen mit negativen Exponenten abgeleitet werden.

$$f(x) = \frac{2x + 2}{x^2} = \frac{2x}{x^2} + \frac{2}{x^2} = \frac{2}{x} + \frac{2}{x^2}$$

$\frac{2}{x} = 2x^{-1}$ ergibt abgeleitet $-2x^{-2} = -\frac{2}{x^2}$

$\frac{2}{x^2} = 2x^{-2}$ ergibt abgeleitet $-4x^{-3} = -\frac{4}{x^3}$.

Beide Ableitungsterme werden zu einem Bruchterm mit dem Hauptnenner x^3 zusammengefasst.

$$f'(x) = -\frac{2}{x^2} - \frac{4}{x^3} = \underline{\underline{\frac{-2x - 4}{x^3}}}$$

b) Bei der Anwendung der Quotientenregel werden die Ableitungen von Zähler und Nenner gebildet

$u(x) = 2x + 2 \qquad u'(x) = 2$
$v(x) = x^2 \qquad v'(x) = 2x$

und entsprechend der Regel zusammengefasst. Durch Kürzen mit x erhält man die Ableitungsfunktion. Sie führt zum selben Ergebnis wie bei a).

Quotientenregel: $f'(x) = \frac{u'v - uv'}{v^2}$

Eingesetzt:

$$f'(x) = \frac{2x^2 - (2x + 2)2x}{x4} = \frac{-2x^2 - 4x}{x^4}$$

$$= \underline{\underline{\frac{-2x - 4}{x^3}}}$$

Die Anwendung der Quotientenregel soll an zwei weiteren Beispielen gezeigt werden:

Beispiele:

Ermitteln Sie die Ableitungsfunktion f′ der Funktionen

a) $f(x) = \dfrac{2x+1}{5x+2}$ und b) $f(x) = \dfrac{4x+4}{2x^2}$.

Lösung:

a) Man zerlegt den Bruchterm in Zähler- und Nennerterm u(x) bzw. v(x), leitet beide ab und wendet die Quotientenregel an.

$$f(x) = \frac{2x+1}{5x+2};\quad u(x) = 2x+1 \Rightarrow u'(x) = 2,\quad v(x) = 5x+2 \Rightarrow v'(x) = 5$$

$$f'(x) = \frac{2(5x+2)-(2x+1)5}{(5x+2)^2} = \frac{10x+4-10x-5}{(5x+2)^2} = \underline{\frac{-1}{(5x+2)^2}}$$

b) Der Bruchterm wird in Zähler und Nenner zerlegt und jeweils abgeleitet. Mit Hilfe der Quotientenregel ermittelt man die Ableitungsfunktion.
Durch Vereinfachen im Zähler und Kürzen von 4x im Zähler und Nenner erhält man den Ableitungsterm von f′.

$$f(x) = \frac{4x+4}{2x^2};\quad u(x) = 4x+4 \Rightarrow u'(x) = 4,\quad v(x) = 2x^2 \Rightarrow v'(x) = 4x$$

$$f'(x) = \frac{4\cdot 2x^2-(4x+4)4x}{(2x^2)^2} = \frac{-8x^2-16x}{4x^4} = \underline{\frac{-2x-4}{x^3}}$$

Übungen

1. Schreiben Sie die Funktionsterme zunächst als Summe und leiten Sie dann ab. Überprüfen Sie das erhaltene Ergebnis mit der Quotientenregel.

a) $f(x) = \dfrac{x^2+1}{x^2}$ b) $f(x) = \dfrac{2x-4}{x}$ c) $f(x) = \dfrac{3x^2+4x-1}{2x^2}$ d) $f(x) = \dfrac{4x-2}{x^2}$

2. Bestimmen Sie die erste Ableitung der folgenden Funktionen mit Hilfe der Quotientenregel.

a) $f(x) = \dfrac{x}{x^2-1}$ b) $f(x) = \dfrac{2}{x^2-1}$ c) $f(x) = \dfrac{x-1}{x2+1}$ d) $f(x) = \dfrac{4x-2}{x-2}$

3. Welche Steigung hat der Graph der Funktion f mit der Gleichung $f(x) = \dfrac{2}{x+1}$ an der Stelle 2?

Bestimmen Sie auch die Gleichung der Tangente, die durch den Punkt P(1|?) an die Kurve zu f gelegt werden kann.

Kurvendiskussion von gebrochen-rationalen Funktionen

Die Kurvenuntersuchung gebrochen-rationaler Funktionen geschieht nach einem ähnlichen Schema wie bei den ganzrationalen Funktionen. Allerdings kommt hier die Betrachtung der Definitionslücken und ihrer Umgebungen sowie die Bestimmung von Asymptoten dazu.

Beispiel:

Führen Sie eine vollständige Kurvendiskussion durch, indem Sie die Funktion $f(x) = \frac{2x-1}{x^2}$ auf ihre Definitionsmenge, Polstellen und ihre Umgebung, Schnittstellen mit beiden Achsen, Asymptoten, Hoch-, Tief- und Wendepunkte untersuchen und den Graphen zeichnen.

Lösung:

Definitionsmenge, Definitionslücken
Bei x = 0 liegt die Nullstelle des Nennerterms. Die y-Achse ist Polgerade (senkrechte Asymptote), sie hat die Gleichung x = 0.

$x^2 = 0 \Rightarrow x = 0 \quad D(f) = \mathbb{R}\setminus\{0\}$
Definitionslücke bei x = 0

Umgebung der Definitionslücke
Die Funktion f hat zu beiden Seiten der Polstelle gleiche Vorzeichen. Es liegt eine Polstelle **ohne Vorzeichenwechsel** vor. Man testet das durch Einsetzen benachbarter Werte von 0.

$x_1 = 0{,}1; \quad x_2 = -0{,}1$
$f(0{,}1) = -80 \quad f(-0{,}1) = -120$

Schnittstellen mit den Achsen
Nullstellen der Funktion f sind die Nullstellen des Zählerterms, wenn gleichzeitig der Nennerterm für die Werte von x_0 **ungleich** null ist.

$\frac{2x-1}{x^2} = 0 \Leftrightarrow 2x - 1 = 0 \Rightarrow \underline{x_0 = 0{,}5} \in D(f).$

Es gibt eine Nullstelle in N(0,5|0).

Eine Schnittstelle mit der **y-Achse** existiert nicht, da $x = 0 \notin D(f)$.

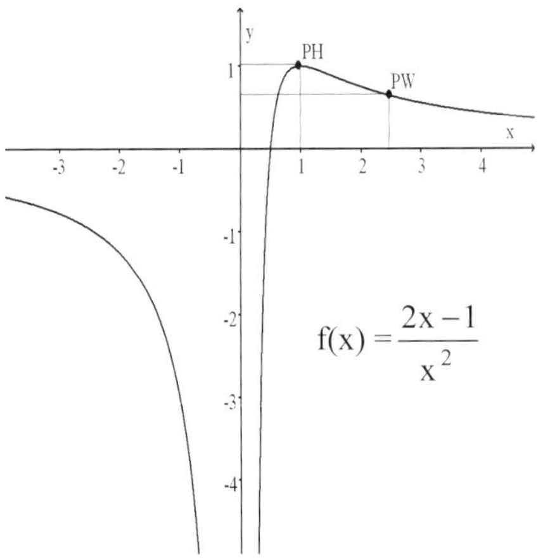

Asymptoten
Senkrechte Asymptote ist die Polgerade mit x = 0 (= y-Achse).
Die Asymptote für $x \to \pm\infty$ ist die **x-Achse**, da der Nennergrad (2) größer ist als der Zählergrad (1). Es gilt: $y_{As} = 0$.

Hoch-und Tiefpunkte
Für die **notwendige** Bedingung von Extrempunkten wird die erste Ableitung von f mit Hilfe der Quotientenregel ermittelt.

Überprüfung an der notwendigen Bedingung: $f'(x) = 0$

$f(x) = \frac{2x-1}{x^2}, \quad u(x) = 2x-1 \Rightarrow u'(x) = 2$
$v(x) = x^2 \Rightarrow v'(x) = 2x$

$$f'(x) = \frac{2x^2 - (2x-1)2x}{(x^2)^2} = \frac{2x^2 - (4x^2 - 2x)}{x^4}$$
$$= \frac{-2x+2}{x^3};$$

Man setzt die 1. Ableitung gleich null und berechnet x. Für x = 1 ergibt sich eine mögliche Extremstelle unter Voraussetzung, dass die hinreichende Bedingung erfüllt ist, hierzu ist $f''(1)$ zu untersuchen. Damit kann festgestellt werden, ob ein Hoch- oder ein Tiefpunkt bei x = 1 vorliegt.

$$\frac{-2x+2}{x^3} = 0 \quad \Leftrightarrow \quad -2x+2=0 \Rightarrow \underline{x = 1 \in D(f)}$$

Überprüfung an der 2. Ableitung:

$$f'(x) = \frac{-2x+2}{x^3}; \quad u(x) = -2x+2 \Rightarrow u'(x) = -2$$
$$v(x) = x^3 \Rightarrow v'(x) = 3x^2$$

$$f''(x) = \frac{-2x^3 - (-2x+2)3x^2}{(x^3)^2} = \frac{4x-6}{x^4}; \; f''(1) = -2 < 0$$

Die Berechnung des zugehörigen y-Wertes erfolgt durch Einsetzen der gefundenen Extremstelle in die Ausgangsgleichung zu f.

$$f(1) = \frac{2\cdot 1 - 1}{1^2} = 1; \text{ Hochpunkt in } H(1|1).$$

Wendepunkt

Für die notwendige Bedingung wird $f''(x) = 0$ gesetzt. Auf die Überprüfung mit der hinreichenden Bedingung $f'''(x) \neq 0$ soll verzichtet werden. Den y-Wert des Wendepunktes erhält man durch Einsetzen des x-Wertes der Wendestelle in die Funktion f.

$$f''(x) = 0 = \frac{4x-6}{x^4} \Rightarrow x = 1{,}5; \quad P_W(1{,}5 \,|\, 0{,}89)$$

Übung

Untersuchen Sie Funktion **1.** $f(x) = \frac{x^2}{x+4}$ und **2.** $f(x) = \frac{2x}{x^2+1}$ und $x \in D(f)$ hinsichtlich

a) Definitionsmenge,
b) Polstelle und ihrer Umgebung,
c) Schnittpunkt(e) mit der x- und y-Achse,
d) Verhalten im Unendlichen (Asymptote),
e) Hoch-, Tief- und Wendepunkte des Graphen von f.
f) Skizzieren Sie den Graphen einschließlich der Asymptoten soweit vorhanden.

Aufgaben 9.2

1. Leiten Sie die folgenden Funktionen einmal (zweimal) ab.

a) $f(x) = \frac{x}{x+1}$ b) $f(x) = \frac{2}{x^2+4}$ c) $f(x) = \frac{x^2-1}{x}$ *d) $f(x) = \frac{1-x^2}{x^2+2}$

2. Bestimmen Sie, soweit vorhanden, den Hoch- bzw. Tiefpunkt und Wendepunkt der Graphen folgender Funktionen. Skizzieren Sie den Graphen von f.

a) $f(x) = \frac{2x}{x^2+1}$ b) $f(x) = \frac{4x}{2+x^2}$ c) $f(x) = \frac{4x^2-2}{x+1}$ d) $f(x) = \frac{1-x^2}{x^2+10}$

3. Untersuchen Sie folgende Funktionen bzw. ihre Graphen, soweit vorhanden, auf:

a) Definitionsmenge D(f),
b) Schnittpunkte mit den Koordinatensachsen,
c) Asymptote ($x \to \pm\infty$),
d) Polgerade,
e) Extremwerte (Hochpunkt, Tiefpunkt),
f) Wendepunkt.
g) Fertigen Sie eine Skizze vom Graphen und Polgeraden an.

(1) $f(x) = \frac{1}{x+3}$ (2) $f(x) = \frac{x^2}{x-1}$ (3) $f(x) = \frac{4x}{x^2+1}$ (4) $f(x) = \frac{2x^2}{x^2+4}$ (5) $f(x) = \frac{2-x}{4-x^2}$

9.3 Anwendungen der gebrochen-rationalen Funktionen

1. Stückkosten und Grenzstückkosten

Bereits in den vorausgegangenen Kapiteln wurde immer wieder auf das Kostenmodell verwiesen. Als Modell für einen Gesamtkostenverlauf wird gewöhnlich eine ganzrationale Funktion 3. Grades gewählt, da sie zu einem **s-förmigen Kostenverlauf** führt (vgl. Abschnitt 7.5).
Außer diesen Kosten sind noch weitere Kostengrößen von Bedeutung, so zum Beispiel die gesamten Stückkosten (Durchschnittskosten) und die variablen Stückkosten.

Gesamtstückkosten

Werden die Gesamtkosten K auf eine produzierte Einheit (z. B. ein Stück) bezogen, so ergeben sich die gesamten Stückkosten k.

Man versteht unter den **gesamten Stückkosten k(x)** (mathematisch) den Quotienten aus Gesamtkosten und den produzierten Mengeneinheiten x.
Unter den **Grenzstückkosten k′** die erste Ableitung der gesamten Stückkosten.

$$k(x) = \frac{K(x)}{x}$$

Variable Stückkosten

Werden nur die **variablen** Kosten K_v auf eine produzierte Einheit (z. B. ein Stück) bezogen, so ergeben sich die **variablen** Stückkosten k_v.

Man versteht unter den **variablen Stückkosten k(x)** (mathematisch) den Quotienten aus variablen Gesamtkosten und den produzierten Mengeneinheiten x.
Unter den variablen **Grenzstückkosten k_v'** die erste Ableitung der variablen Stückkosten.

$$k_v(x) = \frac{K_v(x)}{x}$$

Bevor der mathematische Zusammenhang an einem Beispiel erarbeitet wird, werden die ökonomischen Begrifflichkeiten in einer Zusammenfassung dargestellt.

Von besonderer Wichtigkeit bei Kostenbetrachtungen ist die Minimalstelle der Stückkostenfunktionen k. Man erhält sie aus der notwendigen Bedingung **$k'(x) = 0$,** was der Nullstelle der **Grenzstückkostenfunktion k′** entspricht. Diese Stelle wird in der Betriebswirtschaftslehre als **Betriebsoptimum (BO)** bezeichnet. Ihren zugehörigen Funktionswert k(x) bezeichnet man als **langfristige Preisuntergrenze.** Ein am Markt erzielter Stückpreis „deckt" bei dieser Ausbringungsmenge gerade noch die anfallenden variablen und fixen Kosten.

Die Minimalstelle der variablen Stückkostenfunktion k_v erhält man aus der notwendigen Bedingung **$k_v'(x) = 0$**, was der Nullstelle der variablen Grenzstückkostenfunktion entspricht.

Diese Stelle wird in der Betriebswirtschaftslehre **Betriebsminimum (BM)** genannt und der zugehörige Funktionswert $k_v(x)$ heißt **kurzfristige Preisuntergrenze.**

Ein am Markt erzielter Stückpreis deckt bei dieser Ausbringungsmenge gerade noch die variablen Kosten. Wird er unterschritten, muss die Produktion eingestellt werden, weil sie auch kurzfristig nicht mehr lohnt.

Am folgenden Beispiel werden mit Hilfe der Differenzialrechnung die obigen ökonomischen Beschreibungen verdeutlicht.

Beispiel:

Gegeben ist die Kostenfunktion eines Betriebes mit $K(x) = x^3 - 3x^2 + 4x + 4$; $x \geq 0$.

a) Geben Sie beide Stückkostenfunktionen k und k_v an und ermitteln Sie daraus die Grenzstückkostenfunktionen k' und k_v'. Berechnen Sie das Betriebsminimum BM und die kurzfristige Preisuntergrenze.

b) Berechnen Sie auch das Betriebsoptimum BO und die langfristige Preisuntergrenze (das Betriebsoptimum ist ganzzahlig).
Zeigen Sie durch zwei Testeinsetzungen in $k'(x)$, dass die Kosten im BO bei Ausdehnung um eine Einheit am geringsten sind.

c) Skizzieren Sie die Graphen von K, k, und k_v in ein Schaubild.

Lösung:

a) Man bestimmt die variable Stückkostenfunktion, ermittelt dann als erste Ableitung die variable Grenzstückkostenfunktion k_v'. Die Nullstelle ergibt das Betriebsminimum, es liegt bei $x_{min} = 1,5$ ME.
Setzt man den Wert von x_{min} für x in den Funktionsterm von k_v ein, so erhält man die **kurzfristige** Preisuntergrenze von 1,75 GE.

$$k_v(x) = \frac{x^3 - 3x^2 + 4x}{x}$$

$$k_v(x) = x^2 - 3x + 4$$

$$k'_v(x) = 2x - 3$$

$$2x - 3 = 0 \Rightarrow x_{min} = \underline{1,5}$$

$$k_v(1,5) = 1,5^2 - 3 \cdot 1,5 + 4 = \underline{1,75}$$

b) Um das **Betriebsoptimum** zu bestimmen, wird die Stückkostenfunktion k ermittelt. Man bestimmt ihre Ableitungsfunktion (= Grenzstückkostenfunktion k´), vereinfacht diese und berechnet durch „Probieren" ihre ganzzahlige Nullstelle bei x = 2.
Beim „Probieren" ist vorauszusetzen, dass der Wert des Betriebsoptimums größer ist als der Wert des Betriebsminimums. Aus diesem Grunde ist es ratsam, zuerst das BM zu bestimmen.
Setzt man den Wert von $x_{opt} = 2$ in den Funktionsterm von k ein, so erhält man die **langfristige** Preisuntergrenze von 4 GE.
Man setzt z. B. x = 2 bzw. x = 3 in die Grenzstückkostenfunktion $k'(x)$ ein und berechnet die Kostenverringerung bzw. Kostenerhöhung bei **einer** zusätzliche produzierten Einheit.

$$k'(2) = 2 \cdot 2 - 3 - \frac{4}{2^2} = \underline{0};$$ d.h., wird die Produktion, ausgehend von 2 ME, um eine Einheit erweitert, so verändern sich die Stückkosten nicht.

$$k'(3) = 2 \cdot 3 - 3 - \frac{4}{3^2} = \underline{2,56};$$ da $k'(3) > 0$, entsteht ein Stückkostenzuwachs von 2,56 GE bei einer zusätzlich produzierten Einheit; ausgehend von 3 ME.

$$k(x) = \frac{x^3 - 3x^2 + 4x + 4}{x}$$

$$k(x) = x^2 - 3x + 4 + \frac{4}{x}$$

$$k'(x) = 2x - 3 - \frac{4}{x^2}$$

$$0 = 2x - 3 - \frac{4}{x^2} \quad | \cdot x^2$$

$$0 = 2x^3 - 3x^2 - 4 \quad | : 2$$

$$0 = x^3 - 1,5x^2 - 2 \Rightarrow x_{opt} = \underline{2}$$

$$k(2) = 2^2 - 3 \cdot 2 + 4 + \frac{4}{2} = \underline{4}$$

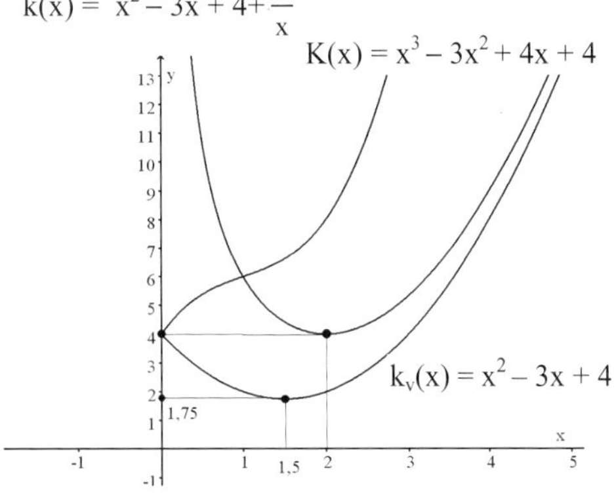

Übung

Gegeben ist die Kostenfunktion $K(x) = x^3 - 2x^2 + 2x + 36;\ x \geq 0$.

a) Geben Sie beide Stückkostenfunktionen k und k_v an und ermitteln Sie ihre Grenzstückkostenfunktionen.

b) Berechnen Sie zuerst das Betriebsminimum BM und die kurzfristige Preisuntergrenze und dann das Betriebsoptimum BO und die langfristige Preisuntergrenze (BO ist ganzzahlig).

c) Skizzieren Sie die Graphen von K, k, und k_v in ein Schaubild.

2. Wirtschaftlichkeit und Umsatzrentabilität

Wirtschaftlichkeit

Unter der **Wirtschaftlichkeit** eines Betriebes versteht man den Quotienten aus Ertrag und Aufwendungen. Versteht man unter dem Ertrag den Betriebsertrag und unter den Aufwendungen betriebliche, ordentlich kalkulierbare Aufwendungen, so gelten dafür auch die Begriffe Erlös und Kosten. Eine Produktion ist **wirtschaftlich,** wenn der Erlös größer ist als die Kosten. Das heißt, dass der Quotient aus Ertrag und Aufwand größer 1 sein muss. Eine weitere aus wirtschaftlichen Gründen interessante Frage zu dieser Funktion ist die nach dem Maximum der Funktion. (Hochpunkt des Graphen.)

$$\textbf{Wirtschaftlichkeit} = \frac{\textbf{Erlös}}{\textbf{Kosten}}$$

$$\mathbf{W(x)} = \frac{\mathbf{E(x)}}{\mathbf{K(x)}} \quad \textbf{(Wirtschaftlichkeitsfunktion)}$$

Beispiel:

Gegeben sind: Erlösfunktion: $E(x) = 4{,}5x$ und Kostenfunktion: $K(x) = x^2 + 2x + 1$.

a) Geben Sie die Wirtschaftlichkeitsfunktion W(x) für $x > 0$ an.

b) Bei welcher Produktionsmenge ist die Wirtschaftlichkeit 1?

c) Ermitteln Sie die Wirtschaftlichkeit bei Produktionsmengen von 1; 3 und 5 ME.

d) Berechnen Sie die maximale Wirtschaftlichkeit.

e) Skizzieren Sie den Graphen der Wirtschaftlichkeitsfunktion für $x > 0$.

Lösung:

a) Aufstellen der Wirtschaftlichkeitsfunktion.

$$W(x) = \frac{4{,}5x}{x^2 + 2x + 1}$$

b) Damit der Wert von W 1 ist, werden Zähler- und Nennerterm gleichgesetzt. Die daraus erhaltene Quadratgleichung ist mit der p-q-Formel zu lösen. (Die berechneten Werte für x sind Gewinnschwelle und Gewinngrenze.)

$$\frac{4{,}5x}{x^2 + 2x + 1} = \mathbf{1} \Rightarrow 4{,}5x = x^2 + 2x + 1$$

$$x^2 - 2{,}5x + 1 = 0$$

$$x_{1/2} = 1{,}25 \pm \sqrt{1{,}25^2 - 1}$$

Gewinnschwelle: $x_1 = \underline{0{,}5}$

Gewinngrenze: $x_2 = \underline{2}$

c) Für x = 1; x = 3 und x = 5 werden die Funktionswerte berechnet.

$W(1) = \underline{1{,}125}$; $W(3) = \underline{0{,}845}$ $W(5) = \underline{0{,}625}$

d) Man ermittelt mit Hilfe der Quotientenregel die erste Ableitungsfunktion W´, vereinfacht den Zähler und berechnet die Nullstelle des Zählers.

$$W(x) = \frac{4{,}5x}{x^2 + 2x + 1} \qquad u(x) = 4{,}5x \Rightarrow u'(x) = 4{,}5 \qquad v(x) = x^2+2x+1 \Rightarrow v'(x) = 2x+2$$

$$W'(x) = \frac{4{,}5(x^2 + 2x + 1) - (2x + 2)4{,}5x}{(x^2 + 2x + 1)^2} = \frac{-4{,}5x^2 + 4{,}5}{(x^2 + 2x + 1)^2}$$

$$4{,}5 - 4{,}5x^2 = 0 \Rightarrow \underline{x = 1}$$

Bei einer Ausbringungsmenge von 1 ME ist die Wirtschaftlichkeit am größten W(1| 1,125). Zur Bestätigung des Maximums soll die grafische Darstellung genügen. (Zweite Ableitung entfällt.)

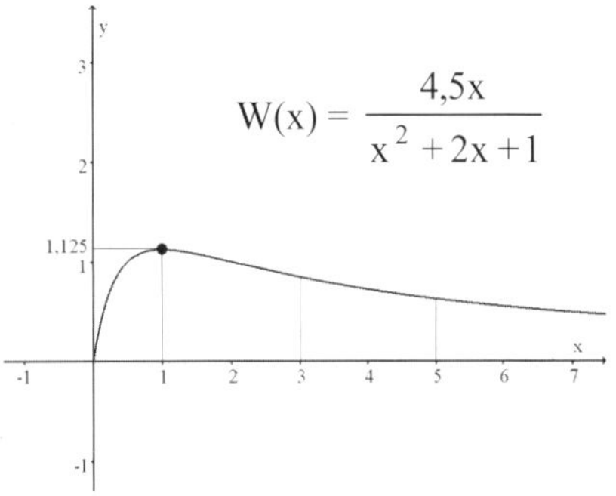

Umsatzrentabilitätsfunktion

Bestimmte Größen wie z. B. Produktivität und Wirtschaftlichkeit sind in jedem Betrieb messbare Größen. Bei der **Rentabilität** – im Folgenden ist die **Umsatzrentabilität**, die auch als **Gewinnquote** bezeichnet wird, gemeint – handelt es sich dagegen um eine in der Marktwirtschaft weit verbreitete *unternehmerische Zielsetzung*. Die Rentabilität ist also keine absolute, sondern eine relative Größe.

Unter der **Umsatzrentabilität** eines Betriebes versteht man den Quotienten aus Gewinn und Erlös. Gewinn G und Erlös E sind Begriffe aus der Kostentheorie. Ihre Werte und damit die Werte für die Umsatzrentabilität können für eine bestimmte Menge x berechnet werden. Dabei ist es wichtig zu wissen, bei welcher verkauften Menge sich die größte Umsatzrentabilität (Gewinnquote) einstellt.

$$\textbf{Umsatzrentabilität} = \frac{\textbf{Gewinn}}{\textbf{Erlös}}$$

$$\mathbf{R(x)} = \frac{\mathbf{G(x)}}{\mathbf{E(x)}} = \frac{\mathbf{E(x) - K(x)}}{\mathbf{E(x)}}$$

(Umsatzrentabilitätsfunktion)

Beispiel:

Gegeben sind: Erlösfunktion: $E(x) = 5x$ und Kostenfunktion: $K(x) = x^2 + x + 3$.

a) Geben sie die Umsatzrentabilitätsfunktion R(x) an.
b) Berechnen Sie die Nullstellen der Funktion R. Was stellen Sie fest?
c) Bei welcher verkauften Menge ist die Umsatzrentabilität 10 %?.
d) Bei welcher verkauften Menge ist die die Umsatzrentabilität am größten? Wie hoch ist bei dieser Menge die Umsatzrentabilität?
e) Skizzieren Sie den Graphen der Umsatzrentabilitätsfunktion für $x > 1$.

Lösung:

a) Aufstellen der Umsatzrentabilitätsfunktion.

$$R(x) = \frac{5x - (x^2 + x + 3)}{5x} = \frac{4x - x^2 - 3}{5x}$$

b) Es werden die Nullstellen des Zählerterms mit Hilfe der p-q-Formel berechnet. (Die berechneten Werte für x sind Nutzenschwelle und Nutzengrenze.)

$$0 = x^2 - 4x + 3$$

$$x_{1/2} = 2 \pm \sqrt{2^2 - 3}; \quad x_1 = \underline{1} \wedge x_2 = \underline{3}$$

c) Die Umsatzrentabilität wird in der Regel in % angegeben. Eine Umsatzrentabilität von 10 % erreicht der Betrieb bei einer verkauften Menge von 1,5 und 2 ME.

$$\frac{4x - x^2 - 3}{5x} = 0{,}1 \Rightarrow 0{,}5x = 4x - x^2 - 3$$

$$0 = x^2 - 3{,}5x + 3$$

$$x_{1/2} = 1{,}75 \pm \sqrt{1{,}75^2 - 3} \Rightarrow x_1 = \underline{1{,}5} \quad x_2 = \underline{2}$$

d) Mit Hilfe der Quotientenregel wird die erste Ableitungsfunktion R´ ermittelt, der Zähler vereinfacht und die Nullstelle des Zählers berechnet.

$$R(x) = \frac{4x - x^2 - 3}{5x} \quad u(x) = 4x - x^2 - 3 \Rightarrow u'(x) = 4 - 2x$$

$$v(x) = 5x \Rightarrow v'(x) = 5$$

$$R'(x) = \frac{(4 - 2x)5x - (4x - x^2 - 3)5}{25x^2} = \frac{-5x^2 + 15}{25x^2}$$

$$0 = 15 - 5x^2 \Rightarrow x = \sqrt{3};\ x \approx \underline{1{,}73}$$

$$R(1{,}73) = \frac{4 \cdot 1{,}73 - 3 - 3}{5 \cdot 1{,}73} = \underline{0{,}107} \cong \underline{10{,}7\ \%}$$

Bei einer Ausbringungsmenge von 1,73 ME ergibt sich die maximale Umsatzrentabilität von 10,7 %. Zur Bestätigung des Maximums soll die grafische Darstellung genügen. (Zweite Ableitung entfällt.)

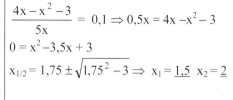

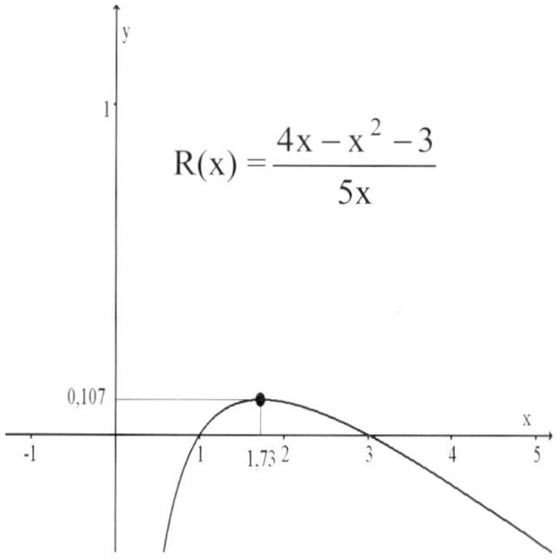

Übungen

1. Gegeben sind die Erlösfunktion $E(x) = 7x$ und die Kostenfunktion $K(x) = x^2 + 4x + 1$.

a) Geben Sie die Wirtschaftlichkeitsfunktion W(x) für $x > 0$ an.

b) Bei welcher Produktionsmenge x ist die Wirtschaftlichkeit 1?

c) Berechnen Sie die maximale Wirtschaftlichkeit und die dazugehörige Produktionsmenge.

d) Skizzieren Sie den Graphen der Wirtschaftlichkeitsfunktion für $x > 0$.

2. Gegeben sind die Erlösfunktion $E(x) = 20x$ und die Kostenfunktion $K(x) = x^2 + 6x + 6$.

a) Geben Sie die Rentabilitätsfunktion R(x) für $x > 0$ an.

b) Bei welcher Produktionsmenge ist die Rentabilität 5 %?

c) Bei welcher verkauften Menge ist die die Umsatzrentabilität am größten? Wie hoch ist bei dieser Menge die Umsatzrentabilität?

d) Skizzieren Sie den Graphen der Wirtschaftlichkeitsfunktion für $x > 0$.

Aufgaben 9.3

1. Gegeben ist die Kostenfunktion $K(x) = x^3 - x^2 + 2x + 1;\ x \geq 0$.

a) Geben Sie beide Stückkostenfunktionen k und k_v an und ermitteln Sie ihre Grenzstückkostenfunktionen.

b) Berechnen Sie zuerst das Betriebsminimum BM und die kurzfristige Preisuntergrenze und dann das Betriebsoptimum BO und die langfristige Preisuntergrenze. (Das Betriebsoptimum ist ganzzahlig.)

c) Skizzieren Sie die Graphen von K, k, und k_v in ein Schaubild.

2. Gegeben ist die Kostenfunktion $K(x) = x^3 - 9x^2 + 28x + 20$.

a) Ermitteln Sie Stückkosten- und Grenzstückkostenfunktionen und berechnen Sie Betriebsminimum BM.
b) Skizzieren Sie die Graphen von K, K′, k_V und k in einem Schaubild.

3. Gegeben ist die Kostenfunktion K mit der Gleichung $K(x) = x^3 - 12x^2 + 48x + C$.
a) Geben Sie die Stückkostenfunktion k in Abhängigkeit von C an. Ermitteln Sie die Grenzstückkostenfunktion. Berechnen Sie das Betriebsminimum BM und die kurzfristige Preisuntergrenze.
b) Wie hoch müssen die Fixkosten angesetzt werden, damit das Betriebsoptimum bei $x = 7$ liegt? Berechnen Sie für diesen Fall die langfristige Preisuntergrenze.

4. Gegeben sind $E(x) = 2x$ und $K(x) = 0{,}1x^2 + x + 1$.
a) Ermitteln Sie die Wirtschaftlichkeitsfunktion W und berechnen Sie das Maximum der Wirtschaftlichkeit. Skizzieren Sie den Graphen von W.
b) Berechnen Sie die Mengeneinheiten, an denen die Wirtschaftlichkeit 1 beträgt.
c) Berechnen Sie Nutzenschwelle und Nutzengrenze des Unternehmens.
d) Bestimmen Sie das Gewinnmaximum.

5. Gegeben sind $E(x) = 3x$ und $K(x) = 0{,}05x^2 + 2x + 2$.
a) Wie lautet die Umsatzrentabilitätsfunktion R?
b) Bei welcher verkauften Menge beträgt die Umsatzrentabilität 10 % (beide Werte)?
c) Bei welcher verkauften Menge ist die Umsatzrentabilität am größten? Ermitteln Sie bei dieser Menge den Wert für die Umsatzrentabilität.
d) Skizzieren Sie den Graphen von R für $x > 0$.

6. Gegeben ist die Stückkostenfunktion $k(x) = 0{,}5x + 0{,}1 + \frac{5}{x}$.
a) Wie lauten die Wirtschaftlichkeitsfunktion W und die Umsatzrentabilitätsfunktion R, wenn pro Stück 5 GE Erlös erzielt werden?
b) Bei welcher verkauften Menge ist die Wirtschaftlichkeit und die Umsatzrentabilität am größten? Berechnen Sie die Höchstwerte der beiden Funktionen W und R.
c) Berechnen Sie die gewinnmaximale Absatzmenge und das Gewinnmaximum.

10 Exponentialfunktionen

10.1 Grundwissen

Exponentialfunktionen werden häufig zur Modellierung von Wachstums- und Zerfallsprozessen in fast allen wissenschaftlichen Bereichen herangezogen.

Begriff der Exponentialfunktion

Einführungsbeispiel:

Eine zu einem pharmazeutischen Präparat benötigte Hefekultur verdoppelt sich wöchentlich bei einer Temperatur von 20^0 C in einer Nährlösung.

a) Berechnen Sie die Anzahl der Hefekulturen nach 1 Woche, nach 2 Wochen, nach 1 Monat und nach 3 Monaten, wenn anfangs 1 Hefekultur zur Verfügung steht. Geben Sie die Funktionsgleichung der Wachstumsfunktion f an.

b) Zeichnen Sie den Graphen, der das Wachstum der Hefekulturen in Abhängigkeit von der Zeit veranschaulicht.

c) Zur Herstellung eines pharmazeutischen Produkts werden ca. 2 000 Hefekulturen benötigt. Zu welchem Zeitpunkt kann frühestens mit der Produktion des Medikaments begonnen werden?

Lösung:

a) Zu Beginn der Beobachtung zum Zeitpunkt t = 0 ist eine Hefekultur vorhanden. Nach einer Woche (Zeitpunkt 2) hat sich die Hefekultur verdoppelt und nach 2 Wochen (t = 2) vervierfacht.

Zeit t (in Wochen)	▶	Anzahl Hefekulturen
0	▶	$2^0 = 1$
1	▶	$2^1 = 2$
2	▶	$2^2 = 4$
4	▶	$2^4 = 16$
•	•	•
12	▶	$2^{12} = 4\,096$
•	•	•
t	▶	2^t

Mit der Funktion $f(t) = 2^t$ kann zu jedem beliebigen Zeitpunkt t die Anzahl der vorhandenen Hefekulturen berechnet werden.

Funktionsgleichung: $\underline{\mathbf{f(t) = 2^t}}$

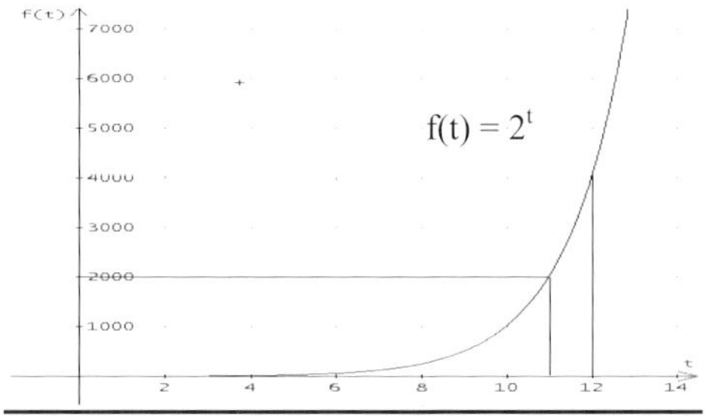

c) Die Bedingung f(t) = 2 000 führt zur Gleichung

$2^t = 2\,000$ | logarithmiert mit ln

$t \cdot \ln 2 = \ln 2\,000$ | : ln 2

$$t = \frac{\ln 2\,000}{\ln 2} \approx 10{,}97$$

Die Medikamentenerzeugung kann nach ca. 11 Wochen (t-Achse = x-Achse) beginnen.

Funktionen mit der Funktionsvariablen im Exponenten heißen **Exponentialfunktionen.**

Merke

> Eine Funktion f der Form $\mathbf{f(x) = a^x}$
> mit a; x ∈ ℝ und a > 0
> heißt **Exponentialfunktion zur Basis a.**

Beispiele:

- $f(x) = 2^x$ Basis a = 2
- $f(x) = 1{,}5^x$ Basis a = 1,5
- $f(x) = 0{,}3^x$ Basis a = 0,3
- $f(x) = e^x$ Basis a = e

Anmerkung:

Die Basis **e ≈ 2,71828182** ist insbesondere für natürliche Wachstums- oder Zerfallsprozesse von herausragender Bedeutung. Viele mathematische Probleme lassen sich mit der Funktion $f(x) = e^x$ („e-Funktion") besonders gut lösen, wie sich bei der Ableitung von e-Funktionen noch herausstellen wird.

Eigenschaften von Exponentialfunktionen

Beispiel:

Untersuchen Sie folgende Exponentialfunktionen hinsichtlich 1. – 6. und zeichnen Sie sie.

1. Definitions- und Wertemenge
2. Asymptotisches Verhalten, Asymptote
3. Nullstellen, Extrema und Wendepunkte
4. Steigen und Fallen, Krümmungsverhalten
5. Besondere Punkte
6. Symmetrie

a) $f(x) = 2^x$ b) $f(x) = (\frac{1}{2})^x$ c) $f(x) = 3^x$ d) $f(x) = = (\frac{1}{3})^x$

Lösung:

1. **Definitionsmenge** ist **D** = ℝ, weil jedem a^x eindeutig eine Zahl y zugeordnet werden kann.
   Wertemenge ist **W** = ℝ⁺, weil für a > 0 die Potenzwerte ebenso größer 0 sind.
2. Für a > 1 nähern sich die Graphen der negativen x-Achse, für 0 < a < 1 nähern sie sich der positiven x-Achse. Die x-Achse ist somit Asymptote der Exponentialfunktionen.
3. Wegen W = ℝ⁺ gibt es keine Nullstellen. Ebenso gibt es keine Extrema und Wendepunkte.
4. Für a > 0 steigen die Exponentialkurven, für 0 < a < 1 fallen sie. Alle Exponentialkurven weisen eine Linkskrümmung auf.
5. Alle Kurven verlaufen durch P(0|1). Es gilt: $f(0) = a^0 = 1$. Weiterhin durch P(1|a).
6. Exponentialfunktionen verlaufen in sich nicht symmetrisch. Die Kurve $f(x) = a^x$ verläuft aber achsensymmetrisch zur Kurve $f(x) = (\frac{1}{a})^x$.

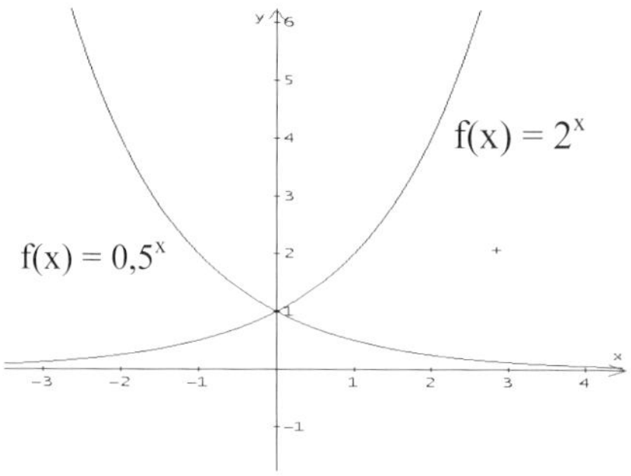

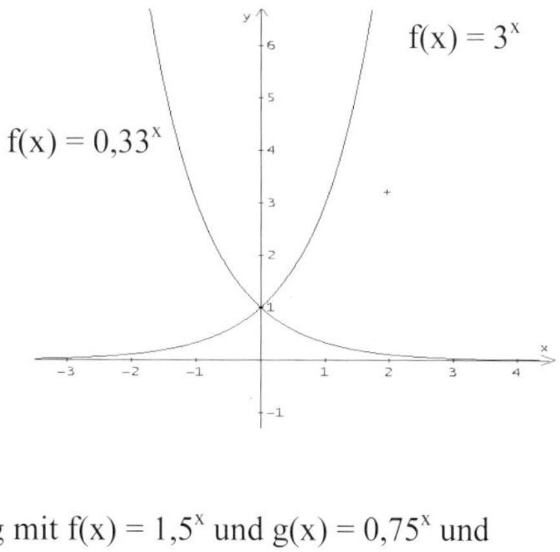

Übungen

1. Erstellen Sie eine Wertetabelle für die Funktionen f und g mit $f(x) = 1{,}5^x$ und $g(x) = 0{,}75^x$ und zeichnen Sie die zugehörigen Graphen.
   a) Lesen Sie aus der Zeichnung näherungsweise die Funktionswerte von f und g an den Stellen x = 3,5; 2,75 und – 0,5 ab.
   b) Bestimmen Sie näherungsweise die Stellen x, für die die Funktionswerte 3, 8 und 12 sind.

2. Gegeben ist die Funktion f mit $f(x) = 1{,}2^x$.
   Für welche Werte von x gilt f(x) = 1; f(x) = 5, f(x) = 0,75 und f(x) = 0,1.

Formänderungen von Exponentialfunktionen

Wie bei den anderen Funktionenklassen auch, können die bereits bekannten Formänderungen ebenso auf Exponentialfunktionen angewendet werden. Es handelt sich hierbei um Streckung, Stauchung und Spiegelung in y- oder x-Richtung und um die Schiebung in y- oder x-Richtung. Exponentialfunktionen können auch mit anderen Funktionsklassen verknüpft werden.

Beispiel:

Formänderungen der Grundfunktion $\mathbf{f(x) = e^x}$.

Streckung in y-Richtung
(1) $f(x) = 2 \cdot e^x$ zu $f(x) = e^x$

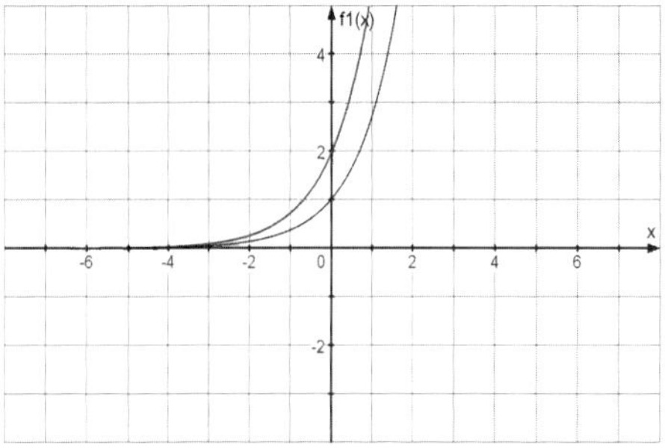

Schiebung in y-Richtung
(2) $f(x) = e^x + 2$ zu $f(x) = e^x$

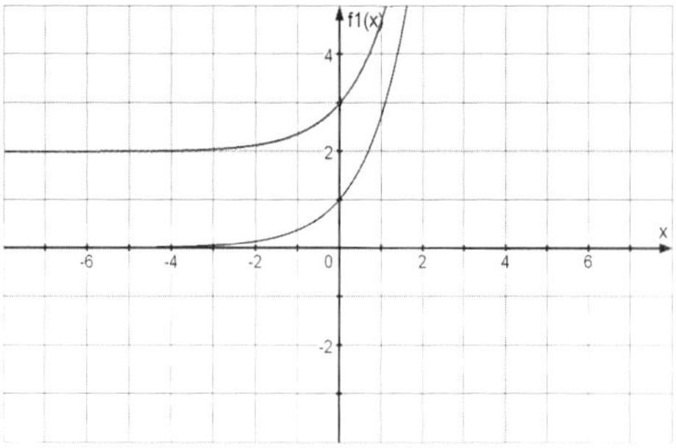

Streckung in x-Richtung
(3) $f(x) = e^{0,5x}$ zu $f(x) = e^x$

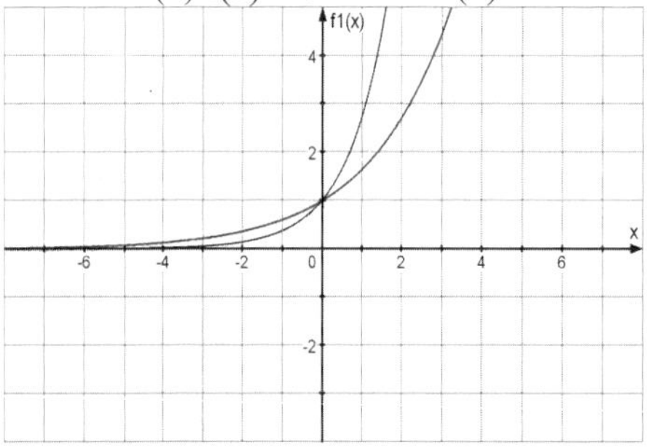

Schiebung in x-Richtung
(4) $f(x) = e^{x-2}$ zu $f(x) = e^x$

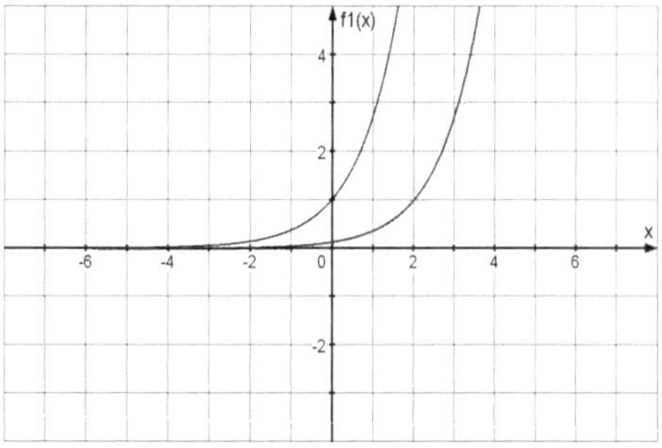

Beispiel:

Gegeben ist die Funktion f mit $f(x) = 0{,}25 \cdot 3{,}5^x$; $x \in D(f)$.

a) Berechnen Sie die Funktionswerte $f(0)$, $f(-2)$, $f(3)$, $f(4)$.

b) Für welchen x-Wert gilt: $f(x) = 10$, $f(x) = 0{,}1$?

c) Beschreiben Sie, durch welche Formänderung der Graph zu f aus dem Graphen zu $f(x) = 3{,}5^x$ hervorgegangen ist .

d) Legen Sie eine Wertetabelle an und skizzieren Sie die Graphen zu f und $f(x) = 3{,}5^x$.

Lösung:

a) Die Funktionswerte werden mit Hilfe des Taschenrechners berechnet.

$f(0) = 0{,}25 \cdot 3{,}5^0 = 0{,}25 \cdot 1 = 0{,}25$

$f(-2) = 0{,}25 \cdot 3{,}5^{-2} \approx 0{,}02$

$f(3) = 0{,}25 \cdot 3{,}5^3 \approx 10{,}72$

$f(4) = 0{,}25 \cdot 3{,}5^4 \approx 37{,}52$

b) Der Funktionsterm wird dem vorgegebenen Funktionswert gleichgesetzt. Die dadurch erhaltene Gleichung wird durch Logarithmieren und Umstellen nach x aufgelöst.

Bedingung: f(x) = 10

$$\frac{1}{4} \cdot 3{,}5^x = 10 \quad | \cdot 4$$

$$3{,}5^x = 40 \quad | \text{ logarithmiert mit ln:}$$

$$x \cdot \ln 3{,}5 = \ln 40 \quad | : \ln 3{,}5$$

$$x = \frac{\ln 40}{\ln 3{,}5} \approx \underline{2{,}945}$$

Das negative Ergebnis ergibt sich aus ln 0,4 < 0. Der gesuchte x-Wert liegt demnach links der y-Achse, wie aus dem Graphen ersichtlich.

Bedingung: f(x) = 0,1

$$\frac{1}{4} \cdot 3{,}5^x = 0{,}1 \quad | \cdot 4 \;|\text{ logarithmiert mit ln}$$

$$x \cdot \ln 3{,}5 = \ln 0{,}4 \quad | : \ln 3{,}5$$

$$x = \frac{\ln 0{,}4}{\ln 3{,}5} \approx \underline{-0{,}731}$$

c) Der Graph zu f entsteht durch Stauchung aus dem Graphen zu $f(x) = 3{,}5^x$.
Alle Funktionswerte dieser Funktion werden dabei mit dem Faktor $\frac{1}{4}$ multipliziert und man erhält die Funktionswerte der gestauchten Funktion.

Wertetabellen:

x	– 3	–1	0	1	2
$f(x) = 3{,}5^x$	0,023	0,2857	1	3,5	12,25
$f(x) = \frac{1}{4} 3{,}5^x$	0,0058	0,0714	0,25	0,875	3,0625

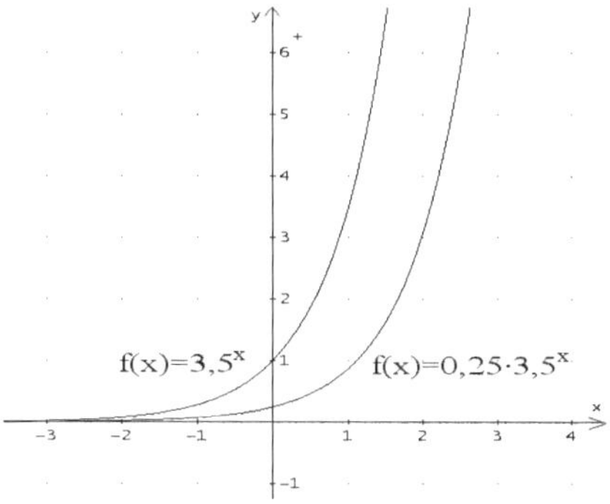

Merke

Formänderungen der Exponentialfunktion $f(x) = e^x$

1. Schiebung in y-Richtung:

$$f(x) = e^x + c$$

c > 0: in positive Richtung,
c < 0: in negative Richtung

2. Schiebung in x Richtung:

$$f(x) = e^{x-u}$$

u > 0: in positive Richtung,
u < 0: in negative Richtung

3. Streckung/Stauchung in y-Richtung:

$$f(x) = a \cdot e^x$$

a > 1: Streckung
0 < a < 1: Stauchung
a < 0: Spiegelung an der x-Achse.

4. Streckung/Stauchung in x-Richtung:

$$f(x) = e^{kx}$$

k > 1: Stauchung
0 < k < 1: Streckung
k < 0: Spiegelung an der y-Achse

 ISBN 978-3-8120-0504-3

Übungen

1. Zeichnen Sie mit Hilfe einer Wertetabelle die Graphen der folgenden Funktionen:

a) $f(x) = 1{,}5^x - 2$ b) $f(x) = (\frac{1}{4})^x + 3$ c) $f(x) = \frac{1}{4} \cdot 2^{1,5x}$ d) $f(x) = 2 \cdot (\frac{1}{2})^x + 4$

2. Gegeben ist die Funktion mit der Gleichung $f(x) = 5 \cdot 2{,}5^x$. Berechnen Sie mit Hilfe des Taschenrechners die Funktionswerte für $x \in \{-2; -1; 0; 1; 2\}$.

Aufgaben 10.1

1. Betrachten Sie die Funktion des Einführungsbeispiels von Seite 286 und berechnen Sie, nach welcher Zeit die Anzahl der Hefekulturen auf 200, 500 bzw. 1 000 angestiegen ist.

2. Erstellen Sie eine Wertetabelle für die folgenden Funktionen und zeichnen Sie ihre Graphen.

a) $f(x) = (\frac{3}{2})^x$ b) $f(x) = 2 \cdot (\frac{1}{2})^x$ c) $f(x) = \frac{1}{2} \cdot e^{-x}$ d) $f(x) = -3 \cdot (\frac{3}{2})^{-x}$

3. a) Berechnen Sie die Funktionswerte von $f(x) = -0{,}5e^x$ für $x \in \{-2; -1; 0; 1; 2\}$.
b) Lösen Sie die Gleichungen $f(x) = 2$; $f(x) = -1$ und $f(x) = -7$

4. a) Berechnen Sie die Funktionswerte von und $g(x) = 2 \cdot 1{,}75^x$ für $x \in \{-2; -1; 0; 1; 2\}$.
b) Lösen Sie die Gleichungen $g(x) = 1$; $g(x) = 0{,}1$ und $g(x) = 5$.

5. Berechnen Sie den Schnittpunkt der Kurve zu $f(x) = e^x$ und der Kurve zu $g(x) = 0{,}5e^{-x}$.

10.2 Ableitung der Exponentialfunktion

Für die nähere Beurteilung von Wachstums- und Zerfallsprozessen, z. B. bei der Bestimmung einer Wachstumsgeschwindigkeit (Wachstumsrate) oder anderer differenzierter Aussagen, stellt sich die Frage nach der Ableitung von Exponentialfunktionen.

Ableitung der e-Funktion

Die **Ableitungsfunktion f′** soll zunächst an der natürlichen Wachstumsfunktion **$f(x) = e^x$** entwickelt werden.

Die **Ableitungsfunktion** f′ einer Exponentialfunktion soll anhand der Funktion **$f(x) = e^x$** entwickelt werden. An den Graphen von $f(x) = e^x$ zeichnet man z. B. durch die Punkte P(0|1) und P(1|2,7) die Tangenten und misst mit dem Geo-Dreieck die beiden Steigungswinkel α_1 und α_2. Der Tangens des jeweiligen Winkels ergibt einen Wert für die **Steigung m** in dem Punkt.

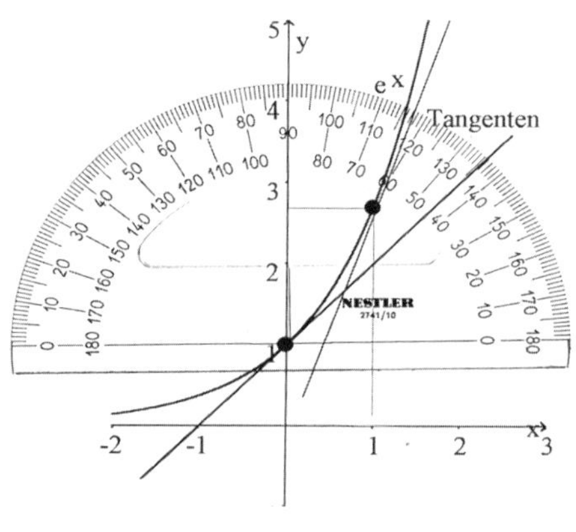

Bekanntlich wird der Steigungswert des Graphen in einem bestimmten Punkt P mit Hilfe der ersten Ableitungsfunktion f′ bestimmt. Man erkennt, dass Steigungs- und Funktionswert für $x_0 = 0$ bzw. $x_1 = 1$ gleich sind. Es liegt die Vermutung nahe, dass die Terme von Funktion e^x und Ableitungsfunktion $(e^x)'$ ebenfalls gleich sind.

Messergebnisse:

P(0|**1**): $a_1 \approx 45^0 \Rightarrow m = \tan 45^0 = \mathbf{1}$

P(1|**2,71**): $a_2 \approx 70^0 \Rightarrow m = \tan 70^0 = \mathbf{2{,}74}$

Funktionswerte ≈ Steigungswerte

P(0|1): $e^0 = 1$ und $(e^x)' = 1 \Rightarrow x = 0$

P(1|2,7): $e^1 \approx 2{,}7$ und $(e^x)' \approx 2{,}7 \Rightarrow x = 1$

Mit den Mitteln der Grenzwertbestimmung soll die erste Ableitungsfunktion ermittelt werden. Dazu wählt man $h = x - x_0$ (Seite 199) und betrachtet die Stelle $x_0 = 0$. Der Grenzwert $\lim\limits_{h\to 0} \frac{e^h - 1}{h}$ ist offensichtlich 1, wie die Tabelle zeigt.

Da $\frac{e^{x_0+h} - e^{x_0}}{h} = \frac{e^h - 1}{h} \cdot e^{x_0}$ ist, kann der Grenzwert für beliebige x_0 bestimmt werden.

h	1	0,1	0,01	0,001
$\frac{e^h - 1}{h}$	1,71	1,05	1,005	1,0005

Vermutung: $\mathbf{f(x) = e^x = f'(x)}$

$$f'(x) = \lim_{x\to x_0} \frac{e^x - e^{x_0}}{x - x_0} = \lim_{h\to 0} \frac{e^{x_0+h} - e^{x_0}}{h};$$

$$x_0 = 0;\ f'(0) = \lim_{h\to 0} \frac{e^h - 1}{h} = 1 \text{ (siehe Tabelle)}$$

$$f'(x) = \lim_{h\to 0} \frac{e^h - 1}{h} = 1 \cdot e^x = 1 \cdot e^x = \underline{e^x}$$

Merke

Die Ableitungsfunktion von $\mathbf{f(x) = e^x}$ ist $\mathbf{f'(x) = e^x}$.

Übung

Leiten Sie die folgenden Exponentialfunktionen ab:

a) $f(x) = 3e^x$ b) $f(x) = -2e^x$ c) $f(x) = 2 - e^x$ d) $f(x) = 3 + e^x$

e) $f(x) = e^x + 2x$ f) $f(x) = -e^x + x^2$ g) $f(x) = 2e^x - 4x^2$ h) $f(x) = -e^x + x^4$

Produktregel

Bei der Ableitung der e-Funktion können zwar die bisher verwendeten Ableitungsregeln (z. B. Summen- oder Faktorregel) in gleicher Weise angewendet werden. Da sie aber in vielen Anwendungsbereichen der Wirtschaft, Gesundheit, Umwelt usw. meist mit anderen Funktionen verknüpft auftaucht, bedarf es weiterer besonderer Ableitungsregeln. Neben der bereits aus Kapitel 9 bekannten Quotientenregel werden im Folgenden die Produkt- und Kettenregel hergeleitet und zur Anwendung gebracht.

Die Bestimmung der Ableitung f′ einer Funktion f, gebildet durch das **Produkt** $\mathbf{f(x) = u(x) \cdot v(x)}$, geschieht mit Hilfe der Produktregel.

Merke

Sind die Funktionen u und v an der Stelle x_0 differenzierbar, so ist auch ihr Produkt

$$\mathbf{f(x_0) = u(x_0) \cdot v(x_0)}$$

an der Stelle x_0 differenzierbar und es gilt für alle $x = x_0$ und $x \in D(f)$:

$$\mathbf{f'(x) = u(x) \cdot v'(x) + v(x) \cdot u'(x)} \qquad \text{oder kurz:} \qquad \mathbf{f'(x) = uv' + vu'}$$

Ihre Gültigkeit soll an folgendem Beispiel überprüft werden.

Beispiel:

Gegeben ist die Funktion $f(x) = x^2 \cdot x^4$; $x \in \mathbb{R}$.

a) Bestimmen Sie nach Umformen zunächst die Ableitung nach der bekannten Potenzregel.

b) Ermitteln Sie die Ableitung von f durch Anwendung der Produktregel und weisen Sie die Übereinstimmung der beiden Ergebnisse nach.

Lösung:

a) Die Anwendung des 1. Potenzsatzes führt zur Potenzform des Funktionsterms.

$$f(x) = x^2 \cdot x^4 \quad \Leftrightarrow \quad f(x) = x^6$$

$$\Rightarrow \quad f'(x) = 6x^5$$

b) Die Faktoren des Produktterms werden einzeln abgeleitet und danach entsprechend der Produktregel eingesetzt.

$$u = x^2 \qquad u' = 2x$$

$$v = x^4 \qquad v' = 4x^3$$

$$f'(x) = x^2 \cdot 4x^3 + x^4 \cdot 2x = 4x^5 + 2x^5 = 6x^5$$

Die Bestimmung der Ableitungen f′ von Produktfunktionen soll an zwei weiteren Beispielen gezeigt werden.

Beispiel:

Ermitteln Sie die Ableitungen f′ der Funktionen a) $f(x) = (x^2 - 1)(4x + 1)$ und b) $f(x) = 2x \cdot e^x$.

Lösung:

a) Die beiden Faktoren werden mit u und v bezeichnet und einzeln abgeleitet. Danach wird die Produktregel angewendet und der Term vereinfacht.

$$f(x) = (x^2 - 1)(4x + 1); \quad u(x) = x^2 - 1; \quad u'(x) = 2x$$

$$v(x) = 4x + 1; \quad v'(x) = 4$$

$$f'(x) = (x^2 - 1) \cdot 4 + (4x + 1) \cdot 2x = 4x^2 - 4 + 8x^2 + 2x = \underline{12x^2 + 2x - 4}$$

b) Beide Faktoren des Terms werden einzeln abgeleitet. Nach Anwendung der Produktregel wird der Term vereinfacht.

$$f(x) = 2x \cdot e^x; \qquad u(x) = 2x; \quad u'(x) = 2$$

$$v(x) = e^x; \quad v'(x) = e^x$$

$$f'(x) = 2x \cdot e^x + e^x \cdot 2 = \underline{(2x + 2) \cdot e^x}$$

Übungen

1. Bestimmen Sie die 1. Ableitung mit Hilfe der Produktregel. Überprüfen Sie Ihre Lösungen, indem Sie die Klammern ausmultiplizieren und dann ohne Produktregel ableiten.

a) $f(x) = (2x - 3)(1 - 4x)$ b) $f(x) = (x^2 - 2)(x - 4)$ c) $f(x) = (\frac{1}{2}x^2 - x)x^3$ d) $f(x) = x^2(2x^2 + 4x)$

2. Bestimmen Sie unmittelbar die 1. Ableitung der folgenden Funktionen und wenden Sie danach die Produktregel an.

a) $f(x) = 3x$ b) $f(x) = 2x^2$ c) $f(x) = 0{,}5x^3$ d) $f(x) = 4x^4$

3. Bestimmen Sie die 1. Ableitung nach der Produktregel (a, t sind reelle Zahlen $\neq 0$)

a) $f(x) = tx \cdot (x^2 - a)$ b) $f(x) = (tx^2 - 1)(x + a)$ c) $f(x) = (t^3x + 4)x^2$ d) $f(x) = (0{,}5x - t^3)(x + 4)$

4. Leiten Sie die folgenden Exponentialfunktionen ab:

a) $f(x) = x \cdot e^x$ b) $f(x) = 2x \cdot e^x$ c) $f(x) = (3x-1) \cdot e^x$ d) $f(x) = e^x \cdot (x^3 - x)$

Kettenregel

Darstellung von verketteten Funktionen

Mathematische Funktionsterme sind in „verketteter" Form dann angegeben, wenn zum Beispiel eine vorgegebene Funktion h in eine zweite Funktion g „eingesetzt" ist. Daraus ergibt sich eine Verkettung von Funktionen, bei der die „innere" Funktion h in die „äußere" Funktion g eingesetzt wird.

Beispiele:

innere Funktion h	äußere Funktion g	verkettete Funktion f
$h(x) = x^2 - 4$	$g(u) = u^2$	$g[h(x)] = (x^2 - 4)^2$
$h(x) = 2x^3$	$g(u) = \frac{1}{u}$	$g[h(x)] = \frac{1}{2x^3}$

Die Ableitung solcher verketteter Funktionen geschieht, indem zunächst die äußere Funktion abgeleitet und dann mit der Ableitung der inneren Funktion multipliziert wird. Die Multiplikation mit der inneren Ableitung wird auch als **„Nachdifferenzieren"** bezeichnet.

Beispiel:

a) Gegeben ist die (verkettete) Funktion $f(x) = (3x + 1)^2$.
   1. Bestimmen Sie die Ableitung von f, indem Sie zunächst die Klammer ausmultiplizieren.
   2. Bestimmen Sie die innere und die äußere Funktion und leiten Sie dann die Funktion f ab.

b) Gegeben ist die Funktion $f(x) = e^{2x-1}$. Bestimmen Sie die innere und die äußere Funktion und leiten Sie dann die Funktion f ab.

Lösung:

a) 1. Der Term von f(x) wird ausmultipliziert und dann nach der Summenregel abgeleitet.

$$f(x) = (3x + 1)^2 = 9x^2 + 6x + 1$$
$$f'(x) = \underline{18x + 6}$$

2. Der Term von f(x) ist in verketteter Form gegeben und wird in eine äußere und eine innere Funktion zerlegt. Beide Funktionen werden einzeln abgeleitet. Die Multiplikation von g′ und h′ ergibt die Ableitung der verketteten Funktion.

$g(u) = u^2 \qquad g'(u) = 2u$ äußere Funktion
$h(x) = 3x + 1 \qquad h'(x) = 3$ innere Funktion

$f'(x) = 2u \cdot 3 \qquad | \; u = 3x + 1$ eingesetzt:
$= 2(3x + 1) \cdot 3$
$= \underline{18x + 6}$

b) Dieselbe Vorgehensweise wie unter a) führt zur 1. Ableitung.

$f(x) = e^{2x-1}$
$g(u) = e^u \qquad g'(u) = e^u$ äußere Funktion
$h(x) = 2x - 1 \qquad h'(x) = 2$ innere Funktion

$f'(x) = e^u \cdot 2 \qquad | \; u = 2x - 1$ eingesetzt:
$f'(x) = e^{2x-1} \cdot 2$
$= \underline{2} \cdot \underline{e^{2x-1}}$

Merke (Kettenregel)

> Ist die Funktion h an der Stelle x und die Funktion g an der Stelle h(x) differenzierbar, dann ist die Verkettung der Funktion f zu g[h(x)] an der Stelle x ableitbar und es gilt für alle x ∈ D(f):
>
> $$\mathbf{f'(x) = g'[h(x)] \cdot h'(x)}$$
>
> ↓ ↓
>
> **äußere Ableitung · innere Ableitung**

Übungen

1. Bestimmen Sie Ableitung der folgenden Funktionen zunächst durch Ausmultiplizieren und danach unter Anwendung der Kettenregel.
a) $f(x) = (x^2 - 3)^2$ b) $f(x) = (3x - x^2)^2$ c) $f(x) = x^2(1 - 2x^3)$

2. Leiten Sie die folgenden Funktionen unter Anwendung der Kettenregel ab.
a) $f(x) = (x^2 - 2)^4$ b) $f(x) = (2 - x^2)^3$ c) $f(x) = (1 - 2x^2)^2$

3. Leiten Sie ab.
a) $f(x) = e^{2x}$ b) $f(x) = e^{1-x}$ c) $f(x) = x + e^{2x-3}$ d) $f(x) = e^{x^2}$ e) $f(x) = 3x^3 - 4e^{4x}$

4. Leiten Sie unter Verwendung der Produkt- und Kettenregel ab.
a) $f(x) = x \cdot e^{2x}$ b) $f(x) = (x^2 - 2x)e^{1-x}$ c) $f(x) = (x + 2)^3 \cdot e^x$ d) $f(x) = (3 - x)^2 \cdot e^{x+1}$

Ableitung der allgemeinen Exponentialfunktion $f(x) = a^x$

Viele Wachstumsvorgänge in den sozial-, natur- und wirtschaftswissenschaftlichen Bereichen verlaufen nicht nach der bisher behandelten Exponentialfunktion $f(x) = e^x$ (Basis $e \approx 2{,}71\ldots$), sondern nach einer Exponentialfunktion mit der Basis $a \in \mathbb{R}$ $(a > 0)$. Um die Aussagefähigkeit dieser Funktionstypen zu nutzen, bedarf es der Kenntnis über ihre Ableitungsfunktionen f′.

Man logarithmiert beide Seiten der Funktionsgleichung $f(x) = a^x$. In einem zweiten Schritt werden beide Seiten potenziert. Da bekanntlich $e^{\ln(x)} = x$ ist, gilt entsprechend $e^{\ln f(x)} = f(x)$.

$f(x) = a^x \qquad | \; \ln$
$\ln f(x) = x \ln a \qquad | \; e^x$
$e^{\ln f(x)} = e^{x \ln a}$
$\underline{f(x) = e^{x \cdot \ln a} = a^x}$

Um die die Ableitungsfunktion f´ zu ermitteln, wendet man die Kettenregel an. Dabei ist $e^{h(x)}$ die äußere und xlna die innere Funktion (man beachte: $e^{x \ln a} = a^x$).

$f(x) = g(h(x)) = e^{x \cdot \ln a}$

$g(h(x)) = e^{h(x)} \Rightarrow g'(x) = e^{h(x)}$

$h(x) = x \ln a \Rightarrow h'(x) = \ln a$

$f'(x) = e^{x \ln a} \ln a = \underline{\ln a \cdot a^x}$

Merke

> Die Ableitungsfunktion von $\mathbf{f(x) = a^x}$ ist $\mathbf{f'(x) = a^x \cdot \ln a}$.

Beispiel:

Bestimmen Sie die Ableitungsfunktionen von f.

a) $f(x) = 4^x$ b) $f(x) = x \cdot 0{,}1^x$ c) $f(x) = 1{,}5^{5x-1}$ d) $f(x) = 2x \cdot 2^x$

Lösung:

a) Der Term wird direkt nach der Regel abgeleitet.

Aus $f(x) = 4^x$ folgt: $\underline{f'(x) = 4^x \cdot \ln 4}$

b) Die Ableitung erfolgt nach der Produktregel.

$f(x) = x \cdot 0{,}1^x$ $u = x \Rightarrow u' = 1$

$v = 0{,}1^x \Rightarrow v' = 0{,}1^x \cdot \ln 0{,}1$

$\underline{f'(x) = x \cdot 0{,}1^x \cdot \ln 0{,}1 + 0{,}1^x \cdot 1}$

c) Die Ableitung erfolgt nach der Kettenregel.

$f(x) = 1{,}5^{5x-1}$ $\underline{f'(x) = 1{,}5^{5x-1} \cdot \ln 1{,}5 \cdot 5}$

d) Die Ableitung erfolgt nach der Produktregel.

$f(x) = 2x \cdot 2^x$ $u = 2x \Rightarrow u' = 2$

$v = 2^x \Rightarrow v' = 2^x \cdot \ln 2$

$f'(x) = 2 \cdot 2^x + 2x \cdot 2^x \cdot \ln x = \underline{2^x(2 + 2x \cdot \ln x)}$

Übungen

1. Bestimmen Sie die Ableitung der folgenden Funktionen.

a) $f(x) = 3^x$ b) $f(x) = (\frac{1}{2})^x$ c) $f(x) = 3{,}5^x$ d) $f(x) = 2^{x+1}$ e) $f(x) = 2^{2-3x}$

2. Bestimmen Sie die Ableitung der folgenden Funktionen.

a) $f(x) = x^2 \cdot 2^x$ b) $f(x) = (x^3 - 2) \cdot 3^x$ c) $f(x) = 2^x \cdot 3^{1-x}$ d) $f(x) = e^x \cdot 3^x$ e) $f(x) = e^x 2^{3x}$

Kurvendiskussion von Exponentialfunktionen

Die Kurvenuntersuchung von Exponentialfunktionen erfolgt nach denselben Kriterien wie bei den bisher behandelten Funktionenklassen. Neben dem Verhalten für große Beträge von x (Unendlichkeitsverhalten) werden noch die Achsenschnittpunkte, die Extrema und Wendepunkte ermittelt.

Beispiel:

Untersuchen Sie den Graphen der Funktion f mit $f(x) = 2x \cdot e^{x+2}$ auf sein Unendlichkeitsverhalten, auf seine Achsenschnittpunkte sowie auf Extrema und Wendepunkte (nur notwendige Bedingung untersuchen). Zeichnen Sie den Graphen.

Lösung:

Unendlichkeitsverhalten ($x \to \pm\infty$):
Für $x \to +\infty$ strebt f(x) über alle Grenzen, der Graph von f steigt steil an.
Für $x \to -\infty$ geht f(x) gegen 0, der Graph von f schmiegt sich „von unten" an die x-Achse (x-Achse ist Asymptote von f).

x	1	10	100
f(x)	14,68	$3{,}14 \cdot 10^{6}$	$2{,}91 \cdot 10^{46}$
x	– 1	– 10	– 100
f(x)	– 5,43	$-6{,}87 \cdot 10^{-3}$	$-7{,}4 \cdot 10^{-41}$

Schnittpunkte mit der x- und y-Achse:
Zu untersuchen ist 2x = 0, da e^{x+2} stets größer null ist.

Schnittpunkt mit y-Achse: $f(0) = 2 \cdot 0 \cdot e^{0+2} = 0$
Schnittpunkt mit x-Achse: $2x \cdot e^{x+2} = 0 \Rightarrow x = 0$

Extrema:
Es ist die erste Ableitung von f mit Hilfe der Produkt- und Kettenregel zu bestimmen. Aus der notwendigen Bedingung f´(x) = 0 ergibt sich die Extremstelle. Die Untersuchung der 2. Ableitung ergibt für x = – 1 Auskunft über die Art des Extremums. Es liegt ein Tiefpunkt vor. Die Berechnung von f(–1) ergibt seine Koordinaten.

$f(x) = 2x \cdot e^{x+2}$ $\quad u = 2x \quad u' = 2$
$\quad v = e^{x+2} \quad v' = e^{x+2}$
$f'(x) = 2 \cdot e^{x+2} + 2x \cdot e^{x+2}$
$= 2e^{x+2}(1 + x) = 0 \quad \Rightarrow x = -1$
$f''(x) = 2e^{x+2} \cdot 1 + (1 + x) \cdot 2e^{x+2}$
$= 2e^{x+2} \cdot (2 + x)$
$f''(-1) = 2e^{1} \cdot 1 = 2e = 5{,}44 > 0 \quad \Rightarrow$ Tiefpunkt.
$f(-1) = -5{,}44 \qquad T(-1|-5{,}44)$

Wendepunkte:
Die 2. Ableitung wird null gesetzt und nach x aufgelöst. Der y-Wert ergibt sich durch Einsetzen in f(x).
$f''(x) = 2e^{x+2} \cdot (2 + x)$
$0 = 2e^{x+2} \cdot (2 + x) \Rightarrow x = -2$
$f(-2) = 2(-2) \cdot e^{-2+2}$
$= -4 \cdot 1 \qquad P_w(-2|-4)$

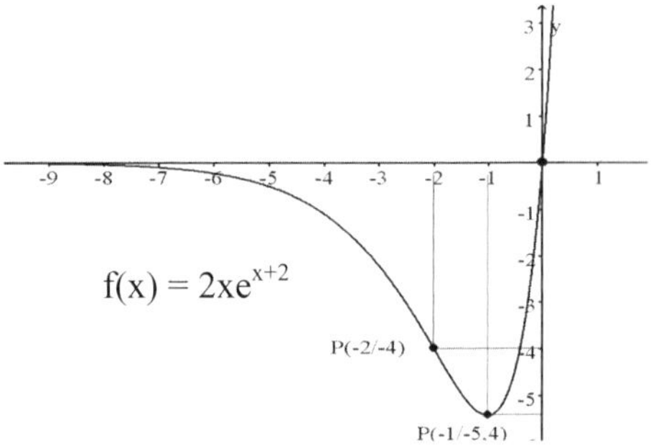

Beispiel:

Untersuchen Sie den Graphen der Funktion f mit $f(x) = (1 - x) \cdot e^{2x}$ auf sein Unendlichkeitsverhalten, auf seine Achsenschnittpunkte sowie auf Extrema und Wendepunkte (nur notw. Bedingung untersuchen). Zeichnen Sie den Graphen.

Lösung:
Unendlichkeitsverhalten ($x \to \pm\infty$):
Für $x \to +\infty$ strebt f(x) gegen $-\infty$, der Graph von f fällt steil ab.
Für $x \to -\infty$ geht f(x) gegen 0, der Graph von f schmiegt sich „von oben" an die x-Achse (x-Achse ist Asymptote von f).

x	1	10	100
f(x)	0	$-41{,}08 \cdot 10^{8}$	$-3{,}89 \cdot 10^{88}$
x	– 1	– 10	– 100
f(x)	0,271	$0{,}024 \cdot 10^{-8}$	$3{,}96 \cdot 10^{-88}$

Schnittpunkte mit der x- und y-Achse:
Zu untersuchen ist 1 - x = 0, da e^{2x} stets größer null ist.

Schnittpunkt mit y-Achse: $f(0) = 1 \cdot e^0 = 1$
Schnittpunkt mit x-Achse: $(1-x) \cdot e^{2x} = 0 \Rightarrow x = 1$

Extrema:
Es ist die 1. Ableitung von f mit Hilfe der Produkt- und Kettenregel zu bestimmen. Aus der notwendigen Bedingung f′(x) = 0 ergibt sich die Extremstelle. Die Untersuchung der 2. Ableitung ergibt für x = 0,5 Auskunft über die Art des Extremums. Es liegt ein Hochpunkt vor.
Die Berechnung von f(0,5) ergibt seine Koordinaten.

$f(x) = (1-x) \cdot e^{2x}$ $\quad u = 1 - x \quad u' = -1$
$\quad v = e^{2x} \quad v' = e^{2x} \cdot 2$

$f'(x) = -1 \cdot e^{2x} + (1-x) \cdot 2e^{2x}$
$= e^{2x}(1-2x) = 0 \Rightarrow x = 0{,}5$

$f''(x) = 2e^{2x} \cdot (1-2x) - 2e^{2x}$
$= -4xe^{2x}$

$f''(0{,}5) = -2e^1 = -5{,}44 < 0 \Rightarrow$ Hochpunkt
$f(0{,}5) = 1{,}36;\quad H(0{,}5|1{,}36)$

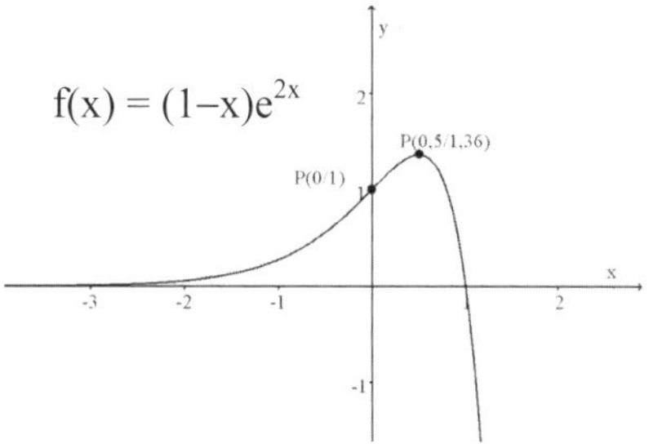

Wendepunkte:
Die 2. Ableitung wird null gesetzt und nach x aufgelöst. Der y-Wert ergibt sich durch Einsetzen in f(x).

$f''(x) = -4xe^{2x}$
$0 = -4xe^{2x} \Rightarrow x = 0$
$f(0) = 1 \cdot e^0 = 1 \qquad P_W(0|1)$

Übungen

1. Gegeben ist die Funktion f mit $f(x) = x \cdot e^{x+1}$. Untersuchen Sie den Graphen auf
a) das Verhalten im Unendlichen, b) Schnittpunkte mit den Achsen,
c) Extrema und Wendepunkte. d) Skizzieren Sie den Graphen zu f.

2. Führen Sie eine Kurvenuntersuchung nach gleichem Muster durch für die Funktion f mit der Gleichung: a) $f(x) = (x-3)e^x$ b) $f(x) = (x+2)e^{-x}$

Aufgaben 10.2

1. Leiten Sie die Funktionen zweimal ab.
a) $f(x) = -2x \cdot e^x$ b) $f(x) = x - 2e^x$ c) $f(x) = x^2 + e^{2x}$ d) $f(x) = (x^2 - 1)e^{1-x}$

2. Leiten Sie die Funktionen einmal ab.
a) $f(x) = 3 \cdot 2^x$ b) $f(x) = x - 3^x$ c) $f(x) = x^3 + 1{,}5^{2x}$ d) $f(x) = 2{,}5x \cdot 2^{0{,}5x}$ e) $f(x) = 10^x - 4x$

3. Untersuchen Sie die folgenden Funktionen auf Extrema und Wendepunkte. Skizzieren Sie den Verlauf ihrer Graphen.
a) $f(x) = 2x - 2e^x$ b) $f(x) = e^{1-x}$ c) $f(x) = x \cdot e^{1-2x}$ d) $f(x) = 2x \cdot e^{-0{,}5x}$

4. Führen Sie für die folgenden Funktionen eine Kurvenuntersuchung (Unendlichkeitsverhalten, Nullstellen, Extrema, Wendepunkte) durch und zeichnen Sie Ihren Graphen.
a) $f(x) = 2xe^{-2x}$ b) $f(x) = (x^2 - 1)e^{0{,}1x}$ c) $f(x) = x^2 \cdot e^{0{,}5x}$ d) $f(x) = (x^2 + x)e^{-x}$

5. Gegeben sind die Funktionen: 1. $f(x) = -1{,}5x\,e^{-x^2}$ 2. $f(x) = x^2e^{-0{,}5x}$

Zeigen Sie: a) Der Graph von f hat bei x eine Nullstelle.
b) Der Graph von f besitzt einen Hoch- und einen Tiefpunkt.
c) Der Graph von f hat bei 1. drei und bei 2. zwei Wendepunkte.
d) Die x-Achse ist Asymptote beim Verhalten im Unendlichen.

Einfache Flächenberechnungen

6. Gegeben ist die Exponentialfunktion f mit der Gleichung $f(x) = e^x$. Begründen Sie, dass die Stammfunktion F die Gleichung $F(x) = e^x + c$ sein muss. Bestimmen Sie das Maß der Fläche, die die Kurve zu f im Intervall [0, 3] mit der x-Achse einschließt.

7. Gegeben ist die Funktion $f(x) = 5e^{-0{,}5x}$.
a) Zeichnen Sie den Graphen mit Hilfe einer Wertetabelle.
b) Untersuchen Sie das Verhalten der Funktion im Unendlichen.
c) Warum hat der Graph von f weder Nullstellen, noch Extrema, noch Wendepunkte?
d) Wie groß ist das Maß der Fläche zwischen x-Achse Kurve im Intervall [0; 5] bzw. [0;10]?

10.3 Exponentialfunktionen und Wachstum

Wachstumsprozesse werden in den Sozial- und Ernährungswissenschaften sowie in Physik, Biologie und den Wirtschaftswissenschaften häufig mit Hilfe von Exponentialfunktionen beschrieben. Es werden im Wesentlichen vier Wachstumsmodelle unterschieden: das **exponentielle** Wachstum, das **beschränkte** Wachstum, das **logistische** Wachstum und das **„verhinderte"** Wachstum.

Bei realen Wachstumsvorgängen (gestützt auf empirische Werteermittlungen) ist es oft schwierig zu entscheiden, welches reale Modell (Wachstumsart) vorliegt und welches mathematische Modell (Funktionstyp) dazu passt und verwendet werden soll, wenn die zur Verfügung stehenden Werte oft keine scharfe Trennung zulassen.

Exponentielles Wachstum

Exponentielle Wachstumsprozesse laufen gewöhnlich nach dem Gesetz:

$$\mathbf{B(t) = A\,a^t}$$

B steht für Bestand nach t Jahren, **A** bezieht sich auf den **Anfangszustand,** und zwar bei $t_0 = 0$,
a ist die Wachstumskonstante (= Wachstumsfaktor), es gilt $a > 0$.

Beispiel:

Seit dem Jahr 1930 liegen zuverlässige Daten über das Wachstum der Erdbevölkerung vor. Die UNESCO hat nun aufgrund dieser Daten eine „Formel" aufgestellt, mit der man Prognosen zur Entwicklung der Weltbevölkerung in der nächsten Zukunft aufstellen kann.

Jahr	1930	1940	1950	1960	1970	1980	1990	2000
Jahre n. 1930	0	10	20	30	40	50	60	70
Erdbev. in Mrd.	2,0	2,2	2,45	2,95	3,6	4,4	5,4	6,0

Mit Hilfe der unten entwickelten „Formel" lassen sich interessante **Fragen** zur **Entwicklung** der **Weltbevölkerung** beantworten.

a) Entwickeln Sie aus den Wertepaaren eine Funktion für das Bevölkerungswachstum und skizzieren Sie den Graphen. Tragen Sie die tatsächlichen Werte durch Striche ein.
b) Wann hat sich die Erdbevölkerung verdoppelt, wann hat sie sich verdreifacht?
c) Wie hoch war die jährliche Zunahme im Jahr 2005?
d) Wodurch lässt sich der „Knick" im Jahr 1950 erklären?

<u>Lösung:</u>

a) Zur Berechnung wird zuerst die „Formel" entwickelt. Dabei muss berücksichtigt werden, dass das wirkliche Wachstum der Bevölkerung nur annähernd exponential verläuft. Die Daten der UNESCO können daher mit der Wachstumsfunktion nur angenähert berechnet werden.

Es wird zuerst die Konstante A mit Hilfe des Anfangszustandes berechnet.

Anfangszustand im Jahr 1930: $t = 0$; $f(0) = 2{,}0$

In der Statistik ist es üblich, für jeden Zeitraum die Größe a zu berechnen, und dann für weitere Rechnungen den Mittelwert $\bar{a}$ zu verwenden. Dies ist für die Jahre 1940 (10 Jahre später) und 2000 (70 Jahre später) geschehen. Es gilt:

1940: $t = 10$; $f(10) = 2{,}2 \quad = 2 \cdot a^{10} \Rightarrow a \approx 1{,}01$

… : $t = \ldots$; … = … = … $\Rightarrow a \approx \ldots$

2000: $t = 70$; $f(70) = 6{,}0 \quad = 2 \cdot a^{70} \Rightarrow a = 1{,}0158$

Mittelwert: $\underline{\bar{a} = 1{,}014}$

$\mathbf{B(t) = 2 \cdot 1{,}014^t}$ bzw. $\mathbf{B(t) = 2 \cdot e^{t \cdot \ln 1{,}014}}$

$\mathbf{B(t) = A \cdot a^t}$

$t = 0$; $f(0) = 2{,}0 \cdot a^0 \Rightarrow A = 2{,}0$

$\underline{B(t) = 2 \cdot a^t}$

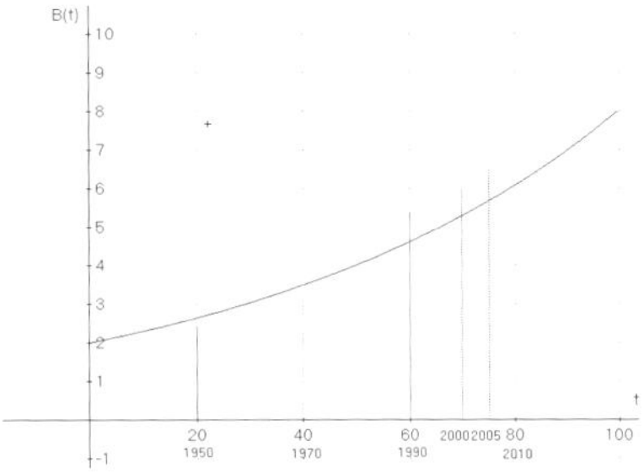

b) Die Erdbevölkerung hatte sich nach ca. 52 Jahren, also im Jahr 1982, **verdoppelt.** Die gesuchte Zahl für die Verdopplungszeit t erhält man durch Logarithmieren und Auflösen der Gleichung nach t. Wie viel Menschen lebten tatsächlich 1980 auf der Erde?

Für die **Verdopplungszeit t** gibt es bei exponentiellem Wachstum eine allgemeine Formel.

$\mathbf{2} \cdot 2{,}0 = 2{,}0 \cdot 1{,}014^t$ Verdopplung

$$t = \frac{\ln 2}{\ln 1{,}014} = 49{,}86 \approx 50 \text{ Jahre}$$

$1930 + 50 = \underline{1980}$

$$t = \frac{\ln 2}{\ln a}$$

Man setzt für a den ermittelten Wert ein und formt nach t um. Etwa im Jahre **2009** wird die Erdbevölkerung um das **Dreifache** angewachsen sein.

$\mathbf{3} \cdot 2{,}0 = 2{,}0 \cdot 1{,}0138^t$

$$t = \frac{\ln 3}{\ln 1{,}014} = 79{,}02; \quad 1930 + 79 = \underline{2009}$$

c) Es wird die Differenz Δ der Jahre 2004 (14 Jahre) und 2005 (15 Jahre) berechnet.

Die jährliche Zunahme beträgt:

$\Delta = 2{,}0 \cdot 1{,}014^{15} - 2{,}0 \cdot 1{,}014^{14} = 0{,}034$ (Mrd.)

d) Von 1939 bis 1945 fand in Europa der zweite Weltkrieg statt. Er forderte ca. 40 Millionen Opfer.

Nach neuesten Schätzungen des U.S. Bureau of the census wächst die Erdbevölkerung ca. ab dem Jahr 2006 langsamer und ab dem Jahr 2011 wieder schneller als es die Berechnungen mit der Exponentialformel erwarten lassen.

Beschränktes Wachstum

Beschränkte Wachstumsvorgänge verlaufen nach dem Gesetz

$$\mathbf{B(t) = K - (K - A)\, a^t}$$

K beschreibt den Höchstwert (Sättigung, Schranke) des Vorganges, der sich für sehr große Werte von t ($t \to \infty$) einstellt.
a gibt den Wachstumsfaktor an, es gilt: $0 < a < 1$.
A gibt den Anfangsbestand bei $t = 0$ an.

Beispiel:

Ein Patient bekommt durch Tröpfcheninfusion stündlich K = 3 g/l Nährlösung zugeführt. Im Körper werden p = 20 % der vorhandenen Nährmittelmenge stündlich abgebaut.
a) Nach welcher Funktion kann die Nährmittelmenge pro Stunde im Körper berechnet werden?
b) Nach welcher Zeit ist eine Nährlösungskonzentration von 2,2 g/l erreicht?

Lösung:

a) Es wird angenommen, dass der Anfangsbestand A zum Zeitpunkt t = 0 ebenfalls 0 ist: A = 0. Der Wachstumsfaktor a ergibt sich aus den Angaben.

$B(t) = K - (K - A)a^t$
$B(t) = 3 - 3 \cdot 0{,}2^t$ bzw. $B(t) = 3 - 3e^{t \cdot \ln 0{,}2}$

b) Man stellt die Gleichung für B(t) = 2,2g/l auf und ermittelt t mit Hilfe des Logarithmus. Nach ca. 49 Minuten ist die Konzentration von 2,2g/l erreicht.

$2{,}2 = 3 - 3 \cdot 0{,}2^t \Leftrightarrow 0{,}8 = 3 \cdot 0{,}2^t$

$$\Rightarrow t = \frac{\ln \frac{0{,}8}{3}}{\ln 0{,}2} = \underline{0{,}82}$$

Logistisches Wachstum

Eine besondere Wachstumsart ist das **logistische** Wachstum. Es ist als Modell häufig nur sehr schwer vom beschränktem Wachstum zu unterscheiden. Diese Wachstumsart geht ab einem bestimmten Punkt (Wendepunkt des Graphen) vom exponentiellen zu einem beschränktem Wachstum über. Ein Maß für diese Wachstumsart ist die Wachstumsrate (Zuwachsrate), die mit Hilfe der ersten Ableitungsfunktion ermittelt wird.
Kennzeichnend für diese Wachstumsart ist die Verlangsamung des Wachstumsprozesses im Laufe der Zeit. Für das logistische Wachstum gibt es verschiedene Gründe:

- Ressourcen wie Bodenschätze, Nahrung oder Lebensraum lassen sich nicht unbegrenzt vermehren.
- Die Höhe des Konsums eines Haushaltes hängt zwar von seinem Einkommen ab, aber der Kauf eines bestimmten Gutes, z. B. Obst, Brot, Süßwaren, ist trotz steigenden Einkommens irgendwann gesättigt.
- Die Ausbreitung einer Krankheit (Epidemie) verlangsamt sich irgendwann.
- Eine Nachricht, z. B. über Unterrichtsausfall, breitet sich in einer Schule im Laufe eines Vormittags aus: Zunächst erfahren viele Schüler diese „positive" Nachricht. Doch irgendwann verlangsamt sich der Zuwachs der informierten Schüler (Zuwachsrate sinkt).

Logistische Wachstumsvorgänge verlaufen vereinfacht dargestellt nach dem Gesetz:

$$\mathbf{B(t) = \frac{K \cdot A}{A + (K - A)a^t}}$$

B gibt den Bestand nach t Jahren an.
t gibt die Wachstumszeit in Jahren an.
a beschreibt den Wachstumsfaktor. Es gilt $0 < a < 1$.
A beschreibt den Anfangszustand. Es gilt $A > 0$.
K gibt die Wachstumsgrenze an.

Beispiel:

In einem Experiment wird das Wachstum einer Hefekultur festgehalten. Das Experiment wird bei ca. 15 000 mg abgebrochen.

t in h	0	5	10	15	20	30
B in mg	50	140	380	1 000	2 600	13 000

a) Entwickeln Sie aus den Größen die logistische Wachstumsfunktion B.
b) Wie würde die Funktion bei beschränktem Wachstum lauten?
c) Bestimmen Sie den Zeitpunkt der Trendwende. Skizzieren Sie beide Graphen.
d) Berechnen Sie die Wachstumsraten bei t = 20 in der Trendwende und bei t = 40.

Lösung:

a) Zur besseren Übersicht werden die gegebenen Werte in die Formel eingesetzt.

$$B(t) = \frac{K \cdot A}{A + (K - A)a^t} = \frac{15\,000 \cdot 50}{50 + (15\,000 - 50)a^t} = \frac{750\,000}{50 + 14\,950a^t}$$

Zur Bestimmung des Wachstumsfaktors a wählt man einen oder mehrere Bestände aus, berechnet die Werte für a und bestimmt evtl. den Mittelwert.

<u>(5 h/140 mg):</u> $140 = \frac{750\,000}{50 + 14\,950a^5}$

$50 + 14\,950\,a^5 = 5357{,}14$

$a^5 = 0{,}3549 \Rightarrow a = \sqrt[5]{0{,}3549}$; $\underline{a \approx 0{,}8128}$

<u>(20 h /2 600 mg):</u> $2\,600 = \frac{750\,000}{50 + 14\,950a^{20}}$

$50 + 14\,950\,a^{20} = 288{,}46$

$a^{20} = 0{,}0159 \Rightarrow a = \sqrt[20]{0{,}0159}$; $\underline{a \approx 0{,}8131}$

Es zeigt sich, dass die Werte für a nahezu gleich 0,813 sind.
Die Wachstumsfunktion B(t) lautet:

$$B(t) = \frac{750\,000}{50 + 14\,950 \cdot 0{,}813^t} \quad \text{bzw. mit e}$$

$$B(t) = \frac{750\,000}{50 + 14\,950 \cdot e^{t \cdot \ln 0{,}813}}$$

b) Funktion bei beschränktem Wachstum:

$B(t) = 15\,000 - (15\,000 - 50)0{,}81^t$
$= \underline{15\,000 - 14\,950 \cdot 0{,}81^t}$

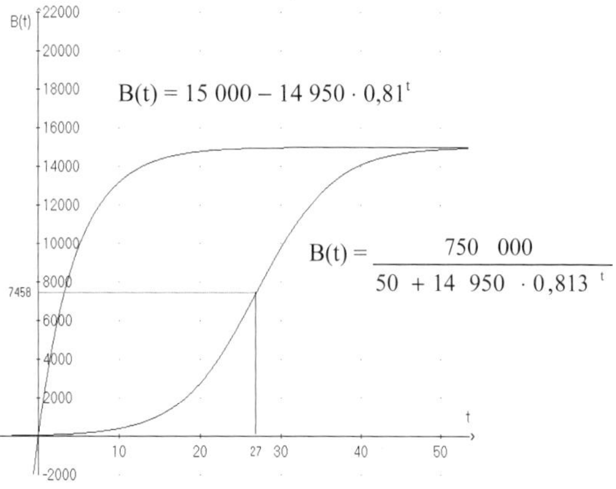

c) Nach $t_T = -\dfrac{\ln \dfrac{K-A}{A}}{\ln a}$ errechnet man die Wendestelle. (Berechnung evtl. über die zweite Ableitungsfunktion.) Der Punkt $P_W(t_T|B(t_T))$ wird als **Trendwende** bezeichnet. Hier geht das Wachstum vom exponentiellen in den beschränkten Verlauf über.

$$t_T = -\frac{\ln \frac{150\,00 - 50}{50}}{\ln 0{,}813} = 27{,}54$$

$P_W(27{,}5|\ 7472{,}7)$ (Trendwende)

d) Man ermittelt mit Hilfe von Quotienten- und Kettenregel die erste Ableitungsfunktion B′ und setzt für t die Werte 20, 27 und 40 ein und erkennt, dass die Wachstumsrate zunächst zu- und dann abnimmt. (Berechnungen mit mathematischer Software.)

$$B(t) = \frac{750\,000}{50 + 14\,950 \cdot e^{t \cdot \ln 0{,}81}}$$

$$v'(t) = 14\,950 \cdot \ln 0{,}81 \cdot e^{t\ln 0{,}81} = -3150e^{t\ln 0{,}81}$$

$$B'(t) = \frac{-(-750\,000 \cdot 3150e^{t\ln 0{,}81})}{(50 + 14\,950e^{t\ln 0{,}81})^2}$$

$B'(20) = 504$; $B'(27) = \underline{787}$; $B'(40) = 186$

Übung

Das Stabdiagramm stellt das Wachstum eines bakteriellen Stammes dar.
Auf der x-Achse ist die Zeit in Stunden und auf der y-Achse die Anzahl der Bakterien aufgetragen.

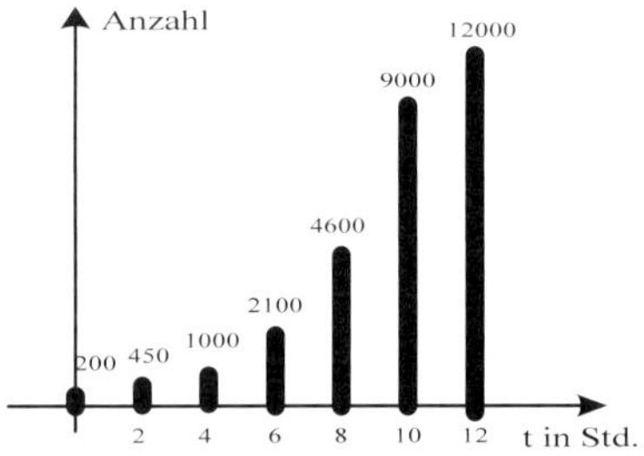

a) Schätzen Sie ab, bis zu welchem Zeitpunkt exponentielles Wachstum vorliegt und ermitteln Sie die exponentielle Wachstumsfunktion.
b) Schätzen Sie die Wachstumsgrenze K ab und bestimmen Sie die Wachstumsfunktion für beschränktes Wachstum.
c) Wie lautet die Wachstumsfunktion unter der Voraussetzung, dass logistisches Wachstum angenommen wird und bestimmen Sie den Zeitpunkt der Trendwende.
d) Wann hat bei logistischem Wachstum die Bakterienzahl 90 % des Grenzbestandes erreicht?
e) Skizzieren Sie die Graphen der drei Wachstumsarten.

Verhindertes Wachstum

Das Wachstum ist dadurch gekennzeichnet, dass der Bestand zunächst bis zu einen Höchstwert wächst, dann schnell bis zu einem bestimmten Punkt (Wendepunkt) abnimmt und danach verlangsamt abnimmt. Diese Wachstumsart geht ab einem bestimmten Punkt (Maximum) von einer Bestandszunahme in eine Bestandsabnahme über. Man findet diese Wachstumsart in:

- Geburten- und Sterberate
- Zu- und Abnahme eines Waldbestandes
- Blutspiegelkurve bei Zufuhr eines Medikamentes und Anfangsbestand

Verhinderte Wachstumsvorgänge verlaufen nach dem Gesetz:

$$\mathbf{B(t) = A\,e^{gt - st^2}}$$

t gibt die Wachstumszeit in Jahren an. **B** gibt den Bestand nach t Jahren an.
A beschreibt den Anfangszustand (A > 0). **g** ist ein Zunahme- und **s** ein Abnahmeparameter.

Beispiel:

In einer Industrienation ist auf 1 000 Einwohner die Geburtenrate g und Sterberate s wie folgt verteilt: g = 10 % und s = 1 %

a) Ermitteln Sie die Bestandsfunktion und berechnen Sie ihren maximalen Bestand.
b) Nach wie viel Jahren hat sich der Ausgangsbestand von 1 000 Einwohnern wieder eingestellt?
c) Nach wie viel Jahren hat sich die Einwohnerrate halbiert (Halbwertszeit)?
d) Skizzieren Sie den Graphen.

Lösung:

a) Mit Hilfe der Kettenregel wird die erste Ableitungsfunktion ermittelt. Der Exponentialterm ist stets größer als null. Man setzt 5 in die Bestandsfunktion ein und errechnet den maximalen Bestand.

$B(t) = Ae^{gt-st^2} = 1\,000 \cdot e^{0{,}1t-0{,}01t^2}$

$B'(t) = 0 = 1\,000 \cdot (0{,}1-0{,}02t) \cdot e^{0{,}1t-0{,}01t^2}$

$0 = 0{,}1 - 0{,}02t \Rightarrow \underline{t = 5}$

$B(5) = \underline{1\,283 \text{ Einwohner}}$

b) Da jeder Potenzterm mit null im Exponenten eins ergibt, setzt man den Exponenten gleich null und ermittelt den Wert für t. ($t \neq 0$)

$1\,000 = 1\,000 \cdot e^{0{,}1t-0{,}01t^2} \Rightarrow 1 = e^{0{,}1t-0{,}01t^2}$

$0 = 0{,}1t - 0{,}01t^2 \quad |:t$

$0 = 0{,}1 - 0{,}01t \Rightarrow \underline{t = 10}$

c) Es ist der Zeitpunkt t zu bestimmen, bei dem sich die Einwohnerzahl von 1 000 auf 500 reduziert hat. Man löst die Gleichung u. a. mit Hilfe der p-q-Formel.

$500 = 1000 \cdot e^{0{,}1t-0{,}01t^2} \Rightarrow 0{,}5 = e^{0{,}1t-0{,}01t^2}$

$\ln 0{,}5 = 0{,}1t - 0{,}01t^2 \quad | - \ln 0{,}5$

$0 = -0{,}01t^2 + 0{,}1t - \ln 0{,}5 \quad | \cdot (-100)$

$0 = t^2 - 10t + 100 \cdot \ln 0{,}5$

$t_1 = 5 + \sqrt{25 - 100 \cdot \ln 0{,}5} = 14{,}7 \approx \underline{15 \text{ Jahre}}$

$t_2 < 0$ und damit nicht sinnvoll

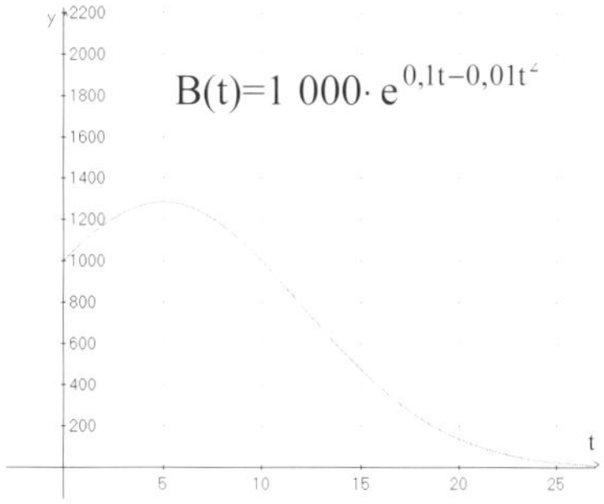

Übung

In einem deutschen Mittelgebirge ist trotz vorübergehender Aufforstung langfristig ein kontinuierliches Waldsterben zu beobachten. In einem Areal von 1 000 Bäumen eines Mischwaldes ist bei 3%iger Aufforstung ein stetiges Waldsterben von 0,5 % festzustellen.

a) Ermitteln Sie die Bestandsfunktion und berechnen Sie ihren maximalen Bestand.
b) Wann hat sich der Anfangsbestand von 1 000 Bäumen im Areal wieder eingestellt?
c) Nach wie viel Jahren hat sich der Bestand halbiert (Halbwertszeit)?
d) Skizzieren Sie den Graphen.

Aufgaben 10.3

Exponentielles Wachstum

1. Kaninchen vermehren sich in einem Jahr auf das 8-fache des Anfangszustandes. Ein Züchter hat am Anfang eines Jahres ein Kaninchenpaar ausgesetzt.

a) Beschreiben Sie die Vermehrung der Kaninchen mit einer Funktion f der Form $B(t) = Aa^t$ und mit einer Funktion der Form $B(t) = ke^{t \cdot \ln a}$.
b) Wie viele Kaninchen hat der Züchter nach 4 Jahren?
c) Zu welchem Zeitpunkt ist die Population auf 100 000 Kaninchen angewachsen?

2. Die Ursache dafür, dass offen stehende Milch sauer wird, sind Milchsäurebakterien, sogenannte Streptokokken.
Bei ca. 35^0 C **verdoppelt** sich die Anzahl der Bakterien ungefähr alle Stunde.
a) Berechnen Sie die Anzahl der Milchsäurebakterien nach 1 Stunde, nach 2 Stunden, nach 4 Stunden nach 10 Stunden und nach einem Tag, wenn sich anfangs 100 Bakterien in der Milch befinden?
b) Wie könnte eine Funktionsgleichung aussehen, mit deren Hilfe man zu jedem Zeitpunkt die Zahl der zu erwartenden Bakterien berechnen kann?
c) Nach welcher Zeit hat der Bakterienanteil vertausendfacht?

3. Zwei Nachbarinnen tauschen Geheimnisse „Das darf aber noch keiner wissen“ aus. Beide teilen diese Geheimnisse aber schon nach einer Stunde jeweils zwei weiteren Nachbarinnen mit, die noch nicht informiert waren. Die Nachrichtenübermittlung wird so fortgeführt.
a) Wie viele Personen haben nach 8 Stunden Kenntnis von den „Geheimnissen“?
b) Nach welcher Zeit hat sich die Anzahl der Personen, die Kenntnis von der Nachricht erhalten haben, verhundertfacht (vertausendfacht).

4. Aufgrund von Erfahrungswerten der Polizei verringert sich die Alkoholkonzentration im Blut um 0,15 ‰ in einer Stunde.
a) Einem Zecher fällt ein, dass er mit dem Auto fahren muss und beendet bei einem Alkoholgehalt von ca. 1,5 ‰ im Blut seine Trinkerei. Nach welcher Zeit darf er wieder Auto fahren?
b) Wie lautet die Zerfallsfunktion für den obigen Vorgang, wenn sich nach medizinischer Aussage die Alkoholkonzentration um 15 % pro Stunde im Blut verringert? Geben Sie die Zerfallsfunktion einmal mit der Basis a und zum anderen mit der Basis e an. Wie hoch ist die Alkoholkonzentration nach der unter a) errechneten Zeit jetzt im Blut?
c) Nach welcher Zeit ist der Autofahrer nüchtern ($\approx$ 0,1 ‰ Alkohol).

Beschränktes Wachstum

5. Beschränkte Wachstumsfunktionen werden häufig auch in anderer Form angeben. Gegeben sind die Wachstumsfunktionen 1. $B(t) = 2{,}5 - 2e^{-1{,}5t}$ und 2. $B(t) = 100 - 50e^{-0{,}5t}$
a) Wie lautet die Wachstumsfunktion in der Form $B(t) = K - (K - A)a^t$?
b) Ermitteln Sie die Zuwachsraten in den Punkten P(0|...) und P(3|...) bzw. P(30|…).
c) Zeichnen Sie den Graphen.

6. Betrachtet man die Anzahl der Mobiltelefone in Finnland, so geht man von einem Sättigungsgrad K von 4 500 000 Mobiltelefone im Jahr 2010 aus. In den 1990 bis 2005 betrug die Anzahl der Handys 1990: 400 000; 1995:2 000 000; 2000: 3 500 000 und 2005: 4 000 000.
a) Wie lautet die Wachstumsfunktion in der Form $B(t) = K - (K - A)a^t$
b) Ermitteln Sie die Zuwachsraten in den Jahren 1995 und 2000 und zeichnen Sie den Graphen.

Logistisches Wachstum

7. In einer Schule verbreiten um 8:00 Uhr zwei Schüler das Gerücht, dass ab der fünften Stunde der Unterricht ausfällt. Gegen 10:00 Uhr wissen ca. 20 % der Schüler die „erfreuliche Nachricht“. Gegen 12:00 Uhr wissen es alle der ca. 400 Schüler.
a) Entwickeln Sie aus den Größen die logistische Wachstumsfunktion B.
d) Wie viel Schüler wissen um 9:00 Uhr von dem Geschehen.
c) Bestimmen Sie den Zeitpunkt der Trendwende.
d) Skizzieren Sie beide Graphen.

8. Laut UN-Weltentwicklungskonferenz wächst die Bevölkerung Mexikos jährlich um 2 %. Im Jahr 1990 betrug die Bevölkerung Mexikos ungefähr 88 Millionen Einwohner. Wie groß ist die Bevölkerung Mexikos im Jahr 2025?
a) Berechnen Sie die Bevölkerung Mexikos 2025 bei exponentiellem Wachstum.
b) Berechnen Sie die Bevölkerung Mexikos, wenn logistisches Wachstum angenommen wird und man die Bevölkerung im Jahr 2025 auf 150 Mio. schätzt und Mexiko im Jahr 2000 ca. 95 Mio. Einwohner hatte.
c) Berechnen Sie den Zeitpunkt der Trendwende und die dazugehörige Wachstumsrate.
d) Skizzieren Sie die Graphen von exponentiellem und logistischem Wachstum.

9. Das Diagramm gibt den Umsatz in Milliarden der Bau- und Heimwerkermärkte in den Jahren 1985 bis 1997 in Zweier-Abständen an. Man nimmt weiterhin logistisches Wachstum an.
a) Schätzen Sie die Wachstumsgrenze K und ermitteln Sie die logistische Wachstumsfunktion.
b) Berechnen Sie die Trendwende.
c) Berechnen Sie die Wachstumsraten im Jahr 1985 und 1997 und skizzieren Sie den Graphen.

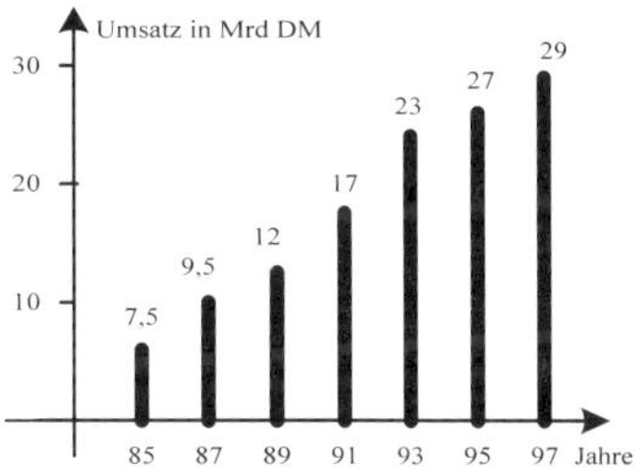

10. Für das Gesamteinkommen eines expandierenden Wirtschaftszweiges wird ausgehend vom Anfangseinkommen von $20 \cdot 10^6$ GE zum Zeitpunkt $t = 0$ eine Entwicklung mit logistischem Verlauf prognostiziert. Dabei ist aus vergleichbaren Wirtschaftzweigen bekannt, dass nach ca. 15 Jahren der Sättigungszustand anzunehmen ist. Die Sättigungsgrenze wird von den Wirtschaftsinstituten auf $210 \cdot 10^6$ GE ($a = 0{,}8$) eingeschätzt.
a) Wie lautet die logistische Wachstumsfunktion?
b) Um frühzeitig Umstrukturierungen vorzunehmen, ist es wichtig, den Zeitpunkt der Trendwende zu wissen. Berechnen Sie ihn.
c) Skizzieren Sie den Graphen.

Verhindertes Wachstum

11. Seit 1985 liegt die Zahl der gemeldeten AIDS-Erkrankungen in Deutschland vor. Bis zum Jahr 1994 mit ca. 1870 Erkrankungen gab es eine Zunahme, danach eine Abnahme siehe Tabelle.

Jahr	1985	1990	1994	1995	2000	2005
Anzahl der AIDS-Fälle	225	1200	1870	1790	520	460 (geschätzt)

a) Ermitteln Sie die Bestandsfunktion aus dem Wachstumsbereich der AIDS-Fälle. Für t gilt dabei die Differenz zwischen Jahreszahl und 1985 und berechnen Sie den theoretischen Maximalwert der Erkrankungen.
b) Erklären Sie die Abweichungen in den Jahren 2000 und 2005.
c) Skizzieren Sie den Graphen der Funktion und das Stabdiagramm der tatsächlichen Werte.

12. Medikamente können u. a. dem menschlichen Organismus durch Infusion zugeführt werden. Die Höhe des Blutspiegels für das Medikament hängt von der Höhe der Invasion- und der Eliminationskonstanten k_1 und k_2 ab. Beide Konstanten werden in der Regel durch zahlreiche Versuchsergebnisse ermittelt.
a) Ermitteln Sie die Bestandsfunktion wenn gilt: $k_1 = 0{,}25$ und $k_2 = 0{,}05$
b) Nach welcher Zeit ist der mathematisch errechnete Maximalwert der Erkrankungen erreicht?

20 Haarmann, Thun ISBN 978-3-8120-0504-3

11 Lineare Algebra

11.1 Begriff und Schreibweisen von Matrizen

Umfangreiche Datenmengen werden für gewöhnlich übersichtlich in Tabellen zusammengefasst. Sie bestehen bekanntlich aus Zeilen und Spalten und bilden somit rechteckige Zahlen-„Blöcke". Solche Blöcke werden in der Mathematik als Matrizen bezeichnet, ihre Zeilen und Spalten heißen Vektoren. Das Rechnen mit Matrizen und Vektoren ist ein Gegenstand der linearen Algebra und findet seine Anwendung zum Beispiel bei der Analyse betriebs- und volkswirtschaftlicher Zusammenhänge sowie deren Problemstellungen. Hierbei ist der EDV-Einsatz hilfreich.

Einführungsbeispiel

An einem Schuljubiläum verkaufen Schülerinnen und Schüler an drei Ständen Kuchen, Kaffe, Tee und Sekt. In der Tabelle ist angegeben, wie viele Euro jeder Stand während des Jubiläums eingenommen hat.

Stand	Kuchen	Kaffee	Tee	Sekt
1	58	26	14	**48**
2	**65**	32	28	62
3	52	30	**22**	33

Betrachtet man in der Tabelle nur den Zahlenblock und schreibt den in eine runde Klammer, so bezeichnet man diese Darstellung als **Matrix A.** Die angegebene Matrix besteht aus **drei** Zeilen und **vier** Spalten.
Man sagt: Es liegt eine **3 × 4-Matrix** vor.

$$A_{3,4} = \underbrace{\begin{pmatrix} \mathbf{58} & \mathbf{26} & \mathbf{14} & \mathbf{48} \\ \mathbf{65} & \mathbf{32} & \mathbf{28} & \mathbf{62} \\ \mathbf{52} & \mathbf{30} & \mathbf{22} & \mathbf{33} \end{pmatrix}}_{\text{4 Spalten}} \quad \text{3 Zeilen}$$

Will man nun ein bestimmtes Element a einer Matrix herausgreifen (der am Stand 2 verkaufte Kuchen bzw. der am Stand 1 verkaufte Sekt oder der am Stand 3 verkaufte Tee), dann muss die betreffende Nummer von Zeile und Spalte (zuerst Zeile, dann Spalte) angegeben werden. Jedes Element einer Matrix wird mit **Doppelindizes** (a_{21}, a_{14}, a_{33}) versehen.

Kuchen am Stand 2 $a_{21} = 65$
Sekt am Stand 1 $a_{14} = 48$
Tee am Stand 3 $a_{33} = 22$

Sollen nur die Einnahmen z. B. des zweiten Standes (2. Zeile) näher betrachtet werden, dann heißt eine solche Matrix **Vektor.** Da es sich um eine Zeile handelt, hier um einen **Zeilenvektor.** Er wird mit $\vec{a}$ gekennzeichnet. Werden die gesamten Einnahmen an Tee (3. Spalte) gesondert aufgeführt, so spricht man von einem **Spaltenvektor** $\vec{b}$.

Zeilenvektor Stand 2: $\vec{a} = (65 \ \ 32 \ \ 28 \ \ 62)$

Spaltenvektor Tee: $\vec{b} = \begin{pmatrix} 14 \\ 28 \\ 22 \end{pmatrix}$

Vektoren werden mit **Kleinbuchstaben** und einem **Pfeil** darüber gekennzeichnet.

$\vec{a}$; $\vec{b}$; $\vec{c}$

Wird ein Zeilenvektor als Spaltenvektor und umgekehrt ein Spaltenvektor als Zeilenvektor geschrieben, so spricht man von einem **transponierten Vektor** und schreibt $\vec{a}^T$ bzw. $\vec{b}^T$.

$\vec{a} = (65 \ \ 32 \ \ 28 \ \ 62)$; $\vec{a}^T = \begin{pmatrix} 65 \\ 32 \\ 28 \\ 62 \end{pmatrix}$

$\vec{b} = \begin{pmatrix} 14 \\ 28 \\ 22 \end{pmatrix}$; $\vec{b}^T = (14 \ \ 28 \ \ 22)$

Vektoren treten unter anderem überall dort auf, wo geordnete Zahlenanordnungen vorkommen. Beispiele sind der **Produktionsvektor,** er wird in der Regel in Spaltendarstellung angegeben, oder der **Preisvektor,** er wird in der Regel in Zeilenform dargestellt.

Produktionsvektor: $\vec{x} = \begin{pmatrix} x_1 \\ x_2 \\ x_3 \end{pmatrix} = \begin{pmatrix} 100 \\ 150 \\ 230 \end{pmatrix}$

Preisvektor: $\vec{p} = (p_1\ p_2\ p_3) = (220\ \ 300\ \ 120)$

Beispiel:

Aktienkurse der Unternehmen Mitro, Grosso und Kalko werden für einen bestimmten Zeitraum, z. B. eine Woche, in € in einer Tabelle angegeben.

Von der Tabelle ...

	Mo	Di	Mi	Do	Fr
Mitro	121	102	140	140	140
Grosso	609	710	800	811	799
Kalko	559	501	522	533	519

Mit Hilfe der Matrizendarstellung kann der Zahlenblock der täglichen Aktienkurse übersichtlich angegeben werden. Es handelt sich um eine 3 × 5-Matrix mit 15 Elementen (z. B. $a_{23} = 800$; $a_{35} = 519$).

... zur Matrix der Aktienkurse:

$$\mathbf{A} = \begin{pmatrix} 121 & 102 & 140 & 140 & 140 \\ 609 & 710 & 800 & 811 & 799 \\ 559 & 501 & 522 & 533 & 519 \end{pmatrix}$$

Merke

Unter einer $m \times n$ Matrix A_{mn} versteht man ein rechteckiges Zahlenschema aus m Zeilen und n Spalten.

$$\mathbf{A_{mn}} = \begin{pmatrix} \mathbf{a_{11}} & \mathbf{a_{12}} & \mathbf{a_{13}} & \cdots & \mathbf{a_{1n}} \\ \mathbf{a_{21}} & \mathbf{a_{22}} & \mathbf{a_{23}} & \cdots & \mathbf{a_{2n}} \\ \cdot & \cdot & \cdot & \cdots & \cdot \\ \mathbf{a_{m1}} & \mathbf{a_{m2}} & \mathbf{a_{m3}} & \cdots & \mathbf{a_{mn}} \end{pmatrix} \quad \leftarrow \text{2-te Zeile}$$

↑ 3-te Spalte

Matrizen werden mit Großbuchstaben A, B, C,... bezeichnet.

Die Zahlen $a_{ik} \in \mathbb{R}$ heißen Elemente der Matrix A. Der erste Index i (i = 1,...,m) gibt die laufende Nummer der Zeile, der zweite Index k (k = 1,...,n) gibt die laufende Nummer der Spalte an.

Anmerkungen:

- Gilt für eine Matrix n = m, so heißt die Matrix **quadratisch.**
  Die Elemente $a_{11}, a_{22},...,a_{nn}$ einer quadratischen Matrix heißen Diagonalelemente, sie bilden die Diagonale der Matrix A_{nn}.

$$A_{nn} = \begin{pmatrix} a_{11} & a_{12} & \cdots & a_{1n} \\ a_{21} & a_{22} & \cdots & a_{2n} \\ \cdot & \cdot & \cdot & \cdot \\ a_{n1} & a_{n2} & \cdots & a_{nn} \end{pmatrix}$$

- Werden wie bei einem Vektor Zeilen und Spalten einer Matrix A vertauscht, so heißt die neue Matrix **transponierte Matrix A^T.**

$$A_{23} = \begin{pmatrix} a_{11} & a_{12} & a_{13} \\ a_{21} & a_{22} & a_{23} \end{pmatrix}; \quad A_{32}^T = \begin{pmatrix} a_{11} & a_{21} \\ a_{12} & a_{22} \\ a_{13} & a_{23} \end{pmatrix}$$

Im Folgenden sind einige wichtige Spezialfälle von Matrizen und Vektoren aufgeführt.

Merke

Eine Matrix, deren Elemente alle null sind, heißt **Nullmatrix** A = 0.

$$A = 0 = \begin{pmatrix} 0 & 0 & \dots & 0 \\ 0 & 0 & \dots & 0 \\ . & . & \dots & . \\ 0 & 0 & \dots & 0 \end{pmatrix}$$

Gleiches gilt für Vektoren. Sind alle Komponenten eines Vektors null, so spricht man von einem **Nullvektor.**

$$\vec{0} = \begin{pmatrix} 0 \\ 0 \\ \dots \\ 0 \end{pmatrix} \quad ; \; \vec{0}^T = (0,\dots,0)$$

Sind in einer quadratischen Matrix nur die Diagonalelemente ungleich null und alle anderen Elemente null, so spricht man von einer **Diagonalmatrix.**

$$A = \begin{pmatrix} \mathbf{a}_{11} & 0 & \dots & 0 \\ 0 & \mathbf{a}_{22} & \dots & 0 \\ . & . & \dots & . \\ 0 & 0 & \dots & \mathbf{a}_{nn} \end{pmatrix}$$

Eine Diagonalmatrix, deren Elemente alle gleich eins sind, heißt **Einheitsmatrix**. Zu jeder quadratischen Matrix gibt es eine Einheitsmatrix.

$$E = \begin{pmatrix} 1 & 0 & \dots & 0 \\ 0 & 1 & \dots & 0 \\ . & . & \dots & . \\ 0 & 0 & \dots & 1 \end{pmatrix}$$

Gleiches gilt für Vektoren. Vektoren, von denen genau eine Komponente 1 ist und die anderen Komponenten 0 sind, heißen **Einheitsvektoren.**

$$\vec{e}_1 = \begin{pmatrix} 1 \\ 0 \\ \dots \\ 0 \end{pmatrix} \quad \vec{e}_2 = \begin{pmatrix} 0 \\ 1 \\ \dots \\ 0 \end{pmatrix} \quad \dots \; \vec{e}_n = \begin{pmatrix} 0 \\ 0 \\ \dots \\ 1 \end{pmatrix}$$

Beispiel:

Bestimmen Sie von der gegebenen A_{33}-Matrix die Diagonalelemente und transponieren Sie die Matrix.

$$A_{33} = \begin{pmatrix} 1 & 12 & -4 \\ 6 & 18 & -2 \\ -5 & 5 & 0 \end{pmatrix}$$

Lösung:

Diagonalelemente: $a_{11} = 1$, $a_{22} = 18$, $a_{33} = 0$ Transponierte Matrix: $A_{33}^T = \begin{pmatrix} 1 & 6 & -5 \\ 12 & 18 & 5 \\ -4 & -2 & 0 \end{pmatrix}$

Übungen

1. Der Klassenlehrer einer FOS-Klasse 12 notiert den aktuellen Notenstand zur Halbjahreskonferenz aller 21 Schülerinnen und Schüler in den Hauptfächern Wirtschaftslehre, Deutsch, Mathematik und Englisch in einer Matrix. Die ersten fünf Schülerinnen und Schüler des Alphabets der Klasse 12 erzielten in der Reihenfolge der angegebenen Fächer die folgenden Noten: Astrid: 2, 3, 4, 2; Bertram: 3, 2, 3, 1; Carlo: 1, 2, 5, 4 ; Danny 3, 3, 3, 3 und Elvira: 4, 1, 2, 2.
a) Entwickeln Sie aus diesen Angaben die Matrix A.
b) Geben Sie auch die zu A gehörige transponierte Matrix A^T an.

2. Ein Betrieb produziert aus drei Rohprodukten $R_1 \dots R_3$ zwei Endprodukte E_1 und E_2. Stellen Sie den Sachverhalt in einer Matrix M dar, wenn gilt: $R_1E_1 = 2$, $R_1E_2 = 4$, $R_2E_1 = 4$, $R_2E_2 = 3$, $R_3E_1 = 2$ und $R_3E_2 = 2$.

Aufgaben 11.1

1. In einem Lernbüro einer Handelsschulklasse werden an drei Verkaufsständen Schreibzeug, Schreibpapier (DIN A4 und DIN A5), gebrauchte Schulbücher und Disketten verkauft. Die Tabelle zeigt die Verkaufszahlen während der Aktion.

Stand	Schreibzeug	Schreibpapier	Schulbücher	Disketten
1	28	26	14	40
2	25	22	18	62
3	31	30	12	33

Stellen Sie die Tabelle als 3×4- Matrix dar.

2. In den drei Hautcremes Agua, Beluso und Cienta sind die Substanzen Carotin, Nussöl und Kräuter enthalten. Agua enthält 40 g Carotin, 20 g Nussöl und 80 g Kräuterextrakte, Beluso kommt auf 60 g Carotin, 50 g Nussöl und 15 g Kräuter und Cienta enthält je 30 g Carotin und Nussöl, aber keine Kräuterextrakte. Stellen Sie diese Angaben in einer Matrix zusammen.

3. Transponieren Sie die folgenden Vektoren und Matrizen. Ermitteln Sie bei den Matrizen das Diagonalelement.

$$\vec{b}_1 = \begin{pmatrix} 7 \\ 24 \\ -34 \end{pmatrix}; \quad \vec{b}_2 \begin{pmatrix} 180 \\ 540 \\ 380 \end{pmatrix}; \quad \vec{b}_3 = \begin{pmatrix} 1 & b & 3 \end{pmatrix}; \quad A = \begin{pmatrix} 15 & 26 \\ 10 & 0 \end{pmatrix}; \quad B = \begin{pmatrix} 1 & 0 & a \\ -2 & 2 & -3 \\ 3 & 0 & 5 \end{pmatrix}$$

4. In einem Betrieb wird das Produkt A auf den Maschinen I mit 10 Minuten/Stück, Maschine II mit 5 Minuten/Stück und Maschine IV mit 15 Minuten je Stück bearbeitet. Die Durchlaufzeiten des Produktes B betragen je Stück: 12 Minuten auf Maschine I, 8 Minuten auf Maschine III und 12 Minuten auf Maschine IV. Erstellen Sie eine Matrix der Durchlaufzeiten (Prozessmatrix).

5. Schreiben Sie die *Körpergröße* in cm und das *Gewicht* in g von vier Säuglingen in eine Matrix. Sarah 51/3500, Felix 52/3350, Aron 48/3600 und Lisa 50/3050. Bezeichnen Sie die Matrix.

11.2 Rechnen mit Matrizen

Für das Rechnen mit Matrizen sind bestimmte mathematische Operationen wie zum Beispiel die Addition (Subtraktion) zweier Matrizen, die Multiplikation einer Matrix mit einer Zahl oder die Multiplikation zweier Matrizen definiert und zur **Matrizenalgebra** zusammengefasst. Diese Regeln werden in diesem Abschnitt vorgestellt und an Beispielen erläutert.

Addition (Subtraktion) von Matrizen

Beispiel:

Zwei Zweigwerke stellen die quartalsweise ausgewiesenen Produktionsmengen zweier Produkte **A** und **B** her. Zu berechnen ist die Gesamtproduktion je Quartal.

Quartale

$$\begin{array}{c} \\ \mathbf{A} \\ \mathbf{B} \end{array}\begin{array}{c} \begin{array}{cccc} \text{I} & \text{II} & \text{III} & \text{IV} \end{array} \\ \begin{pmatrix} 250 & 290 & 300 & 500 \\ 300 & 230 & 190 & 450 \end{pmatrix} \end{array}; \quad \begin{array}{c} \\ \mathbf{A} \\ \mathbf{B} \end{array}\begin{array}{c} \begin{array}{cccc} \text{I} & \text{II} & \text{III} & \text{IV} \end{array} \\ \begin{pmatrix} 150 & 390 & 220 & 500 \\ 430 & 200 & 290 & 350 \end{pmatrix} \end{array}$$

Lösung:

Um die Jahresproduktion zu bestimmen, werden die entsprechenden Elemente der beiden Matrizen addiert. Die Addition gilt nur für Matrizen gleichen Typs.

$$\begin{matrix} A \\ B \end{matrix} \begin{pmatrix} 250 & 290 & 300 & 500 \\ 300 & 230 & 190 & 450 \end{pmatrix} + \begin{pmatrix} 150 & 390 & 220 & 500 \\ 430 & 200 & 290 & 350 \end{pmatrix}$$

$$\begin{matrix} A \\ B \end{matrix} \begin{pmatrix} 400 & 680 & 520 & 1\,000 \\ 730 & 430 & 480 & 800 \end{pmatrix}$$

Merke

Zwei Matrizen A und B werden addiert (subtrahiert), indem man die Elemente der Matrizen A und B, die an gleicher Stelle stehen, addiert (subtrahiert).

$$A = \begin{pmatrix} a_{11} & a_{12} & \dots & a_{1n} \\ a_{21} & a_{22} & \dots & a_{2n} \\ \dots & \dots & \dots & \dots \\ a_{n1} & a_{n2} & \dots & a_{nn} \end{pmatrix};\ B = \begin{pmatrix} b_{11} & b_{12} & \dots & b_{1n} \\ b_{21} & b_{22} & \dots & b_{2n} \\ \dots & \dots & \dots & \dots \\ b_{n1} & b_{n2} & \dots & b_{nn} \end{pmatrix};\ \mathbf{A} \pm \mathbf{B} = \begin{pmatrix} a_{11} \pm b_{11} & a_{12} \pm b_{12} & \dots & a_{1n} \pm b_{1n} \\ a_{21} \pm b_{21} & a_{22} \pm b_{22} & \dots & a_{2n} \pm b_{2n} \\ \dots & \dots & \dots & \dots \\ a_{n1} \pm b_{n1} & a_{n2} \pm b_{n2} & \dots & a_{nn} \pm b_{nn} \end{pmatrix}$$

Übungen

1. Gegeben sind die Matrizen A, B und C mit

$$\mathbf{A} = \begin{pmatrix} 2 & 3 & 8 & 4 \\ 3 & 2 & 0 & 0 \\ 4 & 9 & 3 & 8 \end{pmatrix} \quad \mathbf{B} = \begin{pmatrix} 1 & 2 & 7 & 6 \\ 1 & 0 & 0 & 1 \\ 6 & 1 & 7 & 2 \end{pmatrix} \quad \mathbf{C} = \begin{pmatrix} 2 & 1 & 0 \\ 2 & 0 & 5 \\ 6 & 0 & 1 \end{pmatrix}$$

Berechnen Sie, sofern möglich, a) **A + B** b) **A – B** c) **B – A** d) **A + C**

2. Gegeben sind die Matrizen **A** und **B** mit $\mathbf{A} = \begin{pmatrix} 1 & 2 \\ 3 & 4 \\ 5 & 6 \end{pmatrix}$ und $\mathbf{B} = \begin{pmatrix} -3 & -2 \\ 1 & -5 \\ 4 & 3 \end{pmatrix}$.

Bestimmen Sie eine Matrix **C** so, dass gilt: **A + B – C = 0**, wobei **0** die Nullmatrix bezeichnet.

3. Gegeben sind die Vektoren $\vec{a} = (3, 4, -5)$; $\vec{b} = (1, 2, 0)$; $\vec{c} = \begin{pmatrix} 2 \\ 1 \\ -1 \end{pmatrix}$ und $\vec{d} = \begin{pmatrix} -3 \\ 1 \\ 2 \\ 3 \end{pmatrix}$.

Bestimmen Sie, falls möglich,

a) $\vec{a} + \vec{b}$ b) $\vec{a} + \vec{b} - \vec{c}^T$ c) $\vec{a}^T + \vec{b}^T$ d) $\vec{a}^T + \vec{c}$ e) $\vec{b}^T + \vec{d}$

4. Ein Betrieb besitzt drei Teilelager, in denen jeweils drei Artikel lagern. Die in zwei aufeinanderfolgenden Monaten verbrauchten Mengen sind in den folgenden Tabellen wiedergegeben:

1. Monat

		Teilelager	
in Tsd. Stück	**1**	**2**	**3**
Artikel 1	3	5	4
2	2	6	1
3	0	3	4

2. Monat

		Teilelager	
in Tsd. Stück	**1**	**2**	**3**
Artikel 1	1	2	3
2	3	2	1
3	2	1	4

Schreiben Sie die verbrauchten Mengen als Matrizen und bestimmen Sie den Gesamtverbrauch in den Monaten je Artikel und Teilelager.

Skalare Multiplikation von Matrizen

Beispiel:

Der Umsatz dreier Produkte in vier Teilbetrieben ist durch die **monatliche** Umsatzmatrix U_m beschrieben. Zu ermitteln ist bei unveränderter monatlicher Produktion die Jahresproduktion.

$$U_m = \begin{pmatrix} 10 & 12 & 25 & 15 \\ 12 & 8 & 24 & 15 \\ 15 & 8 & 20 & 18 \end{pmatrix}$$

Lösung:

Um die Jahresproduktion zu berechnen, wird jedes der Elemente mit 12 multipliziert. Dabei bedeutet z. B. die Zahl 288, dass im Teilbetrieb 3 jährlich 288 Einheiten von Produkt 2 erzeugt werden.

$$U = 12 \cdot U_m = \begin{pmatrix} 120 & 144 & 300 & 180 \\ 144 & 96 & 288 & 180 \\ 180 & 96 & 320 & 216 \end{pmatrix}$$

Merke

Wird jedes Element einer Matrix mit derselben Zahl (skalarer Faktor k) $k \in \mathbb{R}$ multipliziert, so spricht man von der Multiplikation der Matrix A mit dem Skalar k.

$$A = \begin{pmatrix} a_{11} & a_{12} & \dots & a_{1n} \\ a_{21} & a_{22} & \dots & a_{2n} \\ \dots & \dots & \dots & \dots \\ a_{n1} & a_{n2} & \dots & a_{nn} \end{pmatrix}; \qquad \mathbf{k \cdot A} = \begin{pmatrix} \mathbf{ka_{11}} & \mathbf{ka_{12}} & \dots & \mathbf{ka_{1n}} \\ \mathbf{ka_{21}} & \mathbf{ka_{22}} & \dots & \mathbf{ka_{2n}} \\ \dots & \dots & \dots & \dots \\ \mathbf{ka_{n1}} & \mathbf{ka_{n2}} & \dots & \mathbf{ka_{nn}} \end{pmatrix}$$

Skalare Multiplikation zweier Vektoren (Skalarprodukt)

Beispiel:

Ein Unternehmen produziert vier unterschiedliche Güter. Die monatlichen Produktionsmengen x_1, x_2, x_3 und x_4 werden durch den Produktionsvektor $\vec{x} = (100 \quad 120 \quad 210 \quad 180)$ beschrieben. Die entsprechenden Verkaufspreise gibt der Preisvektor $\vec{p} = (8{,}50 \quad 10{,}50 \quad 12 \quad 7{,}50)$ an. Es wird angenommen, dass die Produkte unmittelbar verkauft werden. Zu berechnen ist der monatliche Umsatz in €.

Lösung

Der Umsatz ist definiert als das Produkt aus Menge und Preis der jeweiligen Güter.

$$U = x_1p_1 + x_2p_2 + x_3p_3 + x_4p_4$$
$$= 100 \cdot 8{,}50 + 120 \cdot 10{,}50 + 210 \cdot 12{,}00 + 180 \cdot 7{,}50$$
$$= \underline{5\,980 \text{ €/Monat.}}$$

In der linearen Algebra wird der Produktions-vektor (Zeilenvektor) $\vec{x}$ mit dem Preisvektor (Spaltenvektor) $\vec{p}$ multipliziert.
Bei dieser Produktbildung ist es zweckmäßig, den linken Faktor als Zeilenvektor und den rechten Faktor als Spaltenvektor zu schreiben, wie dies im nächsten Abschnitt noch näher begründet wird.

$$\vec{u} = (100 \quad 120 \quad 210 \quad 180) \cdot \begin{pmatrix} 8{,}50 \\ 10{,}50 \\ 12{,}00 \\ 7{,}50 \end{pmatrix}$$
$$= 100 \cdot 8{,}50 + 120 \cdot 10{,}50 + 210 \cdot 12{,}00 + 180 \cdot 7{,}50$$
$$= 5\,980 \text{ €/Monat}$$

Merke

Gegeben sind ein Zeilenvektor $\vec{a} = (a_1\ a_2 \ldots a_n)$ und ein Spaltenvektor $\vec{b} = \begin{pmatrix} b_1 \\ b_2 \\ \ldots \\ b_n \end{pmatrix}$.

Unter dem **Skalarprodukt** von $\vec{a}$ und $\vec{b}$ versteht man die reelle Zahl (Skalar):

$$\vec{a} \cdot \vec{b} = (a_1\ a_2 \ldots a_n) \cdot \begin{pmatrix} b_1 \\ b_2 \\ \ldots \\ b_n \end{pmatrix} = \mathbf{a_1 b_1 + a_2 b_2 + \ldots + a_n b_n = \sum_{i=1}^{i=n} a_i b_i}$$

Eine volkswirtschaftliche Anwendung der skalaren Multiplikation von Vektoren wird im folgenden Beispiel aufgegriffen.

Beispiel:

Das Statistische Bundesamt in Wiesbaden stellt für verschiedene Verbrauchergruppen sogenannte **Warenkörbe** zusammen, um die Entwicklung der **Lebenshaltungskosten,** z. B. innerhalb eines Jahres, zu erfassen.

So vergleicht man in einem festgelegten Monat (Berichtszeitpunkt) das Produkt aus den durchschnittlichen Mengen $m_1, m_2, \ldots, m_n$ bestimmter Waren (Dienstleistungen, Reparaturen, Wohnungsmiete,...) des täglichen Gebrauchs und den dazugehörigen Preisen $p_1, p_2, \ldots, p_n$ mit den durchschnittlichen Mengen $m_1, m_2, \ldots, m_n$ und den dazugehörigen Preisen $p_1^*, p_2^*, \ldots, p_n^*$ im gleichen Monat (Basiszeitpunkt) des vergangenen Jahres. Der Quotient aus beiden Produkten heißt **Preisindex.**
Um den Preisindex einer **dreiköpfigen Familie** zu ermitteln, seien Mengen und Preise **von vier** „Waren" ausgewählt. Zu bestimmen ist die Veränderung der Lebenshaltungskosten und der Preisindex (nur auf die vier „Waren" aus dem gesamten Warenkorb bezogen).

Monat/Jahr	Ware	Miete	Fleischwaren	Toilettenartikel	...	Kraftstoff
5/06	Menge	1	11,5 kg	21	...	1 500 l
	Preis	500	6,50 €/kg	45	...	1,22 €/l
5/07	Menge	1	14,0 kg	17	...	1 650 l
	Preis	500	6,85 €/kg	46	...	1,25 €/l

Lösung:

„Preisindex ist der Quotient aus zwei Skalarprodukten". Man berechnet die beiden Skalarprodukte, Mengenvektor als Zeilenvektor und Preisvektor als Spaltenvektor und dividiert die Skalarprodukte.

$$\frac{m_1 p_1 + m_2 p_2 + \ldots + m_n p_n}{m_1 p_1^* + m_2 p_2^* + \ldots + m_n p_n^*}$$

Bei der Preisindexberechnung nach Laspeyres bezieht man sich auf Mengenanteile zum Basiszeitpunkt.

$$(1 \;\; 11{,}5 \;\; 21 \;\dots\; 1\,500) \cdot \begin{pmatrix} 500 \\ 6{,}50 \\ 45 \\ \dots \\ 1{,}22 \end{pmatrix} = 3\,349{,}75$$

$$(1 \;\; 11{,}5 \;\; 21 \;\dots\; 1\,500) \cdot \begin{pmatrix} 500 \\ 6{,}85 \\ 46 \\ \dots \\ 1{,}25 \end{pmatrix} = 3\,419{,}78$$

$$\text{Preisindex} = \frac{3419{,}78}{3349{,}75} = 1{,}0209$$

Es lag bei der fiktiven dreiköpfigen Familie eine Preissteigerung von ca. 2,1% ($1{,}021 = 1 + \frac{p}{100}$) vor.

Das Skalarprodukt findet im weiteren Sinn auch Anwendung bei der Multiplikation einer Matrix mit einem Vektor.

Anmerkung:
Es ist zu beachten, dass die Spaltenanzahl der Matrix gleich der Zeilenanzahl des Vektors sein muss.

Übungen

1. Gegeben sind die Matrizen: $A = \begin{pmatrix} 4 & 2 \\ 1 & 0 \end{pmatrix}$, $B = \begin{pmatrix} 1 & 1 \\ 1 & 1 \end{pmatrix}$, $C = \begin{pmatrix} -2 & -1 \\ -3 & -2 \end{pmatrix}$

Berechnen Sie: a) $5 \cdot A$ b) $(-2) \cdot B$ c) $3 \cdot A - 2 \cdot B + C$ d) $A - 10 \cdot B - 3 \cdot C$

2. Gegeben sind die Matrizen: $A = \begin{pmatrix} 6 & 8 & 3 \\ 4 & -2 & 0 \end{pmatrix}$ und $B = \begin{pmatrix} 0 & 2 & -1 \\ 3 & 2 & 2 \end{pmatrix}$

Berechnen Sie: a) 4A b) 4B c) 4A + 4B d) 4(A + B).
Vergleichen Sie die Ergebnisse aus c) und d). Welches Rechengesetz lässt sich daraus vermuten?

3. Die Warenbestände der Warengruppen I bis III in den Filialen A, B, C und D eines Betriebes sind durch die folgende Matrix (ausgedrückt in €-Nettopreisen) angegeben:

$$A = \begin{pmatrix} 3\,000{,}00 & 4\,200{,}00 & 5\,100{,}00 & 6\,700{,}00 \\ 7\,300{,}00 & 2\,400{,}00 & 800{,}00 & 1\,900{,}00 \\ 4\,600{,}00 & 9\,100{,}00 & 3\,700{,}00 & 8\,300{,}00 \end{pmatrix}$$

a) Geben Sie den Warenbestand der Warengruppe II in der Filiale C an.
b) Der Betrieb möchte die Warenbestände in Bruttopreisen (Umsatzsteuer 19 %) bewertet angeben. Erstellen Sie hierzu die entsprechende Matrix.

4. Berechnen Sie die folgenden skalaren Produkte (Skalarprodukte) von Vektoren:

a) $(2 \;\; 1 \;\; -1)\begin{pmatrix} 1 \\ 0 \\ 2 \end{pmatrix}$ b) $(2 \;\; 5 \;\; 0 \;\; -1 \;\; 3)\begin{pmatrix} 1 \\ 0 \\ 8 \\ 3 \\ 1 \end{pmatrix}$ c) $(2 \;\; 4 \;\; 0 \;\; -4)\begin{pmatrix} 1 \\ 1 \\ 1 \\ 1 \end{pmatrix}$

5. Bei einem Schulfest werden an drei Ständen $S_1 \ldots S_3$ die Cocktails ($C_1 \ldots C_3$) verkauft. Die erste Tabelle gibt den Verkauf in ME an, die zweite Tabelle den Verkaufspreis/ME.

	C_1	C_2	C_3
S_1	30	15	16
S_2	14	20	15
S_3	15	18	19

	Verkaufspreis je Cocktail in €
C_1	2
C_2	3
C_3	3,50

Ermitteln Sie den Erlös der drei Skalar-Produkte für jeden Stand. Welcher Stand hat den größten Erlös erzielt?

6. Ein Möbelhändler verkauft an einem Vormittag sechs Stühle zu einem Preis von 50,00 €/Stück, drei Tische zu je 120,00 €/Stück und zehn Sessel zu 180,00 €/Stück. Ermitteln Sie mit Hilfe des Skalarprodukts den Gesamtumsatz des Möbelhändlers an diesem Vormittag, indem Sie die gegebenen Zahlen zu geeigneten Vektoren zusammenfassen.

Multiplikation von Matrizen

Multiplikation einer Matrix mit einem Vektor

Beispiel:

Ein Unternehmen produziert zwei Güter G_1 und G_2 aus den drei Rohstoffen R_1, R_2 und R_3. Die zur Produktion von G_1 und G_2 benötigten Mengen sind in der Matrix gegeben.

	R_1	R_2	R_3
G_1	3	5	6
G_2	4	2	5

	Kosten
R_1	15
R_2	20
R_3	25

In einer zweiten Matrix (Spaltenvektor) sind die Rohstoffkosten in GE pro ME der drei Rohstoffe angegeben.

a) Wie können die Herstellungskosten der beiden Güter G_1 und G_2 ermittelt werden?
b) Wie hoch sind die Gesamtkosten für die Produktion der beiden Güter?

<u>Lösung:</u>

a) Man kann die Kosten z. B. für G_1 und G_2 einfach berechnen.

$K(G_1) = 3 \cdot 15 + 5 \cdot 20 + 6 \cdot 25 = 295$ GE
$K(G_2) = 4 \cdot 15 + 2 \cdot 20 + 5 \cdot 25 = 225$ GE

Bei der Ermittlung der Gesamtkosten werden die Elemente des Rohstoffkostenvektors mit den entsprechenden Elementen der Mengenmatrix multipliziert. Dabei muss die **Zeilennummer** des Kostenvektors gleich der **Spaltennummer** der Mengenmatrix sein (z. B.: $a_{23} = 5$; $b_{31} = 25$). Durch Addition erhält man den Kostenvektor der Güter G_1 und G_2.

$$\begin{pmatrix} 3 & 5 & 6 \\ 4 & 2 & 5 \end{pmatrix} \cdot \begin{pmatrix} 15 \\ 20 \\ 25 \end{pmatrix} = \begin{pmatrix} 3\cdot 15+5\cdot 20+6\cdot 25 \\ 4\cdot 15+2\cdot 20+5\cdot 25 \end{pmatrix} = \begin{pmatrix} 295 \\ 225 \end{pmatrix}$$

b) Die Gesamtkosten für die Produktion der beiden Güter ergeben sich aus der Addition der Elemente des Spaltenvektors.

$K_{Ges} = 295 + 225 = \underline{520\ (GE)}$

Die Multiplikation zweier Matrizen

Die Multiplikation von Matrizen ist nur möglich, wenn die Anzahl der Spalten der ersten Matrix gleich der Anzahl der Zeilen der zweiten Matrix ist, Bedingung: $\mathbf{A_{m,n}}$ **und** $\mathbf{B_{n,k}}$ **ergibt** $\mathbf{C_{m,k}}$

Beispiel:

Ein Verein will seine drei Jugendmannschaften A, B und C mit neuen Trikots (Hemden) versehen. In der **ersten Tabelle** ist der Preis in € für Dessin und Größe der Mannschaftstrikots angegeben.

Größe	**38**	**40**	**42**
einfarbig	8,50	10,50	12,50
zweifarbig	**11**	**13**	**15**
gestreift	12	14	16

In der **zweiten Tabelle** ist Anzahl der Trikots der drei Größen für jede der drei Mannschaften angegeben.
Zu berechnen sind die Ausstattungskosten für alle Varianten.
Für welches Trikot entscheidet sich der Verein, wenn alle drei Mannschaften das gleiche Trikot bekommen?

	A	**B**	**C**
38	**0**	4	10
40	**6**	5	3
42	**9**	6	2

Lösung:

Will der Betreuer der **A-Mannschaft** z. B. wissen, wie teuer die von ihm favorisierten **zweifarbigen** Trikots sind, multipliziert er die Anzahl der Trikots in der ersten Spalte der zweiten Tabelle mit den Preisen der zweiten Zeile der ersten Tabelle.

$$(\mathbf{11}\ \ \mathbf{13}\ \ \mathbf{15}) \cdot \begin{pmatrix} 0 \\ 6 \\ 9 \end{pmatrix} = 11 \cdot 0 + 13 \cdot 6 + 15 \cdot 9 = \underline{213}$$

Zur Berechnung des Preises für ein bestimmtes Trikot und eine bestimmte Mannschaft verwendet man das entsprechende Skalarprodukt. Alle Preise für alle Kombinationen von Trikots und Mannschaften erhält man durch die entsprechenden Skalarprodukte, die man wieder in einer Matrix anordnen kann.

$$P = \begin{pmatrix} 8{,}50 & 10{,}50 & 12{,}50 \\ 11 & 13 & 15 \\ 12 & 14 & 16 \end{pmatrix} \qquad A = \begin{pmatrix} 0 & 4 & 10 \\ 6 & 5 & 3 \\ 9 & 6 & 2 \end{pmatrix}$$

$$P \cdot A = \begin{pmatrix} 8{,}50 & 10{,}50 & 12{,}50 \\ 11 & 13 & 15 \\ 12 & 14 & 16 \end{pmatrix} \cdot \begin{pmatrix} 0 & 4 & 10 \\ 6 & 5 & 3 \\ 9 & 6 & 2 \end{pmatrix}$$

$$= \begin{pmatrix} 8{,}5 \cdot 0 + 10{,}5 \cdot 6 + 12{,}5 \cdot 9 & 8{,}5 \cdot 4 + 10{,}5 \cdot 5 + 12{,}5 \cdot 6 & 8{,}5 \cdot 10 + 10{,}5 \cdot 3 + 12{,}5 \cdot 2 \\ 11 \cdot 0 + 13 \cdot 6 + 15 \cdot 9 & 11 \cdot 4 + 13 \cdot 5 + 15 \cdot 6 & 11 \cdot 10 + 13 \cdot 3 + 15 \cdot 2 \\ 12 \cdot 0 + 14 \cdot 6 + 16 \cdot 9 & 12 \cdot 4 + 14 \cdot 5 + 16 \cdot 6 & 12 \cdot 10 + 14 \cdot 3 + 16 \cdot 2 \end{pmatrix}$$

$$= \begin{pmatrix} 175{,}50 & 161{,}50 & 141{,}50 \\ 213 & 199 & 179 \\ 228 & 214 & 194 \end{pmatrix}$$

Wie nicht anders zu erwarten war, kauft der Verein aus Kostengründen die einfarbigen Trikots.

Die Beispiele führen zu folgender Definition der Matrizenmultiplikation.

Merke

Das Elemente c_{ik} der Produktmatrix C erhält man durch Multiplikation der i-ten Zeile der $n \times m$-Matrix mit den Elementen der k-ten Spalte der $m \times n$-Matrix B und anschließender Addition der berechneten Produkte.

$$\mathbf{c_{ik} = a_{i1} \cdot b_{1k} + a_{i2} \cdot b_{2k} + \ldots + a_{im} \cdot b_{mk}}$$

$$\text{i-te Zeile} \rightarrow \begin{pmatrix} \ldots & \ldots & \ldots & \ldots \\ \ldots & \ldots & \ldots & \ldots \\ a_{i1} & a_{i2} & \ldots & a_{im} \\ \ldots & \ldots & \ldots & \ldots \end{pmatrix} \cdot \begin{pmatrix} \ldots & b_{1k} & \ldots & \ldots \\ \ldots & b_{2k} & \ldots & \ldots \\ \ldots & \ldots & \ldots & \ldots \\ \ldots & b_{mk} & \ldots & \ldots \end{pmatrix} = \begin{pmatrix} \ldots & \ldots & \ldots & \ldots \\ \ldots & \ldots & \ldots & \ldots \\ \ldots & c_{ik} & \ldots & \ldots \\ \ldots & \ldots & \ldots & \ldots \end{pmatrix}$$

↑
k-te Spalte

Anmerkungen:

- Matrizen können nur dann miteinander multipliziert werden, wenn die Anzahl der **Spalten** der **ersten Matrix** gleich der Anzahl der **Zeilen** der **zweiten Matrix** ist.
- Multipliziert man eine $1 \times m$-Matrix (eine Zeile) mit einer $m \times n$-Matrix, so ist das Produkt eine $1 \times n$-Matrix, also wieder eine Zeile. Multipliziert man eine $m \times n$-Matrix mit einer $n \times 1$-Matrix (eine Spalte), so ist das Produkt eine $m \times 1$-Matrix, also wieder eine Spalte.
- Die Matritzenmultiplikation ist wie die Multiplikation der reellen Zahlen assoziativ: $(AB)C = A(BC)$.
- Die Matritzenmultiplikation ist anders als die Multiplikation der reellen Zahlen nicht kommutativ $AB \neq BA$.
- Neutrales Element der Matritzenmultiplikation ist die $n \times n$-Einheitsmatrix E ($AE = EA = A$).

$$E = \begin{pmatrix} 1 & 0 & 0 \\ 0 & 1 & 0 \\ 0 & 0 & 1 \end{pmatrix}$$

- Ein anderes Schema zur Multiplikation von Matrizen ist das **Falk-Schema:**

Gegeben sind die Matrizen A und B mit $A = \begin{pmatrix} 8{,}5 & 10{,}5 & 12{,}5 \\ 11 & 13 & 15 \\ 12 & 14 & 16 \end{pmatrix}$ und $B = \begin{pmatrix} 0 & 4 & 10 \\ 6 & 5 & 3 \\ 9 & 6 & 2 \end{pmatrix}$.

Falk-Schema:					
	B =	0 6 9	4 5 6	10 3 2	
A =	~~8,5 10,5 12,5~~ 11 13 15 ~~12 14 16~~	175,5 213 **228**	**161,5** 199 214	141,5 179 194	**= A · B**

Beispiele: $\mathbf{a_{1,2}} = 8{,}5 \cdot 4 + 10{,}5 \cdot 5 + 12{,}5 \cdot 6 = \mathbf{161{,}5}$; $\mathbf{a_{3,1}} = 12 \cdot 0 + 14 \cdot 6 + 16 \cdot 9 = \mathbf{228}$

Übungen

1. Gegeben sind die Matrix A und B und die drei Vektoren $\vec{b}_1, \vec{b}_2$ und $\vec{b}_3$.

$$A = \begin{pmatrix} 1 & 1 & 1 \\ 1 & 2 & -1 \\ -2 & -4 & 2 \end{pmatrix};\ B = \begin{pmatrix} -1 & -1 & 3 \\ 1 & 0 & 1 \\ 0 & -2 & 2 \end{pmatrix};\ \vec{b}_1 = \begin{pmatrix} -2 \\ -6 \\ 1 \end{pmatrix};\ \vec{b}_2 = \begin{pmatrix} -2 \\ 6 \\ c \end{pmatrix};\ \vec{b}_3 = \begin{pmatrix} 2 & -2 & 1 \end{pmatrix}.$$

a) Transponieren Sie die Matrizen A und B.
b) Berechnen Sie: $C = A + B$
c) Ermitteln Sie die Skalarprodukte: $\vec{b}_3 \cdot \vec{b}_1$ $A \cdot \vec{b}_2$ und $B \cdot \vec{b}_1$
d) Berechnen Sie $F = A \cdot B$ und $G = B \cdot A$. Was stellen fest?

2. Gegeben sind die Matrizen A und B. Führen Sie die Matrizenmultiplikation $A \cdot B$ aus.

a) $A = \begin{pmatrix} 3 & 1 & 4 \\ 2 & 0 & 3 \\ 4 & 1 & 6 \\ 5 & 2 & 1 \end{pmatrix}; B = \begin{pmatrix} 4 & 3 \\ 5 & 9 \\ 1 & 2 \end{pmatrix}$ b) $A = \begin{pmatrix} 3 & 1 & 4 \\ 2 & 0 & 3 \\ 4 & 1 & 6 \\ 5 & 2 & 1 \end{pmatrix}; B = \begin{pmatrix} 3 & 4 \\ 9 & 5 \\ 2 & 1 \end{pmatrix}$

c) $A = \begin{pmatrix} 2 & 6 & 1 \\ -2 & 3 & -1 \end{pmatrix}; B = \begin{pmatrix} 3 & 6 & 0 \\ -2 & 1 & 7 \\ 4 & 1 & 8 \end{pmatrix}$ d) $A = \begin{pmatrix} 2 & 5 & 0 \\ -3 & 1 & 6 \\ 5 & 1 & 2 \end{pmatrix}; B = \begin{pmatrix} 1 & 0 & 0 \\ 0 & 1 & 0 \\ 0 & 0 & 1 \end{pmatrix}$

Berechnen Sie auch BA.

Aufgaben 11.2

1. Addieren Sie die Matrizen A und B.

a) $A = \begin{pmatrix} 3 & 2 & -4 \\ 1 & 0 & 5 \\ -6 & 4 & -7 \end{pmatrix}; B = \begin{pmatrix} -2 & 2{,}5 & 5{,}5 \\ 3 & -4{,}5 & 0{,}5 \\ 7 & 0 & -4{,}2 \end{pmatrix}$ b) $A = \begin{pmatrix} -2 & 3 & -4k \\ 1 & k & 5 \\ -6k & 4 & -2k \end{pmatrix}; B = \begin{pmatrix} -4k & 2 & 5k \\ 3 & -4{,}5 & 0{,}5k \\ 7 & 3k & 4k \end{pmatrix}$

2. Ein Exporteur bietet die Artikel A bis E zu den Preisen 45,00 €, 87,00 €, 92,00€, 23,00 € und 28,00 € an.
a) Stellen Sie den Preisvektor $\vec{p}$ für diese Artikel auf.
b) Wie muss der Preisvektor aufgestellt werden, wenn die Artikel nach USA exportiert werden und in US-Dollar ausgedrückt werden sollen (Kurs: 1 € = 1,30 US Dollar)?

3. Ein Unternehmen betreibt zwei Kiesgruben und beliefert damit drei Betonwerke. Die Liefermengen der vergangenen beiden Monate sind in den folgenden Tabellen zusammengefasst:

Mai in m^3	**Betonwerk** 1	2	3
Kiesgrube 1	300	150	80
2	250	170	50

Juni in m^3	**Betonwerk** 1	2	3
Kiesgrube 1	120	220	305
2	340	240	130

Ermitteln Sie mit Hilfe der Matrizenaddition die Transportmatrix für die Gesamtmengen.

4. a) Multiplizieren Sie die Matrix A mit 4 bzw. mit – 0,5.
b) Berechnen Sie: 3A + 2A
c) Berechnen Sie: A – 0,5A
d) Berechnen Sie $3A^T + 2A^T$

$$A = \begin{pmatrix} 3 & 2 & 1 \\ 5 & -3 & -5 \\ 0{,}5 & -0{,}4 & 2 \\ 0 & -2 & -8{,}5 \end{pmatrix}$$

5. Berechnen Sie folgende Skalarprodukte:

a) $(2\ \ 3\ \ 5)\cdot\begin{pmatrix} -2 \\ 3 \\ -1 \end{pmatrix}$ b) $(-3\ \ a)\cdot\begin{pmatrix} \frac{1}{3} \\ a \end{pmatrix}$ c) $(-3\ \ 5\ \ 4)\cdot(1\ \ -5\ \ 7)^T$ d) $(x_1\ x_2\ x_3 \ldots x_n)\cdot(1\ \ 1\ \ 1 \ldots 1)^T$

6. Wie lauten die Skalarprodukte in Vektorschreibweise?

a) $5x + 4y + 6z$ b) $\begin{pmatrix} 16a \\ -12b \\ 5c \end{pmatrix}^T$ c) $a^2 - b^2$ d) $2x^2 + 3x - 5$

7. Gegeben sind $\vec{a} = \begin{pmatrix} 2 \\ -1 \\ 3 \end{pmatrix}$ und $\vec{b} = \begin{pmatrix} 5 \\ 1 \\ -2 \end{pmatrix}$. Berechnen Sie: a) $\vec{a}^{\,T}\cdot\vec{b}$ und b) $\vec{b}^{\,T}\cdot\vec{a}$

8. Ein Aktienanleger kauft an einem Tag 30 BMW-, 50 Deutsche Bank- und 20 TUI-Aktien. Die Stückkurse der Aktien betragen 49,80 €, 110,00 € und 21,00 €. Berechnen Sie mit Hilfe des Skalarprodukts den Preis, den der Käufer insgesamt für die Aktien zu zahlen hat.

9. Angenommen, ein Unternehmen produziert vier (fünf) Güter. Berechnen Sie den Umsatz pro Woche, wenn die wöchentliche Produktionsmenge bekannt ist.

a) Produktionsvektor: $\vec{x} = (10\ \ 12\ \ 8\ \ 9)$; Preisvektor: $\vec{p} = \begin{pmatrix} 4{,}50 \\ 5{,}00 \\ 6{,}00 \\ 7{,}50 \end{pmatrix}$

b) Produktionsvektor: $\vec{x} = (10\ \ 15\ \ 7\ \ 3\ \ 4)$; Preisvektor: $\vec{p} = (4{,}00\ \ 5{,}00\ \ 6{,}00\ \ 7{,}50\ \ 3{,}50)^T$

10. Die Cinto AG bezieht von vier verschiedenen Lieferanten aus Übersee die Rohmassen R_1, R_2 und R_3 für ihre Reifenherstellung. In der Tabelle sind die Einkaufspreise in GE angegeben (36,00 heißt 36 GE/ME von Rubber comp).

	R_1	R_2	R_3
Vulkan Inc.	8,50	25,00	110,00
Rubber comp.	11,50	36,00	120,50
Pirello	12,00	42,00	103,00
Latek Co.	13,00	27,50	105,50

Die Cinto AG beabsichtigt, alle Rohmassen vom günstigsten Lieferanten zu beziehen. In der nächsten Planperiode werden 2 400 kg von R_1, 2 000 kg von R_2 und 1 500 kg von R_3 benötigt. Welcher Lieferant ist der günstigste?

11. Berechnen Sie die Matritzenprodukte A·B bzw. A^2.

a) $A = \begin{pmatrix} 2 & -3 \\ -4 & 6 \end{pmatrix}$; $B = \begin{pmatrix} 8 & 4 \\ 4 & 2 \end{pmatrix}$ b) $A = \begin{pmatrix} -1 & 2 \\ -0{,}5 & 1 \end{pmatrix}^2$ c) $A = \begin{pmatrix} 1 & 2 & 3 \\ -1 & -2 & -3 \\ 2 & 0 & 5 \end{pmatrix}$; $B = \begin{pmatrix} 4 & -1 \\ 2 & 0 \\ 5 & 2 \end{pmatrix}$

d) $A = \begin{pmatrix} 1 & 2 \\ 3 & 4 \\ 5 & 6 \end{pmatrix}$ $B = \begin{pmatrix} 1 & 2 & 3 & -5 \\ -3 & -7 & 6 & -1 \end{pmatrix}$ e) $A = \begin{pmatrix} 6 & 0 \\ 2 & 3 \\ 1 & -2 \\ -1 & 1 \end{pmatrix}$; $B = \begin{pmatrix} -2 & 3 \\ -1 & 6 \end{pmatrix}$ f) $A = \begin{pmatrix} 1 & 0 & 0 \\ 0 & 1 & 0 \\ 0 & 0 & 1 \end{pmatrix}^2$

12. Gegeben sind die Matrizen.

$$A=\begin{pmatrix}2 & -1\\ 1 & 0\end{pmatrix};\quad B=\begin{pmatrix}0 & 1\\ 1 & 0\\ 2 & 2\end{pmatrix};\quad C=\begin{pmatrix}1 & 2 & 1\\ 4 & 1 & 5\end{pmatrix};\quad D=\begin{pmatrix}1 & 0 & 1\\ 3 & -1 & 1\\ 2 & 1 & 0\end{pmatrix}.$$

Ermitteln Sie folgende Matrizen, sofern sie existieren.

a) BA b) DB c) AC d) CD^T e) $2BC + D^2$ f) BCA g) $(CB + A)^2$ h) $3CB^T$

13. Ein Schlosserbetrieb fertigt aus drei verschiedenen Profileisen $P_1 \ldots P_3$ die Gitter G_1 und G_2. Der Materialfluss ist in der Tabelle angegeben. Es werden auf einer Baustelle vom Gitter G_1 9 und von Gitter G_2 15 Stück benötigt. Wie viel ME (lfd. m) Profileisen $P_1 \ldots P_3$ muss der Schlossermeister bestellen und wie hoch sind die Kosten des Schlossermeisters, wenn P_1 13 GE/m; P_2 18 GE/m und G_3 10 GE/m kosten?

	G_1	G_2
P_1	10	15
P_2	14	10
P_3	15	12

11.3 Lineare Gleichungssysteme

Einführung

Durch die zunehmende Bedeutung der linearen Gleichungssysteme bei der Problemlösung in verschiedenen Anwendungsbereichen ist es erforderlich, das **allgemeine** Lösungsprinzip linearer Gleichungssysteme (Abkürzung: LGS) darzustellen. In der Praxis wird der Einsatz leistungsfähiger Rechner die aufwändige Rechenarbeit erleichtern.

Zur Wiederholung werden mit der Additionsmethode zwei einfache Beispiele durchgerechnet.

Beispiel:

Thomas kauft eine Jeans und eine passende Jacke dazu. Er bezahlt für beide Kleidungsstücke zusammen 100,00 €. Die Jeans ist 20,00 € billiger als die Jacke. Wie teuer sind Jeans und Jacke?

Lösung:

Für die Preise von Jeans bzw. Jacke werden die Variablen x und y gewählt.
Aus dem Text wird das Gleichungssystem entwickelt.
Mit Hilfe z. B. der Additionsmethode – man addiert die beiden Gleichungen – werden die Kosten für Jeans und Jacke berechnet. Lösung: Jeans: 40,00 €
Jacke: 60,00 €

x: Preis für Jeans
y: Preis für Jacke

$$\left.\begin{array}{lrcl} 1. & x + y & = & 100 \\ 2. & y - x & = & 20 \end{array}\right\} +$$

$$2y = 120 \Rightarrow y = \underline{60}$$
$$\wedge\ x = \underline{40}$$

Beispiel:

Auf einem Schulfest verkaufen die Mitglieder der Schulband an drei Ständen ihre Songs auf Tonträgern wie Compact-Disketten, Musikcasetten und aus Nostalgiegründen Schallplatten. In der Tabelle ist angegeben, wie viel jeder Stand während der Schulveranstaltung verkauft hat und wie hoch die Einnahmen sind. Wie hoch ist der Einzelpreis eines jeden Tonträgers?

Stand	CDs	MCs	Platten	Einnahmen
1	18	6	0	108
2	15	12	1	121
3	32	0	2	180

Lösung:

Für die drei Einzelpreise von CD, MC und Platte werden die Variablen x, y und z gewählt.

x: Preis für CD, y: Preis für MC, z: Preis für Platte

Auf der Grundlage der Tabelle wird das Gleichungssystem aufgestellt.

1. $18x + 6y + 0 = 108$
2. $15x + 12y + z = 121$
3. $32x + 0 + 2z = 180$

Man wählt die erste und zweite Gleichung, multipliziert die zweite Gleichung mit −2 und addiert beide Gleichungen und erhält eine neue Gleichung mit den Variablen x und z.

$$\begin{array}{lrl} 1. & 18x + 6y & = 108 \;|\cdot(-2) \\ 2. & 15x + 12y + z & = 121 \\ \hline & -21x + z & = -95 \end{array}$$

Die gefundene Gleichung wird mit der dritten Gleichung zu einem neuen Gleichungssystem zusammengesetzt. Man multipliziert die neue Gleichung mit −2 und addiert sie zur dritten Gleichung. Nach einfacher Umformung wird x bestimmt. Durch Einsetzen des für x gefundenen Wertes in die dritte Gleichung wird z und mit Hilfe der zweiten Gleichung y berechnet.

$$\begin{array}{rl} -21x + z & = -95 \;|\cdot(-2) \\ 32x + 2z & = 180 \\ \hline 74x & = 370 \quad \Rightarrow \quad \underline{x = 5} \end{array}$$

$32 \cdot 5 + 2z = 180 \quad \Rightarrow \quad \underline{z = 10}$

$15 \cdot 5 + 12y + 10 = 121 \quad \Rightarrow \quad \underline{y = 3}$

Preis für CD: 5,00 €
Preis für MC: 3,00 €
Preis für Platte: 10,00 €

Neben diesen aus der Mittelstufe bekannten Verfahren zur Lösung von LGS wird im folgenden Beispiel ein aus der Additionsmethode heraus entstandenes Verfahren vorbereitet, bei dem das LGS in eine **Dreiecksform** mit nur einer Variablen gebracht wird.

Beispiel:

Eine Firma stellt drei Typen von Regalen her. In der Tabelle sind die für die Herstellung eines Regales benötigten Einzelteile angegeben.
Im Lager befinden sich 320 Sätze Holzbretter, 150 Sätze Stahlleisten und 200 Sätze Schrauben.
Wie viele Regale von den Typen 1 bis 3 können mit Hilfe der vorhandenen Lagerbestände gefertigt werden?

	Typ 1	Typ 2	Typ 3
Holzbretter	1	2	4
Stahlleisten	2	1	1
Schrauben	1	2	1

Lösung:

Für die Anzahlen der zu fertigenden Regale der drei Typen werden die Variablen x_1, x_2 und x_3 gewählt.

x_1: Anzahl der Regale Typ 1
x_2: Anzahl der Regale Typ 2
x_3: Anzahl der Regale Typ 3

Aufgrund der Tabelle wird das Gleichungssystem entwickelt.

1. $1x_1 + 2x_2 + 4x_3 = 320$
2. $2x_1 + x_2 + x_3 = 150$
3. $x_1 + 2x_2 + x_3 = 200$

Zur Bestimmung der Lösung addiert man geeignete Vielfache der ersten Gleichung zu den beiden anderen Gleichungen. Dabei soll erreicht werden, dass als Koeffizienten an passenden Stellen möglichst viele Nullen auftreten. Es wird das −2-fache der ersten Gleichung zur zweiten Gleichung addiert und das −1-fache der ersten Gleichung zur dritten Gleichung.

1. $x_1 + 2x_2 + 4x_3 = 320 \;|(-2)\;|(-1)$
2. $2x_1 + x_2 + x_3 = 150 \quad +$
3. $x_1 + 2x_2 + x_3 = 200 \quad\quad +$

Das Gleichungssystem hat jetzt eine Dreiecksform.

$$\begin{aligned} &1.\ \mathbf{x_1 + 2x_2 + 4x_3 = 320} \\ &2.\ \mathbf{0 - 3x_2 - 7x_3 = -490} \\ &3.\ \mathbf{0 + 0 - 3x_3 = -120} \end{aligned}$$

Man erhält der Reihe nach – von unten nach oben – die Lösung:

40 Regale vom Typ 3
70 Regale vom Typ 2
20 Regale vom Typ 1

$$\begin{aligned} &3.\ -3x_3 = -120 \Rightarrow x_3 = \underline{40} \\ &2.\ -3x_2 - 7 \cdot 40 = -490 \Rightarrow x_2 = \underline{70} \\ &1.\ x_1 + 2 \cdot 70 + 4 \cdot 40 = 320 \Rightarrow x_1 = \underline{20} \end{aligned}$$

Bevor in den nächsten Kapiteln weitere Betrachtungen über lineare Gleichungssysteme folgen, müssen einige Begriffe näher erklärt werden.

Merke

Ein System, das aus **m** linearen Gleichungen mit **n** Variablen besteht, heißt **lineares** Gleichungssystem (LGS) mit **m Gleichungen** und **n Variablen.**
Die Werte $\mathbf{a_{ik}}$ heißen **Koeffizienten.** Sie sind reelle Zahlen. Ihre Anzahl ist **m · n**.
Die **m** Werte $\mathbf{b_i}$ auf der rechten Seite heißen Absolutglieder. Sie sind reelle Zahlen.

$$\begin{aligned} &a_{11}x_1 + a_{12}x_2 + ... + a_{1n}x_n = b_1 \\ &a_{21}x_1 + a_{22}x_2 + ... + a_{2n}x_n = b_2 \\ &\quad . \qquad . \qquad . \qquad . \\ &a_{m1}x_1 + a_{m2}x_2 + ... + a_{mn}x_n = b_m \end{aligned}$$

Anmerkungen:

Sind die Absolutglieder $b_1,...,b_m$ alle null, so heißt das LGS homogenes lineares Gleichungssystem.

Homogenes lineares Gleichungssystem

$$\begin{aligned} &a_{11}x_1 + a_{12}x_2 + ... + a_{1n}x_n = 0 \\ &a_{21}x_1 + a_{22}x_2 + ... + a_{2n}x_n = 0 \\ &\quad . \qquad . \qquad . \qquad . \\ &a_{m1}x_1 + a_{m2}x_2 + ... + a_{mn}x_n = 0 \end{aligned}$$

Ist mindestens ein Absolutglied $b_1,...,b_m$ auf der rechten Seite ungleich null, so heißt das LGS inhomogenes lineares Gleichungssystem.

Inhomogenes lineares Gleichungssystem

$$\begin{aligned} &a_{11}x_1 + a_{12}x_2 + ... + a_{1n}x_n = b_1 \\ &a_{21}x_1 + a_{22}x_2 + ... + a_{2n}x_n = b_2 \\ &\quad . \qquad . \qquad . \qquad . \\ &a_{m1}x_1 + a_{m2}x_2 + ... + a_{mn}x_n = b_m \end{aligned}$$

Übungen

Lösen Sie folgende lineare Gleichungssysteme:

1. a) $x_1 + x_2 = -4$, $x_1 - x_2 = 1$ b) $x_1 + 4x_2 = 0$, $2x_1 + 4x_2 = 6$ c) $3x_1 + 5x_2 = 3$, $6x_1 + 8x_2 = 6$ d) $-0{,}5x_1 + 3x_2 = -9$, $3x_1 - x_2 = 20$

2. a)
$$\begin{aligned} x_1 + x_2 + 2x_3 &= 19 \\ 2x_1 - 4x_2 + x_3 &= -4 \\ x_1 + 10x_2 + x_3 &= 16 \end{aligned}$$
b)
$$\begin{aligned} 2x_1 - 5x_2 + x_3 &= 9 \\ x_1 + 6x_2 - x_3 &= -7 \\ -3x_1 + x_2 - 2x_3 &= -8 \end{aligned}$$
c)
$$\begin{aligned} 2x_1 - 3x_2 + 4x_3 &= 6 \\ 6x_1 + 4x_2 - x_3 &= -8 \\ x_1 + x_2 + x_3 &= -1 \end{aligned}$$

3. Michael plant, für sich eine Jeans, eine Jacke und ein Hemd für zusammen 230,00 € zu kaufen. Jeans und Jacke sind fünfmal so teuer wie das Hemd. Er entschließt sich, zwei Jeans, zwei Hemden und eine Jacke zu kaufen. Er bezahlt dafür insgesamt 360,00 €. Wie teuer sind Jeans, Jacke und Hemd?

21 Haarmann, Thun ISBN 978-3-8120-0504-3

4. Ein Produkt A enthält 4 kg einer Substanz I und 3 kg einer Substanz II. Ein zweites Produkt B enthält 6 kg von Substanz I und 8 kg von Substanz II.
Insgesamt sind noch 5 600 kg von Substanz I und 6 300 kg von Substanz II vorhanden. Wie viel Einheiten kann man von jedem Produkt noch herstellen, wenn der gesamte Vorrat an den Substanzen verbraucht werden soll?

5. An einer Theaterkasse werden Karten in drei Preisklassen verkauft. Parkett: 5,00 € , I. Rang: 7,00 € und II Rang: 10,00 €. Bei einer ausverkauften Schulveranstaltung wurden 120 Karten zu insgesamt 780,00 € verkauft. Für die beiden Ränge wurden zusammen ebenso viele Karten wie für das Parkett verkauft. Wie verteilen sich die einzelnen Karten auf Parkett und Ränge?

Gauß'sche Eliminationsverfahren

Das im letzten Abschnitt für lineare Gleichungssysteme vorgestellte Lösungsverfahren wurde von dem Mathematiker C. F. Gauß (1777–1855) entwickelt. Dieses Verfahren wird nach ihm benannt und als Gauß'sches **Eliminationsverfahren** bzw. **Gauß'scher Algorithmus** bezeichnet.
Gauß war von der Grundidee ausgegangen, LGS mit Hilfe von Äquivalenzumformungen in eine „Dreiecksform" zu überführen. In dieser Form können sie „durch Aufrollen" leicht gelöst werden.

Lineare Gleichungssysteme in „Dreiecksform":

$$\begin{aligned} x_1 + x_2 + x_3 &= 2 \\ 3x_2 - x_3 &= 4 \\ x_3 &= -1 \end{aligned} \qquad \begin{aligned} -x_1 + 2x_2 - x_3 &= 1 \\ x_2 + 2x_3 &= 10 \\ x_3 &= 4 \end{aligned} \qquad \begin{aligned} 5x_1 - x_2 - x_3 &= 5 \\ x_2 - x_3 &= -4 \\ x_3 &= 2 \end{aligned}$$

Im folgenden Beispiel soll das Schema des **Gauß'schen Eliminationsverfahrens** näher gezeigt werden. Dabei ist es zur besseren Übersicht üblich, nicht alle Variablen durch die gesamte Rechnung mitzuschleppen, sondern nur die Koeffizienten und die Absolutglieder der rechten Seite der Gleichungen zu berücksichtigen. Dies wird im Folgenden als Kurzdarstellung bezeichnet.

Beispiel:

Formen Sie das LGS in seine Dreiecksform um und ermitteln Sie die Lösungsmenge.

$$\begin{aligned} &1.\ 2x_1 + 2x_2 + x_3 = 5 \\ &2.\ x_1 - x_2 + x_3 = 6 \\ &3.\ 2x_1 + 3x_2 + 2x_3 = 7 \end{aligned}$$

Lösung:

	Standarddarstellung	Kurzdarstellung
Ziel des Verfahrens ist es, die außerhalb des roten Bereiches stehenden Terme so umzuformen, dass ihre Variablen eliminiert werden. Addition der mit 0,5 multiplizierten ersten Zeile zur zweiten Zeile sowie Addition der mit (–1) multiplizierten ersten Zeile zur dritten Zeile.	1. $2x_1 + 2x_2 + x_3 = 5 \mid \cdot (-0{,}5) \mid \cdot (-1)$ 2. $x_1 - x_2 + x_3 = 6$ 3. $2x_1 + 3x_2 + 2x_3 = 7$	$\begin{array}{l\|rrr\|l} & x_1 & x_2 & x_3 & \\ \hline 1. & 2 & 2 & 1 & 5 \mid \cdot (-0{,}5) \mid \cdot (- \\ 2. & 1 & -1 & 1 & 6 \\ 3. & 2 & 3 & 2 & 7 \end{array}$

Die Variable x_1 ist aus den Gleichungen 2. und 3. eliminiert. Es wird die zweite Zeile mit 0,5 multipliziert und zur dritten Zeile addiert.

$$\begin{array}{lrl} 1. & 2x_1 + 2x_2 + x_3 & = 5 \\ 2. & -2x_2 + 0{,}5x_3 & = 3{,}5 \,|\cdot 0{,}5 \\ 3. & x_2 + x_3 & = 2 \end{array}$$

	x_1	x_2	x_3		
1.	2	2	2	5	
2.		−2	0,5	3,5	$\cdot\,\vert\, 0{,}5$
3.		1	1	2	

Die Variable x_2 ist aus der 3. Gleichung eliminiert.

Auflösen der dritten Gleichung nach x_3.

$$\begin{array}{lrl} 1. & 2x_1 + 2x_2 + x_3 & = 5 \\ 2. & -2x_2 + 0{,}5x_3 & = 3{,}5 \\ 3. & 1{,}25x_3 & = 3{,}75 \end{array}$$

	x_1	x_2	x_3	
1.	2	2	1	5
2.		−2	0,5	3,5
3.			1,25	3,75

Berechnung der restlichen Variablen aus den Gleichungen 2. und 3.

$$1{,}25x_3 = 3{,}75 \Rightarrow x_3 = \underline{3}$$
$$-2x_2 + 0{,}5 \cdot 3 = 3{,}5 \Rightarrow x_2 = \underline{-1}$$
$$2x_1 + 2(-1) + 3 = 5 \Rightarrow x_1 = \underline{2}$$

Lösungsmenge: **L = {(2, −1, 3)}**

$$1{,}25x_3 = 3{,}75 \Rightarrow x_3 = 3$$
$$-2x_2 + 0{,}5 \cdot 3 = 3{,}5 \Rightarrow x_2 = -1$$
$$2x_1 + 2(-1) + 3 = 5 \Rightarrow x_1 = 2$$

L = **{(2, −1, 3)}**

In einem weiteren Beispiel wird zur Ersparnis unnötiger Schreibarbeit nur noch die Kurzdarstellung berücksichtigt.

Beispiel:

Formen Sie das LGS in ein Dreieckssystem um und ermitteln Sie die Lösungsmenge.

$$\begin{array}{lrl} 1. & 3x_1 - 3x_2 + x_3 & = 12 \\ 2. & 3x_1 + 3x_2 + 6x_3 & = 21 \\ 3. & 2x_1 + 7x_2 + 2x_3 & = 3 \end{array}$$

Lösung:

Es wird die mit −1 multiplizierte erste Zeile zur zweiten Zeile addiert.

Es wird die mit $-\frac{2}{3}$ multiplizierte erste Zeile zur dritten Zeile addiert.

	x_1	x_2	x_3		
1.	3	−3	1	12	$\vert \cdot (-1) \vert \cdot (-\frac{2}{3})$
2.	3	3	6	21	
3.	2	7	2	3	

Man addiert die mit $-\frac{3}{2}$ multiplizierte (neue) zweite Zeile zur dritten Zeile.

1.	2	−3	1	12	
2.	0	6	5	9	$\vert \cdot (-\frac{3}{2})$
3.	0	9	1,33	−5	

Jetzt hat das System die Dreiecksgestalt.

1.	2	−3	1	12
2.	**0**	6	5	9
3.	**0**	**0**	−6,166	−18,5

Mit Hilfe der (neuen) dritten Gleichung wird x_3 berechnet.

Berechnung der Variablen x_2 aus der (neuen) zweiten Gleichung.

Berechnung der Variablen x_1 aus der (neuen) ersten Gleichung.

$$-6{,}166x_3 = -18{,}5 \Rightarrow x_3 = \underline{3}$$
$$6x_2 + 5 \cdot 3 = 9 \Rightarrow x_2 = \underline{-1}$$
$$3x_1 - 3 \cdot (-1) + 1 \cdot 3 = 12 \Rightarrow x_1 = \underline{2}$$

Lösungsmenge: **L = {(2, −1, 3)}**

In den bisherigen Beispielen konnte man den Gauß'schen Algorithmus unmittelbar anwenden. Nicht immer ist ein LGS sofort so zu lösen. Häufig müssen vor Beginn des eigentlichen Lösungsvorganges alle bzw. einige der folgenden Umformungen vorgenommen werden.

- Das LGS muss auf die **Normalform** gebracht werden.
- Um möglichst mit ganzzahligen Koeffizienten zu rechnen, werden die Koeffizienten zeilenweise mit einer passenden Zahl $\neq 0$ multipliziert.
- Im LGS werden Zeilen und Spalten vertauscht.

Beispiele:

Formen Sie die beiden LGS in ein Dreieckssystem um und ermitteln Sie jeweils die Lösungsmenge.

1.

1. $3x_2 = 3 - 3x_1$
2. $-3 - x_3 = 4x_1 + 2x_2$
3. $x_1 + 3 = -x_2 - x_3$

2.

1. $\frac{1}{4}x_1 - \frac{1}{2}x_2 + \frac{3}{4}x_3 = 0{,}25$
2. $x_2 - \frac{1}{2}x_3 = 1{,}5$
3. $1{,}5\,x_1 + \frac{2}{3}x_2 - \frac{1}{2}x_3 = -2{,}5$

Lösung:

Zu 1.:

Da das LGS nicht in der Normalform (Variablen links, Konstanten rechts) vorliegt, wird es umgeformt. Außerdem müssen zweite und erste Zeile vertauscht werden, da die erste Zeile die für die Erzeugung des Dreieckssystems notwendige Variable x_1 nicht enthält. (Standarddarstellung)

1. $3x_2 = 3 - 3x_1$
2. $-3 - x_3 = 4x_1 + 2x_2$
3. $x_1 + 3 = -x_2 - x_3$

---

3. $x_1 + x_2 + x_3 = -3 \quad |\cdot 4 \quad |\cdot(-3)$
2. $-4x_1 - 2x_2 - x_3 = 3$
1. $3x_1 + 3x_2 = 3$

---

3. $x_1 + x_2 + x_3 = -3$
2. $2x_2 + 3x_3 = -9 \quad |\cdot(-\frac{1}{3})$
1. $-3x_3 = 12 \Rightarrow x_3 = 4$

$\frac{3}{2}x_2 - \frac{3}{4}(-4) = \frac{21}{4} \quad \Rightarrow x_2 = \underline{1{,}5}$

$-4x_1 - 2 \cdot 1{,}5 - (-4) = 3 \Rightarrow x_1 = \underline{-0{,}5}$

Lösungsmenge: **<u>L = {(– 0,5; 1,5; – 4)}</u>**

Zu 2.:

Das LGS hat keine ganzzahligen Koeffizienten, sodass der Rechenvorgang erschwert wird. Aus diesem Grunde wird das gegebene LGS in ein äquivalentes LGS mit ganzzahligen Koeffizienten umgewandelt. (Kurzform)

	x_1	x_2	x_3		
1.	$\frac{1}{4}$	$-\frac{1}{2}$	$+\frac{3}{4}$	0,25	$\cdot 4$
2.		1	$-\frac{1}{2}$	1,5	$\cdot 2$
3.	1,5	$+\frac{2}{3}$	$-\frac{1}{2}$	– 2,5	$\cdot 6$

1.	**1**	**– 2**	**3**	1	$\cdot(-9)$
2.		2	– 1	3	
3.	9	+ 4	– 3	–15	

1.	**1**	**– 2**	**3**	1	
2.		2	– 1	3	$\cdot(-11)$
3.		22	– 30	– 24	

1.	**1**	**– 2**	**3**	1
2.		2	– 1	3
3.			– 19	– 57

$-19x_3 = -57 \quad \Rightarrow x_3 = \underline{3}$

$2x_2 - 3 = 3 \quad \Rightarrow x_2 = \underline{3}$

$x_1 - 2 \cdot 3 + 3 \cdot 3 = 1 \quad \Rightarrow x_1 = \underline{-2}$

Lösungsmenge: **<u>L = {(– 2; 3; 3)}</u>**

♦ Übungen

1. Lösen Sie die oben in „Dreiecksform" angegebenen linearen Gleichungssysteme „durch Aufrollen (möglichst im Kopf).

a) $x_1 + x_2 + x_3 = 2$
   $3x_2 - x_3 = 4$
   $x_3 = -1$

b) $-x_1 + 2x_2 - x_3 = 1$
   $x_2 + 2x_3 = 10$
   $x_3 = 4$

c) $5x_1 - x_2 - x_3 = 5$
   $x_2 - x_3 = -4$
   $x_3 = 2$

2. Lösen Sie die LGS mit Hilfe des Gauß'schen Algorithmus.

a) $3x_1 - 7x_2 = 15$
   $6x_1 - 11x_2 = 21$

b) $2x_1 + 2x_2 = 4$
   $x_1 - 2x_2 = 8$

c) $x_1 + 3x_2 + x_3 = 0$
   $x_1 + 2x_2 - x_3 = 14$
   $2x_1 + x_2 + 2x_3 = -10$

d) $-4x_1 + 2x_2 - 11x_3 = -3$
   $x_1 + 2x_2 = 3$
   $x_1 - x_3 = -2$

Lösbarkeitsuntersuchungen von linearen Gleichungssystemen

Nun soll untersucht werden, welche Resultate der Gauß'sche Algorithmus für solche LGS liefert, die **nicht** lösbar bzw. **nicht eindeutig** lösbar sind.

Beispiele:

Untersuchen Sie die LGS mit Hilfe des Gauß'schen Algorithmus auf ihre Lösbarkeit.

1. 1. $x_1 + 2x_2 - x_3 = 3$
    2. $2x_1 - x_2 + 2x_3 = 8$
    3. $3x_1 + 11x_2 - 7x_3 = 6$

2. 1. $2x_1 + x_2 - 4x_3 = 1$
    2. $3x_1 + 2x_2 - 7x_3 = 1$
    3. $4x_1 - 3x_2 + 2x_3 = 7$

Lösung:

	x_1	x_2	x_3	
1.	1	2	−1	3 $\;\mid \cdot (-2) \mid \cdot (-3)$
2.	2	−1	2	8
3.	3	11	−7	6

	x_1	x_2	x_3	
1.	1	2	−1	3
2.		−5	4	2 $\;\mid$ 2. Zeile + 3. Zeile
3.		5	−4	−3

	x_1	x_2	x_3	
1.	1	2	−1	3
2.		−5	4	2
3.		**0**	**0**	**−1**

$$0 = -1 \text{ Widerspruch}$$

Gleichung **3.** des Dreieckssystems wird auch als Widerspruchszeile bezeichnet. Es gibt für x_1, x_2, x_3 keine Lösung. Damit ist auch das ursprüngliche LGS **unlösbar.**

	x_1	x_2	x_3	
1.	2	1	−4	1 $\;\mid \cdot (-1,5) \mid \cdot (-2)$
2.	3	2	−7	1
3.	4	−3	2	7

	x_1	x_2	x_3	
1.	2	1	−4	1
2.		0,5	−1	−0,5 $\;\mid \cdot 10$
3.		−5	10	5

	x_1	x_2	x_3	
1.	2	1	−4	1
2.		0,5	−1	−0,5
3.		**0**	**0**	**0**

Gleichung **3.** des Dreieckssystems wird als Nullzeile bezeichnet. Sie ist für **alle beliebigen** Werte von x_1, x_2, x_3 lösbar und könnte auch weggelassen werden. Es verbleiben **2** Gleichungen mit **3** Variablen.

Beim weiteren Lösen des LGS geht man so vor, dass man eine Variable, z. B. x_3, frei wählt und das LGS dann zeilenweise löst.

Gewählt: $x_3 = \underline{t}$ ($t \in \mathbb{R}$)
Gleichung 2: $0{,}5x_2 - t = -0{,}5 \Rightarrow x_2 = \underline{2t-1}$
Gleichung 1: $2x_1 + (2t-1) - 4t = 1 \Rightarrow x_1 = \underline{1+t}$

Man erhält für jeden Wert des freien **Parameters t** genau **eine** Lösung für x_1, x_2, x_3. Man sagt, das LGS hat eine **einparametrige unendliche Lösungsmenge.**

$$\underline{\mathbf{L=\{(t+1,\ 2t-1,\ t)\}}}$$

Beispiel:

Ermitteln Sie die Lösung(en) des folgenden LGS:

1. $x_1 + x_2 - x_3 = 1$
2. $2x_1 + x_2 + x_3 = 1$
3. $-x_1 + x_2 - 5x_3 = 1$

Lösung:

Die erste Zeile wird mit –2 multipliziert und zur zweiten bzw. zur dritten Zeile addiert. Die erste und dritte Zeile werden addiert.

	x_1	x_2	x_3		
1.	**1**	**1**	**−1**	1	$\cdot(-2)$
2.	2	1	1	1	
3.	−1	1	−5	1	

Im zweiten Schritt wird die mit 2 multiplizierte zweite Zeile zur dritten addiert.

	x_1	x_2	x_3		
1.	**1**	**1**	**−1**	1	
2.		−1	3	−1	$\cdot 2$
3.		2	−6	2	

Von dem LGS mit den Variablen $x_1,\ldots,x_3$ bleiben nur zwei nichttriviale Zeilen (keine Nullzeilen) übrig. Die dritte Zeile kann ersatzlos gestrichen werden.

	x_1	x_2	x_3	
1.	**1**	**1**	**−1**	1
2.		0,5	−1	−1
3.		**0**	**0**	**0**

Um beim LGS zu einer Lösung zu kommen, „ersetzt" man z. B. x_3 durch einen Parameter, z. B. t, und setzt diesen in die neue zweite Gleichung und in die erste Gleichung ein und bestimmt x_2 und x_1.

Gewählt: $x_3 = t$ ($t \in \mathbb{R}$)
Gleichung 2.: $0{,}5x_2 - t = -1$
$\Rightarrow x_2 = \underline{2t-2}$
Gleichung 1.: $x_1 + 2t - 2 - t = 1$
$x_1 = 3 - t$

Man spricht in diesem Fall von einer einparametrigen unendlichen Lösungsmenge. Eine ganz spezielle Lösungsmenge L erhält man, wenn man z. B. für t = 1 einsetzt.

Lösungsmenge: $\underline{L = \{(3-t,\ 2t-2,\ t)\}}$

$t = 1$: $\underline{L = \{(2, 0, 1)\}}$

Zusammenfassend kann folgende Vorgehensweise zur Lösung von LGS angegeben werden:

LGS in die Normalform **überführen,** ganzzahlige **Koeffizienten erzeugen und soweit möglich** Gauß'schen Algorithmus **anwenden.**		
Prüfen, welche der folgenden Eigenschaften das umgeformte LGS besitzt:		
Die Anzahl der Variablen ist *gleich* der Anzahl der von null verschiedenen Zeilen.	Die Anzahl der Variablen ist *größer* als die Anzahl der von null verschiedenen Zeilen.	Im LGS entsteht eine Widerspruchszeile.
Das LGS ist eindeutig lösbar. **Die einzige Lösung wird durch „Aufrollen" der *neuen* Gleichungen bestimmt.**	**Das LGS hat unendlich viele Lösungen.** **Die freien Parameter werden gewählt. Die Parameterdarstellung der Lösungsmenge wird ermittelt.**	**Das LGS ist unlösbar.**

Übungen

1. Untersuchen Sie das LGS auf Lösbarkeit, bestimmen Sie die Lösungsmenge und geben Sie ggf. diese an.

a) $2x_1 + 3x_2 = 16$
$-4x_1 - 6x_2 = -32$

b) $2x_1 + x_2 = 1$
$2x_1 - 2x_2 = 4$

c) $3x_1 + 12x_2 = 24$
$27x_1 + 108x_2 = 216$

2. Untersuchen Sie die LGS auf Lösbarkeit. Ermitteln Sie ggf. die Lösungsmenge.

a) $2x_1 - x_2 + 3x_3 = 9$
$3x_1 + 2x_2 - 3x_3 = -1$
$x_1 - 4x_2 + 7x_3 = 17$

b) $x_1 + x_2 - x_3 = -3$
$2x_1 + x_2 + x_3 = -1$
$2x_1 + 3x_2 - 5x_3 = -10$

c) $2x_1 + 4x_2 + 6x_3 = 0$
$3x_1 + 2x_2 + x_3 = 1$
$2x_2 + 4x_3 = -0{,}5$

Aufgaben 11.3

1. Ermitteln Sie die Lösungsmenge der Gleichungssysteme.

a) $2x + 8y = 18$
$7x + y = 36$

b) $2x + 8y = 2$
$x + y = 2$

c) $5x + 2y - 3z = 0$
$x - 5y + 3z = 0$
$-3x - 3y - 3z = 0$

d) $4x + 3y - z = 12$
$2x + 3y - z = 3$
$2x - 2y + 4z = -7$

e) $4x - y + z = 5$
$-2x + 6y - 4z = -2$
$-x - 5y + 6z = 7$

f) $2x + 3y + 4z = 1$
$x = 1$
$4x + 3y - 4z = 1$

2. Lösen Sie mit Hilfe des Gauß'schen Algorithmus.

a) $x_1 + 2x_2 - 4x_3 = -6$
$2x_1 + x_2 + 3x_3 = 5$
$-6x_1 - 6x_2 + 4x_3 = 4$

b) $2x_1 - x_2 + x_3 = 7$
$-x_1 + 2x_2 + 4x_3 = 13$
$3x_1 - x_2 + 2x_3 = 12$

c) $x_1 + 2x_2 + x_3 = 3$
$3x_1 + 2x_2 + x_3 = 7$
$x_1 + 2x_2 + 2x_3 = 2$

3. Beachten Sie zuerst die erforderlichen Umformungen, um damit die Normalform des LGS zu erhalten und lösen Sie dann das LGS mit Hilfe des Gauß'schen Algorithmus.

a) $2x_1 - 2x_2 - 2x_3 = 0$
$3x_1 - 2x_2 = -5x_2 + 18$
$2x_2 + 4x_3 = 3x_1$

b) $16x_1 - 8x_3 + 4x_2 = 2$
$-32x_1 + 12x_3 - 4x_2 = 0$
$48x_1 - 12x_3 + 2x_2 = 0$

c) $3x_3 = 2x_2 + 7$
$-x_3 - 4 = x_2 - x_1$
$x_1 + x_2 = 0{,}5x_1 - 0{,}5$

4. Bringen Sie das LGS in eine geeignete Form und lösen Sie es mit Hilfe des Gauß'schen Algorithmus.

a) 1. $0{,}5x_1 + x_2 + 1{,}5x_3 = 0{,}5$
2. $2x_2 + x_3 = 1 - 2x_1$
3. $4x_1 + 2x_2 + 8 = -6x_3$

b) 1. $2x_1 = 28 - 2x_3$
2. $-x_2 - 1 = x_1$
3. $0{,}5 = 0{,}5x_2 + 0{,}5x_3$

c) $x_1 + 2x_2 + 3 = x_3$
$-2x_1 - 4x_2 + 2x_3 - 6 = 0$
$6x_2 - 3x_3 = -9 - 3x_1$

d)) $0{,}25x_1 - 0{,}5x_2 + 0{,}75x_3 = 0$
$3x_1 - \frac{4}{3}x_2 - x_3 = -12$
$2x_2 - x_3 = 8$

e) $5x_2 - 3x_3 = 24$
$-1{,}5x_1 - \frac{2}{3}x_2 = -6 - \frac{1}{3}x_3$
$3x_1 + 1{,}5x_2 + 1{,}5x_3 = 6$

5. Untersuchen Sie das LGS auf Lösbarkeit, bestimmen Sie die Lösungsmenge und geben Sie ggf. diese an.

a) $3x_1 - x_2 + x_3 = -2$
$2x_2 + x_3 = 1$
$x_1 + x_2 + x_3 = 0$

b) $2x_1 - x_2 + 3x_3 = 10$
$x_1 - 2x_3 = -4$
$1{,}5x_1 + x_2 + x_3 = 2{,}52$

c) $x_1 + x_3 = 2$
$x_2 + x_3 = 1$
$x_1 + x_2 = 2$

6. Gesucht ist die Funktionsgleichung einer ganzrationalen Funktion zweiten Grades der Form: $f(x) = ax^2 + bx + c$. Der Graph hat bei $x_1 = -3$ eine Nullstelle und bei $x_2 = -2$ eine Extremstelle und verläuft durch den Punkt $P(1|8)$. Berechnen Sie die Koeffizienten a, b und c.

***7.** Vor der Einführung neuer Medikamente werden in Deutschland verschiedene Tests durchgeführt u. a. auch ein Test mit **Placebos.** Ein **Placebo** ist ein Stoff, der einem Medikament nur äußerlich gleicht, in seinen Inhalten und Wirkungen aber keinen Einfluss auf die Medikation haben darf.
Um die **Wirksamkeit eines Grippemittels** zu überprüfen, erhält eine Hälfte der Testpersonen die zu testenden Grippetabletten, während die andere Hälfte äußerlich gleich aussehende Zuckerpillen (Placebos) verabreicht bekommt. Wichtig bei diesen Tests ist, dass weder Testpersonen noch Tester wissen, wer Pillen oder wer Placebos erhält. Insgesamt wurden 200 Personen getestet.
Bei der Auswertung des Tests stellte sich heraus, dass nach der Einnahme der Tabletten 90 Personen eine Besserung verspürten, aber 110 nicht. Bei 140 Personen konnte nicht von einer Wirkung des Medikamentes gesprochen werden, das bedeutet, dass keine Besserung eintrat oder die Besserung erfolgte bei Einnahme eines Placebos, was als psychisch-suggestiv bezeichnet wird und hinsichtlich einer allgemein verbindlichen Aussage als negativ gewertet wird. Stellen Sie ein LGS, bestehend aus vier Gleichungen, auf.
Berechnen Sie: x_4: Grippetabletten und positive Wirkung,
x_3: Grippetabletten und keine Wirkung,
x_2: Placebos und positive Wirkung,
x_1: Placebos und keine Wirkung.
Ist die Aufgabe eindeutig?

11.4 Anwendungen von linearen Gleichungssystemen

Mit Hilfe der linearen Algebra lassen sich viele Fragen aus der Ökonomie beantworten. Dabei wird versucht, durch ein System linearer Gleichungen die Beziehungen zwischen mehreren wirtschaftlichen Größen zu erfassen.

Elementare Verflechtungsmodelle

Beispiel:

Aus einem Betrieb werden in einem zweistufigen Produktionsprozess aus den Rohstoffen R_1, R_2 und R_3 die Zwischenprodukte Z_1, Z_2 und Z_3 und aus diesen die Endprodukte E_1, E_2 und E_3 hergestellt.

	Z_1	Z_2	Z_3
R_1	2	3	4
R_2	5	1	3
R_3	a	b	c

	E_1	E_2	E_3
Z_1	1	3	5
Z_2	2	2	1
Z_3	2	3	3

	E_1	E_2	E_3
R_1	16	24	25
R_2	13	26	35
R_3	14	21	22

Die drei Tabellen geben den Materialfluss an. Stellen Sie das LGS auf, mit dem Sie den Anteil (ME) des Rohstoffes R_3 für die Erzeugung der Endprodukte E_1, E_2 und E_3 ermitteln können.

Lösung:

Der Rohstoff R_3 ist in allen drei Endprodukten enthalten, und zwar mit 14 ME an E_1, mit 21 ME an E_2 und mit 22 ME an E_3.

Die 14-ME-Beteiligung an E_1 kommen dadurch zustande, dass zur Erstellung von E_1 u. a. 1 ME von Z_1, 2 ME von Z_2 und 2 ME von Z_3 benötigt werden.

1. $14 = 1a + 2b + 2c$

Die 21-ME-Beteiligung an E_2 kommen dadurch zustande, dass zur Erstellung von E_2 u. a. 3 ME von Z_1, 2 ME von Z_2 und 3 ME von Z_3 benötigt werden.

2. $21 = 3a + 2b + 3c$

Die 22-ME-Beteiligung an E_3 kommen dadurch zustande, dass zur Erstellung von E_3 u. a. 5 ME von Z_1, 1 ME von Z_2 und 3 ME von Z_3 benötigt werden.

3. $22 = 5a + b + 3c$

In allen drei Fällen wird jeweils benötigt:
für 1 ME von Z_1, a ME von R_3
für 1 ME von Z_2, b ME von R_3
und für 1 ME von Z_3, c ME von R_3
Das LGS kann mit Hilfe des Gauß-Algorithmus gelöst werden.

1. $14 = a + 2b + 2c$
2. $21 = 3a + 2b + 3c$
3. $22 = 5a + b + 3c$

$\underline{a = 2\text{ ME}}$; $\underline{b = 3\text{ ME}}$; $\underline{c = 3\text{ ME}}$

Kostentheorie

Beispiel:

Die Kostenfunktion eines Fertigungsbetriebes ist eine ganzrationale Funktion dritten Grades. Bei einem Fixkostenanteil von 10 000 GE entstehen bei produzierten 100 Stück 45 000 GE Gesamtkosten. Die Gewinnzone beginnt bei 50 ME und endet bei 150 ME. Der Betrieb erzielt 600 GE pro verkauftem Stück. Wie lautet die Gleichung der Kostenfunktion?

Lösung:

Das Problem ist der Kostentheorie entnommen. Bei der ganzrationalen Funktion dritten Grades sind die Koeffizienten a_3, a_2, a_1 und a_0 zu bestimmen. Die Fixkosten a_0 sind bekannt.

$$K(x) = a_3x^3 + a_2x^2 + a_1x + a_0$$

Um das LGS aufzustellen werden drei Gleichungen benötigt.

$$E(x) = 600\,x$$

$$N_S\,(50\,|\,30\,000);\quad N_G\,(150\,|\,90\,000)$$

Mit Hilfe der Erlösfunktion E werden die Kosten der Nutzenschwelle und Nutzengrenze errechnet.

1. $45\,000 = a_3 100^3 + a_2 100^2 + a_1 100 + 10\,000$
2. $30\,000 = a_3 50^3 + a_2 50^2 + a_1 50 + 10\,000$
3. $90\,000 = a_3 150^3 + a_2 150^2 + a_1 150 + 10\,000$

Da die Kosten für 100 produzierte Stücke bekannt sind, kann das LGS aufgestellt werden.

Zur einfacheren Rechnung vertauscht man die erste und zweite Zeile und wendet das Gauß'sche Eliminationsverfahren an. Dabei wird die erste Zeile einmal mit – 8 multipliziert und zur zweiten Zeile addiert und mit – 27 multipliziert und zur dritten Zeile addiert.

a_3	a_2	a_1	
50^3	50^2	50	20 000 $\mid \cdot (-8) \mid \cdot (-27)$
100^3	100^2	100	35 000
150^3	150^2	150	80 000

a_3	a_2	a_1	
50^3	50^2	50	20 000
	-10^4	–300	–125 000 $\mid \cdot (-4{,}5)$
	–45 000	–1 200	– 460 000

a_3	a_2	a_1	
50^3	50^2	50	20 000
	-10^4	–300	–125 000
		150	102 500

$150a_1 = 102\,500 \Rightarrow a_1 = \underline{683{,}33}$

$-10^4a_2 - 300 \cdot 683{,}33 = -125\,000 \Rightarrow a_2 = \underline{-8}$

$50^3a_1 - 50^2 \cdot 8 + 50 \cdot 683{,}33 = 20\,000 \Rightarrow a_1 = \underline{0{,}0467}$

Die Kostenfunktion lautet:
$K(x) = 0{,}0467x^3 - 8x^2 + 683{,}33x + 10\,000$

Übung

Ein Unternehmen verkaufte im letzten Quartal eines Jahres von den drei Produkten A, B und C die in der Tabelle festgehaltenen Mengen. Wie hoch sind die Einzelpreise der Produkte, wenn die Umsatzzahlen in GE bekannt sind.

	A	B	C	Umsatz
Oktober	12 000	24 000	30 000	429 000
November	25 000	14 000	22 000	374 000
Dezember	25 000	18 000	40 000	533 000

Aufgaben 11.4

1. Ein Unternehmen besteht aus den drei Abteilungen A, B und C. Jede der drei Abteilungen stellt drei Produkte P_1, P_2 und P_3 her, deren monatliche Produktionsmengen in ME sowie die gesamten Produktionskosten in der Tabelle angegeben sind. Berechnen Sie die Kosten für eine produzierte Einheit in GE.

	P_1	P_2	P_3	**Gesamtkosten**
A	15	25	30	1 550
B	25	20	20	1 250
C	20	15	30	1 400

2. Ein Betrieb liefert an zwei Abnehmer in jedem Quartal des Jahres drei verschiedene Erzeugnisse.

1. Quartal

Erzeugnis	Abnehmer I	Abnehmer II
1	15	40
2	10	0
3	10	25

2. Quartal

Erzeugnis	Abnehmer I	Abnehmer II
1	10	0
2	0	20
3	15	20

3. Quartal

Erzeugnis	Abnehmer I	Abnehmer II
1	0	20
2	10	10
3	0	20

4. Quartal

Erzeugnis	Abnehmer I	Abnehmer II
1	25	10
2	10	20
3	20	0

a) Berechnen Sie die Jahreslieferung in ME.

b) Der Jahresumsatz in GE ist in der Tabelle angegeben. Berechnen Sie die Stückkosten in GE.

Erzeugnis	**Jahresumsatz**
1	16500
2	11100
3	15150

***3.** Die vier Abteilungen eines Fertigungsbetriebes stellen ein Produkt her, das zu einem bestimmten Teil an die Endverbraucher verkauft wird. Zum anderen benötigt jede der vier Abteilungen zur Fertigstellung dieses Produktes einen bestimmten Anteil von einer der anderen Abteilungen.
Zu berechnen sind die Produktionszahlen $x_1,...,x_4$ jeder Abteilung, wenn ebenso viel hergestellt wie verbraucht wird.

	Abteilung				
Abteilung	**1**	**2**	**3**	**4**	**Endverbr.**
1	**0**	0,2	0	0	4
2	0,4	**0**	0	0	5
3	0	0,2	**0**	0,2	6
4	0	0,4	0,4	**0**	10

4. Ein Elektronikkonzern benötigt zur Herstellung von Mikrochips $M_1,...,M_3$ drei verschiedene Bauteile $B_1,...,B_3$. Die pro Mikrochip benötigten Mengen sind in der Tabelle angegeben.

	M_1	M_2	M_3
B_1	2	4	6
B_2	2	4	5
B_3	0	2	2

Diese Mikrochips werden in der Endmontage in drei Steuerungsmodule $S_1,...,S_3$ eingebaut.
Die Tabelle gibt die dafür benötigten Mengen an.

	S_1	S_2	S_3
M_1	2	1	3
M_2	3	2	0
M_3	1	4	2

a) Berechnen Sie die gesamten Bauteilkosten je Mikrochip, wenn gilt: 0,20 GE für B_1; 0,75 GE für B_2 und 2,5 GE für B_3.

b) Wie viele Steuerungsmodule können aus folgenden Bauteilmengen hergestellt werden?
B_1: 12 000 ME; B_2: 11 000 ME; B_3: 4 000 ME.

c) Wie hoch sind die Einzelkosten der Steuerungsmodule, wenn die Gesamtkosten in GE in der Tabelle gegeben sind?

Steuerungsmodule	**Gesamtkosten**
S_1	1000
S_2	1500
S_3	2000

5. Eine Kostenfunktion vom Typ $K(x) = x^3 + a_2x^2 + a_1x + a_0$ eines landwirtschaftlichen Betriebes hat einen Fixkostenanteil von 6 000 €/Monat. Die Gewinnschwelle liegt bei 20/20 000 und das Betriebsoptimum bei 30 ME. Wie lautet die Gleichung der Kostenfunktion?

6. Die Kostenfunktion eines mittelständigen Betriebes sei $K(x) = a_3x^3 + a_2x^2 + a_1x + a_0$ und hat einen Fixkostenanteil von 8 GE. Der Erlös sei 21 GE pro verkauftem Stück. Das Gewinnmaximum liegt bei 6,24 ME und das Betriebsminimum bei 5 ME. Wie lautet die Gleichung der Kostenfunktion, wenn die Gewinnschwelle bei 2 ME liegt?

11.5 Verflechtungsmodelle

Verflechtungsmodelle kommen in der Ökonomie und in einer ganzen Reihe von Industriezweigen zur Anwendung. Mit ihrer Hilfe werden ökonomische und technologische Systeme mit ihren gegenseitigen quantitativen Beziehungen und Abhängigkeiten veranschaulicht und mathematisch aufbereitet.

Da die gegenseitigen Beziehungen der Verflechtungsmodelle als linear angenommen werden, bezeichnet man sie auch als lineare Verflechtungsmodelle.
Im Kapitel 11.4 werden schon Grundstrukturen von Verflechtungsmodellen behandelt. In diesem Abschnitt wird der Gedanke erweitert. Außerdem wird die Ermittlung von Herstellungskosten untersucht.

Dabei werden die Problemstellungen mit Hilfe von linearen Gleichungssystemen und der Matrizenrechnung (Matrizenmultiplikation) gelöst.

Zur Veranschaulichung von linearen Verflechtungen dienen Flussbilder, Verflechtungsdiagramme und Verflechtungsstücklisten. Die Darstellungen zeigen z. B. einen mehrstufigen (je nach Anzahl der Zwischenstufen) Produktionsprozess.

Flussdiagramm

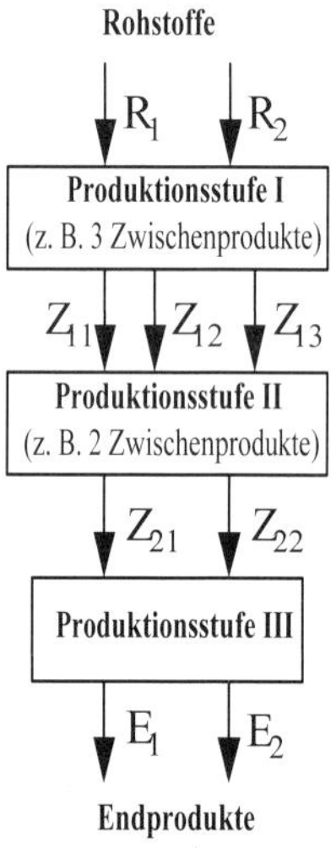

Verflechtungsdiagramme

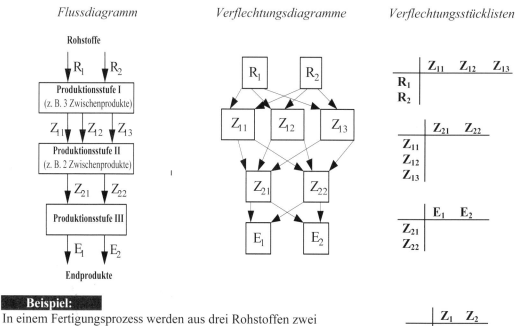

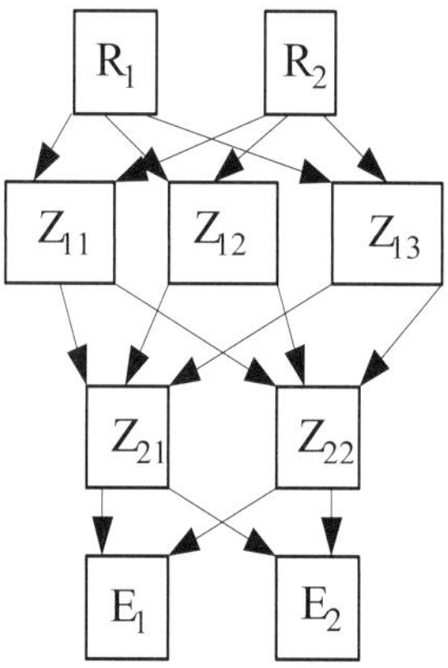

Verflechtungsstücklisten

	Z_{11}	Z_{12}	Z_{13}
R_1			
R_2			

	Z_{21}	Z_{22}
Z_{11}		
Z_{12}		
Z_{13}		

	E_1	E_2
Z_{21}		
Z_{22}		

Beispiel:

In einem Fertigungsprozess werden aus drei Rohstoffen zwei Zwischenprodukte und zwei Endprodukte hergestellt.
Gegeben sind die beiden Verflechtungsstücklisten (Stücklisten).

a) Für die Materialplanung soll der Rohstoffeinsatz je Einheit der Endprodukte ermittelt werden.

b) Berechnen Sie für den Produktionsausstoß $\vec{p} = (20 \quad 15)^T$ den gesamten Produktionsbedarf an den jeweiligen Rohstoffen.

c) 5 % vom Produktionsbedarf werden zusätzlich gelagert. Berechnen Sie den Lagerbestand und den Gesamtbedarf.

	Z_1	Z_2
R_1	2	4
R_2	3	1
R_3	1	2

	E_1	E_2
Z_1	3	2
Z_2	4	1,5

Lösung:

a) Die obere Stückliste (Matrix A = (R,Z)) gibt den Rohstoffbedarf an, der zur Erzeugung einer Einheit der Zwischenprodukte benötigt wird. Die andere Stückliste (Matrix B = (Z,E)) gibt den Bedarf an Zwischenprodukten an, die zur Erzeugung einer Einheit der Endprodukte nötig sind.
Mit Hilfe der Matrizenmultiplikation $C = A \cdot B$ wird der Rohstoffeinsatz berechnet, der für die Erstellung einer Einheit des Endproduktes erforderlich ist.

$$C = A \cdot B = \begin{pmatrix} 2 & 4 \\ 3 & 1 \\ 1 & 2 \end{pmatrix} \cdot \begin{pmatrix} 3 & 2 \\ 4 & 1{,}5 \end{pmatrix} = \underline{\begin{pmatrix} 22 & 10 \\ 13 & 7{,}5 \\ 11 & 5 \end{pmatrix}}$$

b) Zu berechnen ist der Vektor $\vec{r}$ des Gesamtbedarfs an Rohstoffen bei einem Produktionsausstoß $\vec{p}$. Es werden 590 ME von R_1, 372,5 ME von R_2 und 295 ME von R_3 benötigt, um 20 ME des Endproduktes E_1 und 15 ME des Endproduktes E_2 zu erstellen.

$$\vec{r} = C \cdot \vec{p} \Rightarrow \begin{pmatrix} 22 & 10 \\ 13 & 7{,}5 \\ 11 & 5 \end{pmatrix} \cdot \begin{pmatrix} 20 \\ 15 \end{pmatrix} = \underline{\begin{pmatrix} 590 \\ 372{,}5 \\ 295 \end{pmatrix}}$$

c) Lagerbestand L_R (5% von $\vec{r}$) und Gesamtbedarf G_R an Rohstoffen sind unmittelbar zu ermitteln.

$$L_R = \underline{\begin{pmatrix} 29{,}5 \\ 18{,}63 \\ 14{,}75 \end{pmatrix}} \qquad G_R = \underline{\begin{pmatrix} 619{,}50 \\ 391{,}13 \\ 309{,}75 \end{pmatrix}}$$

Merke

Werden aus Rohstoffen R_n über verschiedene Zwischenprodukte Z_n bestimmte Endprodukte E_n hergestellt, so kann dies mit Hilfe von **Verflechtungsmatrizen** A, B und C berechnet werden.

$$\mathbf{A \cdot B = C}$$

Dabei gilt: $\mathbf{A = (R, Z)_{(m,n)}}$ Rohstoff-Zwischenprodukt-Matrix
$\mathbf{B = (Z, E)_{(n,p)}}$ Zwischenprodukt-Endprodukt-Matrix
$\mathbf{C = (R, E)_{(m,p)}}$ Rohstoff-Endprodukt-Matrix

Der Verbrauchsvektor $\vec{\mathbf{r}} = (\mathbf{r_1}\ \mathbf{r_2}\ \mathbf{r_3})^T$ gibt den Verbrauch an Rohstoffen an.
Der Produktionsvektor $\vec{\mathbf{z}} = (\mathbf{z_1}\ \mathbf{z_2}\ \mathbf{z_3})^T$ gibt die Produktion von Zwischenprodukten an.
Der Produktionsvektor $\vec{\mathbf{p}} = (\mathbf{p_1}\ \mathbf{p_2}\ \mathbf{p_3})^T$ gibt die Produktion von Endprodukten an.

Es gilt: $\mathbf{A} \cdot \vec{\mathbf{z}} = \vec{\mathbf{r}} \qquad \mathbf{B} \cdot \vec{\mathbf{p}} = \vec{\mathbf{z}} \qquad \mathbf{C} \cdot \vec{\mathbf{p}} = \vec{\mathbf{r}}$

Anmerkung :

- Die Zeilenzahl von B muss mit der Spaltenzahl von A übereinstimmen.
- Die Zeilenzahl von C muss mit der Zeilenzahl von A übereinstimmen.
- Es wird vorausgesetzt, dass die Rohstoffe nur über die Produktion der Zwischenprodukte in die Endprodukte eingehen.

Beispiel:

Ein Computerhersteller fertigt aus den Bauteilen R_1, R_2 und R_3 die beiden Zwischenprodukte Z_1 und Z_2 und daraus die drei Computertypen C_1 und C_2 an.
Der Materialfluss ist dem Diagramm und der Tabelle zu entnehmen.

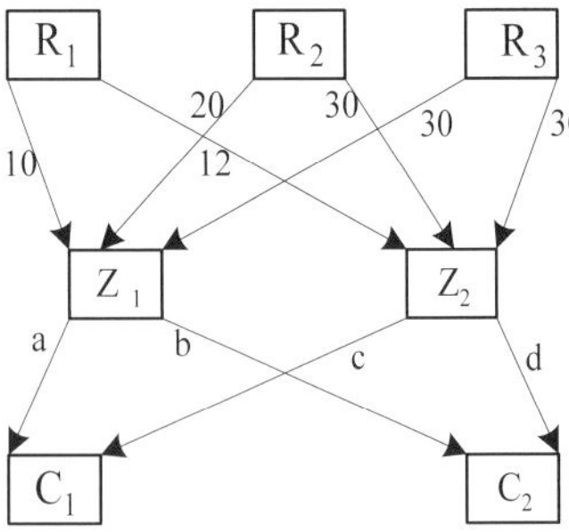

a) Berechnen Sie die fehlenden Größen der Zwischenprodukt-Endprodukt-Matrix B und geben Sie die Zwischenprodukt-Endprodukt-Matrix B als Stückliste an.

b) Der Lagerbestand $\vec{r}$ beträgt vom Bauteil R_1 440 Teile, vom Bauteil R_2 1000 Teile und vom Bauteil R_3 1 200 Teile. Wie viele Zwischenteile Z_1 und Z_2 können mit dem gesamten Lagerbestand noch hergestellt werden?

	C_1	C_2
R_1	550	496
R_2	1 250	1 040
R_3	1 500	1 440

Lösung:

a) Entsprechend dem obigen Satz sind die unbekannten Anteile in der Zwischenprodukt-Endprodukt-Matrix (Z, E) zu berechnen. Mit Hilfe einer Matrizenmultiplikation wird die rechte Seite vereinfacht. Durch Vergleich der an gleicher Stelle stehenden Elemente der Matrix (R, E) erhält man zwei LGS mit jeweils zwei Unbekannten. Die LGS werden mit den bekannten Methoden gelöst.

$$\mathbf{C} = \mathbf{A} \cdot \mathbf{B} \text{ bzw.}$$
$$\mathbf{(R,E) = (R,Z) \cdot (Z,E)}$$

$$\begin{pmatrix} 550 & 496 \\ 1250 & 1040 \\ 1500 & 1440 \end{pmatrix} = \begin{pmatrix} 10 & 12 \\ 20 & 30 \\ 30 & 30 \end{pmatrix} \cdot \begin{pmatrix} a & b \\ c & d \end{pmatrix}$$

$$\begin{pmatrix} 550 & 496 \\ 1250 & 1040 \\ 1500 & 1440 \end{pmatrix} = \begin{pmatrix} 10a + 12c & 10b + 12d \\ 20a + 30c & 20b + 30d \\ 30a + 30c & 30b + 30d \end{pmatrix}$$

$$\begin{aligned} 550 &= 10a + 12c & \quad 496 &= 10b + 12d \\ 1250 &= 20a + 30c & \quad 1040 &= 20b + 30d \\ 1500 &= 30a + 30c & \quad 1440 &= 30b + 30d \end{aligned}$$

$a = \underline{25 \text{ Teile}}$ $\quad b = \underline{40 \text{ Teile}}$ $\quad c = \underline{25 \text{ Teile}}$ $\quad d = \underline{8 \text{ Tei}}$

Die Zwischenprodukt-Endprodukt Matrix B = (Z,C) besteht aus den für a,...,d berechneten Werten.

$$B = (Z,C) = \begin{pmatrix} 25 & 40 \\ 25 & 8 \end{pmatrix}$$

b) Mit Hilfe der Rohstoff-Zwischenprodukt-Matrix A = (R,Z) (die Daten entnimmt man dem obigen Verflechtungsdiagramm) wird der Zwischenproduktionsvektor $\vec{z}$ berechnet. Das LGS besteht aus drei Gleichungen mit drei Variablen und wird mit den bekannten Methoden gelöst.

$$\mathbf{A} \cdot \vec{\mathbf{z}} = \vec{\mathbf{r}}$$

$$\begin{pmatrix} 10 & 12 \\ 20 & 30 \\ 30 & 30 \end{pmatrix} \cdot \begin{pmatrix} z_1 \\ z_2 \end{pmatrix} = \begin{pmatrix} 400 \\ 1000 \\ 1300 \end{pmatrix}$$

$$\begin{aligned} 10z_1 + 12z_2 &= 440 \quad \Rightarrow z_1 = \underline{20 \text{ Teile}} \wedge z_2 = \underline{20 \text{ Tei}} \\ 20z_1 + 30z_2 &= 1000 \\ 30z_1 + 30z_2 &= 1200 \end{aligned}$$

Herstellungskosten

Für einen Betrieb ist die Ermittlung der Herstellungskosten von besonderer Bedeutung. Dabei sind die **gesamten Materialkosten** nur eine Kostenart. Neben diesen Kosten ist es erforderlich, Kenntnisse über die **Rohstoffkosten** pro Mengeneinheit sowie über die **Kosten** für die **Zwischenfertigung(en)** und **Endfertigung** zu haben. Außerdem muss zur Preisermittlung des Endproduktes der Fixkostenanteil berücksichtigt werden.

Beispiel:

Zur Herstellung von Gartenhäuschen werden aus vier verschiedenen Grundmaterialien (Profilbretter) R_1, R_2, R_3 und R_4 zwei Zwischenkonstruktionen Z_1 und Z_2 und aus diesen die beiden Typen von Gartenhäuschen G_1 und G_2 hergestellt.

	Z_1	Z_2
R_1	45	50
R_2	35	60
R_3	20	30
R_4	25	45

	G_1	G_2
Z_1	10	15
Z_2	20	20

Die zwei Tabellen geben in ME den benötigten Input und Output an.

a) Es werden 30 ME von G_1 und 45 ME von G_2 am Markt abgesetzt. Wie hoch sind die Gesamtmaterialkosten (Rohstoffkosten) K_R, wenn für eine ME gilt: R_1: 4 GE, R_2: 5 GE, R_3: 6 GE, R_4: 7 GE?

b) Neben den Materialkosten – Rohstoffkosten – fallen die Kosten für die Fertigung der Zwischenprodukte sowie für die Fertigung der Endprodukte an. Dabei sei $\vec{k}_Z$ der Kostenvektor pro ME für die Zwischenprodukte und $\vec{k}_E$ der Kostenvektor für die Produktion der Endprodukte. Wie hoch sind Zwischenprodukt- und Endproduktkosten, wenn gilt: $\vec{k}_Z = (5\ 6)$ und $\vec{k}_E = (15\ 20)$.

c) Ermitteln Sie die Gesamtkosten, wenn der Fixkostenanteil ca. 12 % der variablen Kosten beträgt.

d) Welcher Verkaufspreis in GE muss für jedes der beiden Gartenhäuschen erzielt werden, um kostendeckend zu produzieren? Typ G_2 soll einen 30 % höheren Verkaufspreis als G_1 erzielen. Welcher Preis muss kalkuliert werden, wenn nur die Rohstoffkosten gedeckt wären?

Lösung:

a) Durch die Multiplikation von Rohstoff-Zwischenprodukt- und Zwischenprodukt-Endprodukt-Matrix $A_{(R,Z)} \cdot B_{(Z,G)}$ wird die Rohstoffmenge errechnet, die zur Fertigung **eines** Gartenhäuschens notwendig ist. Die Vektormultiplikation mit $\vec{k}_R$ ergibt die Rohstoffkosten für ein Gartenhäuschen. Die Vektormultiplikation mit dem Produktionsvektor $\vec{p}$ ergibt die gesamten Rohstoffkosten für die am Markt zu verkaufenden Gartenhäuschen. Sie betragen für insgesamt 75 Stück 2 126 250 GE.

$$\mathbf{K_R} = \vec{\mathbf{k}}_{\mathbf{R}} \cdot \mathbf{A_{(R,Z)}} \cdot \mathbf{B_{(Z,G)}} \cdot \vec{\mathbf{p}}$$

$$= (4\ \ 5\ \ 6\ \ 7) \cdot \begin{pmatrix} 45 & 50 \\ 35 & 60 \\ 20 & 30 \\ 25 & 45 \end{pmatrix} \cdot \begin{pmatrix} 10 & 15 \\ 20 & 20 \end{pmatrix} \cdot \begin{pmatrix} 30 \\ 45 \end{pmatrix}$$

$$= (4\ \ 5\ \ 6\ \ 7) \cdot \begin{pmatrix} 1\,450 & 1\,675 \\ 1\,550 & 1\,725 \\ 800 & 900 \\ 1\,150 & 1\,275 \end{pmatrix} \cdot \begin{pmatrix} 30 \\ 45 \end{pmatrix}$$

$$= \underline{2\,126\,250}$$

b) Die Herstellungskosten für die Zwischenprodukte K_Z werden mit Hilfe der Vektormultiplikation $\vec{k}_Z \cdot \vec{z}$ ermittelt. Hierbei ist $\vec{z} = B \cdot \vec{p}$ die Menge der Zwischenprodukte, die für die Produktion der am Markt zu verkaufenden Gartenhäuschen erforderlich ist. Die Kosten betragen 13 875 GE.

$$\mathbf{K_Z} = \vec{\mathbf{k}}_{\mathbf{Z}} \cdot \vec{\mathbf{z}} = \vec{k}_Z \cdot B \cdot \vec{p}$$

$$= (5\ \ 6) \cdot \begin{pmatrix} 10 & 15 \\ 20 & 20 \end{pmatrix} \cdot \begin{pmatrix} 30 \\ 45 \end{pmatrix} = \underline{13\,875}$$

Die Herstellungskosten für die Berechnung der Endprodukte werden mit Hilfe einer Vektormultiplikation $\vec{k}_E \cdot \vec{p}$ berechnet. Sie betragen 1 350 GE.

$$\mathbf{K} = \mathbf{K_v} + \mathbf{K_f}$$

$$K_v = K_R + K_Z + K_E$$

$$\mathbf{K_E} = \vec{\mathbf{k}}_{\mathbf{E}} \cdot \vec{\mathbf{p}} = (15\ \ 20) \cdot \begin{pmatrix} 30 \\ 45 \end{pmatrix} = \underline{1\,350}$$

c) Die Gesamtkosten K bestehen aus den von der Produktion abhängigen variablen Kosten K_v (Materialkosten plus Herstellungskosten für Zwischen- und Endprodukte) und den Fixkosten K_f.

$$K_v = 2\,126\,250 + 13\,875 + 1\,350 = 2\,141\,475$$

$$K_f = 2\,141\,475 \cdot \frac{12}{100} = 256\,977$$

$$K = 2\,141\,475 + 256\,977 = \underline{2\,398\,452}$$

d) Da Gesamtkosten gleich Erlös sein soll, werden für K und $\vec{p}$ die ermittelten Werte eingesetzt und der Verkaufspreis p für ein Gartenhäuschen errechnet. Typ G_1 kostet 27 101,75 GE und Typ G_2 kostet 35 231,50 GE.

$$K = E = (p \;\; 1{,}3p) \cdot \vec{p}$$

$$2\,398\,452 = (p \;\; 1{,}3p) \cdot \begin{pmatrix} 30 \\ 45 \end{pmatrix} = 30p + 58{,}5p = 88{,}5p$$

$$\Rightarrow p = \underline{27\,101{,}15}$$

Man ersetzt den Wert der Gesamtkosten K durch den Wert der gesamten Rohstoffkosten K_R.

$$2\,126\,250 = 88{,}5p \Rightarrow p = \underline{24\,025{,}42}$$

Merke

Die **Herstellungskosten** setzen sich zusammen aus:

Rohstoffkosten $\vec{k}_R$ **:** Kosten für 1 ME der Rohstoffe (Materialkosten),

Fertigungskosten $\vec{k}_Z$ **:** Kosten für die Fertigung für 1 ME der Zwischenprodukte

Fertigungskosten $\vec{k}_E$ **:** Kosten für die Fertigung für 1 ME der Endprodukte

Variable Herstellungskosten je ME Endprodukt $\boxed{\vec{k}_v = \vec{k}_R \cdot C + \vec{k}_Z \cdot B + \vec{k}_E}$

Variable Herstellungskosten (gesamt): $K_v = K_R + K_Z + K_E$

$$\boxed{K_v = \vec{k}_R \cdot C \cdot \vec{p} + \vec{k}_Z \cdot B \cdot \vec{p}}$$

Außerdem gilt $\vec{r} = C \cdot \vec{p}$ und $\vec{z} = B \cdot \vec{p}$

Gesamtkosten: $\boxed{K = K_v + K_f}$

Anmerkung:

- Ist die Rohstoff-Endprodukt-Matrix C bekannt, so werden die Gesamtmaterialkosten auch nach $K_R = \vec{k}_R \cdot C \cdot \vec{p}$ berechnet.

Beispiel:

Ein Zerspanungsbetrieb stellt aus den Rohlingen R_1, R_2, und R_3 in einer ersten Fertigungsstufe (Skizze) die beiden Zwischenprodukte Z_1 und Z_2 her. In einer zweiten Fertigungsstufe werden Z_1 und Z_2 zu den drei Endprodukten E_1, E_2 und E_3 weiterverarbeitet.

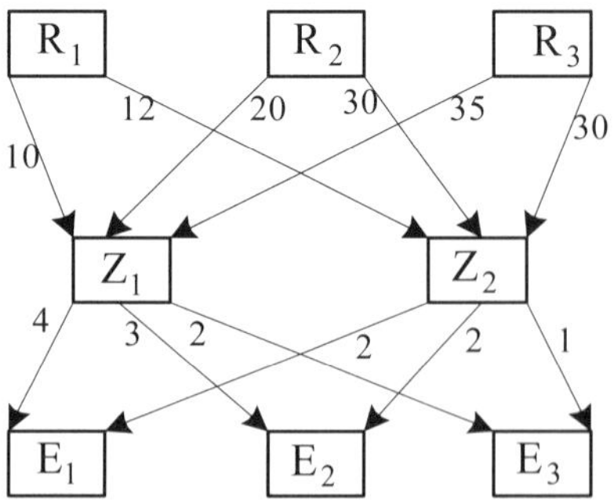

a) Berechnen Sie die Rohmaterial-Endprodukt-Matrix **C** je ME bzw. die erforderliche Rohmaterialmenge für 10 ME E_1, 8 ME E_2 und 5 ME E_3.

b) Wie groß sind die Gesamtkosten, wenn je ME gilt:
$\vec{k}_R = (4 \;\; 5 \;\; 8)$, $\vec{k}_Z = (7 \;\; 9)$ und $\vec{k}_E = (15 \;\; 18 \;\; 20)$
Weisen Sie aus innerbetrieblichen Gründen die einzelnen Kosten extra aus.

Lösung:

a) Man wendet die obige Formel an und ermittelt mit Hilfe der Matrizenmultiplikation und zweimaliger Vektormultiplikation die erforderliche Gesamtrohmaterialmenge. Die einzelnen Werte entnimmt man dem Diagramm.

$$\mathbf{C} = \mathbf{A} \cdot \mathbf{B}$$

$$(\mathbf{R,E})_{3\times 3} \cdot \vec{p} = (\mathbf{R,Z})_{3\times 2} \cdot (\mathbf{Z,E})_{2\times 3} \cdot \vec{p}$$

$$= \begin{pmatrix} 10 & 12 \\ 20 & 30 \\ 35 & 30 \end{pmatrix} \cdot \begin{pmatrix} 4 & 3 & 2 \\ 2 & 2 & 1 \end{pmatrix} \cdot \begin{pmatrix} 10 \\ 8 \\ 5 \end{pmatrix}$$

(R,E)-Matrix

⇓

$$= \begin{pmatrix} 64 & 54 & 32 \\ 140 & 120 & 70 \\ 200 & 165 & 100 \end{pmatrix} \cdot \begin{pmatrix} 10 \\ 8 \\ 5 \end{pmatrix} = \underline{\begin{pmatrix} 1\,232 \\ 2\,710 \\ 3\,820 \end{pmatrix}}$$

b) Die gesamten variablen Kosten bestehen aus Materialkosten, Zwischenproduktionskosten und Endproduktionskosten. Dabei wird das Teilergebnis aus a) verwendet.
Die Materialkosten betragen 49 038 GE, die Zwischenproduktionskosten betragen 887 GE, die Endproduktkosten betragen 394 GE und die Gesamtkosten 50 319 GE.

$$\mathbf{K_v} = \vec{\mathbf{k}}_{\mathbf{R}} \cdot \mathbf{C} \cdot \vec{\mathbf{p}} + \vec{\mathbf{k}}_{\mathbf{Z}} \cdot \mathbf{B} \cdot \vec{\mathbf{p}} + \vec{\mathbf{k}}_{\mathbf{E}} \cdot \vec{\mathbf{p}}$$

$$= (4 \;\; 5 \;\; 8) \cdot \begin{pmatrix} 1\,232 \\ 2\,710 \\ 3\,820 \end{pmatrix} + (7 \;\; 9) \cdot \begin{pmatrix} 4 & 3 & 2 \\ 2 & 2 & 1 \end{pmatrix} \begin{pmatrix} 10 \\ 8 \\ 5 \end{pmatrix}$$

$$+ (15 \;\; 18 \;\; 20) \cdot \begin{pmatrix} 10 \\ 8 \\ 5 \end{pmatrix} = 49\,038 + 887 + 394 = \underline{50\,319}$$

Beispiel:

Ein Unternehmen aus der Biochemie stellt aus pflanzlichen Stoffen S_1, S_2 und S_3 drei Essenzen E_1, E_2 und E_3 her, die in einer Verdünnung Grundlage für drei Arzneien A_1, A_2 und A_3 sind. Die Verflechtungstabellen sind angegeben.

a) Ermitteln Sie die Matrix, die angibt, wie viele ME der drei Arzneien A_1, A_2 und A_3 hergestellt werden können.

b) Der Vorrat an pflanzlichen Stoffen beträgt 330 ME von S_1 460 ME von S_2, und 430 ME von S_3. Wie viele ME der Arzneien lassen sich damit herstellen ?

	E_1	E_2	E_3
S_1	1	2	1
S_2	2	3	1
S_3	1	2	2

	A_1	A_2	A_3
E_1	1	2	0
E_2	2	4	2
E_3	3	1	3

c) Die Kosten je ME der Rohstoffe (pflanzliche Stoffe, $S_1,\ldots,S_3$) betragen $\vec{k}_R = (2 \;\; 4 \;\; 3)$. Die Kosten je ME zur Erstellung der Essenzen ($E_1,\ldots,E_3$) betragen $\vec{k}_Z = (0{,}5 \;\; 2 \;\; 4)$. Berechnen Sie die Kosten für die Anfertigung von 1 ME der Essenzen.

d) Es wird eine Kostenerhöhung für die pflanzlichen Stoffe $S_1,\ldots,S_3$ je ME in Abhängigkeit vom Parameter k angekündigt, und zwar durch $\vec{k}_R = (0{,}01k^3 \;\; 1 - 0{,}1k^2 \;\; k)$. Ermitteln Sie die Kostenfunktion für die Erstellung der Arzneien. Für welchen Wert von k werden die Grenzkosten minimal?

22 Haarmann, Thun ISBN 978-3-8120-0504-3

Lösung:

a) Zu berechnen ist die Rohstoff-Endprodukt-Matrix (R,E) bzw. (S,A) durch Multiplikation der Rohstoff-Zwischenproduktmatrix mit der Zwischenprodukt-Endproduktmatrix. Dies geschieht mit Hilfe der Matrizenmultiplikation zweier 3 × 3-Matrizen. (Z.B. bedeutet die zweite Spalte: Es werden 11 ME von S_1, 17 ME von S_2 und 12 ME von S_3 benötigt, um 1 ME von A_2 zu erzeugen.)

$\mathbf{A} \cdot \mathbf{B} = \mathbf{C}$ bzw. $\mathbf{(S,E)_{3\times3} \cdot (E,A)_{3\times3} = (S,A)_{3\times3}}$

$$C = \begin{pmatrix} 1 & 2 & 1 \\ 2 & 3 & 1 \\ 1 & 2 & 2 \end{pmatrix} \cdot \begin{pmatrix} 1 & 2 & 0 \\ 2 & 4 & 2 \\ 3 & 1 & 3 \end{pmatrix} = \begin{pmatrix} 8 & 11 & 7 \\ 11 & 17 & 9 \\ 11 & 12 & 10 \end{pmatrix} = (S,A)$$

b) Es ist die Produktionsmenge an Arzneien $A_1,\ldots,A_3$ zu bestimmen, die aufgrund der noch vorhandenen Rohstoffmengen von S_1 S_2 und S_3 möglich ist zu produzieren. Dabei ist ein LGS zu lösen, das aus 3 Gleichungen und 3 Variablen besteht. Eindeutig lösbar für $p_1 = p_2 = 10$ und $p_3 = 20$.

$$(S,A) \cdot \vec{p} = \begin{pmatrix} 330 \\ 460 \\ 410 \end{pmatrix} \Rightarrow \begin{pmatrix} 8 & 11 & 7 \\ 11 & 17 & 9 \\ 11 & 12 & 10 \end{pmatrix} \cdot \begin{pmatrix} p_1 \\ p_2 \\ p_3 \end{pmatrix} = \begin{pmatrix} 330 \\ 460 \\ 410 \end{pmatrix}$$

$$\begin{aligned} 8p_1 + 11p_2 + 7p_3 &= 330 \\ 11p_1 + 17p_2 + 9p_3 &= 460 \\ 11p_1 + 12p_2 + 10p_3 &= 430 \end{aligned}$$

Endproduktvektor

$$\vec{p} = \begin{pmatrix} 10 \\ 10 \\ 20 \end{pmatrix}$$

c) Es werden zuerst die Kosten für eine ME der Zwischenprodukte (Essenzen) berechnet. Dabei wird die Matrix B (S,E) mit dem Rohstoffkostenvektor $\vec{k}_R$ multipliziert und der Kostenvektor $\vec{k}_Z$ (Kosten für eine ME der Essenzen) dazuaddiert.

$$\vec{k}_v = \vec{k}_R \cdot (S,E) + \vec{k}_Z = (2\ \ 4\ \ 3) \cdot \begin{pmatrix} 1 & 2 & 1 \\ 2 & 3 & 1 \\ 1 & 2 & 2 \end{pmatrix} + (0{,}5\ \ 2\ \ 4$$

$$= (13{,}5\ \ 24\ \ 16)$$

d) Die variablen Kosten zur Arzneiherstellung werden durch Multiplikation des in Abhängigkeit vom Parameter k angegebenen Kostenvektors und der Rohstoff-Endprodukt-Matrix für eine ME ermittelt. Das Minimum der Grenzkostenfunktion K´ ermittelt man mit Hilfe der Ableitungsfunktion K´´. Das Minimum der Grenzkosten liegt bei 4,94 ME.

$$K(k) = (0{,}01k^3\ \ 1 - 0{,}1k^2\ \ k) \cdot \begin{pmatrix} 8 & 11 & 7 \\ 11 & 17 & 9 \\ 11 & 12 & 10 \end{pmatrix} \begin{pmatrix} 1 \\ 1 \\ 1 \end{pmatrix}$$

$$= (0{,}01k^3\ \ 1 - 0{,}1k^2\ \ k) \cdot \begin{pmatrix} 26 \\ 37 \\ 33 \end{pmatrix}$$

$$= \underline{0{,}26k^3 - 0{,}37k^2 + 33k + 37}$$

$$K'(k) = 0{,}78k^2 - 7{,}4k + 33$$

$$K''(k) = 0 = 1{,}56k - 7{,}4 \Rightarrow k = \underline{4{,}94}$$

Übung

In einem Fertigungsbetrieb werden aus den vorgefertigten Teilen V_1 und V_2 die Zwischenteile Z_1 und Z_2 und aus diesen die Fertigteile F_1, F_2 und F_3 hergestellt.

Die Tabellen geben an, wie viele zwischenproduzierte Teile je Fertigprodukt bzw. wie viele vorgefertigte Teile je Zwischenprodukt Z_1 und Z_2 benötigt werden.

	Z_1	Z_2
V_1	2	1
V_2	1	2

	F_1	F_2	F_3
Z_1	11	16	12
Z_2	7	12	14

a) Wie viele vorgefertigt Teile V_1 und V_2 sind je Fertigprodukt F_1, F_2 und F_3 erforderlich?

b) Es werden von F_1 30 ME, von F_2 40 ME und von F_3 20 ME hergestellt. Wie viele vorgefertigte Teile und wie viele Zwischenteile werden benötigt?

c) Berechnen Sie die gesamten variablen Kosten für die unter b) angegebene Produktion $\vec{p}$, wenn für die Stückkosten gilt: $\vec{k}_R = (3\ \ 2)$; $\vec{k}_Z = (5\ \ 3)$ und $\vec{k}_E = (80\ \ 120\ \ 100)$

Aufgaben 11.5

1. Ein Pharmaunternehmen stellt aus den pflanzlichen Rohstoffen R_1, R_2 und R_3 drei Substanzen Z_1, Z_2 und Z_3 und aus diesen die Schmerzmittel E_1, E_2 und E_3 her.

a) Berechnen Sie bei gegebenen (R,Z)- und (Z,E)-Matrizen sowie bekanntem Produktionsvektor $\vec{p} = (10 \quad 12 \quad 15)^T$ die Rohstoff- und Zwischenproduktmengen je ME Endprodukt und insgesamt.

b) Der Lagerbestand zeigt vom Rohstoff R_1 76 ME, vom Rohstoff R_2 134 ME und vom Rohstoff R_3 176 ME an. Wie viele Schmerzmittel können mit dem gesamten Lagerbe- stand noch hergestellt werden können?

	Z_1	Z_2	Z_3
R_1	1	2	3
R_2	2	4	3
R_3	4	4	4

	E_1	E_2	E_3
Z_1	5	6	3
Z_2	2	4	6
Z_3	4	1	2

2. Ein Elektronikunternehmen fertigt aus drei Bausteinen R_1, R_2 und R_3 drei Schaltelemente Z_1, Z_2 und Z_3, die in Steuerungen E_1, E_2 und E_3 eingebaut werden.
Die Matrizen geben den Materialfluss in Stück an.

$$A_{(R,Z)} = \begin{pmatrix} 4 & 3 & 3 \\ 2 & 4 & 2 \\ 4 & 5 & 1 \end{pmatrix}$$

$$B_{(Z,E)} = \begin{pmatrix} 1 & 3 & 4 \\ 5 & 2 & 2 \\ 0 & 4 & 0 \end{pmatrix}$$

a) Wie viel Stück von jedem Rohstoff werden benötigt, damit von den drei Schaltelementen (Zwischenprodukt) Z_1 12 Stück, Z_2 15 Stück und Z_3 10 Stück hergestellt werden können?

b) Wie viel Stück der einzelnen Bausteine (Rohstoffe) müssen vorrätig sein, damit ein Auftrag von 50 Stück von E_1, 80 Stück von E_2 und 50 Stück von E_3 fertiggestellt werden kann?

c) Im Lager befinden sich 7 100 Stück von R_1 und 6 000 Stück von R_2. Wie viel Stücke von R_3 müssen eingekauft werden, wenn von E_3 100 Stück verkauft werden. Berechnen Sie die Produktionsmengen von E_2 und E_1.

3. Eine Spielzeugfabrik stellt vier verschiedene Puzzles P_1, P_2, P_3 und P_4 her. Dabei werden aus drei Holzplatinen R_1, R_2 und R_3 Rückenteile Z_1, Frontteile Z_2, und Steckteile Z_3 ausgepresst.

	Z_1	Z_2	Z_3
R_1	1	2	3
R_2	2	2	5
R_3	1	1	2

	P_1	P_2	P_3	P_4
Z_1	1	1	1	2
Z_2	0	1	3	4
Z_3	1	1	1	2

a) Berechnen Sie die gesamten Rohstoff- und Zwischenproduktmengen, wenn eine Ladenkette von den Puzzles P_1 500, P_2 1 000, P_3 200 und P_4 400 Stück bestellt.

b) Wie viele Rückenteile Z_1, Frontteile Z_2, und Steckteile Z_3 lassen sich aus 2 600 ME von R_1, 3 900 ME von R_2 und 1 700 ME von R_3 herstellen?

c) Berechnen Sie die variablen Herstellungskosten je Endprodukt, wenn gilt: $\vec{k}_R = (0{,}1 \quad 0{,}1 \quad 0{,}1)$; $\vec{k}_Z = (0{,}4 \quad 0{,}3 \quad 0{,}2)$ und $\vec{k}_E = (0{,}2 \quad 0{,}2 \quad 0{,}4 \quad 0{,}3)$

d) Die Endprodukte werden für 2 € je P_1, 3 € je P_2, 4 € je P_3 und 6 € je P_4 verkauft. Ermitteln Sie den Gewinn für den unter a) angegebenen Auftrag, wenn die Fixkosten 2 500 € betragen und die Kosten je ME unter c) zu berücksichtigen sind.

4. In einem Betrieb werden aus den Einzelteilen T_1, T_2 und T_3 über die Zwischenprodukte Z_1, Z_2 und Z_3 die Endprodukte E_1, E_2 und E_3 hergestellt. Aus dem Produktionsprozess ergeben sich die Tabellen.

	Z_1	Z_2	Z_3
T_1	1	1	0
T_2	3	2	2
T_3	4	1	1

	E_1	E_2	E_3
T_1	10	6	3
T_2	22	15	12
T_3	12	10	10

a) Berechnen Sie den Rohgewinn (= Erlös – Kosten) für einen Auftrag, wenn neben den Endprodukten auch die Zwischenprodukte verkauft werden.
Dabei gilt: Einzelteilkosten je ME: $\vec{k}_T = (1 \;\; 2 \;\; 3)$,
Produktionsvektor Endprodukt: $\vec{p}_E = (50 \;\; 50 \;\; 50)^T$,
Produktionsvektor Zwischenprodukt: $\vec{p}_Z = (100 \;\; 100 \;\; 100)^T$,
Erlösvektor Zwischenprodukt je ME: $\vec{e}_Z = (10 \;\; 15 \;\; 20)$,
Erlösvektor Endprodukt je ME: $\vec{e}_E = (60 \;\; 70 \;\; 90)$.

b) Ermitteln Sie die Einzelteil-Zwischenprodukt-Matrix und geben Sie an, wie viele der einzelnen Zwischenprodukte je ME Endprodukt benötigt werden?

c) Die Kosten für die Zwischenprodukte und Endprodukte sind vom Parameter k abhängig. Es gilt: $\vec{k}_Z = (2 \quad k+1 \quad 1-k^2)$ und $\vec{k}_E = (1+k \quad 0{,}5k^3 \quad 1)$. Berechnen Sie für die Endproduktfertigung die anfallenden Kosten in Abhängigkeit von k, wenn die Einzelteilkosten je ME wie unter a) weiterhin gelten. Für welchen Wert von k werden die Kosten minimal? Bei welchem Wert für k liegt das Minimum der Grenzkosten?

5. In einer ersten Produktionsphase benötigt ein Betrieb Halbzeuge H_1, H_2 und H_3, um aus diesen die Zwischenprodukte Z_1, Z_2 und Z_3 und Z_4 herzustellen. In einer zweiten Produktionsphase werden aus diesen Zwischenprodukten die Endprodukte E_1, E_2 und E_3 montiert.
Der Materialfluss ist in Mengeneinheiten (ME) den folgenden Tabellen zu entnehmen.

	Z_1	Z_2	Z_3	Z_4
H_1	...	...	0	0
H_2	0	...	...	0
H_3	0	0	...	...

	E_1	E_2	E_3
Z_1	4	2	0
Z_2	3	4	4
Z_3	0	2	4
Z_4	4	0	4

	E_1	E_2	E_3
H_1	11	8	4
H_2	21	30	32
H_3	12	8	28

a) Berechnen Sie die fehlenden Werte der Halbzeug-Zwischenprodukt-Matrix.

b) Für einen Auftrag werden von H_1 57 ME, von H_2 255 ME und von H_3 204 ME verarbeitet. Wie viel ME werden damit von E_1, E_2 und E_3 hergestellt.

c) Wegen der Auslagerung der Produktion an einen anderen Standort soll das Lager der Halbzeuge geräumt werden. Zurzeit befinden sich von H_1 noch 197 ME, von H_2 noch 503 ME und von H_3 noch 308 ME im Lager.
Wie viel ME können von jedem Endprodukt produziert werden, wenn der Lagerbestand von H_1 vollständig verarbeitet und vom Lagerbestand von H_2 und H_3 je 200 ME übrig bleiben?

d) Der Betrieb erhält in der kommenden Periode einen Auftrag über 600 ME von Z_1 über 1 180 ME von Z_2 und von 680 ME von Z_3 und 880 ME von Z_4. Wie viel ME der Endprodukte können dann hergestellt werden? Die Herstellungskosten für die Zwischenprodukte verhalten sich wie 2:3:4:5. Die Montagekosten für die Endprodukte betragen $\vec{k}_E = (12 \;\; 18 \;\; 24)$ GE.
Die Rohstoffkosten werden vernachlässigt.
Berechnen Sie die Herstellungskosten für die Zwischenprodukte, wenn die Gesamtherstellungskosten für die kommende Produktionsperiode 57 840 GE bei einem Fixkostenanteil von 5 000 GE betragen.

12 Statistik und Wahrscheinlichkeitsrechnung

12.1 Beschreibende Statistik

Absolute und relative Häufigkeiten

Einführungsbeispiel:

In einer Urne befinden sich gleich viele weiße (w) und rote (r) Kugeln. Es wird eine Kugel gezogen, ihre Farbe notiert und dann wird sie wieder zurückgelegt. Dieser Vorgang wird 100 Mal wiederholt. Folgendes Ergebnis wird festgestellt:

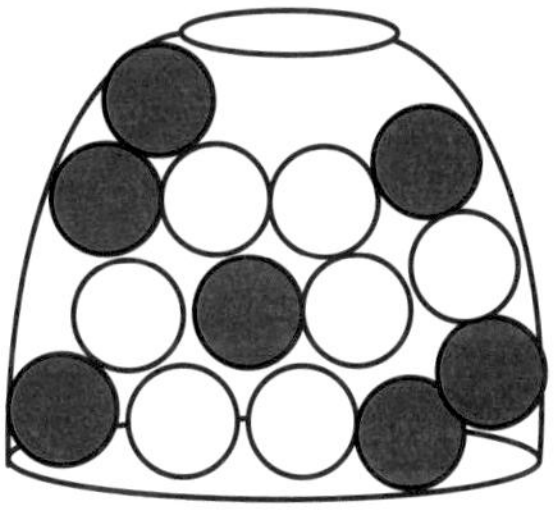

Farbe (Merkmal)	w	r
absolute Häufigkeit	46	54

Die Anzahl der gezogenen weißen Kugeln ist 46.
Man nennt sie die **absolute Häufigkeit.** Die absolute Häufigkeit der roten Kugel ist somit 54.

Wird die Anzahl der weißen gezogenen Kugeln – also die absolute Häufigkeit H_w – durch die Zahl der Ziehungen dividiert, so erhält man die **relative Häufigkeit** h_w für die weißen Kugeln. Entsprechend ist die relative Häufigkeit h_r der Quotient aus der Anzahl gezogenen roten Kugeln – also der absoluten Häufigkeit H_r – und der Zahl der Ziehungen.

Absolute Häufigkeit	Relative Häufigkeit
$H_W = 46$	$h_W = \frac{46}{100} = 0{,}46$
$H_r = 54$	$h_r = \frac{54}{100} = 0{,}54$

Beispiel:

Ein Marktforschungsinstitut untersuchte in einer **Stichprobe** die Ausstattung von Haushalten mit bestimmten Konsumgütern. Von 1 000 Haushalten besaßen:

795 ein Telefon (davon 490 zusätzlich ein Handy),
945 ein Radio,
880 ein Fernsehgerät (davon 710 einen Farbfernseher),
605 einen Videorecorder.

a) Berechnen Sie die relativen Häufigkeiten.
b) Wie unterscheiden sich die Zufallsversuche in den beiden Beispielen auf dieser Seite?

Lösung:

a) Um die relative Häufigkeit zu bestimmen, wird die Anzahl der Haushalte mit einem bestimmten Konsumgut durch die Gesamtzahl aller befragten Haushalte dividiert.

$h_T = \frac{795}{1\,000} = \underline{0{,}795}$; $h_H = \frac{490}{1\,000} = \underline{0{,}49}$; $h_R = \frac{945}{1\,000} = \underline{0{,}945}$

$h_F = \frac{880}{1\,000} = \underline{0{,}88}$; $h_{Fa} = \frac{710}{1\,000} = \underline{0{,}71}$; $h_V = \frac{605}{1\,000} = \underline{0{,}605}$

b) Beim ersten Zufallsversuch kann man die relativen Häufigkeiten aufgrund der Bedingung, dass gleich viele rote und weiße Kugeln vorhanden sind, angenähert vorhersagen, also etwa 0,5 je Sorte. Dies ist im zweiten Zufallsversuch nicht möglich.

Merke

Die relative Häufigkeit h_E einer Erhebung E in einer Stichprobe ist der **Quotient** aus der absoluten Häufigkeit H_E der Erhebung und dem Stichprobenumfang n.

$$\mathbf{h_E = \frac{H_E}{n}}$$

Ist $H_{E_1} + H_{E_2} + \ldots + H_{E_n} = n$, dann gilt: $h_{E_1} + h_{E_2} + \ldots + h_{E_n} = 1$.

Die Werte von h_E bilden die **Häufigkeitsverteilung** der Stichprobe.

Anmerkung:

- In der beschreibenden Statistik wird zwischen untersuchtem Merkmal (z. B. Farbe, Geschlecht) und der Merkmalsausprägung (rot, weiß bzw. männlich, weiblich) unterschieden.

Beispiel:

Eine Umfrage an einer BBS mit 1 250 Schülerinnen und Schülern hat ergeben, dass sich 55 Mädchen zum regelmäßigen Rauchen bekennen. Die Zahl der männlichen Raucher konnte nicht ermittelt werden, doch schätzt die Schulleitung, dass diese Zahl ca. 10 % der männlichen Schüler beträgt. Insgesamt ergab sich ein Anteil von 10,4 % Raucher der Schule.

Wie kann aus diesen Angaben die Zahl der Mädchen und der Jungen an der Schule berechnet werden? Wie hoch ist die relative Häufigkeit der rauchenden Mädchen?

Lösung:

n_M: Anzahl Mädchen; n_J: Anzahl Jungen.
H_{RM}: absolute Häufigkeit – Raucher Mädchen; h_{RM}: relative Häufigkeit – Raucher Mädchen;
H_{RJ}: absolute Häufigkeit – Raucher Jungen; h_{RJ}: relative Häufigkeit – Raucher Jungen;

Die relative Häufigkeit aller rauchenden Schüler beträgt 0,104. Daraus berechnet man die absolute Häufigkeit der rauchenden Schülerinnen und Schüler an der BBS.

Geg: $\frac{H_{RJ} + H_{RM}}{1\,250} = 0{,}104 \quad | \cdot 1\,250$

$H_{RJ} + H_{RM} = 130$

Da die Anzahl H_{RM} der rauchenden Mädchen gegeben ist, wird die Zahl der der rauchenden Jungen unmittelbar bestimmt.

$H_{RJ} = 130 - H_{RM} = 130 - 55 = 75$

Da nun auch die relative Häufigkeit für die rauchenden Jungen bekannt ist, kann die Gesamtzahl der Jungen und Mädchen sowie die relative Häufigkeit der rauchenden Mädchen ermittelt werden.

$h_{RJ} = \frac{H_{RJ}}{n_J} = \frac{75}{n_J} = 0{,}1 \Rightarrow n_J = \frac{75}{0{,}1} = \underline{750 \text{ Jun}}$

$750 + n_M = 1\,250$

$n_M = \underline{500 \text{ Mädchen}}$

$h_{RM} = \frac{55}{500} = 0{,}11$

Übungen

1. Eine Umfrage unter 1 000 Fachoberschülern hat ergeben, dass 380 studieren wollen, 540 einen Praktikumsplatz und 76 eine erste oder zweite Ausbildung anstreben. Vier der Befragten machten keine Angabe. Mit wie vielen Absolventen ist für jede der drei Ziele Studium, Praktikum bzw. Ausbildung zu rechnen, wenn insgesamt 4 500 Fachoberschüler die Schulen verlassen?

2. Vier Meinungsforschungsinstitute 1– 4 erhielten bei einer Befragung zur Beliebtheit der XY-Partei die in der Tabelle abgegeben Resultate.

a) Wie hoch ist die relative Häufigkeit der einzelnen Institute.

b) Wie hoch ist die relative Häufigkeit des Gesamtresultates ?

	befragte Personen	Stimme für XY-Partei
1	3.574	1.235
2	2.516	955
3	3.630	1.164
4	3.410	1.173

Veranschaulichungen von Häufigkeitsverteilungen

Je umfangreicher das erhobene Zahlenmaterial einer Häufigkeitsverteilung ist, desto unübersichtlicher wird es für seine Auswertung. Zur besseren Überschaubarkeit werden solche Häufigkeitsverteilungen grafisch dargestellt.

Beispiel:

In der Tabelle ist die Zahl der Familien (absolute Häufigkeit) und die Anzahl ihrer Kinder angegeben. Es handelt sich um eine Siedlung mit 150 Familien.

Kinderzahl in einer Familie	0	1	2	3	4	5	6	Summe
Anzahl der Familien	10	26	44	33	16	12	9	150
a) relative Häufigkeit	***0,067***	***0,173***	***0,293***	***0,22***	***0,107***	***0,08***	***0,06***	***1,0***

a) Berechnen Sie die relativen Häufigkeiten der Familien und tragen Sie sie in die Tabelle ein.

b) Veranschaulichen Sie die Häufigkeitsverteilung mit Hilfe eines Stabdiagramms und eines Histogramms.

Lösung:

b) Beim **Stabdiagramm** werden die relativen Häufigkeiten auf der Ordinate (y-Achse) und die Anzahl der Kinder pro Familie auf der Abzisse (x-Achse) abgetragen.
Die Höhen der einzelnen Stäbe entsprechen den Werten der zugehörigen relativen Häufigkeiten (wegen der Breite = 1).

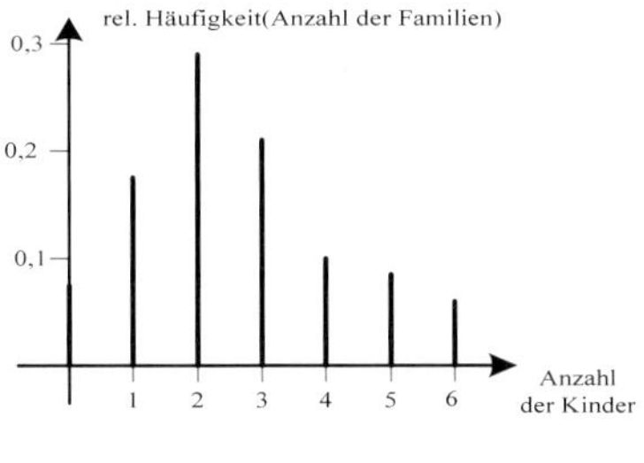

Das **Histogramm** besteht aus Rechtecken mit der Grundseite der Länge 1. Auch hier haben die Höhen den Wert der zugehörigen relativen Häufigkeiten. Die relativen Häufigkeiten können unmittelbar auf der Ordinate abgelesen werden. Die Rechtecksflächen entsprechen den relativen Häufigkeiten.

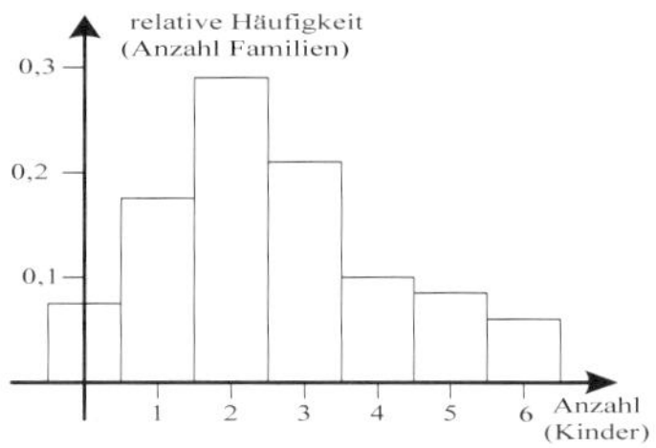

Falls in einer Stichprobe sehr viele Merkmalsausprägungen (z. B. bei Gewichten oder Längenmaßen) auftreten, ist es sinnvoll, diese in **Klassen** einzuteilen. Bei der Klasseneinteilung sind die Häufigkeiten der Stichprobenwerte nicht mehr exakt feststellbar, man weiß nur, in welchem Intervall sie sich befinden.

Oft ist es schwierig, eine geeignete Zahl von Klassen festzulegen. Hierfür gibt es eine Faustformel. Die Anzahl der Klassen soll dabei mindestens drei und höchstens 25 betragen.

$$\text{Klassenanzahl} \approx \sqrt{\text{Anzahl der Daten}} - 1$$

Beispiel:

Beim Wiegen von 50 Brötchen ergaben sich folgende absolute Häufigkeiten:

Gewicht in (g)	38	39	40	41	42	43	44	45	46	47	48	49
absolute Häufigkeit	1	3	4	4	2	8	9	9	3	3	3	1

Berechnen Sie die relativen Häufigkeiten, bilden Sie eine geeignete Klasseneinteilung und veranschaulichen Sie die zugehörige Häufigkeitsverteilung.

Lösung:

Man wählt $\sqrt{50} - 1 \approx 6$; 6 Klassen

Die Klassenbreite beträgt bei 12 Ausprägungen: $b = \frac{12}{6} = 2$

Klasse	Gewicht	abs. Häufigk.	relat.Häufigk.
1	$38 \le x < 40$	4	0,08
2	$40 \le x < 42$	8	0,16
3	$42 \le x < 44$	10	0,2
4	$44 \le x < 46$	18	0,36
5	$46 \le x < 48$	6	0,12
6	$48 \le x \le 49$	4	0,08

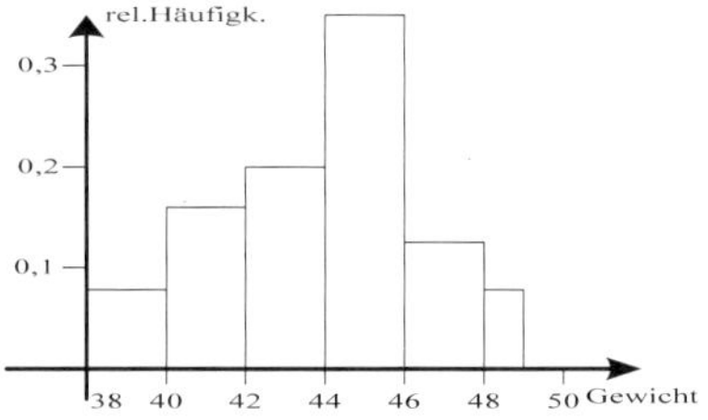

Kennzahlen von Häufigkeitsverteilungen

Umfangreiches statistisches Zahlenmaterial kann oftmals nur schwer analysiert werden, weil es in der vorliegenden Form unübersichtlich ist. In diesen Fällen ist es notwendig und sinnvoll, es durch sogenannte Kennzahlen zu ***verdichten.*** Mit solchen Kennzahlen können die charakteristischen Eigenschaften von Grundgesamtheiten besser und schneller beurteilt werden. Beispiele solcher Kennzahlen sind zum Beispiel das **arithmetische Mittel** als Mittelwert oder die **Varianz** und die **Standardabweichung** als Streuungsmaße.

1. Arithmetisches Mittel

Beispiel:

Die Niederlassung einer Handelskette der Elektrobranche hat im letzten Halbjahr folgende Stückzahlen an elektrischen Zahnbürsten verkauft:

Monat	Januar	Februar	März	April	Mai	Juni
Stück	23	19	33	17	22	48

Die Unternehmensleitung muss für die weitere Planung wissen, wie viel Stück pro Monat zu bestellen sind.

Lösung:

Den Mittelwert erhält man durch Addition der monatlichen Stückzahlen und Division der Summe durch die Anzahl der Monate. Der Mittelwert wird mit $\overline{\mathbf{x}}$ (x quer) angegeben.

$$\overline{x} = \frac{23+19+33+17+22+48}{6} = \frac{162}{6} = \underline{27}$$

Antwort: Im Durchschnitt wurden im Monat 27 Zahnbürsten verkauft.

Treten Einzelwerte einer Zahlenreihe mehrfach auf, so fasst man sie zur Berechnung des Mittelwertes zusammen. Dabei werden die mehrfach auftretenden Zahlenwerte mit ihrer Häufigkeit multipliziert (gewichtet).

Beispiel:

An einer Ampelkreuzung wurden in der Hauptverkehrszeit die PKWs gezählt, die während einer Grünphase über die Kreuzung fuhren. Die Stichprobe umfasst 42 Grünphasen. Wie viele PKWs fuhren im Mittel während einer Grünphase in einer Richtung über die Kreuzung?

Anzahl PKW $\mathbf{x_i}$	6	7	8	9	**10**	11	12	13	14	15	16	Summe
absolute Häufigkeit $\mathbf{H_i}$	1	2	1	3	**8**	9	6	4	3	3	2	42

Lösung:

Man multipliziert die Anzahl der PKWs als Merkmalsausprägung $\mathbf{x_i}$, die in einer Grünphase die Kreuzung überqueren, mit der zugehörigen absoluten Häufigkeit $\mathbf{H_i}$ der Grünphasen (z. B. fahren jeweils **10** PKWs in **8** Grünphasen über die Ampel) und dividiert durch die Anzahl der Grünphasen (insgesamt 42).

$$\overline{x} = \frac{6\cdot1+7\cdot2+8\cdot1+9\cdot3+10\cdot8+11\cdot9+12\cdot6+13\cdot4+14\cdot3+15\cdot3+16\cdot2}{1+2+1+3+8+9+6+4+3+3+2} = \frac{477}{42} \approx \underline{11{,}36}$$

Es fahren im Mittel ca. 11 PKWs in **einer** Grünphase über die Ampel.

Merke

Den Mittelwert (arithmetisches Mittel) einer Stichprobe vom Umfang n wird berechnet nach der

Formel: $\mathbf{\overline{x} = \frac{x_1 + x_2 + ... + x_n}{n}}$

Kommen in einer Stichprobe die Daten $x_1, x_2, ...x_k$ mit den absoluten Häufigkeiten $H_1, H_2, ..., H_k$

vor, so wird $\overline{x}$ berechnet nach: $\mathbf{\overline{x} = \frac{x_1 H_1 + x_2 H_2 + ... + x_k H_k}{n}}$

Sind die relativen Häufigkeiten $h_1 = \frac{H_1}{n}$; $h_2 = \frac{H_2}{n}$; $h_k = \frac{H_k}{n}$ gegeben, so wird der Mittelwert

berechnet nach der Formel: $\mathbf{\overline{x} = h_1 x_1 + h_2 x_2 + ... + h_k x_k}$

2. Varianz und Standardabweichung

Besonders beim Vergleich von Häufigkeitsverteilungen mehrerer gleichartiger statistischer Massen reicht es oftmals nicht aus, nur das arithmetische Mittel als Vergleichsmaßstab heranzuziehen. Deshalb werden zusätzlich Kennzahlen herangezogen, die Näheres darüber aussagen, wie die Häufigkeiten um den Mittelwert herum *gestreut* sind. Solche *Streuungsmaße* sind die **Varianz** und die **Standardabweichung.**

Beispiel:

In zwei Parallelklassen wurde gleichzeitig ein Test geschrieben. Die Ergebnisse der beiden Notenverteilungen sollen verglichen werden:

Noten	1	2	3	4	5	6	
Klasse A	1	2	10	8	3	0	24
Klasse B	3	4	5	6	5	2	25

Die beiden arithmetischen Mittel ergeben ein nahezu gleiches Ergebnis. Dennoch fällt beim Betrachten der Häufigkeitsverteilungen am Graphen auf, dass sich die Leistungen der beiden Klassen unterscheiden.
An den Stabdiagrammen wird deutlich:
Die Noten der **Klasse A** (linkes Bild) liegen nahe um den Mittelwert $\overline{x}$; die Streuung um den Mittelwert ist eher gering.
Die Noten der **Klasse B** (rechtes Bild) verteilen sich gleichmäßig über den gesamten Notenbereich. Die einzelnen Noten **streuen** stärker um den Mittelwert $\overline{x}$.

$\overline{x}_A = \frac{1}{24}(1 \cdot 1 + 2 \cdot 2 + 10 \cdot 3 + 8 \cdot 4 + 3 \cdot 5 + 0 \cdot 6) = \underline{3{,}42}$

$\overline{x}_B = \frac{1}{25}(3 \cdot 1 + 4 \cdot 2 + 5 \cdot 3 + 6 \cdot 4 + 5 \cdot 5 + 2 \cdot 6) = \underline{3{,}48}$

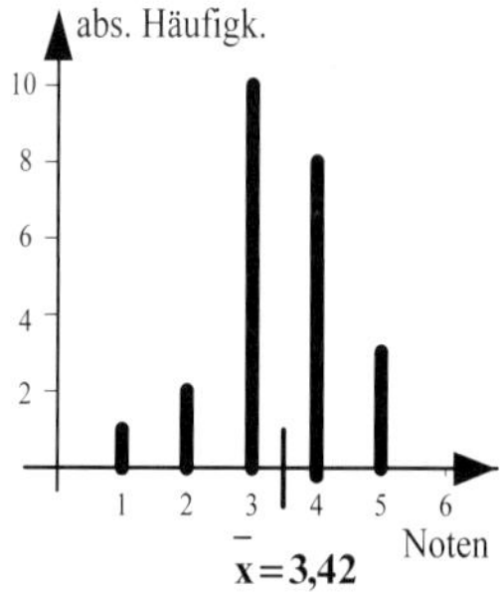

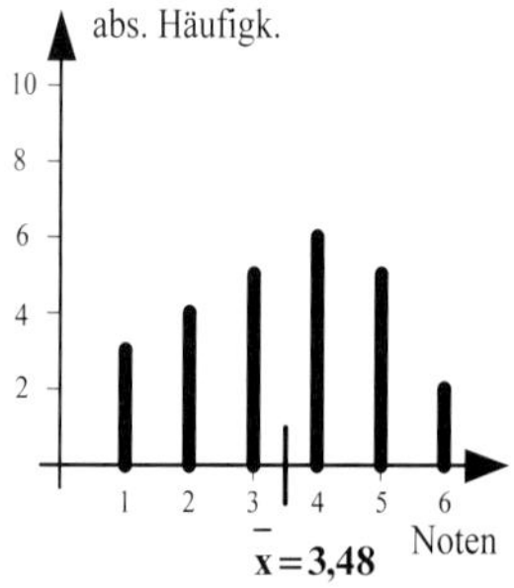

Möchte man herausfinden, in welcher der beiden Klassen eine stärkere Leistungsdichte vorliegt, benötigt man Streuungsmaße. Hierzu verwendet man die **Varianz** und die **Standardabweichung.**

Für ihre Berechnung empfiehlt sich die Verwendung einer Tabelle. Die Vorgehensweise wird im obigen Beispiel dargestellt:

***Klasse A:* Durchschnitt = 3,42**

Note	Abweichung (Note – 3,42)	Quadrat der Abweichung	Häufigkeit der Note	Gewichtetes Quadrat der Abweichung
1	1 – 3,42 = – 2,42	5,8564	1	5,8564
2	2 – 3,42 = – 1,42	2,0164	2	4,0328
3	3 – 3,42 = – 0,42	0,1764	10	1,7640
4	4 – 3,42 = 0,58	0,3364	8	2,6912
5	5 – 3,42 = 1,58	2,4964	3	7,4892
6	6 – 3,42 = 2,58	6,6564	0	0,0000
			24	21,8336

Varianz: : 24 = 0,9097

Standardabweichung: $\sqrt{0{,}9097} = 0{,}9538$

***Klasse B:* Durchschnitt = 3,48**

Note	Abweichung (Note – 3,48)	Quadrat der Abweichung	Häufigkeit der Note	Gewichtetes Quadrat der Abweichung
1	1 – 3,48 = – 2,48	6,1504	3	18,4512
2	2 – 3,48 = – 1,48	2,1904	4	8,7616
3	3 – 3,48 = – 0,48	0,2304	5	1,1520
4	4 – 3,48 = 0,52	0,2704	6	1,6224
5	5 – 3,48 = 1,52	2,3104	5	11,5520
6	6 – 3,48 = 2,52	6,3504	2	12,7008
			25	54,24

Varianz: : 25 = 2,1696

Standardabweichung: $\sqrt{2{,}1696} = 1{,}4730$

Trotz annähernd gleichem Mittelwert sind die Leistungen der Klasse A homogener, die Leistungen der Schülerinnen und Schüler liegen näher beisammen als in Klasse B.

Erläuterung:

1. Schritt: Zur Bestimmung der **Varianz** werden die Abweichungen vom arithmetischen Mittelwert quadriert und dann mit den absoluten Häufigkeiten multipliziert (gewichtet). Die Summe wird dann durch die Gesamtzahl der Werte dividiert, um sie auf 1 zu normieren.
2. Schritt: Die Standardabweichung ergibt sich, indem man aus der Varianz die Quadratwurzel zieht.

Merke

Man bezeichnet $\sigma^2 = (x_1 - \bar{x})^2 h_1 + (x_2 - \bar{x})^2 h_2 + ... + (x_n - \bar{x})^2 h_n$ als **Varianz V(X)**

und $\sigma = \sqrt{(x_1 - \bar{x})^2 h_1 + (x_2 - \bar{x})^2 h_2 + (x_3 - \bar{x})^3 h_3 ... + (x_n - \bar{x})^2 h_n}$

als **Standardabweichung S(X).**

Varianz und Standardabweichung sind Maße für die **Streuung** von Häufigkeitsverteilungen.

Für die praktische Ausrechnung empfiehlt sich die Verwendung einer Tabelle.

Übung

Von Schülern einer FOS-Klasse (12 Jungen und 13 Mädchen) wurde die Körpergröße (in cm) gemessen, dabei ergab sich folgende Urliste:

Mädchen: 176 172 180 176 174 180 176 170 172 174 172 180 182
Jungen: 170 177 166 167 174 181 181 165 169 170 179 172

a) Fertigen Sie eine Häufigkeitstabelle an und berechnen Sie die relativen Häufigkeiten (Werte auf eine Nachkommastelle runden).
b) Zeichnen Sie je ein Histogramm (ohne und mit Klasseneinteilung).
c) Berechnen Sie den Mittelwert (auf eine Nachkommastelle runden).
d) Berechnen Sie die Varianz und die Standardabweichung.

Aufgaben 12.1

1. Es werden zwei Münzen 100-mal geworfen und alle zehn Würfe wird notiert, wie oft beide Münzen Wappen zeigen.

n	10	20	30	40	50	60	70	80	90	100
WW	3	8	9	11	13	13	14	21	24	26

a) Ermitteln Sie die relative Häufigkeit und zeichnen Sie das Stabdiagramm.
b) Um welche Zahl stabilisiert sich die relative Häufigkeit?

2. Eine Behörde mit weiblichen und männlichen Mitarbeitern hat neben Angestellten auch Arbeiter und Beamte beschäftigt (weibliche Mitarbeiter in Klammern).

Merkmal	Angestellte	Arbeiter	Beamte
Anzahl	95 (103)	29 (9)	19 (13)

a) Berechnen Sie die relativen Häufigkeiten von männlichen und weiblichen Mitarbeitern je Merkmal und insgesamt.
b) Zeichnen Sie ein Kreis- und Stabdiagramm sowie ein Histogramm.

3. In einer Ameisenkolonie wurden 400 Ameisen mit phosphorisierender Flüssigkeit markiert und wieder freigelassen. Nach einiger Zeit wurden 100 Ameisen gefangen und festgestellt, dass genau 17 von ihnen phosphorisiert waren. Mit wie vielen Ameisen müssen die Biologen in der Kolonie rechnen?

***4.** Eine Umfrage an einer Schule mit insgesamt 1 250 Schülerinnen und Schüler hat ergeben, dass 4,4 % der Mädchen und 6,4 % der Jungen Nichtschwimmer sind. Insgesamt ergab sich ein Anteil von 5,2 % Nichtschwimmern an der Schule.
Wie kann man aus diesen Angaben die Zahl der Mädchen und Jungen an der Schule berechnen?

5. In einer Klassenarbeit wurde von 23 Schülern folgender Notenspiegel erreicht.
Urliste: 2, 3, 4, 2, 2, 5, 6, 2, 1, 3, 3, 4, 5, 4, 2, 3, 4, 4, 1, 3, 5, 3, 3.
a) Fertigen Sie eine Häufigkeitstabelle mit absoluten und relativen Häufigkeiten an.
b) Zeichnen Sie ein Stabdiagramm und ein Histogramm.
c) Berechnen Sie das arithmetische Mittel (= Durchschnitt) der Klassenarbeit.

6. Die Besucher einer kleinen Diskothek werden nach ihrem Alter befragt. An diesem Abend werden insgesamt 87 Besucher gezählt und ihr Alter festgestellt.

Alter	13	14	15	16	17	18	19	20	21	Σ
abs. Häufigk.	2	6	15	15	13	15	10	8	3	87
rel. Häufigk.	*0,023*	*0,069*	*0,172*	*0,172*	*0,149*	*0,172*	*0,115*	*0,092*	*0,034*	*?*

a) Prüfen Sie, ob die in der Tabelle angegeben relativen Häufigkeiten richtig sind. Worauf sind etwaige Abweichungen zurückzuführen?
b) Bestimmen Sie mit Hilfe der relativen Häufigkeiten das Durchschnittsalter der Besucher.
c) Veranschaulichen Sie die Altersverteilung durch ein Stabdiagramm und ein Histogramm.
d) Bilden Sie eine Klasseneinteilung mit 4 Klassen der Breite 2 und stellen Sie diese dar.

7. An einem Test nahmen 25 Schüler teil. Sie erhielten von maximal 20 Punkten folgende Punkte:
4, 12, 11, 8, 6, 8, 9, 16, 18, 20, 7, 9, 9, 13, 15, 16, 4, 3, 11, 7, 13, 8, 10, 13, 11.

Punkte	0 – 4	5 – 8	9 – 12	13 – 16	17 – 18	19 – 20
Note	6	5	4	3	2	1
h						

a) Berechnen Sie die relativen Häufigkeiten h und die Mittelwerte der Punkte bzw. Noten.
b) Zeichnen Sie ein Histogramm.

8. Bei einem Würfelversuch ergaben sich für die Augenzahlen die Häufigkeiten H. Der Mittelwert ist $\overline{x} = 3{,}4421$. Berechnen Sie H(3).

x	1	2	3	4	5	6
H(x)	18	15	H(3)	14	17	15

9. In einem Stadtbezirk wurde die Größe der Mietwohnungen ermittelt (auf 10 m^2 auf- bzw. abgerundet).

Größe der Wohnung in m^2	50	60	70	80	90	100	120
Anzahl der Wohnungen	300	200	500	300	400	100	200

Berechnen Sie den Mittelwert, die Varianz und die Standardabweichung.

10. Von einer Stichprobe kennt man den Mittelwert $\overline{x} = 1$ und die Varianz $s^2 = 2{,}8$. Berechnen Sie H(2) und H(3).

x	−2	1	2	3
H(x)	2	4	H(2)	H(3)

11. In einem Monat Juni wurde an jedem Tag die Tageshöchsttemperatur gemessen. Es ergaben sich folgende Werte (in ^{0}C).

19,2 18,4 20,2 20,8 21,0 20,5 22,3 23,6 25,7 26,4 27,0 27,8 27,4 28,0 21,6
18,7 16,9 17,0 18,1 20,3 22,5 21,7 22,0 22,6 20,9 22,3 25,1 27,4 28,6 29,4

a) Ermitteln Sie in einer Tabelle die absoluten Häufigkeiten.
b) Bilden Sie die Klasseneinteilung zu 5 Klassen und stellen Sie Häufigkeitsfunktion grafisch dar.

12. Eine Stichprobe zeigt folgendes Ergebnis:

x	0	10	25	50	75	100	110	130	150	180
H(x)	9	15	16	20	30	35	25	15	10	5

a) Zeichnen Sie ein Stabdiagramm der relativen Häufigkeiten.
b) Teilen Sie die Stichprobe in 6 Klassen mit gleicher Breite und zeichnen Sie ein Diagramm.
c) Berechnen Sie das arithmetische Mittel, die Varianz und die Standardabweichung.
d) Ermitteln Sie das Intervall $[\overline{x} - \sigma; \overline{x} + \sigma]$ und geben Sie an, wie viel Prozent der Werte in diesem Intervall liegen?

13. In einem Unternehmen wurden männliche (X) und weibliche (Y) Arbeitnehmer zu den folgenden Bruttomonatslöhnen beschäftigt:

Bruttomonatslohn in €	Anzahl X	Anzahl Y
600,00 – 1 200,00	3	5
1 300,00 – 1 900,00	6	10
2 000,00 – 2 600,00	10	15
2 700,00 – 3 300,00	20	6
3 400,00 – 4 000,00	18	6
4 100,00 – 5 100,00	9	2

a) Bestimmen Sie h_n für die männlichen und weiblichen Arbeitnehmer.
b) Berechnen Sie die durchschnittlichen Bruttoarbeitslöhne der männlichen (X) und weiblichen (Y) Arbeitnehmer (jeweils auf ganzzahligen Wert runden) sowie die jeweilige Varianz und Standardabweichung. Berücksichtigen Sie dabei jeweils die Klassenmitten und zeichnen Sie für X und Y das Histogramm.
c) Wie viel Prozent der weiblichen Arbeitnehmer haben einen Bruttoarbeitslohn zwischen 1 300,00 und 2 600,00 €?

14. In einer Werkzeugabteilung werden an zwei Automaten A und B Bolzen der Solllänge 100 mm hergestellt. Zur Kontrolle der Fertigung werden der Produktion 2 Stichproben an jedem Automaten entnommen und auf die Länge der Bolzen überprüft (Angaben in mm).

Automat A	99	98	102	96	100	102	97	99	96	100	101	96	99	98	103
Automat B	96	102	100	99	100	99	98	96	99	100	97	100	101	98	103

a) Fertigen Sie je eine Häufigkeitstabelle an und berechnen Sie das arithmetische Mittel (bei A auf einen ganzzahligen Wert abrunden!).
b) Berechnen Sie auch die Varianz und die Streuung. Vergleichen Sie die beiden Automaten hinsichtlich Ihrer Zuverlässigkeit. Warum reicht das arithmetische Mittel zur Beurteilung nicht aus?

12.2 Zufallsexperimente, Ergebnis und Ereignis

Ergebnisse von einstufigen und mehrstufigen Zufallsexperimenten

Die Wahrscheinlichkeitsrechnung befasst sich unter anderem mit **Zufallsexperimenten**. Solche Experimente sind Vorgänge mit verschiedenen **Ausgängen**. Da vor der Durchführung eines solchen Experiments nicht bekannt ist, welcher Ausgang (Ergebnis des Zufallsexperiments) eintrifft, werden diese Experimente auch als Zufallsexperimente oder **stochastische Experimente** bezeichnet.

Beispiel:

Begründen Sie, dass die folgenden Versuche Zufallsexperimente sind! Geben Sie die Ergebnismenge des Zufallsexperiments an.

a) Werfen einer Münze

b) Gewinnzahl im Lotto „6 aus 49"

c) Summe beim Werfen zweier Würfel

d) Anzahl der Würfe beim Werfen eines Würfels, bis eine Sechs erscheint

e) Körpergröße von Personen (z. B. Säuglingen) bestimmen

f) Wette über den Ausgang eines Fußballspiels

Lösung:

a) Man weiß vor dem Wurf nicht, welche Seite (Zahl oder Wappen) oben liegt.	Ergebnismenge: $S = \{Z; W\}$
b) Es können die Kugeln mit den Zahlen von 1 bis 49 gezogen werden.	Ergebnismenge: $S = \{1, 2, 3, ..., 48, 49\}$
c) Die Augensumme beim Werfen zweier Würfel beträgt mindestens 2 und höchstens 12.	Ergebnismenge: $S = \{2, 3, 4, ..., 11, 12\}$
d) Beim Werfen eines idealen Würfels kann beim 1. oder z. B. erst beim 25. Wurf eine Sechs erscheinen.	Ergebnismenge: $S = \{1, 2, 3, ..., 25, ...\}$
e) Die Körpergröße wird gemessen und dann ein gerundeter Wert in cm festgehalten (z. B. Körpergröße von Säuglingen).	Ergebnismenge: $S = \{.., 46, .., 51, 52, ..\}$
f) Ein Fußballspiel kann mit einem Heimsieg (1), einem Unentschieden (0) oder mit einer Niederlage (2) enden.	Ergebnismenge: $S = \{1, 0, 2\}$

Experimente mit nur *einem* möglichen Ausgang (z. B. Erhitzen von Wasser auf über 100^0 C führt gewöhnlich zum Verdunsten, ein Glas, das auf einen Steinfußboden fällt, wird sicherlich zerspringen) heißen **deterministische Experimente.**

Anmerkungen:

- Zur Beschreibung eines Zufallsexperiments wird die Menge aller möglichen Ergebnisse, die sogenannte **Ergebnismenge**, angegeben.
- Viele statistische Daten erhält man durch **Umfragen,** die eine bestimmte Form eines Zufallsexperiments sind.

Beispiel:

Um besser auf die Reisewünsche von Touristen eingehen zu können, führt ein Reiseveranstalter eine Befragung nach folgenden Ergebnissen durch:

Frage I: Welches Reiseland wird von Ihnen bevorzugt?
Frage II: In welcher Jahreszeit würden Sie gerne Urlaub machen?
Frage III: Welches Beförderungsmittel bevorzugen Sie?

a) Geben Sie zu allen drei Fragen, soweit möglich, die Ergebnismenge S an!

b) Handelt es sich bei der Befragung um ein Zufallsexperiment? Was ist bei der Befragung zu beachten?

Lösung:

a) Zu Frage I: Ergebnismenge: S = {Deutschland, Dänemark, Italien, Spanien, ...}
Zu Frage II: Ergebnismenge: S = {Frühjahr, Sommer, Herbst, Winter}
Zu Frage III: Ergebnismenge: S = {Auto, Bahn, Flugzeug, Schiff ...}

b) Da die Ergebnisse in den drei Fragen nicht vorhergesagt werden können, handelt es sich um Zufallsexperimente. Außerdem kann jedes Experiment beliebig oft wiederholt werden.
Um sicherzustellen, dass die Auswahl der Befragten „zufällig" ist, darf man bei der Befragung keine bestimmte Bevölkerungsgruppe bevorzugen. So sollte bei den obigen Fragestellungen z. B. nicht nur die Mitglieder eines Gebirgsvereins oder eines Segel- und Surfclubs befragt werden.

Das vorstehende Zufallsexperiment nennt man **einstufig,** da die Ergebnisse nur aus einem einzigen Vorgang resultieren, wie zum Beispiel das einmalige Werfen einer Münze. Besteht ein Zufallsexperiment aus mehreren Vorgängen, so nennt man es **mehrstufig,** zum Beispiel das mehrfache Werfen einer Münze. Um die Ergebnismengen mehrstufiger Zufallsexperimente systematisch zusammenstellen zu können, veranschaulicht man sie durch den sogenannten **Ergebnisbaum.**

Beispiel:

Eine Münze wird a) einmal; b) zweimal geworfen.
Veranschaulichen Sie die Zufallsexperimente am Ergebnisbaum und leiten Sie daraus die Ergebnismengen ab.

Lösung:

a) **Einstufiges** Experiment:
Es fällt entweder Kopf oder Zahl.

S = {K; Z }

b) **Zweistufiges** Experiment:
Es ergeben sich vier Elemente, da die Reihenfolge mit entscheidet. Die Ergebnisse stellen Wertepaare dar, wobei sich jedes Wertepaar aus zwei Komponenten zusammensetzt. Es ist zu beachten, dass (K,Z) ≠ (Z,K) ist, da die Reihenfolge eine Rolle spielt.

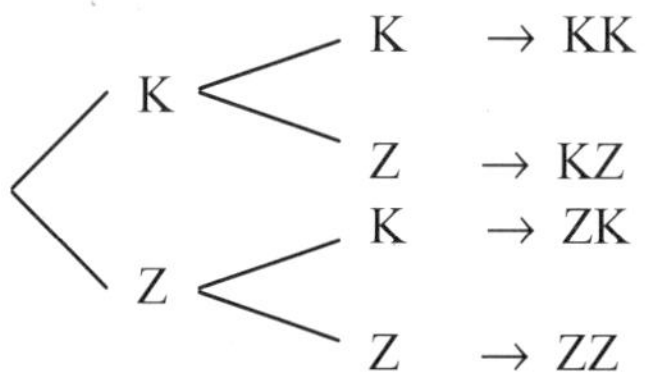

S = {(K,K), (K,Z), (Z,K), (Z,Z)}

Ereignisse von Zufallsexperimenten

Ein weiterer wichtiger Begriff bei Zufallsexperimenten ist der Begriff des **Ereignisses.**

Beispiel:

Bei einem Würfelspiel mit zwei Würfeln hat in der Regel derjenige gewonnen, der einen Pasch wirft (zwei gleiche Zahlen, z. B. Pasch 3: beide Würfel zeigen eine Drei).

Geben Sie die **Ergebnismenge S** und das **Ereignis E:** „Pasch" an.

Lösung:

Die Ergebnismenge S umfasst alle möglichen Würfelstellungen. Es sind insgesamt 36 Möglichkeiten.	S = {(1,1), (1,2), (1,3), ... ,(5,6), (6,6)}
Das Ereignis E „Pasch" umfasst genau 6 Möglichkeiten.	E = {(1,1), (2,2), (3,3), (4,4), (5,5), (6,6)}

Merke

Ein Zufallsexperiment habe die Ergebnismenge S = $\{e_1, e_2, ..., e_n\}$. Dann bezeichnet man jede **Teilmenge E** von **S** ein zu diesem Zufallsversuch gehörendes **Ereignis.**

Anmerkungen:

- Ein Ereignis E wird durch eine Eigenschaft beschrieben.
- Zu einem Ereignis gehört eine Menge von Ergebnissen.
- Die Leermenge {} (= **unmögliches Ereignis**) und die Ergebnismenge S (= **sicheres Ereignis**) gelten im mathematischen Sinne ebenfalls als Teilmengen von S.
- Unter dem „**Gegenereignis** zu E" versteht man das Ereignis $\overline{E} = S \setminus E$.
- Teilmengen mit nur einem einzigen Element heißen Elementarereignisse.

Beispiel:

Bei einer Qualitätskontrolle werden **drei** produzierte Stücke der Reihe nach darauf untersucht, ob sie brauchbar (b) oder unbrauchbar (u) sind.

a) Geben Sie die Ergebnismenge S mit Hilfe eines Ergebnisbaumes an.

b) Stellen Sie aus der Ergebnismenge die folgenden Ereignisse und bei (4) das Gegenereignis dazu auf.

(1) Nur das erste Stück ist brauchbar. (2) Genau zwei Stücke sind unbrauchbar.

(3) Das zweite Stück ist unbrauchbar. (4) Mindestens zwei Stücke sind unbrauchbar.

Lösung:

a) Die Ergebnismenge besteht aus 8 Elementen.	S = {(bbb); (bbu); (bub); (buu); (ubb); (ubu); (uub); (uuu)}

 ISBN 978-3-8120-0504-3

Darstellung am ***Ergebnisbaum***:

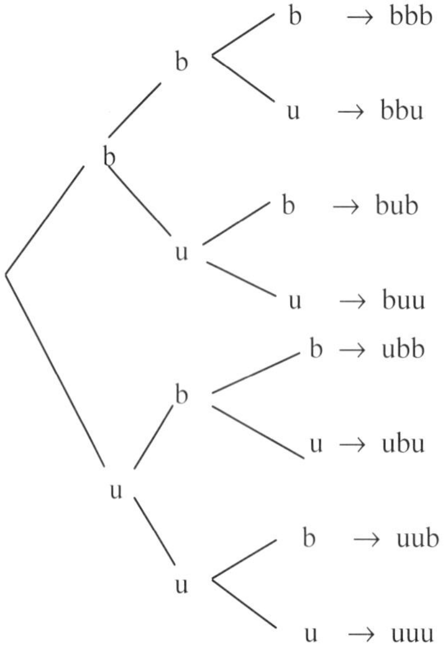

1. Die Lösung besteht aus einem Element.
   $E_1 = \{b\ u\ u\}$
2. Es gibt drei Möglichkeiten, die beiden unbrauchbaren Stücke zu platzieren.
   $E_2 = \{(b\ u\ u); (u\ b\ u\ ); (u\ u\ b\ )\}$
3. Insgesamt gibt es 4 Möglichkeiten, in dem immer das zweite Stück unbrauchbar ist.
   $E_3 = \{(b\ u\ b); (b\ u\ u); (u\ u\ b);(u\ u\ u)\}$
4. Es gibt drei Möglichkeiten, dass zwei Stücke unbrauchbar sind und eine Möglichkeit, dass alle drei Stücke unbrauchbar sind.
   $E_4 = \{(b\ u\ u); (u\ b\ u); (u\ u\ b); (u\ u\ u)\}$

Das Gegenereignis heißt:
Höchstens ein Stück ist unbrauchbar.
Es gibt eine Möglichkeit, dass kein Stück unbrauchbar ist und drei, dass genau ein Stück unbrauchbar ist.

$\overline{E_4} = \{(b\ b\ b); (b\ b\ u); (b\ u\ b); (u\ b\ b)\}$

Übungen

1. Bei Tennis-Turnieren müssen zwei Tennisspieler A und B so lange spielen, bis einer von beiden zwei Sätze gewonnen hat.
   a) Wie viele Möglichkeiten des Spielverlaufs gibt es (Ergebnismenge S)? [(Z. B. (A, A) heißt: „A gewinnt in zwei Sätzen.“, (ABA) bedeutet: „A gewinnt in drei Sätzen“)].
   b) Geben Sie das Ereignis E_1: „Spieler B gewinnt“ an.
   c) Geben Sie das Ereignis E_2: „Das Match geht über drei Sätze“ an.
   d) Wie kann man das Tennismatch mit Hilfe eines Würfels nachspielen („simulieren“)?

2. Eine Münze wird dreimal geworfen.
   a) Geben Sie die Ergebnismenge S an.
   b) Geben Sie das Ereignis E: „Der zweite Wurf zeigt Zahl“ an.
   c) Wie kann man den Münzwurf mit Hilfe eines Würfels nachspielen?

Aufgaben 12.2

1. Geben Sie von folgenden Zufallsexperimenten die Ergebnismengen an.
   a) Wurf auf einen Dosenstapel mit sechs Dosen. Wie viele Dosen können mit einem Wurf abgeworfen werden?
   b) Schießen auf eine Scheibe, die von 1 bis 10 beziffert ist.
   c) Dreimaliges Werfen einer Münze.
   d) „Niedrige Hausnummern würfeln“ (ein Wurf mit zwei Würfeln).
   e) Ziehen von zwei Kugeln aus einer Urne mit sechs nummerierten Kugeln (n = 1, 2,...5, 6) mit einem Griff.

2. Einem Patienten wird über einen längeren Zeitraum eine neu entwickelte Medizin gegen seine Rheumabeschwerden verabreicht. Nach einem Monat wird das Ergebnis der Behandlung untersucht. Geben Sie eine geeignete Ergebnismenge dieses „Zufallsversuchs“ an.

3. Zwei Spieler werfen zwei nichtunterscheidbare Münzen gleichzeitig. Geben Sie die Ergebnismenge S und das Ereignis E an, wenn für E gilt: zwei gleiche Ergebnisse.

4. Aus einem Topf mit sechs Kugeln, die von 1 bis 6 nummeriert sind, wird eine Kugel gezogen. Geben Sie die Ergebnismenge S und das Ereignis E an. E: Kugel zeigt eine gerade Zahl.

5. Beim Würfeln mit zwei gleichen Würfeln wird die Augensumme berechnet. Ermitteln Sie S und die Ereignisse: E_1: Die Augensumme beträgt höchstens vier.
E_2: Die Augensumme ist durch drei teilbar.

6. Es wird mit drei Würfeln geworfen und die Augenzahlen werden addiert. Geben Sie die Mengen der folgenden Ereignisse an. Wie lauten bei a), c) und d) die Gegenereignisse?
a) E_1: Die Augensumme ist eine Quadratzahl. b) E_2: Die Augensumme beträgt 5 oder 7.
c) E_3: Die Augensumme ist durch 3 teilbar. d) E_4: Die Augensumme ist gleich eins.

7. Frank, Claudia und Petra kandidieren als Schülersprecher oder dessen Stellvertreter. Ermitteln Sie zuerst die Ergebnismenge S und dann die folgenden Ereignisse und deren Gegenereignisse.
a) Frank wird Schülersprecher
b) Claudia wird Schülersprecher oder Stellvertreter.

8. Aus einer Urne mit zwei roten und drei blauen Kugeln werden nacheinander die einzelnen Kugeln entnommen und zur Seite gelegt. Ermitteln Sie die folgenden Ereignisse:
E_1: Nach dem dritten Zug sind alle roten Kugeln gezogen worden.
E_2: Nach dem dritten Zug ist genau noch eine blaue Kugel in der Urne.
E_3: Nach drei Zügen sind mehr blaue als rote Kugeln gezogen worden.
E_4: Nach dem dritten Zug ist noch höchstens eine rote Kugeln in der Urne.
Zeichnen Sie einen Ergebnisbaum.

9. Bei einer Verkehrskontrolle werden die Fahrzeuge auf ordnungsgemäße Beleuchtung, Bereifung und auf die TÜV-Plakette hin untersucht. Die Polizei überprüft ein angehaltenes Fahrzeug.
a) Begründen Sie, dass es sich bei diesem Vorgang um einen Zufallsversuch handelt.
b) Geben Sie die Ergebnismenge S des Zufallsversuchs an (Ergebnisbaum).
c) Geben Sie die Ereignisse E_1: Das überprüfte Fahrzeug hatte keine der überprüften Mängel.
E_2: Das überprüfte Fahrzeug hatte unzulässige Bereifung.

10. In einer Warenkontrolle werden die in der Fertigung hergestellten Produkte auf die Fehlerarten A, B und C untersucht. Dabei werden einwandfreie Stücke der I. Wahl, Stücke mit einem Fehler der II. Wahl zugeordnet. Stücke mit mehr als einem Fehler werden als Ausschuss entsorgt. Eine Mitarbeiterin nimmt zwei beliebige Stücke vom Band und überprüft sie.
a) Geben Sie die Ergebnismenge S dieses Zufallsversuchs an. Zeichnen Sie ein Baumdiagramm.
b) Geben Sie die folgenden Ereignisse an:
E_1: Beide Stücke kommen in die I. Wahl.
E_2: Von den beiden Stücken kommen genau zwei in die II. Wahl.
E_3: Beide überprüften Stücke werden entsorgt.
E_4: Die überprüften Stücke kommen beide in die I. oder II. Wahl.

12.3 Zufallsgröße eines Zufallsexperiments

In einigen Zufallsexperimenten interessiert nicht direkt das erhaltene Ergebnis, sondern vielmehr die Zahl, die mit dem Ergebnis einhergeht. Das bedeutet, dass jedem Ergebnis eines Zufallsexperiments genau eine reelle Zahl zugeordnet wird.

Beispiel:

In einem Baumarkt hat man beim Kauf von Glühlampen, die z. B. in Zweierpackungen abgepackt sind, die Möglichkeit, die Glühlampen zu testen, ob sie leuchten oder nicht.
Jeder Testversuch hat die Ergebnisse **b** für brauchbar und **u** für unbrauchbar.
a) Ermitteln Sie die Ergebnismenge S.
b) Bestimmen Sie eine geeignete Zufallsgröße X und veranschaulichen Sie den Zufallsversuch.

Lösung:

a) Die Ergebnismenge besteht aus vier Elementen.

S = {bb; bu; ub; uu}

b) Jedem Ergebnis aus S ordnet man nun mit der Zufallsgröße X: „Anzahl der unbrauchbaren Birnen“ den jeweiligen Wert zu:
(bb) → 0 (keine unbrauchbare Birne)
(bu) → 1 (eine unbrauchbare Birne)
(ub) → 1 (eine unbrauchbare Birne)
(uu) → 2 (zwei unbrauchbare Birnen)
Man schreibt für die Zufallsgröße ein großes X und das jeweilige Ergebnis in eine runde Klammer.
Als Veranschaulichung kann, wie bei Funktionen üblich, das Pfeildiagramm bzw. die Wertetabelle benutzt werden.

X(uu) = 2; X(ub) = X(bu) = 1; X(bb) = 0

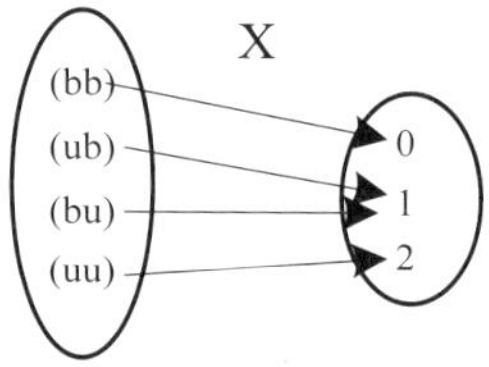

e_i	bb	ub; bu	uu
$X(e_i)$	0	1	2

Merke

> Unter einer Zufallsgröße X versteht man eine Funktion, die jedem Ergebnis e_i eines Zufallsexperiments eine reelle Zahl x_i zuordnet. (Ergebnismenge: $S = \{e_1, e_2, ..., e_i, ..., e_n\}$)
> $$\mathbf{X(e_i) = x_i}$$

Anmerkungen:

- Zufallsgrößen können endlich oder unendlich sein. In diesem Lehrbuch werden nur endliche Zufallsgrößen behandelt.
- Ein besonders einfacher Fall einer Zufallsgröße liegt vor, wenn die Ergebnisse $s_1, s_2, ..., s_n$ eines Zufallsexperimentes selbst schon Zahlen sind.

Beispiele:

1. Werfen eines Würfels:
Beim Würfeln mit **einem** Würfel wird jedem der sechs Wurfergebnisse (jedem Element der Ergebnismenge) die gefallene Augenzahl zugeordnet. Man spricht von der *identischen* Zufallsgröße.

S = {1, 2, 3, 4, 5, 6}
X(1) = 1; X(2) = 2;…; X(6) = 6

2. Werfen zweier Würfel:
Beim Würfeln mit **zwei** unterscheidbaren Würfeln sollen die Wurfergebnisse der beiden Würfel addiert und ihrer **Summe** zugeordnet werden.
X: „Augensumme zweier Würfel“

Die Wertemenge W der Zufallsgröße X besteht aus 11 Werten W(X) ={2, 3, 4,….,11, 12}.

S = {(1,1); (1,2); (1,3); …; (5,6); (6,6)}

(1,1)	→ **2**	X(1,1)	= **2**
(1,2), (2,1)	→ **3**	X(1,2) = X(2,1)	= **3**
(1,3), (3,1), (2,2)	→ **4**	= X(1,3) = X(3,1) = X (2,2)	= **4**
…………………………			
(6,6)	→ **12**	X (6,6)	= **12**

Übungen

1. Eine Münze wird zweimal geworfen.
a) Geben Sie die Ergebnismenge S an.
b) Die Zufallsgröße X ordnet jedem Kopf den Wert 2 und jeder Zahl den Wert 1 zu. Geben Sie die Wertemenge von X an.

2. Ein Stanzautomat ist falsch eingestellt und produziert daher in der Regel Ausschuss (A). Bei einer Stichprobe werden 3 Stücke zufällig entnommen. Geben Sie die Ergebnismenge S an und finden Sie eine auf S geeignete Zufallsgröße X.

Aufgaben 12.3

1. Zwei unterscheidbare Würfel werden gleichzeitig geworfen. Die Zufallsgröße X ordnet jedem Ergebnis die größere der beiden Zahlen zu. Ermitteln Sie die Ergebnismenge und ordnen Sie jedem Ergebnis den Wert der Zufallsgröße zu. Stellen Sie hierzu eine Tabelle auf.

2. Rene´ lässt sich die 5 gekauften Tomaten in einer Tüte verpacken. Zwei Tomaten sind noch grün. Er entnimmt der Tüte nacheinander drei Tomaten ohne hinzuschauen. Die Zufallsgröße X gibt die Anzahl der grünen Tomaten an. Geben Sie die Ergebnismenge S (grün (g); rot (r)) an. Ermitteln Sie die Werte von X und geben Sie die Wertemenge von X an. Veranschaulichen Sie den Zufallsversuch in Form eines Pfeildiagramms.

3. Ein Glücksrad besteht aus sechs Sektoren, die alle gleich groß sind. Das Spiel besteht darin, dass das Glücksrad zweimal gedreht wird und die erzielten Punkte addiert werden.
Für den Gewinn gilt der Spielplan:
Gewinn: 10,00 € für 12 Punkte, 5,00 € für 11 Punkte,
3,00 € für 10 Punkte, 0 € für weniger als 10 Punkte.
Die Zufallsgröße X gibt den Gewinn aus den zwei Drehungen an.
Bestimmen Sie die Wertemenge W(X).

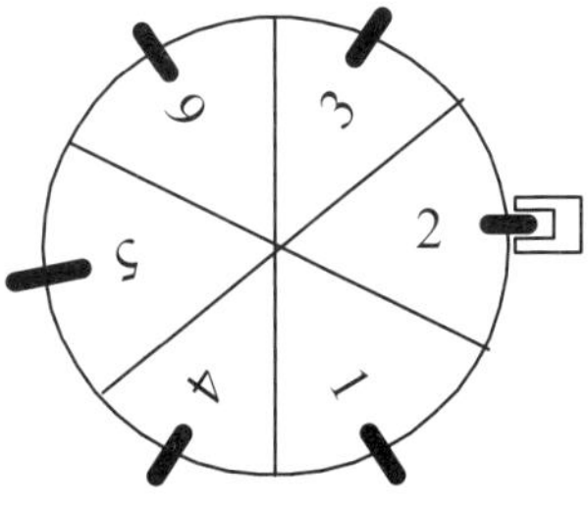

4. Zwei Mannschaften A und B spielen Volleyball nach besonderen Regeln: Es hat diejenige Mannschaft gewonnen, die als erste zwei Sätze hintereinander oder insgesamt drei Sätze gewonnen hat.
a) Veranschaulichen Sie die möglichen Ausgänge an einem Ergebnisbaum.
b) Geben Sie die Ergebnismenge S des Zufallsexperiments an.
Gegeben ist die Zufallsgröße X, die jedem Ausgang die Anzahl der Sätze zuordnet.
Bestimmen Sie die Wertemenge von X. Geben Sie die Menge X(3) an.

12.4 Einführung in die Wahrscheinlichkeitsrechnung

Empirisches Gesetz der großen Zahl

Führt man zu einem Zufallsexperiment sehr lange Versuchsreihen durch, so stellt man fest, dass sich die relativen Häufigkeiten eines bestimmten Ereignisses immer weniger voneinander unterscheiden, je länger die Versuchsreihe ist. Sie nähern sich immer mehr einer bestimmten Zahl p an, die als *Richtgröße* für die Wahrscheinlichkeit des Ereignisses dient. Anders ausgedrückt:
Mit wachsender Anzahl von Versuchen wird der Abstand der relativen Häufigkeit h_w von der Zahl p immer kleiner, kurz: $|h_w - p|$ wird beliebig klein.
Diese Beobachtung bezeichnet man als **empirisches Gesetz der großen Zahl.**

Beispiel:

Ein Schüler notierte beim Werfen einer Münze, wie oft bei 100, 500, 1 000 und 10 000 Wurf Kopf auftrat:

Anzahl Würfe	davon Kopf (H_K)
100	52
500	242
1 000	495
10 000	5 020

a) Berechnen Sie die relativen Häufigkeiten h_K der einzelnen Versuchsreihen. Was stellen Sie fest? Bestimmen Sie einen Richtwert p für das Auftreten von Kopf für den Münzwurf.
b) Stellen Sie die Abweichung der relativen Häufigkeit von p fest.

Lösung:

Die relativen Häufigkeiten h_K nähern sich mit wachsender Anzahl der Versuche immer mehr dem Wert p = 0,5, was bei einer nicht verfälschten (regelmäßigen) Münze auch zu erwarten ist.
Dies wird auch durch die immer kleiner werdenden Abstände von 0,5 deutlich (siehe Spalte 4)

Es wäre bei einem anderen Ergebnis von h_k auch jede andere Zahl $0 \leq p \leq 1$ denkbar, zum Beispiel bei einem verfälschten Würfel.

Anzahl Würfe	H_K	h_K	$\|h_K - p\|$
100	52	0,520	0,02
500	242	0,484	0,016
1 000	495	0,495	0,005
10 000	5 020	0,502	0,002

Die Zahl 0,5 kann damit als Wahrscheinlichkeit für Kopf beim Münzwurf angenommen werden.

Merke

Empirisches Gesetz der großen Zahl

Nach einer hinreichend großen Anzahl von Durchführungen eines Versuchs stabilisieren sich die relativen Häufigkeiten h eines bestimmten Ereignisses und streben einer festen Zahl p zu.

Man bezeichnet p als die **Wahrscheinlichkeit** des Ereignisses E und schreibt **P(E) = p.**

Bei einer hinreichend langen Versuchsreihe wird die Differenz $|\mathbf{h_E - p}|$ mit großer Wahrscheinlichkeit beliebig klein.

Laplace-Wahrscheinlichkeit

Bei vielen Zufallsexperimenten kann angenommen werden, dass die Wahrscheinlichkeit für das Eintreffen eines bestimmten Ergebnisses für alle Ergebnisse gleich groß ist. Für solche Fälle lässt sich die Wahrscheinlichkeit ohne lange Versuchsreihen wie beim Gesetz der großen Zahl unmittelbar angeben. Derartige Annahmen werden als Laplace-Annahmen und die Experimente als **Laplace-Experimente** bezeichnet

Beispiel:

Laplace-Experimente:

a) Würfeln: 6 Ausgänge: Die Wahrscheinlichkeit, eine 6 zu werfen, ist $\frac{1}{6}$.

b) Münzwurf: 2 Ausgänge: Die Wahrscheinlichkeit, Wappen zu werfen, ist $\frac{1}{2}$.

c) Skat-Spiel: 32 Ausgänge: Die Wahrscheinlichkeit, Kreuz-Ass zu ziehen, ist $\frac{1}{32}$.

d) Roulette: 37 Ausgänge: Die Wahrscheinlichkeit, dass eine 5 fällt, ist $\frac{1}{37}$.

Beispiel:

Gegenbeispiele:

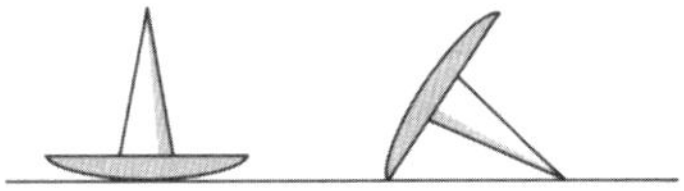

a) Werfen von Heftzwecken (Heftzwecken nehmen beim Werfen eine der beiden Lagen ein, die im Allgemeinen aber nicht gleichwahrscheinlich sind).

b) Verkehrszählungen (Anzahl der PKW, LKW ..., die eine bestimmte Straße in einem bestimmten Zeitintervall passieren). Die verschiedenen Fahrzeugarten treten nicht gleichwahrscheinlich auf.

c) Schülersprecherwahlen der Schülerinnen und Schüler. Es handelt sich in der Regel um ein Zufallsexperiment, aber nicht um ein Laplace-Experiment, da die Wahl unter den Kandidaten nicht gleichwahrscheinlich erfolgt.

Merke

Haben in einem Zufallsexperiment alle elementaren Ereignisse die gleiche Wahrscheinlichkeit, dann bezeichnet man es als **Laplace-Experiment.**

Für Laplace-Experimente gilt: Sind alle Ergebnisse gleichwahrscheinlich, gilt für das Ereignis E:

$$\mathbf{P(E)} = \frac{|E|}{|S|} = \frac{\textbf{Anzahl der für E günstigen Fälle}}{\textbf{Anzahl der möglichen Fälle}}$$

Wahrscheinlichkeitsverteilungen

Ordnet man jedem Ausgang eines Zufallsexperiments seine Wahrscheinlichkeit zu, so erhält man die **Wahrscheinlichkeitsverteilung** (Wahrscheinlichkeitsfunktion) des Zufallsexperiments.

Beispiel:

Uwe und Jens verabreden, zwei unverfälschte Münzen zu werfen, um herauszufinden, wer das Auto der Eltern waschen muss. Sie vereinbaren: Wenn beide Münzen das gleiche Zeichen (zweimal Wappen bzw. zweimal Zahl) zeigen, muss Jens den Wagen waschen. Zeigen beide Seiten unterschiedliche Zeichen, muss Uwe den Wagen waschen. Handelt es sich bei diesem Versuch um ein Laplace-Experiment? Ist die Vereinbarung für beide Seiten fair? Bestimmen Sie zuerst die Ergebnismenge S und legen Sie die Wahrscheinlichkeitsverteilung fest.

Lösung:

Die Ergebnismenge des Zufallsexperiments: „Werfen zweier Münzen" besteht aus vier Elementen.

$S = \{(W,W); (W,Z); (Z,W); (Z,Z)\}$

Jedes der vier Ergebnisse ist gleichwahrscheinlich $\frac{1}{4}$, da von einer unverfälschten Münze ausgegangen wird. Daher liegt ein Laplace-Experiment vor.

$P(\{(W,W)\}) = P(\{(W,Z)\}) = P(\{(Z,W)\}) = P(\{(Z,Z)\}) = \frac{1}{4}$

Jedes Ereignis E_1 und E_2 besteht aus zwei Elementen, somit ist die Wahrscheinlichkeit für sein Eintreffen jeweils $\frac{2}{4} = 0{,}5$. Die Chancen, den Wagen nicht waschen zu müssen, sind für beide gleich. Die Vereinbarung ist also fair.

Ereignis: $E_1 = \{(W,W); (Z,Z)\}$
Ereignis: $E_2 = \{(W,Z); (Z,W)\}$

$P(E_1) = \frac{2}{4} = \underline{0{,}5}$

$P(E_2) = \frac{2}{4} = \underline{0{,}5}$

Die Wahrscheinlichkeitsverteilung kann durch eine Wertetabelle angegeben werden.

e_i	(W,W)	(W,Z)	(Z,W)	(Z,Z)
$P(e_i)$	$\frac{1}{4}$	$\frac{1}{4}$	$\frac{1}{4}$	$\frac{1}{4}$

Übungen

1. Bei einer Meinungsumfrage unter 795 Personen stimmten 450 der vorgegebenen Meinung zu, 220 lehnten diese Meinung ab, 88 hatten keine Meinung und der Rest lehnte jegliche Meinungsäußerung ab.

a) Unter den 795 Personen wird eine zufällig ausgewählt und befragt. Begründen Sie, dass es sich bei diesem Experiment um ein Laplace-Experiment handelt. Berechnen Sie jeweils die Wahrscheinlichkeiten für Zustimmung, Ablehnung und Enthaltung und stellen Sie dadurch die Wahrscheinlichkeitsverteilung dar.

b) Mit welcher Wahrscheinlichkeit kann im günstigsten Fall – bei weiterer Meinungsbildung – Zustimmung erwartet werden, wenn die Unentschiedenen fortan zustimmen?

2. In einem Gefäß befinden sich vier Münzen mit den Werten 2, 5, 10 und 20 Cent. Es werden zufällig der Reihe nach zwei Münzen entnommen. Die Zufallsgröße X gibt den Gesamtwert der gezogenen zwei Münzen an.
a) Begründen Sie, dass es sich hierbei um ein Laplace-Experiment handelt.
b) Welche Geldbeträge kann man dabei erhalten? Geben Sie die Wertemenge von X an.
c) Berechnen Sie die Wahrscheinlichkeiten für die einzelnen Beträge und stellen Sie die Wahrscheinlichkeitsverteilung in einer Tabelle dar.
d) Mit welcher Wahrscheinlichkeit erhält man mehr als 12 Cent?

Aufgaben 12.4

1. Ein Gerätehersteller kauft ein bestimmtes Aggregat immer von demselben Lieferer, der behauptet, dass der Ausschuss seiner Aggregate bei unter 10 % liegt. Qualitätskontrollen der letzten vier Wochen haben beim Gerätehersteller mehrfach zu Überschreitungen geführt:

in Stück	**1. Woche**	**2. Woche**	**3. Woche**	**4. Woche**
1. Wahl	1 380	1 275	898	955
Ausschuss	120	225	102	45

Überprüfen Sie die Zahlen und bestätigen Sie die Aussage des Herstellers. Zeigen Sie anhand des Gesetzes der großen Zahl, dass der Lieferer seine Behauptung hinsichtlich der Ausschussquote dennoch aufrecht erhalten kann.

2. Von den 1 345 Mitarbeitern eines Betriebes sind 121 in der Fertigung tätig. Zur Vorbereitung eines Betriebsfestes wird ein zufällig eintreffender Mitarbeiter am Werkstor angesprochen. Wie groß ist die Wahrscheinlichkeit, dass die betreffende Person nicht der Fertigungsabteilung angehört?

3. Bei einer Umfrage unter 1 950 Fachhochschülerinnen und Fachhochschüler hat man festgestellt, dass 125 von ihnen eine Fachhochschule Wirtschaft und 279 eine Fachhochschule mit sozialwissenschaftlichem Profil besuchen wollen. Wie viele Studienplätze müssen für die beiden Studienrichtungen bereitgestellt werden, wenn mit insgesamt 28 200 Studierwilligen zu rechnen ist?

4. Zwei Münzen werden 100-mal geworfen und nach 10, 20, 30 ... Würfen wird notiert, wie oft beide Münzen Wappen zeigen.

n	10	20	30	40	50	60	70	80	90	100
H_W	3	8	9	11	13	13	14	21	24	26

a) Um welche Zahl (relative Häufigkeit) stabilisieren sich die Ergebnisse?
b) Bei welcher Anzahl n der Würfe ist die Differenz $|h_w - p|$ am geringsten?

5. Eine Klasse soll die relative Häufigkeit ermitteln, mit der beim 2- maligen Würfeln die Augensumme 7 zustande kommt. Die Klasse wird in 6 Gruppen zu je 4 Schülerinnen und Schülern eingeteilt und würfelt jeweils 100-mal.
a) Welche relative Häufigkeit ergibt sich für jede Gruppe?
b) Welche absolute und relative Häufigkeit ergeben sich für den gesamten Versuch?
c) Begründen Sie, dass es sich um einen Laplace-Versuch handelt.
d) Welche Gruppe kommt dem Wert für p am nächsten?

Gruppe	H_W
1	15
2	13
3	17
4	19
5	12
6	14

6. Bei einer Verkehrszählung wurde an einer Kontrollstelle festgestellt, dass 25 % der vorbeifahrenden Fahrzeuge LKWs waren, 55 % PKWs, 5 % Mopeds und Mofas, 10 % Motorräder und Roller und 5 % sonstige Fahrzeuge.

a) Insgesamt wurden 750 Fahrzeuge gezählt. Berechnen Sie die Häufigkeiten und die Einzelwahrscheinlichkeiten. Geben Sie die Wahrscheinlichkeitsverteilung an.

b) Mit welcher Wahrscheinlichkeit kam ein Zweiradfahrzeug vorbei? (Ereignis?)

c) Begründen Sie, dass es sich hier nicht um ein Laplace-Experiment handelt.

7. Michael und Yvonne würfeln mit zwei unterscheidbaren Würfeln und addieren die Augenzahlen.

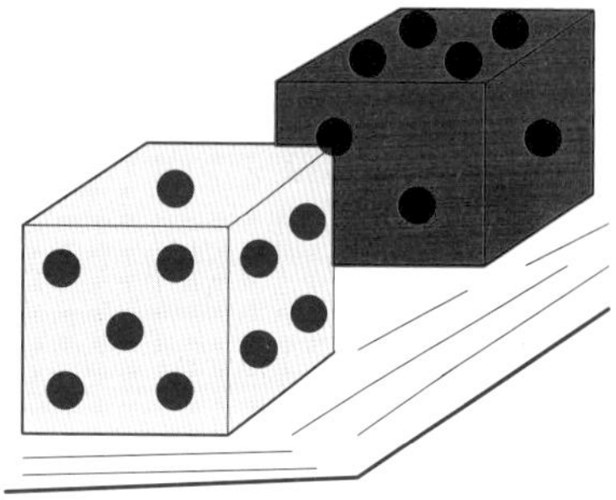

a) Ermitteln Sie die Ergebnismenge.

b) Mit welcher Wahrscheinlichkeit ist die jeweilige Augensumme 2; 7 bzw. 9?

c) Die beiden vereinbaren folgendes Spiel: Michael hat gewonnen, wenn er einen Pasch wirft. Yvonne hat gewonnen, wenn die Augensumme 7 ist. Wer von beiden hat die größeren Gewinnchancen? Handelt es sich um eine „faire" Vereinbarung?

8. In einer Lostrommel liegen 1 000 Lose mit den Nummern 1 bis 1 000. Jedes Los, dessen Nummer mit einer 0 endet, gewinnt. Wie groß ist die Wahrscheinlichkeit, dass ein zufällig gezogenes Los gewinnt?

9. Auf einer Kirmes wird folgendes Spiel angeboten: Es werden zwei Würfel geworfen. Gewonnen hat man, wenn man einen Pasch oder eine 1 und eine 2 wirft. Mit welcher Wahrscheinlichkeit wird gewonnen?

10. Zwei Glücksräder mit vier gleich großen Sektoren und den Zahlen 1 bis 4 werden gedreht.

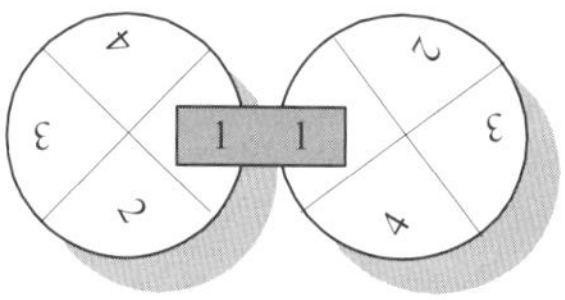

a) Mit welcher Wahrscheinlichkeit erscheinen zwei gleiche Zahlen?

b) Mit welcher Wahrscheinlichkeit ist die Summe < 4?

c) Mit welcher Wahrscheinlichkeit ist die Summe > 3?

11. Martin hat drei Freunde (Costa, Gerald und Jörn). Berechnen Sie die Wahrscheinlichkeit, dass

a) Costa und Gerald im gleichen Monat Geburtstag haben,

b) alle drei im gleichen Monat Geburtstag haben,

c) alle drei in verschiedenen Monaten Geburtstag haben.

12.5 Wahrscheinlichkeiten mehrstufiger Zufallsexperimente

Werden Wahrscheinlichkeiten mehrstufiger Zufallsexperimente gesucht, können sie mit Hilfe eines **Wahrscheinlichkeitsbaums** berechnet werden. Den Wahrscheinlichkeitsbaum erhält man aus dem Ergebnisbaum, indem man seine *Zweige* mit den Wahrscheinlichkeiten kennzeichnet.

Beispiel:

1. Einstufiges Zufallsexperiment:
Man wirft zwei Münzen **gleichzeitig.** Zur Berechnung der Wahrscheinlichkeit der möglichen Fälle veranschaulicht man sich den Zufallsversuch mit Hilfe des Wahrscheinlichkeitsbaumes.

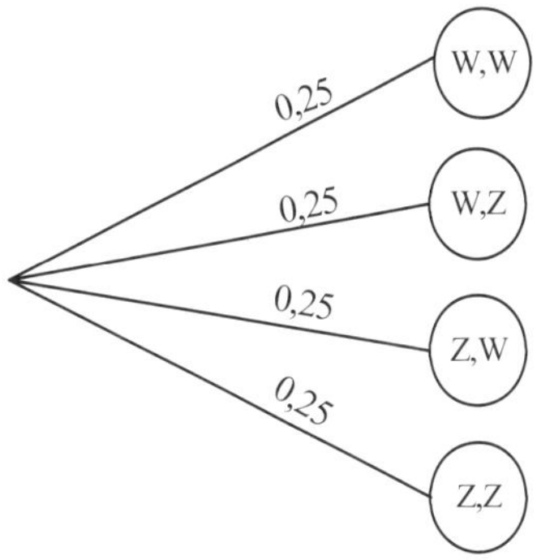

Ergebnismenge: S = {(W,W), (W,Z), (Z,W), (Z,Z)}.

Die Wahrscheinlichkeiten sind unmittelbar zu berechnen (Laplace-Annahme):

P({(W,W)}) = P({(Z,Z)}) = P({(W,Z)}) = P({(Z,W)})
= <u>0,25</u>

(Statt z. B. P({(W,W)}) wird im Folgenden P(W,W) angegeben.)

2. Mehrstufiges Zufallsexperiment:
Man wirft **eine** Münze **zweimal** hintereinander. Der Wahrscheinlichkeitsbaum besteht in der ersten Stufe aus zwei und in der zweiten Stufe aus vier Zweigen (= **zweistufiges** Zufallsexperiment).
Die Ergebnismenge S = {(W,W), (W,Z), (Z,W), (Z,Z)} ist dieselbe wie im ersten Versuch. Die Wahrscheinlichkeit für das einzelne Ergebnis erhält man durch Multiplikation der Wahrscheinlichkeiten der Zweige längs des „Pfades“ :

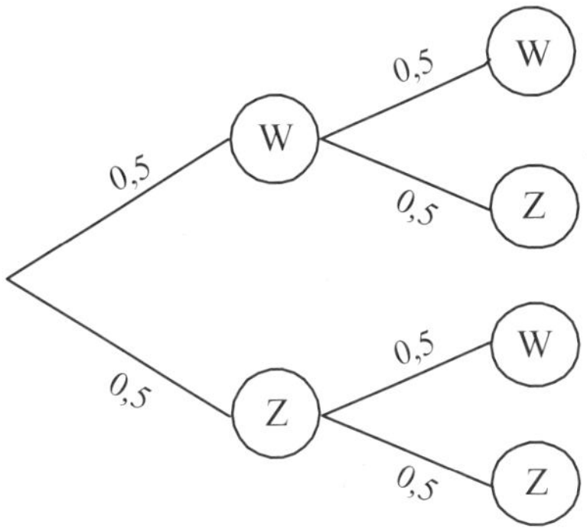

P(W,W) = 0,5 · 0,5 = <u>0,25</u>   Weiter gilt:
P(W,Z) = P(Z;W) = P(Z,Z) = <u>0,25</u>

Es liegt ein Laplace-Experiment vor, da die Werte der Wahrscheinlichkeitsverteilung alle bei 0,25 liegen.

Mit Hilfe von Wahrscheinlichkeitsbäumen lassen sich übersichtlich Wahrscheinlichkeiten bei **mehrstufigen** Zufallsexperimenten berechnen. Dabei stellt jeder Pfad (z. B. WZ) ein Ergebnis des Zufallsexperimentes dar.

Beispiel:

Ein Schülerausschuss besteht aus drei Jungen und zwei Mädchen. Es wird ausgelost, wer in diesem Jahr Vorsitzende(r) und wer Stellvertreter(in) wird. Zuerst wird der/die Vorsitzende und dann der/die Stellvertreter(in) ausgelost.

a) Mit welcher Wahrscheinlichkeit wird je ein Mädchen Vorsitzende und Stellvertreterin?
b) Mit welcher Wahrscheinlichkeit wird ein Mädchen Vorsitzende und ein Junge Stellvertreter?
c) Mit welcher Wahrscheinlichkeit wird ein Mädchen Stellvertreterin?

Lösung:

Es handelt sich um ein zweistufiges Zufallsexperiment. Man zeichnet das Baumdiagramm und schreibt an jeden Zweig die zugehörige Wahrscheinlichkeit und an seinem Ende das Symbol für das Ereignis.

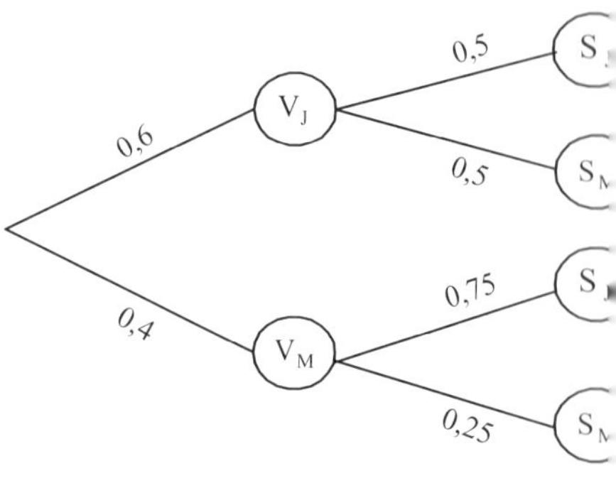

V_M: Vorsitzender Mädchen; S_M: Stellvertreter Mädchen;
V_J: Vorsitzender Junge; S_J: Stellvertreter Junge
Ergebnismenge: $\{(V_M,S_M), (V_M,S_J), (V_J,S_J), (V_J,S_M)\}$

a) Die Wahrscheinlichkeiten (Pfadwahrscheinlichkeiten) für jedes Ereignis erhält man durch Multiplikation der Zweigwahrscheinlichkeiten längs des Pfades. Das Ereignis: „Vorsitzender und Stellvertreter Mädchen" tritt mit der Wahrscheinlichkeit p = 0,1 ein.

$P(V_M,S_M) = 0{,}4 \cdot 0{,}25 = \underline{0{,}1}$

b) Das Ereignis: „Vorsitzender Mädchen, Stellvertreter Junge" tritt mit der Wahrscheinlichkeit p = 0,3 ein.

$P(V_M,S_J) = 0{,}4 \cdot 0{,}75 = \underline{0{,}3}$

c) Das Ereignis: „Stellvertreter Mädchen" besteht aus den Ereignissen V_J,S_M und V_M,S_M. Die Wahrscheinlichkeit dieses Ereignisses erhält man durch **Addition** der einzelnen Wahrscheinlichkeiten.

$$
\begin{aligned}
P(V_J,S_M) &= 0{,}6 \cdot 0{,}5 = 0{,}3 \\
P(V_M,S_M) &= 0{,}4 \cdot 0{,}25 = 0{,}1 \\
P(S_M) &= P(V_J,S_M) + P(V_M,S_M) \\
&= 0{,}3 + 0{,}1 \\
&= \underline{0{,}4}
\end{aligned}
$$

Die ursprüngliche Wahrscheinlichkeit für einen Jungen, gewählt zu werden, ändert sich in der 2. Stufe je nachdem, ob in der 1. Stufe ein Junge gewählt wurde oder nicht.

1. Fall: Wird ein Junge Vorsitzender, stehen für die Wahl des Stellvertreters nur noch 2 Jungen, aber immer noch zwei Mädchen zur Wahl. Die Wahrscheinlichkeit, gewählt zu werden, sind also für Junge oder Mädchen gleich, nämlich 0,5.

2. Fall: Wird ein Mädchen Vorsitzende, steht für die Wahl des Stellvertreters nur noch 1 Mädchen bei unverändert drei Jungen zur Verfügung. Die Wahrscheinlichkeit, gewählt zu werden, erhöht sich für einen Jungen somit auf 0,75, die für ein Mädchen verringert sich auf 0,25.

Es ist also entscheidend, ob nach Durchführung einer Stufe der ursprüngliche Zustand wieder hergestellt wird **(„mit Wiederholung")** oder nicht **(„ohne Wiederholung").** Da eine bereits gewählte Person nicht noch einmal zur Wahl steht, liegt hier ein Beispiel „ohne Wiederholung" vor.

Die Wahrscheinlichkeiten zusammengesetzter Zufallsexperimente werden mit Hilfe der Pfadregeln berechnet. Dabei wird unterschieden, ob ein Ereignis aus einem einzigen Pfad besteht (1. Pfadregel) oder ob es sich aus mehreren Pfaden zusammensetzt (2. Pfadregel).

Merke

1. Pfadregel:
In einem Baumdiagramm ist die Wahrscheinlichkeit eines **Elementarereignisses** gleich dem **Produkt** der Wahrscheinlichkeiten der Zweige längs des zugehörigen Pfades.

Im Beispiel c) wird die Wahrscheinlichkeit für das Ereignis V_J durch **Addition** der Einzelwahrscheinlichkeiten ermittelt, da das Ereignis mehrere Pfade umfasst.

Merke

2. Pfadregel:
In einem Baumdiagramm ist die Wahrscheinlichkeit eines **Ereignisses** gleich der **Summe** der zu diesem Ereignis gehörenden Pfadwahrscheinlichkeiten.

Anmerkungen:

- In einem Baumdiagramm führt jeder Pfad zu einem Ergebnis des Zufallsversuchs.

Je nach Situation bleiben die Ausgangswahrscheinlichkeiten erhalten, wenn die Ergebnisse der einzelnen Stufen voneinander **unabhängig** sind. Beeinflusst der Ausgang der 1. Stufe den Ausgang der folgenden Stufen, sind die Wahrscheinlichkeiten entsprechend zu ändern. Dies soll an zwei Beispielen gezeigt werden.

Beispiel 1:

Ein Test besteht aus vier Fragen. Zu jeder der vier Fragen gibt es drei Antworten, darunter ist nur eine Antwort richtig. Jemand geht völlig unvorbereitet in den Test und kreuzt auf Glück an. Wie groß ist die Wahrscheinlichkeit, dass er den Test besteht, wenn mindestens drei Fragen richtig angekreuzt sein müssen?

Lösung:

Es handelt sich um ein vierstufiges Zufallsexperiment (vier Fragen), wobei die Beantwortung einer Frage nicht von der Beantwortung der vorausgegangenen Frage abhängt. Die einzelnen Stufen des Experiments sind also unabhängig voneinander. Deshalb bleiben die Wahrscheinlichkeiten für eine richtige Antwort konstant bei $\frac{1}{3}$ und die für eine falsche Antwort konstant bei $\frac{2}{3}$

Das Ereignis: „Mindestens drei Fragen richtig ankreuzen“ besteht aus vier Pfaden: Vier Pfade ergeben die Wahrscheinlichkeit von $\frac{1}{3}\cdot\frac{1}{3}\cdot\frac{1}{3}\cdot\frac{2}{3}$ (eine Falschantwort) und ein Pfad die Wahrscheinlichkeit von $\frac{1}{3}\cdot\frac{1}{3}\cdot\frac{1}{3}\cdot\frac{1}{3}$ (keine Falschantwort).
Die Addition der Pfadwahrscheinlichkeiten ergibt die Erfolgswahrscheinlichkeit für das Bestehen des Tests.

$P(r,r,r, ...) = P(r,r,r,r) + P(r,r,r,f) + P(r,r,f,r) + P(r,f,r,r) + P(f,r,r,r)$

$P(r,r,r,f) = P(r,r,f,r) = ... = \frac{1}{3}\cdot\frac{1}{3}\cdot\frac{1}{3}\cdot\frac{2}{3} = \frac{2}{81}$

$P(r,r,r,r) = \frac{1}{3}\cdot\frac{1}{3}\cdot\frac{1}{3}\cdot\frac{1}{3} = \frac{1}{81}$

$P(r,r,r,...) = 4\cdot\left(\frac{1}{3}\right)^3\cdot\frac{2}{3} + \left(\frac{1}{3}\right)^4 = \underline{\frac{1}{9}}$

Beispiel 2:

Fünf Freunde unternehmen eine „Kaffeefahrt“ nach Helgoland und müssen nach der Rückfahrt durch die Zollkontrolle. Obwohl alle angeben, nur die erlaubten Mengen Zigaretten und Alkohol eingekauft zu haben, haben Christian und Ulrich zu viel Zigaretten mitgenommen. Der Zollbeamte wählt zwei von den Fünfen aus, um sie zu durchsuchen.

a) Mit welcher Wahrscheinlichkeit erwischt der Zollbeamte keinen der beiden Schmuggler (Ereignis A)?

b) Mit welcher Wahrscheinlichkeit erwischt der Zollbeamte mindestens einen der beiden Schmuggler (Ereignis B)?

Lösung:

Es handelt sich um ein zweistufiges Zufallsexperiment (zwei Personen werden überprüft) **ohne Wiederholung,** da eine gewählte Person nicht zweimal überprüft wird. Dadurch verändern sich die Wahrscheinlichkeiten von Stufe zu Stufe. Die einzelnen Stufen sind also **abhängig** voneinander und deshalb ändern sich die Wahrscheinlichkeiten von Stufe zu Stufe, abhängig vom Ausgang der vorausgegangenen Stufe.

Man zeichnet zuerst das Baumdiagramm, das aus zwei Stufen besteht. Es bedeuten:
S: Schmuggler und N: Nichtschmuggler.
Zu beachten ist, dass der Zollbeamte beim ersten Versuch aus allen fünf, beim zweiten Versuch jedoch nur noch aus vier Personen auswählen kann.

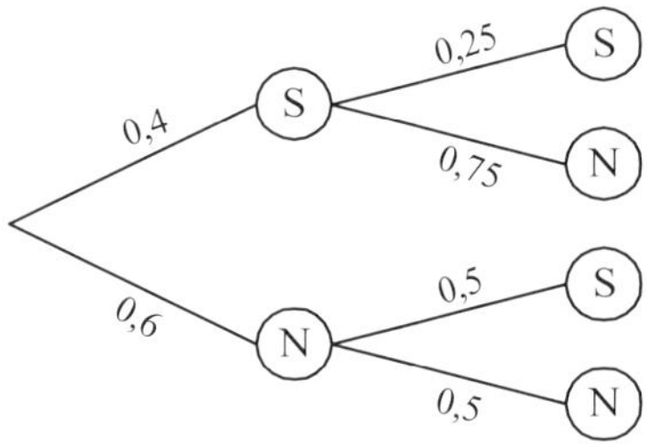

a) Mit Hilfe der 1. Pfadregel wird die Wahrscheinlichkeit für das Ereignis (N;N) berechnet: Beim ersten Versuch wird aus 5 Besuchern einer der 3 Nichtschmuggler ausgewählt: P(N) = 0,6. Beim zweiten Versuch wählt er aus den restlichen 2 Nichtschmugglern einen weiteren aus, Wahrscheinlichkeit jetzt 0,5. Das Risiko für die Schmuggler, erwischt zu werden, ist damit von 0,4 auf 0,5 gestiegen.

$$P(\mathbf{A}) = P(N;N) = \frac{3}{5}\cdot\frac{2}{4} = \underline{\frac{3}{10}}$$

Antwort: Die Chance, dass beide Schmuggler davonkommen, beträgt 0,3.

b) Mindestens einen Schmuggler zu überführen bedeutet, entweder genau einen Schmuggler und einen Nichtschmuggler oder beide Schmuggler zu erwischen. Für die Lösung müssen drei der vier Pfade betrachtet werden.
Schneller geht die Rechnung über das Gegenereignis von B. Von der Gesamtwahrscheinlichkeit 1 wird die Wahrscheinlichkeit des Gegenereignisses („kein Schmuggler wird erwischt“) abgezogen.

$$P(\mathbf{B}) = P(S;S) + P(N;S) + P(S;N)$$
$$\downarrow \qquad \downarrow \qquad \downarrow$$
$$P(S;...) = \frac{2}{5}\cdot\frac{1}{4} + \frac{3}{5}\cdot\frac{2}{4} + \frac{2}{5}\cdot\frac{3}{4} = \underline{\frac{7}{10}}$$

$$\begin{aligned} P(\mathbf{B}) &= 1 - P(\mathbf{A}) \\ &= 1 - P(N;N) \\ &= 1 - \frac{3}{10} = \underline{\frac{7}{10}} \end{aligned}$$

Übungen

1. Bei einer Serienproduktion wird ein produziertes Gerät von drei Personen unabhängig und nacheinander kontrolliert.
a) Mit welcher Wahrscheinlichkeit wird ein defektes Gerät nicht erkannt, wenn jeder der drei Kontrolleure 3 % der fehlerhaften Geräte nicht erkennt?
b) Mit welcher Wahrscheinlichkeit wird das defekte Gerät erst beim dritten Kontrolleur erkannt?

2. Bernd und Martin spielen beim Tischtennis insgesamt zwei Gewinnsätze. Aus bisherigen Wettkämpfen ist bekannt, dass Bernd zu 60 % gewonnen hat. Mit welcher Wahrscheinlichkeit gewinnt Martin in zwei bzw. in drei Sätzen?

Aufgaben 12.5

1. Eine Münze und ein Würfel werden gleichzeitig geworfen. Zeichnen Sie das Baumdiagramm und geben Sie die Ergebnismenge S an. Berechnen Sie P(gerade Zahl, Wappen).

2. Kerstin, Sascha, Lars und Thomas kandidieren zur Wahl des Schülerratsprechers und dessen Stellvertreters in zwei Wahlgängen (zuerst wird der Sprecher und dann sein Stellvertreter gewählt). Alle vier haben die gleichen Wahlchancen. Ermitteln Sie mit Hilfe des Baumdiagramms die Wahrscheinlichkeiten zu folgenden Ereignissen:
a) Kerstin wird Schülerratssprecherin.
b) Lars wird Schülerratssprecher und Sascha wird Stellvertreter.
c) Lars wird Stellvertreter.
d) Thomas erhält keinen der beiden Posten.

3. Von einem Massenartikel ist bekannt, dass 97 % einwandfrei sind. Vor dem Versand werden vier Stücke aus der produzierten Menge kontrolliert. Es gilt: e = einwandfrei und f = fehlerhaft. Ermitteln Sie mit Hilfe eines Baumdiagramms folgende Wahrscheinlichkeiten:
a) Das erste Stück ist fehlerhaft,
b) das erste und zweite Stück ist fehlerhaft,
c) drei der vier Stücke sind einwandfrei,
d) mindestens drei Stücke sind einwandfrei,
e) höchstens zwei Stücke sind fehlerhaft.

4. Drei Mittelstürmer schießen beim Training aus 25 m aufs (leere) Tor. Im Mittel trifft A drei von vier Schüssen; B drei von fünf Schüssen und C vier von sieben Schüssen. Mit welcher Wahrscheinlichkeit liegen nach dem nächsten Durchgang
a) alle drei Bälle im Tor,
b) genau ein Ball im Tor,
c) mindestens ein Ball im Tor?

5. Detlev und Karin macht das Werfen auf Blechdosen großen Spaß. Detlev trifft mit 10 Würfen im Durchschnitt sechsmal, Karin nur fünfmal. Beide werfen zweimal wechselseitig.
a) Mit welcher Wahrscheinlichkeit werfen beide daneben?
b) Mit welcher Wahrscheinlichkeit treffen beide genau einmal?
c) Mit welcher Wahrscheinlichkeit trifft Karin öfter als Detlev?
d) Mit welcher Wahrscheinlichkeit trifft Detlev öfter als Karin?

6. Bei einem „Multiple-Choice-Test" gibt es zu jeder der drei Fragen drei Antworten, von denen genau eine richtig ist. Der Test gilt als bestanden, wenn mindestens zwei der drei Fragen richtig beantwortet werden. Mit welcher Wahrscheinlichkeit besteht ein Ungeübter den Test?

7. Das Wetter von Translatien kann mit gewissen Fehlern voraussagt werden. Ist es heute schön, so ist es morgen mit 80 % Wahrscheinlichkeit auch schön.
Ist es heute schlecht (keine Sonne, Regen ...), so ist es morgen mit 60 % Wahrscheinlichkeit auch schlecht.
a) Am heutigen Sonntag scheint die Sonne. Mit welcher Wahrscheinlichkeit scheint auch am Dienstag die Sonne?
b) Heute ist Montag und es regnet. Mit welcher Wahrscheinlichkeit scheint am Donnerstag die Sonne?
c) Mit welcher Wahrscheinlichkeit regnet es heute, wenn es vorgestern auch geregnet hat?

8. Während der morgendlichen Ankleide geht bei Alf das Licht aus. Bei den Socken gibt es Probleme. Alf hat acht Paar Socken, die einzeln und völlig ungeordnet in der Schublade liegen. Grundton bei den Socken ist schwarz, blau und rot.
a) Mit welcher Wahrscheinlichkeit erwischt Alf zwei gleichfarbige Socken, wenn 50 % schwarze und gleich viel rote und blaue Socken vorhanden sind?
b) Mit welcher Wahrscheinlichkeit erwischt Alf einen roten und einen blauen Socken?
c) Mit welcher Wahrscheinlichkeit erwischt Alf einen schwarzen und einen blauen Socken?

9. Eine Gruppe besteht aus sechs Mädchen und zehn Jungen. Es werden zufällig drei Personen ausgewählt. Bestimmen Sie die Wahrscheinlichkeit dafür, dass
a) drei Mädchen,
b) ein Mädchen und zwei Jungen,
c) mindestens ein Junge,
d) genau zwei Mädchen unter diesen sind.

10. Zwei nicht unterscheidbare Würfel werden geworfen. Wie groß ist die Wahrscheinlichkeit,
a) dass mindestens eine der beiden oben liegenden Zahlen größer als vier ist,
b) dass die Summe kleiner als zehn ist,
c) dass das Produkt kleiner als zehn ist?

11. Ein Kosmetik-Hersteller wirbt in einer speziellen Frauenzeitschrift mit einem neuen Präparat. Sie kann aufgrund von Marktanalysen davon ausgehen, dass die Leserinnen dieser Zeitschrift zu 60 % auf die enthaltenen Anzeigen achten und auf das Präparat aufmerksam werden. Außerdem ist davon auszugehen, dass sich von den Leserinnen, die die Anzeige lesen, 5 % dazu entscheiden, das Produkt auszuprobieren. Wie viel Prozent der Leserinnen kaufen das Produkt?

12. Ein Lehrer sucht den Schlüssel zu seinem Schreibtischschubfach. Es kommen fünf gleich aussehende Schlüssel, die lose in einer Schachtel liegen, in Frage. Die Zufallsgröße X gibt die Anzahl der benötigten Versuche bis zum Aufschließen des Schubfaches mit dem richtigen Schlüssel an. Erstellen Sie einen Wahrscheinlichkeitsbaum und berechnen Sie die Wahrscheinlichkeiten für $x_1 = 1$, $x_2 = 2$, ..., $x_5 = 5$ Versuche.

12.6 Ausgewählte Abzählverfahren bei Zufallsexperimenten

Bisher konnte die Anzahl der möglichen Ergebnisse eines Zufallsexperiments noch durch einfaches Abzählen ermittelt werden, weil sie überschaubar war. Ist dies nicht der Fall, kann man sich zur Berechnung der möglichen Fälle spezieller Verfahren bedienen. Einige davon werden in diesem Abschnitt anhand eines Beispiels vorgestellt. Die dabei erhaltenen allgemeinen Formeln können zur Berechnung von Wahrscheinlichkeiten genutzt werden. Dabei wird der in der Literatur übliche Begriff Stichprobe durch den Begriff Erhebung bzw. Teilerhebung ersetzt.

Beispiel:

An einem Schulsportfest nehmen die fünf Läuferinnen Anja, Betsy, Conny, Dorit und Evi am 100-m-Endlauf teil.

a) Wie viel Möglichkeiten des Einlaufs gibt es, wenn der Ausgang des Rennens aufgrund der gleichen Leistungsstärke der fünf Mädchen völlig offen ist?

b) Für die drei Erstplatzierten gibt es eine Gold-, eine Silber- und eine Bronzeplakette. Wie viel verschiedene Möglichkeiten gibt es für die Auswahl der drei Siegerinnen? Dabei soll nach der Art der gewonnenen Plakette unterschieden werden.

c) Wie ändert sich die Anzahl der Möglichkeiten aus b), wenn nur der „Podiumsplatz“ zählt, die Art der gewonnenen Plakette also keine Rolle spielt?

Lösung:

a) Vollerhebung:

Es handelt sich beim Einlauf um eine *geordnete* Folge der Läuferinnen, da jede nur eine ganz bestimmte Platzierung erhält. Da alle Läuferinnen erfasst werden, liegt eine Vollerhebung (ohne Wiederholung) vor.

Für Platz 1 kommen noch alle 5 Läuferinnen in Frage, für Platz 2 nur noch 4, weil die erste bereits im Ziel ist. Für Platz 3 sind noch 3 Läuferinnen unterwegs, für Platz 4 noch 2 und für Platz 5 nur noch die Letzte.

Einlaufmöglichkeiten:

Platz 1: 5 Möglichkeiten
Platz 2: 4 Möglichkeiten
Platz 3: 3 Möglichkeiten
Platz 4: 2 Möglichkeiten
Platz 5: 1 Möglichkeit

Insgesamt gibt es

$5 \cdot 4 \cdot 3 \cdot 2 \cdot 1 = \underline{120}$

Möglichkeiten des Einlaufs.

Kurzschreibweise: $5 \cdot 4 \cdot 3 \cdot 2 \cdot 1 = 5!$
(**5!** wird gelesen: **5 Fakultät**)

b) Geordnete Teilerhebung:

Es handelt sich beim Einlauf um eine geordnete Teilerhebung (ohne Wiederholung), weil nur noch interessiert, wer Gold, Silber oder Bronze gewinnt.

Es gilt dieselbe Überlegung wie bei a), 5 Läuferinnen kommen für Gold, 4 für Silber und 3 für Bronze in Betracht. Die übrigen Platzierungen werden nicht beachtet.

Möglichkeiten der 3 Erstplatzierten:

Goldgewinnerin: 5 Möglichkeiten
Silbergewinnerin: 4 Möglichkeiten
Bronzegewinnerin: 3 Möglichkeiten

Insgesamt gibt es

$5 \cdot 4 \cdot 3 = \underline{60}$

Möglichkeiten, unterschieden nach Gold, Silber und Bronze.

Schreibweise mit Fakultäten:

$$\frac{5!}{(5-3)!} = \frac{5!}{2!} = \frac{5 \cdot 4 \cdot 3 \cdot 2 \cdot 1}{2 \cdot 1} = 5 \cdot 4 \cdot 3 = 60$$

 ISBN 978-3-8120-0504-3

c) Kommt es für die Läuferinnen **nur** auf einen Platz unter den ersten Dreien an, so spielt die Art der Plakette keine Rolle. Es liegt eine **ungeordnete Teilerhebung** (ohne Wiederholung) vor. Das hat zur Folge, dass jede Läuferin von A bis E jeweils in $3 \cdot 2 \cdot 1 = 3! = 6$ Möglichkeiten vorkommt, die in diesem Fall alle gleich behandelt werden. So gilt zum Beispiel für die Darstellung einer möglichen Dreierkombination aus A, B und C auf den Medaillenplätzen: ABC = ACB = BAC = CAB = BCA = CBA. Diese 6 Fälle werden jetzt zu **einem** zusammengefasst. Jede andere Dreier-Kombination aus A bis E ist ebenso zu behandeln. Damit ist die Formel aus b) noch durch 3! zu dividieren.

Insgesamt gibt es jetzt nur noch,

$$\frac{5 \cdot 4 \cdot 3 \cdot 2 \cdot 1}{2 \cdot 1 \cdot 6} = \underline{10}$$ Möglichkeiten, eine beliebige Plakette zu gewinnen.

Schreibweise mit Fakultäten:

$$\frac{5!}{(5-3)! \cdot 3!} = \frac{5!}{2! \cdot 3!} = \frac{5 \cdot 4 \cdot 3 \cdot 2 \cdot 1}{2 \cdot 1 \cdot 3 \cdot 2 \cdot 1} = \frac{5 \cdot 4}{2 \cdot 1} = \underline{10}$$

Kurzschreibweise:

$$\frac{5!}{(5-3)! \cdot 3!} = \binom{5}{3} = 10$$ (gelesen: „5 über 3")

Es ist sehr wichtig, aus einem vorliegenden Problem heraus zu erkennen, welcher der beschriebenen Fälle vorliegt. Zur besseren Übersicht werden die drei vorgestellten Fälle noch einmal allgemein zusammengestellt und anschließend anhand typischer Beispiele aus unserer Umwelt veranschaulicht:

Merke

1. Fall: Vollerhebung

Werden n verschiedene Dinge auf n Plätze verteilt, so gibt es dafür

$$\mathbf{n! = n \cdot (n-1) \cdot (n-2) \cdot (n-3) \cdot \ldots \cdot 3 \cdot 2 \cdot 1}$$

Möglichkeiten.

2. Fall: Geordnete Teilerhebung (ohne Wiederholung)

Werden aus n verschiedenen Elementen k ausgewählt und in eine **bestimmte** Anordnung gebracht, so gibt es dafür

$$\mathbf{n \cdot (n-1) \cdot (n-2) \cdot (n-3) \cdot \ldots \cdot (n-k+1) = \frac{n!}{(n-k)!}}$$

Möglichkeiten.

3. Fall: Ungeordnete Teilerhebung (ohne Wiederholung)

Werden aus n verschiedenen Elementen k ausgewählt und beliebig angeordnet, so gibt es dafür

$$\mathbf{\binom{n}{k} = \frac{n!}{k!(n-k)!}}$$

Möglichkeiten.

Anmerkung:

- Die Zahlen $\binom{n}{k} = \frac{n!}{k!(n-k)!}$ heißen Binomialkoeffizienten ($0 \leq k \leq n$).
- Es gilt: $\binom{n}{0} = 1$; $\binom{n}{n} = 1$
- Es gilt folgende Rechenerleichterung: $\binom{n}{k} = \binom{n}{n-k}$,

Beispiel: $\binom{5}{2} = \frac{5 \cdot 4 \cdot 3 \cdot 2 \cdot 1}{(2 \cdot 1) \cdot (3 \cdot 2 \cdot 1)} = \frac{5 \cdot 4 \cdot 3}{3 \cdot 2 \cdot 1} = 10$ Fällt der Zwischenschritt weg, ist es kürzer so:

$\binom{5}{3} = \frac{5 \cdot 4 \cdot 3 \cdot 2 \cdot 1}{(3 \cdot 2 \cdot 1) \cdot (2 \cdot 1)} = \frac{5 \cdot 4}{2 \cdot 1} = 10$

Folgende drei Anwendungsbeispiele sollen das Lösungsprinzip weiter verdeutlichen:

Beispiel:

Unser Alphabet besteht aus 26 Buchstaben. Wie lange braucht ein Computer, wenn er alle möglichen Buchstabenanordnungen ausdrucken würde und für 10 000 Ausdrücke eine Sekunde benötigte. Mit welcher Wahrscheinlichkeit ergibt sich die übliche Anordnung A,B,C,...X,Y,Z?

Lösung:

Man berechnet nach der Formel für n! die Anzahl aller Anordnungen.
Die Division durch 10 000 ergibt die Zeit in Sekunden bzw. in Stunden, um alle Anordnungen auszudrucken.
Da es nur eine übliche Anordnung gibt, kann die Wahrscheinlichkeit unmittelbar berechnet werden.

$26! = 4{,}0329\ 10^{26}$ mögliche Anordnungen

$\frac{4{,}0329 \cdot 10^{26}}{10000} = 4{,}0329 \cdot 10^{22}$ Sekunden

$\approx 1{,}12 \cdot 10^{15}$ Stunden

$p = \frac{1}{4{,}0329 \cdot 10^{26}} = 1{,}479 \cdot 10^{-27}$

Beispiel:

An einem Fußballturnier nehmen 4 Mannschaften teil, die nach dem Prinzip „jeder gegen jeden" spielen. Wie viel Spielpaarungen gibt es?

Lösung:

Man bezeichnet die Mannschaften mit M_1, M_2, M_3 und M_4, und stellt die möglichen Spiele zusammen. Es gibt **sechs** mögliche Endspielpaarungen.
Dies sei zunächst so erklärt:
Es gibt 4! Anordnungen der 4 Mannschaften. Da zu einem Spiel immer zwei Mannschaften gehören, wird durch zwei dividiert. Da es keine Ordnung gibt – z. B. ist $M_1 - M_2$ gleich $M_2 - M_1$ – wird noch einmal durch zwei dividiert.
Eine andere Erklärung resultiert aus der obigen Darstellung: Aus einer Menge von 4 verschiedenen Elementen wählt man 2 aus. Dafür gibt es die Schreibweise **„4 über 2"**, die zum selben Ergebnis führt.

$M_1 - M_2$, $M_1 - M_3$, $M_1 - M_4$
$M_2 - M_3$, $M_2 - M_4$,
$M_3 - M_4$

$\text{Anzahl} = \frac{4!}{2 \cdot 2} = 6$ Spiele

$\binom{4}{2} = \frac{4!}{2!(4-2)!} =$

$= \frac{4 \cdot 3 \cdot 2 \cdot 1}{2 \cdot 1 \cdot 2 \cdot 1} = \frac{4 \cdot 3}{2 \cdot 1}$

$= \underline{6}$

Beispiel:

Aus einer Klasse mit 25 Schülerinnen und Schülern soll eine dreiköpfige Gruppe zur Gestaltung einer Schulfeier durch Losverfahren ausgewählt werden.

a) Wie viele verschiedene Zusammenstellungen für das Organisationsteam sind möglich?

b) Es werden nacheinander ein Sprecher, ein Einkäufer für Getränke und Speisen und ein Diskjockey benannt. Wie viele Möglichkeiten gibt es, wenn theoretisch alle 25 Schüler für jede Aufgabe geeignet sind?

Lösung:

a) Da die Reihenfolge der ausgewählten Schülerinnen und Schüler keine Rolle spielt, handelt es sich um eine **ungeordnete Teilerhebung** (Stichprobe), deren Anzahl nach der obigen Formel berechnet werden kann.

$$\binom{25}{3} = \frac{25!}{3!(25-3)!} = \frac{25 \cdot 24 \cdot 23}{1 \cdot 2 \cdot 3} = \underline{2\,300}$$

b) Da die Aufgabenverteilung sehr unterschiedlich ist, spielt die Reihenfolge der Wahl eine Rolle, es liegt eine geordnete Teilerhebung vor.

$$\frac{25!}{(25-3)!} = 25 \cdot 24 \cdot 23 = \underline{13\,800}$$

Übungen

1. Man zieht aus einer Urne mit fünf von 1 bis 5 durchnummerierten Kugeln nacheinander alle Kugeln. Wie viele Möglichkeiten gibt es? Wie groß ist die Wahrscheinlichkeit, dass sich die Reihenfolge 1, 2, 3, 4, 5 ergibt?

2. Der Zifferncode eines Fahrradschlosses enthält die Zahlen von 0 bis 9. Wie viel verschiedene Kombinationen sind möglich, wenn der Code aus 5 Ziffern – keine 0 vorne – bestehen soll.

Aufgaben 12.6

1. Ein Vertreter muss an einem Vormittag sechs verschiedene Firmen besuchen. Aus wie vielen verschiedenen Möglichkeiten kann der Vertreter seine Fahrroute wählen.

2. An einem Fußballturnier mit 6 Mannschaften spielt jeder gegen jeden.
a) Wie viele Spiele gibt es ?
b) Wie viele Spiele gibt es, wenn zwei Gruppen zu je drei Mannschaften gebildet werden?

3. In einem Pferderennen starten 6 Pferde. Jemand wettet auf ein bestimmtes Pferd einmal „Sieg" und einmal „Platz". Mit welcher Wahrscheinlichkeit gewinnt er in jeder der beiden Wetten?

4. Drei Frauen ($F_1,\ldots,F_3$) und ein Mann (M) sollen am Blinddarm operiert werden. Die Reihenfolge wird rein zufällig vorgenommen. Wie viel Möglichkeiten der Reihenfolge gibt es? Mit welcher Wahrscheinlichkeit wird der Mann zuerst bzw. zuletzt operiert?

5. In einem Vorstand, bestehend aus fünf Frauen und sechs Männern, soll ein Ausschuss aus je zwei Frauen und zwei Männern gewählt werden. Wie viele Ausschüsse sind möglich?

6. Wie viele Tipps muss man beim Zahlenlotto „6 aus 49" mindestens abgeben, damit man mit Sicherheit a) 6 Richtige, b) 5 Richtige, c) 4 Richtige, d) 3 Richtige hat?

12.7 Die Binomialverteilung

Bernoulli-Experiment

Es gibt zahlreiche Beispiele von Zufallsexperimenten, die **genau zwei** Ausgänge haben (Münzwurf, Geburt eines Kindes, Überprüfen einer Glühbirne etc.). Bei anderen Zufallsexperimenten interessiert man sich nur dafür, ob ein bestimmtes Ereignis E auftritt oder ob es nicht auftritt. So ist die Befragung nach dem Familienstand zwar ein Zufallsexperiment mit mehr als zwei Ausgängen (z. B. ledig, verheiratet, geschieden), interessiert man sich aber z. B. nur für die Ledigen, so unterscheidet man Ledige und Nicht-Ledige. Die Ergebnisse solcher Experimente werden dann in zwei Gruppen E und $\overline{E}$ (E = „Treffer" und $\overline{E}$ = „Fehlschlag") zusammengefasst.

Werden die einzelnen Versuchsdurchführungen unabhängig voneinander durchgeführt, sodass die Trefferwahrscheinlichkeit (= Grundwahrscheinlichkeit) p von Stufe zu Stufe konstant bleibt, und lassen sich die Versuche beliebig oft wiederholen, so heißen solche Experimente **Bernoulli-Experimente,** benannt nach dem Schweizer Mathematiker Jakob Bernoulli (1654 – 1705). Besteht ein solches Zufallsexperiment aus n unabhängigen Stufen, so spricht man von einer **Bernoulli-Kette** der Länge n mit der Grundwahrscheinlichkeit p und der **Gegenwahrscheinlichkeit** $q = 1 - p$.

Einführungsbeispiel:

Auf einer Wohltätigkeitsveranstaltung soll jedes vierte Los gewinnen. Jemand kauft *drei* Lose und glaubt, dass er mindestens einmal gewinnt. Gegeben ist die Zufallsgröße X, die die Anzahl der Gewinne unter den drei gekauften Losen angibt.

a) Begründen Sie, dass es sich bei diesem Experiment um ein Bernoulli-Experiment handelt.
b) Wie lautet die Ergebnismenge und berechnen Sie die Wahrscheinlichkeit für einen Gewinn.
c) Berechnen Sie die Wahrscheinlichkeitsverteilung von X.

Lösung:

a) Es gibt genau 2 Ausgänge.
Das Ergebnis jeder Ziehung ist unabhängig von jeder weiteren Ziehung: p = 0,25, q = 0,75 konstant.

1. Gewinn entspricht „Treffer", $x_1 = 1$
2. Niete entspricht „Fehlschlag", $x_2 = 0$

S = {111, 110, 101, 011, **100**, **010**, **001**, 000}

b) Die Ergebnismenge besteht aus 8 Elementen, da die Reihenfolge der Ziehung eine Rolle spielt. Unter den 8 Pfaden gibt es **3,** in denen einmal die 1 (= Gewinn) mit p = 0,25 und zweimal die 0 (= Niete) mit q = 1 – p = 0,75 vorkommt. Die Anwendung der 2. Pfadregel führt zur Wahrscheinlichkeit P(X = 1) = 0,3164.

$$P(X = 1) = P(\{\mathbf{100}, \mathbf{010}, \mathbf{001}\}) = 3 \cdot \left(\frac{1}{4}\right) \cdot \left(\frac{3}{4}\right)^2 = 0{,}4219$$

c) Für die Bestimmung der Wahrscheinlichkeitsverteilung gilt:

<u>0 Gewinnlose (X = 0):</u>
000 → **1** Möglichkeit
<u>1 Gewinnlos (X = 1):</u>
100, 010, 001 → **3** Möglichkeiten
<u>2 Gewinnlose (X = 2):</u>
110, 101, 011 → **3** Möglichkeiten
<u>3 Gewinnlose (X = 3):</u>
111 → **1** Möglichkeit

$$P(X = 0) = \mathbf{1} \cdot \frac{3}{4} \cdot \frac{3}{4} \cdot \frac{3}{4} = \left(\frac{3}{4}\right)^3 = 0{,}4219$$

$$P(X = 1) = \mathbf{3} \cdot \left(\frac{1}{4}\right) \cdot \left(\frac{3}{4}\right)^2 = 0{,}4219$$

$$P(X = 2) = \mathbf{3} \cdot \left(\frac{1}{4}\right)^2 \cdot \left(\frac{3}{4}\right)^2 = 0{,}0469$$

$$P(X = 3) = \mathbf{1} \cdot \left(\frac{1}{4}\right)^3 = 0{,}0156$$

Formel von Bernoulli

Bei umfangreichen Berechnungen von Wahrscheinlichkeiten ist es in der Regel nicht möglich, die Ergebnismenge mit den zu untersuchenden Ergebnissen zu erfassen. In solchen Fällen bedient man sich der im letzten Abschnitt vorgestellten Abzählverfahren.

Beispiel:

Bei der Produktion von Schrauben fällt erfahrungsgemäß 10 % Ausschuss an. Bei einer Kontrolle werden der Produktion 5 Schrauben stichprobenartig entnommen und geprüft. Die Zufallsgröße X gibt die Anzahl der Ausschussstücke in der Stichprobe an. Wie groß ist die Wahrscheinlichkeit, dass unter den entnommenen genau 2 Ausschussstücke sind?

Lösung:

p ist die Wahrscheinlichkeit für ein Ausschussstück, q = 1 − p ist die Gegenwahrscheinlichkeit für ein einwandfreies Stück.

$p = 0{,}10$ Wahrscheinlichkeit
$q = 1 - 0{,}1 = 0{,}9$ Gegenwahrscheinlichkeit

Es sei $X_i = 1$, wenn die gewählte Schraube Ausschuss ist und $X_i = 0$, wenn die Schraube normgerecht ist. Da das Experiment aus 5 Stufen besteht, ist n = 5 mit jeweils 5-stelligen Ziffern aus Einsen und Nullen als Ergebnisse des Experiments, z. B. 00011, 11000, 10001..., wobei für 1 die Wahrscheinlichkeit 0,1 und für 0 die Wahrscheinlichkeit 0,9 gilt. Nach der 1. Pfadregel ergeben sich also Produkte aus n = 5 Faktoren 0,1 und 0,9 mit immer demselben Ergebnis $0{,}9^3 \cdot 0{,}1^2 = 0{,}00729$.

Es ist

$P(\{00011\}) = 0{,}9 \cdot 0{,}9 \cdot 0{,}9 \cdot 0{,}1 \cdot 0{,}1 = 0{,}1^2 \cdot 0{,}9^3$

$P(\{11000\}) = 0{,}1 \cdot 0{,}1 \cdot 0{,}9 \cdot 0{,}9 \cdot 0{,}9 = 0{,}1^2 \cdot 0{,}9^3$

$P(\{10001\}) = 0{,}1 \cdot 0{,}9 \cdot 0{,}9 \cdot 0{,}9 \cdot 0{,}1 = 0{,}1^2 \cdot 0{,}9^3$

....usw. $= 0{,}00729$

Da die Reihenfolge der gezogenen Ausschussstücke keine Rolle spielt, können alle Fünferblöcke mit 2 Einsen zusammengefasst werden.

$\binom{5}{2} = \frac{5 \cdot 4}{2 \cdot 1} = 10$ Möglichkeiten

Da zwei Einsen auf 5 Stellen auf $\binom{5}{2} = 10$ verschiedene Weise angeordnet werden können, ist also das Ergebnis des Produkts $0{,}1^2 \cdot 0{,}9^3 = 0{,}00729$ mit 10 zu multiplizieren.

Es ist $P(X = 2) = \binom{5}{2} \cdot 0{,}1^2 \cdot 0{,}9^3$

$= 10 \cdot 0{,}00729 = \underline{0{,}0729}$

Antwort: Die Wahrscheinlichkeit, dass unter 5 Schrauben genau 2 Ausschussstücke sind, beträgt 0,0729, also etwa 7,3 %.

Die Verallgemeinerung der Überlegungen aus dem Beispiel liefert eine Formel für die Berechnung von Bernoulli-Wahrscheinlichkeiten.

Merke

Bei einem Bernoulli-Experiment der Länge n gibt die Zufallsgröße X die Anzahl der Treffer an. Trefferwahrscheinlichkeit ist **p. Gegenwahrscheinlichkeit** für einen Fehlschlag ist **q = 1 − p.**
Die Wahrscheinlichkeit für k Treffer wird berechnet nach der

Formel von Bernoulli: $\mathbf{P(X = k) = \binom{n}{k} \cdot p^k \cdot (1 - p)^{n-k}}$ für k = 0, 1, 2, ..., n

Die Zufallsgröße heißt **binomialverteilt.**

Anmerkungen:

- Nimmt die Zufallsgröße X alle Werte k von 0 bis n an, so nennt man eine Wahrscheinlichkeitsverteilung mit $k \rightarrow \binom{n}{k} \cdot p^k \cdot (1-p)^{n-k}$ eine Binomialverteilung mit n und k als Parameter.
- Man schreibt kurz: $\mathbf{P(X = k) = B_{n;p}(k)}$

Übungen

1. Es sei eine binomialverteilte Zufallsgröße X gegeben. Berechnen Sie die Wahrscheinlichkeitsverteilung $B_{n;p}(k)$ für gegebenes n und p:
a) n = 4, p = 0,5 b) n = 6, p = 0,8 c) n = 8, p = 0,1 d) n = 5, p = 0,4

2. Es liegt eine Zufallsgröße X mit einer $B_{10;0,2}$-Verteilung vor. Berechnen Sie
a) P(X = 3) b) P(X = 7) c) P(X = 5) d) P(X = 2) e) P(X = 8)

3. Eine Maschine stellt Werkstücke her mit einem Ausschussanteil von 5 %. Wie groß ist die Wahrscheinlichkeit dafür, dass unter 20 zufällig herausgegriffenen Werkstücken
a) kein Werkstück fehlerhaft ist,
b) 3 Werkstücke fehlerhaft sind,
c) höchstens 2 Werkstücke fehlerhaft sind?

4. Bei einem Multiple-Choice-Test sind den 10 Fragen jeweils 3 Antworten vorgegeben, von denen allerdings nur eine richtig ist. Jemand kreuzt nach dem Zufallsprinzip eine Antwort an. Mit welcher Wahrscheinlichkeit gelingt es ihm, mindestens die Hälfte der Antworten richtig zu haben und damit den Test zu bestehen?

Rechnen mit Tabellen

Die Berechnung von Wahrscheinlichkeiten wird mit zunehmendem n der Anzahl der Stufen sehr aufwändig. Daher werden sie für ausgewählte n und p oftmals tabellarisch vorgegeben. Dies geschieht einmal in der Form $B_{n;p}(k)$ mit k = 1 ... n in den Zeilen und p in den Spalten. Da für die Binomialverteilung eine Symmetriebedingung vorliegt, gilt die Beziehung:

$$\mathbf{B_{n;p}(k) = B_{n;1-p}(n-k),}$$

sodass es ausreicht, die Tabelle nur bis zu einer Wahrscheinlichkeit von 0,5 vorzugeben. Liegen Werte für p > 0,5 vor, wendet man die obige Formel an und liest den entsprechenden Wert aus der Tabelle ab. Als Beispiel für den Aufbau der Tabelle sei die Formel für n = 5 dargestellt:

Wahrscheinlichkeitsverteilung:

					p					
n	**k**	0,05	0,1	0,2	0,25	0,3	0,4	0,5		
	0	0,7738	0,5905	0,3277	0,2373	0,1681	0,0778	0,0313	**5**	
	1	0,2036	0,3281	0,4096	0,3955	0,3602	0,2592	0,1563	**4**	
5	**2**	0,0214	0,0729	0,2046	0,2637	**0,3087**	0,3456	0,3125	**3**	5
	3	0,0011	0,0081	0,0512	0,0879	0,1323	0,2304	0,3125	**2**	
	4		**0,0005**	0,0064	0,0146	0,0284	0,0768	0,1563	**1**	
	5			0,0003	0,0010	0,0024	0,0102	0,0313	**0**	
		0,95	0,9	0,8	0,75	0,7	0,6	0,5	**k**	**n**

Aus dieser Tabelle können zumindest die Wahrscheinlichkeitswerte für eine $B_{5;p}(k)$-verteilte Zufallsgröße abgelesen werden. So ist $B_{5;0,3}(2)$) = **0,3087**, $B_{5;0,1}(4)$ = **0,0005.**
Für Wahrscheinlichkeiten $p > 0{,}5$ gilt zum Beispiel: $B_{5;0,8}(3) = 0{,}2046$ und $B_{5;0,6}(4) = 0{,}2592$

Um zu vermeiden, dass bei Fragen nach Wahrscheinlichkeitsintervallen, etwa k höchstens k_0 oder k mindestens k_0, die Wahrscheinlichkeitswerte erst aufsummiert werden müssen, stellt man die Wahrscheinlichkeiten von vornherein *aufsummiert* dar. Für die obige Tabelle ergeben sich dann die folgenden Werte:

Summenverteilung:

					p					
n	**k**	0,05	0,1	0,2	0,25	0,3	0,4	0,5		
	0	0,7738	0,5905	0,3277	0,2373	0,1681	0,0778	0,0313	**5**	
	1	0,9774	0,9185	0,7373	0,6328	0,5282	0,3370	0,1875	**4**	
5	**2**	0,9988	0,9914	0,9421	0,8965	0,9369	0,6826	**0,5000**	**3**	*5*
	3	1,0000	0,9995	0,9933	0,9844	**0,9692**	0,9130	0,8125	**2**	
	4	1,0000	1,0000	0,9997	0,9990	0,9976	0,9898	0,9688	**1**	
	5	1,0000	1,0000	1,0000	1,0000	1,0000	1,0000	1,0000	**0**	
		0,95	0,9	0,8	0,75	0,7	0,6	0,5	**k**	**n**

Mit dieser Summentabelle können aufsummierte Wahrscheinlichkeiten abgelesen oder ermittelt werden, z. B. $B_{5;0,3}(k \le 3) = \mathbf{0{,}9692}$, $B_{5;0,5}(k \ge 3) = 1 - B_{5;0,5}(k \le 2) = 1 - 0{,}5 = \mathbf{0{,}5}$
$B_{5;0,4}(2 \le k \le 4) = B_{5;0,4}(4) - B_{5;0,4}(1) = 0{,}9898 - 0{,}3370 = 0{,}6528$. (Dieselbe Zahl würde sich in der obigen Tabelle als Summe der drei Werte von k = 2 bis k = 4 ergeben.)
Eine ausführliche **Summen**tabelle für n = 100 findet sich im Anhang auf Seite 412
Die Bernoulli-Formel kann in unterschiedlichen Fragestellungen zur Anwendung kommen, wie das folgende Beispiel verdeutlicht.

Beispiel:

Es ist bekannt, dass ca. 40 % der Europäer die Blutgruppe A haben. Es werden 100 Blutspenderinnen und Blutspender hinsichtlich ihrer Blutgruppe untersucht. Mit welcher Wahrscheinlichkeit haben a) genau 50, b) höchstens 45, c) mehr als 25, d) mindestens 30 und höchstens 65 Personen die Blutgruppe A? Rechnen Sie mit Hilfe der Summentabelle.

Lösung:

a) Es liegt eine $B_{100;0,4}$-verteilte Zufallsgröße vor. Die Grundwahrscheinlichkeit ist p = 0,4.
Da die Berechnung mit der Formel umständlich ist, wird der gesuchte Wert mit der Summentabelle für n = 100 ermittelt. Hierzu ist zunächst der (Summen-)Wert bei k = 50 abzulesen und dann der (Summen-)Wert für k = 49 zu subtrahieren, damit man die Einzelwahrscheinlichkeit für k = 50 erhält.

$n = 100;\ k = 50;\ p = 0{,}4$

$$P(50) = \binom{100}{50} 0{,}4^{50} \cdot 0{,}6^{50}$$

$$= \frac{100!}{50!(100-50)!} 0{,}4^{50} \cdot 0{,}6^{50} = \underline{0{,}0103}$$

$$B_{100;0,4}(50) = B_{100;0,4}(k \le 50) - B_{100;0,4}(k \le 49)$$
$$= 0{,}9832 - 0{,}9729 = \underline{0{,}0103}$$

b) Höchstens 45 Blutspender heißt, es sind alle Wahrscheinlichkeiten von k = 0 bis k = 45 zu addieren. Der Summenwert ist in der Tabelle bereits vorgegeben ist. $\Sigma B_{100;0,4}(45)$.

$B_{100;0,4}(45) = \underline{0{,}8689}$

c) Mehr als 25 heißt: 26, 27,...,99, 100 Blutspenderinnen und Blutspender haben Blutgruppe A. Es ist mit der Gegenwahrscheinlichkeit zu rechnen: Es ist $P(X > 25) = 1 - P(X \leq 25)$.

$P(26 \leq X \leq 100) = 1 - B_{100;0,4}(k \leq 25)$
$= 1 - 0{,}0012 \quad = 0{,}9988$

d) Es wird zunächst der Summenwert bis 65 aus der Tabelle abgelesen. Von diesem wird der Summenwert für k = 29 subtrahiert.

$P(30 \leq X \leq 65) = B_{100;0,4}(k \leq 65) - B_{100;0,4}(k \leq 29)$
$= 1 \quad - 0{,}0148$
$= \underline{0{,}9852}$

Merke

Mit der Tabelle der Summenwahrscheinlichkeiten sind die Werte für die folgenden Fragestellungen wie folgt abzulesen:

1. $P(X \leq k) = \Sigma B_{n;p}(k)$	**2.** $P(X < k) = \Sigma B_{n;p}(k-1)$
3. $P(X \geq k) = 1 - \Sigma B_{n;p}(k-1)$	**4.** $P(X > k) = 1 - \Sigma B_{n;p}(k)$
5. $P(k_1 \leq k \leq k_2) = \Sigma B_{n;p}(k_2) - \Sigma B_{n;p}(k_1-1)$	**6.** $P(k_1 < k < k_2) = \Sigma B_{n;p}(k_2-1) - \Sigma B_{n;p}(k_1)$

Übungen

1. Eine Zufallsgröße sei $B_{100;0,3}$-verteilt. Berechnen Sie mit Hilfe der Summentabelle die folgenden Wahrscheinlichkeiten:
a) $P(X \leq 30)$ b) $P(X \leq 55)$ c) $P(X > 40)$ d) $P(X \geq 20)$

2. Eine Zufallsgröße sei $B_{100;0,1}$-verteilt. Berechnen Sie mit Hilfe der Summentabelle die folgenden Wahrscheinlichkeiten:
a) $P(5 \leq X \leq 10)$ b) $P(3 < X < 12)$ c) $P(X < 15)$ d) $P(5 < X \leq 16)$

Erwartungswert und Varianz bei der Binomialverteilung

Einführungsbeispiel:

Bei der Herstellung eines Massenartikels liegt aus Erfahrung eine Ausschussquote von 2 % vor.
a) Wie viel einwandfreie Stücke S_e kann der Unternehmer erwarten, wenn der Produktion 100; 1 000 oder n Scheiben zur Kontrolle entnommen werden?
b) Wie groß ist die zu erwartende einwandfreie Produktion für n = 1 Stück, wenn p = 0,98 bzw. die zu erwartende einwandfreie Produktion für n beliebig und p allgemein ist?
c) Ermitteln Sie nun für n = 1 zuerst die Standardabweichnung σ für p allgemein und dann die Standardabweichung für n beliebig.

Lösung:

a) Man errechnet bei 100, 1 000 bzw. n Stücken wie hoch die zu erwartende fehlerfreie Produktion S_e ist.

100 Stück: $100 \cdot 0{,}98 = 98$ Stück
1 000 Stück: $1\,000 \cdot 0{,}98 = 980$ Stück
n Stück: $n \cdot 0{,}98 = 0{,}98 \cdot n$ Stück

b) Es wird ein einzelner Bernoulli-Versuch (n = 1) betrachtet. Die Zufallsgröße nimmt den Wert 1 (Treffer) mit der Wahrscheinlichkeit 0,98 und den Wert 0 (Ausschuss) mit der Wahrscheinlichkeit 0,02 an.
Entsprechend wird die Rechnung für allgemeines p und beliebiges n gezeigt.

Erwartungswert bei 1 Stück:
$E(X) = \mu = 1 \cdot 0{,}98 + 0 \cdot 0{,}02 = 0{,}98$

Allgemein:

X_i	$P(X_i)$	$X_i \cdot P(X_i)$
1	p	p
0	1 – p	0

Bei 1 Versuch: $E(X) = p$
Bei n Versuchen: $\mathbf{E(X) = n \cdot p}$

c) Der Wert für V(X) wird zunächst für n = 1 berechnet.
Es ist $V(X) = p \cdot (1 - p) = p \cdot q$. Für n Versuche ist entsprechend zu multiplizieren.
Für die Standardabweichung ist nur noch die 2. Wurzel aus V(X) zu ziehen, weil $\sigma = \sqrt{V(X)}$,
also gilt $\sigma = \sqrt{\mathbf{n \cdot p \cdot q}}$

Varianz bei 1 Stück:

X_i	$X_i - \mu$	$(X_i - \mu)^2$	$(X_i - \mu)^2 \cdot P(X_i)$
1	1 – p	$(1-p)^2$	$(1-p)^2 \cdot p$
0	0 – p	p^2	$p^2 \cdot (1-p)$

Bei 1 Versuch:
$V(X) = (1-p)^2 \cdot p + p^2 \cdot (1-p)$
$= p(1-p)[1-p) + p] \quad = p(1-p)$
Bei n Versuchen: $\mathbf{V(x) = n \cdot p\ (1-p)}$

Merke

Für den **Erwartungswert** $E(X) = \mu$, die **Varianz** $V(X) = \sigma^2$ und die **Standardabweichung** σ einer binomialverteilten Zufallsgröße X gelten die folgenden Formeln:

$$\mu = \mathbf{E(X) = n \cdot p} \qquad \sigma^2 = \mathbf{V(X) = n \cdot p \cdot (1-p)} \qquad \sigma = \sqrt{\mathbf{n \cdot p \cdot (1-p)}}$$

Beispiel:

Auf einem Jahrmarkt preist ein Losverkäufer seine Lose mit dem Werbespruch „Jedes vierte Los gewinnt!“, an. Das Los kostet 2,00 €. Regina kauft zehn Lose.
a) Mit welcher Gewinnerwartung kann Regina rechnen?
b) Berechnen Sie die Standardabweichung σ und geben Sie an, in welchem Intervall E(X) – σ bis E(X) + σ sich die Gewinnerwartung von Regina bewegt.
c) Ist das Spiel aus der Sicht Reginas fair, wenn die Gewinne des Losbudenbesitzers einen Wert von 5,00 € haben?

Lösung:

a) Zu berechnen ist der Erwartungswert E(X). Es gilt: n = 10 und p = 0,25. X sei die Anzahl der Gewinnlose. Also kann Regina mit zwei bis drei Gewinnen rechnen.

$E(X) = n \cdot p = 10 \cdot 0{,}25 = \underline{2{,}5}$

b) Die Berechnung der Standardabweichung erfolgt mit Hilfe der Formel für σ.
Es gilt: n = 10; p = 0,25; 1 – p = 0,75. Man addiert und subtrahiert die Standardabweichung vom Erwartungswert, sodass sich ein „Gewinnintervall“ rechnerisch ermitteln lässt. Beim Kauf von zehn Losen kann Regina erwarten, dass zwei bis vier Lose einen Gewinn anzeigen.

$\sigma = \sqrt{10 \cdot 0{,}25 \cdot 0{,}75} \approx \underline{1{,}37}$
$E(X) + \sigma = 2{,}5 + 1{,}37 = 3{,}87$
$E(X) - \sigma = 2{,}5 - 1{,}37 = 1{,}13$
Das gesuchte Intervall ist $1{,}13 \le X \le 3{,}87$.
Da die Zahl der Lose ganzzahlig ist, gilt für das durchschnittliche Gewinnintervall:
$2 < X < 3$ (Gewinne)

c) Regina kauft 10 Lose für 20,00 €. Ihr erwarteter Gewinn liegt bei 2,5 · 5,00 € = 12,5 €. Das Spiel ist aus Reginas Betrachtung also nicht fair, da sie je 10 Lose 7,50 € verliert.	2,00 € · 10 – 5,00 € · 2,5 = 7,50 € Verlust

Übungen

1. Gegeben ist eine binomialverteilte Zufallsgröße X mit den Parametern n und p. Berechnen Sie den Erwartungswert μ, die Varianz σ^2 und die Standardabweichung σ.

a) $n = 100, p = 0{,}8$ b) $n = 50, p = 0{,}125$ c) $n = 250, p = 0{,}516$ d) $n = 300, p = \frac{1}{25}$

2. Eine Zufallsgröße ist binomialverteilt mit dem Erwartungswert μ und der Standardabweichung σ. Berechnen Sie jeweils die Anzahl der Stufen n und die Grundwahrscheinlichkeit.

a) $\mu = 100, \sigma = \sqrt{50}$ b) $\mu = 125, \sigma = \sqrt{93{,}75}$ c) $\mu = 8, \sigma = \sqrt{7{,}2}$ d) $\mu = 800, \sigma = \sqrt{480}$

3. Ein medizinisches Haarshampoo gegen Schuppen enthält einen Sulfidwirkstoff, der bei 3 % aller Patienten eine unerwünschte Nebenwirkung in Form einer Allergie auf der Kopfhaut hervorruft. Ein Arzt behandelt 100 Patienten im Jahr mit diesem Mittel.

a) Wie groß ist die Wahrscheinlichkeit, dass der Arzt innerhalb eines Jahres höchstens fünf Patienten hat, die allergisch reagieren?

b) Mit wie viel Allergiepatienten muss der Arzt im Mittel im Jahr rechnen. Berechnen Sie die Standardabweichung und geben Sie an, in welchem Intervall (auf- bzw. abrunden) sich die zu erwartende Zahl der Allergiepatienten bewegt.

Aufgaben 12.7

1. Berechnen Sie folgende Wahrscheinlichkeiten P(k). Bei c), d), e) und f) Tabelle benutzen.

a) $n = 5;\ p = 0{,}5;\ k = 2;$ b) $n = 10;\ p = 0{,}8;\ k = 2;$ c) $n = 100;\ p = 0{,}3;\ k = 30;$

d) $n = 100;\ p = 0{,}5;\ k < 30;$ e) $n = 100;\ p = 0{,}8;\ k \in [60; 80];$ f) $n = 100;\ p = 0{,}9;\ k \in (80, 89]$

2. Wie groß ist die Wahrscheinlichkeit, dass unter den fünf Kindern einer Familie

a) genau zwei Mädchen,

b) höchstens zwei Mädchen

c) mindestens drei Mädchen sind?

Annahme: Die Wahrscheinlichkeit von Mädchen- und Jungengeburten ist in etwa gleich.

3. Es ist bekannt, dass ca. 60 % der Bevölkerung für ein generelles Rauchverbot sind. In einer Stichprobe werden fünf Personen zufällig nach ihrer Meinung dazu befragt. Wie groß ist die Wahrscheinlichkeit, dass 0, 1, 2, 3, 4, alle 5 Personen für das Rauchverbot eintreten?

4. Die Wahrscheinlichkeit für eine Mädchengeburt ist ca. 0,5. In einer Entbindungsstation werden an einem Tag zehn Kinder geboren.

a) Wie groß ist die Wahrscheinlichkeit, dass es nur Mädchen sind,

b) dass es fünf Mädchen und fünf Jungen sind? Interpretieren Sie das Ergebnis.

5. Bei einer Qualitätskontrolle ist mit einem Ausschuss von 5 % zu rechnen. Berechnen Sie die Wahrscheinlichkeit dafür, dass

a) unter 10 Teilen kein Ausschuss,

b) unter 20 Teilen genau ein Teil defekt ist.

6. In einem großen Betrieb gehören 65 % der Arbeitnehmer einer Gewerkschaft an. Für eine Kommission werden unter allen Arbeitnehmern des Betriebes fünf Personen zufällig ausgewählt. Wie groß ist die Wahrscheinlichkeit, dass
a) alle fünf Kommissionsmitglieder der Gewerkschaft.
b) mehr als drei der Gewerkschaft angehören oder
c) keiner der Mitglieder der Gewerkschaft angehört?

7. Auf einem Wohltätigkeitsfest wird eine Tombola veranstaltet. Insgesamt befinden sich 100 Lose in der Lostrommel. Der Veranstalter behauptet, dass jedes dritte Los gewinnt. Jemand kauft zu Beginn der Veranstaltung zwei Lose. Wie groß ist die Wahrscheinlichkeit, dass
a) beide Lose gewinnen,
b) genau ein Los gewinnt?

8. Von den 30 Fahrgästen eines Ausfluges will ein Drittel der Fahrgäste unverzollt Ware mit nach Hause bringen. Der Zollbeamte überprüft fünf Fahrgäste.
a) Mit welcher Wahrscheinlichkeit hat keiner von ihnen geschmuggelt?
b) Mit welcher Wahrscheinlichkeit erwischt er genau einen Fahrgast, der schmuggelt?
c) Mit welcher Wahrscheinlichkeit haben alle fünf Fahrgäste Schmuggelware bei sich?

9. Ein Gemüsehändler bezieht von einem Großmarkt spanische Navelfrüchte, wobei ihm versprochen wird, dass höchstens 5 % davon verdorben sind. Berechnen Sie die Wahrscheinlichkeit dafür, dass
a) unter 10 Navelfrüchten keine,
b) unter 100 Navelfrüchten genau eine,
c) unter 100 Navelfrüchten mindestens 2,
d) unter 100 Navelfrüchte höchstens 10 verdorben sind.

10. Ein Multiple-Choice-Test besteht aus 10 Fragen mit jeweils 4 Antworten, von denen eine richtig ist. Ein Prüfling absolviert den Test, indem er zu jeder Frage rein zufällig – da völlig unvorbereitet – eine Antwort ankreuzt. Mit welcher Wahrscheinlichkeit erzielt er
a) höchstens zwei richtige Antworten,
b) genau fünf richtige Antworten,
c) mindestens fünf richtigen Antworten,
d) drei bis sechs richtige Antworten.

11. Ein Arzt teilt einer Patientin mit, dass das Hautpräparat in 70 % aller Fälle anschlägt. Er behandelt zurzeit 20 Patienten mit dem Mittel.
a) Welche Zahl an geheilten Patienten erwartet der Arzt?
b) Wie viel Patienten fallen ins Intervall $E(X) - \sigma$ bis $E(X) + \sigma$? (Auf ganze Zahlen runden.)

12. Bei der sehr beliebten Fernsehsendung *„Wetten dass"* werden ca. 80 % der Wetten gewonnen, das heißt, die Wettkandidaten erledigen ihre Aufgaben erfolgreich.
a) Wie groß ist die Wahrscheinlichkeit, dass mindestens einer der fünf prominenten Gäste in der Sendung seine vom Sender vorgeschlagene Wette verliert und die damit auferlegte „Strafe" antreten muss?
b) Wie viele gewonnene Wetten sind zu erwarten. Berechnen Sie auch die Standardabweichung.
c) Der Zuschauer möchte mit einer Wahrscheinlichkeit von mindestens 50 % pro Sendung damit rechnen, dass wenigstens ein Prominenter seine Wette verliert und irgendetwas Außergewöhnliches zeigen muss. Wie viele Wetten müssen abgeschlossen werden?

Lösungen zu den Übungen

Kapitel 1 (Grundlagen der Wirtschaftsmathematik)

Seite 11 **1.** a) (2/5); (6/15); (12/30); (24/60) b) (4/24); (10/9,6); (16/6)
2. a) proportional b) proportional c) antiproportional d) weder noch

Seite 14 **1.** a) 34,32 € **2.** a) 28,70ltr. b) 792,68 km
3. a) mindestens drei weitere Teilnehmer b) Einsparung 4 923,08 (€)
4. $\frac{0{,}75 \cdot 1200}{0{,}33} = 2\,727{,}27$; ca 2 727 Flaschen **5.** $\frac{26{,}52 \cdot 100}{340} = 7{,}8$ l.

Seite 16 **1.** A: 72 000,00 €; B: 36 000,00 €; C: 27 000,00 € D: 9 000,00 €
2. Arens: 14 400,00 € Bertram: 10 520,00 €
Carstens: 9 784,00 € Detmers: 11 296,00 €
3. A: 116,00 € B: 174,00 € C: 58,00 €
4. a) A: 6 000,00 € B: 4 000,00 € C: = 2 000,00 €
b) A: 3.247,87 € B: 4.786,33 € C: 3.965,81 €
5. A: 23,00 € B: 11,40 € C: 8,40 €

Seite 18 **1.** a) $x = \frac{1 \cdot 800}{9{,}6643} = 82{,}78$ € b) $x = \frac{1 \cdot 1200}{1{,}3164} = 911{,}58$ € c) $x = \frac{1 \cdot 600}{1{,}6126} = 372{,}07$ €
d) $x = \frac{1 \cdot 850}{8{,}5010} = 99{,}99$ € e) $x = \frac{1 \cdot 20000}{153{,}60} = 130{,}16$€
2. a) $x = 2000 \cdot 1{,}5476 = 3\,095{,}20$ sfr b) $x = 1500 \cdot 1{,}3481 = 2022{,}15$ Can-$
c) $x = 800 \cdot 0{,}6546 = 523{,}68$ Pfund d) $x = 500 \cdot 3{,}6262 = 1813{,}10$ Zloty
e) $x = 3000 \cdot 1{,}7849 = 5354{,}70$ Try
3. $x = \frac{1 \cdot 200}{1{,}6126} = 124{,}02$ € **4.** $x = 195{,}00 \cdot 1{,}6126 = 314{,}45$Sfr

5. $x = 400 \cdot 7{,}0358 = 2\,814{,}32$ dkr; $x = \frac{2814{,}32}{7{,}8858} = 356{,}88$€; Verlust = 43,12 €

Seite 22 **1.** a) 5 400 Stück (=G); 120 Stück (= P); b) 2.395,00 € (= G); 3 % (= p);
c) 3 Schüler (= P); 10 % (= p); d) 2 400,00 € (= G); 25 % (= p);
e) 32 000 Blatt (= G); 12,5 % (= p)

2. a) $0{,}25 = \frac{25}{100} = 25\,\%$ b) $0{,}19 = \frac{19}{100} = 19\,\%$: c) $0{,}02 = \frac{2}{100} = 2\,\%$;
d) $0{,}135 = \frac{13{,}5}{100} = 13{,}5\,\%$; e) $1{,}12 = \frac{112}{100} = 112\,\%$; f) $0{,}75 = \frac{75}{100} = 75\,\%$
g) $2{,}15 = \frac{215}{100} = 215\,\%$

3. a) $\frac{6}{200} = \frac{3}{100} = 0{,}03 = 3\,\%$ b) $\frac{12}{800} = \frac{1{,}5}{100} = 0{,}015 = 1{,}5\,\%$
c) $\frac{14}{1\,400} = \frac{1}{100} = 0{,}01 = 1\,\%$ d) $\frac{2{,}5}{40} = \frac{6{,}25}{100} = 0{,}0625 = 6{,}25\,\%$
e) $\frac{16}{250} = \frac{6{,}4}{100} = 0{,}064 = 6{,}4\,\%$; f) $\frac{14}{175} = \frac{8}{100} = 0{,}08 = 8\,\%$
g) $\frac{475}{3800} = \frac{12{,}5}{100} = 0{,}125 = 12{,}5\,\%$ h) $\frac{6}{240} = \frac{2{,}5}{100} = 0{,}025 = 2{,}5\,\%$

4. a) $12\,\% = 0{,}12 = \frac{12}{100}$; b) $18{,}4\,\% = 0{,}184 = \frac{18{,}4}{100}$ c) $4\,\% = 0{,}04 = \frac{4}{100}$

d) $120\,\% = 1{,}2 = \frac{120}{100}$; e) $0{,}5\,\% = 0{,}005 = \frac{0{,}5}{100}$ f) $13{,}25\,\% = 0{,}1325 = \frac{13{,}25}{100}$

g) $0{,}04\,\% = 0{,}0004 = \frac{0{,}04}{100}$ h) $72\,\% = 0{,}72 = \frac{72}{100}$

Seite 23 **1.** Masch. A: $\frac{32}{2\,400} = 1{,}33\,\%$ Masch. B: $\frac{24}{2\,650} = 0{,}905\,\%$ **2.** Nachlass: $\frac{2{,}10}{8{,}00} = 26{,}25\,\%$

3. Chemie: p = 8,7 (%), Auto: p = 8,63 (%), Chemie stieg am meisten.

4. Gartentisch: p = 23,26 (%); **Sonnenschirm:** p = 24,24 (%)

Seite 24 **1.** Überweisung =1 276,00 € - 31,90 € = 1 244,10 €

2.

In €	a)	b)	c)	d)
Preissenkung	111,25	25,70	44,25	3,29
neuer Preis	333,75	102,80	250,75	62,51

3.

Tara	2,775 kg
Nettogewicht	89,725 kg

Seite 25 **1.** regulärer Preis: 298,00 € **2.** urspr. Forderung: 14.590 (€)
3. früherer Preis 16 475,00 (€); neuer Preis = 17 068,10 €
4. Besucher Vorjahr 142 000; Besucherzahl in diesem Jahr = 121 410

Seite 28 **1.** a) 1,19; 1,26; 1,0325; 2,2 b) + 6 %; + 20 %, + 19 %, + 160 %

2. a) 0,85; 0,78; 0,975; 0,6 b) – 5 %; – 28 %; – 5,5 %; – 44,4 %

Seite 29 **3.** a) 4 462,50 € b) 245,00 € c) 12 775,00 € d) 1 604,25 € e) 92,81 € f) 684,91 €
4. a) 4 887,50 € b) 180,00 € c) 2 559,40 € d) 2 938,00 € e) 9,60 € f) 112,61 €
5. 1 460,00 € (29,80 €); 1 807,48 € (27,52 €); 422,44 € (13,06 €); 562,52 € (5,68 €)
6. 690,20 € (110,20 €); 533,12 € (85,12 €); 38,97 € (6,22 €); 279,65 € (44,65 €) 2.171,75 € (346,75 €); 13 923,00 € (2 223,00 €)

7. Künftige Ausgabe des Haushalts: 2 240,00 € · 1,085 = 2 430,40 €

8. Messepreis der Maschine: 2 450,00 € · 0,85 = 2 082,50 €

Seite 31 **1. a)** Zwei Prozentzuschläge: 3 116,25 €; 138,61 €; 4 428,11 €;
b) Zwei Prozentabschläge: 585,50 €; 69,59 €; 363,74 €;
2. 550,54 €; 686,14 €; 2 578,17 €
3. a) 805,50 € b) 781,34 € c) 12, 7 %
4. 15 240,00 €
5. Neues Gehalt: 1 589,76 €
6. a) 144 200,00 €; 155 736,00 €; 165 080,16 €; 161 778,56 €; 169 867,48 €
b) 163 072,79 €
c) p = 13,09 (%)
7. Neue Jahresmiete: 7 860,96, Neue Monatsmiete: 7 860,96 : 12 = 655,08 €

Seite 34 **1.** a) 230,00 € b) 1 495,00 € c) 456,00 € d) 522,00 € e) 4 790,00 €
2. a) 635,00 € b) 125,00 € c) 24 860,00 € d) 985,00 € e) 12 470,00 €
3. a) 745,00 € b) 425,50 € c) 58,10 € d) 3 590,00 €
4. Ware A: 650,00 €; B: 480,00 €, C: 28 700,00 €; D: 1 450,00 €; E: 15 500,00 €

Seite 35 **5.** a) Nettopreis = 560,00 € b) Umsatzsteueranteil = 666,40 € - 560,00 € = 106,40 €
6. früheres Gehalt = 1 055,70 € : 1,035 = 1 020,00 €
7. ursprünglicher Umsatz = 1 256.000,00 €; Umsatzsteigerung = 70 336,00 €.
8. ursprünglicher Preis = 22 500,00 €; Preissenkung = 2 812,50 €.
9. Personalkosten Vorjahr : 212 613,33 €; Übrige Kosten Vorjahr: 140 000,00 €, Gesamtkosten dieses Jahr: 425 460,00 €; Steigerung der Gesamtkosten beträgt 20,66 %.
10. Umsatz 1. Jahr:86 400,00 €; Umsatz 2. Jahr: 97 200,00 €, Umsatz 3. Jahr: 94 770,00 €.
11. $0{,}8 \cdot 0{,}8 \cdot 0{,}8 = 0{,}512 \Rightarrow p = 51{,}2$; Es stehen noch 51,2 % zu Buche.
12. Ursprünglicher Preis = 559,30 € : 0,94 : 0,875 = 680,00 €.

Seite 39 **1.** a) 68,00 €; b) 116,00 €; c) 730,00 €; d) 1 008,00 €; e) 2 650,45 €; f) 1 009,93 €
2. a) 34,50 €; b) 724,50 €; c) 2 086,80 €; d) 6 300,05 €; e) 6 125,37 €; f) 2 450,01 €
3. a) 61 48 €; b) 115,73 €; c) 257,21 €; d) 2 633,99 €; e) 895,04 €; f) 2 995,28 €
4. a) 556,70 €; b) 603,08 €; c) 486,67 €; d) 3 751,19 €; e) 960,84 €

Seite 41 a) 1 320,00 €; b) 35,25 €; c) 135,00 €; d) 264,00 €; e) 10,50 €

Seite 43 **1.** a) Kazu: 35 (%), KF: 1,35;b) Kazu: 85 (%), KF: 1,85; c) Kazu: 92 (%), KF: 1,92
d) Kazu: 60 (%), KF: 1,6; e) Kazu: 110 (%), KF: 2,1; f) Kazu: 75,06 (%), KF: 1,7506
2. a) 1,35; b) 1,625; c) 66 %; d) 86,5; e) 2,35; f) 125 %
3. a) 834,75 €; b) 521,26 €; c) 3.266,25 €; d) 652,50 €

Seite 44 **4. Handelssp.:** a) 25 %; b) 35 %; c) 58 %; **Bezugspr.:** a) 533,00 €; b) 18,43 €; c) 556,89 €
5. 1) 50 % / 1,5 / 33,33 %; 2) 25 % / 1,25 / 20 %; 3) 100 % / 2,0 / 50 %;
4) 45 % / 1,45 / 31,03 %; 5) 75 % / 1,75 / 42,86 %; 6) 300 % / 4,0 / 75 %

Kapitel 2 (Grundlagen der Finanzmathematik)

Seite 47 **1.** a) 73 Tage b) 14 Tage c) 111Tage d) 45 Tage e) 154 Tage f) 164 Tage
g) 137 Tage h) 38 Tage i) 78 Tage j) 29 Tage k) 48 Tage l) 83 Tage

Seite 48 **2.** a) 75,50 € b) 9,38 € c) 115,92 € d) 86,40 € e) 98,32 € f) 3,13 €
3. a) 64 Tage, z = 30,13 € b) 71 Tage, z = 36,60 € c) 11 Tage, z = 20,97 €
d) 38 Tage, z = 7,32 € e) 43 Tage, z.= 53,00 € f) 46 Tage, z = 14,78 €
4. z = 1500,00 **5.** 122 Tage; z = 2,91

Seite 49 **1.** a) 8 000,00 € b) 6 000,00 € c) 2 400,00 € d) K=15 500,00 €
2. 960,00 € **3.** 2 800,13 €

Seite 49 **1.** a) 7,5% b) 9% c) 9,6% d) 12%
2. p = 7% **3.** p = 10%

Seite 50 **1.** a) 80 Tage b) 60 c) 75 d) 120 e) 24 f) 12 g) 35 h) 12
2. a) 42 Tage b) 07.10. **3.** 20 Tage

Seite 54 **1.** a) 54 % b) 32,72 % c) 19,57 % d) 108 %
Seite 55 **2.** 49,09% **3.** A: 24,55 % B: 23,48 %

Seite 56 **1.** 3,95 % **2.** 6,5 % **3.** p 6 %
Seite 57/58 **1.** 5,04 %; **2.** 5,95%; **3.** a) 7,07 % b) 8,08 %
Seite 62 **1.** a) 2 318,55 € b) 8 211,41 € c) 16 927,19 € d) 29 690,11 € e) 32 564,32 €
2. K_{18} = 8 512,17 € **3.** K_{25} = 26 658,36 €; Z = 1 066,33 €
4. K_6 =10 122,52 €; K_{10} = 11 615,82 €

Seite 65 **1.** a) 12 000,00 € b) 8 000,00 € c) 25 000,00 € d) 14 027,59 € e) 13 669,41€
2. 10 000,00 € **3.** 16 889,10 € **4.** 6 000,00 €

Seite 66 **1.** a) 6 % b) 4 % c) 3,5 % d) 7 %
2. a) ≈ 6 % b) ≈ 5,2 % c) ≈ 3,7 % d) ≈ 2,71 % **3.** 6 % **4.** 3,5 % **5.** 8 %

Seite 68 **1.** a) 10 Jahre b) 9 Jahre c) 4 Jahre **2.** a) ≈ 8,4 Jahre b) ≈ 6,5 Jahre c) ≈ 8,5 Jahre
3. a) K_{10} = 24 433,41€ b) n = 14,2 Jahre

Seite 71 **1.** a) 100 % : 2,5% = 40 ⇒ n = 40 Jahre; b) n = 28 Jahren **2.** $(\sqrt[22]{2}-1)100 = 3{,}2\ \%$
3. a) 11,9 Jahre b) 23,8 Jahre c) 35,7 Jahre

Seite 72 **1.** a) 6 % b) 3 % c) 1 % **2.** p = 5%
3. a) $K_{5,2}$ = 12 189,94 b) $K_{12,2}$ = 11 416,64 c) $K_{7,4}$ = 5 719,83 d) $K_{8,4}$=188 454,06
4. $K_{3,12}$ = 6 351,19

Seite 73 **1.** a) 13 727,86 € b) p_e = 4,04 (%)
Seite 74 **2.** a) $15\,000 \cdot 1{,}025^{20} = 24\,579{,}25$ €; (p ≈ 5,06%)
3. a) jährlich 12 %; halbjährlich: 12,36%; vierteljährlich: 12,55 %
b) jährlich: 8 %; halbjährlich: 8,16 %; vierteljährlich: 8,24 %;
c) jährlich: 6 %; halbjährlich: 6,09 %; vierteljährlich: 6,14 %.

Kapitel 3 (Grundwissen)

Seite 80 **1.** A = {1,2,3,4,5,6,7,8,9,10}; b = {1,2,5,10,}
2. a) $\{2; \frac{5}{3}; \sqrt{9}; \log 10; \frac{-6}{8}\} \in \mathbb{Q}$; $\{\sqrt{6}; \ln 10\} \notin \mathbb{Q}$
b) $\{\frac{9}{11}; 3\frac{4}{5}; 2{,}03\ldots, 0{,}1\overline{6}\} \in \mathbb{Q}$; $\{-\sqrt{12}; \log 20\} \notin \mathbb{Q}$;
3. a) offenes Intervall b) offenes Intervall c) halboffenes Intervall
d) geschlossenes Intervall e) halboffenes Intervall f) offenes Intervall

Seite 82 **1.** a) 0 b) $\frac{1}{7}$ c) $\frac{6x}{8}$ d) $\frac{-32x}{12}$ **2.** a) $-\frac{29}{60}$ b) $-\frac{1}{6}$ c) $\frac{42x}{12}$ d) $\frac{39x}{30}$

Seite 83 **3.** a) $\frac{1}{2}; \frac{2}{3}$ b) $\frac{2}{3}; \frac{6}{8}; \frac{4}{5}$ c) $\frac{-4}{5}; \frac{-3}{4}; \frac{-2}{5}$ d) $\frac{-2}{3}; \frac{-3}{5}; \frac{-6}{11}; \frac{-4}{8}$

4. a) $\frac{1}{9}$ b) $\frac{-15c^2}{112}$ c) $-\frac{1287}{350}$ d) $\frac{-32x}{63}$

5. a) $\frac{1}{2}$ b) $\frac{12}{35}$ c) $\frac{8}{55}$ d) $\frac{3dx}{4cy}$ e) $\frac{5a}{22x}$

Seite 84 **1.** a) 3x – 7y b) – a + 9b c) – 8x + 13y
2. a) $2x^2 - xy - y^2$ b) $2a^2 - 18b^2$ c) $6a^2 - 15ab + 9b^2$ d) $9x^2 - 9y^2$
e) 2ay – 30by + 6ax – 90bx f) $4b^2 - 900c^2$
3. a) x(x + 1) b) 2x(x + 2) c) 2x(1 + 7x) + 3c(1 + 2c) d) a(1 + 4a) – 4b(b + 3)
4. a) $a^2 - 8ab + 16b^2$ b) $9x^2 + 4y^2 + 12xy$ c) $16c^2 - 25d^2$ d) $144a^2 - 72ab + 9b^2$
e) $9x^2 + 100y^2 + 60xy$ f) f) $0{,}0001x^2 - 0{,}004xy + 0{,}04y^2$

5. a) $9 + 12y + 4y^2$ b) $x^2 + y^2 + 2xy$ c) $9x^2 - 12xy + 4y^2$ d) $16x^2 + 25y^2 + 40xy$
e) $x^2 + 25 - 10x$

6. a) $(2x + 2y)^2$ b) $(3x + 3y)(3x - 3y)$ c) $(4x - 2y)^2$ d) $(2x + 3y)^2$

Seite 86 **1.** a) $8a^3$ b) $-6x^3$ c) $4x^2 + 12y^2$

2. a) $12a^5$ b) $72y^8$ c) $240c^{14}$ d) $180a^4b^4$ e) $32x^2y^2z^2$

3. a) $\frac{2}{3}a$ b) $5 \cdot \frac{y^2}{x^2}$ c) $-3x$ d) 2 e) $9x^4$

4. a) $3x^4$ b) $3x^4$ c) $9x^4$ d) $8x^{20}$ e) $375y^9$

Seite 87 **1.** a) 2^2 b) a c) x^{-1} d) 1 e) b^{-1} f) 1

2. a) $\frac{1}{9}$ b) $\frac{1}{a^3}$ c) $\frac{1}{b^7}$ d) $\frac{1}{x^4}$ e) $\frac{1}{x^4}$ f) x^4

3. a) 3^3 b) a c) $\frac{1}{c^2}$ d) $\frac{1}{a^4}$ e) $\frac{2x}{3}$ f) 1

Seite 88 **1.** a) $a^{1/2}$ b) $b^{1/4}$ c) $x^{2/3}$ d) $b^{3/4}$ e) $\sqrt[3]{a}$ f) $\sqrt[3]{y^2}$ g) $\sqrt[4]{(a+b)^3}$ h) $2\sqrt[4]{n}$

2. a) a b) b^2 c) $x^{3/2}$ d) $x^{7/6}$ e) x

Seite 89 a) $x = 3$ b) $4^x = 16 \Rightarrow x = 2$ c) $x = -1$

Seite 91 a) $\approx 3{,}79$ b) $\approx 6{,}903$ c) $0{,}2 \cdot \ln 100 \approx 0{,}92$ d) $4 \ln a$ e) $3 - (\lg a^2 - 1)$

Seite 93 a) $x = 1$ b) $36x = 72 \Rightarrow x = 2$ c) $10x = 50 \Rightarrow x = 5$

Seite 95 a) $x = 86 \wedge y = 21$ b) $x = 4{,}5 \wedge y = 4$ c) $x = 3 \wedge y = 2$ d) $x = -10 \wedge y = 6$

Seite 96 a) $x_1 = 4 \wedge x_2 = -4$ b) $x_1 = 3 \wedge x_2 = -3$ c) keine Lös. d) $4x^2 = 16 \Rightarrow x_1 = 2 \wedge x_2 = -2$
e) keine Lös. f) $x_1 = 2 \wedge x_2 = -2$

Seite 96 a) $x_1 = 0 \wedge x_2 = 6$ b) $x_1 = 0 \wedge x_2 = 0{,}5$ c) $x_1 = 0 \wedge x_2 = -8$
d) $x_1 = 0 \wedge x_2 = 5$ e) $x_1 = 0 \wedge x_2 = -5$

Seite 97 a) $x_1 = 2 \wedge x_2 = -4$ b) $x_1 = 2$ c) $x_1 = 3 \wedge x_2 = 2$
d) $x_1 = 2 \wedge x_2 = -1$ e) keine Lös. f) $x_1 = 2{,}5 \wedge x_2 = -0{,}5$

Seite 98 a) $x_1 = -2 \wedge x_2 = -4$ b) $x_1 = 4 \wedge x_2 = -5$; c) $x_1 = 5 \wedge x_2 = -1$;
d) $x_1 = 1{,}5 \wedge x_2 = -2$ e) $x_1 = 5 \wedge x_2 = 1$

Kapitel 4 (Funktionen)

Seite 102 **1.** a) $f(x) = 2 - 0{,}25x$, b) $D = \mathbb{R}$;
c) $f(-3) = 2{,}75$ $f(-0{,}5) = 2{,}125$, $f(0) = 2$, $f(2{,}5) = 1{,}375$, $f(8) = 0$

2. a) $2x-2$ b) $D = \mathbb{R}$, c)

x	−2	−1	0	1	2
f(x)	−6	−4	−2	0	2

Seite 106 a) P: $2 \cdot 1 + 1 = 3$; Q: $(-3) \cdot 2 + 1 = -5$; R: $2 \cdot 2{,}5 + 1 = 6$; S: $2 \cdot 3{,}5 + 1 = 8$; T: $2 \cdot (-1{,}5) + 1 = -2$
P und S liegen auf dem Graphen von f c) $f(-2) = -3$ d) $x_1 = 2{,}5$

Seite 109 **1.** a) $m = 1$ b) $m = \frac{2}{3}$ c) $m = -0{,}4$

2. a) $f(x) = 2x - 1$ b) $f(x) = 7x - 9$ c) $f(x) = -2x + 8$

Seite 110 a) $f(x) = 2x + 2$; $\tan\alpha = 2 \Rightarrow \alpha = 63{,}4^0$; b) $f(x) = 2x + 3$; $\tan\alpha = 2 \Rightarrow \alpha = 63{,}4^0$
c) $f(x) = -0{,}5x + 0{,}5$; $\tan\alpha = -0{,}5 \Rightarrow \alpha = 153{,}4^0$

Seite 112 a) f: $x_0 = 4$; $y_0 = 4$; g: $x_0 = 10$; $y_0 = -5$; Schnittpunkt von f und g: $S(6|-2)$
b) f: $x_0 = -4$; $y_0 = 1$; g: $x_0 = 0{,}5$; $y_0 = -1$; Schnittpunkt von f und g: $S(1{,}14|1{,}29$
c) f: $x_0 = -\frac{4}{3}$; $y_0 = -2$; g: $x_0 = -2{,}4$; $y_0 = 6$; Schnittpunkt von f und g: $S(-2|1)$
d) f: $x_0 = 10$; $y_0 = 100$; g: $x_0 = 10$; $y_0 = 200$; Schnittpunkt von f und g: $S(10|0)$

Seite 113 a) $2{,}5x + 15 = 3{,}5x \Rightarrow x = 15$ b) $G(x) = x - 15$; $G(15) = 0$ c) $G(20) = 20 - 15 = 5$ GE

Seite 115 a) $-0{,}75x + 10 = x + 5 \Rightarrow x = 2{,}86$; $M_{Gl}(2{,}86|7{,}86)$
b) $p_N(6) = 5{,}5$ c) $p_A(x) = 6 = x + 5 \Rightarrow x = 1$
d) $9 = -0{,}75x + 10 \Rightarrow x = 1{,}33 \wedge 9 = x + 5 \Rightarrow x = 4$; Überschuss: $4 - 1{,}33 = 2{,}66$ (ME)
e) $6 = -0{,}75x + 10 \Rightarrow x = 5{,}33 \wedge 6 = x + 5 \Rightarrow x = 1$; Überhang: $5{,}33 - 1 = 4{,}33$ (ME)

Seite 117 a) $f(x) = 0{,}1x$ (x Jahre) b) L = 100 (mm) c) $2\,000 = 0{,}1x \Rightarrow x = 20\,000$ (Jahre)

Seite 122 **1.** a) Np um 2 LE nach „rechts“ verschoben.
b) Np um 2 gestreckt und um 1LE nach „oben“ verschoben.
c) Np um 3 LE nach „links“ und um 1 LE nach „unten“ verschoben.
d) Np um 4 LE nach „rechts“ und um 6 LE nach „oben“ verschoben.

2. a) f(x): $S(2|-3)$; g(x): $S(-3|1)$
b) f(x): Np um 2 LE nach „rechts“ und um 3 LE nach unten verschoben.
$a = 1$; $b = -4$; $c = 1$
g(x): Np um 0,5 gestaucht und um 3 LE nach „links“ und um 1 LE nach „oben“ verschoben; $a = 0{,}5$; $b = 3$; $c = 5{,}5$

Seite 123 $f(x) = (x + 2)^2 - 12$; $S(-2|-12)$; $g(x) = (x + 3)^2 - 13$; $S(-3|-13)$;
$h(x) = 2(x-1)^2 + 4$; $S(1|4)$

Seite 127 **1.** a) 2 Nullstellen; b) 2 Nullstellen; c) 2 Nullstellen; d) keine Nullstellen;
e) keine Nullstellen; f) eine Nullstelle; g) eine Nullstelle; h) keine Nullstelle

2. a) $x_1 = 3 \wedge x_2 = -1$ b) $x_1 = 4 \wedge x_2 = -2$; c) $x_1 = -1 \wedge x_2 = -4$; d) keine Nullstelle

3. a) Schnittp. x-Achse: $x_1 \approx 1{,}82 \wedge x_2 \approx -0{,}82$; $y_0 = -4{,}5$ b) Scheitel: $S(0{,}5|-5{,}25)$

4. a) Scheitel: $S(-0{,}33|-5{,}33)$ b) Schnittp. y-Achse: $y_0 = -5$
c) Schnittp. x-Achse: $x_1 = 1 \wedge x_2 \approx -1{,}67$

Seite 128 a) $x_1 = 0 \wedge x_2 = 4$ b) $x_1 = 1 \wedge x_2 = -0{,}67$ c) $x_1 \approx -0{,}27 \wedge x_2 \approx -3{,}73$ d) $x_1 = 30 \wedge x_2 = 10$

Seite 131 a) $D_{ök}=[0; 20]$; $E(x) = -0{,}25x^2 + 5x$; Scheitel: <u>S(10 | 25)</u>
b) Gewinnschwelle: $x_1 = 0{,}6$; Gewinngrenze: $x_2 = 13{,}4$
c) $G(x) = -0{,}25x^2 + 3{,}5x - 2$; Scheitel: <u>S(7 | 10,25</u>)

Seite 131 a) P_3; P_4; P_5 b) <u>S(20 | 105)</u> c) 5% von 105 = 5,25; $5{,}25 = -0{,}25x^2+10x+5; \Rightarrow x = 39{,}97$

Seite 135 **1.** a) $n = 3$; $a_3 = 1$; $a_2 = -2$; $a_1 = -1$ $a_0 = -1$;
b) $n = 4$; $a_4 = 0{,}25$; $a_3 = 0$; $a_2 = -3$; $a_1 = 0$; $a_0=12$
c) $n = 4$; $a_4=-0{,}5$; $a_3 = -3$; $a_2=0$; $a_1=-5$; $a_0=2{,}5$

2. Beispiele 3. Grades: $f(x)=x^3-5x$; Beispiel 4. Grades: $f(x)=2x^4-3x^3+2x^2-1$

Seite 136 a) punktsymmetrisch; b) achsensymmetrisch; c) nicht symmetrisch
d) punktsymmetrisch e) nicht symmetrisch f) nicht symmetrisch

Seite 138 a) Strebt $x \to +\infty$, so strebt $f \to \infty$, strebt $x \to -\infty$, so strebt $f \to \infty$,
b) Strebt $x \to +\infty$, so strebt $f \to -\infty$, strebt $x \to -\infty$, so strebt $f \to \infty$,
c) Strebt $x \to +\infty$, so strebt $f \to \infty$, strebt $x \to -\infty$, so strebt $f \to -\infty$,
d) Strebt $x \to +\infty$, so strebt $f \to -\infty$, strebt $x \to -\infty$, so strebt $f \to \infty$,

Seite 141 a) $x_0 = 1$; $x_1 = 3$; $x_2 = -5$; b) $x_0=1$; $x_1 = -3$ $x_2 = -2$ c) $x_0=2$; $x_1 = -3$ $x_2 = -1$

Seite 142 a) $x_1 \approx 1{,}73$; $x_2 \approx -1{,}73$; b) $x_1 = 5{,}062$; $x_2 = -5{,}062$; c) $x_1 = 1$; $x_2 = -1$

Seite 145 **1.** $G(x) = -x^3 + 6x^2 + 13x - 18$;
$0 = 6x^2 - x^3 + 13x - 18$; durch Probieren: $x_0 = 1$ (Gewinnschwelle)
$(-x^3 + 6x^2 + 13x - 18) : (x - 1) = -x^2 + 5x + 18$
$0 = -x^2 + 5x + 18 \Rightarrow x_1 = 7{,}42$ (Gewinngrenze)

2. $V = (30 - 2h)^2 \cdot h = 900h - 120h^2 + 4h^3$; $D(V) = (0, 15)$ Größtes Volumen bei $h = 5$.

Kapitel 5 (Folgen, Reihen und Finanzmathematik)

Seite 149 **1.** a) <2, 5, 8, 11, 14, 17, 20,…>; b) <1, 0, –3, –8; –15, –24…>;
c) <10, 20, 40, 80, 160,320,…>; d) < 0, –0,25, –0,4; –0,5, –0,57; –0,625;…>
e) <2; 1, 0,89; 1; 1,28; 1,78;…>; f) <0,5; 2; 1,125; 1; 0,78125; 0,5625;…>;

2. a) $a_n=2n-1$, <…; 9; 11; 13;…> b) $a_n=\frac{n+1}{n}$; <...; 1,2; $\frac{7}{6}$; $\frac{8}{7}$;...>
c) $a_n=n^2+n$ <...30; 42; 56; ...>

Seite 152 **1.** a) <2; 1,5; 1; 0,5; 0, –0,5; –1, –1,5,…> b) $a_n = 2{,}5 - 0{,}5n$;
2. $a_n = 2n - 1$ **3.** nur a) b) und e) **4.** 500 : 3 = 166 (Zahlen)

Seite 154 **1.** $a_1 = 4$; $d = 4$; $n = |250:4| = 62$; $s_n = 31(4 + 248) = 31 \cdot 252 = 7\,812$
2.

	a)	b)	c)	d)	e)	f)
a_1	4	1	556	5	10	– 205
d	4	5	2	2	– 3	6
n	20	15	40	10	22	45
a_n	80	71	634	23	– 43	59
s_n	840	540	23 800	140	– 4 73	– 3 285

Seite 158 **1.** $a_n = 5 \cdot 3^{n-1}$; < 5; 15; 45; 135; …>; $a_{10} = 98\,415$; $a_{20} = 5\,811\,307\,335$

2. a) und b) sind geometrische Folgen

3. a) $a_n = 5 \cdot 2^{n-1}$; $a_8 = 640$ b) $a_n = 5 \cdot 1{,}25^{n-1}$; $a_{12} = 58{,}21$

4. $a_5 = 195{,}3125 = 31{,}25q^2 \Rightarrow q = 2{,}5$; $a_1 = 31{,}25/2{,}5^2 = 5$; $a_6 = 488{,}28$

5. a) $a_5 = 2\,560 = 10+(5-1)d \Rightarrow d = 637{,}50$; AF: < 10; 647,5; 1 285; 1 922,5; 2 560… >

b) $a_n = 2\,560 = 10 \cdot q^4 \Rightarrow q = 4$ GF: < 10; 40; 160; 640; 2 560…>

6. a) $a_n = 2 \cdot 4^{n-1}$; b) $2\,000 < 2 \cdot 4^{n-1} \Rightarrow n - 1 > \dfrac{\ln 1000}{\ln 4} \Rightarrow n = 6$

Seite 160 **1.** a) $a_n = 5 \cdot 3^{n-1}$; $a_{10} = 98\,415$ b) $a_n = 500 \cdot (-0{,}5)^{n-1}$; $a_{10} = -0{,}977$

c) $a_n = (-3)2^{n-1}$; $a_{10} = -1\,536$

2. $a_n = 6\,000 \cdot 0{,}5^{n-1}$; $a_5 = 375$; $a_{10} = 11{,}72$ b) $a_n = 6000\,(-0{,}5)^{n-1}$; $a_5 = 375$; $a_{10} = -11{,}7$

3. a) $32\,805 = 40\,500q^2 \Rightarrow q = 0{,}9$; $a_1 = 50\,000$; $a_{10} = 19\,371{,}02$;

4. $q = -0{,}8$; <…4,096; –3,2768, 2,62144; –2,097152,…> ; streben gegen null

5. a) $q = 0{,}75$; b) $a_1 = \dfrac{96}{2^5} = 3$; c) $-1{,}25 = -40 \cdot 0{,}5^{n-1} \Rightarrow n = \dfrac{\ln 0{,}03125}{\ln 0{,}5} + 1 = 6$

Seite 163 **1.**

	a)	b)	c)	d)	e)
a_1	0,001	10	2,5	25	0,01
q	3	2,5	2	1,5	5
n	8	9	10	4	12
a_n	2,187	15258,79	1280	84,375	488281,25
s_n	3,28	25424,648	2557,5	203,125	610351,56

2. $a_n = 120 \cdot 0{,}75^{n-1}$; $s_n = 120\dfrac{1-0{,}75^n}{0{,}25} = 480(1-0{,}75^n)$

3. $0{,}8^n < 0{,}001 \Leftrightarrow n > \dfrac{\ln 0{,}001}{\ln 0{,}8} = 30{,}95$; ab dem 31. Glied

$3 < 0{,}8\dfrac{1-0{,}8^n}{1-0{,}8} \Leftrightarrow 0{,}75 < 1 - 0{,}8^n \Rightarrow n > 6{,}2$ (also ab dem 7. Glied)

Seite 164 **4.** **A**:$12 \cdot 8 \cdot 14 = 1344$ €; **B**:$s_{14} = \dfrac{14}{2}(5+5+(14-1)15) = 1435$€; **C**:$s_{14} = 0{,}1\dfrac{1-2^{14}}{1-2} = 1638{,}40$€

5. a) $a_n = 1 \cdot 0{,}8^{n-1}$;$a_5 = 0{,}4096$ b) $0{,}10 < 0{,}8^{n-1} \Rightarrow n > 11{,}3$; nach 12 Sprüngen

c) $s_\infty = \dfrac{1}{1-0{,}8} = 5$m

6. a) $q = 3$; $3^{10} = 1 \cdot 3^{n-1} \Rightarrow n = 11$; $s_{11} = 1\dfrac{1-3^{11}}{1-3} = 88573{,}50$

b) $q = 0{,}75$; $\dfrac{2187}{1024} = 16 \cdot 0{,}75^{n-1} \Rightarrow n = 8$; $s_8 = 16\dfrac{1-0{,}75^8}{1-0{,}75} = 57{,}59$

c) $q = -0{,}5$; $0{,}375 = -24 \cdot (-0{,}5)^{n-1} \Rightarrow n = 7$; $s_7 = -24\dfrac{1-(-0{,}5)^7}{1-(-0{,}5)} = -16{,}125$

Seite 167 **1.** a) $K_5 = 23185{,}38$ € b) $K_{10} = 10\,880{,}72$ € c) $K_7 = 846{,}84$

2. $K_8 = 14\,774{,}55$ €; $K_8 = 10\,000 \cdot 1.1^8 = 21\,435{,}89$ €; $\Delta K = 6\,661{,}34$ €; $p \approx 45{,}09$

3. a) $K_{12} = 5000(1+\frac{4}{100\cdot 2})^{2\cdot 12} = 8\,042{,}19$ €; b) $K_{12} = 5\,000(1+\frac{4}{100})^{12} = 8\,005{,}16$ €

Seite 168 **1.** $n \approx 18$ Jahre **2.** $p \approx 5{,}9$ % **3.** $K_0 = 12\,465{,}62$ €

Seite 170 **1.**

	nachschüssig		vorschüssig
a)	3 000 · 15,02581 = 45 077,43	· 1,04 =	46 880,53
b)	2 500 · 24,49969 = 61 249,23	· 1,035 =	63 392,95
c)	1 200 · 11,02656 = 13 231,87	· 1,05 =	13 893,47

2. $K_8 = 5\,431{,}01$ **3.** $K_{19} = 23\,022{,}46$ **4.** $R = 2\,748{,}03$ **5.** $R = 600{,}00$

Seite 171 **1.** a) $K_0 = 20\,003{,}10$ €; b) $K_0 = 18\,347{,}48$ €; **2.** $K_0 = 7\,299{,}81$ €; **3.** $R = 6\,268{,}50$ €

Seite 172 **1.** a) $K_{10} = 23\,005{,}32$ € b) $K_{12} = 8\,860{,}98$ €
2. $R = 12\,094{,}01$ €, gerundet: 12 100,00 **3.** $R = 2\,462{,}00$ €

Seite 175 **1.** $T = 10\,000$ €; $Z_1 = 6\,000$ €; $A_1 = 16\,000$ €

2. a) $T = 2000$ €; $R_2 = 10\,000$ €; $R_3 = 8\,000$ €;
$Z_1 = 960$ €; $A_1 = 2\,960$ €; $Z_2 = 800$ €; $A_2 = 2\,800$ €;
b) $R_5 = 4\,000$ €; $Z_5 = 320$ €; $A_5 = 2\,320$ €; $R_6 = 2\,000$€ $Z_6 = 160$ €, $A_6 = 2\,160$ €
Gesamtzinslast = 3 360,00 € ; Gesamtannuität = 5 360,00 €

Seite 178 **1.** a) $A = 8\,950{,}38$ € ; $Z_1 = 3\,360$ €; $T_1 = 5\,590{,}38$ €; $R_5 = 53\,720{,}69$ €
b) $A = 6\,621{,}39$ € ; $Z_1 = 2\,750$ €; $T_1 = 3\,871{,}39$ €; $R_5 = 33608{,}13$€
c) $A = 13\,586{,}79$ € ; $Z_1 = 6\,000$ €; $T_1 = 7\,586{,}79$ €; $R_5 = 57232{,}56$€
2. a) $A = 2\,471{,}11$ €; b) $z_1 = 1\,440$ €; $T_1 = 1\,031{,}11$€ ; $R_6 = 16\,807{,}68$ €
c) Neues Kapitel: $K_0 = 16\,807{,}68$ €; $p = 7$; $n = 9$, $A = 2\,579{,}75$ €

Kapitel 6 (Einführung in die Differenzialrechnung)

Seite 184 **1.** a) $k(x) = 2{,}5 + \frac{8}{x}$; $k(50) = 2{,}67$; $k(100) = 2{,}58$; $k(1000) = 2{,}508$

b) $\lim\limits_{x\to\infty} 2{,}5 + \frac{8}{x} = 2{,}5$

2. a) $\lim\limits_{x\to\infty} \frac{30x - 20}{5x+5} = 6$ b) $\lim\limits_{x\to\infty} \frac{\frac{30x}{x^2} - \frac{20}{x^2}}{\frac{5x}{x^2} + \frac{5}{x^2}} = 0$

Seite 187 **1.** alle Funktionen haben den uneigentlichen Grenzwert ∞ bzw. $-\infty$.

2. a) $\lim\limits_{x\to\pm\infty} (x^4 - 2x^3) = \infty$ b) $\lim\limits_{x\to+\infty}(-4x^3 - 2x^2 + 2) = -\infty$

c) $\lim\limits_{x\to\infty}(-2x^3 + x^2) = -\infty$ und $\lim\limits_{x\to-\infty}(-2x^3 + x^2) = \infty$

3. a) $\lim\limits_{x\to\pm\infty} \dfrac{\frac{3x}{x^2}}{\frac{2}{x^2}-\frac{x^2}{x^2}} = \dfrac{0}{0-1} = 0$; b) $\lim\limits_{x\to\pm\infty} \dfrac{\frac{x^2}{x^2}+\frac{1}{x^2}}{\frac{1}{x^2}-\frac{x^2}{x^2}} = \dfrac{1+0}{0-1} = -1$;

c) $\lim\limits_{x\to+\infty} \dfrac{x-1}{1+0} = +\infty$; $\lim\limits_{x\to-\infty} \dfrac{x-1}{1+0} = -\infty$

d) $\lim\limits_{x\to\pm\infty} \dfrac{2}{x-2} = \dfrac{0}{1-0} = 0$;

Seite 190 **1.** a) $D(f) = \mathbb{R} \setminus \{0\}$ b) $D(f) = \mathbb{R} \setminus \{-2;2\}$ c) $D(f) = \mathbb{R}$

d) $D(f) = \mathbb{R} \setminus \{0;2\}$ e) $D(f)=\mathbb{R}\setminus\{2\}$

2. a) $D(f) = \mathbb{R}\setminus\{1\}$; $x = 0{,}9 \Rightarrow f(0{,}9) = -20$; $x = 1{,}1 \Rightarrow f(1{,}1) = 20$ (Pol mit VZW)

b) $D(f) = \mathbb{R} \setminus \{-2\}$; $x = -2{,}1 \Rightarrow f(-2{,}1) = 41$; $x = -1{,}9 \Rightarrow f(-1{,}9) = 39$ (Pol ohne VZW)

c) $D(f) = \mathbb{R} \setminus \{0\}$; $x = -0{,}1 \Rightarrow f(-0{,}1) = -110$; $x = 0{,}1 \Rightarrow f(0{,}1) = -90$ (Pol mit VZW)

Seite 193 **1.** a) $D(f) = \mathbb{R} \setminus \{0\} \wedge Z(0) = -1$; (Pol bei $x_0 = 0$)

b) $D(f) = \mathbb{R} \setminus \{2\} \wedge Z(2) = 0$; (Lücke bei $x_0=2$); $\dfrac{x^2-2x}{x-2} = \dfrac{x(x-2)}{x-2} = x$

stetige Fortsetzung: man setzt 2 für $x_0 = 2$

c) $D(f) = \mathbb{R} \setminus \{1\} \wedge Z(1) = 1$; (Pol bei $x_0 = 1$)

d) $D(f) = \mathbb{R} \setminus \{1\} \wedge Z(1) = 0$; (Lücke bei $x_0 = 1$); $\dfrac{x^2-1}{x-1} = \dfrac{(x+1)(x-1)}{x-1} = x+1$

stetige Fortsetzung: man setzt 2 für $x_0 = 1$

Seite 194 **2.** a) $R(x)=\begin{cases} 30x & 0 < x \le 50 \\ 24(x-50)+1500 & 50 < x \end{cases}$ $R(x)=\begin{cases} 30x & 0 < x \le 50 \\ 24x+300 & 50 < x \end{cases}$

b) $R(x)=\begin{cases} 30x & 0 < x \le 50 \\ 24x & 50 < x \end{cases}$

Seite 199 **1.** $(2;3)$: $\dfrac{K(3)-K(2)}{3-2} = \dfrac{50-36}{3-2} = 14$; $(2;5)$: $\dfrac{K(5)-K(2)}{5-2} = \dfrac{90-36}{5-2} = 18$

$(2;10)$: $\dfrac{K(10)-K(2)}{10-2} = \dfrac{260-36}{10-2} = 28$

$(2;2+h)$: $\dfrac{K(2+h)-K(2)}{2+h-2} = \dfrac{2(2+h)^2+4(2+h)+20-36}{h} = \dfrac{12h+2h^2}{h} = \underline{12+2h}$

$\lim\limits_{h\to 0}(12+2h) = 12$ (Differenzialquotient)

2. $K'(x)= \dfrac{(x_0+h)^2+2(x_0+h)+15-(x_0{}^2+2x_0+15)}{h} = \dfrac{2x_0h+h^2+2h}{h}$

$K'(x)=\lim\limits_{h\to 0}(2x_0+h+2) = \underline{2x_0+2}$; $K'(3) = 2\cdot 3+2 = \underline{8}$

Seite 200 **1.** a) $x_0=2$: $f'(x)=\dfrac{0{,}5(2+h)^2-(2+h)-0}{h}=\dfrac{2+2h+0{,}5h^2-2-h}{h}=1+0{,}5h$

$f'(x)=\lim\limits_{h\to 0}(1+0{,}5h)=\underline{1}$

$x_0=-2$: $f'(x)=\dfrac{0{,}5(-2+h)^2-(-2+h)-4}{h}=\dfrac{2-2h+0{,}5h^2+2-h-4}{h}=-3+0{,}5h$

$f'(x)=\lim\limits_{h\to 0}(-3+0{,}5h)=\underline{-3}$

b) $x_0=-1$: $f'(x)=\dfrac{2-(-1+h)^2-1}{h}=\dfrac{2-(1-2h+h^2)-1}{h}=2-h$

$f'(x)=\lim\limits_{h\to 0}(2-h)=\underline{2}$

$x_0=2$: $f'(x)=\dfrac{2-(2+h)^2+2}{h}=\dfrac{2-(4+4h+h^2)+2}{h}=-4-h$

$f'(x)=\lim\limits_{h\to 0}(-4-h)=\underline{-4}$

2. a) $x_0=3$: $f'(x)=\dfrac{2(3+h)^2-2-16}{h}=\dfrac{12h+2h^2}{h}=12+2h \Rightarrow$

$m=f'(x)=\lim\limits_{h\to 0}(12+2h)=\underline{12}$

Tangente durch $P(3|16)$: $\underline{t(x)=12x-20}$

b) $x_0=0$: $f'(x)=\dfrac{(0+h)^2-0{,}5(0+h)-0}{h}=\dfrac{h^2-0{,}5h}{h}=h-0{,}5\Rightarrow$

$m=f'(x)=\lim\limits_{h\to 0}(h-0{,}5)=\underline{-0{,}5}$;

Tangente durch$P(0|0)$: $\underline{t(x)=-0{,}5x}$

c) $x_0=-1$: $f'(x)=\dfrac{(-1+h)-(-1+h)^2+2}{h}=\dfrac{-h^2+3h}{h}=-h+3 \Rightarrow$

$m=f'(x)=\lim\limits_{h\to 0}(-h+3)=\underline{3}$;

Tangente durch $P(-1|-2)$: $\underline{t(x)=3x+1}$

Seite 201 **1.** a) $f'(x)=3-2x$; b) $m=f'(-1)=5$; $m=f'(0)=3$; $m=f'(2)=-1$

2. a) $f'(x)=2x-4$; $x_0=1{,}5$: $m=f'(1{,}5)=-1$

b) $-3{,}75=-1\cdot 1{,}5+b \Rightarrow b=-2{,}25$ $\underline{t(x)=-x-2{,}25}$

Seite 202 a) $f'(x)=5x^4$ b) $f'(x)=7x^6$ c) $f'(x)=9x^8$ d) $f'(x)=mx^{m-1}$
e) $f'(x)=(k+1)x^k$ f) $f'(x)=2mx^{2m-1}$ g) $f'(x)=(n-1)x^{n-2}$
h) $f'(x)=(2n+4)x^{2x+3}$ i) $f'(x)=(3k-2)x^{3k-3}$ j) $f'(x)=(m+n)x^{m+n-1}$

Seite 203 a) $f'(x)=12x^3$ b) $f'(x)=20x^4$ c) $f'(x)=6x^2$ d) $f'(x)=42x^6$
e) $f'(x)=15x^4$ f) $f'(x)=20x^9$ g) $f'(x)=-4x^3$ h) $f'(x)=1{,}5x^2$
i) $f'(x)=-17{,}5x^4$ j) $f'(x)=-14x^6$ k) $f'(x)=3mx^{m-1}$ l) $f'(x)=8(k-1)x^{k--2}$
m) $f'(x)=2mx$ n) $f'(x)=k(k-2)x^{k-3}$ o) $f'(x)=t(m-n)x^{m--n--1}$

Seite 204 **1.** a) $f'(x) = 6x - 0{,}5$ b) $f'(x) = 50x - 4x^3$ c) $f'(x) = 3x^2 - 28x^3 + 30$
d) $f'(x) = 0{,}3x^2 - 6x + 4$ e) $f'(x) = -2x - 15x^2$ f) $f'(x) = -6x^2 + 16x^3 + 5x^4$

2. a) $f'(x) = 14x^6 - 15x^4 + 3x^2 - 4$ b) $f'(x) = -12x^3 + 4x$ c) $f'(x) = 6x^2 - 36x^3 - 3$
d) $f'(x) = 5x^4 - 3x^2$ e) $f'(x) = 3x^2 - 4x$ f) $f'(x) = 6x^2 + 25x^4 - 8x^3 - 30x$

Seite 205 **1.** a) $f'(x) = \frac{-3}{x^2}$ b) $f'(x) = \frac{4}{x^2}$ c) $f'(x) = \frac{-4}{x^5}$ d) $f'(x) = \frac{20}{x^5}$ e) $f'(x) = \frac{-40}{x^9}$
f) $f'(x) = \frac{-2}{x^2} - \frac{-6}{x^3}$ g) $f'(x) = \frac{-12}{x^4} + \frac{15}{x^6}$ h) $f'(x) = \frac{-9}{x^4} + \frac{6}{x^7}$ i) $f'(x) = \frac{12}{x^4} - \frac{16}{x^3}$

2. a) $f'(x) = -2x^{-2}$ b) $f'(x) = -5x^{-6}$ c) $f'(x) = -8x^{-3}$ d) $f'(x) = -56x^{-8}$ e) $f'(x) = 6x^{-3}$
f) $f'(x) = -20x^{-6}$ g) $f'(x) = 2x^{-3}$ h) $f'(x) = -x^{-6}$ i) $f'(x) = 10x^{-5}$ j) $f'(x) = -15x^{-4}$

Seite 206 **1.** a) $f'''(x) = 48x - 18$ b) $f'''(x) = 24 + 600x^3$ c) $f'''(x) = -24x$
d) $f'''(x) = 180x^2 + 48x$ e) $f'''(x) = 48x$ f) $f'''(x) = 6$

2. a) $f''(x) = \frac{4}{x^3}$ b) $f''(x) = \frac{-18}{x^4}$ c) $f''(x) = \frac{-6}{x^4}$ d) $f''(x) = \frac{-12}{x^5}$ e) $f''(x) = \frac{90}{x^7}$
f) $f''(x) = \frac{24}{x^5}$ g) $f''(x) = \frac{-6}{x^3}$ h) $f''(x) = \frac{24}{5x^5}$ i) $f''(x) = -\frac{12}{x^4}$ j) $f''(x) = \frac{48}{x^5}$

Kapitel 7 (Kurvenuntersuchungen ganzrationaler Funktionen)

Seite 213 **1.** a) $f'(x) = 2x - 1;\ 0 = 2x - 1 \Rightarrow x = 0{,}5;\ f''(x) = 2 > 0;$ Tiefpunkt; $S(0{,}5 \mid 5{,}75);$
b) $f'(x) = -2x - 3 \Rightarrow x = -1{,}5;\ f''(x) = -2 < 0;$ Hochpunkt; $S(-1{,}5 \mid 6{,}25);$
c) $f'x) = 2x + 1 \Rightarrow x = -0{,}5;\ f''(x) = 2 > 0;$ Tiefpunkt; $S(-0{,}5 \mid -6{,}25);$
d) $f'(x) = x - 3{,}5 \Rightarrow x = 3{,}5;\ f''(x) = 1 > 0;$ Tiefpunkt; $S(3{,}5 \mid -1{,}125);$
e) $f'(x) = -x - 4 \Rightarrow x = -4;\ f''(x) = -1 < 0;$ Hochpunkt; $S(-4 \mid 0{,}5);$
f) $f'(x) = 4x + 6 \Rightarrow x = -1{,}5;\ f''(x) = 4 > 0;$ Tiefpunkt $S(-1{,}5 \mid -12{,}5);$

2. a) $f'(x) = -1{,}5x^2 + 6x + 18 = 0$ (lösbar, waagerechte Tangente), $x_1 = -2;\ x_2 = 6$
b) $f'(x) = 3x^2 + 3 \neq 0$ (keine waagerechte Tangente)
c) $f'(x) = 6x^2 - 12x = 0$ (lösbar, waagerechte Tangente), $x_1 = 0;\ x_2 = 2$
d) $f'(x) = 3x^2 + 3x + 3 \neq 0$ (keine waagerechte Tangente)
e) $f'(x) = 2x^3 - 2x = 0$ (lösbar, waagerechte Tangente), $x_{1,} = 0;\ x_2 = -1;\ x_3 = 1$
f) $f'(x) = 6x^2 - 12x + 6 = 0$ (lösbar, waagerechte Tangente), $x = 1$ (Sattel)

3. a) $f'(x) = 0 = 3x^2 + 2x - 4 \Rightarrow x_1 \approx 0{,}87 \wedge x_2 \approx -1{,}54;$
$f''(x) = 6x + 2;\ f''(0{,}87) = 7{,}2 > 0 \Rightarrow$ Tiefpunkt in $P(0{,}87 \mid -3{,}1)$
$f''(-1{,}54) = -7{,}18 < 0 \Rightarrow$ Hochpunkt in $P(-1{,}54 \mid 3{,}88)$
b) $f'(x) = 0 = -3x^2 - 4x + 3 \Rightarrow x_1 \approx 0{,}54 \wedge x_2 \approx -1{,}87$
$f''(x) = -6x - 4;\ f''(0{,}53) = -7{,}18 < 0 \Rightarrow$ Hochpunkt in $P(0{,}53 \mid 2{,}88)$
$f''(-2{,}12) = 8{,}71 > 0 \Rightarrow$ Tiefpunkt in $P(-2{,}12 \mid -4{,}06)$
c) $f'(x) = 0 = 3x^2 + 0{,}5 \Rightarrow x = \sqrt{-0{,}167}$; keine Lösung
Graph von f hat keinen Hoch- und keinen Tiefpunkt
d) $f'(x) = 0 = 1{,}5x^2 + 1{,}2x - 1 \Rightarrow x_1 \approx 0{,}51 \wedge x_2 \approx -1{,}31$
$f''(x) = 3x + 1{,}2;\ f''(0{,}51) = 5{,}73 > 0 \Rightarrow$ Tiefpunkt in $P(0{,}51 \mid -0{,}29)$
$f''(-1{,}31) = -2{,}73 < 0 \Rightarrow$ Hochpunkt in $P(-1{,}31 \mid 1{,}22)$

e) $f'(x) = 0 = 1{,}5x^2 - 3x \Rightarrow x_1 = 0 \wedge x_2 = 2$
$f''(x) = 3x - 3;\ f''(0) = -3 < 0 \Rightarrow$ Hochpunkt in $P(0|4)$
$f''(2) = 3 > 0; \Rightarrow$ Tiefpunkt in $P(2|2)$

f) $f'(x) = 0 = 2x^3 - 4x \Rightarrow x_1 = 0 \wedge x_2 = \sqrt{2} \wedge x_3 = -\sqrt{2}$;
$f''(x) = 6x^2 - 4;\ f''(0) = -4 < 0 \Rightarrow$ Hochpunkt in $P(0|1{,}5)$
$f''(\sqrt{2}) = 8 > 0; \Rightarrow$ Tiefpunkt in $P(\sqrt{2}|-0{,}5)$;
$f''(-\sqrt{2}) = 8 > 0 \Rightarrow$ Tiefpunkt in $P(-\sqrt{2}|-0{,}5)$

g) $f'(x) = 3x^2 + 2x + 1 \neq 0 \Rightarrow$ Keine Extrema vorhanden.

h) $f'(x) = 0 = 1{,}5x^2 - 3 \Rightarrow x_1 = \sqrt{2} \wedge x_2 = -\sqrt{2}$;
$f''(x) = 3x;\quad f''(\sqrt{2}) = 3\sqrt{2} > 0 \Rightarrow$ Tiefpunkt in $P(\sqrt{2}|-2{,}83)$
$f''(-\sqrt{2}) = -3\sqrt{2} < 0 \Rightarrow$ Hochpunkt in $P(-\sqrt{2}|2{,}83)$

i) $f'(x) = 0 = 3x^2 - 2x \Rightarrow x_1 = 0 \wedge x_2 = 0{,}67$;
$f''(x) = 6x - 2;\ f''(0) = -2 < 0 \Rightarrow$ Hochpunkt in $P(0|2)$
$f''(0{,}67) = 2{,}02 > 0 \Rightarrow$ Tiefpunkt in $P(0{,}67|1{,}85)$

j) $f'(x) = 0 = 8x^3 - 8x \Rightarrow x_1 = 0 \wedge x_2 = -1 \wedge x_3 = 1$
$f''(x) = 24x^2 - 8;\ f''(0) = -8 < 0 \Rightarrow$ Hochpunkt in $P(0|0)$
$f''(-1) = 16 > 0 \Rightarrow$ Tiefpunkt in $P(-1|-2)$
$f''(1) = 16 > 0 \Rightarrow$ Tiefpunkt in $P(1|-2)$

k) $f'(x) = 0 = 3x^2 - 6x + 3 \Rightarrow x_1 = 1$
$f''(x) = 6x - 6;\ f''(1) = 0 \Rightarrow$ Sattelpunkt in $P(1|0)$

l) $f'(x) = 0 = 0{,}5x^3 - 2x^2 + 2x \Rightarrow x_1 = 0 \wedge x_2 = 2$
$f''(x) = 1{,}5x^2 - 4x + 2;\ f''(0) = 2 > 0 \Rightarrow$ Tiefpunkt in $P(0|0)$
$f''(2) = 0 \Rightarrow$ Sattelpunkt in $P(2|0{,}67)$

Seite 216 **1.** a) $f'(x) = 0 = x^2 + x - 2 \Rightarrow x_1 = 1 \wedge x_2 = -2$
$I_1: -\infty < x < -2;\ f'(-3) = 4;\ 4 > 0$, f ist monoton steigend
$I_2: -2 < x < 1;\ f'(0) = -2;\ -2 < 0$, f ist monoton fallend
$I_3: 1 < x < \infty;\ f'(2) = 4;\ 4 > 0$, f ist monoton steigend
$h'(x) = 0 = 3x^2 + 2{,}5$ (keine Lös.);
$I_1 = -\infty < x < \infty;\ f'(0) = 2{,}5;\ 2{,}5 > 0$, h ist in $\mathbb{R}$ monoton steigend

2. a) $f'(x) = 0{,}5x^2$, da $f'(x) > 0$ für alle $x \in \mathbb{R}$, ist f monoton steigend
b) $f'(x) = 1{,}33x^3$, $I_1: -\infty < x < 0;\ f'(x) < 0$; f ist monoton fallend
$I_2: 0 < x < \infty;\ f'(x) > 0$; f ist monoton steigend
c) $f'(x) = -x^2 - 1$; da $f'(x) < 0$ für alle $x \in \mathbb{R}$, ist f monoton fallend
d) $f'(x) = 0 = -0{,}75x^2 + x \Rightarrow x_1 = 0 \wedge x_2 = 1{,}33$
$I_1: -\infty < x < 0;\ f'(-1) < 0$; f ist monoton fallend
$I_2: 0 < x < 1{,}33;\ f'(1) > 0$; f ist monoton steigend
$I_3: 1{,}33 < x < \infty;\ f'(2) = -1 < 0$, f ist monoton fallend

3. a) $f'(x) = 0 = 6x^2 - 6 \Rightarrow x_1 = 1 \wedge x_2 = -1$
$I_1: -\infty < x < -1;\ f'(-2) > 0$; f ist monoton steigend
$I_2: -1 < x < 1;\ f'(0) < 0$; f ist monoton fallend
$I_3: 1 < x < \infty;\ f'(2) > 0$, f ist monoton steigend

b) $f'(x) = 0 = -8x^3 + 6x^2 \Rightarrow x = 0 \wedge x = 0{,}75$
I_1: $-\infty < x < 0$; $f'(-1) > 0$; f ist monoton steigend
I_2: $0 < x < 0{,}75$; $f'(0{,}5) > 0$, f ist monoton steigend
I_3: $0{,}75 < x < \infty$; $f'(2) < 0$, f ist monoton fallend

c) $f'(x) = 0 = 1{,}5x^2 - 2x - 2 \Rightarrow x = 2 \wedge x = -0{,}67$
I_1: $-\infty < x < -067$; $f'(-1) > 0$; f ist monoton steigend
I_2: $-0{,}67 < x < 2$; $f'(1) < 0$; f ist monoton fallend
I_3: $2 < x < \infty$; $f'(3) > 0$, f ist monoton steigend

Seite 220 1. a) $f''(x) = 0 = -6x^2 + 6 \Rightarrow x_1 = 1 \wedge x_2 = -1$ $P_{W\,1,2}(\pm 1|0)$
b) $f''(x) = 0 = 0{,}75x \Rightarrow x_1 = 0$ $P_W(0|0)$
c) $f''(x) = 0 = -12x^2 + 32$;
$0 = x^2 - 2{,}67 \Rightarrow x_1 = -1{,}63 \wedge x_2 = 1{,}63$
$P_{W1}(-1{,}63|27{,}4)$; $P_{w2}(1{,}63|43{,}7)$
d) $f''(x) = 0 = 20x^3 - 12x \Rightarrow x_1 = 0 \wedge x_2 = 0{,}77 \wedge x_3 = -0{,}77$;
$P_{W1}(0|0)$; $P_{w2}(0{,}77|0{,}89)$; $P_{w3}(-0{,}77|-0{,}89)$
e) $f''(x) = 0 = 3x - 2 \Rightarrow x_1 = 0{,}67$; $P_W(0{,}67|2{,}36)$
f) $f''(x) = 0 = 6x \Rightarrow x_1 = 0$; $P_W(0|-4)$
g) $f''(x) = 0 = 6x \Rightarrow x_1 = 0$; $P_w(0|0)$
h) $f''(x) = 0 = -36x^2 - 48x - 12$; $\Rightarrow x_1 = 1 \wedge x_2 = 0{,}33$; $P_W(1|-1)$; $P_w(0{,}33|-0{,}4)$
i) $f''(x) = 0 = 6x - 6 \Rightarrow x_1 = 1$; $P_W(1|0)$

2. $f(x) = 0{,}25x^4 - 2x$; $f'(x)=x^3-2$; $f''(x) = 3x^2$; $f'''(x) = 6x$;
$f''(0) = f'''(0) = 0$, $\Rightarrow$ keine Wendepunkte

3. $f(x) = 2x^3 - 6x^2 + kx$; $f'(x) = 6x^2 - 12x + k$; $\underline{f''(x) = 0 = 12x - 12}$ $\Rightarrow x = 1$

Seite 222 a) $f''(x) = 0 = 12x + 8 \Rightarrow x = -0{,}67$; $P_W(-0{,}67|6{,}85)$
$g''(x) = 0 = -6x + 4 \Rightarrow x = 0{,}67$; $P_W(0{,}67|4{,}59)$
$h''(x) = 0 = 12x^2 + 1 \Rightarrow$ nicht erfüllt, keine Wendepunkte

b) f: I_1: $-\infty < x < -0{,}67$; $f''(-1) < 0$; f ist rechts gekrümmt
I_2: $-0{,}67 < x < \infty$; $f''(1) > 0$; f ist links gekrümmt
g: I_1: $-\infty < x < 0{,}67$; $g''(0) > 0$; f ist links gekrümmt
I_2: $0{,}67 < x < \infty$; $g''(1) < 0$; f ist rechts gekrümmt
h: I_1: $-\infty < x < -\infty$, $h''(0) > 0$; f ist links gekrümmt

Seite 226

a) $f(x) = 0{,}5x^3 - 2x^2$

Symmetrie
Es liegt weder Achsen- noch Punktsymmetrie vor, da gerade und ungerade Exponenten auftreten.

Verhalten für $x \to \infty$ bzw. $x \to -\infty$
Wegen n ungerade gilt:
$x \to \infty \Rightarrow f(x) \to \infty$; $x \to -\infty \Rightarrow f(x) \to -\infty$

Wendepunkt
$f''(x) = 0 = 3x - 4 \Rightarrow x_4 = 1{,}33$
$f'''(1) = 6$; $6 \neq 0$; $P_W(1{,}33|-2{,}37)$

Nullstellen
$0 = x^2(0{,}5x - 2) \Rightarrow x_1 = 0$ (Berührstelle);
$0{,}5x - 2 = 0 \quad \Rightarrow x_2 = 4$

Extrempunkte (Extrema)
$f'(x) = 0 = 1{,}5x^2 - 4x \Rightarrow x(1{,}5x-4) \Rightarrow x_1 = 0$
und $0 = 1{,}5x - 4 \quad \Rightarrow x_2 = 2{,}67$
$f''(x) = 3x - 4$; Hochpunkt in H (0|0)
Tiefpunkt in T(2,67|– 4,74)

Graph

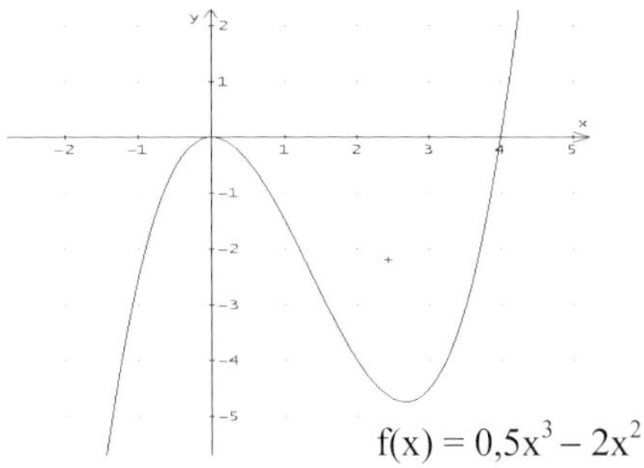

b) $f(x) = x^3 - 3x^2 + 4$
Symmetrie
Es liegt weder Achsen- noch Punktsymmetrie vor, da gerade und ungerade Exponenten auftreten.

Verhalten für $x \to \infty$ bzw. $x \to -\infty$
Wegen n ungerade gilt:
$x \to \infty \Rightarrow f(x) \to \infty \;;\; x \to -\infty \Rightarrow f(x) \to -\infty$

Nullstellen
Durch Probieren: $x_1 = -1$.
Polynomdivision: $(x^3 - 3x^2 + 4) : (x+1) = x^2 - 4x + 4$
$x^2 - 4x + 4 = 0 \Rightarrow x_2 = 2$ (Berührstelle)

Extrempunkte (Extrema)
$f'(x) = 0 = 3x^2 - 6x = x(3x - 6) \Rightarrow x_1 = 0$
und $0 = 3x - 6 \Rightarrow x_2 = 2$
$f''(x) = 6x - 6$; H (0|4); T(2|0)

Wendepunkt
$f''(x) = 0 = 6x - 6 \Rightarrow x_4 = 1$
$f'''(1) = -6$; $-6 \neq 0$; Wendepunkt in $P_W(1|2)$

Graph

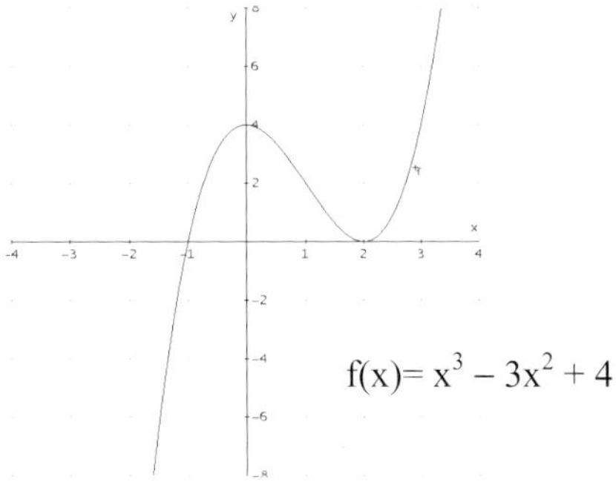

c) $f(x) = -x^3 + 5x + 4$
Symmetrie
Es liegt Punktsymmetrie um Punkt P(0|4) vor, da nur ungerade Exponenten plus Konstante 4 auftreten.

Verhalten für $x \to \infty$ bzw. $x \to -\infty$
Wegen $-x^3$ gilt:
$x \to \infty \Rightarrow f(x) \to -\infty \;;\; x \to -\infty \Rightarrow f(x) \to \infty$

Nullstellen
Durch Probieren: $x_1 = -1$.
Polynomdivision: $(-x^3 + 5x + 4) : (x+1) = -x^2 + x + 4$
$0 = x^2 - x - 4$; $x_2 \approx 2{,}56 \wedge x_3 \approx -1{,}56$

Extrempunkte (Extrema)
$f'(x) = 0 = -3x^2 + 5 \Rightarrow x_1 \approx 1{,}3 \wedge x_2 \approx -1{,}3$
$f''(x) = -6x$; H (1,3|8,3); T (–1,3|–0,303)

Wendepunkt
$f''(x) = 0 = -6x \Rightarrow x = 0$
$f'''(1) = -6$; $-6 \neq 0$; Wendepunkt in $P_W(0|4)$

Graph

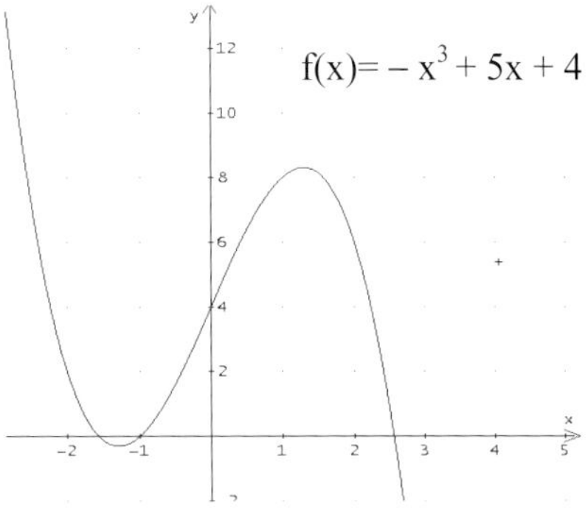

d) $f(x) = 2x^4 - 6x^2$

Symmetrie

Es liegt Achsensymmetrie vor, da nur gerade Exponenten plus Konstante auftreten.

Verhalten für $x \to \infty$ bzw. $x \to \infty$

Wegen n gerade gilt:

$x \to \infty \Rightarrow f(x) \to \infty$; $x \to -\infty \Rightarrow f(x) \to \infty$

Nullstellen

$0 = 2x^2 (x^2 - 3)$

$\Rightarrow x_1 = 0 \wedge x_2 \approx -1{,}73 \wedge x_3 \approx 1{,}73$

Extrempunkte (Extrema)

$f'(x) = 0 = 8x^3 - 12x$

$\Rightarrow x_1 = 0 \wedge x_2 \approx -1{,}22 \wedge x_6 \approx 1{,}22$

$f''(x) = 24x^2 - 12;$

$f''(0) = -12; -12 < 0;$

$H(0|0)$; $T(-1{,}22| -4{,}5)$; $T(-1{,}22|-4{,}5)$

Wendepunkt

$f''(x) = 0 = 24x^2 - 12 \Rightarrow x_1 = -0{,}71 \wedge x_2 = 0{,}7$

Wendepunkt in

$P_W(-0{,}71|-2{,}51) \wedge P_W = (0{,}71|-2{,}51)$

Graph

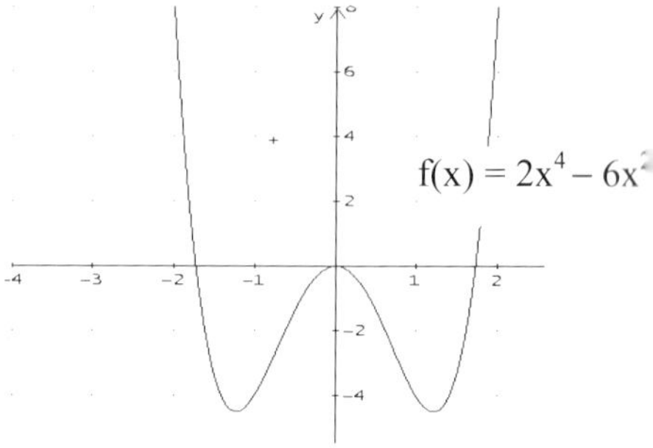

Seite 229 1. a) $f(x) = x^2 - 2x + 5$ b) $f(x) = x^2 + x - 6$

2. a) $f(x) = -3x^3 + 6x^2$ b) $f(x) = x^3 - 2x^2 - 8x$

Seite 234 1. a) $G(x) = -2x^3 + 15x^2 - 12x - 20$

$0 = -2x^3 + 15x^2 - 12x - 20;$

$x_1 = 2$ durch Probieren, (= Gewinnschwelle)

$(-2x^3 + 15x^2 - 12x - 20):(x-2) = -2x^2 + 11x + 10;$

$0 = -2x^2 + 11x + 10$

$\Rightarrow x_2 = 6{,}29$ (Gewinngrenze)

$G'(x) = 0 = -6x^2 + 30x - 12$

$\Rightarrow x_{max} = 4{,}56$; $G_{max} = 47{,}55$ (GE)

b) $k(x) = 2x^2 - 15x + 48 + \frac{20}{x}$;

$k_v(x) = 2x^2 - 15x + 48$

$K'(x) = 6x^2 - 30x + 48$

$k_v'(x) = 0 = 4x - 15 \quad \Rightarrow x = 3{,}75$

$K''(x) = 0 = 12x - 30 \quad \Rightarrow x = 2{,}5$; $T(2{,}5|10{,}5)$.

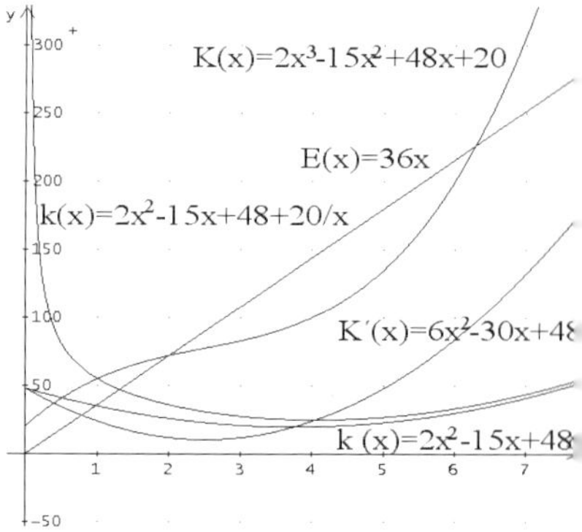

2. a) $G(x) = -x^3 + 6x^2 + 2x - 20$

$0 = -x^3 + 6x^2 + 2x - 20$; $x_1 = 2$ durch Probieren, (= Gewinnschwelle)

$(-x^3 + 6x^2 + 2x - 20) : (x-2) = -x^2 + 4x + 10;$

$0 = -x^2 + 4x + 10 \Rightarrow x_2 = 5{,}74$ (= Gewinngrenze)

$G'(x) = 0 = -3x^2 + 12x + 2; \quad \Rightarrow x_{max} = 4{,}16$; $G_{max} = 20{,}16$ (GE)

b) $G(x) = -x^3 + 6x^2 - 5x - 20;$

$G'(x) = 0 = -3x^2 + 12x - 5$; $0 = x^2 - 4x + 1{,}67 \Rightarrow x = 3{,}53$; $G(3{,}53) = -6{,}87$ (Verlust)

c) $K'(x) = 3x^2 - 12x + 13$;
$K''(x) = 0 = 6x - 12 \Rightarrow x = 2$
(= Minimum der Grenzkosten)

Seite 236 b)

$$\begin{aligned} \text{I. } 22 &= 8a_3 + 4a_2 + 2a_1 + 17 \\ \text{II. } 27 &= 216a_3 + 36a_2 + 6a_1 + 17 \\ \text{III. } 18 &= 1\,000a_3 + 100_2 + 10a_1 + 17 \end{aligned}$$

$$f(x) = -\frac{11}{480}x^3 - \frac{1}{40}x^2 + \frac{317}{120}x + 17$$

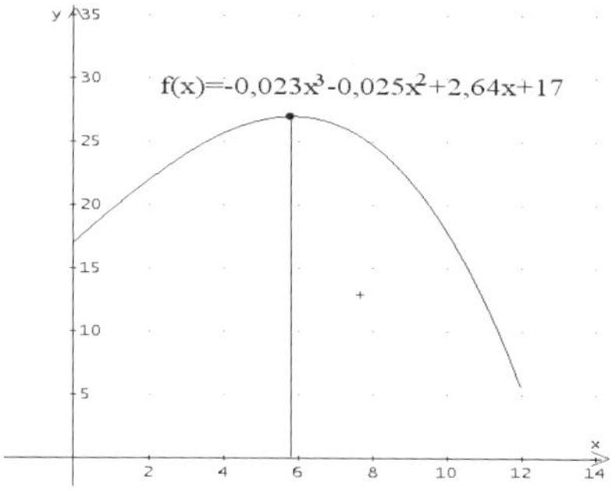

c) $f'(x) = 0 = -0{,}069x^2 - 0{,}05x + 2{,}64$
$\Rightarrow x \approx 5{,}85$ Std. (entspricht 13:51 Uhr)
$f(5{,}85) = 10{,}01$ (entspricht 27,01 Grad)

d) Die erhaltene mathematische Funktion basiert nur auf den verwendeten empirischen Wertepaaren. Die tatsächlichen Zwischenwerte können durchaus geringfügig abweichen. Je nach Wahl der Wertepaare ergeben sich andere Funktionen, deren Hochpunkte angenähert gleich liegen.

Kapitel 8 (Integralrechnung)

Seite 242 **1.** a) $F(x) = x^2 + C$ b) $F(x) = \frac{1}{6}x^2 + C$ c) $F(x) = 3x^2 + C$ d) $F(x) = 4x^2 + C$
e) $F(x) = 5x + C$ f) $F(x) = 0 + C$ g) $F(x) = x^3 + C$ h) $F(x) = x^5 + C$
i) $F(x) = 0{,}333x^6 + C$ j) $F(x) = 0{,}5x^6 + C$ k) $F(x) = 0{,}125x^4 + C$ l) $F(x) = 0{,}167x^4 + C$

2. a) $F(x)=\frac{-1}{2x^2}+C$ b) $F(x)=\frac{-2}{3x^3}+C$ c) $F(x)=\frac{-4}{3x}+C$ d) $F(x)=\frac{3}{4x^4}+C$ e) $F(x)=\frac{1}{x}+C$

3. a) $F(x) = 0{,}5ax^2 + C$ b) $F(x) = \frac{1}{2b}x^2 + C$ c) $F(x) = 2{,}5ax^2 + C$ d) $F(x) = kx^2 + C$
e) $F(x) = tx + C$ f) $F(x)= \frac{1}{3}tx^3 + C$ g) $F(x) = x^{n+1} + C$ h) $F(x)=x^n+C$
i) $F(x)=\frac{b}{2n+1}x^{2n+1}+C$ j) $F(x)=\frac{1}{2n+1}x^{2n+2}+C$ k) $F(x)=\frac{1}{n^2}x^n+C$

Seite 243 **1.** a) $F(x)=x^3-0{,}5x^2+C$ b) $F(x)= 0{,}11x^3-x^2+x+C$ c) $F(x)=x^6+x^4-6x+C$
d) $F(x)=0{,}2x^5-0{,}67x^3+x+C$ e) $F(x)1{,}25x^4-x^3+0{,}5x^2 + C$
f) $F(x)= 0{,}125x^4-1{,}33x^3+4x^2+4x+C$

2. a) $F(x)=0{,}33x^3+0{,}25x^4-4x+C$ b) $F(x)=x^3-3x^2+4x+C$ c) $F(x)=x^2+\frac{4}{3x^3}+C$
d) $F(x)= \frac{3}{x}-1{,}33x^3+10x+C$

Seite 250 **1.** a) $F(x) = \left[0{,}33x^3\right]_0^2 = 2{,}67$ (ja) b) $F(x)=\left[0{,}167x^3\right]_{-1}^2 = 1{,}33 + 0{,}167 = 1{,}5$ (ja)
c) $F(x)=\left[0{,}25x^4\right]_{-3}^3 = 20{,}25 - 20{,}25 = 0$ (nein);

d) $F(x) = \left[0{,}33x^3 + 2x\right]_2^3 = 15 - 6{,}67 = 8{,}33$ (ja)

e) $F(x) = \left[4x - 0{,}33x^3\right]_{-1}^3 = 3 + 3{,}67 = 6{,}67$ (nein)

2. a) Bestimmtes Integral:

$F(4) - F(0) = \left[0{,}33x^3 - 0{,}5x^2\right]_0^4 = 13{,}33$

Die Gesamtfläche ergibt aber:

$A(x) = \left[0{,}33x^3 - 0{,}5x^2\right]_1^4$

$+ \left| \left[0{,}33x^3 - 0{,}5x^2\right]_0^1 \right|$

$= 13{,}5 + 0{,}167 = 13{,}667$

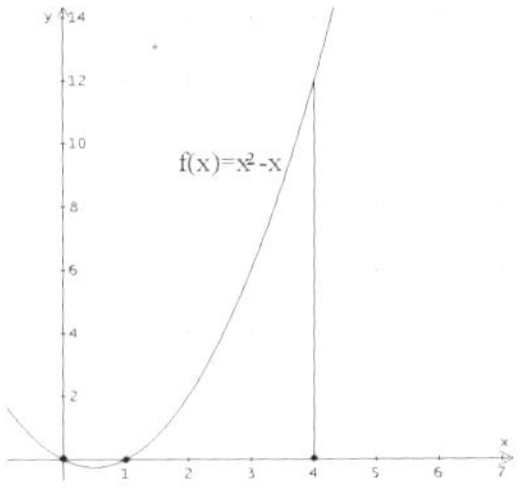

b) Bestimmtes Integral:

$F(4) - F(1) = \left[0{,}0625x^4 - 0{,}25x^3 + 0{,}5x^2 - 3x\right]_1^4 = -1{,}31;$

Fläche:

Beachte den Vorzeichenwechsel (= Nullstelle bei $x_1 = 3$)

$A(x) = \left[0{,}0625x^4 - 0{,}25x^3 + 0{,}5x^2 - 3x\right]_3^4 + \left| \left[0{,}0625x^4 - 0{,}25x^3 + 0{,}5x^2 - 3x\right]_1^3 \right|$

$= 2{,}19 + 3{,}5 = 5{,}69$

c) $F(2) - F(1) = \left[\frac{-1}{x} - 0{,}33x^3\right]_1^2 = -1{,}83;$ Fläche: $A(x) = \left| \left[\frac{-x^3}{3} - \frac{1}{x}\right]_1^2 \right| = 1{,}83$

Seite 252 **1.** a) b) Beide Gleichungen sind richtig.

2. a) $\int_0^6 0{,}5x^2 dx = 36$ b) $\int_1^5 0{,}25x^2 dx = 10{,}33$

c) $\int_0^4 2x^2 dx + \int_0^{-3} 2x^2 dx - \int_6^4 2x^2 dx = 162$ d) $\int_{-2}^1 x^3 dx + \int_{-1}^1 x^3 - \int_3^1 x^3 dx = 16{,}25$

3. Nach Umformung ergibt sich die gültige Gleichung: $\int_{-1}^2 3x2 + \int_2^3 3x2 + \int_3^5 3x2 = \int_{-1}^5 3x2$

Seite 254 **1.** a) A = 15 b) A = 18 c) A = 162 d) A = 16,25 e) A = 1,42 f) A = 2,25

2. a) $A = 10\frac{2}{3}$ b) A = 5,33 c) A = 1,33 d) A = 20,83 e) A = 85,33 f) A = 5,33

g) A = 21,33 h) A = 4,27

Seite 255 **1.** a) $A = 5\frac{1}{3}$ b) A = 6 c) A = 6

d) $A = 6\frac{2}{3}$ e) = 1,2 5 f) A = 3,375

2. a) $F(x) = \frac{1}{6}x^3 - \frac{1}{2}x^2;$ a = 0; b = 2; $I = -\frac{2}{3}$ $A = \frac{2}{3}$

b) $F(x) = \frac{1}{3}x^3 - \frac{5}{2}x^2 + 4x;$ a = 1; b = 4; I = – 4,5 A = 4,5

c) $F(x) = \frac{1}{3}x^3 + \frac{1}{2}x^2 - 2x;$ a = – 2; b = 1; I = – 4,5 A = 4,5

d) $F(x) = \frac{1}{4}x^4 - \frac{4}{3}x^3$; $a = 0;\ b = 4;$ $I = -21\frac{1}{3}$ $A = 21\frac{1}{3}$

e) $F(x) = -\frac{2}{3}x^3 + \frac{1}{4}x^4$; $a = 0;\ b = 2;$ $I = -\frac{4}{3}$ $A = \frac{4}{3}$

f) $F(x) = -\frac{1}{4}x^4 - \frac{2}{3}x^3$; $a = -2;\ b = 0;$ $I = -\frac{4}{3}$ $A = \frac{4}{3}$

Seite 257 1. a) $A = \left|\int_0^2 (x^2-4)dx\right| + \int_2^3 (x^2-4)dx = \left|[0{,}33x^3-4x]_0^2\right| + [0{,}33x^3-4x]_2^3 = 7{,}67$

b) $A = \left|\int_{0,41}^2 (x^2-2x)dx\right| + \int_{-1}^{0,41} (x^2-2x)dx = 6{,}78$

c) $A = \left|\int_{-1}^2 (0{,}5x^2-2{,}5x-3)dx\right| + \int_{-2}^{-1} (0{,}5x^2-2{,}5x-3)dx = 13{,}17$

d) $A = \int_1^2 (x^3+x^2-2x)dx + \left|\int_0^1 (x^3+x^2-2x)dx\right| + \int_{-2}^0 (x^3+x^2-2x)dx = 6{,}16$

e) $A = \int_4^5 (0{,}25x^3-x^2)dx + \left|\int_0^1 (0{,}25x^3-x^2)dx\right| = 8{,}06$

f) $A = \left|\int_{-1}^1 (4x^3-6x^2)dx\right| = 4$

2. a) Integrationsgrenzen (= Nullstellen): $0 = x^3 - 4x \Rightarrow x_1 = 2 \wedge x_2 = -2;$

$$A = \int_2^3 (x^3-4x)dx + \left|\int_0^2 (x^3-4x)dx\right| + \int_{-1}^0 (x^3-4x)dx$$

$$= [0{,}25x^4+2x^2]_2^3 + \left|[0{,}25x^4-2x^2]_0^2\right| + [0{,}25x^4-2x^2]_{-1}^0 = 12{,}06$$

b) $0 = -0{,}5x^3 + 4{,}5x \Rightarrow x_1 = 0 \wedge x_2 = -3 \wedge x_3 = 3;$

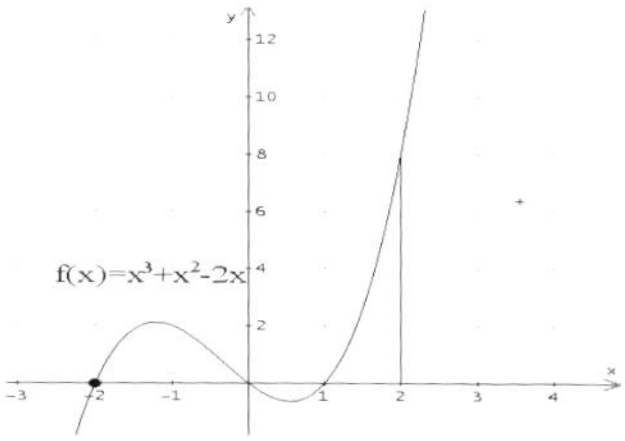

$$A = \int_0^2 (-0{,}5x^3+4{,}5x)dx + \left|\int_{-3}^0 (-0{,}5x^3+4{,}5x)dx\right| + \int_{-4}^{-3} (-0{,}5x^3+4{,}5x)dx$$

$$= [-0{,}125x^4+2{,}25x^2]_0^2 + \left|[-0{,}125x^4+2{,}25x^2]_{-3}^0\right| + [-0{,}125x^4+2{,}25x^2]_{-4}^{-3} = 6{,}125 + 10{,}125 + 7 = 23{,}25$$

c) $0 = 0{,}5x^3 - 0{,}5x \Rightarrow x_1 = 0 \wedge x_2 = -1 \wedge x_3 = 1;$

$$A = \int_1^2 (0{,}5x^3-0{,}5x)dx + \left|\int_0^1 (0{,}5x^3-0{,}5x)dx\right| + \int_{-1}^0 (0{,}5x^3-0{,}5x)dx$$

$$= [-0{,}125x^4-0{,}25x^2]_1^2 + \left|[-0{,}125x^4-0{,}25x^2]_0^1\right| + + [-0{,}125x^4-0{,}25x^2]_{-1}^0 = 1{,}375$$

Seite 260 **1.** a) $f(x) = g(x);\ x^2 = -2x^2 + 3 \Rightarrow x_1 = 1 \wedge x_2 = -1;\ A = \int_{-1}^{1} (-2x^2 + 3 - x^2)dx = 4$

b) $-0{,}1x^2 + x = -0{,}2x^2 + 2x \Rightarrow x_1 = 10 \wedge x_2 = 0;$

$$A = \int_{0}^{10} (-2x^2 + 3 - x^2)dx = 16{,}67$$

c) $0{,}5x^2 + 1 = -0{,}5x^2 + x + 3 \Rightarrow x^2 - x - 2 = 0 \Rightarrow x_1 = 2 \wedge x_2 = -1;$

$$A = \int_{-1}^{2} (-0{,}5x^2 + x + 3 - (0{,}5x^2 + 1))dx = 4{,}5$$

d) $f(x) = g(x) \Rightarrow x^2 - 4 = x^2 + 2x \Rightarrow x = -2;$
$f(x) = h(x) \Rightarrow x^2 - 4 = x^2 - 2x \Rightarrow x = 2;$
Aufgrund der Symmetrie gilt:

$$A = 2\left|\int_{0}^{2} (x^2 - 4 - (x^2 - 2x))dx\right| = 2\left|\left[x^2 - 4x\right]_0^2\right| = 8$$

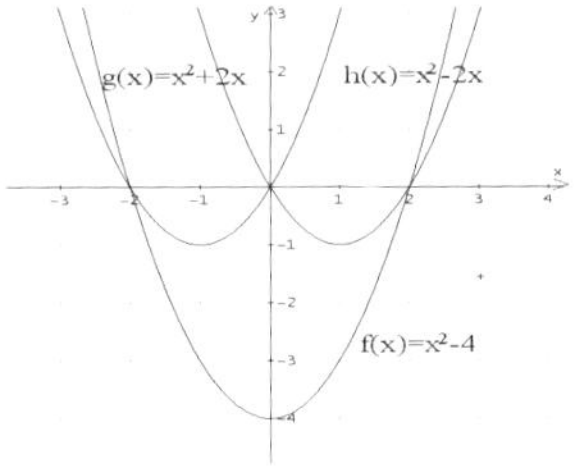

2. a) $x^3 - 4x = 0 \Rightarrow x_1 = 0 \wedge x_2 = -2 \wedge x_3 = 2$

$$A = 2\int_{-2}^{0} (x^3 - 4x)dx = 2[0{,}25x^4 - 2x^2]_{-2}^{0} = 2 \cdot 4 = 8$$

b) $x^3 - 2x^2 - 5x + 7 = 1 \Rightarrow x_1 = -2 \wedge x_2 = 1 \wedge x_3 = 3$

$$A = \int_{-2}^{1} (x^3 - 2x^2 - 5x + 7 - 1))dx + \int_{1}^{3} (1 - (x^3 - 2x^2 - 5x + 7))dx$$

$= 15{,}25 + 5{,}33 = 21{,}08$

c) $x^4 = 5x^2 - 4 \Rightarrow x_1 = -2 \wedge x_2 = -1 \wedge x_3 = 1 \wedge x_4 = 2$

$$A = 2\int_{1}^{2} (5x^2 - 4 - x^4))dx + 2\int_{0}^{1} (x^4 - (5x^2 - 4))dx = 2 \cdot 2{,}53 + 2 \cdot 1{,}47 = 8$$

d) $x^3 - 3{,}5x = 0{,}5x \Rightarrow x_1 = -2 \wedge x_2 = 0 \wedge x_3 = 2$

$$A = 2\int_{1}^{2} (0{,}5x - (x^3 - 3{,}5x))dx = 2 \cdot 4 = 8$$

Seite 263 **1.** a) $0{,}5x^2 + 2 = 29 - 1{,}5x \Rightarrow x = 6;$
$p_A(6) = 20$

$$K = \int_{0}^{6} (29 - 1{,}5x - 20)dx = 27$$

$$P = \int_{0}^{6} 20 - (0{,}5x^2 + 2))dx = 72$$

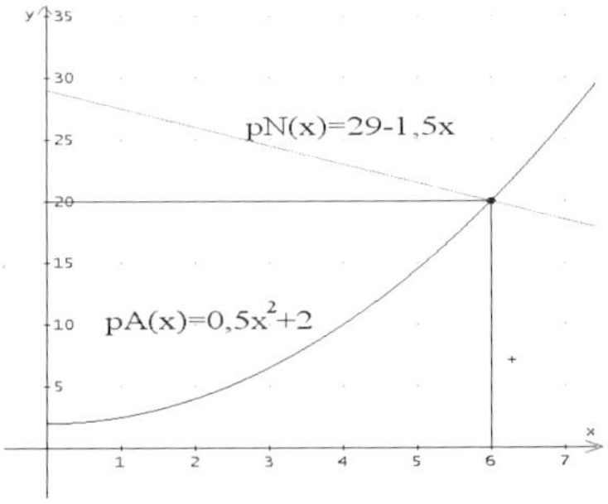

b) $-0{,}5x^2 + 20{,}5 = x + 3 \Rightarrow x = 5;\ p_A(5) = 8$
$K = 41{,}67;\quad P = 12{,}5$

c) $0{,}25x^2 + 1 = -0{,}25x^2 + 19 \Rightarrow x = 6;\ p_A(6) = 10;\ K = 36;\quad P = 36$

2. a) $x^2 + 60 = 132 - x^2 \quad \Rightarrow x = 6;\ p_A(6) = 96;\ K=144;\quad P = 144$

b) $-x^3 + 98 = 0{,}25x^3 + 18 \Rightarrow x = 4;\ p_A(4)=34;\quad K=38{,}1;\quad P=10{,}1$

Seite 265 a) $E(x) = -1{,}5x^2 + 30x;$

b) $p(x) = -1{,}5x + 30$

c) $K(x) = x^3 - 6x^2 + 30x + 8$

d) $G(x) = -x^3 + 4{,}5x^2 - 8;\ G(2)=2$

e) $0 = -1{,}5x + 30 \Rightarrow x = 20 \quad \Rightarrow x_{Emax} = 10$

f) $G'(x) = 0 = -3x^2 + 9x \quad \Rightarrow x = 3;$
$G(3|5{,}5)$

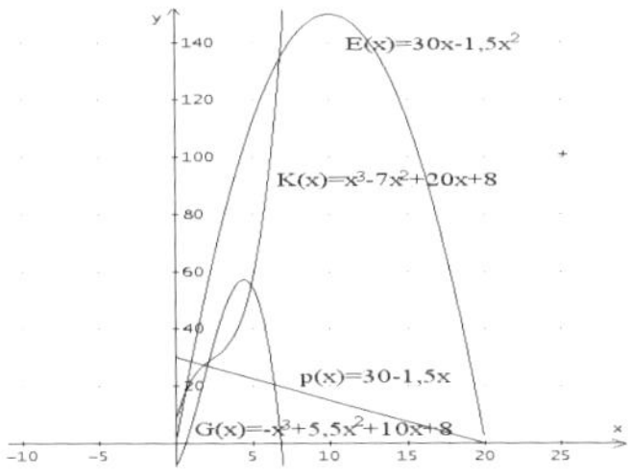

Kapitel 9 (Gebrochen-rationale Funktionen)

Seite 270 1. a) $D(f)=\mathbb{R}\setminus\{2\}$ b) $\mathbb{R}\setminus\{-1\}$ c) $D(f) = \mathbb{R}\setminus\{1\}$ d) $D(f) = \mathbb{R}\setminus\{-1\}$

2. a) $D(f) = \mathbb{R}\setminus\{-2\}$; Nullstelle: $0 = \dfrac{x}{x+2} \Rightarrow x = 0;\ y_0 = 0;\ x_P = -2$

b) $D(f) = \mathbb{R}\setminus\{-4; 4\}$; Nullstelle: $0 = \dfrac{x+1}{x^2-16} \Rightarrow x = -1;\ y_0 = -0{,}0625;\ x_P = \pm 4$

c) $D(f) = \mathbb{R}\setminus\{-2;2\}$; Nullstelle: $0 = \dfrac{x^2-1}{4-x^2} \Rightarrow x_1 = -1 \wedge x_2 = 1;\ y_0 = -0{,}25\ \ x_P = \pm 2$

d) $D(f) = \mathbb{R}\setminus\{0; 3\}$; Nullstelle: $0 = \dfrac{x^2-4}{x^2-3x} \Rightarrow x_1 = -2 \wedge x_2 = 2$; kein y_0; $x_P = 3\ \ x_P = 0$

Seite 273 1. a) $D(f)= \mathbb{R}\setminus\{-2\};\ f(-1{,}9) = -29;\ f(-2{,}1) = 31 \Rightarrow$ Polstelle mit Vorzw.; $x = -2$
Nullst. $x = 1$; Schnittpunkt y-Achse $y = -0{,}5$

b) $D(f) = \mathbb{R}\setminus\{1\};\ f(0{,}9) = -39;\ f(1{,}1) = 41 \Rightarrow$ Polstelle mit Vorzw.; $x = 1$
Nullstelle $x = -3$; Schnittpunkt y-Achse $y = -3$

c) $D(f) = \mathbb{R}\setminus\{-2\};\ f(-1{,}9) = -78;\ f(-2{,}1) = 82 \Rightarrow$ Polstelle mit Vorzw.; $x = -2$
Nullstelle $x = 2$ Schnittpunkt y-Achse $y = -2$

d) $D(f)=\mathbb{R}\setminus\{4\};\ f(3{,}9) = 1\,560;\ f(4{,}1) = 1\,640 \Rightarrow$ Polstelle ohne Vorzw.; $x = 4$
Nullstelle $x = 0$ Schnittpunkt y-Achse $y = 0$

2. a) $D(f) = \mathbb{R}\setminus\{-1\};\ 0 = \dfrac{4x+4}{x+1} \Rightarrow x = -1;\quad \dfrac{4(x+1)}{x+1} \Rightarrow h(x) = 4;\ h(-1) = 4;$
Nullstelle keine; Schnittpunkt y-Achse $y = 4$; Lücke in $L(-1|4)$

b) $D(f) = \mathbb{R}\setminus\{1\};\ 0 = \dfrac{x^2-1}{x-1} \Rightarrow x_1 = -1 \wedge x_2 = 1;$

$\dfrac{(x-1)(x+1)}{x-1} \Rightarrow h(x) = x+1;\ h(1) = 2;$

Nullst. $x = -1$; Schnittpunkt y-Achse $y = 1$ Lücke in $L(1|2)$

c) $D(f) = \mathbb{R}\setminus\{0\};\ 0 = \dfrac{x^2+x}{x} \Rightarrow x = -1;\quad \dfrac{x(x+1)}{x} \Rightarrow h(x) = x + 1;\ h(0) = 1;$
Nullstelle $x = -1$; Schnittpunkt y-Achse $y = 0$; Lücke in $L(0|1)$

d) $D(f) = \mathbb{R} \setminus \{-3\}$; $0 = \frac{x^2-9}{x+3} \Rightarrow x_1 = -3 \wedge x_2 = 3$;

$\frac{(x-3)(x+3)}{x+3} \Rightarrow h(x) = x-3$; $h(-3) = -6$;

Nullstelle $x = 3$; Schnittpunkt y-Achse $y = -3$; Lücke in $L(-3|-6)$

Seite 274 **1.** a) $D(f) = \mathbb{R} \setminus \{\pm\sqrt{2}\}$; Asymptote: x-Achse: $y_{As} = 0$

b) $D(f) = \mathbb{R} \setminus \{-1;1\}$; Asymptote: x-Achse: $y_{As} = 0$

c) $D(f) = \mathbb{R} \setminus \{0\}$; Asymptote: x-Achse: $y_{As} = 0$

d) $D(f) = \mathbb{R} \setminus \{-1\}$; Asymptote: $y_{As} = 2$

e) $D(f) = \mathbb{R}$; Asymptote: $y_{As} = 0{,}5$

f) $D(f) = \mathbb{R} \setminus \{0\}$; Asymptote: $y_{As} = x$

g) $D(f) = \mathbb{R} \setminus \{0\}$; Asymptote: $y_{As} = x$

h) $D(f) = \mathbb{R} \setminus \{1\}$; Asymptote: $(x^2 - 2x) : (x - 1) = x - 1$, Rest $\frac{-1}{x-1}$; $y_{As} = x - 1$

i) $D(f) = \mathbb{R} \setminus \{-1\}$; Asymptote: $(x^2 - 4) : (x + 1) = x - 1$ Rest $\frac{-3}{x+1}$; $y_{As} = x - 1$

j) $D(f) = \mathbb{R} \setminus \{-0{,}5\}$; Asymptote: $(3x^2 + x) : (2x + 1) = 1{,}5x - 0{,}25$ Rest $\frac{0{,}25}{2x+1}$;
$y_{As} = 1{,}5x - 0{,}25$

Seite 277 **1.** a) $f(x) = 1 + \frac{1}{x^2}$; $f'(x) = \frac{-2}{x^3}$

b) $f(x) = 2 - \frac{4}{x}$; $f'(x) = \frac{4}{x^2}$

c) $f(x) = 1{,}5 + \frac{2}{x} - \frac{1}{2x^2}$; $f'(x) = \frac{-2}{x^2} + \frac{1}{x^3}$

d) $f(x) = \frac{4}{x} - \frac{2}{x^2}$; $f'(x) = \frac{-4}{x^2} + \frac{4}{x^3}$

2. a) $f'(x) = \frac{x^2 - 1 - 2x^2}{(x^2-1)^2} = \frac{-1-x^2}{(x^2-1)^2}$

b) $f'(x) = \frac{-4x}{(x^2-1)^2}$

c) $f'(x) = \frac{2x - x^2 + 1}{(x^2+1)^2}$

d) $f'(x) = \frac{-6}{(x-2)^2}$

3. $f'(x) = \frac{-2}{(x+1)^2}$; $f'(2) = -0{,}22$

Tangente durch $P(1|1)$: $f'(1) = -0{,}5$; $t(x) = -0{,}5x + 1{,}5$

Seite 279 **1.** a) $D(f) = \mathbb{R} \setminus \{-4\}$;

b) $f(-4{,}1) = -168$; $f(-3{,}9) = 152$

$\Rightarrow$ Polstelle mit Vorzw.; $x_P = -4$

c) Nullstelle: $x = 0$; Schnittp. y-Achse: $y = 0$

d) Asymptote: $y_{As} = x - 4$

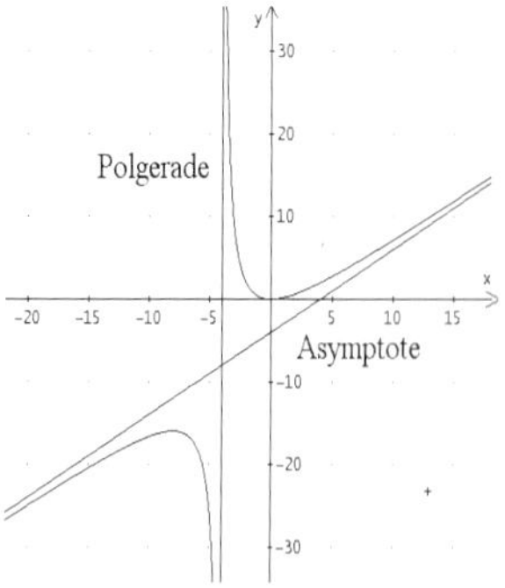

e) $f'(x) = 0 = \frac{x^2+8x}{(x+4)^2} \Rightarrow x_1 = 0 \wedge x_2 = -8$

Hochpunkt $H(0|0)$, Tiefpunkt $T(-8|-16)$

$f''(x) = 0 = \frac{32}{(x+4)^3} \Rightarrow$ keine Wendestelle

2. a) $D(f) = \mathbb{R}$;

b) keine Polstelle

c) Nullstelle: $0 = \frac{2x}{x^2+1} \Rightarrow x = 0$; Schnittpunkt y-Achse: $y = 0$

d) Asymptote: x-Achse ; $y_{As} = 0$

e) $f'(x) = 0 = \frac{2(1-x^2)}{(x^2+1)^2} \Rightarrow x_1 = 1 \wedge x_2 = -1$;

Hochpunkt $H(1|1)$; Tiefpunkt $T(-1|-1)$;

$f''(x) = 0 = \frac{4x(x^2-3)}{(x^2+1)^3} \Rightarrow x_1 = 0 \wedge x_2 = 1{,}73 \wedge x_3 = -1{,}73$

Wendepunkte $W_{1,2}(\pm 1{,}73| \pm 0{,}87)$; $W_3(0|0)$

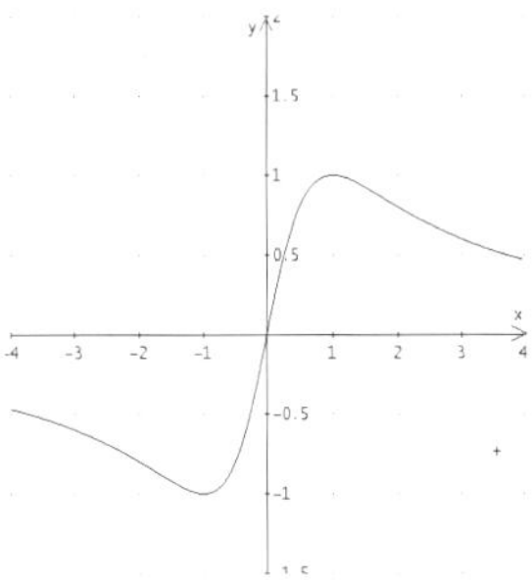

Seite 282 a) $k_v(x) = x^2 - 2x + 2$; $k'_v(x) = 2x - 2$;

$k(x) = x^2 - 2x + 2 + \frac{36}{x}$; $k'(x) = 2x - 2 - \frac{36}{x^2}$;

b) BM: x = 1, kurzfrist. PUG = 1; BO: x = 3; langfrist. PUG = 17

Seite 284 **1.** a) $W(x) = \frac{7x}{x^2+4x+1}$; b) $1 = \frac{7x}{x^2+4x+1}$; $\Rightarrow x_1 = 2{,}6 \wedge x_2 = 0{,}38$

c) $W'(x) = 0 = \frac{7(1-x^2)}{(x^2+4x+1)^2} \Rightarrow x = 1$; $H(1|1{,}17)$

2. a) $R(x) = \frac{-x^2+14x-6}{20x}$;

b) $0{,}05 = \frac{-x^2+14x-6}{20x}$; $\Rightarrow x_1 = 12{,}52 \wedge x_2 = 0{,}48$

c) $R'(x) = 0 = \frac{6-x^2}{20x^2} \Rightarrow x = 2{,}45$; $R(2{,}45) = 0{,}46$

Kapitel 10 (Exponentialfunktionen)

Seite 287 **1.** b) $1{,}5^x = 3 \Rightarrow x = \frac{\ln 3}{\ln 1{,}5} \approx 2{,}71$; $1{,}5^x = 8 \Rightarrow x \approx 5{,}12$; $1{,}5^x = 12 \Rightarrow x \approx 6{,}13$

$0{,}75^x = 3 \Rightarrow x = \frac{\ln 3}{\ln 0{,}75} \approx -3{,}82$; $0{,}75^x = 8 \Rightarrow x \approx -7{,}23$; $0{,}75^x = 12 \Rightarrow x \approx -8{,}64$

2. $1 = 1{,}2^x \Rightarrow x = 0$; $5 = 1{,}2^x \Rightarrow x = \frac{\ln 5}{\ln 1{,}2} = 8{,}8$; $0{,}75 = 1{,}2^x \Rightarrow x = \frac{\ln 0{,}75}{\ln 1{,}2} = -1{,}6$;

$0{,}1 = 1{,}2^x \Rightarrow x = \frac{\ln 0{,}1}{\ln 1{,}2} = -12{,}63$

Seite 290 **1.** a) $f(x) = 1{,}5^x - 2$

x	-2	-1	0	1	2
f(x)	-1,56	-1,33	-1	-0,5	0,25

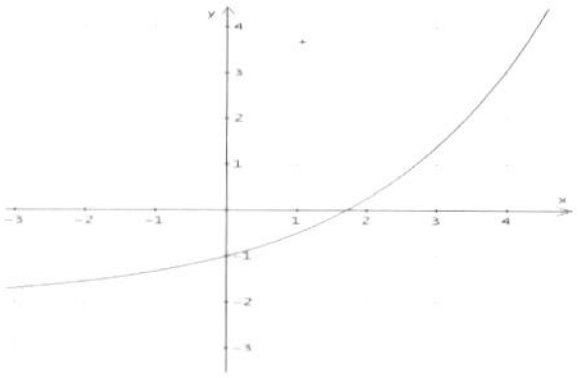

b) $f(x) = 0{,}25^x + 3$

x	−2	−1	0	1	2
f(x)	19	7	4	3,25	3,06

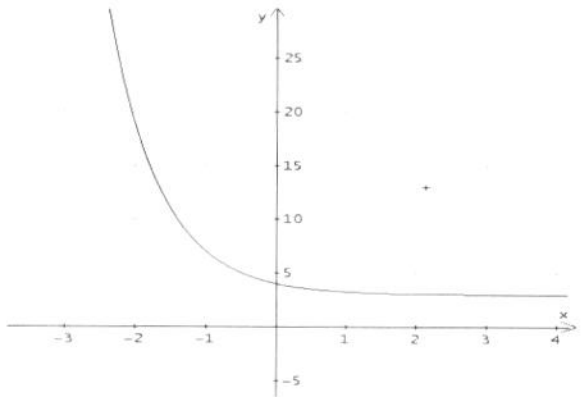

c) $f(x) = 0{,}25 \cdot 2^{1{,}5x}$

x	−2	−1	0	1	2
f(x)	0,03	0,09	0,25	0,71	2

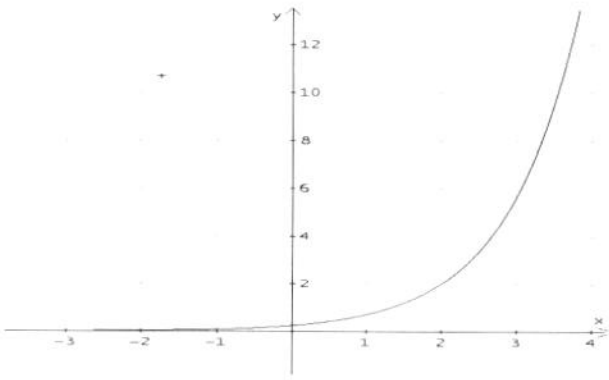

d) $f(x) = 2 \cdot 0{,}5^x + 4$

x	−2	−1	0	1	2
f(x)	12	8	6	5	4,5

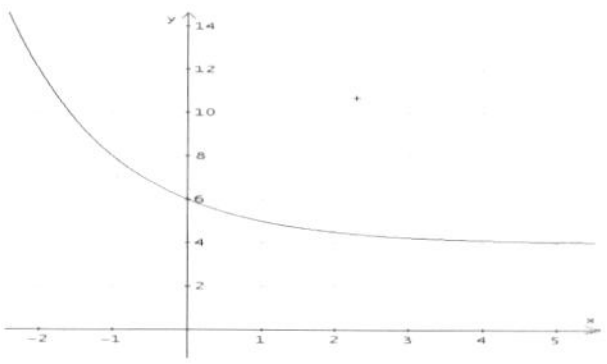

2. $f(-2) = 0{,}8$; $f(-1) = 2$; $f(0) = 5$; $f(1) = 12{,}5$; $f(2) = 31{,}25$

Seite 291 a) $f'(x) = 3e^x$; b) $f'(x) = -2e^x$; c) $f'(x) = -e^x$ d) $f'(x) = e^x$; e) $f'(x) = e^x + 2$;
f) $f'(x) = -e^x + 2x$; g) $f'(x) = 2e^x - 8x$; h) $f'(x) = -e^x + 4x^3$

Seite 293 **1.** a) $f(x) = (2x-3)(1-4x) \Rightarrow f'(x) = 2(1-4x) - 4(2x-3) = -16x + 14$;
$f(x) = -8x^2 + 14x - 3 \Rightarrow f'(x) = -16x + 14$
b) $f(x) = (x^2 - 2)(x - 4) \Rightarrow f'(x) = 3x^2 - 8x - 2$
c) $f(x) = (0{,}5x^2 - x)x^3 \Rightarrow f'(x) = 2{,}5x^4 - 4x^3$
d) $f(x) = x^2(2x^2 + 4x) \Rightarrow f'(x) = 8x^3 + 12x^2$

2. a) $f'(x) = 3$ b) $f'(x) = 4x$ c) $f'(x) = 1{,}5x^2$ d) $f'(x) = 16x^3$

3. a) $f(x) = tx(x^2 - a) \Rightarrow f'(x) = t(x^2 - a) + tx(2x) = 3tx^2 - at$
b) $f(x) = (tx^2 - 1)(x + a) \Rightarrow f'(x) = 3tx^2 + 2atx - 1$

c) $f(x) = (t^3x + 4)x^2 \Rightarrow f'(x) = 3t^3x^2 + 8x$
d) $f(x) = (0{,}5x - t^3)(x + 4) \Rightarrow f'(x) = x + 2 - t^3$

4. a) $f(x) = x \cdot e^x$; $f'(x) = e^x \cdot (1 + x)$ b) $f(x) = 2xe^x$ $f'(x) = e^x \cdot (2 + 2x)$
c) $f(x) = (3x - 1)e^x$, $f'(x) = e^x \cdot (6x - 1)$ d) $f(x) = e^x \cdot (x^3 - x)$; $f'(x) = e^x \cdot (x^3 + 3x^2 - x - 1)$

Seite 294 **1.** a) $f(x) = (x^2 - 3)^2$; $f'(x) = 4x^3 - 12x$ b) $f(x) = (3x - x^2)^2$; $f'(x) = 4x^3 - 18x^2 + 18x$
c) $f(x) = (1 - 2x^3)^2$; $f'(x) = 24x^5 - 12x^2$

2. a) $f(x) = (x^2 - 2)^4$ $f'(x) = 8x(x^2 - 2)^3$ b) $f(x) = (2 - x^2)^3$ $f'(x) = -6x(x^2 - 2)^2$
c) $f(x) = (1 - 2x^2)^2$ $f'(x) = 8x(2x^2 - 1)$

3. a) $f'(x) = 2e^{2x}$ b) $f'(x) = -e^{1-x}$ c) $f'(x) = 1 + 2e^{2x-3}$
d) $f'(x) = 2xe^{x^2}$ e) $f'(x) = 9x^2 - 16e^{4x}$

4. a) $f(x) = x \cdot e^{2x}$; $f'(x) = e^{2x}(1 + 2x)$
b) $f(x) = (x^2 - 2x)e^{1-x}$; $f'(x) = e^{1-x}(4x - x^2 - 2)$
c) $f(x) = (x+2)^3 \cdot e^x$; $f'(x) = e^x(x + 5)(x + 2)^2$
d) $f(x) = (3 - x)^2 e^{x+1}$; $f'(x) = e^{x+1}(x - 1)(x - 3)$

Seite 295 **1.** a) $f'(x) = 3^x \cdot \ln 3$ b) $f'(x) = 0{,}5^x \cdot \ln 0{,}5$ c) $f'(x) = 3{,}5^x \cdot \ln 3{,}5$
d) $f'(x) = 2^{x+1} \cdot \ln 2$ e) $f'(x) = 2^{2-3x} \cdot \ln 2 \cdot (-3)$

2. a) $f'(x) = 2^x \cdot (2x + x^2 \cdot \ln 2)$ b) $f'(x) = 3^x \cdot (3x^2 + x^3 \cdot \ln 3 - 2 \cdot \ln 3)$
c) $f'(x) = 2^x \cdot 3^{1-x}(\ln 2 - \ln 3)$ d) $f'(x) = e^x \cdot 3^x (1 + \ln 3)$
e) $f'(x) = e^x \cdot 2^{3x} (1 + 3 \cdot \ln 2)$

Seite 297 **1.** a) $f(x) = xe^{x+1}$; $x \to \infty$; f(x) strebt gegen ∞;
$x \to -\infty$; f(x) strebt gegen null;
b) Nullstelle: $0 = xe^{x+1} \Rightarrow x = 0$,
$x = 0$ ist auch Schnittpunkt mit der y-Achse.
c) $f'(x) = e^{x+1}(1 + x)$; $0 = e^{x+1}(1 + x) \Rightarrow x = -1$;
$f''(x) = e^{x+1}(2 + x)$
$f''(-1) = e^{-1+1}$; $e^0 = 1 > 0$,
Minimum bei $x = -1$; $T(-1|-1)$
$f''(x) = 0 = e^{x+1}(2 + x) \Rightarrow x = 0$,
Wendepunkt in $W(-2|-0{,}74)$

d)

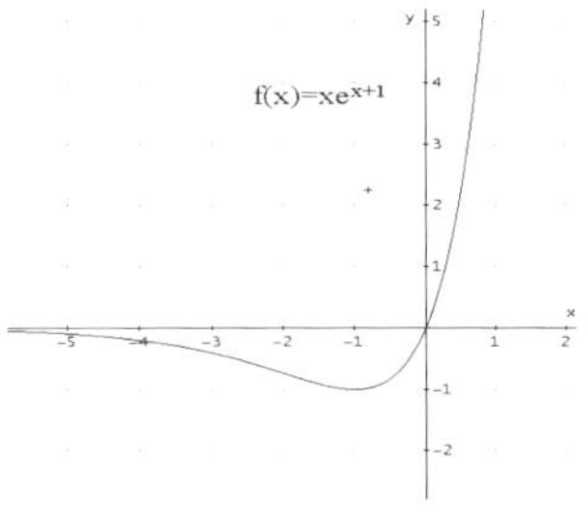

2. 1. a) $f(x) = (x - 3)e^x$; $x \to \infty$; f(x) strebt gegen ∞;
$x \to -\infty$; f(x) strebt gegen null;
b) Nullstelle: $0 = (x - 3)e^x \Rightarrow x = 3$
$x = 0$; Schnittpunkt mit der y-Achse: -3
c) $f'(x) = e^x(x - 2)$; $0 = e^x(x - 2) \Rightarrow x = 2$;
$f''(x) = e^x(x - 1)$
$f''(2) = e^2 > 0$, Minimum bei $x = 2$; $P_T(2|-7{,}39)$
$f''(x) = 0 = e^x(-1 + x) \Rightarrow x = 1$; $W(1|-5{,}44)$

d)

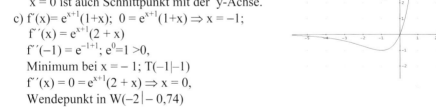

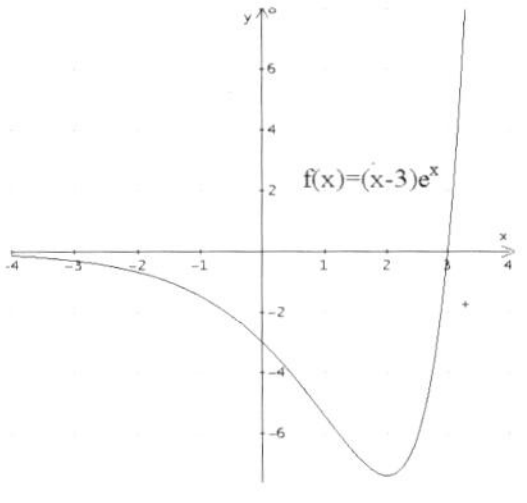

2. a) $f(x) = (x + 2)e^{-x}$; $x \to \infty$; f(x) strebt gegen null;
$x \to -\infty$; f(x) strebt gegen $-\infty$;

b) Nullstelle: $0 = (x+2)e^{-x} \Rightarrow x = -2$
Schnittpunkt mit der y-Achse: $y = 2$

c) $f'(x) = 0 = -e^{-x}(1+x) \Rightarrow x = -1$;
$f''(x) = x \cdot e^{x}$
$f''(-1) = -e^{-1}$; $-e^{-1} < 0$, Maximum bei $x = -1$;

$f''(x) = 0 = xe^{x} \Rightarrow x = 0$; $P_W(0|2)$

d)

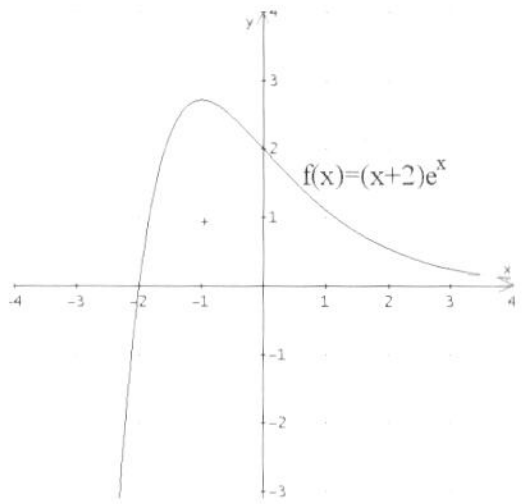

Seite 302 a) allg. Form: $B(t) = 200a^t$;

1. $450 = 200a^2 \Rightarrow a = 1{,}5$;
2. $1\,000 = 200a^4 \Rightarrow a = 1{,}49$;
3. $2\,100 = 200a^6 \Rightarrow a = 1{,}48$;
4. $9\,000 = 200a^{10} \Rightarrow a = 1{,}46$

$a = (1{,}5 + 1{,}49 + 1{,}48 + 1{,}46) : 4 = 1{,}483$;
$B(t) = 200 \cdot 1{,}483^t$

e)

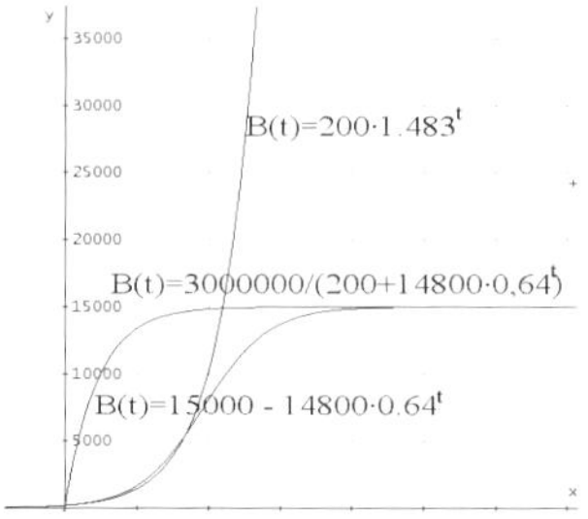

b) $B(t) = \dfrac{K \cdot A}{A + (K - A)a^t}$

1. $P(4|1000): 1000 = \dfrac{15000 \cdot 200}{200 + (15000 - 200)a^4} \Rightarrow 2800 = 14\,800a^4 \Rightarrow a = 0{,}66$

2. $P(12/12000) : 12000 = \dfrac{15000 \cdot 200}{200 + (15000 - 200)a^{12}} \Rightarrow 50 = 14800a^{12} \Rightarrow a = 0{,}62$

$B(t) = \dfrac{3000000}{200 + (15000 - 200)0{,}64^t}$; $t_T = -\dfrac{\ln \dfrac{15000 - 200}{200}}{\ln 0{,}63} \approx 9{,}3$ Stunden

c) $B(t) = 15\,000 - 14\,800 \cdot 0{,}64^t$

d) 90% von 15 000 = 13 500; $13\,500 = \dfrac{3000000}{200 + 14800 \cdot 0{,}64^t} \Rightarrow t = 14{,}6$ Stunden

Seite 303 a) $B(t) = 1000e^{0{,}03t - 0{,}005t^2}$; $B'(t) = 0 = 1\,000(0{,}03 - 0{,}01t)\,e^{0{,}03t - 0{,}005t^2} \Rightarrow t = 3$ (Jahre)

b) $1\,000 = 1000e^{0{,}03t - 0{,}005t^2}$; $1 = e^{0{,}03t - 0{,}005t^2} \Rightarrow 0{,}03t - 0{,}005t^2 = 0$; $t = 6$ (Jahre)

c) $0{,}5 = e^{0{,}03t - 0{,}005t^2}$; $\ln 0{,}5 = 0{,}03t - 0{,}005t^2$; $t = 6 + \sqrt{9 - 200 \ln 0{,}5} = 18{,}15$ (Jahre)

Kapitel 11 (Lineare Algebra)

Seite 308

1.

	A	B	C	D	E
Wirtschaftslehre	2	3	1	3	4
Deutsch	3	2	2	3	1
Mathematik	4	3	5	3	2
Englisch	2	1	4	3	2

2.

$A_{RE} = $

	E_1	E_2
R_1	2	4
R_2	4	3
R_3	2	2

Seite 310 **1.** a) $A+B=\begin{pmatrix} 3 & 5 & 15 & 10 \\ 4 & 2 & 0 & 1 \\ 10 & 10 & 10 & 10 \end{pmatrix}$; b) $A-B=\begin{pmatrix} 1 & 1 & 1 & -2 \\ 2 & 2 & 0 & -1 \\ -2 & 8 & -4 & 6 \end{pmatrix}$ c) $B-A=\begin{pmatrix} -1 & -1 & -1 & 2 \\ -2 & -2 & 0 & 1 \\ 2 & -8 & 4 & -6 \end{pmatrix}$

d) A + D nicht möglich.

2. **C=** $\begin{pmatrix} -2 & 0 \\ 4 & -1 \\ 9 & 9 \end{pmatrix}$;

3. a) $\vec{a}+\vec{b}=(4 \;\; 6 \;\; -5)$ b) $\vec{a}+\vec{b}-\vec{c}=(2 \;\; 5 \;\; -4)$ c) $\vec{a}^{\,T}+\vec{b}^{\,T}=\begin{pmatrix} 4 \\ 6 \\ -5 \end{pmatrix}$ d) $\vec{a}^{\,T}+\vec{c}=\begin{pmatrix} 5 \\ 5 \\ -6 \end{pmatrix}$;

e) nicht möglich.

4. Gesamtverbrauch $=\begin{pmatrix} 4 & 7 & 7 \\ 5 & 8 & 2 \\ 2 & 4 & 8 \end{pmatrix}$;

Seite 313 **1.** a) $5A=\begin{pmatrix} 20 & 10 \\ 5 & 0 \end{pmatrix}$ b) $-2B=\begin{pmatrix} -2 & -2 \\ -2 & -2 \end{pmatrix}$ c) $3A-2B+C=\begin{pmatrix} 8 & 3 \\ -2 & -4 \end{pmatrix}$

d) $A-10B-3C=\begin{pmatrix} 0 & -5 \\ 0 & -4 \end{pmatrix}$

2. a) $4A=\begin{pmatrix} 24 & 32 & 12 \\ 16 & -8 & 0 \end{pmatrix}$ b) $4b=\begin{pmatrix} 0 & 8 & -4 \\ 12 & 8 & 8 \end{pmatrix}$;

c) $4A+4B=\begin{pmatrix} 24 & 40 & 8 \\ 28 & 0 & 8 \end{pmatrix}$ d) $4(A+B)=\begin{pmatrix} 24 & 40 & 8 \\ 28 & 0 & 8 \end{pmatrix}$;

3. a) Warenbestand 800,00 € ; b) $\begin{pmatrix} 3570 & 4998 & 6069 & 7973 \\ 8687 & 2856 & 952 & 2261 \\ 5474 & 10828 & 4403 & 9877 \end{pmatrix}$;

4. a) $p=-1$; b) $p=1$; c) $p=2$

Seite 314 **5.** S_1: 161 GE; S_2: 140,5; S_3: 150,5

6. $(6;\,3;\,10)\cdot\begin{pmatrix} 50 \\ 120 \\ 180 \end{pmatrix}=2\,460$; Gesamtumsatz = 2 460,00 €

Seite 317 **1.** a) $A^T=\begin{pmatrix} 1 & 1 & -2 \\ 1 & 2 & -4 \\ 1 & -1 & 2 \end{pmatrix}$; $B^T=\begin{pmatrix} -1 & 1 & 0 \\ -1 & 0 & -2 \\ 3 & 1 & 2 \end{pmatrix}$ b) $C=A+B=\begin{pmatrix} 0 & 0 & 4 \\ 2 & 2 & 0 \\ -2 & -6 & 4 \end{pmatrix}$

c) $\vec{b}_3\cdot\vec{b}_1=9$; $A\cdot\vec{b}_2=(c+4;\,10-c;\,2c-20)^T$; $B\cdot\vec{b}_1=(11,\,-1,\,14)^T$;

d) $F=\begin{pmatrix} 0 & -3 & 6 \\ 1 & 1 & 3 \\ -2 & -2 & -6 \end{pmatrix}$; $G=\begin{pmatrix} -8 & -15 & 6 \\ -1 & -3 & 3 \\ -6 & -12 & 6 \end{pmatrix}$

2. a) $A\cdot B=\begin{pmatrix} 21 & 26 \\ 11 & 12 \\ 27 & 33 \\ 31 & 35 \end{pmatrix}$; b) $A\cdot B=\begin{pmatrix} 26 & 21 \\ 12 & 11 \\ 33 & 27 \\ 35 & 31 \end{pmatrix}$; c) $A\cdot B=\begin{pmatrix} -2 & 19 & 50 \\ -16 & -10 & 13 \end{pmatrix}$; d) A

Seite 321 **1.** a) L={(−1,5; −2,5)} b) L={(0; 1,5)} c) L={(1; 0)} d) L={(6; −2)}
2. a) L={(−6, 1, 12)} b) L={(1, −1, 2)} c) L={(−0,33; −1,33; 0,67)}

3. x:Jeans; y:Jacke und z:Hemd
I. $x + y + z = 240$ II. $x + y - 5z = 0$ III. $2x + y + 2z = 360$ L={(80, 120, 40)}

Seite 322 **4.** A: 500 Einheiten ; B: 600 Einheiten
5. Parkett: 60 Karten; Rang I : 40 Karten; Rang II: 20 Karten

Seite 325 **1.** a) L={(2; 1; −1)} b) L={(−1, 2, 4)} c) L={1, −2, 2)}
2. a) L = {(−2; − 3)} b) L={4, −2)} c) L = {(2; 2; − 8)} d) L = {(−1; 2; 1)}

Seite 327 **1.** a) mehrdeutig : L={(8 −1,5t; t}) b) L={(1; −1)} c) mehrdeutig: L={(8 −4t; t)}

2. a)

	x_1	x_2	x_3	
1.	2	−1	3	9
2.	3	2	−3	−1
3.	1	−4	7	17

$x_1 = 2;\ x_2 = -2;\ x_3 = 1$

b)

$$\begin{aligned} x_1 + x_2 - x_3 &= -3 \quad |(-2)\ |\ (-2) \\ 2x_1 + x_2 + x_3 &= -1 \\ 2x_1 + 3x_2 - 5x_3 &= -10 \end{aligned}$$

$$\begin{aligned} x_1 + x_2 - x_3 &= -3 \\ -x_2 + 3x_3 &= 5 \quad |\ 1 \\ x_2 - 3x_3 &= -4 \end{aligned}$$

$$\begin{aligned} x_1 + x_2 - x_3 &= -3 \\ -x_2 + 3x_3 &= 5 \\ 0 \quad 0 &= 1 \end{aligned}$$

$0 \neq 1$

Das LGS ist nicht lösbar.

c)

	x_1	x_2	x_3				x_1	x_2	x_3	
1.	2	4	6	0	$\|\cdot(-1,5)$	1.	2	4	6	0
2.	3	2	1	1		2.	0	−4	−8	1
3.		2	4	−0,5		3.		2	4	−0,5 Das LGS hat unendlich viele Lösungen.

Seite 330

$$\begin{pmatrix} 12000 & 24000 & 30000 \\ 25000 & 14000 & 22000 \\ 25000 & 18000 & 40000 \end{pmatrix} \begin{pmatrix} p_1 \\ p_2 \\ p_3 \end{pmatrix} = \begin{pmatrix} 429000 \\ 374000 \\ 533000 \end{pmatrix};\ p_1 = 5;\ p_2 = 6;\ p_3 = 7{,}5$$

Seite 338 a)

$$\begin{pmatrix} V_1 \\ V_2 \end{pmatrix} = \begin{pmatrix} 2 & 1 \\ 1 & 2 \end{pmatrix} \begin{pmatrix} 11 & 16 & 12 \\ 7 & 12 & 14 \end{pmatrix} = \begin{pmatrix} 294438 \\ 254040 \end{pmatrix};\ \Rightarrow\ \begin{pmatrix} V_1 \\ V_2 \end{pmatrix} = \begin{pmatrix} 111 \\ 105 \end{pmatrix}$$

b)

$$\begin{pmatrix} Z_1 \\ Z_2 \end{pmatrix} = \begin{pmatrix} 11 & 16 & 12 \\ 7 & 12 & 14 \end{pmatrix} \begin{pmatrix} 30 \\ 40 \\ 20 \end{pmatrix} = \begin{pmatrix} 1210 \\ 970 \end{pmatrix};\quad \begin{pmatrix} V_1 \\ V_2 \end{pmatrix} = \begin{pmatrix} 2 & 1 \\ 1 & 2 \end{pmatrix} \begin{pmatrix} 1210 \\ 970 \end{pmatrix} = \begin{pmatrix} 3390 \\ 3150 \end{pmatrix}$$

c)

$$K = (3\ \ 2) \begin{pmatrix} 3390 \\ 3150 \end{pmatrix} + (5\ \ 3) \begin{pmatrix} 1210 \\ 970 \end{pmatrix} + (80\ \ 120\ \ 100) \begin{pmatrix} 30 \\ 40 \\ 20 \end{pmatrix}$$

$$= 16\,470 + 8\,960 + 9\,200 = \underline{34\,630}$$

Kapitel 12 (Statistik und Wahrscheinlichkeitsrechnung)

Seite 343 **1.** Studium: $\frac{380}{1000}4500 = 1710$;Praktikum: $\frac{540}{1000}4500 = 2430$; Ausbild.: $\frac{76}{1000}4500 = 342$

2. a) 1. Institut: $\frac{1235}{3574} = 0{,}346$; 2. Institut: $\frac{955}{2516} = 0{,}38$;

3. Institut: $\frac{1164}{3630} = 0{,}32$; 4. Institut: $\frac{1173}{3410} = 0{,}344$; b) $\frac{4527}{13130} = 0{,}344$;

Seite 348 a)

Körpergröße	165	166	167	169	170	172	174	176	177	179	180	181	182
absolute Häufigkeit	1	1	1	1	3	4	3	3	1	1	3	2	1
relative Häufigkeit	0,04	0,04	0,04	0,04	0,12	0,16	0,12	0,12	0,04	0,04	0,12	0,08	0,04

c) $\overline{x} = 174{,}2$ d) $\sigma^2 = 23{,}92$; $\sigma = \sqrt{23{,}92} = \underline{4{,}89}$

Seite 354 **1.** a) S = {(A, A); (A, B, A); (A;B;B), (B, B); (B, A, B): (B;A;A)}; 6 Möglichkeiten;
b) S ={(B, B); (B, A, B); (A, B, B)}
c) {(A,B,B); (A, B, A); (B, A, B);(B,A,A)};
d) Sieg für A: alle geraden Zahlen; Sieg für B: alle ungeraden Zahlen

2. a) S = {(Z,Z,Z); (Z,Z,W); (Z,W,Z); (Z,W,W); (W,Z,Z);(W,Z,W);(W,W, Z); (W,W,W)}
b) E ={Z,Z,Z); (Z,Z,W); (W,Z,Z); (W,Z,W)}
c) Z:alle geraden Zahlen; W: alle ungeraden Zahlen. Der Würfel wird dreimal geworf..

Seite 357 **1.** a) S = {(Z,Z); (Z,K); (K,Z); (K,K)}; b) W(X) ={2; 3; 4}

2. $S = \{(A,A,A); (A,A,\overline{A}); (A,\overline{A},A);(A,\overline{A};\overline{A})); (\overline{A},A,A); (\overline{A},A,\overline{A}); (\overline{A},\overline{A},A); (\overline{A},\overline{A},\overline{A})\}$

$X(A,A,A) = 3$;

$X(A,A,\overline{A}) = X(A,\overline{A},A) = X(\overline{A},A,A) = 2$;

$X(\overline{A},A,\overline{A}) = X(\overline{A},\overline{A},A) = X(A,\overline{A};\overline{A}) = 1$;

$X(\overline{A},\overline{A},\overline{A}) = 0$

Seite 360 **1.** a) $h_E = \frac{450}{795} = 0{,}556$; $h_E = \frac{220}{795} = 0{,}2767$; $h_E = \frac{88}{795} = 0{,}11$; b) $h_E = \frac{538}{795} = 0{,}676$;

Seite 361 **2.** a) Jede Ziehung ist gleichwahrscheinlich b) W(X) = {(7; 12; 15, 22, 25, 30}

c) $p_7 = \frac{2}{12}$, $p_{12} = \frac{2}{12}$; $p_{15} = \frac{1}{12}$ $p_{22} = \frac{3}{12}$; $p_{25} = \frac{2}{12}$; $p_{30} = \frac{2}{12}$

d) $p = p_{15} + p_{22} + p_{25} + p_{30} = 0{,}67$;

Seite 367 **1.** a) $p = 0{,}03 \cdot 0{,}03 \cdot 0{,}03 = \underline{0{,}000027}$ b) $p = 0{,}03 \cdot 0{,}03 \cdot 0{,}97 = 0{,}000873$

2. Sieg in 2 Sätzen: $p = 0{,}4^2 = 0{,}16$; Sieg in drei Sätzen: $p = 2 \cdot 0{,}4^2 \cdot 0{,}6 = 0{,}192$

Seite 372 **1.** Anzahl = 5! =120 ; $p = \frac{1}{120} = 0{,}00833$; **2.** Anzahl = $9 \cdot 10^4 = 90\,000$

Seite 375 **1.** a) $P(0) = \binom{4}{0}0{,}5^0 0{,}5^4 = 0{,}0625$; $P(1) = \binom{4}{1}0{,}5^1 0{,}5^3 = 0{,}25$; $P(2) = \binom{4}{2}0{,}5^2 0{,}5^2 = 0{,}375$;

$P(3) = \binom{4}{3}0{,}5^3 0{,}5^1 = 0{,}25$; $P(4) = \binom{4}{4}0{,}5^4 0{,}5^0 = 0{,}0625$

b) $P(0) = \binom{6}{0}0{,}8^0 0{,}2^6 = 0{,}000064$; $P(1) = \binom{6}{1}0{,}8^1 0{,}2^5 = 0{,}0015$; $P(2) = 0{,}01536$;

$P(3) = 0{,}08192$; $P(4) = 0{,}2457$; $P(5) = 0{,}3932$; $P(6) = \binom{6}{6}0{,}8^6 0{,}2^0 = 0{,}2611$

c) $P(0) = \binom{8}{0}0{,}1^0 0{,}9^8 = 0{,}4306$; $P(1) = 0{,}3826$; $P(2) = 0{,}1488$; $P(3) = 0{,}033$;

$P(4) = \binom{8}{4}0{,}1^4 0{,}9^4 = 0{,}0046$; $P(5) = 4{,}1 \cdot 10^{-4}$; $P(6) = 2{,}27 \cdot 10^{-5}$;

$P(7) = \binom{8}{7}0{,}1^7 0{,}9^1 = 7{,}2 \cdot 10^{-7}$

d) $P(0) = 0{,}6^5 = 0{,}0777$; $P(1) = \binom{5}{1}0{,}4^1 0{,}6^4 = 0{,}259$; $P(2) = 0{,}346$;

$P(3) = 0{,}2304$; $P(4) = \binom{5}{4}0{,}4^4 0{,}6^1 = 0{,}0777$; $P(5) = 0{,}0102$

2. a) $P(X=3) = \binom{10}{3}0{,}2^3 0{,}8^7 = 0{,}20132$; b) $P(X=7) = 0{,}000786$; c) $P(X=5) = 0{,}0264$;

d) $P(X=2) = \binom{10}{2}0{,}2^2 0{,}8^8 = 0{,}30199$ e) $P(X=8) = \binom{10}{8}0{,}2^8 0{,}8^2 = 0{,}0000737$

3. a) $P(0) = \binom{20}{0}0{,}05^0 0{,}95^{20} = 0{,}3585$ b) $P(3) = \binom{20}{3}0{,}05^3 0{,}95^{17} = 0{,}05958$

c) $P(0) + P(1) + P(2) = 0{,}3585 + 0{,}3774 + 0{,}18877 = 0{,}9246$

4. $P(X=5) + P(X=6) + P(X=7) + P(X=8) + P(X=9) + P(X=10)$
$= 0{,}1366 + 0{,}0569 + 0{,}0163 + 0{,}0030 + 0{,}0003 + 0{,}0000 = 0{,}2131$

Seite 377 **1.** a) $P(X \le 30) = P(0 \le X \le 30) = 0{,}5491$; b) $P(X \le 55) \approx 1$
c) $P(X > 40) = 1 - 0{,}9875 = 0{,}0125$ d) $P(X \ge 20) = 1 - 0{,}0089 = 0{,}9911$

2. a) $P(5 \le X \le 10) = 0{,}5832 - 0{,}0237 = 0{,}5595$
b) $P(3 < X < 12) = 0{,}703 - 0{,}00783 = 0{,}6952$
c) $P(X < 15) = 0{,}9274$
d) $P(5 < X \le 16) = 0{,}9794 - 0{,}0576 = 0{,}9218$

Seite 379 **1.** a) $\mu = 100 \cdot 0{,}8 = 80$; $\sigma = \sqrt{100 \cdot 0{,}8 \cdot 0{,}2} = 4$; $\sigma^2 = 16$

b) $\mu = 50 \cdot 0{,}125 = 6{,}25$; $\sigma = \sqrt{50 \cdot 0{,}125 \cdot 0{,}875} = 2{,}338$; $\sigma^2 = 5{,}468$

c) $\mu = 250 \cdot 0{,}516 = 129$; $\sigma = \sqrt{250 \cdot 0{,}516 \cdot 0{,}484} = 7{,}90$; $\sigma^2 = 62{,}44$

d) $\mu = 300 \cdot 0{,}04 = 12$; $\sigma = \sqrt{300 \cdot 0{,}04 \cdot 0{,}96} = 3{,}39$; $\sigma^2 = 11{,}52$

2. a) $100 = n \cdot p \wedge \sqrt{n \cdot p \cdot q} = \sqrt{50} \Rightarrow \sqrt{50} = \sqrt{100 \cdot q}$; $q = 0{,}5 \wedge p = 0{,}5 \quad n = 200$

b) $q = 0{,}75 \wedge p = 0{,}25$, $n = 500$

c) $q = 0{,}9 \wedge p = 0{,}1$; $n = 80$

d) $q = 0{,}6 \wedge p = 0{,}4 \quad n = 2\,000$

3. a) $P(0 \leq X \leq 5) = \sum_{k=0}^{k=5} \binom{100}{k} 0{,}03^k 0{,}975^{100-k} = 0{,}9192$

b) $\mu = 100 \cdot 0{,}03 = 3$; $\sigma = \sqrt{100 \cdot 0{,}03 \cdot 0{,}97} = 1{,}71$;

$\mu + \sigma = 3 + 1{,}71 = 4{,}71$; $\mu - \sigma = 3 - 1{,}71 = 1{,}29$; 2 bis 4 Allergiepatienten

Tabelle Binomialverteilung $\sum_{k=0}^{k=i} \binom{n}{k} \cdot p^k \cdot (1-p)^{n-k} = B_{n;p}(0) + \ldots + B_{n;p}(i)$ (Summenfunktion)

n	k	p = 0,02	0,03	0,04	0,05	0,10	1/6	0,20	0,30	1/3	0,4	0,5	k	n
100	0	1326	0476	0169	0059	0000							99	100
	1	4033	1946	0872	0371	0003							98	
	2	6767	4198	2321	1183	0019							97	
	3	8590	6472	4295	2578	0078	0000						96	
	4	9492	8179	6289	4360	0237	0001						95	
	5	9845	9192	7884	6160	0576	0004	0000					94	
	6	9959	9688	8936	7660	1172	0013	0001					93	
	7	9991	9894	9525	8720	2061	0038	0003					92	
	8	9998	9968	9810	9369	3209	0095	0009					91	
	9		9991	9932	9718	4513	0213	0023					90	
	10		9998	9978	9885	5832	0427	0057					89	
	11			9993	9957	7030	0777	0126					88	
	12			9998	9985	8018	1297	0253	0000				87	
	13				9995	8761	2000	0469	0001				86	
	14				9999	9274	2874	0804	0002				85	
	15					9601	3877	1285	0004	0000			84	
	16					9794	4942	1923	0010	0001			83	
	17					9900	5994	2712	0022	0002			82	
	18					9954	6965	3621	0045	0005			81	
	19					9980	7803	4602	0089	0011			80	
	20					9992	8481	5595	0165	0024			79	
	21					9997	8998	6540	0288	0048	0000		78	
	22					9999	9370	7389	0479	0091	0001		77	
	23						9621	8109	0755	0164	0003		76	
	24						9783	8686	1136	0281	0006		75	
	25						9881	9125	1631	0458	0012		74	
	26						9938	9442	2244	0715	0024		73	
	27						9969	9658	2964	1066	0046		72	
	28						9985	9800	3768	1524	0084		71	
	29						9993	9888	4623	2093	0148		70	
	30						9997	9939	5491	2766	0248	0000	69	
	31						9999	9969	6331	3525	0398	0001	68	
	32							9985	7107	4344	0615	0002	67	
	33							9993	7793	5188	0913	0004	66	
	34							9997	8371	6019	1303	0009	65	
	35							9999	8839	6803	1795	0018	64	
	36							9999	9201	7511	2386	0033	63	
	37								9740	8123	3068	0060	62	
	38								9660	8630	3822	0105	61	
	39								9790	9034	4621	0176	60	
	40								9875	9341	5433	0284	59	
	41								9928	9566	6225	0443	58	
	42								9960	9724	6967	0666	57	
	43								9979	9831	7635	0967	56	
	44								9989	9900	8211	1356	55	
	45								9995	9943	8689	1841	54	
	46								9997	9969	9070	2421	53	
	47								9999	9983	9362	3087	52	
	48								9999	9991	9577	3822	51	
	49									9996	9729	4602	50	
	50									9998	9832	5398	49	
	51									9999	9900	6178	48	
	52										9942	6914	47	
	53										9968	7579	46	
	54										9983	8159	45	
	55										9991	8644	44	
	56										9996	9033	43	
	57										9998	9334	42	
	58										9998	9557	41	
	59											9716	40	
	60											9824	39	
	61											9895	38	
	62											9940	37	
	63											9967	36	
	64											9982	35	
	65											9991	34	
	66											9996	33	
	67											9998	32	
	68											9999	31	
n	k	0,98	0,97	0,96	0,95	0,90	5/6	0,80	0,70	2/3	0,6	0,5 = p	k	n

Schema zur Kurvenuntersuchung von Funktionen

A Globale Eigenschaften

1. Unendlichkeitsverhalten

	$a_n > 0$	$a_n < 0$
n gerade	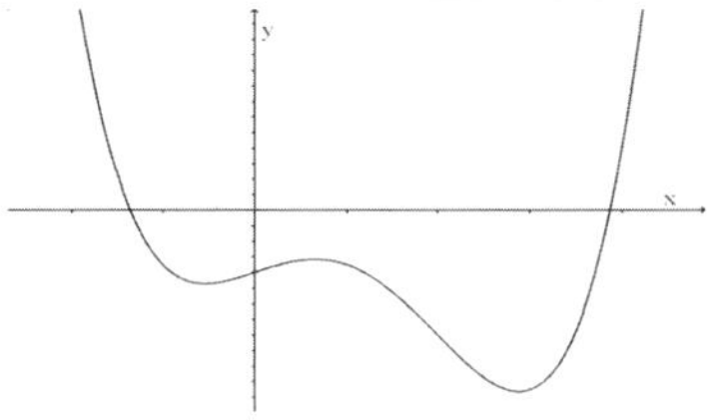	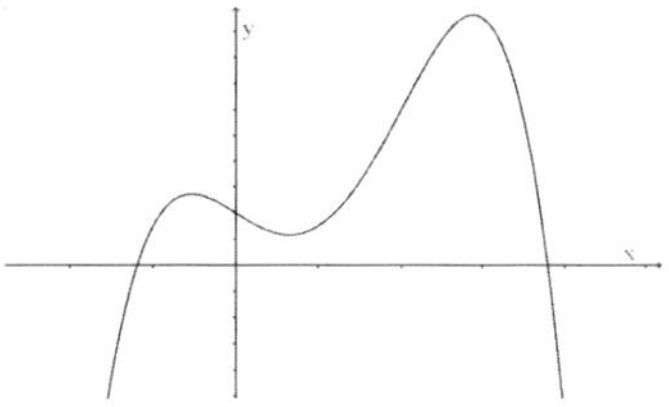
	$x \to +\propto \;\Rightarrow f \to +\propto$ $x \to -\propto \;\Rightarrow f \to +\propto$	$x \to +\propto \;\Rightarrow f \to -\propto$ $x \to -\propto \;\Rightarrow f \to -\propto$
n ungerade	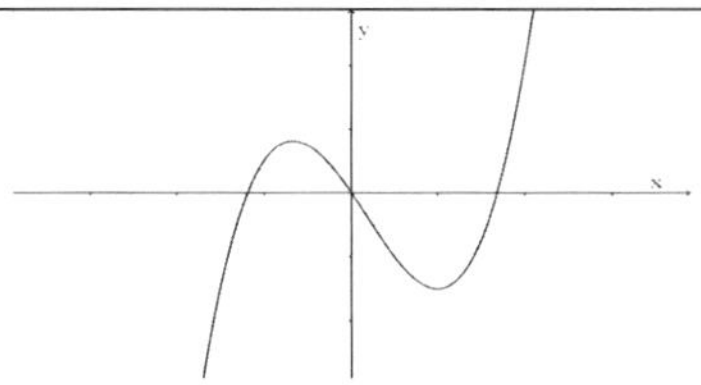	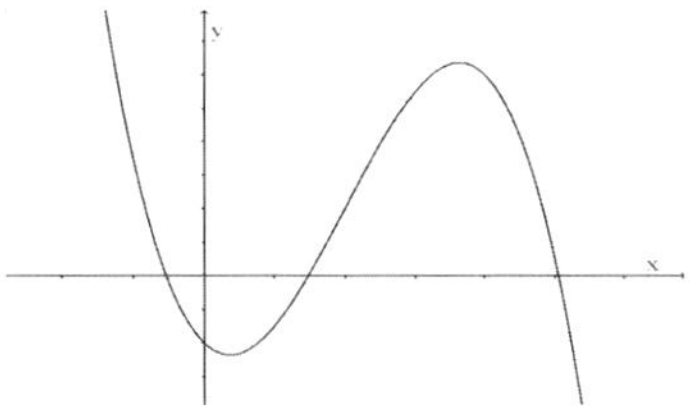
	$x \to +\propto \;\Rightarrow f \to +\propto$ $x \to -\propto \;\Rightarrow f \to -\propto$	$x \to +\propto \;\Rightarrow f \to -\propto$ $x \to -\propto \;\Rightarrow f \to +\propto$

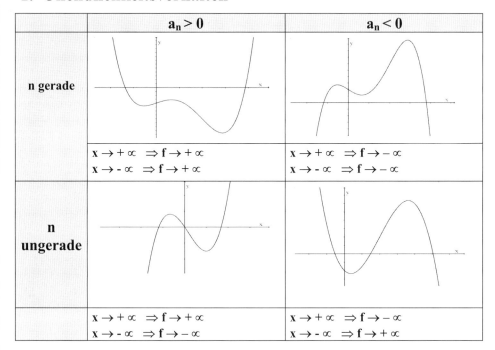

2. Symmetrieverhalten

Bedingung für Achsensymmetrie: $f(x) = f(-x)$
Bedingung für Punktsymmetrie: $f(x) = -f(-x)$

B Lokale Eigenschaften

3. Nullstellen

Bedingung: $f(x) = 0$

4. Extrempunkte

Hinreichende Bedingung: $f'(x) = 0 \wedge f''(x) > 0 \rightarrow$ Tiefpunkt (Minimum)
$f'(x) = 0 \wedge f''(x) < 0 \rightarrow$ Hochpunkt(Maximum)

5. Wendepunkte

Hinreichende Bedingung: $f''(x) = 0 \wedge f'''(x) \neq 0$
$f'(x) = 0 \wedge f''(x) = 0 \wedge f'''(x) \neq 0 \rightarrow$ **Sattelpunkt**

Stichwortverzeichnis (Kapitel 1 – Kapitel 2)

Stichwortverzeichnis (Kapitel 3 – 10)

Stichwortverzeichnis (Kapitel 11)

Stichwortverzeichnis (Kapitel 12)